JN128749

動物寄生虫病学

四訂版

板垣　匡
藤﨑幸藏

［編著］

朝倉書店

編著者

板垣　匡（いたがき ただし）　岩手大学　農学部

藤﨑幸藏（ふじさき こうぞう）　帯広畜産大学　原虫病研究センター，農業・食品産業技術総合研究機構

執筆者（五十音順）

筏井宏実（いかだい ひろみ）　北里大学　獣医学部

板垣　匡（いたがき ただし）　岩手大学　農学部

井上　昇（いのうえ のぼる）　帯広畜産大学　理事・副学長

奥　祐三郎（おく ゆうざぶろう）　鳥取大学　名誉教授

工藤　上（くどう のぼる）　北里大学　獣医学部

佐藤　宏（さとう ひろし）　山口大学　共同獣医学部

菅沼啓輔（すがぬま けいすけ）　帯広畜産大学　グローバルアグロメディシン研究センター

杉山　広（すぎやま ひろむ）　国立感染症研究所　寄生動物部

平　健介（たいら けんすけ）　麻布大学　獣医学部

田仲哲也（たなか てつや）　鹿児島大学　共同獣医学部

野中成晃（のなか なりあき）　北海道大学大学院　獣医学研究院

福本真一郎（ふくもと しんいちろう）　酪農学園大学　獣医学群

藤﨑幸藏（ふじさき こうぞう）　帯広畜産大学　原虫病研究センター，農業・食品産業技術総合研究機構

松林　誠（まつばやし まこと）　大阪府立大学大学院　生命環境科学研究科

松本　淳（まつもと じゅん）　日本大学　生物資源科学部

横山直明（よこやま なおあき）　帯広畜産大学　原虫病研究センター

ま え が き

本書『動物寄生虫病学　四訂版』の源泉は，1959 年に出版された板垣四郎・久米清治著『家畜寄生虫病学』(初版)である．同書は，1984 年に板垣　博・大石　勇著『新版家畜寄生虫病学』(第 2 版)，2007 年に板垣　博・大石　勇監修『最新家畜寄生虫病学』(第 3 版)へと改訂されてきた．さらに，初版の前身を辿れば 1930 年に出版された，板垣四郎著『家畜寄生虫病学』(克誠堂書店)に行き着く．

1930 年当時，日本の寄生虫学は分類・形態を中心とした純粋動物学に立脚した学問として認識され，寄生虫病学は重要視されることなく関連する書籍もなかった．『家畜寄生虫病学』の著者，板垣四郎博士(東京大学・家畜内科学)は，内科学の一環として寄生虫病学の重要性を認識し，獣医学領域では初めての教科書として同書を出版した．同書は第二次世界大戦とその後の混乱により絶版となったが，1959 年に同じ書名の『家畜寄生虫病学』が朝倉書店から出版された．このように，本書の歴代各書は今日に至るまで実に 90 年間の長きにわたり，獣医学生の教科書として，また獣医学関係者の参考書として，わが国の獣医寄生虫病学の道標となってきた訳である．

前身の『家畜寄生虫病学』以来，書名には常に「家畜」が使用され，改訂のたびに「新版」や「最新」という接頭辞を付加しながらも『家畜寄生虫病学』の書名を踏襲してきた．しかし今回の改訂では書名を『動物寄生虫病学』と改めた．近年では，「家畜」は牛や豚，馬，鶏などの産業動物を示す傾向が定着しつつあり，犬や猫などの伴侶動物，シカやイノシシなどの野生動物などは家畜とは別の範囲で扱われる傾向がある．以前は犬や猫も家畜とする解釈が主流であり，『家畜寄生虫病学』の書名も違和感なく受け入れられたに違いない．しかし今日の獣医系大学では，「家畜」の使用は限定的であり，講義名や研究室名も「家畜○○学」から「獣医○○学」へと変貌し，「家畜」には古めかしい印象さえ与える．さらに近年に出版された寄生虫病学の書籍には「獣医」を使用した書名がすでにある．これらを踏まえて本書を『動物寄生虫病学』としたが，伝統的な『家畜寄生虫病学』の変更には葛藤があったことも事実である．

今回の改訂では，第 3 版の出版から 10 年余りが経過している．この間に獣医学教育を取り巻く環境は大きく変貌し，獣医学教育モデル・コア・カリキュラムが取り入れられた．これは，獣医学生が習得する必要不可欠な教育内容をコア部分として示し，獣医学教育の質を担保するものである．そのため，獣医学の教科書としてはモデル・コア・カリキュラムに則した記載が求められる．『家畜寄生虫病学』の歴代各書においてもコア部分はほとんど網羅されていたが，この四訂版ではアニサキス症などの不足していた項目を新たに追加し，モデル・コア・カリキュラムへの準拠を試みた．その一方で，本書は，歴代各書が掲げてきた寄生虫病学の参考書・専門書としての使命を損なうことがないように，最新の知見を加えて内容をさらに充実させた．そのため，わが国の獣医系大学などで寄生虫病学の指導的立場にある精鋭の先生方 16 名に，それぞれの専門項目についての改訂・執筆をお引き受けいただいた．また，本書の企画から発行に至るまでは朝倉書店編集部の方々に負うところが大きい．この場を借りて本書の刊行に携わっていただいたすべての方々に心よりお礼申し上げる．

本書が獣医学を学ぶ学生の教科書として，また獣医学領域の現場に携わるすべての方々の参考書・専門書として，歴代各書と同様に永く使用され続けることができればこの上ない喜びである．

2019年3月

編著者代表　板垣　匡

目　　次

I 総　　論　〔板垣　匡〕

II 原 虫 類

III 蠕虫類

4. 線 虫 類

IV 節足動物

1. ダ ニ 類 〔田仲哲也〕

2. 昆 虫 類 〔藤﨑幸藏〕

索 引

I 総　論

(1) 寄生（現象）と寄生虫

自然界では，生物はそれぞれ独立して自由生活するものが多い．これに対して，2種の生物が生活をともにすることを共生（symbiosis）という．寄生（parasitism）は，共生の1つの形であり，一方の生物が他方の生物の体内や体表で一時的あるいは持続的に生活することで他方から栄養や生息場所の提供（利益）を受けるとともに，他方に対しては害（不利益）を与える関係である．寄生することで利益を得る生物を寄生虫（parasite），寄生されることで不利益を被る生物を宿主（host）という．ただし，寄生虫も宿主から様々な排除作用（免疫反応）を受けているため，寄生虫の立場で考えれば不利益も被っている．さらに生物間の共生関係には，寄生の他に片利共生（commensalism）と相利共生（mutualism）がある．片利共生は一方の生物が利益を受けるが，他方は利益も不利益も受けない関係であり，相利共生は双方が利益を受ける関係である．反芻動物とその第一胃（ルーメン）に生息する繊毛虫類（ルーメンプロトゾア）は相利共生の好例である．寄生虫感染で宿主が受ける病害は，顕著な臨床症状を発現するような強い病害から無症状で病害がほとんどないものまであり，寄生虫の種やその感染数・寄生数，寄生虫と宿主との相互関係などの様々な要因によって異なる．

(2) 寄生虫の範囲と種

宿主に寄生して病害を与える病原体には，ウイルスや細菌，真菌，リケッチアなども含まれるが，動物寄生虫病学で扱う病原体（寄生虫）は，原虫類と蠕虫類，節足動物などである．原虫類は従来の原生生物界（Protoctista）に属する単細胞の寄生虫であり，鞭毛虫類やアメーバ類，アピコンプレックス類（胞子虫類），繊毛虫類などを含む．蠕虫類は従来の動物界（Animalia）の扁形動物門（Phylum Plathyhelminthes）に属する吸虫類と条虫類，線形動物門（Phylum Nemathelminthes）の線虫類，鉤頭動物門（Phylum Acanthocephala）の鉤頭虫類などを含む．節足動物は動物界の節足動物門（Phylum Arthropoda）に属する昆虫類とダニ類などである．このように寄生虫の分類も従来の生物分類体系に従っているが，近年，最上位の階層であった界（kingdom）の上位にスーパーグループ（supergroup）を加えた新しい分類体系の概念が定着しつつある．これによると，動物界はOpisthokontaスーパーグループの下位に属し，動物寄生性原虫類は多系統群としておもに3つのスーパーグループ（Alveolata, Excavata, Amoebozoa）に分けられ，アピコンプレックス類と繊毛虫類はAlveolataスーパーグループ，鞭毛虫類はExcavataスーパーグループ，アメーバ類はAmoebozoaスーパーグループに含まれる．また分類用語ではないが，宿主の体内に寄生する原虫類や蠕虫類を内部寄生虫（endoparasite），宿主の体表に寄生する昆虫類やダニ類を外部寄生虫（ectoparasite）とよぶことがある．

寄生虫の種は一般の生物種と同様に学名（scientific name）で表されるが，国内では和名（Japanese name）も使われている．学名は二命名法（binominal nomenclature）に従って属名（generic name）と種小名（trivial name）で表され，たとえば犬糸状虫（和名）の学名は *Dirofilaria immitis* である．属名と種小名はイタリック体（斜体）またはアンダーラインを付して記載する．また，種小名が不明な寄生虫には，*Fasciola* sp.や *Fasciola* spp.のように種小名を sp.（species の単数形）または spp.（複数形）で記載する．生物（寄生虫）種と学名は1対1が原則であるが，一部の寄生虫では1対2や1対3など，1種に対して複数の学名が存在することがあり，これらを同物異名（シノニム：synonym）という．

(3) 寄生虫の生活環―宿主と生殖

寄生虫が発育・生殖を行って生活を完結させる1周期を生活環（life cycle）とよび，生活環において1宿主だけを要する直接型生活環と複数の宿主を要する間接型生活環がある．それぞれの宿主において，寄生虫は有性生殖や無性生殖を行う．有性生殖には，蠕虫や節足動物が精子と卵細胞の接合により次世代の卵を産生する場合と，卵細胞が精子と接合することなく雌性発生して次世代を産生する単為生殖などの場合がある．原虫類の有性生殖には，アピコンプレックス類が雌雄の配偶子虫体を作り，両虫体が接合する場合がある．一方，無性生殖には，蠕虫類(吸虫など)が幼虫期に胚細胞から新たな幼虫を作り出す場合(幼生生殖)と，原虫類が二分裂や多分裂で細胞(虫体)数を増やす場合がある．寄生虫が有性生殖を行う宿主を終宿主(final host)とよび，無性生殖を行い生活環の完結に不可欠な宿主を中間宿主(intermediate host)とよぶ．蠕虫類には中間宿主を2つ必要とするものがあり，発育早期の幼虫が寄生する宿主を第1中間宿主(first intermediate host)，発育後期の幼虫が寄生する宿主を第2中間宿主(second intermediate host)とよぶ．さらに，幼虫が寄生する宿主であるが生活環の完結には不可欠ではなく，終宿主に寄生する機会を増やす役割の宿主を待機宿主(paratenic host)とよぶ．また，このような宿主の概念とは別に，寄生虫が正常に発育・増殖し，長期間寄生し続けることが可能な宿主を固有宿主(definitive host)とよぶ．固有宿主は寄生虫に対して好適な生理・生息環境を提供し組織反応もほとんど発現しない，高い感受性の宿主である．一方，感受性が低く顕著な免疫反応が惹起されるため，寄生虫は発育や増殖が抑制され，殺滅されることもある宿主を非固有宿主(undefinitive host)とよぶ．このような宿主と寄生虫の生物学的な相対関係を宿主・寄生虫相互関係(host-parasite relationship)とよび，固有宿主と寄生虫ではこの均衡が保たれた状態と考えられている．寄生虫の各種は固有宿主となる動物種がある程度決まっていて，宿主特異性(host specificity)が認められる．言い換えれば，それぞれの動物種(宿主)は限られた寄生虫種にだけ感受性(susceptibility)がある．宿主特異性が高い寄生虫は限定された動物種が固有宿主であるが，宿主特異性が低い寄生虫は広範囲の動物種が固有宿主となる．人獣共通寄生虫が固有宿主のヒトまたは動物に感染した場合に，それぞれの宿主で病態が異なることがある．トリパノソーマ原虫の *Trypanosoma cruzi* では，ヒトに感染すると重篤なシャーガス病を引き起こすが，アルマジロなどの動物では顕著な症状がなく不顕性感染となる．これは *T. cruzi* と宿主との相互関係が，動物では均衡が保たれた状態にあるがヒトでは寄生虫側に傾いた状況と考えられる．この場合，アルマジロは病原寄生虫(*T. cruzi*)を保有することでシャーガス病の汚染源となる宿主であり，このような宿主を保虫宿主(reservoir host)とよぶ．同様に，家畜の寄生虫病においても野生動物が保虫宿主になることがある．たとえば，ネオスポラ症におけるコヨーテやオオカミ，膵蛭症における野ウサギなどである．

(4) 寄生虫の伝播と感染経路

直接型生活環において，寄生虫は宿主動物から次の宿主動物へ直接伝播し，間接型生活環では寄生虫は中間宿主またはベクターから(終)宿主動物へ間接伝播する．伝播する感染体(infective form)は，原虫類の直接伝播ではシストやオーシスト，間接伝播では組織シストや栄養型虫体などであり，蠕虫類の直接伝播では虫卵や3期幼虫，間接伝播ではセルカリアやメタセルカリア，嚢虫，3期幼虫などである．

寄生虫の感染経路は以下のようである．

①経口感染：もっとも一般的な寄生虫の感染経路であり，直接伝播する内部寄生虫の多くはこの感染経路である．シスト(赤痢アメーバ，ジアルジアなど)やオーシスト(コクシジウムなど)，虫卵(回虫，鞭虫など)で汚染された餌や飲水などを経口摂取して感染する場合と，メタセルカリア(吸虫類の多く)や嚢虫(円葉目条虫類)，プレロセルコイド(裂頭条虫類)などを含む食物(肉，魚など)を経口摂取して感染する場合がある．

②経皮感染：3期幼虫(鉤虫，糞線虫など)やセルカリア(住血吸虫類)が能動的に皮膚から直接侵入して感染する場合と，ベクターとなる吸血昆虫の吸血に際して受動的に感染体が侵入する場合(トリパノソーマ，バベシア，タイレリア，ロイコチトゾーンなど)がある．

③胎盤感染：母体内のタキゾイト(トキソプラズマ，ネオスポラ)や3期幼虫(犬回虫，猫回虫)

などが胎盤を介して胎仔に侵入して感染する．

④接触感染：体表に寄生する外部寄生虫（ヒゼンダニ，シラミなど）が宿主動物間の直接的な接触により伝播される場合と，生殖器に寄生する原虫（媾疫トリパノソーマ，生殖器トリコモナスなど）が宿主動物の交尾により雌雄間で感染する場合がある．

⑤経乳感染：胎盤感染とともに母仔間における感染方法で，母乳中の子虫（犬回虫，猫回虫，犬鉤虫など）を新生仔が経口摂取する場合であり，経口感染に含めることもある．

(5) 宿主における寄生虫の発育

固有宿主に感染した寄生虫は，発育・生息に適した部位（寄生部位）に達して寄生する．消化管に寄生する種が多いが，消化器系（肝臓，膵臓）や呼吸器系（肺，気管），循環器系（心臓，動脈，静脈，リンパ管），泌尿器系（腎臓，尿管，膀胱），生殖器系（膣，包皮腔）などに寄生する種もある．寄生虫が特定の臓器を選択して寄生することを臓器特異性とよび，寄生虫の各種で特異性臓器は定まっている．また寄生虫には組織特異性もみられ，消化管では内腔に寄生する種や管壁の組織（粘膜上皮，粘膜固有層）に寄生する種などがある．さらに細胞内寄生の原虫では，臓器および組織特異性に加えて細胞特異性も認められ，粘膜上皮細胞や赤血球，白血球，マクロファージ，肝細胞などに特異的に寄生する種がある．

宿主に感染してから寄生部位に達するまでの経路は寄生虫種で定まっていることが多い．原虫類は一般に運動性や移動力に乏しく，消化管に寄生する原虫（コクシジウム，ジアルジア，アメーバ，トリコモナス）では経口感染してそのまま消化管に寄生する．蠕虫類は運動性や移動力が高く，感染してから寄生部位に達するまでに宿主体内を移動すること（体内移行）も多い．体内移行の経路はそれぞれの蠕虫種によって決まっているが，本来とは異なる移行経路で異なる寄生部位に達することがあり，これを異所寄生（ectopic parasitism）また迷入（erratic parasitism）とよび，本来とは異なる病態が発現される．

寄生虫の感染体（オーシスト，シスト，虫卵など）が宿主に侵入してから，虫体が寄生部位に達して発育あるいは増殖して新たな感染体が作り出されるまでの期間をプレパテント・ピリオド（prepatent period）とよび，宿主体内における寄生虫の発育期間の目安となる．プレパテント・ピリオドは寄生虫の各種でほぼ決まっているが，宿主の動物種が異なる場合や宿主体内で発育を一時的に停止させる寄生虫種では変動する．一方，寄生虫が宿主体内で感染体を作り終えるまでの期間をパテント・ピリオド（patent period）とよび，感染体が出現している期間の目安となるが，宿主の個体差による変動が大きい．

(6) 寄生虫が宿主に及ぼす害作用（病害）

寄生虫は宿主に害を与えるが，通常，固有宿主における寄生虫（とくに蠕虫類）の病害は強くなく，臨床症状もほとんど認められないことが多い．これは，固有宿主と寄生虫の相互関係が均衡状態であることを示唆している．しかし，寄生虫の多数感染や異所寄生などで，そのバランスが寄生虫側に傾くと病害が顕在化し症状もみられる．また，宿主側にストレスの負荷や健康・栄養状態の低下などの要因が加わると病態は悪化する．

寄生虫が宿主に及ぼす病害には，直接的または間接的な作用がある．

①直接的作用：寄生虫が宿主体内で発育，増殖，移動する過程で，組織や細胞を破壊すれば局所的な損傷や炎症が生じ，また吸血や出血，赤血球破壊により貧血が起こる．蠕虫類は虫体が大きく，血管やリンパ管，腸管，胆管などに寄生すれば，管腔の閉塞や塞栓が起こる．大形の蠕虫類が中枢神経系に寄生するとその周囲の神経組織が圧迫されて重篤な神経症状を発現する．また，寄生虫が分泌する代謝産物が宿主に毒性を示したり，抗原物質としてアレルギー反応を起こす．

②間接的作用：宿主の免疫能を減弱させることで他疾病を発症しやすくする．吸血性の節足動物はウイルスやリケッチアなどの病原微生物を媒介する．

(7) 宿主が寄生虫に及ぼす作用（抵抗性）

宿主は寄生虫感染に抵抗性を示し，免疫応答および防御機構を発動させる．応答は液性免疫と細胞性免疫に基づくが，原虫感染と蠕虫感染では防御効果が発揮される過程が異なる．原虫類では，細胞外寄生性の原虫に対しては Th1 型免疫の誘導による細胞性免疫と，Th2 型免疫の誘導による液性免疫が活性化されるが，細胞内寄生性の原虫に対しては細胞性免疫の活性化により防御効果が発揮されると考えられている．蠕虫類に対しても Th1 型と Th2 型の免疫反応が誘導されるが，とくに Th2 型免疫の誘導による液性免疫の活性化(抗体産生)と好酸球増多，局所免疫の発動(分泌型 IgA，粘膜マスト細胞増多)による防御機構が知られている．

(8) 寄生虫の宿主免疫逃避

寄生虫は宿主から様々な程度の抵抗性(防御機構)を受けているにもかかわらず，寄生し続けることが多い．これは，寄生虫が免疫逃避する術を獲得していることに他ならない．

①寄生部位：消化管内腔に寄生する種が多いのは，宿主免疫が及びにくい部位であり，全身的な防御機構に曝されないためと考えられている．また，組織中で被嚢する寄生虫(トキソプラズマ，サルコシスティス，旋毛虫)は，被嚢壁が非自己として認識されるのを防ぎ，抗体やエフェクター細胞の侵入を防いでいる．細胞内に寄生する原虫においても特異抗体の直接的な作用は及ばない．

②抗原の変異：トリパノソーマ原虫では，体表の変異性表面糖タンパク質(variant surface glycoprotein:VSG)を変化させた原虫が次々に出現し，宿主免疫による排除を逃れている．蠕虫類では，幼虫から成虫までの各発育段階の虫体が異なる抗原物質を体表に発現させ免疫認識を遅らせることや，宿主の物質成分を寄生虫自ら合成し体表面に発現させ非自己認識から回避すること(分子擬態：molecular mimicry)が知られている．

③分子煙幕：マラリア原虫が産生するタンパク質には，特定アミノ酸配列の繰返しにより高い免疫原性を有するが原虫の増殖に必須ではない物質(S 抗原など)が含まれている．このタンパク質を宿主体内に放出し，それに対する抗体産生を強く誘導させることで原虫は増殖が容易になる．

④免疫応答の抑制：蠕虫類では，虫体が産生した抗原物質が宿主の免疫機構に直接的あるいは間接的に作用することで防御機構を抑制し傷害することが知られる．すなわち，マクロファージの貪食作用や IgE 抗体依存性細胞障害作用の直接的な抑制，抗補体因子を産生して補体依存性の免疫反応を抑制することなどが知られている．

(9) 寄生虫の駆虫薬

寄生虫病の治療は通常，原因となる寄生虫を駆除することであり，駆虫薬を使用することが多い．駆虫薬は，それぞれ作用機序が異なり駆虫効果を示す寄生虫種も異なるので，原因となる寄生虫を正確に診断することが薬剤を選択する上で重要である．また，駆虫効果の高さ，宿主に対する安全性の高さ(副作用発現率の低さ)，寄生虫の発育ステージによる駆虫効果の違い，動物種，投与方法の違い，薬剤耐性の有無などを考慮することで最適な薬剤を選択する．産業動物に駆虫薬を使用する場合には，費用対効果の判断，薬剤の体内残留期間の確認，適用外使用では使用禁止薬剤の確認も必要となる．各薬剤は当然のことながら所定の使用量，使用法に従って投与しなければならない．これは駆虫効果を発揮し副作用の発現を抑制するとともに，薬剤耐性寄生虫の出現を招かないためにも遵守する必要がある．駆虫薬投与後には駆虫効果を確認する．すなわち，蠕虫類の成虫に対する駆虫効果の判定には虫卵検査や子虫検査を実施し，これらの検出の有無や検出数の減少などを確認する．薬剤によっては成虫の殺虫効果が低く産卵活動を一時的に抑制する薬剤もあるので，効果判定の検査は処置後 1 週間と 2 週間の少なくとも 2 回行うことが望ましい．寄生虫の各種に対する駆虫薬とその処置法は各論の項を参照．

(10) 寄生虫の予防法

寄生虫はそれぞれの種で生活環が定まっており，寄生虫感染の予防は生活環の遮断が基本である．

寄生虫感染動物は感染体(オーシスト，シスト，虫卵，幼虫など)を排泄し，それが次の宿主への感染源となる．そのため，定期的な検査で感染動物を摘発し駆虫することで，感染体の環境汚染を極力防止しなければならない．また，これらの感染体は糞便や尿などを介して宿主体外に排泄されるので，糞尿の適切な処理，飼育舎の清浄化などは感染源を排除する対策となる．さらに，これらの感染体は高温(沸騰温度)で容易に殺滅されるので，飼育舎や飼養器具の熱処理はきわめて有効な予防対策である．また，ベクター(中間宿主や待機宿主を含む)を介して次の宿主に感染する寄生虫では，ベクターとの接触を避けることが生活環の遮断に繋がる．ベクターが昆虫やダニであれば，殺虫剤の散布やトラップによる捕獲，防虫網の設置による侵入防止，忌避剤の塗布，発生源対策などを実施することで接触機会の低減化を試みる．ワクチンは，ウイルスなどの微生物感染症の予防では一般的であるが，寄生虫では抗原物質が多様であるため開発が難しく，極一部の寄生虫(鶏コクシジウムの一部，鶏ロイコチトゾーンなど)を除き実用化されていない．

(11) 寄生虫(病)の検査・診断法

寄生虫感染(症)を検査・診断する方法には，おもに寄生虫学的検査法，免疫学的検査法，DNA検査法がある．

①寄生虫学的検査法

寄生虫自体(虫体，虫卵，オーシスト，シスト，幼虫など)を検出する方法で，これらが検出された場合にはもっとも正確な検査法である．

(a)糞便内虫卵(オーシスト，シスト)検査法：寄生部位が消化器系や呼吸器系の寄生虫は糞便中に虫卵などが排泄されるため，糞便を用いた検査法であり，直接法と集卵法がある．直接法は，極少量の糞便を直接鏡検して虫卵などの有無を検査する簡便法であり，産出虫卵数が多い寄生虫(回虫，裂頭条虫，鞭虫など)の検査に用いられる．集卵法は，産生虫卵数が少なく，直接法では検出が困難な寄生虫(多くの寄生虫)の検査に用いられ，浮遊集卵法と沈殿集卵法がある．浮遊集卵法は，原虫類のオーシストやシスト，円葉目条虫の虫卵，多くの線虫類の虫卵の検査に用いられ，比重の大きな溶液を用いることで比重の小さいオーシストや虫卵などを浮遊させて集卵する方法である．飽和食塩水浮遊法，ショ糖遠心浮遊法，ウィスコンシン法，マックマスター法などの諸法がある．沈殿集卵法は，吸虫類の虫卵，裂頭条虫の虫卵などの検査に用いられ，水(比重1)を用いて比重の大きな虫卵を沈殿させて集卵する方法である．簡易沈殿法，渡辺法，ビーズ法，MGL法，AMS Ⅲ法などの諸法がある．

(b)糞便内子虫検査法：消化器系や呼吸器系に寄生し子虫(1期幼虫)を糞便中に排泄させる線虫類(糞線虫，牛肺虫など)の検査に用いる．ベールマン法，遠心管内遊出法などがある．

(c)糞便内片節・虫体検査法：条虫類は片節を糞便中に排泄させるので，それを肉眼的に検出する．片節の形態観察から寄生虫種を同定する．また，駆虫薬投与後に大形の線虫(回虫など)が糞便に排泄されることがある．

(d)糞便内子虫培養法：糞便を培養して3期幼虫を検出する方法で，3期幼虫の形態観察により種(属)を同定する．反芻動物の胃腸内線虫類，馬の円虫類，糞線虫，鉤虫などの検査に用いる．

(e)その他の検査法：寄生虫の虫卵を検査する方法としては，尿中虫卵検査法(泌尿系に寄生する膀胱毛細線虫，腎虫など)，肛門周囲粘着テープ検査法(肛門周囲で産卵する蟯虫類)などがある．体表や皮膚内に寄生する節足動物(ノミ，シラミ，ハジラミ，マダニ，ヒゼンダニなど)は虫体を採集して形態学的に確認する．

②免疫学的検査法

寄生虫感染により産生された特異抗体や寄生虫が分泌した特異抗原を免疫学的方法(ELISA法，イムノクロマト法，凝集反応など)を用いて検出する．寄生虫感染と特異抗体の出現・消長には時間差があるため現在の感染を反映した方法ではないことに注意する．蠕虫類では，幼虫寄生により虫卵などの検査が困難な場合や犬糸状虫のオカルト感染などの検査に用いられる．

③ DNA検査法

寄生虫に特異的なDNA塩基配列を検出する方法で，寄生虫種の検出に適している．寄生虫を含む血液や糞便検体などからPCR法やLAMP法，シークエンス法などで寄生虫(種)特異的DNA塩基配列を検出する方法である．

II

原　虫　類

1. 原虫類概説

1.1 分類と形態

原虫とは単細胞の動物，すなわち原生生物(Protista)もしくは原生動物(Protozoa)の俗称で，おもに医学・獣医学領域で用いられている用語である．発生分類学上の同一系統の生物群を示すものではなく，多細胞動物を示す後生動物(Metazoa)の対語である．そのため，それぞれの原虫種の増殖特性や発育史は多様で，病態，宿主の免疫応答，抗原虫薬などもそれに応じて多彩となる．さらに，独自の運動，栄養摂取，排泄，細胞内寄生などに関わる独特な細胞内小器官(organelle)を備え，多様な形態をとる．本書ではこれまで寄生虫学分野で長年にわたってもっとも広く用いられてきた，国際原生動物学会議での“A newly revised classification of the Protozoa, *Journal of Protozoology* **27**, 37-58, 1980”の分類体系に基づいて記述している(表 II.1)．獣医学的に重要な原虫種のほとんどは，肉質鞭毛虫類(Sarcomastigophora)，アピコンプレックス類(Apicomplexa)，微胞子虫類(Microspora)，および繊毛虫類(Ciliophora)に含まれる．

1.1.1 肉質鞭毛虫類(Sarcomastigophora)

肉質虫類(Sarcodina；アメーバ類 amoeba)には，動物寄生性の赤痢アメーバ(*Entamoeba histolytica*)が含まれ，運動器官として偽足(仮足)をもち(図 II.1，14)，独特なアメーバ運動を行う．栄養の摂取は，エンドサイトーシス(endocytosis)によって行われる．その運動や栄養摂取を活発に行い，二分裂で増殖する1核の栄養型(trophozoite)と，運動も増殖もしない環境に耐性で休眠期の多核の嚢子型(シスト：cyst)がある

表 II.1 原虫の分類(Levine *et al.*, 1980)

界	PROTOCTISTA 原生生物
亜界	Protozoa 原生動物
第 I 門	Sarcomastigophora 肉質鞭毛虫類
第 1 亜門	Mastigophora 鞭毛虫類
第 1 綱	Phytomastigophorea 植物性鞭毛虫類
第 2 綱	Zoomastigophorea 動物性鞭毛虫類
第 2 亜門	Opalinata オパリナ類
第 1 綱	Opalinatea オパリナ類
第 3 亜門	Sarcodina 肉質虫類
第 1 上綱	Rhizopoda 根足虫類
第 1 綱	Lobosea 葉状仮足類
第 2 綱	Filosea 糸状仮足類
第 3 綱	Granuloreticulosea 顆粒性網状仮足類
第 2 上綱	Actinopoda 有軸仮足類
第 1 綱	Acantharea アカンタリア類
第 2 綱	Polycystinea ポリキスティナ類
第 3 綱	Phaeodarea パエオダリア類
第 4 綱	Heliozoea 太陽虫類
第 II 門	Labyrinthomorpha ラビリンツラ類
第 1 綱	Labyrinthulea ラビリンツラ類
第 III 門	Apicomplexa アピコンプレックス類
第 1 綱	Perkinsea パーキンサス類
第 2 綱	Sporozoea 胞子虫類
第 1 亜綱	Gregarinia グレガリナ類
第 2 亜綱	Coccidia コクシジウム類
第 3 亜綱	Piroplasmia ピロプラズマ類
第 IV 門	Microspora 微胞子虫類
第 1 綱	Rudimicrosporea ルディミクロスポラ類
第 2 綱	Microsporididea 微胞子虫類
第 V 門	Ascetospora アセトスポラ類
第 1 綱	Stellatosporea ステラトスポラ類
第 2 綱	Paramyxea パラミクサ類
第 VI 門	Myxozoa ミクソゾア類
第 1 綱	Myxosporea 粘液胞子虫類
第 2 綱	Actinosporea 放線胞子虫類
第 VII 門	Ciliophora 繊毛虫類
第 1 綱	Kinetofragminophorea キネトフラグミノフォーラ類
第 1 亜綱	Gymnostomatia 裸口類
第 2 亜綱	Vestibuliferia 前庭類
第 3 亜綱	Hypostomatia 下口類
第 4 亜綱	Suctoria 吸管虫類
第 2 綱	Oligohymenophorea 少膜類
第 1 亜綱	Hymenostomatia 膜口類
第 2 亜綱	Peritrichia 縁毛類
第 3 綱	Polyhymenophorea 多膜類
第 1 亜綱	Spirotrichia 旋毛類

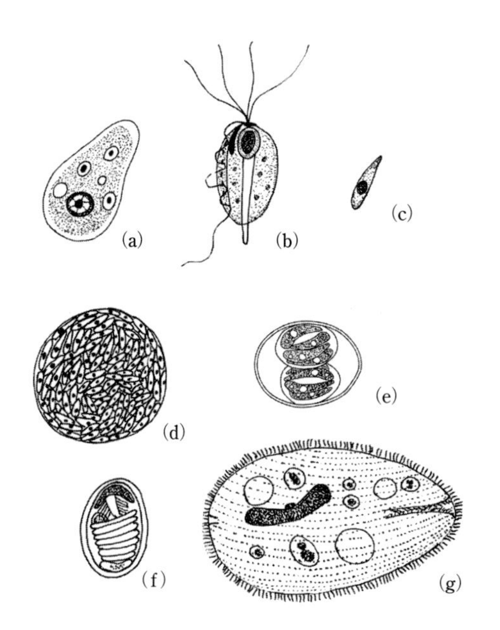

図 II.1 寄生性原虫の形態
(a)肉質虫類(赤痢アメーバ), (b)鞭毛虫類(トリコモナス), (c)〜(e)アピコンプレックス類(コクシジウム), (f)微胞子虫類(ノゼマ), (g)繊毛虫類(バランチジウム) [原図：今井壯一]

(図 II.2, 3). 一方, 鞭毛虫類(Mastigophora)の多くは, 1個の核, 副基体(parabasal body), および運動器官である鞭毛(flagellum)を有しており, この組合せを核鞭毛系(karyomastigont)という. 原虫種によって, 鞭毛は1本から4対8本まで多彩である. さらに, 鞭毛と細胞体の間の波動膜(undulating membrane)や軸桿(axostyle)をもつ原虫種もいる(図 II.1, 9). また, ステージによって鞭毛の有無が変化したり, 嚢子型を形成したりするものもいる.

1.1.2 アピコンプレックス類(Apicomplexa)

アピコンプレックス類のすべての原虫種が動物寄生性で, 獣医学的に重要なものが多数存在する. 無性生殖世代と有性生殖世代を交互に繰り返し, 各発育段階によって形態が異なる. 無性生殖世代では, 細胞侵入, 分裂, および細胞破壊が繰り返され, その分裂では内部出芽(endogeny)が観察される. 細胞侵入を行うステージでは, 虫体前端に特徴的なアピカルコンプレックス(頂端複合構造：apical complex)を有する. 有性生殖は, コクシジウム類(Coccidia)では脊椎動物で, またピロプラズマ類(Piroplasmia)では節足動物で行われ, その宿主が終宿主(final host)となる. コクシジウム類のオーシストは糞便中に排泄され, 環境に抵抗性となる. 感染源となる成熟オーシストに内包されるスポロシストとスポロゾイトの構成は分類に重要となる(図 II.1, 5). また, コクシジウム類の一部は中間宿主の組織内でシストを形成し, 潜伏感染する.

1.1.3 微胞子虫類(Microspora)

生活環の一時期に胞子(spore)を形成し, 新たな細胞や他個体への感染源となる. 胞子の大きさはきわめて小さく, 渦巻状の極糸をもつ(図 II.2, 79). 魚類(サケ, アユ)に寄生するものが多いが, 脊椎動物(ウサギ)や昆虫(ミツバチ)に寄生するものもあり, これらは獣医学的に意義が高い.

1.1.4 繊毛虫類(Ciliophora)

原虫の中では体が大型で, 一般に体表面に多数の繊毛を有しているが, 動物の体内に寄生するものでは繊毛が退縮しているものもある. 自由生活性の種が多いが, 哺乳類の体内に寄生するものや魚類の体表に寄生するものは獣医学的な意義をもつ(図 II.1, 78).

1.2 生態と発育

動物体内で栄養を摂取し, かつ分裂増殖している時期の原虫ステージを一般に栄養型(trophozoite)という. 一方, 他の宿主への感染伝播のために外界に出る必要のある原虫種では, 虫体の外側に抵抗性の膜を形成し, 外界での温度変化や乾燥に耐性能を獲得する. この時期の原虫ステージを嚢子型(あるいはシスト)という(図 II.2). したがって, 原虫は原則として栄養型とシストの時期を交互に繰り返してその生命を維持しているが, シストを形成しない原虫種も存在する. 一方で, アピコンプレックス門や微胞子虫門の原虫類のように, さらに複雑な発育時期をもつものもある.

宿主への感染経路は経口感染とベクター(vector)の吸血による経皮感染が主要なものであるが, 経粘膜感染(気道, 生殖器など)や経胎盤感染もある. ベクターによる伝播は, 原虫がベクター

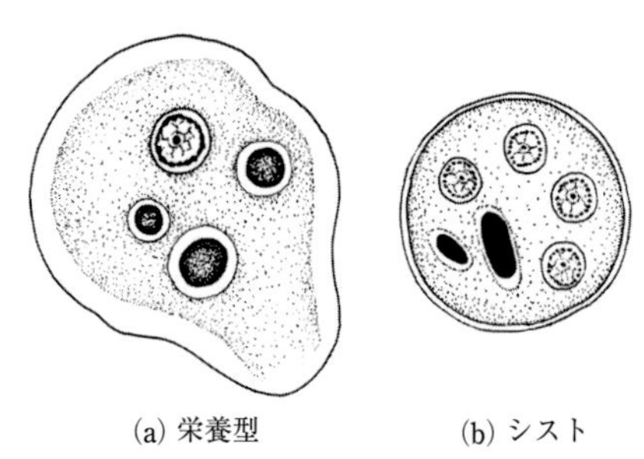

図 II.2　赤痢アメーバの栄養型とシスト［原図：今井壯一］

体内で生物学的発育を行う生物学的伝播(biological transmission)と物理的に原虫を運ぶ機械的伝播(mechanical transmission)がある．感染経路を知ることは，予防対策を構築するのに重要となる．宿主体内に侵入した原虫は，宿主の組織細胞内に寄生したり，あるいは腸内腔や血管内などの細胞外で増殖する．この際，それぞれの原虫種がもつ宿主特異性，組織(臓器)特異性，細胞特異性などが，それぞれに特異な感染病態を理解する上で重要となる．増殖は二分裂(binary fission)によるものが多いが，外部出芽(budding)や内部出芽(endogeny)，あるいは増員生殖(多数分裂：schizogony)など，多彩な増殖様式が観察される．アピコンプレックス類では明瞭な有性世代がみられる．

1.3　原生生物の高次分類

近年，生化学的研究，分子系統解析などから得られた情報が基盤となって，原虫を含む真核生物(Eukaryote)の系統発生や進化に関する概念は大きく変化し，真核生物は，従来から知られている「門(phylum)」や「界(kingdom)」を下位分類とするおおよそ7つの大系統群(「スーパーグループ(supergroup)」とよばれる)と，どれにも属さないいくつかの小さな系統群から構成されることが明らかとなってきた．このスーパーグループを設けた真核生物の分類カテゴリーの基本は，国際原生生物学会 International Society of Protistology の提唱のもとに Adl ら(2005, 2012)によって体系化されたもので，表 II.1 の原虫分類に代わって次第に一般化してきている．

スーパーグループとこれらに所属する代表的な生物群の概要は，以下の通りである．

(1) オピストコンタ(Opisthokonta；後方鞭毛生物)：遊泳細胞(精子など)が細胞後端から生じた鞭毛を後方にして運動する生物群で，襟鞭毛虫類 Choanozoa，真菌(微胞子虫類 Microsporidia を含む)，後生動物(Metazoa；蠕虫，節足動物，脊椎動物など多数)などが含まれる．

オピストコンタの語源は，ギリシャ語の opstho-(後方)＋kontos(鞭毛)であり，オピストコンタ以外の真核生物は，基本的に細胞前方〜側方から生じて前後に伸びる2本の鞭毛をもち，鞭毛のある方向に進むことから，アンテロコンタ(Anterokonta；ante-(前)，前方鞭毛生物)と総称される．

(2) アメーボゾア(Amoebozoa；アメーバ動物)：肉質虫類(アメーバ類)のうち葉状仮足をもつもの(エントアメーバ科 Entamoebidae，アカントアメーバ科 Acanthamoebidae)，粘菌類など．

なお，アメーボゾアとオピストコンタを統合して「ユニコンタ(Unikonta；1本の鞭毛をもつ生物)」とよぶことがある．

(3) エクスカバータ(Excavata；溝状食装置生物)：細胞腹側に細胞口となる大きな窪み(ex-外+cabae 窪み)を有する生物群．メタモナス(Metamonada；ヘキサミタ，ジアルジアなど)，パラバサリア(副基体類 Parabasalia；トリコモナスやヒストモナスなど)，ユーグレノゾア(Euglenozoa；トリパノソーマなどのキネトプラスト類 Kinetoplastea やミドリムシなど)などが含まれる．

(4) アーケプラスチダ(Archaeplastida；古色素体類)：緑色植物(陸上植物，緑藻類など)，紅色植物，灰色植物．アーケプラスチダは五界説における植物界(Kingdom Plantae)とほぼ同義であるため，「プランテ(Plantae)」とよばれることも多い．アーケプラスチダの語源は，ギリシャ語の archae-(古い)＋plastid(色素体)である．

(5) ストラメノパイル(Stramenopiles；中空小毛生物)：前後に伸びる不等運動性の鞭毛をもち，前鞭毛には中空の鞭毛小毛が付随する．ヘテロコンタ(Heterokonta；不等毛類)ともよばれ，珪藻類，昆布・ワカメなどの褐藻類，オパリナ類などが含まれる．

(6) アルベオラータ(Alveolata；表層胞生物)：細胞膜直下に扁平な小胞(アルベオル alveole)が存在する生物群で，アピコンプレックス類(Apicomplexa)や繊毛虫類(Ciliophora)などの重要な寄生性原虫類と，渦鞭毛植物(Dinophyta)が含まれる．しばらく前までアルベオラータとストラメノパイルを統合してクロムアルベーラータ(Chromalveolata)とよぶことがあった．

(7) リザリア(Rhizaria；根性仮足生物)：多くは根状に分枝する糸状(リザリアの語源は，rhizo-，根)や網状の仮足をもつ．放散虫類(Radiolaria)，有孔虫類(Foraminifera)などが含まれる．

なお，エクスカバータ，アーケプラスチダ，ストラメノパイル，アルベオラータ，リザリアを「バイコンタ(Bikonta；2本の鞭毛をもつ生物)」と総称することがある．

これらの7スーパーグループ(「界」や「上界」の名前でよばれることも多い)と明瞭な近縁性を示さず，現在でも所属が不明な生物群(incertae sedis)も知られている(太陽虫類 Heliozoa，ハプト植物 Haptophyta，クリプト藻 Cryptista など)．また，ストラメノパイル，アルベオラータ，リザリアを一緒にして SAR スーパーグループとする分類が用いられることもある．本書では，これらのスーパーグループによる原虫の高次分類についても各論の項で記述している．

2. 肉質鞭毛虫類

2.1 アメーバ症(Amoebosis)

原　因：長年にわたって肉質鞭毛虫類(Sarcomastigophora)と分類されてきた原虫類は，近年，以下の２つのスーパーグループに分類された．エントアメーバ科(Entamoebidae)やアカントアメーバ科(Acanthamoebidae)など，葉状仮足をもつ肉質虫類(Sarcodina，アメーバ類 amoeba)はアメーボゾア界(Amoebozoa)に，またトリコモナス類(Tricomonadida)やキネトプラスト類(Kinetoplastea)の鞭毛虫類(Mastigophora)はエクスカバータ界(Excavata)に高次分類されている．

アメーバ類の多くは自由生活を営んでいるが，その中で，いくつかの種がヒト，サル，家畜，犬，猫などに寄生する．中でも病原性が強く，重要なものはコノーサ門(Conosa)，アーケアメーバ綱(Archamoebea；古アメーバ綱)，エントアメーバ科の *Entamoeba histolytica* である．本種はヒトや霊長類の大腸に寄生して，組織侵入性をもち，アメーバ赤痢(amoebic dysentery)を引き起こし，感染症法で五類感染症に指定されている．さらに，家畜，犬，猫，ウサギなども宿主となるため，人獣共通寄生虫(zoonotic parasites)の１つである．ヒトでは性行為感染症としても重要である．栄養型と囊子型(シスト)の２発育期がある．栄養型は類円形で大きさは10～60 μm と幅広いが，多くは20～30 μm で，葉状仮足(lobopodium)を出して，活発に運動する．内部には，核および多数の食胞がみられるが(図 II. 3)，ミトコンドリアを欠き，マイトソームとよばれる細胞内小器官を有する．食胞内には，貪食された赤血球や白血球を包含する場合がある．染色標本では核の中心にカリオソーム(karyosome；核小体)が観察される．シストは球状で大きさは直径10～20 μm，１核の未熟シストは核分裂し，４核の成熟シストへと発育する．この間，棍棒状の類染色質体(chromatoid body；リボソームの結晶)や境界が不明瞭なグリコーゲン胞がみられる．

また，形態的に *E. histolytica* と酷似し区別できないが，病原性をもたないものとして，*Entamoeba dispar* がある．両種はアイソザイムパターンが異なることなどから，別種として命名された．無症状の糞便から赤痢アメーバと疑われる虫

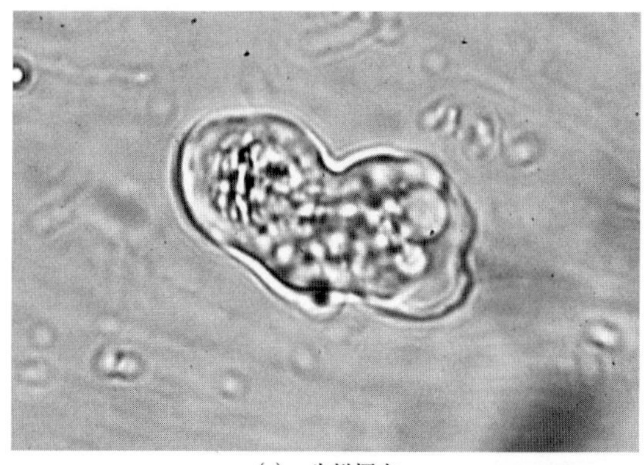

(a)　生鮮標本

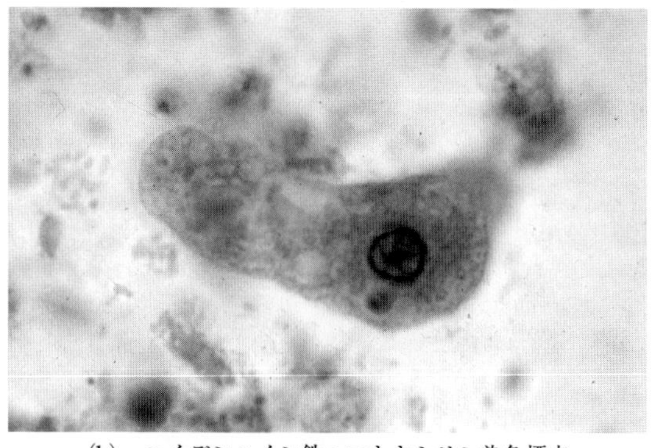

(b)　ハイデンハイン鉄ヘマトキシリン染色標本
[稲臣成一，加茂　甫，大鶴正満，鈴木俊夫，吉田幸雄編：アメーバ類 03 赤痢アメーバの栄養型，臨床寄生虫学スライド（山口富雄総編集），1979，南江堂より許諾を得て改変し転載]

図 II.3　赤痢アメーバの栄養型

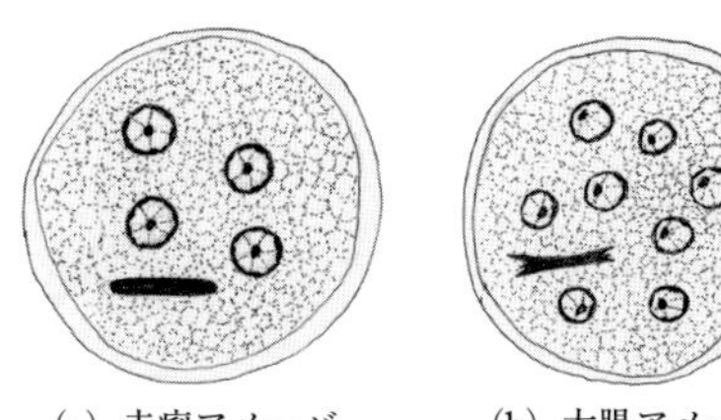

(a) 赤痢アメーバ　(b) 大腸アメーバ

図 II.4 赤痢アメーバと大腸アメーバのシスト
内部に4ないし8の核と類染色質体が存在する.
［原図：今井壯一］

体が検出された場合には，鑑別が必要となる．これら2種は，解糖系酵素のアイソザイム解析で区別することができるが，近年は，遺伝子解析による．

E. histolytica と近縁なものに大腸アメーバ(*Entamoeba coli*)がある．ヒト，豚，犬などの大腸に寄生するが，組織侵入性はなく，病原性はないとされる．赤血球などの捕食はみられず，細菌などが捕食されている．形態的には，栄養型ではカリオソームが核の中心部にないこと，シストは *E. histolytica* よりも大きく直径 15〜25 μm で，類染色質体の両端が破片状であり，成熟シストは8個の核を有する(図 II.4)ことで区別できる．その他では，豚では *Entamoeba suis* や *Entamoeba polecki*，牛では *Entamoeba bovis* など，種々の家畜や家禽からも様々な種の *Entamoeba* 属の検出が報告されているが，多くは非病原性，または病原性が明らかになっていない．

その他で自由生活性アメーバと総称される *Acanthamoeba* と *Naegleria* は，偶発的にヒトに障害を及ぼし公衆衛生学的意義をもつ．前者はアメーボゾア界，ロボサ門(Lobosa)，ディスコセア綱(Discosea)，アカントアメーバ科に属し，コンタクトレンズの不衛生な取り扱いにより，角膜に付着するとアメーバ性角膜炎を起こし，失明することがある．後者はエクスカバータ界，ヘテロロボサ門(Heterolobosea)に分類されるアメーバ鞭毛虫類であり，湖沼で遊泳したヒトの鼻粘膜から脳に侵入して原発性アメーバ性髄膜脳炎を引き起こす．また，これらのアメーバに共生する細菌である *Legionella pneumophila* の循環浴槽での感染による肺炎も近年問題となっている．

爬虫類では，*Entamoeba invadens* の寄生がみられる．とくにヘビに対しては病原性が強く，感染すると食欲不振，粘血便がみられ，時に死亡する．カメでは不顕性感染が多いため，保虫宿主(reservoir host)になっているといわれる．形態は赤痢アメーバとほぼ同様で，栄養型虫体は 10〜38 μm，シストは 11〜20 μm.

感染および発育：赤痢アメーバの成熟シストが食物や飲水とともに宿主に経口摂取されると，小腸下部で脱嚢し，8虫体の栄養型となり，そして二分裂により増殖する．栄養型虫体は大腸に移行し，場合により大腸壁に侵入し，増殖する．大腸壁内で増殖した栄養型は組織を破壊し，一部のものは血行性に肝臓に達してそこでさらに増殖する．肺や脳に移行することもある．その他の栄養型は大腸後部に下降し，腸内容物が固形化するに伴い，シストを形成し，糞便とともに外界に排泄される．*E. invadens* についても，ほぼ同様の生活環をとると考えられている．

症状および解剖学的変状：症状は，腸管アメーバ症と腸管外アメーバ症の2つに分けられる．前者では，大腸に侵入した虫体は，局所に小さなびらんをつくり，やがて筋層に沿って横に広がる大きな潰瘍を形成する．細菌の二次感染により潰瘍は悪化する．細菌性赤痢と異なり，発熱は軽度であるかみられない．便は，出血性の下痢(赤痢)であるが，出血を伴わない下痢もしばしばみられる．腸管外アメーバ症は，腸管アメーバ症からさらに悪化した場合であり，肝臓に移行して増殖した虫体はそこで膿瘍を作る．肝膿瘍が形成された場合，肝腫大，不規則な発熱，白血球増多，貧血，黄疸などがみられる．膿瘍は球形で，中は黄褐色の粘稠液を含み，この液中には多数の栄養型虫体がみられる．ただし，ヒトでは腸管の病変がほとんど観察されず，肝臓に大きな膿瘍が形成された例も報告されている．また，肺や脳に移行した場合でも膿瘍が形成される．

診　断：糞便もしくは組織内の虫体を鏡検により確認する．下痢便中には栄養型虫体が排泄されるため，新鮮便を用いて直接鏡検を行えば，仮足運動が観察できる．ただし，非病原性のアメーバとの鑑別には注意を要する．また，塗抹を作製し，コーン(Kohn)変法による染色も推奨される．

シストの検出にはホルマリン・酢酸エチル法(ホルマリン・エーテル法)が用いられる．回収したシストをヨード・ヨードカリウム染色し，成熟シストを検出する．遺伝子検出のPCRも有用であり，また糞便中の原虫抗原や血清中の抗体を検出する免疫学的診断法もある．

治　療：メトロニダゾール(metronidazole)を投与する．ヒトでは1回500 mgを1日3回10日間経口投与する．この他にチニダゾール(tinidazole)も使用される．ただし，メトロニダゾール系薬剤は食用とする家畜での使用は注意が必要である．ヒトでは二次感染防止のために抗生物質が使用される．また，対症療法として抗下痢剤，止血剤，ビタミン剤などを併用する．

予　防：罹患動物の治療を速やかに行うとともに，餌料の加熱，飲水の煮沸などによりシストを殺滅する．運搬宿主となるハエやゴキブリの駆除を含め，飼育舎を清潔に保つ．

2.2　腸ジアルジア症(Giardiosis)

原　因：おもにヒトや犬の下痢を主徴とする疾患で，エクスカバータ界，メタモナーダ門(Metamonada)，ヘキサミタ科(Hexamitidae)，ジアルジア亜科(Giardiinae)に属する鞭毛虫類の*Giardia*属原虫による．ヒトをはじめ様々な動物(犬，猫，げっ歯類，家畜など)に寄生する．*Giardia*属原虫には，栄養型と嚢子型(シスト)がある．栄養型は特徴的な形態を有し，左右対称に4対の鞭毛と2個の核，そして中央に軸索を有する．虫体を上面からみると洋梨形で，腹面はややくぼんでおり，吸着(円)盤をもち，その後部中央に中央小体がある．その外観からモンキーフェイスまたはスマイリングフェイスとよばれる．大きさは12～17 × 6 ～ 9 μm．シストは卵円形で明瞭なシスト壁をもち，4個の核を含む．大きさは8 ～13 × 7 ～10 μm(図 II.5，6)．哺乳類に寄生する種としては*G. intestinalis*(シノニム：*G. duodenalis*；*G. lamblia*)と*G. muris*の2種とする説が有力であり，*G. intestinalis*(ランブル鞭毛虫)は，ヒトや犬，猫，牛，めん羊，ネズミなど多くの宿主に寄生する．本種は複数の遺伝子型(assemblage)に分類され，それぞれの遺伝子型により宿主域が異なると考えられている．その中でassemblage AおよびBはヒトを含む多くの動物種から検出されているため，人獣共通感染性であると考えられている．また，assemblage CとDは犬，Fは猫，Eは牛などの有蹄動物から検出される．日本においては，*G. intestinalis*は犬，とくに仔犬で感染率が高く，繁殖・生産施設や販売施設が感染の場となっている．世界的には，ヒトにおいて水道水を介した集団感染事例が報告されており，水系感染症としても重要とされ，感染症法の五類感染症に指定されている．一方，*G. muris*はげっ歯類が宿主である．

感染および発育：感染はシストの経口摂取による．シストは通常，下痢便より有形便中にみられる．摂取されたシストは，小腸で脱シストし，栄養型と形態的に同じ2個の虫体となるが形は小さい．これがさらに分裂して通常の栄養型となる．

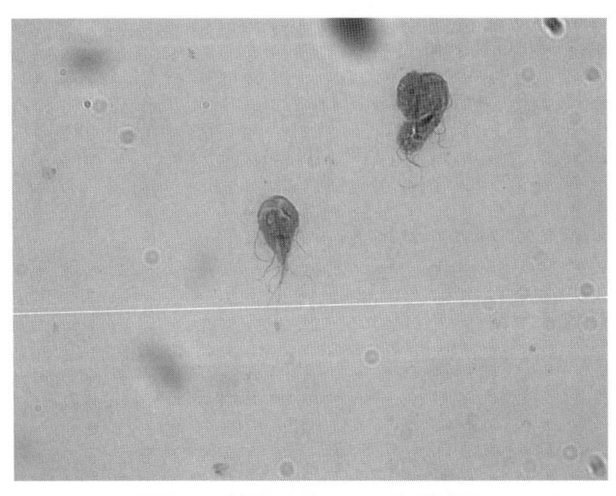

図 II.5　栄養型虫体のギムザ染色標本

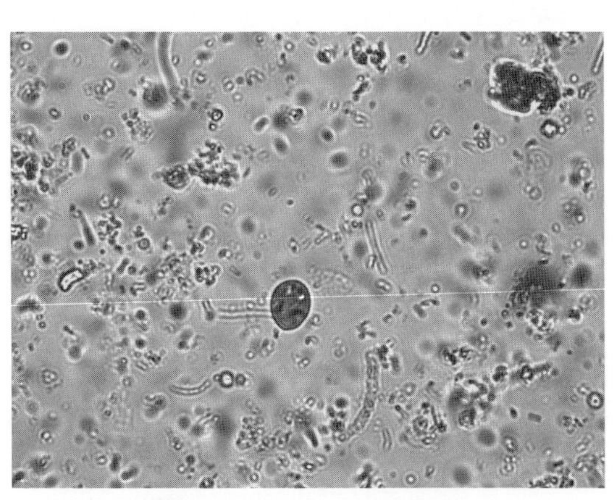

図 II.6　シストのヨード染色標本

栄養型虫体は主として小腸上部の腸上皮に吸盤で吸着し二分裂により増殖するが，時に胆管にも侵入することがある．小腸後部に流された虫体は漸次シスト化する．

症状および解剖学的変状：*G. intestinalis* は組織侵入性がないため，不顕性感染が多いと考えられている．しかし，重度の寄生を受けると増殖性が強いため腸粘膜が吸着した虫体におおわれ，吸収阻害，とくに脂肪の吸収阻害とそれに伴う脂溶性ビタミン(ビタミン A)の欠乏を起こす．これに伴い，腹痛，水様性の下痢(脂肪性下痢)または脂肪便，貧血などがみられる．胆嚢や胆管に重度の寄生が起こると，胆嚢炎，肝炎様症状を来す．とくに子犬における重度の感染があると，上述の症状に加えて，体重減少，発育不良などもみられる．他の動物でみられるジアルジアの病原性については，明らかになっていない．

診　断：糞便中の栄養型虫体あるいはシストを検出する．下痢便中には栄養型が，有形便にはシストが多くみられる．栄養型虫体の検出は新鮮な糞便を用いて直接塗抹を作製し，生理食塩水を1滴加えて鏡検する．栄養型が生きていれば，独特の形態をもつ虫体がヒラヒラと舞うように運動する様子がみられる．ただし，犬では，同様の運動をする腸トリコモナスとの鑑別に注意する．細部の形態を観察するには，塗抹後，ギムザ染色あるいはハイデンハイン鉄ヘマトキシリン染色を行う．シストは直接塗抹・無染色標本では検出が困難であり，ホルマリン・酢酸エチル法やショ糖浮遊法で集シストし，ヨード染色を行って鏡検する．

治　療：メトロニダゾール(metronidazole)が第一選択薬である．犬や猫では 10〜32.5 mg/kg で1日2回，5〜8日間経口投与する．ベンズイミダゾール(benzimidazole)系薬剤のフェンベンダゾール(fenbendazole)やアルベンダゾール(albendazole)も有効であり，前者では 50 mg/kg で1日1回，3日間，後者では 25 mg/kg で1日2回，2日間経口投与する．ただし，アルベンダゾールは猫では副反応があり禁忌とされる．1クールでの投薬で駆虫が完了することが難しく，複数回の投与が必要な場合がある．症状が激しい場合は，対症療法を行う．

予　防：感染源であるシストは，一般的に使用される薬剤に対して，抵抗性が強い．飼育舎およびその付近の熱消毒および乾燥を行ってシストを殺滅することに努める．多数を群飼しているような場所では相互感染のおそれがあるため，罹患動物の速やかな隔離と治療を行う．

2.3　ヘキサミタ症(Hexamitosis)

原　因：エクスカバータ界，メタモナーダ門，ヘキサミタ科に属する原虫による疾病である．ジアルジアと類似しているが，はるかに小型で体形は細長い．2個の核，3対の前鞭毛，1対の後鞭毛をもつ．様々な動物(鳥，ネズミ，魚)に寄生がみられる．獣医学的に意義をもつものは，七面鳥などの家禽で寄生がみられるシチメンチョウヘキサミタ，そして魚類にみられる数種のヘキサミタである．分類については，現在も議論されているが，形態をもとにすると次の3属に区分され(図 II.7)，前2種はヘキサミタ亜科(Hexamitinae)，後種はジアルジア亜科(Giardiinae)に属する．

Spironucleus 属：後鞭毛は隣接して体後端から発する．核はソーセージ状．

Hexamita 属：体後端は丸く，明瞭な細胞口が存在する．核は楕円形．

Octomitus 属：体後端は尖る．核は楕円形．

主として病害が問題となるのは，シチメンチョウヘキサミタ(*Spironucleus meleagridis*)，サケ科魚類に寄生する *Spironucleus salmonis* である．*S. meleagridis* の栄養型虫体は細長く，大きさは 6〜12 × 2〜5 μm．かなり速い直線運動を行

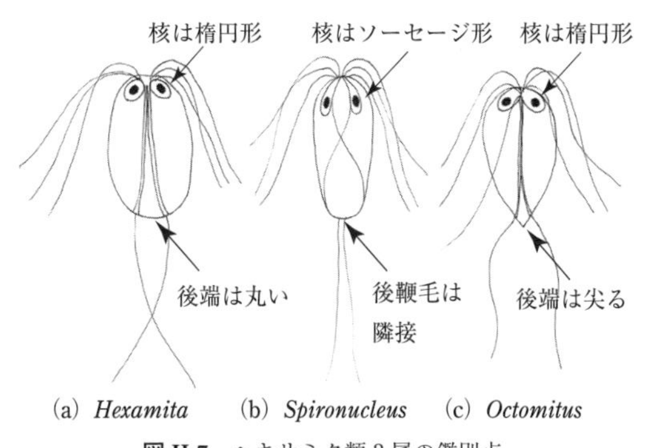

(a) *Hexamita*　(b) *Spironucleus*　(c) *Octomitus*

図 II.7　ヘキサミタ類3属の鑑別点

う．七面鳥，クジャク，キジ，ウズラ，カモなどの家禽やオカメインコなどの愛玩鳥の腸管に寄生する．寄生部位はおもに十二指腸であるが，幼鳥では小腸や盲腸にも寄生する．*S. salmonis* は大きさ 8 〜14 × 6 〜10 μm でサケ科魚類の幽門垂ならびに腸管前部の管腔内および上皮細胞内に寄生する．これらの他にげっ歯類などの腸管にも *Octomitus intestinalis* の存在が明らかにされているが，病原性については一般にないと考えられている．いずれもシスト期をもつ．

感染および発育：感染はシストの経口摂取による．シチメンチョウヘキサミタの生活環は必ずしも明確にはなっていないが，*H. salmonis* ではシストから脱出した虫体が腸管上皮細胞内で分裂して分裂小体となり，これが管腔に出て栄養型虫体になることが報告されている．

症状および解剖学的変状：七面鳥の被害は 1 〜 9 週齢の雛に多い．重度の感染を受けると上部小腸はカタル性腸炎により腸壁が薄くなり，腸管内には泡沫を含む水様性の滲出液がみられるようになる．泡沫を含む水様性の下痢，抑うつ，発育不良がみられ，羽毛は乾性で粗雑となる．雛鳥では死亡することもあるが，10 週齢以上では重症となることは稀である．耐過して回復したものは長期間にわたって保虫鳥となりシストを糞便中に排出する．*H. salmonis* のサケ科魚類に対する病害性はほとんどないとの報告もあるが，カタル性腸炎や発育阻害を起こすとされる．

診　断：新鮮下痢便中の栄養型虫体を検出する．直線的な運動がみられる．剖検時では，十二指腸あるいは空腸を搔爬(そうは)して粘膜を採集し，直接塗抹を行って鏡検する．ときにリーベルキューン腺に集塊として認められることがある．

治　療：治療には，フラゾリジンやニチアザイドが有効とされてはいるが情報に乏しい．

予　防：病鳥の隔離を行う．また，感染耐過した鳥もシストを排出しているので隔離して飼育する．飼育ケージ，給餌器，給水器の熱消毒を励行し，飼育舎の衛生管理に注意する．ハエはシストの運搬者になりうる．

2.4 トリコモナス症 (Trichomonosis)

分　類：トリコモナス類(Trichomonadida)は単細胞の真核生物で，鞭毛を有するエクスカバータ界，パラバサリア門(Parabasalia)に属し，ほとんどすべてが無脊椎動物や脊椎動物に寄生する．パラバサリア門の特徴は副基体(parabasal body；線維状構造物が付属するゴルジ装置)を有することで，副基体類とよばれることも多い(図 II.8)．また，ミトコンドリアを欠くが，ハイドロジェノソーム(hydrogenosome)とよばれる小器官を有し，これは嫌気的に ATP を合成する器官で，ミトコンドリアの派生物と考えられている．

獣医学領域に関連するトリコモナス類を表 II.2 に示す．トリコモナス科とそれ以外は，それぞれ表 II.3, 4 にまとめている．重要な種である牛生殖器トリコモナス(*Tritrichomonas foetus*)は牛の生殖器に寄生することでよく知られているが，この *T. foetus* については形態的観察，遺伝子解析および交差感染実験などから，牛の生殖器に寄生するものだけでなく，猫の小腸に寄生する遺伝子型，さらに *Tritrichomonas suis*(豚の鼻腔，胃・

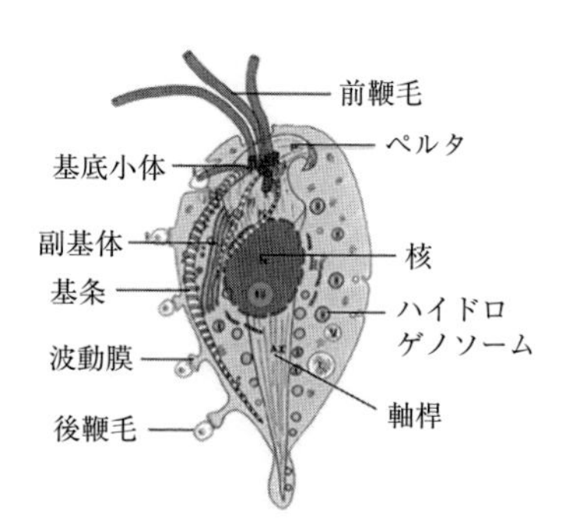

図 II.8　トリコモナスの微細構造
［原図：Benchimal, M.(2004)］

表 II.2　獣医学領域に関連するトリコモナス類

パラバサリア門
トリコモナス綱 (Trichomonadea)
トリコモナス目 (Trichomonadida)
トリコモナス科 (Trichomonadidae)
トリトリコモナス綱 (Tritrichomonadea)
トリトリコモナス目 (Tritrichomonadida)
トリトリコモナス科 (Tritrichomonadidae)
二核アメーバ科 (Dientamoebidae)
モノセルコモナス科 (Monocercomonadidae)

表 II.3 トリコモナス科のおもな属

分　類	特　徴
Trichomonas 属	前鞭毛は4本，後鞭毛は遊離鞭毛にならない
ハトトリコモナス *Trichomonas gallinae*	ハトや鶏の上部消化器に寄生
膣トリコモナス *Trichomonas vaginalis*	ヒトの生殖器に寄生
Tetratrichomonas 属	前鞭毛は4本，後鞭毛は遊離鞭毛になる
鶏トリコモナス *Tetratrichomonas gallinarum*	鶏や七面鳥の盲腸・肝臓に寄生
Tetratrichomonas buttreyi	牛や豚の盲腸に寄生
Tetratrichomonas pavlovi	牛の大腸に寄生
Tetratrichomonas ovis	羊の盲腸・第一胃に寄生
Tetratrichomonas anatis	アヒルの小腸・大腸に寄生
Tetratrichomonas canistomae	犬の口腔に寄生
Tetratrichomonas felistomae	猫の口腔に寄生
Pentatrichomonas 属	前鞭毛は5本
腸トリコモナス *Pentatrichomonas hominis*	犬やヒトの消化管に寄生

表 II.4 トリコモナス科以外のおもな属

分　類	特　徴
トリトリコモナス科	
Tritrichomonas 属	前鞭毛は3本，波動膜あり
牛生殖器トリコモナス *Tritrichomonas foetus*	牛の生殖器に寄生する
Tritrichomonas suis	豚の鼻腔，胃・腸管に寄生
Tritrichomonas muris	マウスの盲腸に寄生
Tritrichomonas enteris	牛の大腸に寄生
Tritrichomonas eberthi	鶏や七面鳥の盲腸に寄生
モノセルコモナス科	
Monocercomonas 属	前鞭毛は3本，1本の後鞭毛はあるが，波動膜・基条はない
Monocercomonas ruminantium	牛や羊の第一胃に寄生
Monocercomonas caprae	山羊の第一胃に寄生
二核アメーバ科	
ヒストモナス *Histomonas* 属	鞭毛は1〜4本，波動膜・基条はない
ヒストモナス *Histomonas meleagridis*	鶏や七面鳥の盲腸・肝臓に寄生
二核アメーバ *Dientamoeba* 属	多くが2核，アメーバ状
Dientamoeba fragilis	ヒトや豚の消化管に寄生

腸管寄生)とよばれているものすべてが，同種であることが証明されている．

なお，表 II.4 に示したように *Monocercomonas* 属，*Histomonas* 属および二核アメーバ属は最新の分類学上ではトリコモナス類(Tricomonadida)に含まれるが，波動膜や基条などもなく，寄生虫学の教科書では通常トリコモナス症には含まない．本書においても，ヒストモナス症については別の節で記載する．

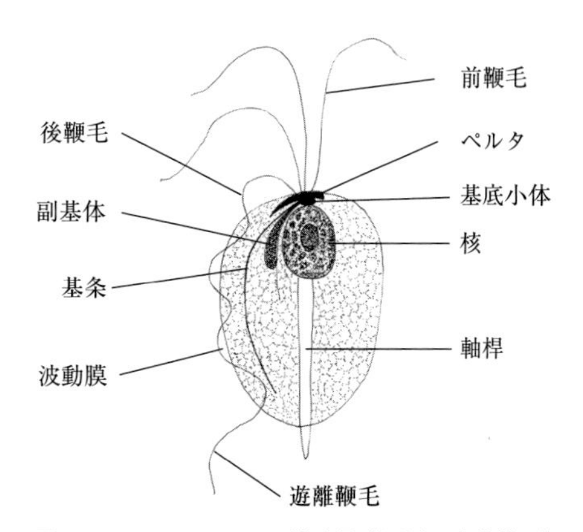

図 II.9 トリコモナスの模式図［原図：今井壯一］

トリコモナス類のほとんどの種は非病原性種であるが，ハトトリコモナス，膣トリコモナス，*T. foetus* および *H.meleagridis* は病原性がある．

形　態(図 II.8，9)：トリコモナス類の栄養型は紡錘形もしくは洋梨状で，前方に通常4本から6本の鞭毛を有する．体部に沿って後方に伸びる1本の後鞭毛(＝後曳鞭毛)は，体部との間に波動膜を有するものが多い．後鞭毛は，波動膜の後端から体部を離れ，遊離鞭毛となるものがある．後鞭毛以外の前方に向かう鞭毛は前鞭毛とよばれ，波動膜はなく体部からすぐに遊離する．すべての鞭毛の基始部(基底小体 basal body もしくはキネートソーム kinetosome)は虫体前部の1か所に集中し，光学顕微鏡レベルでは生毛体(blepharoplast)とよばれている．波動膜の体部の付け根には弓状の基条(costa)を有し，これはトリコモナス類特有の細胞小器官である．体軸に沿って体部中心を走る軸桿(もしくは軸索 axostyle)は，後端から体部前方のペルタ(pelta)まで繋がり，多数の微小管からなる管状・シート状の構造物である．二核アメーバ属以外は，核は1つのみである．トリコモナス類の光学顕微鏡観察標本のためには，プロタルゴール銀染色が推奨されるが，簡便法としてギムザ染色がしばしば用いられている．

トリコモナス類の形態的による種同定は困難なことがある．同定の確認のためには，遺伝子(ITS 領域を含むリボソーム RNA)の塩基配列による解析がもっとも信頼できる方法である．また，寄生虫体数が少ない可能性がある場合は，培養を行い増殖後の虫体の形態観察および遺伝子の解析が推奨される．

生態と生活環：通常，栄養型は消化管などの管腔内に寄生し，鞭毛および波動膜を揺らして活発に運動し，縦二分裂で増殖する．宿主体外の抵抗期である嚢子(シスト)型は形成されず，伝播は，交尾などの直接的なものが多い．一般に，栄養型は外界では短時間で死滅するため，糞口(ふんこう)感染(fecal-oral route)の場合は新鮮な糞便との接触が必要と考えられる．なお，波動膜や鞭毛を体部に収めた偽嚢子(pseudocyst)を形成する種がある．この偽嚢子は嚢子壁を欠くが，伝播における重要性が一部の種では示されている．

2.4.1　牛の生殖器トリコモナス症

原　因：牛の生殖器に寄生する *Tritrichomonas foetus* の寄生によって起こる．虫体は紡錘形ないし洋梨形で，大きさにはかなり変異があり，10～25 × 3 ～15 μm である．前鞭毛は 3 本で，後鞭毛の遊離部分は前鞭毛とほぼ等長，軸桿はよく発達し，体の後端からやや突出している．基条は明瞭で，ペルタはない(図 II.10)．

世界的には，本種は流産および雌牛の不妊の原因として，その経済的な損失から重要な寄生虫であるが，人工授精が発達している地域では激減している．本症は届け出伝染病となっているが，日本では 1963～2016 年まで報告はまったくない．

なお，本種のシノニムである豚の *T. suis* は非病原性と考えられ，豚同士が鼻をつき合わせることにより伝播し，日本を含め世界的に分布する．感染豚と同じ農場で牛を飼育していても，牛の生殖器トリコモナス症は発生しないが，実験的に牛の生殖器内に *T. suis* を接種すると発症する．免疫不全のヒトの髄液，肺胞洗浄液，腹腔などからも本種が検出されている．

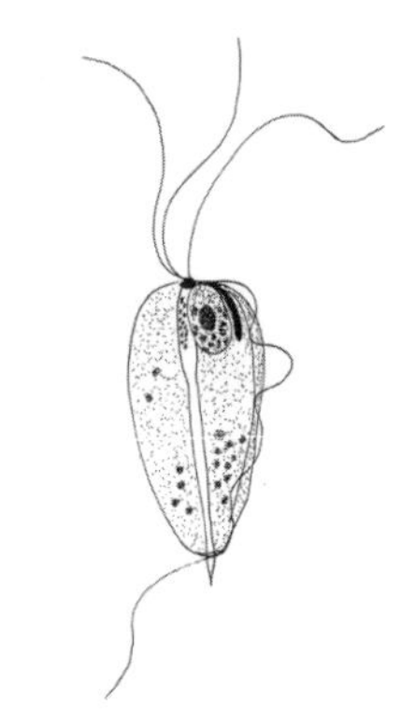

図 II.10　牛生殖器トリコモナス［原図：今井壯一］

感染および発育：栄養型以外に偽嚢子の存在も知られている．本症は通常交尾によって伝播するが，稀に，人工授精によっても起こりうる．診療器具の汚染による伝播の危険性もある．雌牛に感染すると，虫体はまず膣で増殖し，膣炎を引き起こす．感染後 14～18 日までは虫体は膣にもっとも多く，次いで子宮頸部を経て子宮に侵入する．雄牛では包皮腔における寄生が多いが，精巣，精巣上体，輸精管などにも寄生する．

症　状：雌牛では最初にみられるのは膣炎である．感染後数日で白色膿様あるいは淡黄色の悪露を排出する．感染が子宮内に達すると，感染雌牛は妊娠しても 2 ～ 4 か月で胎仔が死亡して流産する．しかし，妊娠 6 か月以後の流産は稀である．死亡胎仔が子宮内にとどまることにより子宮蓄膿症や子宮内膜炎を併発する原因となる．子宮蓄膿症になると発情がみられなくなる．慢性経過をとると，虫体は子宮内液から次第に消失し，数年後には自然回復する症例が多い．

雄牛では通常無症状であるが，包皮炎，粘膜の充血，腫脹，膿瘍分泌物の排泄などがみられる．精巣上体，輸精管にも虫体が検出されることもある．自然治癒はほとんどなく，ほぼ生涯にわたり保虫する．

診　断：病歴と臨床症状から本症が疑われる場合は原虫の検出を試みる．雌牛では膣粘液を検査材料として用い，流産症例では子宮内滲出液，膿，胎盤液，流産胎仔の胃内液を検査する．慢性のものでは性周期の休止期では検出困難な場合があるので，発情期を待って，粘液を検査する．雄牛では包皮腔から採取した材料を用いる．しかし，慢性期における虫体の検出は困難である．検査は材料を直接鏡検し，特有の運動を行っている虫体を検出するか，ギムザ染色を行って鏡検する．しかし，軽度の感染を検出するためには，トリコモナス用の培地による培養が推奨され，培養および観察を兼ねたキット(InPouch TF)が米国では市販されている.

治　療：罹患牛に対しては，滅菌生理食塩水で子宮を洗浄したのち，ルゴールグリセリン液を注入する．その後，膣に対しても同様の処理を行う．この処置を3～4日間隔で実施する．雄牛に対しては，包皮腔内を0.5～1％ホルマリン石鹼液で洗浄したのちルゴールグリセリン液を注入塗布する治療を連日実施する．雄牛の治癒の判定は厳重に行う必要がある．一般的には治療より淘汰が推奨され，メトロニダゾール(metronidazole)も有効であるが，日本では食用の家畜へのメトロニダゾールの使用は禁止されている.

予　防：罹患種雄牛は感染源として重要な役割を果たすので，感染雄牛の摘発を厳重に行い，発見されれば淘汰する．直接交配は人工授精に切り替える．検疫を厳重に行い，感染牛の日本国内への持ち込みを阻止する.

2.4.2　猫のトリコモナス症

原　因：*Tritrichomonas foetus*(= *T. suis*)の猫遺伝子型の消化管への寄生による(図 II.11)．この猫遺伝子型については，新種 *Tritrichomonas blagburni* が提唱されているが(Walden *et al.*, 2013)，この種名はまだ普及していない．猫の感染例の大半はこの *T. foetus* 感染によるもので，*P. hominis* 感染は稀である．なお，*P. hominis* は5本の前鞭毛を有することから3本有する前鞭毛の *T. suis* と鑑別できる．下痢便中に運動する栄養型が検出されることもある.

感染および発育：栄養型が猫の回腸，盲腸，結腸において増殖し，一部が糞便とともに排泄される．栄養型は乾燥には弱いが，湿潤状態では外界でも5日間ほど生存可能で，仔猫が繁殖場および保護施設など多頭飼育時に経口感染すると考えられる.

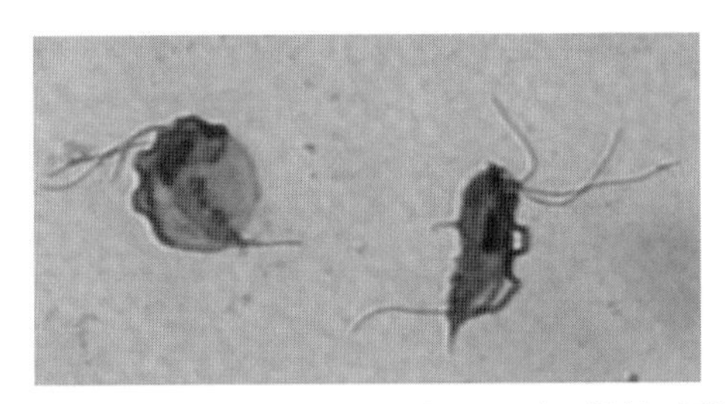

図 II.11　*Tritrichomonas foetus*(= *T. suis*)の猫遺伝子型

本種は世界的に分布し，日本国内における飼猫の調査では感染率は8.8%と報告されている.

症　状：1齢以下の仔猫からやや多く検出される．2か月から2年で自然に治癒するが，慢性感染となることが多い．発症する猫はおもに若齢猫で，慢性の大腸性下痢症を引き起こし，寛解と増悪を繰り返す．無症状，排便回数の増加，軟便，下痢など様々である．しばしば悪臭のある下痢便を排泄し，時折，粘液や鮮血を混じる.

診断法：猫の *T. foetus* 感染の診断法は，①生食で希釈した糞便の新鮮塗抹法，②トリコモナス用の培地を用いた糞便の培養後，増殖した栄養型を検出する方法，③糞便由来DNAに対する遺伝子診断などがある．新鮮塗抹法だけでは感染猫でも陰性結果となることが多い.

治　療：下痢は自然に寛解することがあるが，原虫はその後も長期間残存することが多い．ロニダゾール(ronidazole，30 mg/kg，毎日1回，14日間)がもっとも効果があるとされるが，下痢が再発する例も多い．また，神経毒の徴候があった場合はすぐに投薬を中止する必要がある.

予　防：若齢時に繁殖場および保護施設など多頭飼育時に感染し，無症状の猫もキャリアーとなって伝播することが予想される．他の猫からの糞便汚染の防止が重要で，若齢時から完全に個別飼いすることによって，予防可能と考えられる.

2.4.3　犬のトリコモナス症

原　因：腸トリコモナス(*Pentatrichomonas hominis*)の寄生による．本種の宿主域は広く，ヒトを含めてきわめて様々な哺乳類の小腸後部～大腸に生息する．牛のルーメン内からも検出されている．外形は洋梨状を呈し，大きさは5～14 × 7～10 μm である．前鞭毛は通常5本であるが，ときに4本，3本のものも認められる．波動膜はほぼ体全体にわたり，体部後方において後鞭毛は遊離鞭毛となる．軸桿は太く，体後端部から突出する(図 II.12).

感染および発育：感染は栄養型の経口摂取によると考えられているが，偽嚢子も観察されてい

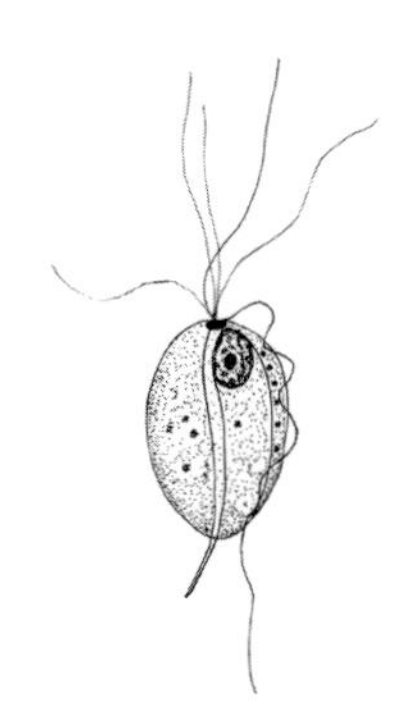

図 II.12　腸トリコモナス［原図：今井壯一］

る．腸管内部では組織侵入性はなく，腸管腔内で縦2分裂により増殖する．犬に多くみられ，猫では稀である．

症　状：幼若な動物の下痢便中に認められることが多い．しかし，この際の下痢は，多くは細菌や他の寄生虫感染によるもので本種によるものではない．宿主に下痢が起こると，下痢便中に運動性のある栄養型が目にとまりやすいが，他の原因を考えるべきである．

診　断：新鮮下痢便の直接塗抹標本で，鞭毛および波動膜による特有の運動をする虫体が多数認められることで容易に診断されるが，ジアルジアとの鑑別を要する．

治　療：メトロニダゾール 60 mg/kg/日を5日間連続投与する．

予　防：動物舎を清潔にする．とくに糞便の始末を励行する．

2.4.4　鳥類のトリコモナス症

原　因：鳥類の消化管には数種のトリコモナスの存在が知られているが，病原性を示すものは消化器上部寄生のハトトリコモナス（*Trichomonas gallinae*）と盲腸や肝臓に寄生する鶏トリコモナス（*Tetratrichomonas gallinarum*）の2種である．後者は，遺伝子解析により複数の種が含まれ，病原性や宿主域も異なることが報告されている．鶏の盲腸には非病原性の *Tritrichomonas ederthi*（前鞭毛3本）も寄生する．

(1)ハトトリコモナス

長楕円形ないし洋梨状を呈し，大きさは5～19×2～9 μm．4本の前鞭毛を有する．軸桿は細

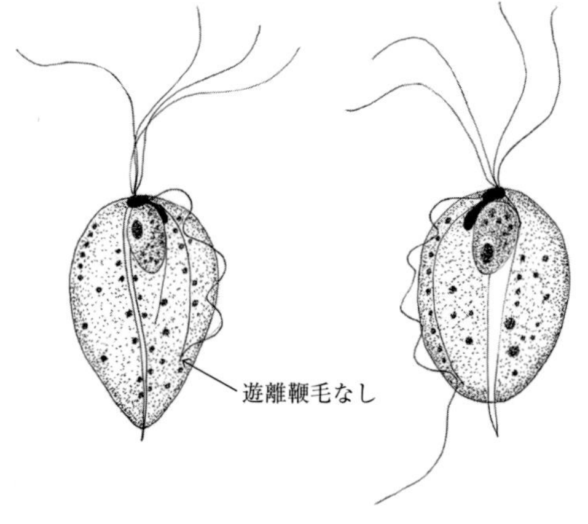

図 II.13　ハトトリコモナス［原図：今井壯一］　図 II.14　ニワトリトリコモナス［原図：今井壯一］

く，体の後端から突出する．後鞭毛は遊離鞭毛にはならない（図 II.13）．主としてハトの嗉嚢，食道，口腔，咽頭，前胃などに寄生するが，七面鳥，鶏，ウズラだけでなく猛禽類などにも感染する．世界各地に分布する．

(2)鶏トリコモナス

洋梨状を呈し，大きさは7～15×3～9 μmで，4本の前鞭毛を有し，後鞭毛は遊離鞭毛となる（図 II.14）．鶏，七面鳥，ホロホロチョウ，ウズラ，キジなどの盲腸，ときに肝臓に寄生する．世界各地に分布する．

感染および発育：いずれも栄養型虫体の経口摂取によって感染する．嚢子および偽嚢子はない．ハトトリコモナスは特有の伝播経路があり，親鳥の嗉嚢で作られるハトミルク（pigeon milk）を通して幼鳥に感染する．さらに，ハトを捕食するタカ，ハヤブサも感染することがある．重度の感染が起こると，上記寄生部位の他，肝臓，肺，気嚢，心臓，脾臓，膵臓などにも転移する．

鶏トリコモナスは糞便で汚染された飲水や飼料から感染する．

症状および解剖学的変状：

(1)ハトトリコモナス

ハトの成鳥ではほとんど病害がなく，ときに口腔，嗉嚢の潰瘍がみられる程度である．一方，雛鳥での病害は大きく，感染初期には口腔粘膜，口蓋縁後部に限界明瞭な黄色の小型病変を作り，次第に増数しながら個々の大きさも増す．病状が進

行すると脳底部に侵入することもある．口腔には大量の虫体を含む緑色の液を認める．咽喉頭および嗉嚢の初期病巣は黄白色のチーズ様の小結節であるが，これも次第に大きさを増し，ついには管腔を閉塞する．病巣の限界は明瞭で，中央がやや隆起した円盤状であるため yellow button とよばれている．重度の感染では肝臓や肺にも固い黄色の結節が認められ，腹部内臓器の癒着もみられる．罹患鳥は口の開閉ができず，食道の通過障害もあり，衰弱して死亡する．鶏，七面鳥での病巣はおもに嗉嚢，食道，喉頭にみられる．

(2)鶏トリコモナス

七面鳥，ホロホロチョウの雛が罹病しやすく，病状はヒストモナス症に類似する．本種の病原性については異論があり，単独感染で発症する症例は少なく，症例の多くはヒストモナス症と関連するとされるが，病原性株の存在が確認されている．本症では，盲腸中にチーズ様内容物がみられ，肝臓では辺縁が不規則で表面が盛り上がっている黄色病変が認められる．急性症では盲腸炎から水様性，泡沫性の淡黄色の下痢がみられ，食欲不振，被毛粗雑となる．慢性症では泡沫性で黄色の便を伴う間欠性下痢がみられる．

診　断：

(1)ハトトリコモナス症は口腔内などの上部消化器病変と症状から診断は比較的容易である．確定診断には虫体を検出することが必要である．虫体は口腔，食道，嗉嚢にみられるので，内容液を採取して直接塗抹により運動性を観察するか，ギムザ染色標本により検査する．本種は糞便中には検出されない．

(2)鶏トリコモナスの診断には新鮮糞便を用いて，直接塗抹標本で運動する虫体を検出する．診断に際しては，ヒストモナス症との同時感染があるので注意を要する．

治　療：メトロニダゾール 50 mg/kg/日を5日間投与する．またジメトリダゾール(dimetridazole) 50 mg/kg/日，あるいは 0.05％水溶液を飲水として5～6日間の投与も有効である．日本では食用の家禽へのジメトリダゾールおよびメトロニダゾールの使用は禁止されている．

予　防：病鳥の隔離．舎内の消毒には 0.5％クレゾールまたは 0.4％逆性石鹸液を用いる．ハトトリコモナスの七面鳥，鶏への感染予防にはこれらの水飲み場へのハトの侵入を阻止する．

2.4 節の参考文献

Benchimal, M. (2004) Trichomonads under Microscopy. *Microscopy and Microanalysis*, **10**, 528-550

Doi, J., *et al.* (2012) Intestinal *Tritrichomonas suis* (= *T. foetus*) infection in Japanese cats. *J. Vet. Med. Sci.* **74**：413-417

Gookin, J.L., *et al.* (2006) Efficacy of ronidazole for treatment of feline *Tritrichomonas foetus* infection. *J. Vet. Intern. Med.* **20**：536-543

2.5 ヒストモナス症 (Histomonosis)

原　因：家禽(鶏，七面鳥，クジャク)に起こる疾病で，かつては黒頭病(black head)ともいわれた．これは本症が初めて記載された際，斃死した七面鳥の頭部が黒変していたためであるが，実際にはこのような症状はほとんど認められず，現在は使用されない．ヒストモナス症は，エクスカバータ界(Excavata)，パラバサリア門(Parabalia)のトリトリコモナス目(Tritrichomonadida)に属する鞭毛虫類(Mastigophora)の *Histomonas meleagridis* が感染することによる．本種は形態により2型が存在し，内腔型(lumen form)，組織型(tissue form)とよばれる．内腔型虫体は宿主の盲腸腔内にみられ，形は多様でアメーバ様運動を行い，通常は1本，時に数本の鞭毛により緩やかに運動する．大きさは5～30 μm(図 II.15)．組織型虫体の形態は球状で，鞭毛はなくほとんど運動しない．主として肝臓組織にみられ，さかんに分裂して病巣を形成する(図 II.16)．組織型虫体

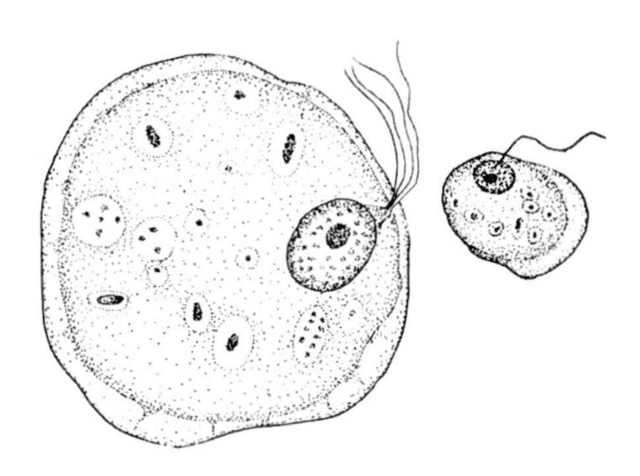

図 II.15　ヒストモナスの内腔形虫体［原図：今井壯一］
1～4本の鞭毛と1個の核がみられる．

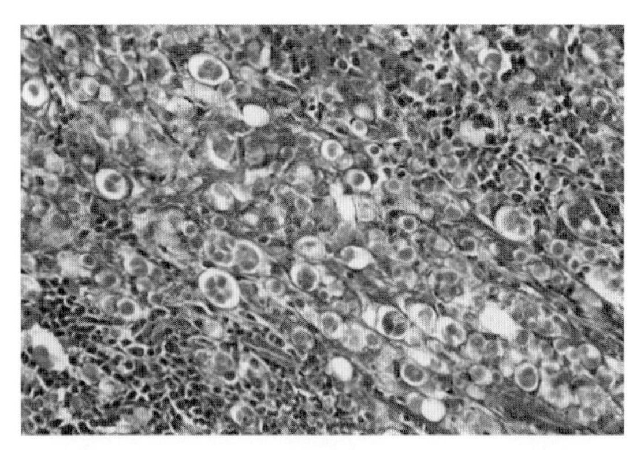

図 II.16　ヒストモナスの組織型虫体［原図：今井壯一］

は，さらに次の 3 期に分けられる．

①侵入期(invasive stage)：感染初期に盲腸および肝臓にみられる．古い病変の周辺部にも認められる．8 ～17 μm のアメーバ様の形態で，鈍円の仮足を有する．

②増殖期(vegetative stage)：肝臓の病巣中心部に多くみられる，大型で 12～21 × 12～15 μm．二分裂によりさかんに増殖する．

③抵抗期(resistant stage)：小型で 4 ～11 μm．肝臓にみられ，卵円形で厚い膜におおわれているようにみえる．

宿主は鶏，七面鳥，クジャクの他に，ウズラ，キジ，ホロホロチョウなどである．クジャクの幼鳥がもっとも感受性が高く，七面鳥がこれに続く．鶏は抵抗性が強く，感染しても多くは回復する．

感染および発育：本種は特徴的な生活環を有する．すなわち，伝搬はキジ目鳥類の盲腸に寄生する線虫である鶏盲腸虫(*Heterakis gallinarum*)を介する．宿主体内で，鶏盲腸虫が盲腸内容を摂食する際，ヒストモナス原虫が線虫体内に取り込まれ，体内に入った原虫は盲腸虫の腸管上皮に侵入して増殖した後，腸組織を破壊して体腔に出る．体腔から子宮に入り，そして虫卵内に侵入して増殖する．鶏盲腸虫の虫卵はとくに障害を受けることなく，卵内に感染子虫を形成する．原虫は虫卵内で保護される形となり，虫卵が外界に排出された後も長期間感染力を維持することができる．宿主がこの鶏盲腸虫の虫卵を摂取することにより，鶏盲腸虫とヒストモナス原虫の双方が感染する．鶏盲腸虫の感染子虫が小腸下部で孵化した後，原虫は感染子虫から遊離し，盲腸粘膜に侵入する．侵入した原虫は血流により肝臓に到達し，病巣を形成する．また，鶏盲腸虫の含子虫卵をシマミミズが摂取した場合，感染子虫がミミズ体内で孵化し，そのまま 1 年近く生存する．このシマミミズを鶏や七面鳥，クジャクなどが捕食すると双方の感染が成立する．また，ハエ，バッタ，ワラジムシなどによる機械的伝播も起こることが知られている．なお，糞便中には，内腔型原虫が排泄されるが，この原虫は外界において長時間生存できないため，この糞便を摂食することによる伝播は稀とされる．

症状および解剖学的変状：一般に症状は，感染後 7 ～12 日目頃に現れる．感染初期においては，橙黄色ないし黄色の水様性下痢が認められ，盲腸便がみられなくなる．食欲不振，抑うつ状態となり，羽根を垂下してたたずむ状態がみられる．重度の感染では，貧血，衰弱がみられる．末期では，チアノーゼのため頭冠，肉髯(にくぜん)が暗紫色となる．回復した宿主には免疫が成立する．幼鳥では症状が著しく，急性経過をとって数日以内に死亡するものもある．

盲腸の病変は，原虫の増殖により，盲腸壁が肥大，肥厚し，粘膜の炎症性変化が認められる．感染初期では小さな点状潰瘍であるが，大きくなると 10～15 mm 程度の潰瘍となり黄色斑状物として認められる．盲腸内には黄緑色のチーズ状のかたまりがみられる．潰瘍は時に盲腸壁を穿孔して腹膜炎を引き起こし，腹腔内の諸臓器との癒着を生じさせる．肝臓の病変は特徴的で，表面に円形の陥凹した大豆大ないし指頭大の病変を生じる(菊花状壊死)．初期病変では暗赤色であるが，後に混濁した黄緑色となる．周辺に白色の帯状部を生ずることもある．おもに肝小葉の胃側に面した部位に多くみられる(図 II.17)．

診　断：黄白色の下痢がみられ，臨床的にヒストモナス症が疑われる場合には剖検し，盲腸，肝臓の特徴的な病変を確認する．また，組織検査で原虫検出を行う．原虫の検出は一般に困難であるが，PAS 染色で円形の赤色物として認められ，HE 染色ではエオジン好性である．本症では血便はみられず，触診によって硬化した盲腸が確認で

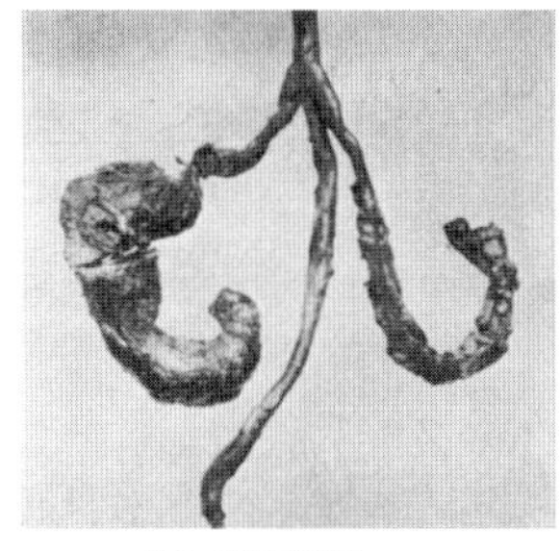
(a) 盲腸病変

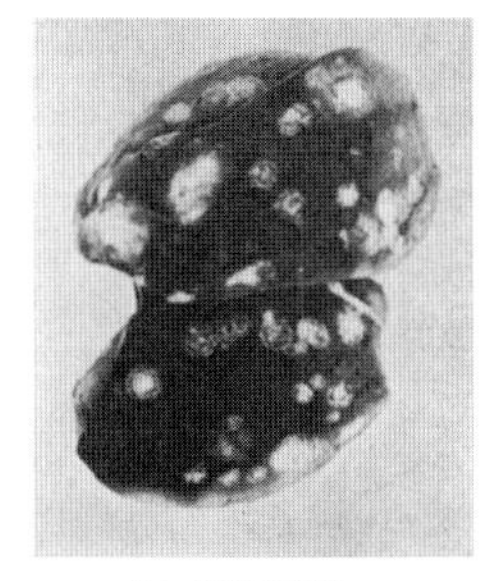
(b) 肝臓病変

図 II.17　ヒストモナス症の病変

きる．また，コクシジウムとの混合感染も考慮し，鑑別する必要がある．

治　療：ヒストモナスの駆虫薬としては，ニチアザイド(nithiazide)0.1〜0.2％水溶液を4〜6日間投与する．飲水を嫌う場合には，この水溶液を10〜20 ml強制投与する．一方，盲腸虫の駆虫薬としてはフェノチアジン(phenothiazine) 1羽あたり0.5〜1 g/kg，またはレバミゾール(levamisole)15〜30 mg/kgで投与される．

予　防：ヒストモナス原虫は，宿主体外では抵抗力が弱く，数時間で死滅する．しかし，鶏盲腸虫の虫卵内では2年以上生存可能とされ，鶏盲腸虫への対策が必要となる．鶏を他の家禽，とくに七面鳥と一緒に飼育する場合，鶏が保虫宿主となるおそれがある．

2.6 トリパノソーマ症 (Trypanosomosis)

トリパノソーマ属(*Trypanosoma*)原虫は，キネトプラスト(kinetoplast；鞭毛の起始部に位置するミトコンドリアDNAの集合体で，原虫の発育期によって核の前後に位置が変わる)を有する鞭毛虫類(Flagellated protozoa)であり，肉質鞭毛虫類(Sarcomastigophora)に分類されていた．近年の原生動物の高次分類によると，エクスカバータ界，ユーグレノゾア門(Euglenozoa)，キネトプラスト綱(Kinetoplastea)，トリパノソーマ目(Trypanosomatida)，トリパノソーマ科(Trypanosomatidae)に分類される．トリパノソーマ目はトリパノソーマ科の1科のみで構成される．すべて脊椎動物から分離されるが，血液および組織液寄生性がほとんどで，わずかに*Trypanosoma cruzi*など一部の種が細胞内に侵入する．ヒトのトリパノソーマ症は世界保健機構(World Health Organization：WHO)の定める「顧みられない熱帯病(Neglected Tropical Diseases：NTDs)」であり，動物のトリパノソーマ症は国際獣疫事務局(World Organization for Animal Health：OIE)の定める重要家畜感染症の1つである．日本では牛，水牛，馬のトリパノソーマ病は家畜伝染病予防法に基づく届出伝染病である．ヒトや動物に寄生するトリパノソーマはステルコラリア(Stercoraria)とサリバリア(Salivaria)の2つのセクション(section；区)に分類される．なお，セクションとは便宜的に亜属群を分けたもので，純分類学的なものではない．セクションの違いを表II.5にまとめた．動物に寄生する主要なトリパノソーマを表II.6に示した．日本では牛に寄生する*T. theileri*と，ラットに寄生する*T. lewisi*の2種に加え，シカからもステルコラリア区のトリパノソーマ(*Trypanosoma* sp.)が報告されている．なお，キネトプラスト綱原虫において

表 II.5　トリパノソーマの2セクションの比較(Hoare, 1966による)

相違点		ステルコラリア	サリバリア
形態	キネトプラスト	大型で明瞭	小型で不明瞭なこともある
	自由鞭毛	無鞭毛期虫体以外に存在し，比較的長い	欠くものや短いものがある
	波動膜の発育	悪い（ただし*T. theileri*はよく発達した波動膜をもつ）	一般によい
	体の後端	細く鋭い	丸いか鈍角
	その他	細胞体が三日月状にカーブしている	
媒介昆虫体内での発育		ほぼ全種が後腸で行う	ほぼ全種が吻〜中腸で行う
伝播方法		メタサイクリック型虫体を含む媒介者の排泄物を介して，経口，粘膜または皮膚創傷部から感染する	媒介者の刺咬・吸血時に唾液腺あるいは吻に存在するメタサイクリック型虫体が注入されて感染する
病原性		強い病原性を示すのは*T. cruzi*のみ	病原性の強い種が多い

［井上 昇］

表 II.6　おもなトリパノソーマ(*Trypanosoma*)原虫

(a) セクション：ステルコラリア

種　　名	宿　　主	分　　布	病　　名
Megatrypanum 亜属			
Trypanosoma theileri	牛，レイヨウ，アンテロープ	世界的．日本にもいる．	非病原性
Herpetosoma 亜属			
Trypanosoma lewisi	*Rattus* 属のネズミ	世界的．日本にもいる．	非病原性
Schizotrypanum 亜属			
Trypanosoma cruzi	ヒト，犬，猫，アルマジロ，オポッサムなど150種以上の哺乳動物	米国南部，中南米	シャーガス病
Trypanosoma rangeli	ヒトを含む多くの哺乳動物	中南米	病原性は低い

(b) セクション：サリバリア

種　　名	宿　　主	分　　布	病　　名
Duttonella 亜属			
Trypanosoma vivax vivax	有蹄類	熱帯アフリカ	ナガナ
Trypanosoma vivax viennei	有蹄類	中南米	セカデラ
Nannomonas 亜属			
Trypanosoma congolense	牛，馬，めん羊，山羊，ラクダ，豚，犬	熱帯アフリカ	ナガナ
Trypanosoma simiae	豚，牛，馬，ラクダ	熱帯アフリカ	
Pycnomonas 亜属			
Trypanosoma suis	豚	熱帯アフリカ	
Trypanozoon 亜属			
Trypanosoma brucei brucei	全家畜，レイヨウ，アンテロープなど	熱帯アフリカ	ナガナ
Trypanosoma brucei gambiense	ヒト，豚，めん羊	西アフリカ	ヒトの睡眠病
Trypanosoma brucei rhodesiense	ヒト，牛，豚，山羊，アンテロープなど	東アフリカ	ヒトの睡眠病
Trypanosoma equiperdum	馬，ロバ，ラバ	北アフリカ，中近東，中央アジア，インドネシア	媾疫
Trypanosoma evansi	ラクダ，牛，馬，山羊，犬，野生動物など	熱帯アフリカ，中南米，中近東，アジア各地	スーラ

［井上 昇］

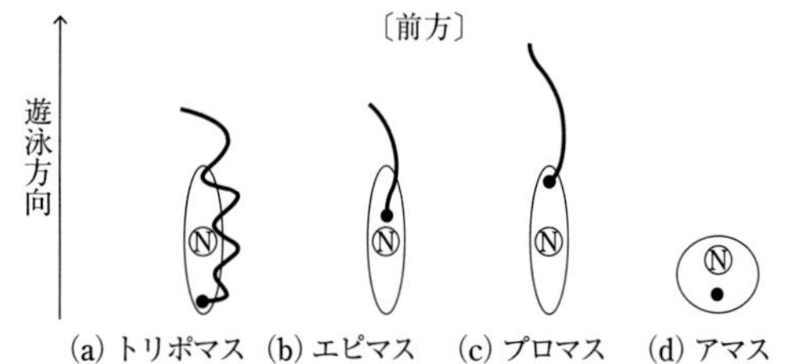

図 II.18　核(N)とキネトプラスト(黒小丸)の位置関係および鞭毛の有無を基準としたトリパノソーマ目原虫の発育環ステージにおける4態［原図：井上 昇］

は，細胞核とキネトプラストとの位置関係，鞭毛および波動膜の有無に基づいた4種類の発育期，すなわちトリポマスティゴート(trypomastigote)，エピマスティゴート(epimastigote)，アマスティゴート(amastigote)，そしてプロマスティゴート(promastigote)が区別される(図 II.18)．クルーズトリパノソーマではプロマスティゴート以外の全発育期，サリバリア区のトリパノソーマではトリポマスティゴートおよびエピマスティゴートの2発育期，リーシュマニアではアマスティゴートとプロマスティゴートの2発育期が認められる．

2.6.1　クルーズトリパノソーマ (*Trypanosoma cruzi*)

Schizotrypanum 亜属の原虫で，サシガメにより生物学的に伝播され，中南米に流行するヒトのシャーガス病(Chagas disease)の原因となる．

原　因：*Trypanosoma cruzi*

①分布：米国南部の諸州を含む中南米各地．

②媒介者：アカモンサシガメ(*Panstrongylus megistus*)，*Triatoma infestans*，*Rhodnius prolixus* などの100種以上のサシガメ類．

③感受性動物：ヒト，犬，猫，サル，アルマジロなど150種以上の様々な哺乳類．自然界で重視される保虫宿主(reservoir host)は流行地域で異

なり，中南米ではアルマジロやオポッサム，米国ではアライグマなどが重要である．

発育および生態：ヒトなど哺乳動物宿主の血液内ではトリポマスティゴート，心筋その他の細胞内ではアマスティゴートの発育期をとる．トリポマスティゴートは，長径 16～21 μm で多形性を示すが「C 字」状の形態を示すことが多い．比較的長い自由鞭毛をもち，キネトプラストは非常に大きく(直径 1 μm)虫体後端に位置する．核は円形または楕円形で体中央より少し前方(自由鞭毛側)に位置する．アマスティゴートは，鞭毛を欠き球形ないし楕円形で宿主細胞の細胞質内に集塊で寄生する(偽シスト：pseudocyst)．血流中のトリポマスティゴートはサシガメの吸血に伴い，中腸内に取り込まれてエピマスティゴートに分化し腸管上皮に接着して増殖する．エピマスティゴートは 6 ～15 μm で湾曲のほとんどない太短い紡錘形である．エピマスティゴートは後腸で動物宿主に感染性を有するメタサイクリック型トリポマスティゴートに分化し，サシガメの糞とともに外界に放出される．感染は，痒みを感じた宿主が刺咬部位を舐めたり，目を擦ったり(経粘膜感染)，引っ掻いて糞中に存在するメタサイクリック型トリポマスティゴートを傷口に擦り込んだりする(創傷感染)ことで起きる．また母子感染や臓器移植および輸血に伴う医原性感染も報告されている．

症　状：虫体は全身の細胞に侵入し増殖するが，とくに網内系と心筋，骨格筋，平滑筋の細胞に多く，虫体侵入部位は浮腫，結節状の腫脹があり，近傍のリンパ節の腫脹を伴う．急性症状は 4 歳以下の子供で多く，高熱，全身性の浮腫，脾臓や肝臓の肥大，原虫血症，心筋炎，脳炎などを生じ，心筋炎や脳炎の進行により感染後数週間で死亡する(急性シャーガス病)．発症までの期間は 1 ～ 2 週間である．原虫が侵入した部位に起きる特徴的な浮腫は大きく分けて 2 種類あり眼瞼周囲に偏側性に生じた浮腫はロマーニャ徴候(Romaña's sign)，感染局所の腫瘤はシャゴーマ(Chagoma)とよばれる．成人の場合，急性期の症状は他の感染症と区別しがたく症状も弱いため，見過ごされることが多い．数年の経過を経て緩徐に進行する慢性期には種々の臓器障害を示すことが多く，本疾病でもっとも特徴的な慢性期の症状は心筋炎および消化器系臓器，とくに食道および結腸の肥大であり，いずれの場合も極度の線維化を伴う．巨大食道症では嚥下困難，巨大結腸症では重篤な便秘を伴う．

診　断：原虫は急性期の発熱時以外には血液中からの検出が難しい．ロマーニャ徴候やシャゴーマのような特徴的臨床症状は参考になる．慢性期にはシャーガス病による心筋炎に特徴的な心電図波形である右脚ブロック(right bundle branch block)が約半数の患者に認められる．また，間接血球凝集反応(IHA)，間接蛍光抗体法(IFA)および酵素抗体法(ELISA)などの血清学的検査が慢性期の診断およびスクリーニング検査に一般的に用いられる．IHA は 50 年以上前から行われている方法で，原虫抗原で感作した赤血球を用いる．特異性は 95％以上で比較的迅速(2 時間程度)かつ簡便な点が特徴である．IFA は IHA よりも高感度であるが，非特異反応が強く，リーシュマニアとの交叉反応も報告されている．ELISA も IFA と同様に非特異反応や交叉反応が問題となり，今後さらに改良が必要である．イムノクロマトグラフィーによるディップスティックテストや ELISA 法には市販の診断用キットがある．また本疾病の診断法に特徴的な体外診断法(xenodiagnosis)として，実験室内で飼育・繁殖した非感染サシガメを患者に吸血させ，数週間後にサシガメ体内で増殖したエピマスティゴートの有無を検査して診断する．その他，生検材料を N.N.N.培地(Novy MacNeal Nicolle の培地)，LIT(liver infusion tryptose)培地を用いて 25～28℃で培養すると，エピマスティゴートが増殖する．HeLa 細胞や鶏胎児細胞に感染させて 37℃で培養すると，アマスティゴートも出現する．

2.6.2　ブルーストリパノソーマ (*Trypanosoma brucei*)

Trypanozoon 亜属の原虫で，ツェツェバエ(*Glossina* spp.)により生物学的に伝播され，動物のアフリカトリパノソーマ症(ナガナ：nagana)やヒトの睡眠病(sleeping sickness)の原因とな

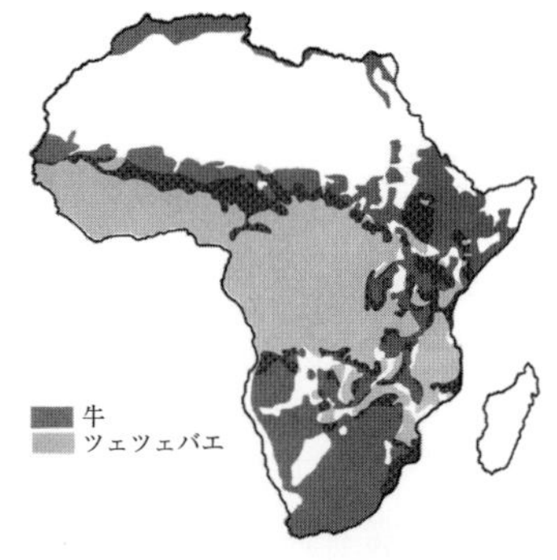

図 II.19　牛飼養とツェツェベルト［ILRAD(1990)］

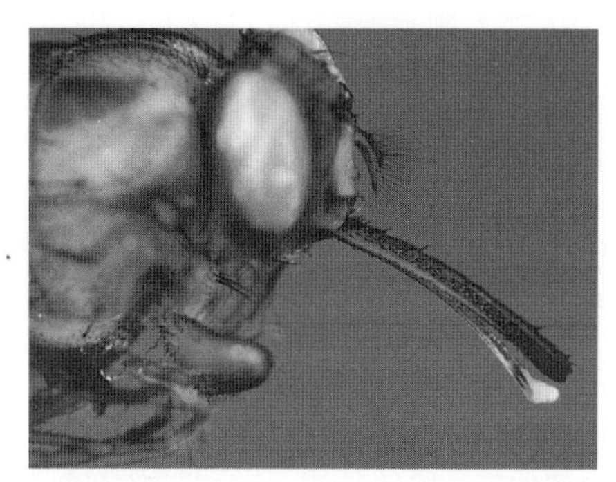

図 II.20　ツェツェバエ(*Glossina morsitans*)の口器［原図：藤﨑幸藏］

る．

原　因：*Trypanosoma brucei*

①分布：北緯 14 度から南緯 29 度の熱帯アフリカのツェツェベルト(tsetse belt)地帯に位置する 36 か国(図 II.19)．

T. brucei brucei：アフリカのツェツェバエ(図 II.20)が分布する全地域．

T. b. gambiense：北部中央アフリカ，西アフリカ(北緯 15 度～南緯 20 度)．

T. b. rhodesiense：東アフリカ，南部中央アフリカ．

②分類：後述する *T. equiperdum* および *T. evansi* とともに *Trypanozoon* 亜属に分類される．本種は一般に *T. brucei brucei*，*T. b. gambiense*，*T. b. rhodesiense* の 3 亜種に分けられる．ヒトに感染しない *T. b. brucei* と，感染する *T. b. gambiense* および *T. b. rhodesiense* との鑑別法は，ヒト血清に対する感受性を調べることによって行う．すなわち，ヒト血清存在下でトリパノソーマを培養することによって，ヒト血清感受性の *T. b. brucei* は短時間に自己融解を起こして死滅し，ヒトに感染する *T. b. gambiense* および *T. b. rhodesiense* は実験動物などへの感染性を有したまま生存する．*T. b. rhodesiense* からはヒト血清抵抗性に関係する遺伝子(Serum Resistance Associated gene：SRA)がクローニングされ，種鑑別 PCR に用いられている．

③媒介者：

T. b. brucei：ほとんどのツェツェバエ種．

T. b. gambiense：wet fly といわれる，河川や湿地帯に棲息する *G. palpalis* 群のツェツェバエ．

T. b. rhodesiense：dry fly といわれる，サバンナや森林など低湿地に棲息する *G. morsitans* 群のツェツェバエ．

④感受性動物：

T. b. brucei：馬，ロバ，牛，羊，山羊，豚，犬，猫，マウスなどのあらゆる家畜，実験小動物，食肉類などが感染する．ヒトには感染しない．

T. b. gambiense：ヒト，豚，羊などに感染する．動物は保虫宿主で発症しない．保虫宿主の本原虫流行における役割は *T. b. rhodesiense* ほど重要ではないと考えられている．ヒトの慢性睡眠病の原因となる．

T. b. rhodesiense：ヒト，牛，豚，山羊，アンテロープなどに感染する．ヒト以外の動物は保虫宿主であり，本疾病流行における役割は重要である．ヒトの急性睡眠病の原因となる．

発育および生態：各亜種の宿主血液中におけるトリポマスティゴートの形態に差は認められない．すなわち，血流型トリポマスティゴート(bloodstream form：BSF)は感染初期には細長型(long slender form；長径 23～30 μm で，キネトプラストは小さく直径 0.6 μm，核は虫体のほぼ中央に位置する，波動膜が明瞭，自由鞭毛が存在)が多く認められ，血中原虫数の上昇に伴い短小型虫体(short stumpy form；長径 17～22 μm，キネトプラストはやや大きく虫体後端に位置，自由鞭毛は消失)が多く出現するなど，多形性が顕著である．血流型トリポマスティゴートは変異性表面糖タンパク質(variant surface glycoprotein：VSG)の高頻度抗原変異により宿主免疫による虫体排除を回避している．なお，血流型トリポマス

表 II.7 サリバリア区のトリパノソーマの発育環の比較

		伝播様式	BSF	PCF	EMF	MCF
Tsetse transmitted trypanosome	*T. brucei*	生物学的伝播	血流，組織，脳脊髄液 多形性	ツェツェバエ 中腸	ツェツェバエ 唾液腺	ツエツェバエ 唾液腺
	T. congolense	生物学的伝播	血流 血管内皮に接着して増殖	ツェツェバエ 中腸	ツェツェバエ 吻内腔	ツェツェバエ 吻内腔
	T. vivax	生物学的伝播 （アフリカ） 機械的伝播 （中南米）	血流	ツェツェバエ 吻内腔 —	ツェツェバエ 吻内腔 —	ツェツェバェ 吻内腔 —
Non-Tsetse transmitted trypanosome	*T. evansi*	機械的伝播	血流，組織中，脳脊髄液	—	—	—
	T. equiperdum	機械的伝播 （交尾感染）	生殖器粘膜，組織中 皮膚，脳脊髄液	—	—	—

BSF：血流型トリポマスティゴート，PCF：プロサイクリック型トリポマスティゴート，EMF：エピマスティゴート，MCF：メタサイクリック型トリポマスティゴート

ティゴートは血液中で二分裂増殖するのみならず，血管内皮細胞や血液脳関門を通過して全身の脂肪組織，脳脊髄液，リンパ液中などにも寄生する．吸血によってツェツェバエ中腸内に取り込まれたBSFのうち短小型虫体のみが，プロサイクリック型トリポマスティゴート（procyclic form：PCF）に分化し，哺乳類宿主に対する感染力を消失するとともに中腸で活発に増殖する．PCFは消化管を逆行して唾液腺に移行し，エピマスティゴート型虫体（epimastigote form：EMF）へと分化して唾液腺上皮細胞に付着して増殖を続け，最終的に哺乳類への感染性を有するメタサイクリック型トリポマスティゴート（metacyclic form：MCF）となる．MCFがツェツェバエの唾液とともに宿主に注入されると，BSFに分化して感染が成立する．吸血後，唾液腺にMCFが出現するまでの日数は，20～50日である．サリバリア区のトリパノソーマの発育環を表にまとめた（表II.7）．

症　状：*T. b. brucei*：地域や分離株などで病原性が異なる．一般に馬，ロバ，ラクダ，犬では急性的かつ致死的な経過をたどり，馬の場合数週間から数か月で死亡する．羊，山羊は亜急性の経過を，また牛，豚は慢性経過をとる．症状としては，間歇熱，貧血，悪液質による衰弱，四肢・下腹部の浮腫，肝・脾種，運動失調，角膜炎から角膜混濁，失明，麻痺などがみられる．

T. b. gambiense：ヒトのガンビアトリパノソーマ症（慢性睡眠病）を起こし，感染後数年かけて致死的な経過をたどる．感染初期には発熱，関節痛，リンパ節腫大などの非特異的な症状を呈す．血流型トリポマスティゴートの血流中での増殖および中枢神経系への侵入により症状は増悪し，高熱，肝腫，脾腫，頭痛，不眠などの症状を呈し，末期には神経症状（意識混濁，昏睡，感覚異常，異食症など）を呈し死亡する．原虫がリンパ管内に侵入することによる後頚部のリンパ節腫張（ウインターボトム徴候：Winterbottom's sign）は，本原虫感染に特徴的症状である．2013年にWHOが報告したヒトトリパノソーマ症の新規症例のうち，98%以上がガンビアトリパノソーマ症であった．

T. b. rhodesiense：ヒトのローデシアトリパノソーマ症（急性睡眠病）を起こし，感染後数週間から数か月で致死的な経過をたどる．症状は慢性睡眠病に類似する．

診　断：特徴的な臨床症状は診断の参考になる．原虫の検出と同定は，一般に末梢血液，リンパ節の穿刺液および脳脊髄液の生鮮標本，またはギムザ染色標本を作製し鏡検により行う．ヒトトリパノソーマ症では第1期（原虫が血流中でのみ検出される期間）と第2期（原虫が脳脊髄液中でも検出される期間）では治療薬が異なるため，両者の鑑別が必須である．検出感度を向上させるためには，ヘパリン処理ヘマトクリット管を用いてサンプルを遠心し白血球層に濃縮された虫体を検出する方法，もしくは陰イオン交換カラムを用いて

虫体を濃縮する方法が用いられる．血中原虫濃度が低く虫体が直接検出されない場合は，被検材料を実験動物（おもにマウス）に接種し，虫体を増殖・検出する．しかし亜種や分離株により実験動物への感染性が異なり，検出感度は異なる．虫体の培養手法は発育期によって異なり，BSF は 20％牛胎仔血清添加 HMI-9 培地を用いて 37℃で培養することによって継代するが，分離株によっては培養が困難である．ツェツェバエ中腸内の虫体（PCF）の培養は 20％牛胎仔血清添加 TVM-1 培地を用いて 27℃で行う．BSF はこの条件化で培養すると PCF へ分化する．*T. congolense* と *T. brucei* ではさらに PCF から EMF，MCF への分化誘導を試験管内培養で行うことも可能であるが，すべての分離株で行えるわけではない．

2.6.3　その他のトリパノソーマ症

（1）*Trypanosoma congolense*（図 II.21）

Nannomonas 亜属の原虫で，ツェツェバエによって生物学的に伝播され，動物トリパノソーマ症（ナガナ）の原因となる．

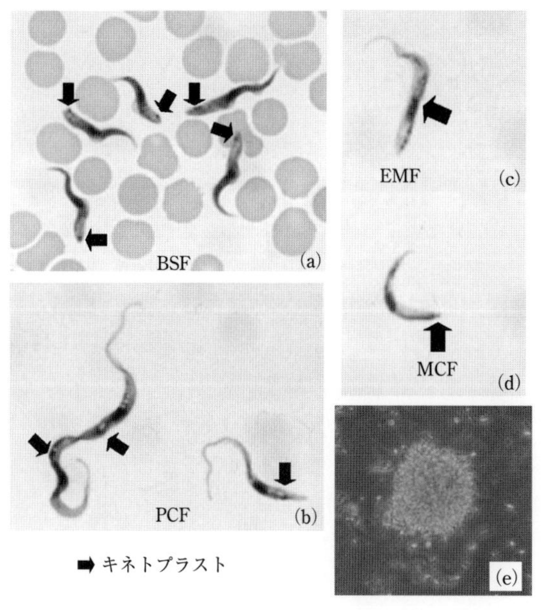

図 II.21　*Trypanosoma congolense*［原図：井上　昇］
(a) 感染マウス血液由来血流型トリポマスティゴート（BSF），(b〜d) 試験管内培養で分化させた昆虫体内型虫体；(b) 昆虫型トリポマスティゴート（プロサイクリック型虫体：PCF），(c) エピマスティゴート（EMF），(d) メタサイクリック型トリポマスティゴート（MCF），(e) フラスコ底面に接着し増殖する EMF 虫体のコロニー．

①分布：熱帯アフリカのツェツェベルト地帯

②発育および生態：BSF は鞭毛先端部で血管内皮細胞上に弱く接着し，分裂増殖する．*T. brucei* と異なり血管内のみに寄生し，多形性を示さない．吸血によってツェツェバエ中腸内に取り込まれた虫体は PCF に分化して哺乳類宿主に対する感染力を消失するとともに，中腸で活発に増殖する．PCF はツェツェバエの唾液腺ではなく口吻（proboscis）に移行し，EMF へと分化する．EMF は口吻内腔に接着しコロニーを形成して増殖を続け，最終的に哺乳類への感染性を有する MCF となる点も，*T. brucei* とは異なる点である．この MCF がツェツェバエの唾液とともに宿主に注入されると，BSF に分化して感染が成立する．吸血後，吻に BSF が出現するまでの日数は，20〜50 日である．培養方法は *T. brucei* に準ずる．

③感受性動物および症状：牛，羊，山羊，ラクダ，豚，犬，猫などに寄生する．牛とラクダは感受性が高い．感染後急性，亜急性に推移して 3〜4 週間の経過で死亡，もしくは慢性に推移する．症状は，間歇熱，貧血，浮腫，悪液質など消耗性疾患の状態が一般にみられる．

（2）*Trypanosoma vivax*

Duttonella 亜属の原虫で，*T. vivax vivax*，*T. v. viennei* などの亜種がある．

①分布および生態：*T. v. vivax* 熱帯アフリカのツェツェベルト地帯およびその周辺国に分布し，ツェツェバエ類によって生物学的に伝播される．*T. v. viennei* は中南米に分布し，アブなどの吸血昆虫や吸血コウモリの吸血により機械的に伝播される．ツェツェバエ体内での発育部位が吻と咽頭部分に限られている点は本種の特徴であり，それゆえアブなどによる機械的伝播も可能となったと考えられている．

②感受性動物：反芻獣に対する病原性が高く，とくに牛への病原性が高い．

（3）*Trypanosoma equiperdum*（媾疫トリパノソーマ）

Trypanozoon 亜属の原虫で，交尾によって機械的に伝播され，媾疫（dourine）の原因となる．媒介者を必要としない唯一のトリパノソーマであ

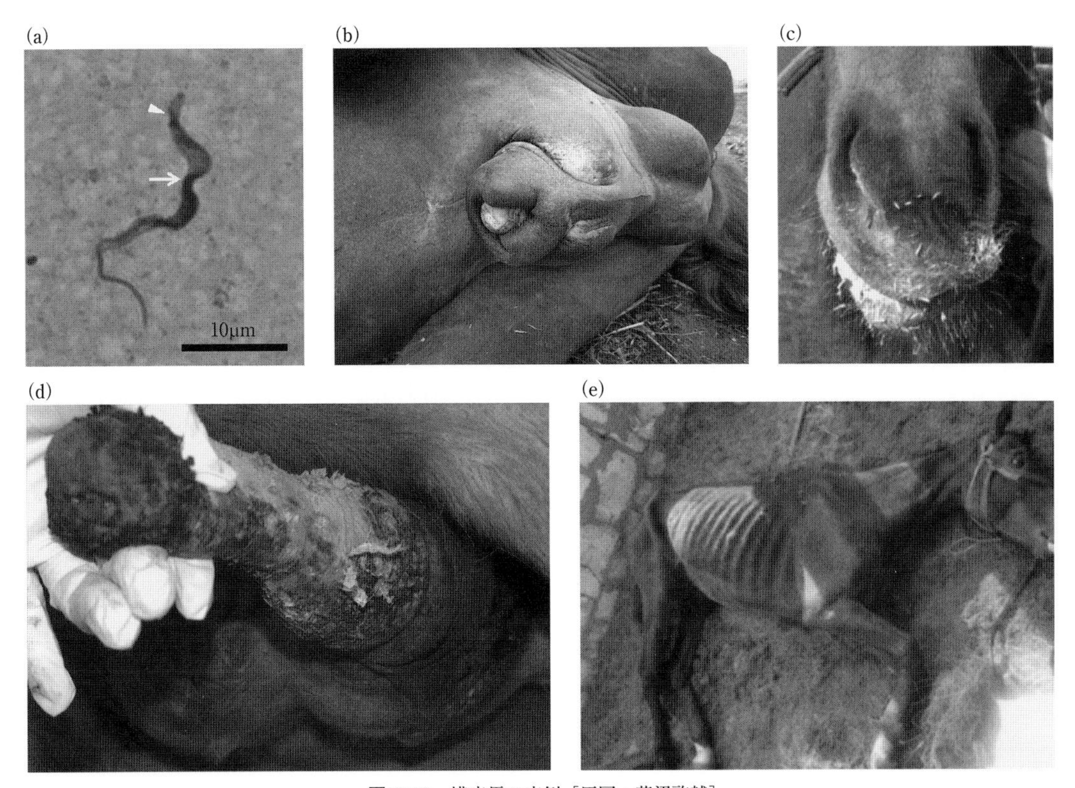

図 II.22 媾疫馬の症例［原図：菅沼啓輔］
(a)媾疫馬の尿道粘膜から採取した *T. equiperdum* 血流型トリポマスティゴート．矢印：核，矢頭：キネトプラスト．(b)陰茎包皮の腫脹．(c)顔面神経麻痺により左右非対称になった口唇．(d)恥垢が集積した陰茎．(e)削痩して瀕死状態の馬．

り，ウマ属に特異的に感染する．

①分布：世界各地に分布していたが，繁殖衛生の向上により分布域は縮小した．しかし近年モンゴル，イタリア，ベネズエラ，エチオピアで媾疫の流行もしくは *T. equiperdum* の分離例が報告されている．

②発育および生態(図 II.22)：他種トリパノソーマと異なり，生殖器粘膜が一次感染巣となる．感染経過とともに組織内，脳脊髄液中へと侵入すると考えられる．血流中に原虫が認められることは稀である．BSF は自由鞭毛が長く長径 15.5～36 μm で，多形性を示さない．宿主域が非常に狭いため，実験動物を用いた *T. equiperdum* の分離は困難である．生殖器粘膜に寄生する *T. equiperdum* を軟寒天培地により直接分離・培養することが可能である．

③感受性動物および症状(図 II.22)：ウマ属(馬，ロバなど)に特異的に感染し，中でも馬は感受性が高い．一次感染巣である生殖器周辺の病変が特徴である．感染後 1 週間から数か月で発病し，初期症状として生殖器周囲の浮腫，腫脹が認められ，感染経過とともに下腹部にも腫脹が広がる．また，生殖器粘膜の点状出血，潰瘍も認められ，雄馬では恥垢の著しい集積も認められる．生殖器で増殖した原虫は体組織に侵入し，皮膚には直径 5 ～ 8 cm，厚さ 1 cm の円形浮腫性斑が現れる．ターラー斑(Taler-flecke)とよばれるこの斑は不規則に消失と出現を繰り返す．感染後期には発熱，貧血，削痩，悪液質などの全身症状が現れるとともに，脳脊髄液内に侵入した原虫によると考えられる神経症状(運動失調，顔面麻痺)が認められる．剖検では生殖器粘膜への炎症細胞浸潤，多発性末梢神経節炎，麻痺部位に一致する骨格筋の神経原性萎縮が認められる．感染馬の死亡率は 50%以上に達し，通常は 1 ～ 2 か月で死亡する．慢性経過をとるものは 1 ～ 2 年，時に 4 ～ 5 年の生存をみるものがある．

④診断：血液検査で虫体を発見することは難しいが，生殖器に現れる特徴的な臨床症状から診断は容易である．さらに生殖器粘膜スメア中にトリ

パノソーマが認められれば，*T. equiperdum* による媾疫と確定診断可能である．なお，*T. equiperdum* は，同じ *Trypanozoon* 亜属に属する *T. brucei*，*T. evansi* と遺伝的に非常に近縁であるため，形態学的・分子生物学的な手法ではこれらの種の鑑別は困難である．

(4) *Trypanosoma evansi*

Trypanozoon 亜属の原虫で，吸血昆虫などによって機械的に伝播され，スーラ(surra)の原因となる．

①分布：分布は北アフリカ，中南米，東南アジア，中国，中近東，インドなど世界的であるが，近年流行が拡大傾向にあり，日本への侵入を警戒する必要がもっとも高い家畜トリパノソーマである．またインド(2005年)，ベトナム(2015年)でヒトの感染例が報告され，新たな人獣共通感染症となる可能性もある．ツェツェバエによって媒介されるトリパノソーマと区別するために，前述の *T. equiperdum* と合わせて，非ツェツェ媒介性動物トリパノソーマ(Non-tsetse transmitted animal trypanosomes：NTTAT)と総称される．

②媒介者：アブ(アブ属(*Tabanus*)，ゴマフアブ属(*Haematopota*)，キンメアブ属(*Chrysops*))，サシバエ(*Stomoxys* 属)などの各種吸血昆虫が主要な媒介者であり，機械的伝播により媒介される．また，肉食動物が感染動物を捕食する際に経粘膜的に感染することや，南米では感染した吸血コウモリが伝播することも知られている．

③感受性動物：宿主域は広く家畜，野生動物，実験動物に感染する．とくに馬，ラクダでは激しい発病が認められ，水牛，犬も感受性が高い．一方，牛，羊，山羊は感受性が低いため，これらが保虫宿主となることが多い．

④発育および生態：血流型トリポマスティゴートのみであり，多形性は示さない．形態学的には *T. brucei* と鑑別できないが，キネトプラストDNAを標的としたPCRで分子生物学的に鑑別可能である．実験動物(マウス)の感受性が高いため，感染血液を実験動物に接種することで分離が可能であることが多い．血流型トリポマスティゴートの培養方法は *T. brucei* に準ずる．

⑤症状：臨床症状はナガナに類似し，症状としては発熱，貧血，削痩，悪液質，浮腫，後躯麻痺，脳症状などの神経症状がみられる．血尿，血色素尿，タンパク尿の排泄もあり，ラクダでは尿に特有の臭気がある．剖検ではリンパ節腫脹と脾種が顕著で，肝の種大の他，腎の腫大もしばしばみられる．

(5) *Trypanosoma theileri*

ステルコラリア区 *Megatrypanum* 亜属に属する大型のトリパノソーマである．

①分布および発育：世界各地に分布し，日本の放牧牛からもしばしば検出される．非常に大型(31〜65 × 1.4〜5.0 μm)で，時に100 μmに達するものも認められる．後端は長く尖っており，核は虫体の中央近くに位置する．キネトプラストは大形(1.1 μm)で丸い．自由鞭毛や波動膜もよく発達する(図II.23)．

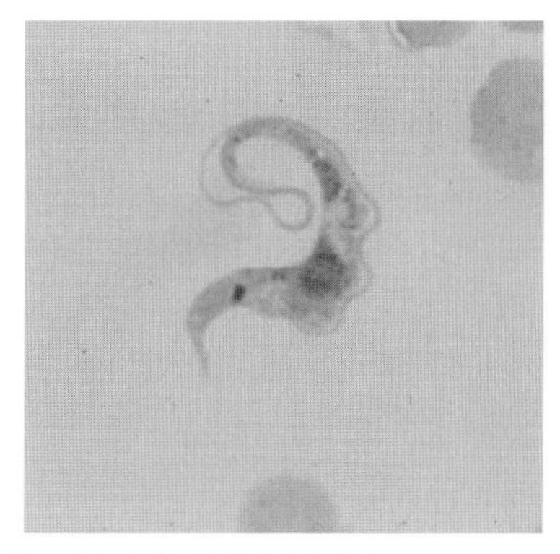

図 II.23　日本の牛から検出された *Trypanosoma theileri*［原図：藤﨑幸藏］

図 II.24　ツェツェバエトラップ［原図：井上　昇］
ツェツェバエ駆除のためのターゲット(a)とイプシロン型ツェツェトラップ．トラップ開口部(b)，全体像(c)および上部のツェツェバエ捕獲部位(d)

②媒介者：アブ，サシバエの吸血によって機械的に伝播される場合と，感染アブ，サシバエの糞や腸内容物が粘膜や傷口を汚染して伝播される場合とがある．またイボマダニ属のマダニ（*Hyalomma anatolicum*）を介した感染事例も報告されているため，マダニ類が媒介者として機能している可能性もある．

③症状：病原性はないとされてきたが，最近は乳量減少や流産の原因になることが疑われている．とくにストレスや他疾患との合併で病勢が増悪するとされる．試験管内培養が可能である．

2.6.4 トリパノソーマ症の診断・治療および媒介昆虫の駆除

表 II.8 にトリパノソーマ症に対する診断法，治療薬および媒介昆虫の駆除法についてまとめた．

2.6 節の参考文献

ILRAD (1990) *Annual report of the International Laboratory for Research on Animal Diseases*
https://cgspace.cgiar.org/handle/10568/49888

2.7 リーシュマニア症 (Leishmaniosis)

リーシュマニア属（*Leishmania*）の原虫は，トリパノソーマなどと同じくキネトプラストを有する鞭毛虫類であり，キネトプラスト綱，トリパノソーマ科，リーシュマニア亜科に高次分類される．表 II.9 に主要なリーシュマニアの種を示した．ヒトのリーシュマニア症は WHO の定める NTDs の 1 つであり，犬のリーシュマニア症は OIE の定める重要家畜感染症の 1 つである．リーシュマニア属原虫は媒介者であるサシチョウバエ（sand fly）体内での発育を基準として *Leishmania* 亜属と *Viannia* 亜属に分けられる．生化学的性状からさらに細かく種分類がなされている．

原　因：*Leishmania* spp.

①分布：種によって異なるが，熱帯，亜熱帯を中心に温帯まで広く世界各地に分布する．

②分類：

(1) *Leishmania* 亜属

ドノバンリーシュマニア群（Donovani complex）：*Leishmania* (*Leishmania*) *donovani*, *L.* (*L.*) *infantum* など．新世界に分布する *L.* (*L.*) *chagasi* は *L. infantum* のシノニム．内臓リーシュマニア症（visceral leishmaniosis）の原因となる．

L. donovani は中央アフリカ，中近東，インド亜大陸，中国に分布し，ヒトのカラ・アザール（kala-azar）の原因となる．ヒトが宿主である．

L. infantum は北アフリカ，地中海沿岸，東欧，中近東，中央～西アジア，中南米諸国に分布し小児リーシュマニア症の原因となる．宿主は犬，キツネ，ジャッカル，オオカミ，ヤマアラシなどで，ヒトは偶発宿主（accidental host）である．

熱帯リーシュマニア群（Tropica complex）：*L.* (*L.*) *tropica*, *L.* (*L.*) *major*, *L.* (*L.*) *aethiopia* など．旧世界の皮膚リーシュマニア症（cutaneous leishmaniosis）の原因となる．

L. tropica は中央～北アフリカ，中近東，中央アジア，インド亜大陸に分布し，乾燥性の皮疹などの病変を形成する東洋瘤腫（oriental sore）の病原体である．犬への自然寄生は認められるが，犬からヒトへの伝播はないとされている．都市部での発生が多い．

L. major は中央～北アフリカ，中近東，中央アジアに分布し，クレーター状潰瘍などの湿性皮膚病変を形成する．*L. tropica* と異なりアレチネズミ（gerbil）など穴居性ネズミがおもな保虫宿主であり，田園地帯で発生する事例が多い．

L. aethiopia はおもにエチオピア，ケニアに分布し，多くは皮膚病変を形成するが後述する粘膜皮膚型の病変を形成することもある．

メキシコリーシュマニア群（Mexicana complex）：*L.* (*L.*) *mexicana*, *L.* (*L.*) *amazonensis*, *L.* (*L.*) *venezuelensis* など．中南米諸国に分布し，新世界の皮膚リーシュマニア症，別名チクレロ潰瘍（chiclero's ulcer）の原因となる．おもに森林性のげっ歯類とオポッサムに寄生し，皮膚リーシュマニア症の原因となる．

(2) *Viannia* 亜属

ブラジルリーシュマニア群（Braziliensis complex）：*L.* (*Viannia*) *braziliensis*, *L.* (*V.*) *guyanensis*, *L.* (*V.*) *panamensis* など．中南米諸国に分布し，新世界の皮膚リーシュマニア症の原因とな

表 II.8　トリパノソーマ症のおもな診断法，治療薬および媒介昆虫駆除法

診断法	湿層塗抹法	新鮮な血液，骨髄穿刺液またはリンパ節の生検材料を用い，鏡検で原虫を検出する．
	ヘマトクリット遠心法	高速遠心で得た白血球層直上の血漿層（原虫が集中している）を用い，鏡検で原虫を検出する．
	陰イオン交換カラム法	陰イオン交換カラムを通過させることで血球を取り除き原虫のみを精製した後，遠心し鏡検で原虫を検出する．
	厚層塗抹染色法	血液，リンパ節，脾臓からの生検材料を用い，厚層塗抹ギムザ染色標本を作製し，鏡検で原虫を検出する．
	実験動物接種法	生検材料を実験動物（マウスなど）に接種して原虫を増殖させ分離する．
	体外診断法	無菌的に飼育した媒介節足動物に患者の血液を吸血させ，感染の有無を調べる．
	血清診断法	ラテックス凝集反応，間接血球凝集反応，補体結合反応，間接蛍光抗体法，酵素抗体法など．
	遺伝子検出法	複数の PCR 法とその変法および LAMP 法が開発され，高感度・迅速診断が期待される．
治療薬	臭化ホミジウム (homidium bromide) 塩化ホミジウム (homidium chloride)	反芻獣および豚の *T. congolense*, *T. viviax* 感染に対する治療薬として使用する．稀に予防投薬される．通常 1 mg/kg を筋注で投与する．変異原性物質であり，キネトプラスト DNA の複製および核 DNA の複製を阻害する．薬剤耐性原虫が多数報告され，近年使用量が減少している．
	ジミナゼンアセチュレート (diminazene aceturate)	反芻獣の *T. congolense*, *T. viviax* 感染に対する治療薬として使用する．*T. brucei*, *T. evansi* に対しては効果が弱い．通常 3.5〜7 mg/kg を筋注で投与する．キネトプラスト DNA の複製を阻害するとされているが詳細は不明である．ピロプラズマ症の治療薬としても一般的に用いられる．
	塩化イソメタミジウム (isometamidium chloride)	反芻獣，馬，ラクダの *T. congolense*, *T. vivax*, *T. brucei*, *T. evansi* 感染に対する治療薬として広く用いられている．通常 0.25〜2 mg/kg を筋注で使用する．予防投薬にも用いられ，6 か月程度の予防効果が期待される．キネトプラスト DNA とその複製に関与するトポイソメラーゼとの複合体を破壊することで薬効を発揮する．
	キナピラミン (quinapyramine dimethylsulphate) (quinapyramine dimethylsulphate : chloride)	ラクダの *T. congolense* 感染に対する治療薬 (quinapyramine dimethylsulphate)，もしくは馬，犬，豚の *T. vivax*, *T. brucei*, *T. evasni* 感染に対する予防薬 (quinapyramine dimethylsulphate : chloride) として使用する．通常 3〜5 mg/kg を皮下注射する．キナピラミン投与により，イソメタミジウム，ジミナゼンおよびホミジウムとの多剤耐性原虫が報告されている．核酸合成系阻害，タンパク質合成阻害をするとされているが詳細は不明である．
	メラルソミン (meralsomine)	一般的にラクダの *T. evansi* 感染に対する治療薬として使用する．その他の動物の *T. evansi* 感染でも使用されることがある．通常 0.25 mg/kg を皮下注射する．酸化還元バランスの恒常性が崩れることで薬効を発揮するとされている．
	スラミン (suramin)	ラクダ，馬の *T. evansi*, *T. brucei* に対する治療薬として使用する．通常一頭あたり 7〜10 g を静注する．またヒトトリパノソーマ症（とくに *T. b. rhodesiense* による急性睡眠病）の第 1 期に対する第一選択薬として，静注で 4〜5 mg/kg を 1 日目に，その後 20 mg/kg を 7 日間ごとにする．
	メラルソプロール (melarsoprol)	*T. b. rhodesiense* による急性睡眠病の第 2 期に対する唯一の治療薬である．*T. b. gambiense* による慢性睡眠病にも有効．有機砒素剤であり，深刻な副作用（反応性脳症）によって 10% 近い致死率が報告されている．静注で 3.6 mg/kg を 7 日間ごとに投与する．
	ペンタミジン (pentamidine)	*T. b. gambiense* による慢性睡眠病の第 1 期に対する第一選択薬である．筋注で 4 mg/kg を 24 時間ごとに 7 日間連続投与する．
	エフロルニチン (eflornithine)	メラルソプロールより安全性が高いため，*T. b. gambiense* による慢性睡眠病の第 2 期に対する第一選択薬である．静注で 100 mg/kg を 6 時間ごとに 14 日間連続投与する．
	ニフルチモクス・エフロニチン混合療法 (nifurtimox/eflornithine combination treatment)	2009 年から使用が開始された *T. b. gambiense* による慢性睡眠病の第 2 期に対する治療薬である．既存薬に比べ安全性が高く，今後の普及が期待されている．
	ニフルチモクス (nifurtimox)	ヒトのシャーガス病に対する治療薬である．1 日あたり 8〜10 mg/kg（大人）もしくは 10〜15 mg/kg（小人）になるように 8 時間ごと分割して，60〜90 日間連続経口投与する．
	ベンズニダゾール (benznidazole)	ヒトのシャーガス病に対する治療薬である．1 日あたり 5 mg/kg（大人）もしくは 5〜10 mg/kg（小人）になるように 2 回に分けて，60 日間連続経口投与する．
媒介昆虫の駆除	殺虫剤の使用	殺虫効果が高く，安価な有機塩素系殺虫剤（DDT, Dieldrin など）を環境中に大量散布していたが，環境負荷が大きいため現在では用いられない．現在はより安全性の高いピレスロイド系の薬剤が用いられている．
	ベイト法	黒色または青色布にピレスロイド系殺虫剤を染み込ませ，屋外に設置する．誘引されたツェツェバエがトラップにとまることで，殺虫剤に暴露され死亡する．図 II.24(a) がツェツェターゲット．ツェツェバエを捕集することを目的として，黒色と青色布を組み合わせたトラップとオクテノール，アセトンなどの誘引化学物質を組み合わせたトラップが使用される．トラップに誘引されたツェツェバエはトラップ上部にある捕虫部で捕えられる．図 II.24(b〜d) はイプシロン型トラップの一例． 屋内製のサシガメ駆除を目的として，厚紙製の箱に殺虫剤を染み込ませた粘着物質を塗布したトラップが使用される．
	不妊虫放飼法	γ 線照射により不妊化したツェツェバエのオスを大量に野外に放虫し，野生型のメスと交尾させることで産仔数を減らす方法である．タンザニアのザンジバル島では，本法でツェツェバエの駆除に成功した．

る．また *L. braziliensis* および稀に *L. panamensis* は皮膚病変が鼻，口腔，咽頭などの粘膜組織にまで波及し粘膜や軟骨の破壊や欠損を伴う粘膜皮膚リーシュマニア症(mucocutaneous leishmaniosis)，別名エスプンディア(espundia)の原因となる．中南米の森林に生息するげっ歯類とナマケモノ，サルの皮膚リーシュマニア症の原因となる．

③媒介者：リーシュマニアは，*Phlebotomus*, *Lutzomyia*, *Psychodopygus* の各属のサシチョウバエ(図 II.25)によって媒介される．*Phlebotomus* 属のサシチョウバエは旧世界に分布するドノバンリーシュマニア群および熱帯リーシュマニア群(*L. infantum*, *L. donovani*, *L. tropica*, *L. major* など)を媒介する．一方 *Lutzomyia* 属のサシチョウバエは新世界に分布するメキシコリーシュマニア群およびブラジルリーシュマニア群(*L. braziliensis*, *L. mexicana* など)と南米に分布する *L. infantum* を媒介する．*Psychodopygus* 属のサシチョウバエは *L. braziliensis* を媒介する．

④感受性動物：哺乳類ではヒトの他におもにイヌ科とげっ歯類に寄生する．

発育および生態：リーシュマニアは，その生活環にアマスティゴートとプロマスティゴートの2つの発育期をもち，哺乳動物のマクロファージ内のものは遊離鞭毛のないアマスティゴートでドノバン小体(Leishman-Donovan body)(図 II.26)とよばれる．形態は円形ないし類円形で鞭毛を欠き運動性はなく，直径2～5 μm，棒状のキネトプラストを有する．アマスティゴートは細胞内に寄生するが，組織スタンプ標本では細胞外にみられることが多い．アマスティゴートは，感染したマクロファージを媒介者であるサシチョウバエが吸血することで，サシチョウバエ中腸に移行し，プロマスティゴートに分化し増殖する(図 II.27)．プロマスティゴートは長紡錘形で，比較的太い1本の遊離鞭毛を有し，運動性がある．長径5～15 μmで，鞭毛はほぼ体長に等しい．核は原虫中央に位置し，キネトプラストは前端ないし前端近くに存在する．*Leishmania* 亜属の原虫はサシチョウバエ中腸内で，*Viannia* 亜属の原虫はサシチョウバエ後腸内でプロマスティゴートが消化管上皮に接着して分裂増殖する．中腸もしくは後腸で増殖したプロマスティゴートは，消化管を逆行し噴門(前腸と中腸の境界)部に集積する．噴門部に集積したプロマスティゴートが宿主への再感染性を獲得し，サシチョウバエの吸血に伴い新しい宿主に感染する．また，感染したサシチョウバエを押しつぶした際に現れたプロマスティゴートによる感染もある．感染形式はヒトが宿主の種ではヒト→サシチョウバエ→ヒトであるが，保虫宿主をもつ種では保虫宿主→サシチョウバエ→ヒトである．

症　状：リーシュマニア症は人獣共通感染症として重要である．種によって宿主体内での寄生部位が異なるため，病態も異なる．ヒトでは病態から皮膚リーシュマニア症，粘膜皮膚リーシュマニア症および内臓リーシュマニア症に大別される．

表 II.9 おもなリーシュマニア属原虫

群	種		病態	宿主など
	旧世界	新世界		
Leishmania 亜属 ドノバンリーシュマニア群	*L. donovani* *L. infantum*	*L. infantum*	内臓リーシュマニア症	*L. donovani* はヒトが宿主である． *L. infantum* は犬が保虫宿主である．
Leishmania 亜属 熱帯リーシュマニア群	*L. tropica* *L. major* *L. aethiopica*		皮膚リーシュマニア症 (粘膜皮膚リーシュマニア症(*L. aethiopica*))	*L. tropica* はヒトが宿主である． *L. major* はげっ歯類が主要な保虫宿主である．
Leishmania 亜属 メキシコリーシュマニア群		*L. mexicana* *L. amazonensis* *L. venezuelensis*	皮膚リーシュマニア症	げっ歯類，オポッサムが保虫宿主となる．
Viannia 亜属 ブラジルリーシュマニア群		*L. braziliensis* *L. panamensis* *L. guyanensis*	皮膚リーシュマニア症 粘膜皮膚リーシュマニア症(おもに *L. braziliensis*, 稀に *L. panamensis*)	犬，げっ歯類，オポッサムやナマケモノが保虫宿主となる．

(1)皮膚リーシュマニア症：新世界ではメキシコリーシュマニア群およびブラジルリーシュマニア群，旧世界では熱帯リーシュマニア群の感染により引き起こされる病態である．感染後数か月かけて感染部皮膚のマクロファージに寄生した原虫の増殖により局所性もしくは全身性の丘疹，結節，潰瘍などの皮膚病変が認められる．症状は一般的に軽く，自然治癒することもある．

(2)粘膜皮膚リーシュマニア症：おもに新世界で *L. braziliensis* および稀に *L. panamensis* 感染により引き起こされる．*L. aethiopica* 感染によるアフリカでの症例も報告されている．皮膚病変が，鼻，口腔，咽頭などの粘膜組織に波及し，激しい粘膜皮膚の破壊や潰瘍形成により鼻中隔や耳介の欠落など著しい外貌の変化が生じる．

(3)内臓リーシュマニア症：ドノバンリーシュマニア群によって引き起こされる．潜伏期は不定期で数か月から数年に及ぶ．原虫は臓器内のマクロファージ内に多数寄生している．初期症状は発熱で，病態の進行とともに肝・脾腫，貧血を呈する．治療しなければ，栄養不良，衰弱や合併症を併発し悪液質となり死亡する．経過の長い例や不完全治療例では，らい腫様の皮膚病変であるカラ・アザール後遺皮膚病変(post kala-azar dermal leishmaniasis：PKDL)を生じ，病変内に原虫を認める．PKDL はハンセン病との鑑別が重要である．

(4)動物のリーシュマニア症
食肉類(ネコ目)，げっ歯類(ネズミ目)など多くの動物が宿主となりうるが，犬が保虫宿主としてもっとも重要である．犬の感染事例の多くは *L. infantum* による．その他 *L. major*，*L. tropica*，*L. braziliensis* による感染例もある．一般的に慢性経過をとり，内臓型および皮膚型の両症状を示す．犬では慢性経過をたどり，致死率は高い．病変は皮膚病変が顕著で，潰瘍，脂漏，広範な脱毛がみられる．また，肝腫，肝障害，脾腫，骨髄うっ血，リンパ節腫脹，腸粘膜潰瘍などの内臓型の症状もみられる．原虫は皮膚や臓器内のマクロファージ内に多数寄生している．潜伏期間は一般に数か月であり，皮膚症状，貧血，削痩，衰弱がもっとも普通の症状である．進行例では，下痢，鼻出血，跛行も認められる．

診　断：臨床症状に加え，内臓リーシュマニア症ではリンパ節，骨髄または脾臓の生検サンプルを用いた顕微鏡検査を行い，アマスティゴートを検出する．また，IFA，補体結合反応(CF)，直接凝集反応，間接血球凝集反応(IHA)などの血清診断の他，イムノクロマトグラフィーによるディップスティックテスト(簡易迅速診断キット)も診断に有効である．皮膚および粘膜皮膚リーシュマ

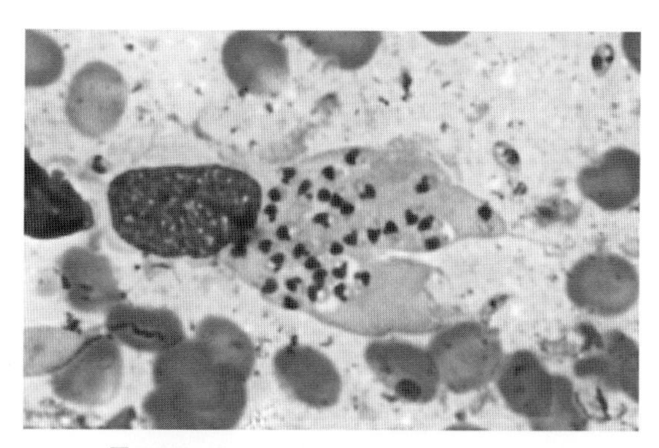

図 II.26　リーシュマニアのアマスティゴート
［原図：片倉　賢］

図 II.25　サシチョウバエ(*Phlebotomus* sp.)
［原図：河津信一郎］

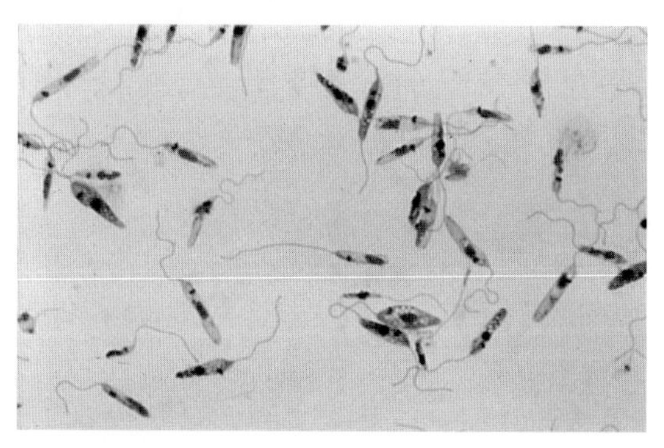

図 II.27　リーシュマニアのプロマスティゴート
［原図：河津信一郎］

ニア症では病変部の生検サンプルを用いた寄生虫学的検査を行い，アマスティゴートを検出する．内臓リーシュマニア症に比べ簡易迅速診断キットの有用性は限られているとされている．また，感染血液や臓器穿刺材料をN.N.N.培地あるいはLIT培地で培養し，プロマスティゴートを検出してもよいが分離株や亜種によって検出感度が異なる．さらに最近は各種の遺伝子診断法の実用化も図られている．

治 療：5価アンチモン剤(pentavalent antimonial)のリーシュマニアに対する有効性が20世紀初頭に発見され，現在でも各種アンチモン剤が全タイプのリーシュマニア症の治療に汎用されている．内臓リーシュマニア症に対しては，第一選択薬として5価アンチモン剤を筋注もしくは静注で20 mg/kgを28～30日間の連続投与する治療法がWHOにより推奨されている．ネパールやインドでの耐性原虫が知られている．第二選択薬としてアムホテリシンB(amphotericin B)，アムホテリシンBリポソーム(lipid formulations of amphotericin B；アムホテリシンBをリポソームなどに封入した薬剤で単剤に比べて毒性が低く薬効も強い)，パロモマイシン(paromomycin)やアゾール系抗真菌薬(azoles)も用いられる．ミルテホシン(miltefosine)は2014年にアメリカ食品医薬品局(Food and Drug Administration：FDA)によって認可された新規リーシュマニア症治療薬であり，1日あたり25～150 mgを28日間連続経口投与する．旧世界の皮膚リーシュマニア症では5価アンチモン剤の患部への局所注射やパロモマイシン軟膏の塗布が有効である．その他局所の加温により原虫を死滅させる温熱療法も用いられる．新世界の皮膚リーシュマニア症では，5価アンチモン剤，ペンタミジン(pentamidine)，パロモマイシン，ケトコナゾールの投与が有効であるとされている．粘膜・皮膚リーシュマニア症では，5価アンチモン剤，アムホテリシンB，アムホテリシンBリポソーム，ペンタミジンやミルテホシンで治療する．

犬でも5価アンチモン剤が第一選択薬で，アンチモン酸メグルミン(meglumine antimoniate)とスチボグルコン酸ナトリウム(sodium stibogluconate)がおもに使用される．アンチモン酸メグルミンの場合100 mg/kgを，スチボグルコン酸ナトリウムの場合50 mg/kgを皮下注で28日間投与する．第二選択薬としては，ミルテホシン，アロプリノール(allopurinol)，パロモマイシン，アゾール系抗真菌薬，ベンタミジン，アムホテリシンBが使用される．

防 除：感染犬は隔離して治療し，流行地では野犬の淘汰を行うが，欧米先進国では犬の淘汰が難しいため，媒介昆虫であるサシチョウバエ対策がとられることになる．欧米では「ノミ取り首輪」によるサシチョウバエ対策が注目されており，デルタメトリン(deltamethrin)とリン酸トリフェニル(triphenyl phosphate)を用いた製品が販売されている．なお，サシチョウバエの発生源対策は困難であり，実用的ではない．

3. アピコンプレックス類

3.1 コクシジウム症(Coccidiosis)

コクシジウム(coccidium)とは，一般に鶏や牛などでみられるアイメリア属(*Eimeria*)および犬猫のシストイソスポラ属(*Cystoisospora*)，小鳥のイソスポラ属(*Isospora*)の原虫を指す．しかし，分類学的にはアルベオラータ界(Alveolata，アルベオラータスーパーグループともよばれる)，アピコンプレックス門(Apicomplexa)，コクシジウム綱(Coccidea)，真コクシジウム目(Eucoccidiida)に属するすべての原虫が含まれる．したがって，この中には *Eimeria*，*Cystoisospora* の他に獣医学的に重要なものとして，クリプトスポリジウム属(*Cryptosporidium*)，トキソプラズマ属(*Toxoplasma*)，ネオスポラ属(*Neospora*)，サルコシスティス属(*Sarcocystis*)，ベスノイチア属(*Besnoitia*)などが含まれる．ただし，これらは独立に扱われることが多いため，本項でもおもに消化管に寄生し，中間宿主をとらないコクシジウム類による疾病を狭義のコクシジウム症とし，*Eimeria* および *Cystoisospora* の 2 属による疾病をとりあげる．

Eimeria 属：コクシジウム類の中でもっとも代表的なものであり，哺乳類，鳥類，爬虫類，両生類，魚類，さらに原索動物，節足動物，環形動物など，様々な動物種から報告されている．この中で，獣医学的に重要なものは哺乳類および家禽にみられるものである．哺乳類ではおもに草食，雑食性動物に寄生する．生活環は単宿主性(homoxenous)で，中間宿主(intermediate host)や待機宿主(paratenic host)をとらない．スポロゾイト形成期(スポロゴニー：sporogony)，メロゾイト形成期(メロゴニー：merogony，シゾゴニー：schizogony ともいう)，ガメート形成期(ガメトゴニー：gametogony)を経てオーシスト(oocyst)を形成する(図 II.28)．オーシストは未成熟(内容は単細胞，図 II.29(a))の状態で宿主の

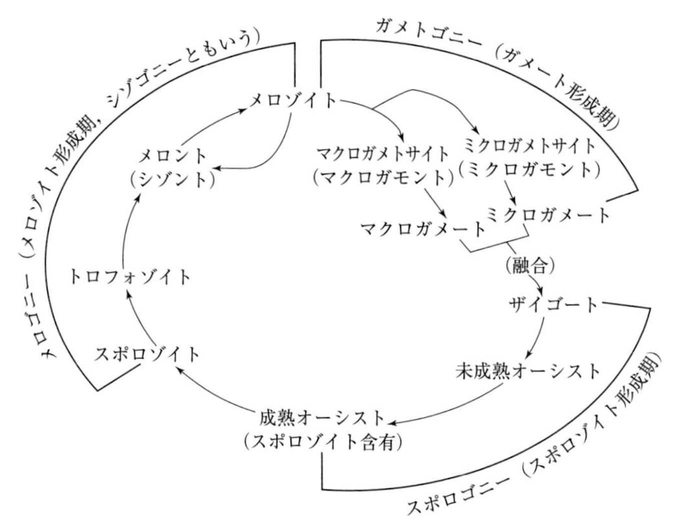

図 II.28 *Eimeria* 属のライフサイクル ［原図：今井壯一］

糞便中に排泄され，外界において1～2日で内部に4個のスポロシスト(sporocyst)およびそれぞれに2虫体ずつ計8虫体のスポロゾイト(sporozoite)を形成して感染型オーシスト(成熟オーシスト)となる(sporulation)(図 II.29(b))．成熟オーシストの外界抵抗性は強く，通常の環境下では1年以上生存して，次の感染を待つ(表 II.10)．

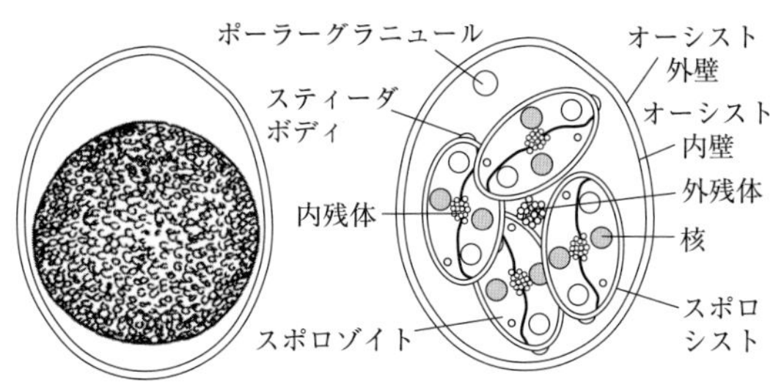

(a) 未成熟オーシスト　(b) 成熟オーシスト

図 II.29 *Eimeria* 属のオーシスト［原図：今井壯一］

表 II.10 オーシストの生存期間

環　境		生存期間*
陽の当たる砂礫地		4か月
湿　地		9か月
清水中		24か月
乾燥鶏糞		7か月
熱　湯	60℃	30分
	80℃	1分
	100℃	1～2秒
熱　風	80℃	5分

＊ 条件により生存期間は変動するが，参考値として紹介する．

Cystoisospora 属：主として犬，猫などの肉食動物，および *Isospora* 属としてカナリア，文鳥などの小型の鳥類に寄生する．コクシジウム類は，形態的に上述の *Eimeria* 属原虫と，成熟オーシスト内に2個のスポロシストおよびそれぞれに4虫体ずつ計8虫体のスポロゾイトを形成する *Isospora* 属に分類されていた(図 II.30)．これらのうち小鳥に寄生するものは *Eimeria* と同様に単宿主性の生活環をもつが，肉食動物に寄生するものは非固有宿主体内でユニゾイトシスト(unizoite cyst)を形成し，それらが待機宿主(paratenic host)となる多宿主性(heteroxenous)の生活環をもつため，これらは *Cystoisospora* 属として区別されている．

3.1.1 鶏のコクシジウム症

原　因：*Eimeria* 属の原虫が鶏に寄生することによる．様々な種(表 II.11)が知られている．1

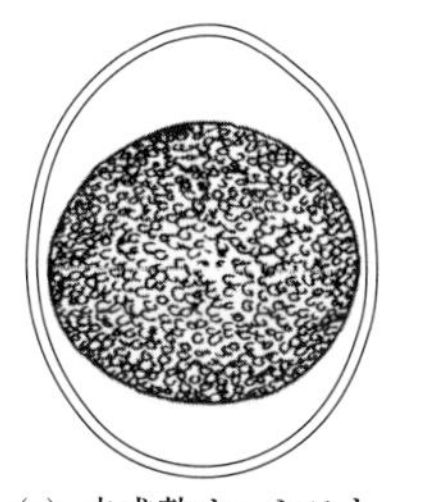

(a) 未成熟オーシスト　(b) 成熟オーシスト

図 II.30 *Isospora* 属のオーシスト［原図：今井壯一］

表 II.11 鶏に寄生する *Eimeria** とその性状

		E. tenella	*E. necatrix*	*E. acervulina*	*E. maxima*	*E. brunetti*	*E. hagani*
おもな寄生部位		盲腸	小腸中・後部，盲腸	小腸上部	小腸中・後部	小腸後部，盲腸根部	小腸上部
おもな病変		盲腸出血，肥厚，血便	出血，肥厚，(粘)血便	破線状白斑，水様便	肥厚，白色化，多量の粘液，粘血便	点状出血，カタル性腸炎	針頭状出血
病原性		＋＋＋＋	＋＋＋＋	＋＋＋	＋＋＋＋	＋＋＋＋	＋＋
致死率		＋＋＋＋	＋＋＋＋	＋	＋＋	＋＋	＋
最大メロント (μm)		54.0	65.9	10.3	9.4	30.0	
オーシストの形状	平均(μm)	22×19	20.4×17.2	18.3×14.6	30.5×20.7	24.6×18.8	19.1×17.6
	範囲(μm)	19.5～26×16.5～22.8	13.2～22.7×11.3～18.3	17.7～20.2×13.7～16.3	21.5～42.5×16.5～29.8	20.7～30.3×18.1～24.2	15.8～20.9×14.3～19.5
	形態	卵円形	長卵円形	卵円形	卵形	卵形	卵円形
スポロゾイト形成時間(hr)		18～48	18～48	17～21	30～48	18～48	18～48
プレパテント・ピリオド(日間)		7	7	4	6	5	6

＊ 他に *E. mitis, E. praecox* が報告されているが，日本の鶏ではほとんど問題視されないので割愛した．

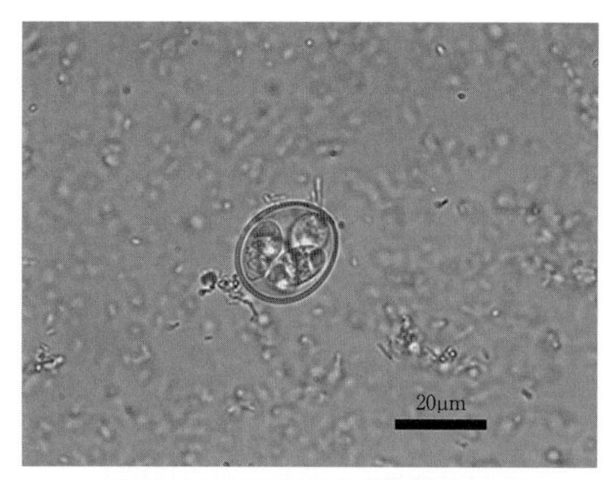

図 II.31 *Eimeria tenella* の成熟オーシスト

世代の期間が短く，感染源となる次世代のオーシストを大量に産生するため伝染性が強い．とくに幼雛で感受性が高く，短期間に大量の斃死鶏を出すことがある．現在においてもなお，養鶏業界で問題となっている．自然界での感染は多くの場合が複数種による混合感染である．

感染および発育：感染鶏の糞便とともに排泄された直後のオーシストには，感染性がない．その後，1～2日で成熟オーシストとなり，感染性をもつようになる(図 II.31)．この期間をスポロゾイト形成時間(sporulation time)といい，この時間は種および環境温度によって異なる．なお，スポロゾイト形成(時間)はかつて胞子形成(時間)とよばれていたが，厳密にはアピコンプレックス類は胞子(spore)を作らないため，スポロゾイト形成(時間)とよぶ．

感染は，成熟オーシストの経口感染による．オーシストは宿主の胃を通過する際にスポロシストが脱殻，その後，小腸上部において，トリプシン，胆汁の分泌が引き金となりスポロゾイトが脱出する．それぞれの種において好適な寄生部位があり，スポロゾイトはその部位の粘膜上皮細胞内に侵入する．細胞内に侵入したスポロゾイトは，丸くなり(トロフォゾイト：trophozoite)，多数分裂(メロゴニー，シゾゴニー)により多数の娘細胞を形成する．娘細胞は発育してバナナ状虫体となる．この虫体全体をメロント(meront)またはシゾント(schizont)といい，中に含まれるバナナ状の娘虫体を第1代メロゾイト(first generation merozoite)という．第1代メロゾイトはメロント壁を壊して腸管内腔に出て，それぞれが新たな粘膜上皮細胞に侵入し，そこで第2代のメロントを形成する．このメロゾイト形成の回数は種によって異なり，*E. tenella* では3回，*E. acervulina* では4回とされる．形成されるメロントの大きさや部位も種により異なり(表 II.11)，これが宿主に対する病原性の強さと密接な関連をもっている．すなわち，*E. tenella* や *E. necatrix* では第2代メロント形成時において，寄生部位が粘膜固有層となり，この寄生細胞が著しく肥大し，大型のメロントを形成する．このため，宿主の腸管粘膜が破壊され，血管が傷つけられるために腸内腔への出血が起こる．一方，*E. acervulina* では，メロントは小型であり，寄生部位も粘膜上皮の浅い部分であるため，腸管粘膜に対する障害はそれほど大きくはない．ただし，4回のメロゴニーを経るため，非常に多数のメロゾイトが形成され，広範囲にわたって粘膜上皮細胞の破壊が起こり，重度の慢性腸炎(カタル)が生じる．

数回のメロゴニーの後，最終世代のメロゾイトは有性生殖世代(ガメトゴニー：gametogony)に移行する．すなわち，新しい細胞に侵入した最終世代のメロゾイトはマクロガメトサイト(macrogametocyte，マクロガモント：macrogamont)あるいはミクロガメトサイト(microgametocyte，ミクロガモント：microgamont)となる．1個のマクロガメトサイトは1個のマクロガメート(macrogamete)に分化するが，ミクロガメトサイトは内部分裂を行い2本の鞭毛を有する多数のミクロガメート(microgamete)を形成する．ミクロガメートは鞭毛を使って遊泳し，マクロガメートに達してそこで受精(融合)が行われ，ザイゴート(zygote)となる．やがてザイゴート周囲に膜(殻)が形成され，未成熟オーシストとなって腸壁から脱落し，糞便とともに体外に排泄される．*Eimeria* 属のオーシストは常に未成熟の状態で体外に排泄され，排泄直後のオーシストは感染性をもたない(図 II.32)．プレパテント・ピリオドは種によって異なる(表 II.11)．鶏は狭い空間に多数が飼育されることが多いため，鶏舎全体にオーシストが広がりやすく，飲水や餌に混じって容易に感染する．

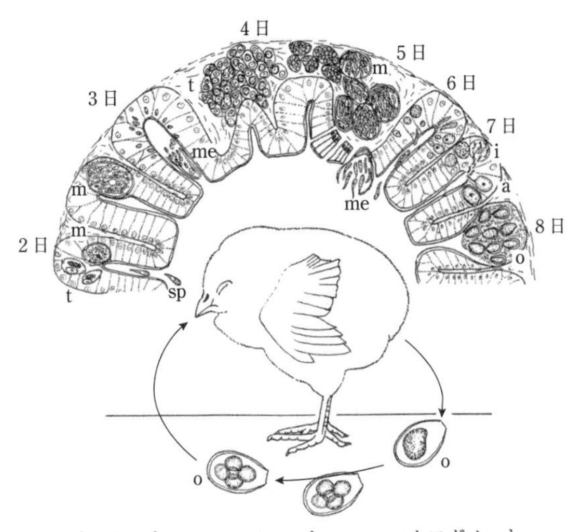

o オーシスト　m メロント（シゾント）　a マクロガメート（雌性配偶子）
sp スポロゾイト　t トロフォゾイト　me メロゾイト　i ミクロガメート（雄性配偶子）

図 II.32 *Eimeria* のライフサイクル

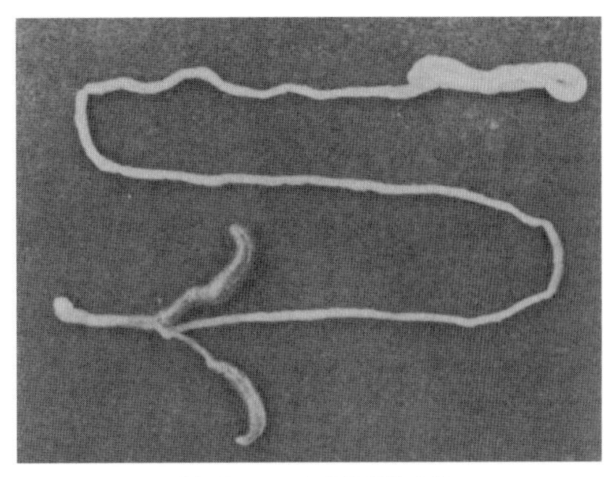

(a) *E.tenella* による盲腸病変

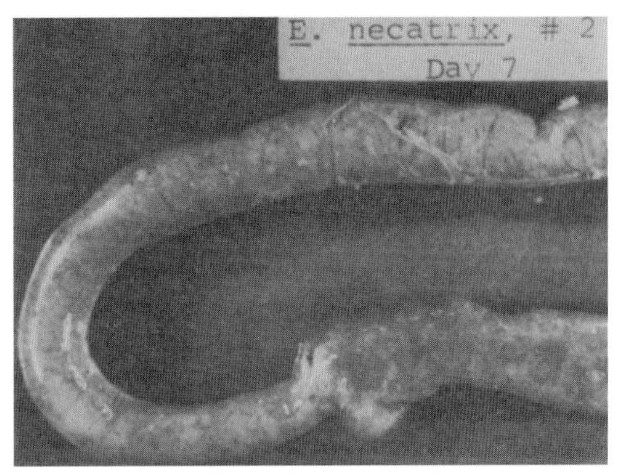

(b) *E.necatrix* による小腸病変

図 II.33 鶏コクシジウム症の病変

症状および解剖学的変状：鶏に寄生する *Eimeria* は種により病原性が異なる（表 II.11）．それは形成されるメロント（シゾント）の大きさと寄生部位による．被害が大きいのは次の(1)～(5)の5種である．また，腸管の障害に伴うサルモネラ，クロストリジウムなどの細菌の二次感染による症状の増悪も重要である．

(1) *Eimeria tenella*

病原性は強い．盲腸深部に寄生し，粘膜に出血，壊死，上皮の剝離を伴う出血性腸炎を生じる．いわゆる「急性盲腸コクシジウム症」を引き起こす．症状は主としてメロント（シゾント）形成期に起こり，この時期はおおよそ感染4～5日目となる．盲腸内は血液，壊死組織が混ざった凝固物，滲出物で充満し，盲腸は拡張・萎縮する．この時期には鮮血便もしくはタール便を含む血便性の下痢，そして食欲不振，抑うつ，衰弱，貧血，体温低下がみられ，雛では死亡するものが多い．耐過した鶏は急速に回復するが，盲腸の萎縮は残り，感染7日目以降に多量のオーシストを排出するようになる（図 II.33(a)）．

(2) *Eimeria necatrix*

小腸中央部でメロゴニー（シゾゴニー）を，盲腸でガメトゴニーを行う．前種と同様に腸管粘膜の深部で発育するため病原性は強く，「急性小腸コクシジウム症」を引き起こす．腸管は広範囲で出血がみられる（図 II.33(b)）．しかし，寄生部位が小腸中央部であるため，腸管内腔に出た血液は排泄されるまでに溶血作用を受け，鮮血便ではなく粘血便として排泄される．中～大雛において感受性が高いため，ブロイラーに比べて種鶏やレイヤーでの被害が大きい．

(3) *Eimeria acervulina*

もっとも広く蔓延している種であり，「慢性小腸コクシジウム症」を引き起こす．寄生部位は小腸上部である．破線状を呈する白色の壊死巣がはしご状に並ぶ．腸管粘膜上皮の表層部で発育するため，病害性は比較的軽微であるが，増殖力が強いので，広範囲にわたるカタル性腸炎が生じ，下痢，衰弱，産卵率の低下などの原因となる．

(4) *Eimeria maxima*

寄生部位は主として小腸中央部で，メロゴニーを上皮細胞の浅い部位で，ガメトゴニーをやや深い部位で行う．寄生部位には膨張がみられる．下痢，体重減少がみられ，血便はほとんどみられない．

(5) *Eimeria brunetti*

寄生部位は主として小腸下部．発育は腸管粘膜のやや深い部位で行われるため，病原性は比較的強い．腸管には点状出血がみられる．重度のカタル性腸炎を起こし，ときに粘血便がみられ，重度寄生で死亡することもある．

診　断：下痢，とくに出血性下痢が認められる場合には本症を疑い，剖検または糞便検査を行う．剖検では障害部位と肉眼病変（カタル性ないし出血性腸炎）に注意を払う．病変部の塗抹染色標本により発育中の虫体が確認されることもある．糞便検査では浮遊法を実施しオーシストを検出する．野外では一般に混合感染が多いが，それぞれの種のオーシストの形態は類似するため，糞便検査のみでは種の鑑別は難しい．なお，症状はメロント（シゾント）形成期に起こることが多く，その際オーシストがまだ排泄されていないこともあるため，新鮮便を用いた直接塗抹により発育中の虫体を検出するなど，注意を要する．

治　療：鶏の場合，個体別の診療が行われることは稀であるため，治療よりは予防に重点が置かれる．治療を行う場合は以下のようなサルファ剤が用いられている．

スルファジメトキシン（sulfadimethoxine）は500～1,000 g/t で飼料添加され，休薬期間は14日である．スルファモノメトキシン（sulfamonomethoxine）は500～1,000 g/t で飼料添加され，休薬期間は7日となっている．合剤としては，スルファメトキサゾール（sulfamethoxazole）とトリメトプリム（trimethoprim），スルファモノメトキシンとオルメトプリム（ormetoprim）などがあり，これらの休薬期間は5日である．これらは餌料または飲料水中に添加し，投与されるが，採卵鶏には使用できない．

予　防：一般に鶏は多数で飼育される場合が多く，予防が重要とされる．コクシジウム症の予防は宿主に対する予防と感染予防とに分かれる．前者では，抗コクシジウム作用を有する飼料添加物を与え，一定期間給与する．しかし，食肉への残留に伴う安全性の確保から，使用には厳しい規制がある．また一方で，薬剤耐性をもつオーシストの出現にも注意が必要である．現在，予防としては以下のようなポリエーテル系抗生物質が飼料添加物として用いられている．

モネンシンナトリウム（monensin sodium）は80 g/t，ラサロシドナトリウム（lasalocid sodium）は75 g/t，ナラシン（narasin）は80 g/t，センデュラマイシンナトリウム（semduramicin sodium）は25 g/t で飼料添加される．

しかし，耐性株に対する対応策として，飼養前・後期において添加物の種類を変えるシャトルプログラムが有効とされる．また，コクシジウムの感染に耐過した鶏は感染防御能を獲得するため，弱毒オーシストの生ワクチンが市販されている．

感染予防については，オーシストは環境や薬剤に対する抵抗性がきわめて強く，飼育環境中のオーシストの殺滅は困難なことが多い．一般的な消毒剤ではほとんど効果がないが，オルソ剤（オルトジクロロベンゼン：*o*-dichlorobenzene）が使用方法により効果があるとされ，鶏舎の踏み込み消毒槽などに用いられている．一方，オーシストは熱に対しては比較的弱い（表 II.10 参照）．したがって，オーシストの殺滅には鶏糞，鶏舎，器材の熱消毒を行うのがもっとも効果がある．

3.1.2　牛のコクシジウム症

原　因：日本でも多くの種の存在が知られているが，いずれも *Eimeria* 属であり，とくに病原性が強く臨床的に重要なものは *E. zuernii* と *E. bovis* の2種である（表 II.12）．ただし，自然界での感染は多くが複数種による混合感染である．牛のコクシジウム症は，軟便や下痢などを主徴とするが，1年未満の幼牛および若牛で発症しやすく，重症例では死亡することもある．軽度感染または成牛では症状はなくても，糞便中にオーシストを排出している場合もある．

感染および発育：感染および発育は，鶏の *Eimeria* と同様である．感染牛の糞便中に排泄された未成熟オーシストが外界でスポロゾイト形成オーシストとなり，これが新しい宿主に経口感染する．*E. zuernii* は小腸，大腸全般にわたる部位

表 II.12 牛に寄生するおもな *Eimeria* とその性状

		E. zuernii	*E. bovis*	*E. aubrunensis*	*E. ellipsoidalis*	*E. bukidnonensis*
おもな寄生部位		小腸〜大腸	小腸後部，盲結腸	小腸中部・下部	小腸	小腸
おもな症状		出血，肥厚，出血性下痢	出血，肥厚，(粘)血性下痢	水様性下痢	下痢	ときに粘血便
病原性		＋＋＋＋	＋＋＋＋	＋＋＋	＋＋	＋＋
オーシストの形状	大きさ(μm)	16〜20×15〜18	26〜32×18〜21	31〜44×20〜27	20〜25×14〜20	47〜50×33〜38
	形態	類円形	卵円形	楕円形	楕円形	洋梨形
	色	無色	淡黄褐色	黄褐色	無色	黄褐色
	ミクロパイル	なし	あり	あり	なし	あり
スポロゾイト形成時間(hr)		48	48〜72	72	72	144
プレパテント・ピリオド(日間)		15〜17	15〜20	18	8	15

でメロゴニー(シゾゴニー)およびガメトゴニーを行い，*E. bovis* は第1代メロゴニー(シゾゴニー)を小腸で，それ以降の発育を大腸で行う．

症状および解剖学的変状：*E. zuernii*，*E. bovis* ともに軽度の感染では下痢をみる程度であるが，重度感染では激しい下痢がみられ，便には血液，粘液が混じる．出血性下痢は *E. zuernii* 感染でより著しい．食欲不振，抑うつ状態，脱水，削痩，貧血，腹痛がみられる．*E. bovis* 感染では発症極期に体温が低下する．重度感染は初感染の仔牛で多くみられ，急性に経過して死亡する場合もある．慢性感染では下痢がおもな症状で，出血はみられないことが多い．病変は小腸下部から盲腸・結腸の粘膜病変の他，カタル性・出血性腸炎，粘膜肥厚，出血などがみられる．*E. bovis* では大型(280 × 300 μm)の第1代メロント(シゾント)を形成するため，小白斑として肉眼でも観察される(かつてはグロビジウム *Globidium* という独立の原虫と考えられていた)．重症例では粘膜に潰瘍もみられ，腸管内には血液が混じった内容物が存在する．

診　断：下痢，とくに出血性下痢がみられ，本症が疑われた場合，浮遊法による糞便検査を行ってオーシストを検出する．オーシストの形態からの種の同定は，可能な場合もある(表 II.12)．

治　療：治療としては，サルファ剤ではスルファジメトキシン (sulfadimethoxine) を 20〜50 mg/kg を初日に，そして2日目以降は半量を投与する．また，スルファモノメトキシン(sulfamonomethoxine)では 20〜30 mg/kg を投与する．トルトラズリル製剤(toltrazuril)では 15 mg/kg の投与が行われる．いずれも休薬期間が定められている．抗生物質は効果がなく，場合により対症療法も行う．

予　防：飼育環境中にオーシストが存在すれば，発症予防のためサルファ剤などの投与を行う．環境中のオーシスト対策は，鶏コクシジウムと同様であり，畜舎の清掃，洗浄に努める．また，感染した牛がすべて発症するとは限らず，不顕性感染牛がオーシストを排泄している可能性もあるため，感染牛の早期発見，治療も重要となる．

3.1.3 めん山羊のコクシジウム症

原　因：原因はすべて *Eimeria* 属の原虫である．めん羊，山羊とも10種を超える種が報告されているが，めん羊では *E. ahsata*，*E. ovinoidalis*，山羊では *E. arloingi*，*E. christenseni*，*E. ninakohlyakimovae* が重要である(表 II.13)．

感染および発育：感染および発育は他の *Eimeria* と同様である．集団飼育されている幼獣での感染が多い．

症状および解剖学的変状：幼獣の重度感染では，激しい下痢，ときに粘血性の下痢が起こる．また，食欲不振，抑うつ，発育不良がみられる．剖検例では腸管粘膜上皮の剥離，粘膜内の点状出血などが認められる．

診　断：糞便検査によりオーシストを検出する．

治　療：サルファ剤では，スルファモノメトキ

表 II.13　めん羊・山羊に寄生するおもな *Eimeria* とその性状

		めん羊		山羊		
		E. ahsata	*E. ovinoidalis*	*E. arloingi*	*E. christenseni*	*E. ninakohlyakimovae*
おもな寄生部位		小腸	小腸後部，盲結腸	小腸	小腸	小腸，盲結腸
おもな症状		下痢 時に粘血便	下痢 時に粘血便	下痢 時に粘血便	下痢	下痢
病原性		＋＋＋	＋＋＋	＋＋＋	＋＋＋	＋＋＋
オーシストの形状	大きさ(μm)	23～48×17～30	16～30×13～22	31～44×20～27	27～44×17～31	19～28×14～23
	形態	楕円形	楕円形	楕円形	卵円形	卵円形
	色	黄褐色	黄褐色	黄褐色	淡黄色	黄褐色
	ミクロパイル	あり	あり	あり	あり	あり
スポロゾイト形成時間(hr)		16～32		24～72	72～96	48～72
プレパテント・ピリオド(日間)		18～20	9～15	14～17	14～23	11

シン(sulfamonomethoxine) 30～60 mg/kg，スルファジメトキシン(sulfadimethoxine) 50～100 mg/kg などを経口投与，またはトルトラズリル製剤(toltrazuril) 15 mg/kg を投与する．

予　防：集団で飼育されている幼獣の発症予防に，サルファ剤などを投与する．飼育環境中のオーシスト対策は，牛などと同様である．

3.1.4　豚のコクシジウム症

原　因：豚に寄生するコクシジウムは *Cystoisospora* 属(*Isospora* 属)と *Eimeria* 属の複数種が知られている．前者では *C. suis*，後者では *E. debliecki* と *E. scabra* が主要とされる．中でも *C. suis* はもっとも病原性が強く，仔豚で下痢症の原因となる．それ以外の種はいずれも病原性は弱いとされる．イノシシにも同じ種が寄生する．

(1) *C. suis*

オーシストは類円形，大きさは 13～20 × 11～15 μm．オーシスト壁は平滑で無色．プレパテント・ピリオドは 5 ～ 8 日間で，オーシストのスポロゾイト形成時間は 4 日である．

(2) *E. debliecki*

もっとも一般的にみられる種である．オーシストは類楕円形ないし卵円形で，大きさは 20～30 × 14～20 μm．オーシスト壁は平滑で無色．プレパテント・ピリオドは 7 日間で，スポロゾイト形成時間は 6 ～ 9 日である．

(3) *E. scabra*

世界各地に分布し，オーシストは卵円形で，大きさは 22～42 × 16～28 μm．オーシスト壁は褐色で粗である．プレパテント・ピリオドは 9 日間，スポロゾイト形成時間は 9 ～12 日である．

感染および発育：感染および発育は，他の *Eimeria* と同様である．ただし，*C. suis* は非固有宿主体内でユニゾイトシストを形成する．

症状および解剖学的変状：発症は 1 ～ 3 か月齢の子豚に多い．成豚は感染してもほとんど発症しない．発症豚では下痢が主要な症状で，食欲不振，発育不良，貧血などがみられる．剖検例ではカタル性腸炎，稀に出血性腸炎がみられる．

診　断：糞便検査によるオーシストの検出が主要な診断法である．

治　療：サルファ剤としてスルファジメトキシン(sulfadimethoxine)を 20～100 mg/kg，またトルトラズリル製剤(toltrazuril)を 15 mg/kg で投与する．

予　防：感染豚の早期治療を行う．豚舎の清掃，消毒は予防効果がある．

3.1.5　ウサギのコクシジウム症

原　因：ウサギのコクシジウムは，*Eimeria* 属で 10 種を超える種が知られている．主要なものは，肝臓に寄生する *E. stiedai*，小腸に寄生する *E. perforans*，*E. magna*，*E. media*，*E. irresidua*，*E. piriformis* などである(表 II.14)．これらのうち，*E. stiedai* がもっとも病原性が高い．他の動物と同様に混合感染がみられる．

感染および発育：感染および発育は基本的に他

表 II.14 ウサギに寄生するおもな *Eimeria* とその性状

		E. stiedai	*E. perforans*	*E. magna*	*E. media*	*E. piriformis*
おもな寄生部位		胆管上皮	十二指腸〜回腸	小腸，稀に盲腸	小腸〜大腸	大腸
おもな症状		下痢，鼓腸，食欲不振	ほとんどない	下痢，稀に出血性下痢	下痢，稀に出血性下痢	下痢
病原性		＋＋＋＋	＋	＋＋＋	＋＋	＋
オーシストの形状	大きさ(μm)	33〜41×19〜23	16〜30×11〜18	33〜43×20〜25	22〜37×14〜21	24〜37×18〜23
	形態	長卵円形	長円形	卵円形	卵円形	洋梨形
	色	やや黄褐色	無色	黄褐色	やや黄褐色	やや黄褐色
	ミクロパイル	あり	不明	あり	あり	不明
スポロゾイト形成時間(hr)		48〜72	30〜56	48〜60	52	24〜48
プレパテント・ピリオド(日間)		16〜17	5	6〜7	6〜7	9〜10

表 II.15 げっ歯類に寄生するおもな *Eimeria* とその性状

		モルモット	ラット		マウス	
		E. caviae	*E. nieschulzi*	*E. separata*	*E. falciformis*	*E. krijgsmani*
おもな寄生部位		大腸	回腸	盲腸，大腸	回腸〜大腸	盲腸〜直腸
おもな症状		下痢	下痢 時に粘血便	下痢	下痢 稀に粘血便	下痢，血便
病原性		＋	＋＋	＋	＋＋	＋＋＋＋
オーシストの形状	大きさ(μm)	18〜24×12〜20	18〜24×15〜17	10〜16×10〜14	20〜28×16〜24	16〜22×12〜17
	形態	楕円形	楕円形	類円形	類円形	類円形
	色	無色	無色	無色	無色	無色
	ミクロパイル	なし	なし	なし	なし	なし
スポロゾイト形成時間(hr)		24〜72	72	48	24	不明
プレパテント・ピリオド(日間)		7	7	5	4〜5	7

の *Eimeria* と同様であるが，種により宿主内での発育部位は異なる．*E. stiedai* は経口感染後，十二指腸，空腸でスポロゾイトが脱出し，小腸粘膜固有層に侵入した後，リンパ系もしくは門脈を経て胆管上皮に達する．ここで5回ないしは6回にわたるメロゴニー(シゾゴニー)を行う．

症状および解剖学的変状：*E. stiedai* による病害がもっとも大きい．とくに幼若なウサギでの斃死率が高い．症状は激しい下痢と食欲廃絶である．鼓腸や黄疸がみられることもある．無症状のまま突然死する例もある．感染した肝臓は著しく肥大し，胆管には腫脹とともに大小不同の白色壊死巣がみられる．その他のコクシジウム感染では，下痢，貧血，食欲減退などがみられる．下痢便には特有の悪臭がある．剖検例ではカタル性腸炎を呈し，腸粘膜の腫脹，上皮細胞の剝離，壊死がみられる．

診　断：糞便検査によるオーシストの検出．

治　療：スルファジメトキシン(sulfadimethoxine)またはスルファモノメトキシン(sulfamonomethoxine)75〜100 mg/kg，1日1回経口投与するなど，サルファ剤を投与する．ただし，食用では薬剤の使用には注意を要する．

予　防：多数のウサギを飼育している場所では，動物舎の熱消毒や糞便の始末を励行する．*E. stiedae* に感染(肝コクシジウム症とよばれる)して耐過したウサギは免疫を獲得する．

3.1.6 げっ歯類のコクシジウム症

原　因：マウス，ラット，モルモットなどのげっ歯類にはそれぞれ複数種の *Eimeria* 属のコクシジウムが寄生する．マウスに寄生する一部のもので強い病原性を示すが，多くは病原性は弱いと考えられている(表 II.15)．モルモットでは

Eimeria 属コクシジウムの他に *Klossiella cobayae* の寄生がみられることがある．

感染および発育：他の *Eimeria* と同様の感染・発育形態をとる．*K. cobayae* はメロゴニー(シゾゴニー)を主として腎臓で行い，ガメトゴニーを尿細管の内皮細胞内で行う．ザイゴートはオーシストを形成せず，30 以上のスポロゾイトを包含するスポロシストとなる．これが尿中に排泄される．

症状および解剖学的変状：いずれも重度の感染では下痢，時に出血性の下痢がみられるが，一部を除き一般に病原性はあまり強くないと考えられている．

診　断：糞便検査によるオーシストの検出．

治療・予防：動物舎の熱消毒や糞便の始末を励行する．

3.1.7　犬猫のコクシジウム症

原　因：犬，猫などの肉食動物では *Cystoisospora* 属 (*Isospora* 属)，*Toxopolasma* 属，*Neospora* 属，*Besnoitia* 属，*Hammondia* 属，*Sarcocystis* 属など多くのコクシジウム類の寄生が知られているが，*Toxoplasma* 属以下の諸属は慣習的に独立して扱われることが多いため，本項でもそれらは別記し，ここでは *Cystoisospora* 属のみをとりあげる．犬ではオーシストが大型の *C. canis* および中型の *C. ohioensis*，猫では同様に大型の *C. felis* および中型の *C. rivolta* がある(表 II.16)．犬と猫に *Eimeria* 属のコクシジウムは寄生しない．

感染および発育：新鮮糞便中に排泄されるオーシストは未成熟であり，外界で 2 個のスポロシストとそれぞれに 4 虫体の計 8 虫体のスポロゾイトを包含し(図 II.34)，感染性を有する成熟オーシストとなる．これを犬，猫が経口摂取すると体内で *Eimeria* と類似した発育形態をとる．ただし，*Eimeria* 属と異なる点は，一部の虫体が腸管を突破してリンパ節や脾臓に侵入し，シスト(cyst)を作ることである．また，固有宿主である犬，猫以外の動物(げっ歯類，牛など)でも，虫体がリンパ節や脾臓に侵入してシスト(ユニゾイトシスト)を形成する．感染動物がげっ歯類の場合，犬や猫がこれらを捕食すると感染が成立し，*Eimeria* 属と同様の発育を営んで未成熟オーシストを形成する(図 II.35)．

症状および解剖学的変状：幼若な動物が濃厚感染を受けると障害が大きい．繁殖施設のような多

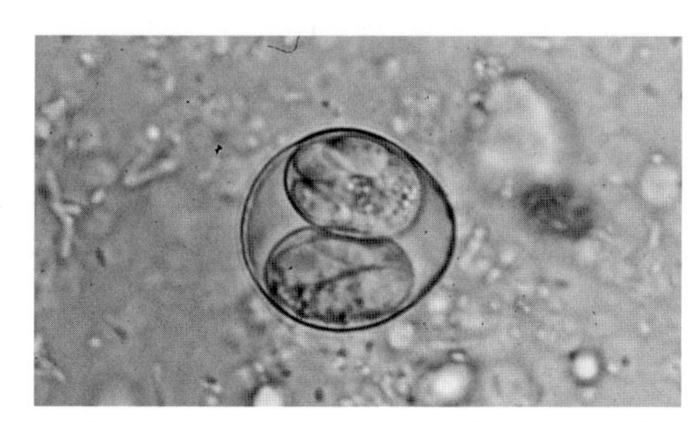

図 II.34　*Isospora* 属の成熟オーシスト［原図：今井壯一］

表 II.16　犬・猫に寄生する *Isospora* とその性状

		犬		猫	
		I. canis	*I. ohioensis*	*I. felis*	*I. rivolta*
おもな寄生部位		小腸中部～下部	小腸	小腸	小腸後半部
おもな症状		泥状～水様性 下痢	下痢 時に粘血便	泥状～水様性 下痢	泥状～水様性 下痢
病原性		+	++	++	+
オーシストの形状	大きさ(μm)	36～44×29～36	20～27×15～24	36～45×27～35	20～28×20～27
	形態	卵円形～楕円形	卵円形～楕円形	卵円形	卵円形
	色	無色	淡黄色	淡黄色	無色
	ミクロパイル	なし	なし	なし	なし
スポロゾイト形成時間(hr)		48	24	24	20～24
プレパテント・ピリオド(日間)		9～11	6～8	7～8	6
パテントピリオド(日間)		9～11	7～12	9～10	8～12

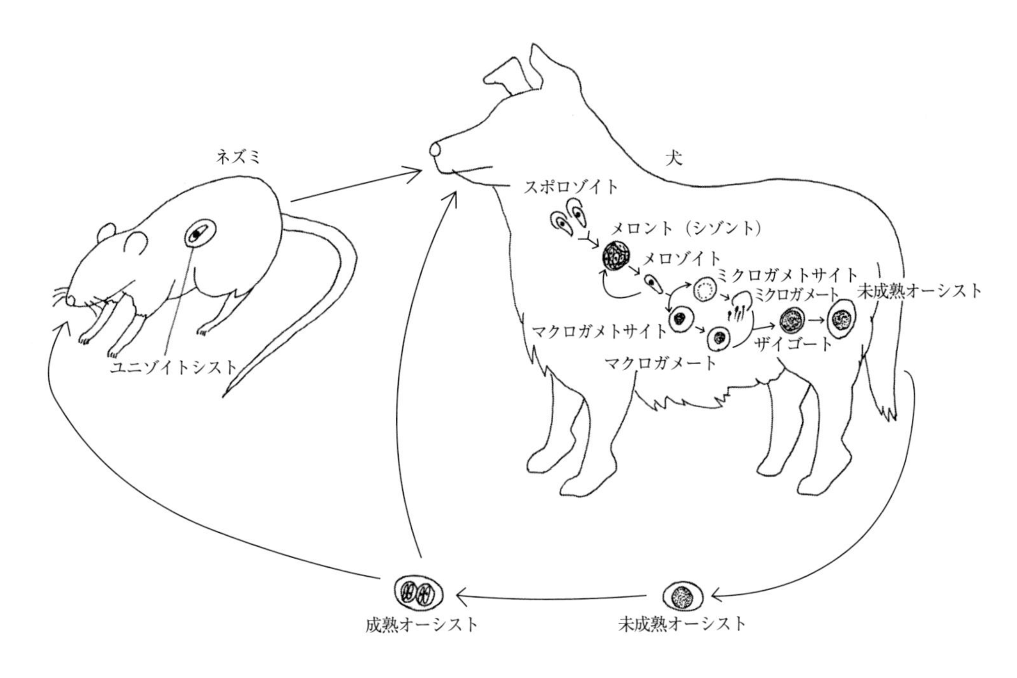

図 II.35 犬，猫にみられる *Isospora* 属の生活環［原図：今井壯一］

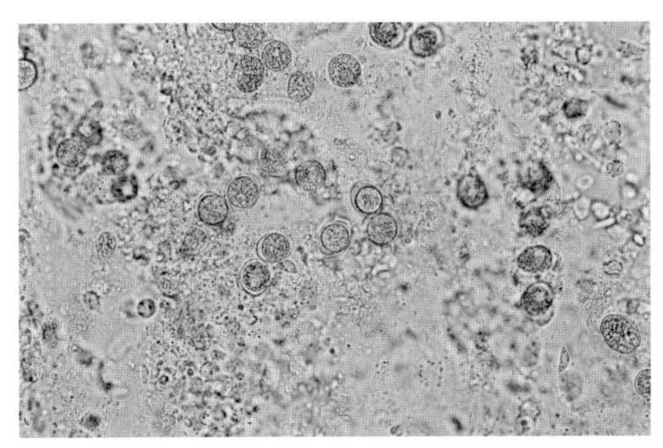

図 II.36 *Isospora ohioensis* に重度感染した仔犬の下痢便中にみられた多数のオーシスト［原図：今井壯一］

頭飼育が行われている場所での *C. ohioensis* による仔犬の斃死例もある．症状は下痢が主であるが，時として粘血が混じることがある(図 II.36)．それに伴い，食欲不振，抑うつ，削痩，衰弱などがみられる．病変は小腸に限定しており，カタル性・出血性腸炎がみられ，時に潰瘍，粘膜肥厚，粘膜上皮の剝離が認められる．

診　断：糞便検査によるオーシストの検出．犬，猫の *Cystosospora* 属各種のオーシストによる鑑別は容易である．ただし，これらよりはるかに小さい(10〜14 × 9 〜12 μm)オーシストが犬，猫ともにみられることがある．この場合は別に述べる *Toxoplasma*(猫)，*Besnoitia*(猫)，*Hammondia*(犬・猫)のオーシストであるので注意が必要である．

治　療：スルファジメトキシン(sulfadimethoxine)20〜100 mg/kg などのサルファ剤の投与が有効である．トルトラズリル製剤(toltrazuril)も10〜20 mg/kg の投与で効果があるとされる．

予　防：薬剤による予防は一般には行われない．感染動物の早期治療，糞便の早期の始末，畜舎および周囲の熱消毒を徹底して行う．

3.2 クリプトスポリジウム症 (Cryptosporidiosis)

原　因：クリプトスポリジウム属(*Cryptosporidium*)の原虫の感染による．宿主特異性が低く，哺乳類，鳥類および爬虫類で感染がみられる．感染宿主の糞便中にきわめて小さいオーシストが排泄される．近年は，原虫の塩基配列をもとにした分類が行われ，20 種以上さらに 50 近いサブタイプ(亜型)が報告されている．中でも，*Cryptosporidium parvum* はヒトや家畜などの哺乳類に寄生し，病原性が高い．*C. parvum* は水を介して伝播することからヒトの集団下痢症の原因となり，水系感染症(waterborne disease)としても重要

表 II.17 現在までに報告されているおもなクリプトスポリジウム(*Cryptosporidium*)属原虫

	種名	おもな宿主	寄生部位
哺乳類寄生	*C. hominis*	ヒト	小腸
	C. parvum	ヒト，牛	小腸
	C. canis	犬	小腸
	C. felis	猫	小腸
	C. suis	豚	小腸
	C. scrofarum	豚	小腸
	C. andersoni	牛	胃
	C. muris	げっ歯類	胃
鳥類寄生	*C. meleagridis*	七面鳥，稀にヒト	小腸
	C. baileyi	鶏，七面鳥 カモ，ダチョウ	小腸，ファブリキウス嚢，上部気道
	C. galli	鶏，フィンチ	胃
爬虫類寄生	*C. serpentis*	ヘビ，トカゲ	胃
	C. varanii	ヘビ，トカゲ	小腸
魚類寄生	*C. molnari*	ヘダイ，バス	胃

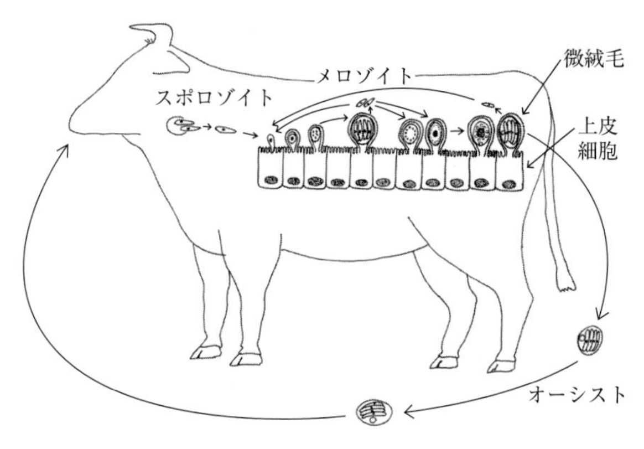

図 II.37 クリプトスポリジウムのライフサイクル
［原図：今井壯一］

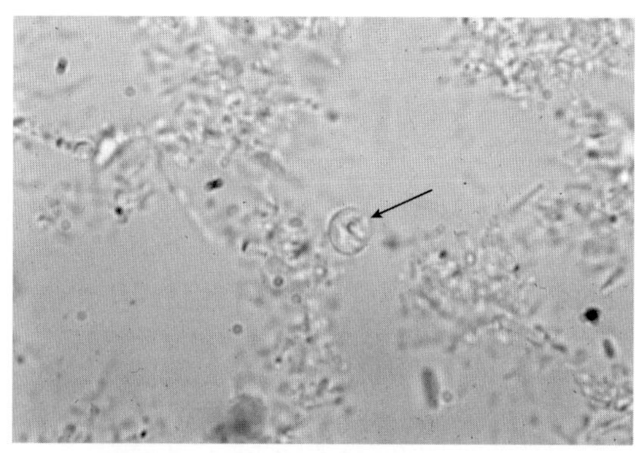
図 II.38 *Cryptosporidium* のオーシスト(矢印)
［原図：今井壯一］

で，感染症法の五類感染症に指定されている．この他に，おもな宿主として犬や猫，豚，そして鳥類や爬虫類に感染する種もある(表 II.17)．病原性については，不明な種も多い．

感染および発育：中間宿主はなく，一宿主性(homoxenous)の発育環をとり，基本的には *Eimeria* 属と同様であるが，下記の点が異なる(図 II.37)．①新鮮糞便中に排泄されるオーシストには，スポロシストはなく，すでに4虫体のスポロゾイトと1個の丸い残体を包蔵している．したがって，排泄後，ただちに感染性を有することになる．また，腸管内で形成されたオーシストが外界に出ることなく，そのまま同じ宿主に感染することもある(自家感染：autoinfection)(図 II.38)．②宿主体内における発育は上皮細胞の微絨毛に限定され，多くの種では消化管である③稀に他の動物種からも検出されることがあり，宿主特異性が低い．

症状および解剖学的変状：症状は種によって異なる．

(1) *C. parvum*

哺乳類の小腸に寄生する．もっとも病害が知られている種であり，主としてヒトと牛で問題となる．牛ではとくに4週齢までの仔牛で顕著な症状がみられ，多量の黄色ないし灰白色の水様性(稀に泥状)の下痢が起こる．これに伴い，元気消失，食欲減退，脱水，発熱などがみられる．下痢は10日以上持続し，やがて快方に向かうが，時として急性の経過をたどり死亡する．病理学的には，微絨毛の破壊，粘膜上皮細胞の立方化，剝離，消失，粘膜固有層の充血，好中球の浸潤などが認められる．ヒトの場合も重度の下痢を引き起こし，1～2週間続く．また，免疫不全の患者では自家感染により長期の下痢がみられる．米国や日本においても，水系汚染による集団感染が起こっている．

(2) *C. andersoni*

ウシの胃に寄生がみられる，本種の病原性はないか低いとされている．本種と *C. murus* は，*C. parvum* と比べオーシストが大きいため，過去には大型種と称されていた．

(3) *C. canis*

イヌの小腸に寄生するが，病原性はないか低いとされている．

(4) *C. baileyi*

宿主域が広く，多数の鳥類種に寄生する．寄生部位は広範であり，ファブリキウス嚢をはじめとして，盲結腸，直腸，回腸，時に上部気道(鼻腔，喉頭，気管など)に寄生する．腸管やファブリキウス嚢寄生では病原性は高くないが，上部気道に寄生がみられると，呼吸困難，咳，くしゃみ，鼻汁などが認められる．若齢の個体に多いが，死亡することはほとんどない．

診　断：糞便中からオーシストを検出する．検出法は比重1.2のショ糖液を用いた浮遊法が一般的に用いられているが，*C. parvum* のオーシストは約5 μm ときわめて小型であるため，検出にはある程度の熟練を要する．Kinyoun 好酸染色(キニヨン染色)により，赤く染まるオーシストを検出する方法も用いられるが，手間がかかることや酵母との鑑別に注意が必要である．また，シスト壁に対するモノクローナル抗体による蛍光抗体法を用いた免疫学的染色キットも市販されている．近年は，PCR により検出および種，遺伝子型の鑑別も行われている．

治　療：多くの薬剤が試験されてはいるが，現在のところ有効な治療薬はない．

予　防：*Eimeria* 属や *Cystoisospora* 属のコクシジウムと同様にオーシストは外界からの各種刺激に対して強い抵抗性をもつため，一般的な消毒剤ではオーシストを殺滅できない．オーシストは糞便とともに排出された後，すでに感染力をもつため，適切な糞便処理を行う．オーシストは熱には弱いため，飼育環境の熱消毒などが有効とされる．

3.3 トキソプラズマ症 (Toxoplasmosis)

トキソプラズマは，1908年に Nicollé and Manceaux によって北アフリカのヤマアラシの一種から発見，命名された原虫である．その後，犬やヒト，めん羊などからも分離され，トキソプラズマ症の病原体との認識がなされたが，長い間生活環が明らかでなく，分類学的位置も不明であった．しかし，1960年代後半から1970年にかけて生活環が明らかにされ，ネコ科動物を終宿主とし，様々な動物を中間宿主とするコクシジウム類であることが判明した．

原　因：原因虫はトキソプラズマ属唯一の種である *Toxoplasma gondii* である．終宿主である猫の消化管では *Eimeria* や *Cystoisospora* と同様の発育・増殖(メロゴニー→ガメートゴニー→オーシスト形成)を行う(終宿主型発育)．一方，中間宿主体内ではタキゾイト(tachyzoite)とシスト(cyst)の2つの発育ステージがある(中間宿主型発育)．タキゾイトは中間宿主の感染初期に諸臓器，リンパ節，腹・胸水，脳脊髄液，血液中から分離される虫体で，三日月形ないしバナナ形を呈し，大きさは4～7×2～4 μm．虫体の一端はやや尖り，ここが先端部である(図 II.39)．宿主細胞内で内部出芽二分裂(endodyogeny)によって増殖する(図 II.40)．分裂増殖を繰り返して細胞内に虫体(タキゾイト)が充満した状態のものをターミナルコロニー(terminal colony)という(図 II.41)．シストは感染2～3週間後に中間宿主の組織内に形成されるもので，組織シスト(tissue cyst)ともよばれる．当初は小さいが，ゆっくり

図 II.39　トキソプラズマのタキゾイト
［原図：今井壯一・藤﨑幸藏］

と発育して最終的には大きさ30～50 μmの嚢となる．成熟したシストは中に数百～数千の虫体(ブラディゾイト：bradyzoite)を包含する(図II.42)．終宿主から排泄されるオーシストは小型で，大きさは11～14 × 9 ～11 μmであり，猫の糞便から検出される*Cystoisospora felis*オーシストの約1/3，*C. rivolta*の1/2以下である．新鮮糞便中では内容は単細胞であるが，外界で発育すると2個のスポロシストと，それぞれに4個ずつのスポロゾイトが形成される(図II.43)．

終宿主は家猫およびネコ科動物(オセロット，ライオン，ボブキャット，チーターなど)で，家猫がもっとも好適な宿主となる．中間宿主はおそらくすべての哺乳類と鳥類で，猫も中間宿主となる．すなわち，猫の体内では終宿主型発育と中間宿主型発育が同時に起こる．

感染および発育：感染は，①終宿主から終宿主へ，②終宿主から中間宿主へ，③中間宿主から終宿主へ，④中間宿主から中間宿主へ，⑤胎盤感染の5つのルートがある(図II.44)．

①のルートは*Eimeria*と同様の感染・発育ルートであるが，トキソプラズマ原虫にとっては好適ではないらしく，感染が成立しにくい上に，プレパテント・ピリオドが長くなる(実験的には

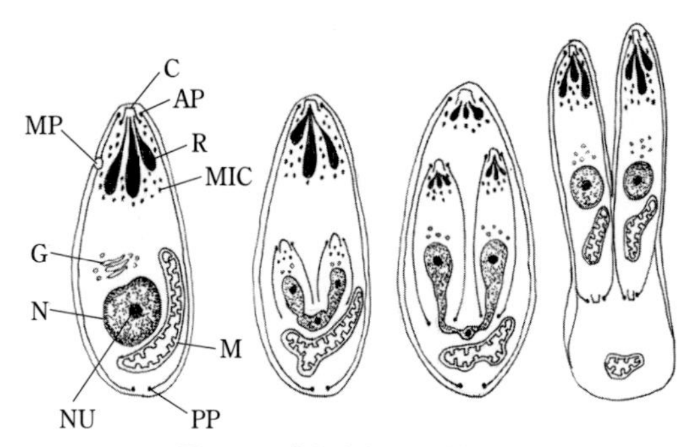

図II.40　内部出芽二分裂(電顕像)
［原図：今井壯一・藤崎幸藏］
AP：前極輪(anterior polar ring)，C：コノイド(conoid)，G：ゴルジ体(Golgi complex)，M：ミトコンドリア(mitochondria)，MIC：ミクロネーム(microneme)，MP：ミクロポア(micropore)，N：核(nucleus)，NU：核小体(nucleolus)，PP：後極輪(posterior polar ring)，R：ロプトリー(rhoptry)．

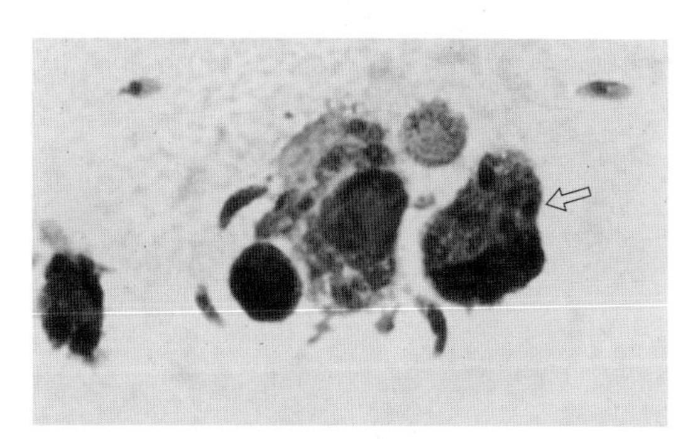

図II.41　宿主細胞内で形成されたトキソプラズマのターミナルコロニー(矢印)と宿主細胞を破壊して脱出したタキゾイト
［原図：今井壯一・藤崎幸藏］

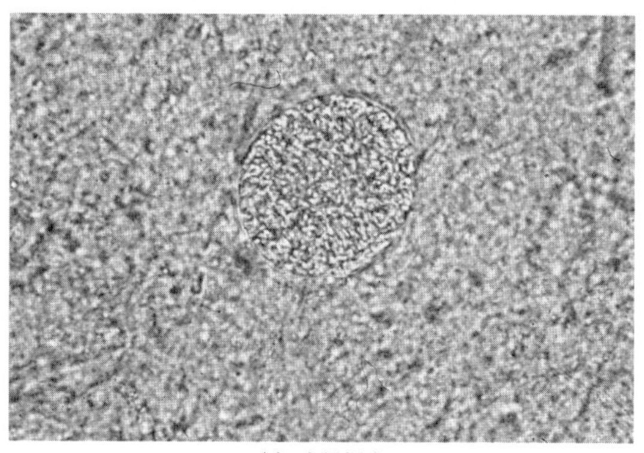

(a) 生鮮標本

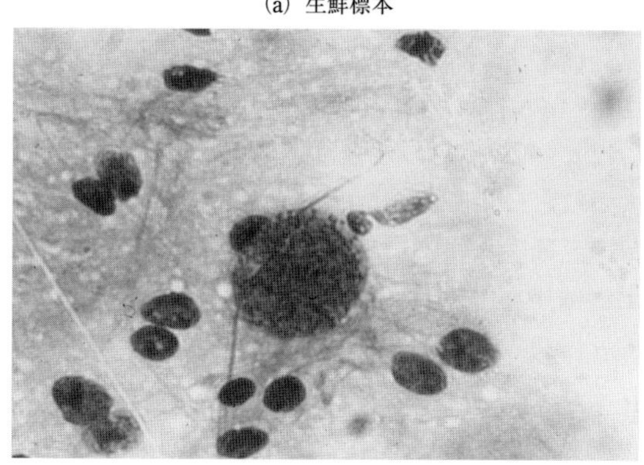

(b) ギムザ染色標本

図II.42　トキソプラズマのシスト
［原図：今井壯一・藤崎幸藏］

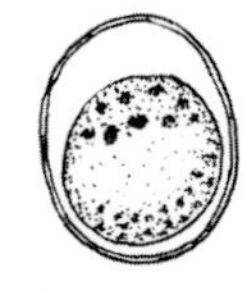

(a) 未成熟オーシスト

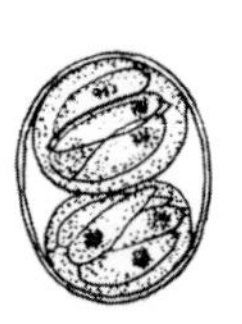

(b) 成熟オーシスト

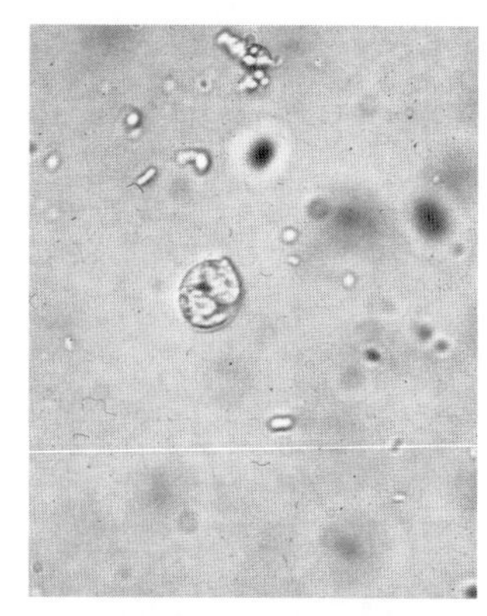

(c) 成熟オーシストの光顕像

図II.43　トキソプラズマのオーシスト
［原図：今井壯一・藤崎幸藏］

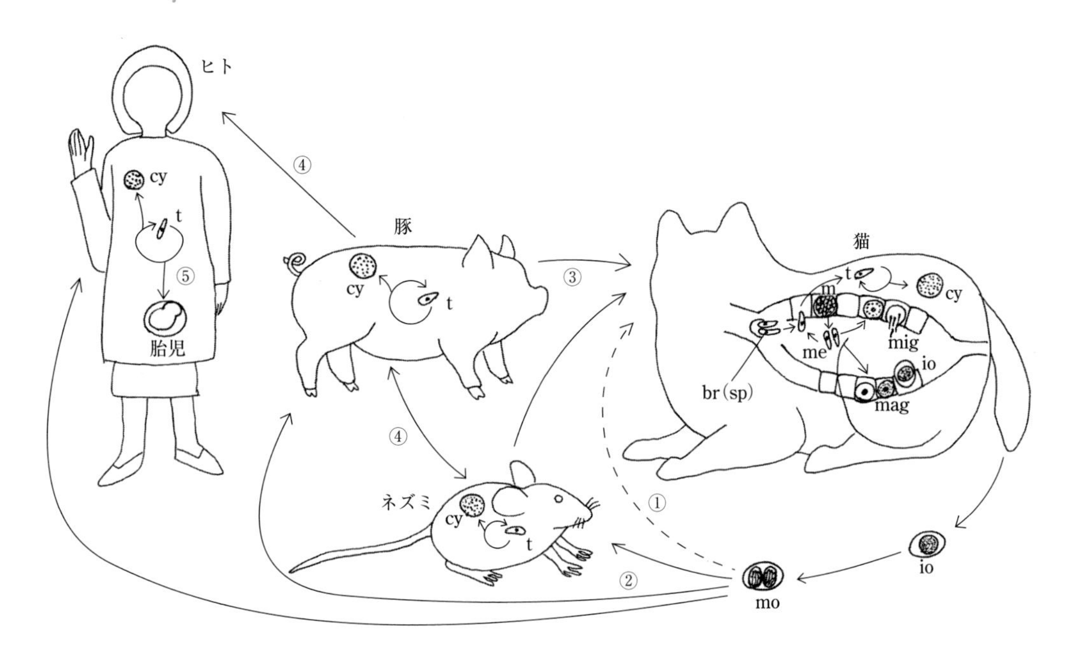

図 II.44 トキソプラズマ(*Toxoplasma gondii*)の生活環［原図：今井壯一・藤﨑幸藏］
br：ブラディゾイト，cy：シスト，io：未成熟オーシスト，m：メロント，mag：マクロガメート，me：メロゾイト，mig：ミクロガメート，mo：成熟オーシスト，sp：スポロゾイト，t：タキゾイト．

20〜24 日間).

②はトキソプラズマの生活環にとって主要なルートで，終宿主が排泄するオーシストが感染源となる．ただし，排泄直後の糞便中のオーシストは未成熟であるので感染性はない．外界でスポロゾイト形成し，感染性をもつようになるまでは 24℃で 2〜3 日，11℃で 14〜21 日かかる．成熟オーシストが中間宿主に取り込まれると，小腸上部でスポロゾイトが脱出し，腸管粘膜に侵入する．侵入したスポロゾイトは内部出芽二分裂で増殖し，タキゾイトとなる．タキゾイトは腸管を突破して各種臓器組織でさらに増殖を続ける．原則として臓器組織に対する特異性はない．宿主が免疫を獲得する時期になると，順次タキゾイトは死滅するが，抗体が届きにくい脳や筋肉中で増殖していたタキゾイトは被嚢してシストとなる．シストは強固な膜に包まれているので抗体の作用を受けることなく，中に多数のブラディゾイトを形成して次の感染を待つ．スポロゾイト形成オーシストの生存期間は 1 年間以上に及ぶ.

③も主要なルートで，中間宿主体内に形成されているシストをネコ科動物が摂取することによって感染する．摂取されたシストは胃液の侵襲をのがれて小腸に落ち込み，そこで中のブラディゾイトが脱シストして腸管粘膜に侵入する．以後は *Eimeria* 属の発育と同様，メロゴニー(シゾゴニー)を数回繰り返した後ガメトゴニーに移行し，マクロガメートとミクロガメートが合体してザイゴートを形成し，これが被嚢して未成熟オーシストとなって糞便に排泄される．プレパテント・ピリオドは 3〜5 日間と早い.

④のルートはトキソプラズマにとって必須のルートではないが，普通に起こり，様々な感染の機会を増やすことになる．ヒトへの感染ルートとしても重要である．感染源はシストで，これを他の中間宿主が摂取することによって感染が起こる．小腸に達したシストからブラディゾイトが脱出して腸管に侵入するが，終宿主のようにそこでメロゴニーが起こることはなく，内部出芽二分裂によってタキゾイトができ，これが腸管を突破して各臓器組織で増殖し，脳や筋肉でシストとなる.

⑤はヒトを含む罹患動物が妊娠していた場合に起こる感染ルートで，全身臓器組織で増殖中のタキゾイトが胎盤を通して胎仔に入り込むことによって起こる．ヒト，めん羊，マウスでは起こりやすいが，猫では起こりにくい.

なお，これらの感染の他に，終宿主，中間宿主のいずれにおいても，創傷，粘膜を経由したタキゾイトによる感染も起こりうる．猫におけるタキゾイトによる感染ではプレパテント・ピリオドは9～11日間である．

猫体内ではいずれのルートの感染においても侵入したゾイト(ブラディゾイト，タキゾイト，スポロゾイト)は終宿主型と中間宿主型の双方の発育が起こることに注意が必要である．

症状および解剖学的変状：トキソプラズマ症は豚をはじめとして，めん羊，山羊，牛，犬，猫，モルモット，リスザルなど広い範囲の動物で知られており，ヒト感染例も少なくないことから，人獣共通寄生虫症として重要である．発症は各種臓器におけるタキゾイトの増殖による．健康な動物では一般に不顕性感染が多いが，宿主の条件によって発症する．初感染時に動物がストレス，疾病罹患，とくに免疫抑制状態にあると，タキゾイトの体組織への広範な分散と，そこでの増殖により臓器，組織障害を起こして全身性のトキソプラズマ症となる．タキゾイトは好寄生部位をもたないので，固有の症状がみられにくいが，肺における水腫，小壊死巣や出血斑を伴う化膿性肺炎，胸膜炎，腹膜炎，リンパ節炎，腸炎，肝炎，心筋炎，腎・脾の腫脹，脳脊髄炎などが認められる．

また，ヒトでは脈絡網膜炎を起こすことが少なくない．各部位の炎症に伴って発熱がみられることは共通に認められる．豚は比較的感受性が高く，犬や猫では幼獣であるか，他に合併症のある場合以外は発症しにくい．ヒトのトキソプラズマ感受性は必ずしも高くないが，免疫抑制状態の場合や妊娠中の感染にはとくに注意しなければならない．

(1)豚のトキソプラズマ症

多くは散発的に集団発生し，仔豚での発生が多い．発症は一般に急性で，全身性の症状がみられる．40℃を超える発熱，食欲不振，抑うつ，水様性鼻漏，粘膜の充血，目脂，体表のリンパ節の腫脹の他，湿性の咳，頻呼吸，呼吸困難，嘔吐，下痢，起立不能，症候性てんかん，斜頸など様々な症状を示す．また，耳介，鼻，下腹部，内股，四肢などの皮膚に紫赤斑が出現する．症状の悪化とともに体温が低下して死亡することもある．発症後2週間を経過し，急性期を耐過したものでは快方に向かうが，発育不良，神経症状は残る．

(2)犬のトキソプラズマ症

成犬ではほとんどが不顕性感染であるが，幼犬では時として急性の全身性症状を呈する．このような場合，発熱，食欲不振，抑うつ，頻脈，目脂，軽度の貧血などが認められる．また，粘液性の鼻漏，発咳，頻呼吸，呼吸困難，嘔吐，下痢，腹痛，歩行障害，起立不能などが認められることもある．さらに，眼症状もみられ，網脈脈絡膜炎，ブドウ膜炎，白内障を来す．雌犬では流産，死産，早産，異常仔出産がある．

(3)猫のトキソプラズマ症

猫はトキソプラズマの終宿主であるが，中間宿主としても働くので，トキソプラズマ症の発症がみられることもある．とくに幼猫では急性の発症が多い．発熱，食欲不振，抑うつ，呼吸困難，咳，嘔吐，下痢，黄疸，けいれん，症候性てんかん，貧血，腹膜炎など，様々な症状が認められる．網膜脈絡膜炎，虹彩炎，角膜炎，白内障などの眼症状もみられる．成・老猫では慢性経過をとるものが多く，不定発熱や抑うつ，貧血，下痢などがみられることがあるが，一般に症状は軽い．

(4)めん山羊のトキソプラズマ症

一般に慢性症状をとり，発熱，咳，呼吸困難，頭部振戦，運動障害などがみられる．流産，死産の発生頻度が比較的高い．

(5)ヒトのトキソプラズマ症

ヒトはトキソプラズマに対する感受性が低く，一般に感染しても無症状のまま経過する．しかし，免疫機能の低下があると，発熱，リンパ節炎，網膜脈絡膜炎などの症状を発する．AIDS患者では脳炎が報告されている．また，妊娠初期の母体が初感染を受けると胎盤感染を起こし，先天性トキソプラズマ症を起こすことがある．

診　断：トキソプラズマ症は，タキゾイトが全身の細胞内で増殖することによって起こるため，特徴的な症状に乏しく，症状から本症を診断するのは困難なことが多い．豚では豚コレラ，犬ではジステンパー，猫では猫白血病ウイルス感染症などとの鑑別が必要である．過去における各種伝染病ワクチンの接種歴，抗生物質に対する反応を検査する．症状から本症を疑う場合は，確定診断を待たずに治療を開始することにより，治療的診断が可能となる．

確度の高い診断法として，トキソプラズマ虫体の検出，血清抗体価の測定，および猫におけるオーシストの検出がある．虫体の検出は生きている動物で行うことはかなり難しいが，急性感染期では血液あるいは腹水，胸水から検出されることがある．ギムザ染色あるいは蛍光抗体染色によりタキゾイトを検出する．死亡例や殺処分例では，体内諸臓器からの虫体の検出，あるいは臓器乳剤をマウスの腹腔に接種してタキゾイトの分離を試みる．血清抗体価の測定には，色素試験（dye test），ラテックス凝集反応試験，蛍光抗体試験（IFA），ELISA などが用いられている．ラテックス凝集反応や蛍光抗体反応のためのキットが市販されている．ただし，初感染例では抗体価が十分に上がる前に発症することもあり，また，免疫機能低下の動物では本法が適用できないこともあるので注意が必要である．また，抗体価が陽性であったからといって，ただちに本症と決定することはできない．すでに感染が終わっている動物でも抗体陽性に出ることがあるからである．より確実な診断を行うためには，1週間以上の間隔で採取した血清について抗体価を測定し，明らかな抗体価の上昇がある場合に本症と診断する．また，*Neospora caninum* や *Hammondia hammondi* などの組織シスト形成のコクシジウム類との交互反応に注意が必要である．

猫における糞便検査も注意が必要である．通常，オーシストを排出している猫はまったく症状を示していない場合が多い．また，逆にトキソプラズマ症を顕している猫でもオーシストが陰性の場合がある．オーシストは感染後5～7日程度から排出されはじめるが，その頃には血清抗体が十分に上昇していないことも多く，血清学的試験で陰性に出ることが多い．トキソプラズマのオーシストは約 12 × 10 μm であるが，ハモンディア（*Hammondia*），ベスノイチア（*Besnoitia*）のオーシストもほぼ同様の大きさである．したがって鑑別が必要となるが，これにはマウスへの接種試験が必要となるので，実際的にはこの大きさのオーシストが猫の糞便中に見られた場合，最悪の場合を想定してトキソプラズマオーシストと仮に同定し，ただちに治療に入るべきである．

治　療：豚ではスルファモノメトキシン（sulfamonomethoxine）60 mg/kg/ 日の 7 日間連続投与，スルファモノメトキシン 10～40 mg/kg/ 日とピリメタミン（pyrimethamine）1 ～ 4 mg/kg/ 日の 7 日間連続投与，あるいは SDDS（sulfamoyldapsone）10 mg/kg/ 日の 7 日間連続投与でタキゾイトの増殖を防ぐことができると報告されている．ただし，シストに対しては効果はほとんどない．犬・猫ではスルファモノメトキシン 40 mg/kg/ 日とピリメタミン 2 mg/kg/ 日の 7 ～10 日間連続投与，あるいはクリンダマイシン（clindamycin）25～50 mg/kg/ 日，2 分服，症状消失後 2 週間までの投与が行われている．ただし，ピリメタミンには造血機能障害（白血球，赤血球，血小板の減少）や催奇形性があるので注意が必要である．これは葉酸 5 mg/ 日あるいはビール酵母 100 mg/kg/ 日を食物に添加することにより改善できる．

ヒト，とくに妊婦ではスピラマイシン（spiramycin）30 mg/kg/ 日，4 分服，4 週間の投与が行われている．

予　防：豚への感染は土中のオーシストの摂取，犬・猫への感染はオーシストの摂取の他，シストを含む豚などの生肉の摂取，またヒトへの感染はオーシストと豚生肉の摂取が主要なルートであると考えられる．したがって，養豚場には猫が徘徊しないように管理し，猫の糞便で汚染された腐植土などを豚に給与しないことが重要である．オーシストによる感染の防御は猫糞便の管理が重要である．猫の新鮮糞便中の未成熟オーシストは感染性を有していないので，迅速な糞便処理ができれば，次の感染を完全に防ぐことができる．猫を集団で飼育する環境では糞便処理を完全に行い，飼育舎，用具などは定期的に熱湯消毒を行う．

また，犬・猫に生肉や不完全調理肉の給与，あるいはネズミなどを捕食させないようにすることも必要である．ヒトへのオーシストの感染は公園の砂場からの感染が多いと思われる．また，生豚肉は調理中のまな板や包丁にシスト(ブラディゾイト)が付着している．これらに触れたときには手洗いを励行すること，および生肉を調理したまな板，包丁を熱消毒することが感染を防ぐ有効な方法となる．ハエ，ゴキブリなどが機械的にオーシストを運搬することも知られているので，これらの防除も有効である．

組織シスト形成コクシジウム類

従来，コクシジウムはアイメリア属に代表されるように単一の宿主をとる，いわゆるhomoxenousな原虫であると考えられてきた．しかし，トキソプラズマの生活史が解明されると，中間宿主や待機宿主をとるコクシジウムの存在が明らかになり，それらは中間宿主・待機宿主の組織内でシストを形成することから組織シスト形成コクシジウム(tissue cyst-forming coccidia)とよばれるようになった．トキソプラズマに近縁な組織形成コクシジウムには後述のネオスポラやサルコシスティスの他，ハモンディアやベスノイティアの以下のような種類がある．いずれも強い病原性は知られていない．

(1) *Hammondia hammondi*

終宿主は猫，中間宿主はマウス，ラット，ハムスター，モルモット，犬などが知られている．オーシストは12 × 10 µmでトキソプラズマのそれと区別できない．中間宿主体内では横紋筋の他，脾臓，肝臓，肺，腸管膜リンパ節などでタキゾイトの増殖がみられる．終宿主から終宿主への感染はなく，中間宿主から中間宿主への感染もない．

(2) *Hammondia heydorni*

Cystoisospora heydorni とする説もある．終宿主は犬，中間宿主は牛，山羊，ラクダ，モルモット．オーシストの大きさは約12 × 10 µm．終宿主から終宿主への感染はない．

(3) *Besnoitia besnoiti*

終宿主は猫，中間宿主は牛，山羊，レイヨウ類および実験的にはウサギ，げっ歯類．中間宿主体内では皮膚，皮下組織，結合組織，筋膜，漿膜，咽頭・気管粘膜などに寄生する．シストは直径300〜600 µmに達し，かつてはグロビジウム(*Globidinium*)とよばれていた．オーシストの大きさは平均15 × 13 µmで，トキソプラズマのそれよりやや大きい．牛では時として全身性や皮膚性の衰弱疾患を起こすことがあり，発熱，リンパ節の腫脹，全身の浮腫，食欲不振，下痢などがみられる．生活環が回るためには絶対的に中間宿主を必要とする．

(4) *Besnoitia wallacei*

終宿主は猫，中間宿主はウサギおよびマウス，ラットなどのげっ歯類．中間宿主体内では心臓，腸管膜，小腸壁，肝臓，肺などで増殖する．シストはおもに腸管の内輪筋層にみられ，直径150〜200 µmと大型で，肉眼でも検出される．オーシストの大きさは平均17 × 12 µmで，猫から検出される小型のオーシストの中ではもっとも大きい．生活環が回るためには絶対的に中間宿主を必要とする．

(5) *Besnoitia darlingi*

終宿主は猫，中間宿主はオポッサム，トカゲ．中間宿主体内のシストは150〜125 µmで大型である．オーシストはトキソプラズマのそれと区別できない．

3.4　ネオスポラ症(Neosporosis)

1988年に新種記載されたトキソプラズマ類似の組織シスト形成コクシジウムによる疾病であり，牛に死・流産を起こし，世界の牛産業に甚大な被害を及ぼしている．また，犬においても重篤な神経および筋障害がみられる．

原　因：トキソプラズマ様の *Neospora caninum* による．終宿主はイヌ科動物(犬，コヨーテ，オオカミ，ディンゴなど)である．中間宿主は牛が主であるが，羊や馬，豚などの家畜，シカなどの野生動物である．また，温血脊椎動物は広く宿主になると考えられている．原虫の発育ステージでは，タキゾイト，シスト(ブラディゾイト)，オーシスト(スポロゾイト)が確認されている．タキゾイトは卵円形ないし半月状で，大きさは4.8〜5.3 × 1.8〜2.3 µm，平均5 × 2 µmである．上皮細胞，髄液中の単核細胞，神経細胞，線維芽細胞，筋細胞，肝細胞などの細胞内に寄生

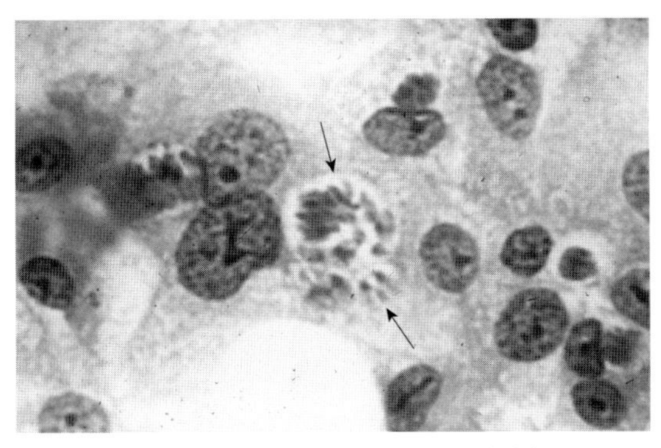

図 II.45 ネオスポラのタキゾイト(矢印)
［原図：今井壯一・藤﨑幸藏］

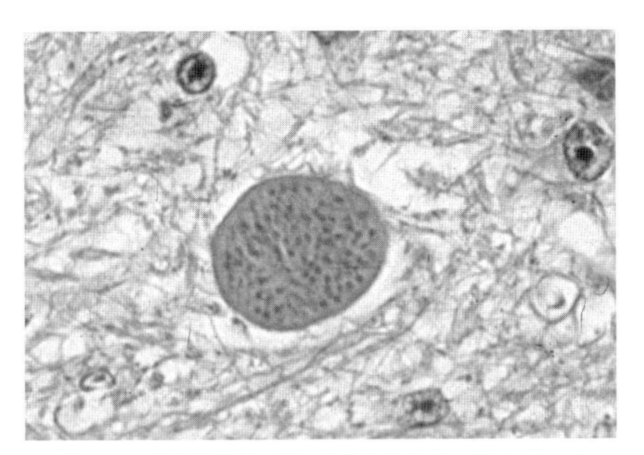

図 II.46 牛流産胎仔の脳にみられたネオスポラのシスト
［原図：播谷 亮］

し，単独あるいは緩やかに配列する集合体として観察される(図 II.45)．とくに脳，脊髄では直径 20 μm を超す大きな集合体としてみられることがある．シストは脳・脊髄，骨格筋に認められる．大きさに変異があり，55〜107 × 25〜77 μm の大きさのものが報告されている．シスト壁は 1.5〜3.0 μm と厚く，トキソプラズマのシストとの鑑別点となっている(図 II.46)．シスト中に認められるブラディゾイトは細長く，大きさは 3.0〜4.3 × 0.9〜1.3 μm であり，二分裂によって緩やかに増殖する．オーシストは類円形を呈し，大きさは 11.7 × 11.3 μm で，同じく犬から検出される *Hammondia heydorni* のオーシストに大きさ，形とも類似している．

感染および発育：感染は，終宿主と中間宿主間のオーシストおよびシストの経口摂取による水平感染，終宿主および中間宿主での虫体(タキゾイト)の胎盤を介した垂直感染がある．生活環は未だ不明な点も多いが，次のように考えられている．終宿主の腸上皮細胞でガメトゴニーが行われ，未成熟オーシストが形成され糞便中に排泄される．外界で 24〜72 時間後にスポロゾイト形成オーシストとなり，感染性を有する．オーシストは 2 スポロシストでそれぞれに 4 スポロゾイトを含む．オーシストを経口摂取した中間宿主では，その消化管において遊離したスポロゾイトは腸管に侵入してタキゾイトになる．タキゾイトは様々な細胞(単核細胞を含む)に感染して，その寄生体胞(parasitophorous vacuole)で増殖する．急性期では，タキゾイトはほぼすべての組織中でみられ，感染細胞の破壊と新たな細胞への感染を繰り返す．この際，妊娠牛ではタキゾイトが胎盤を介して胎仔に移行し，流産を起こす．慢性期では，宿主免疫反応の進行とともに，タキゾイトはブラディゾイトとなり，組織シストを形成する．中間宿主を捕食することで終宿主がシストを経口摂取すると，腸管でブラディゾイトはガメトゴニーを行う．また，シストに持続感染した慢性期の牛では，妊娠を機にブラディゾイトがタキゾイトに変態して細胞内での増殖を再開する．このタキゾイトが胎盤を介して胎仔に感染して，死・流産を起こす．この内因性の胎盤感染は牛群でネオスポラ感染が維持されるおもな要因である．

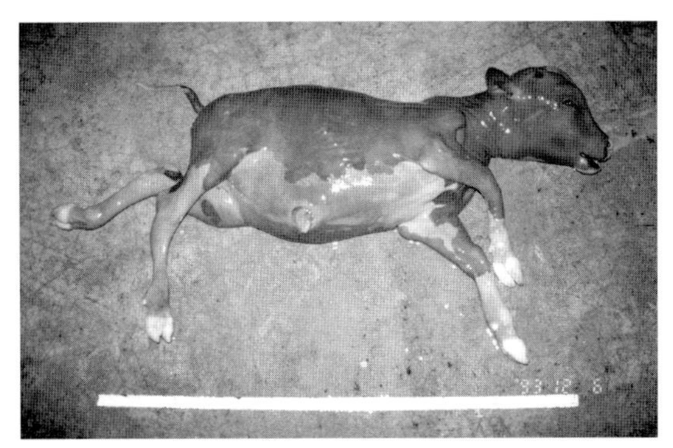

図 II.47 ネオスポラ症による牛の流産胎仔［原図：播谷 亮］

症状および解剖学的変状：牛と犬で本種による重篤な症状がみられる．

(1)牛のネオスポラ症

牛にみられる典型的な症状は流産・死産で，世界的に報告されている(図 II.47)．流産は妊娠の 3〜6 か月で発生する．胎仔の子宮内での死亡やミイラ胎仔の娩出がみられる．また，生存した新生仔牛でも起立不能や数週後に後躯麻痺が発現する．流産胎仔には例外なく非化膿性脳炎があり，その他，非化膿性心筋炎，副腎炎，筋炎，腎炎，肝炎，腹膜炎，胎盤炎，肺炎などがみられる．生後，非化膿性脊髄炎で麻痺を起こした症例も知られている．一方，ネオスポラに感染した成牛ではほとんど症状を示さない．

(2)犬のネオスポラ症

犬においても胎盤感染が起こることが証明されている．生存して産まれたものでも神経症状を起こして死亡することが多い．上行性の麻痺および後肢の硬直が特徴で，そのような症例では，多発性神経根炎，肉芽種性多発性筋炎，髄膜脳脊髄炎などが認められている．また，嚥下障害や筋の萎縮，心筋障害の他に，皮膚炎や腹膜炎も報告されている．

診　断：牛では流産，犬では多発性筋炎，上行性麻痺などの症状が特徴であるが，臨床症状のみでは確定診断ができない．仔犬ではトキソプラズマ症，ジステンパー，進行性多発性神経根筋炎との鑑別を要する．広汎性下部運動神経筋症がみられる場合は本症である可能性が高い．免疫学的診断は有効で，間接蛍光抗体法(IPA)のキットが市販されている．脳脊髄液あるいは血清を材料に用いて検査を行う．

治　療：トキソプラズマ症で用いられている薬剤(各種サルファ剤(sulfonamides)，エリスロマイシン(erythromycin)，ドキシサイクリン(doxycycline)，クリンダマイシン(clindamycin)など)が有効であることが報告されているが，筋肉の硬直や上行性の麻痺を呈する犬では予後は不良である．

予　防：牛の場合は，犬などの終宿主動物との接触を避けることや，その糞便を迅速に処理することも重要である．また，抗原虫薬やワクチン開発で牛群の感染および流産発生を防止することが検討されている．

3.5 サルコシスチス症 (Sarcocystosis)

主として牛をはじめとする草食獣の横紋筋に肉眼で見えるほどの大きなシストが寄生することが知られていた(図 II.48)．内部には多数の虫体(ゾイト)が含まれているので胞子虫類の1グループとみなされ，住肉胞子虫類として分類されていたが，近年になってこのシストは組織シスト形成コクシジウムの *Sarcocystis* 属の中間宿主内でのシストであることが判明した．このシストは古くはミーシェル管とよばれたが，現在はサルコシスト(sarcocyst)と名付けられている(図 II.49)．

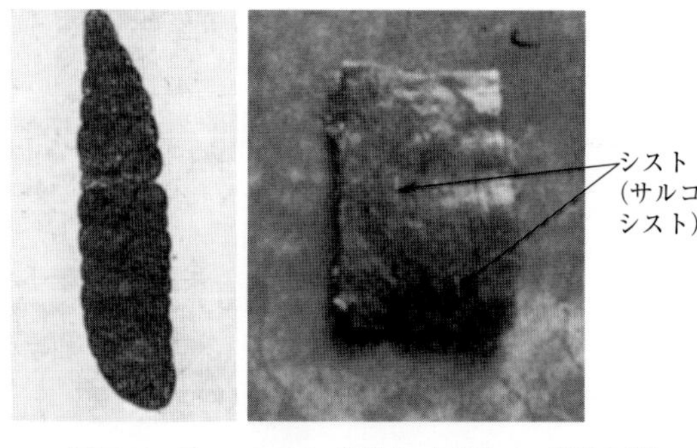

図 II.48　サルコシスト［原図：今井壯一・藤﨑幸藏］

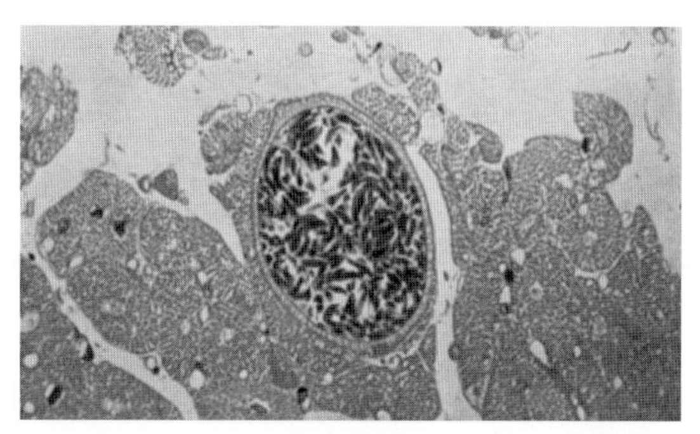

図 II.49　サルコシストの断面［原図：今井壯一・藤﨑幸藏］

原　因：本症は *Sarcocystis* 属が中間宿主で発育・増殖する際に発生する．家畜を中間宿主とする *Sarcocystis* 属の種は表 II.18 のように考えられている．注意すべきは，各種は宿主特異性が高く，中間宿主も終宿主もそれぞれ1つの動物であること．

感染および発育：*Sarcocystis* 属の生活環は，*Toxoplasma* のそれと類似しているが，いくつかの点で異なっている(図 II.50)．終宿主体内でスポロゾイト形成オーシスト(成熟オーシスト)が作られるため，オーシストは糞便に排泄された時点ですでに感染性がある．しかも，オーシスト壁が薄く，壊れやすいため，新鮮糞便中にはオーシストではなく，4虫体のスポロゾイトを含むスポロシストが排泄されることが多い．スポロシストの大きさは種によりやや異なるが，およそ12〜20×6〜15 μmである．スポロシストは特定の中間宿主のみに感染力があり，終宿主に直接感染することはない．これが中間宿主に摂取されると，スポロゾイトは全身，おもに腎臓や脳の血管内皮でメロゴニー(シゾゴニー)が通常2回行われ，多数のメロゾイトが形成される．メロゾイトは横紋筋に移行してサルコシストを作る．サルコシストの大きさは種によって異なり，豚に寄生する *S. miescheriana* では0.5〜4×3 mmの非常に大きなシストをつくる．また牛に寄生する *S. cruzi* でも成熟シストは1 mmを超える．時に5 mmを超える大型のシストもみられる．サルコシスト中には当初メトロサイト(metrocyte)とよばれる円形の細胞がみられるが，やがて成熟するにつれブラディゾイトになる．シスト壁は種によって薄く平滑なものから厚く突起状の構造をもつものまで様々である．サルコシスト内がいくつかの隔壁によって仕切られている種もある．サルコシストは終宿主のみに感染し，中間宿主に感染することはない．終宿主への感染は，サルコシストをもった中間宿主(家畜)を終宿主(肉食動物)が捕食することによって起こる．終宿主の腸管内に入ったサ

表 II.18 家畜に寄生するおもな *Sarcocystis* 種とその性状

宿主		種類	サルコシスト		中間宿主に対する病原性	スポロシストの大きさ (μm)
中間宿主	終宿主		大きさ	シスト壁		
牛	犬	*S. cruzi*	0.5 mm	薄い	強い	15.9×8.3
	猫	*S.hirsuta*	8×1 mm	厚い・横縞あり	弱い	12.5×7.8
	ヒト	*S.hominis*	1×0.1 mm	厚い・横縞あり	弱い	14.7×9.3
豚	犬	*S.miescheriana*	3〜5 mm	厚い・横縞あり	強い	12.6×9.6
	猫	*S.porcifelis*	記載なし	薄い	強い	13×8
	ヒト	*S.suihominis*	1.5 mm	厚い・横縞あり	弱い	19.4×13.4
めん羊	犬	*S.ovicanis*	100×25 μm	厚い・横縞あり	強い	14.8×9.9
	猫	*S.tenella*	0.4〜1.5 mm	薄い	ほとんどない	12.4×8.1
馬	犬	*S.bertrami*	350 μm以下	薄い	ほとんどない	15.2×10.0
	犬	*S.fayeri*	900 μm以下	やや厚い	ほとんどない	12.0×7.9

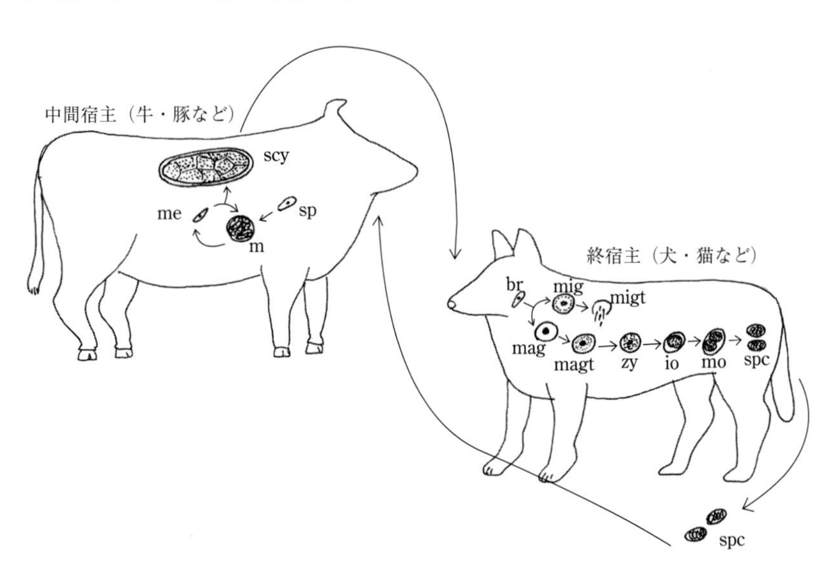

図 II.50 サルコシスティス(*Sarcocystis*)の生活環［原図：今井壯一・藤崎幸藏］
br：ブラディゾイト，io：未成熟オーシスト，m：メロント，mag：マクロガモント，magt：マクロガメート，me：メロゾイト，mig：ミクロガモント，migt：ミクロガメート，mo：成熟オーシスト，scy：サルコシスト，sp：スポロゾイト，spc：スポロシスト，zy：ザイゴート．

ルコシスト内のブラディゾイトは宿主の腸管上皮細胞でメロゴニーを行うことなく，ただちにガメトゴニーを行ってザイゴートを経てオーシストを形成する．

症状および解剖学的変状：*Sarcocystis* 属は，終宿主での病原性はほとんどないと考えられ，中間宿主での病原性も種によって異なる．*S. cruzi* や *S. miesheriana* は病原性が強く，多数のスポロシストを摂取すると感染後約1か月の2回目のメロゴニー増殖によって各臓器の血管内皮細胞が傷害されて急性サルコシスティス症を起こす．症状として，食欲不振，発熱，体重減少，貧血，衰弱などがみられる．解剖学的所見では，粘膜や臓器の蒼白，各種臓器における広範な点状，斑状出血が認められる．時として死亡する例もあり，有名なものに1961年にカナダのオンタリオ州の牛で発生した *S. cruzi* に起因したダルメニー病(Dalmeny disease)とよばれる集団発症例がある．また，*S. tenella* も仔羊に対して病原性が強く，発熱，食欲不振，衰弱，運動障害，流産などが認められている．また最近，馬肉中の *S. fayeri* サルコシストに起因するヒトの食中毒事例(一過性の下痢や嘔吐)が報告されている．

診　断：終宿主では糞便中にスポロシストが排泄されるので，浮遊法を用いて検出することができる．ただし，オーシストと異なりスポロシスト壁が薄い上に大きさが小さいので見逃されることも多い．中間宿主では体外に出る原虫ステージがないので，寄生虫学的な検査・診断は困難である．中間宿主における急性サルコシスチス症では発熱，貧血，リンパ節腫脹，流涎，流産などの症状に加えて，血清GOT，LDH，CPK活性値の増加，赤血球減少，好中球核形左方推移が有力な情報となる．

治　療：患畜が治療対象になることは稀である．急性サルコシスチス症と診断されれば治療を考慮することになるが，本症の治療についての情報は乏しく，的確な治療法は知られていない．仔牛での実験感染試験でアンプロリウム(amprolium)の100 mg/kg/日，30日間の投与で有効であったとの報告がある．

予　防：有効な予防法はないが，牧場では犬・猫に生肉を給与しないことは重要である．中間宿主への感染源となるスポロシストは外界抵抗性が強く，1年近く感染力を有している．

3.6 鶏のマラリア(Avian malaria)

マラリア原虫は，アルベオラータ界，アピコンプレックッス門，無コノイド綱(Aconoidasida)，住血胞子虫目(Haemosporida)，プラスモジウム科(Plasmodiidae)に属する．アピコンプレックス類の特徴であるアピカルコンプレックス(apical complex)の構造の1つであるコノイド(conoid)を欠く点は，ピロプラズマ原虫に共通する．さらに，葉緑体が退化してできた4重膜構造の細胞内小器官(アピコプラスト：apicoplast)をもち，脂肪酸合成などを行うことも知られている．マラリア原虫はマラリア(malaria：語源はmal-ariaで「悪い・空気」)を起こす病原体であり，有性生殖を媒介者である蚊の体内で行い，無性生殖を哺乳類，鳥類，爬虫類などの脊椎動物の組織と赤血球内で行う．寄生赤血球内には宿主のヘモグロビン由来の褐色のマラリア色素(malaria pigment, hemozoin)を産生する特徴を有する(図II.51)．表II.19にはヒトと鳥類，げっ歯類を宿主にするプラウスモジウム科(Plasmodiidae)，プラスモジウム属(*Plasmodium*)の主要種をまとめた．鳥類の

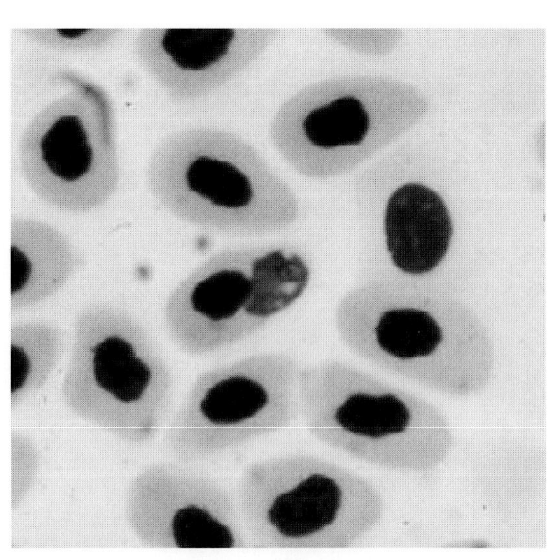

図 II.51 *Plasmodium juxtanucleare* のトロフォゾイト(ギムザ染色)(マラリア色素に注意)［原図：藤﨑幸藏］

表 II.19 おもな *Plasmodium* 属原虫

種名(病名)	宿　主	媒介蚊
P. falciparum (熱帯熱マラリア)	ヒト，霊長類	ハマダラカ属(*Anopheles*)
P. vivax (三日熱マラリア)	ヒト，霊長類	ハマダラカ属
P. malariae (四日熱マラリア)	ヒト，霊長類	ハマダラカ属
P. ovale (卵型マラリア)	ヒト，霊長類	ハマダラカ属
P. knowlesi (二日熱マラリア)	霊長類，ヒト	ハマダラカ属
P. gallinaceum (鶏マラリア)	鶏，キジ，ガチョウ，クジャク	ヤブカ属(*Aedes*)，イエカ属(*Culex*)他
P. juxtanucleare (鶏マラリア)	鶏，七面鳥	イエカ属
P. lophurae	アヒル，鴨	イエカ属
P. durae	七面鳥	不明
P. berghei	げっ歯類	ハマダラカ属
P. yoelii	げっ歯類	ハマダラカ属
P. vinckei	げっ歯類	ハマダラカ属
P. chabaudi	げっ歯類	ハマダラカ属

[磯部 尚]

マラリア原虫は，宿主域，地理的分布，媒介者および病原性などの違いで約 30 種が知られている．鳥類のマラリア原虫は赤血球内に存在するガメトサイトおよびメロントの形態学的特徴によって 6 亜属に分類される．鶏で重要な種類は *Haemamoeba* 亜属の *Plasmodium* (*H.*) *gallinaceum* と *Bennettinia* 亜属の *P.* (*B.*) *juxtanucleare* であり，日本には後者が分布する．

3.6.1 *Plasmodium gallinaceum* による鶏マラリア

原　因：*Plasmodium gallinaceum*

①分布：インドネシア，マレーシア，ボルネオ，インド，スリランカなど東南アジア各地．日本には分布しないが，流行国から輸入した鳥類で感染が認められることがある．

②分類：*Haemamoeba* 亜属．ガメトサイトは，宿主赤血球核よりも大きく，不整形で，赤血球核の位置を移動させる．

③媒介者：ヤブカ属 (*Aedes*)，イエカ属 (*Culex*)，ハマダラカ属(*Anopheles*)などの多数種の蚊によって伝播される．

④感受性動物：鶏，野鶏，キジ，クジャク，ガチョウなど．

発育および生態：

①鶏体内：媒介蚊が吸血時に注入したスポロゾイトによって鶏は感染する．スポロゾイトは体長 10 μm 程度の細長い紡錘状で，注入された皮下部位のマクロファージおよび血管内皮細胞に感染して第 1 代の赤外期メロント(シゾント)に発育する．第 1 代メロント内のメロゾイトは放出され，脾臓，肝臓や肺の網内系細胞や血管内皮細胞において第 2 代の赤外期メロントを形成する．血液中に放出された第 2 代メロント内のメロゾイトは，赤血球および網内系細胞に感染し，再びメロントに発育するものとガメトサイトに発育するものとに分かれる．赤血球内でメロゾイトからメロントに発育する過程の虫体は栄養型(トロフォゾイト：trophozoite)とよばれる(図 II.51)．栄養型は核分裂によってメロントに発育し，内部に 8 ～36 個の円形または卵円形のメロゾイトを形成する．このメロゾイトはメロントの成熟に伴って血液中に放出され，再び赤血球に侵入してメロントまたはガメトサイトに発育する．ガメトサイトは宿主赤血球核よりも大きく不整形で，赤血球の細胞質の容積の 2/3 以上を占める．赤血球に寄生した各発育期の虫体にはマラリア色素が認められる．

②蚊体内(図 II.54 参照)：末梢血液中に出現したガメトサイトは，蚊の吸血によって中腸内に取り込まれると核分裂を始め，1 個のミクロガメトサイトから 8 個の糸状のミクロガメートが放出される(鞭毛放出：exflagellation)．ミクロガメートの鞭毛はアイメリアなどと異なり 1 本である．ミクロガメートが侵入・受精(有性生殖)したマクロガメートはザイゴートに分化する．蚊の吸血後 18～24 時間で，中腸腔内には運動性のあるバナナ状のオーキネート(ookinete)が形成され，吸血 24 時間後にはオーキネートは血液を包む栄養囲膜(peritrophic membrane：PM)を通過し，中腸細胞に接着・侵入する．その後オーキネートは，中腸の基底膜に移動し，球形のオーシストに分化する．オーシストは 2 週間ほどかけて成熟オーシスト(直径 30 μm 以上)に発育し，内部に多数のオーシストスポロゾイト(oocyst sporozoite)を含有する．このオーシストスポロゾイトは鶏に対する感染力はない．オーシスト壁の崩壊によって蚊

の血体腔に放出されたオーシストスポロゾイトは唾液腺に到達・侵入し，感染力のある唾液腺スポロゾイト(salivary gland sporozoite)となって新しい宿主への感染の機会を待つ．蚊の吸血から唾液腺にスポロゾイトが集合するまでの日数は，蚊の種類や温度によって違いはあるが，一般的には2～3週間かかる．

症 状：マラリアの3大主要症状は発熱，脾腫，貧血であり，*P. gallinaceum* による鶏マラリアも例外ではない．本症はとくに初生および中雛で急性経過をたどることが多く，死亡率が高い．成鶏では貧血，緑便，食欲減退などがみられるが，慢性に経過し耐過するものが多い．耐過鶏は持続感染免疫(premunition)によって再感染に対して強い抵抗性を示す．感染鶏では肝，脾が著しく腫大し，暗黒褐色を呈する．貧血は赤外期メロント(シゾント)の血管内溶血による．鳥の臨床症状は肝，脾，腎および脳を含むいくつかの臓器における多臓器不全や，免疫複合体が原因の腎不全(glomerulonephritis)，肺毛細血管およびリンパ管の栓塞による肺水腫により引き起こされる．また，脳の毛細血管に寄生赤血球，赤外期の虫体やマラリア色素などが沈着して栓塞し，大脳皮質の酸素欠乏，出血，壊死の結果，麻痺などの重篤な神経症状が起こることも知られている．

診 断：①疫学：流行は媒介蚊の発生する夏季に多いが，集中的発生は少なく散発的な発生が多い．

②寄生虫学的診断：感染鶏の末梢血液の薄層塗沫標本をギムザ染色して，赤血球内の各種発育期虫体を検出する他，剖検した場合は臓器・組織の捺印塗抹標本を染色して，同様の観察を行う．メロント(シゾント)とガメトサイトによる赤血球核の位置の移動は *P. gallinaceum* の特徴である．

③遺伝子学的診断：種特異的なPCR診断法は未確立であるが，一部領域の塩基配列に基づく遺伝子診断は可能である．

治 療：赤内型および赤外型の両原虫に効果を有する駆虫剤の使用が望ましい．スルファジメトキシン(sulfadimethoxine)1000 ppm を餌に混ぜて10日間投与すれば，赤内・赤外両原虫の発育を抑制する効果がある．抗マラリア剤の4-アミノキノリン(aminoquinoline)系薬剤は赤内型原虫に，8-アミノキノリン系薬剤は赤外型原虫に効果が優れているとされ，鶏には前者に属するクロロキン(chloroquine)の40 mg/kg を経口投与，後者に属するパマキン(pamaquine)の0.5 mg/kg を混餌で5～14日間投与などを行うとよい．その他にプリマキン(primaquine)，キナクリン(quinacrine)，クロログアニド(chloroguanide)，ピリメタミン(pyrimethamine)も有効であることが示されている．

防 除：感染鶏を淘汰して，感染源を除去することと，媒介昆虫の蚊の発生源をなくす対策を行うとともに，防虫網を設置して鶏舎内に飛来・侵入する蚊の数を減じ，吸血活動の阻止が主要な対策となる．また，吸血後に蚊が休息する防虫網や鶏舎壁面に残効性のある殺虫剤の散布を行い，感染蚊の散逸を防止する．

3.6.2 *Plasmodium juxtanucleare* による鶏マラリア

原 因：*Plasmodium juxtanucleare*

①分布：スリランカ，フィリピン，インド，インドネシア，マレーシア，日本，台湾などアジア各地．ブラジル，ウルグアイ，メキシコなどの中南米．タンザニア，南アフリカにも分布．

②分類：*Bennettinia* 亜属．メロント(シゾント)は小さく，円形または卵形であり，通常は宿主の赤血球核と接触し，2～8個のメロゾイトを形成する．ガメトサイトは不整形で細長い．

③媒介者：イエカ属の蚊が自然宿主とされ，日本ではおもにアカイエカ *Culex pipiens pallens* によって伝播される．

④感受性動物：鶏，野鶏，七面鳥など．

発育および生態：蚊が吸血した後の鶏体内における赤外期メロント(シゾント)は，脾臓，肝臓，腎臓，心臓，肺，骨髄，精巣，膵臓および脳に存在することが報告されているが，脾臓でもっとも一般的である．蚊が吸血した後6～8日でメロゾイトから赤血球内にメロントまたはガメトサイトに発育する過程がピークに達する．マクロガメトサイトは，一般的にミクロガメトサイトより多く存在し，ギムザ染色でより青く染色される．ガメトサイトが出現した感染鶏を吸血したイエカ体内で，オーシストは吸血後1日目から中腸壁にみられるが非常に小さく，吸血後11～12日で最大93 μmに達する．スポロゾイトは吸血後10日からオーシスト内に形成され，唾液腺内には吸血後12日からみられ，新しい宿主への感染の機会を待つ．大きさは，平均13 μm，幅1～2 μmの紡錘形である．

症　状：潜伏期は11～13日である．臨床的には貧血，黄疸，緑便などがみられる．幼若鶏で症状は顕著．成鶏は通常耐過する．ブラジル株は病原性が強く，死亡率が90%に上ることもあるという．アジア株は病原性が弱く，雛でわずかに死ぬ場合があるが稀である．特徴的剖検所見は脾腫で，正常の10倍以上の大きさになることもある．

診　断：血液塗抹標本において赤血球の核近くにある多数のトロフォゾイトやガメトサイトの観察と，マラリア色素を検出する．*P.gallinaceum*よりメロントは赤血球核に密着し，ガメトサイトは細長いことから両種は区別される．*P. gallinaceum*と同様に，PCR法による遺伝子診断は未確立である．その理由として，鳥類の赤血球は核を持つことから感染血液の遺伝子を抽出した場合，マラリア原虫の遺伝子の割合が低くなって偽陰性になるなど検出感度に問題が出るためである．

治　療：予防・治療には，ピリメタミン(pyrimethamine)10 ppm/スルファドキシン(sulfadoxine)200 ppmの合剤またはピリメタミン2.5 ppm/スルファモノメトキシン(sulfamonomethoxine)50 ppmの合剤の4日間飼料添加，ディアベリジン(diaveridine)/スルファキノキサリン300 ppmまたはトリメトプリム(trimethoprim)/スルファキノキサリン56 ppmの4日間飲水投与，スルファモノメトキシンの単味では1000 ppmの5日間飲水または飼料添加が有効である．

防　除：*P. gallinaceum*と同様に，鶏舎に防虫網を設置したり殺虫剤の散布を行うなどして，媒介蚊を制御することにより感染機会の低減を図る．

3.7 鶏ロイコチトゾーン症 (Chicken leucocytozoonosis)

ロイコチトゾーン(*Leucocytozoon*)原虫は，アルベオラータ界，アピコンプレックッス門，無コノイド綱，住血胞子虫目に分類されるが，プラスモジウム科のマラリア原虫とは異なりマラリア色素を欠く．ロイコチトゾーン科(Leucocytozoidae)，ロイコチトゾーン属の原虫は鳥類のみに寄生し，約100種が知られ，肝細胞や全身臓器の血管内皮系細胞でメロゴニーによって増殖するが，マラリア原虫と異なり血球ではメロゴニーを行わず発育のみを行う．*Leucocytozoon caulleryi*は血管内皮系細胞のみでメロゴニーを行う．表II.20に家禽に寄生する主要種をまとめた．日本では*Leucocytozoon caulleryi*による鶏ロイコチトゾーン症が問題となる．

原　因：鶏ロイコチトゾーン(*Leucocytozoon caulleryi*)

①分布：日本，韓国，中国，台湾，ロシア，東南アジア各地．日本での発生はニワトリヌカカが発生する夏季，6月以降のとくに7～9月に，北海道を除く地域で多くみられる．

②分類：ロイコチトゾーン属原虫は一般にブユによって媒介されるものが多いが，*L. caulleryi*のみが例外的に*Culicoides*属のヌカカによって媒介される(図IV.74)．過去にはブユを媒介者とするロイコチトゾーン原虫を*Leucocytozoon*属，ヌカカを媒介者とするものを*Akiba*属と分けていたが，媒介者の相違のみでは種や属を分類する根拠になりにくいとして，再び*Leucocytozoon*属

表II.20 家禽の*Leucocytozoon*属原虫

種　名	宿　主	媒介者	分　布
L. andrewsi	鶏	不明	米国
L. caulleryi	鶏	ヌカカ *Culicoides*属	日本，アジア
L. galli	鶏	不明	欧州
L. sabrazesi	鶏	ブユ属	東南アジア
L. schoutedeni	鶏	ブユ属	コンゴ，タンザニア
L. neavei	ホロホロ鳥	ブユ属	東アフリカ
L. simondi	アヒル，ガチョウ	ブユ属	東南アジア，欧米
L. smithi	七面鳥	ブユ属	欧米

［磯部 尚］

に統合され，*Akiba* は *L. caulleryi* の亜属名になった．

③媒介者：日本における主要な媒介者はニワトリヌカカ *Culicoides arakawae*（図 IV.76）であるが，ウシヌカカ（*C. oxystoma*），ウスシロフヌカカ（*C. pictimargo*），イソヌカカ（*C. circumscriptus*）なども実験的に原虫を媒介する．東南アジアではニワトリヌカカ以外に *C. guttifer* などの地域固有種も主要な媒介者となっている．

④感受性動物：感染宿主は鶏のみである．

発育および感染：図 II.52 に発育史の概要を示した．

①鶏体内の発育：感染ヌカカが吸血時に注入したスポロゾイトによって鶏は感染する．スポロゾイトは 6 ～11 × 1 ～1.4 μm 程度の細紡錘状で（図 II.54（f）），肝，脾，肺，腎など様々な全身臓器の血管内皮系細胞に寄生し，球状で直径約 50 μm の第 1 代メロント（シゾント）に発育する．感染後 5 ～ 7 日目に成熟した第 1 代メロントは，長さ約 6 μm の細い紡錘状の第 1 代メロゾイトを血液中に放出する．これらは全身の血管内皮細胞に寄生し，第 2 代メロント（シゾント）に発育する．第 2 代メロントは感染後 9 日目以降は宿主細胞から遊離し，各組織の細胞間隙で単独または集団で発育し，大きさは 500 μm に達する（図 II.53（a））．第 2 代メロゾイトは感染後 14 日目以降に第 2 代メロントから血液中に放出され（図 II.53（b）（c）），赤血球系細胞に侵入・寄生してガメトサイトとなる．感染 19 日目以降の末梢血液中には，宿主細胞から離れた大きさ約 15 μm の円形のマクロガメトサイトとミクロガメトサイトが出現する（図 II.53（d）（e））．

②ヌカカ体内の発育：これらのガメトサイトが吸血によってヌカカの中腸内に取り込まれると，1 個のミクロガメトサイトから 8 個のミクロガメートが放出され（鞭毛放出：exflagellation）（図 II.55（a）（b）），マクロガメートに侵入・受精（有性生殖）して円形のザイゴートに分化する．ザイゴートは数時間以内に，運動性のある 21 × 6.9 μm のオーキネートとなる（図 II.54（c）（d））．オーキ

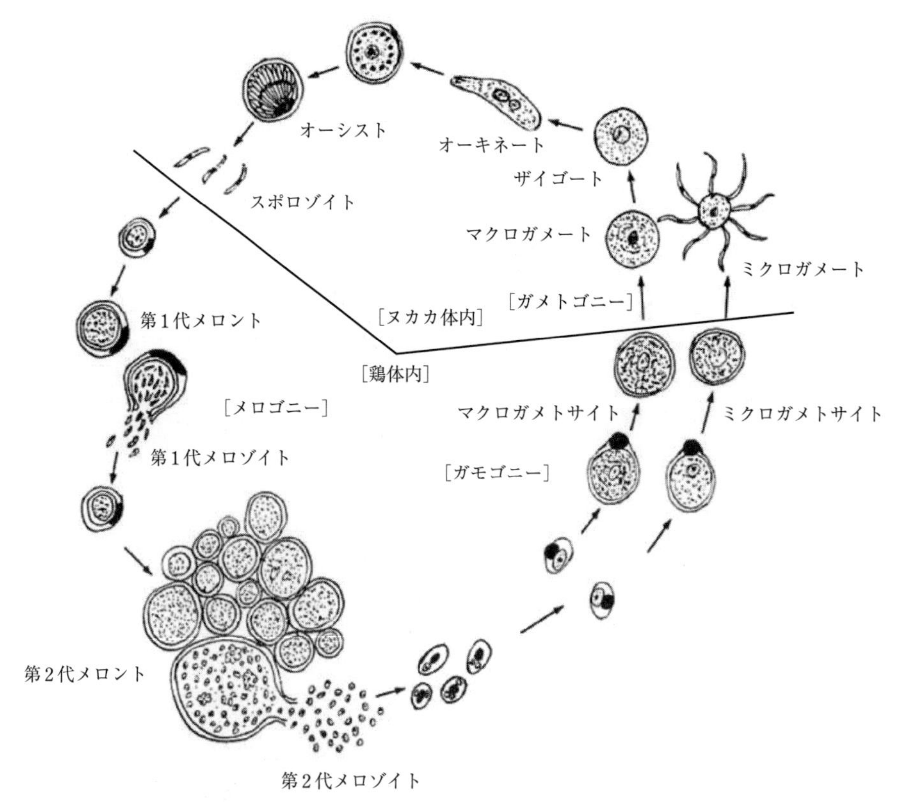

図 II.52 *Leucocytozoon caulleryi* の発育史［原図：森井　勤］

ネートはヌカカの中腸細胞に侵入し，球状で直径が約 10 μm のオーシストに発育する（図 II.54 (e)）．オーシスト内部には数十個のオーシストスポロゾイトが形成される．これらオーシストスポロゾイトはまだ鶏への感染力を有しない．続いてオーシスト壁の崩壊によってヌカカの血体腔にスポロゾイトが放出され，体液（ヘモリンフ）循環にのって唾液腺に到達し侵入する．スポロゾイトは唾液腺内において鶏に感染力を有するようになり，次のヌカカの吸血による感染の機会を待つ．ヌカカの吸血から唾液腺にスポロゾイトが集合するまでの日数は，25℃で 3 日間である．

解剖的変状：*L. caulleryi* は広範な臓器・組織の血管内皮細胞内で，メロゴニー（シゾゴニー）を行って血管を崩壊させ，その結果，広範な臓器・組織に出血を生じる．本症の解剖的変状の特徴は，第 2 代メロント（シゾント）による血管の栓塞，破壊が原因で，肺，肝，脾，腎，膵臓，嗉嚢，十二指腸，ファブリキウス嚢，胸腺，脳，精巣，皮下，筋肉などのほとんどの体内組織に点状・斑状の出血が認められる．死亡鶏では腹腔内出血による血液の貯溜がみられる（図 II.55）．またガメトサイト形成に伴う赤血球破壊による溶血性貧血が原因の貧血がみられる．出血の程度は感染程度に左右され，軽度感染では皮下出血程度のものもある．

症　状：症状は感染後 12～13 日頃から突発する．特徴は出血であり，激しい出血では喀血や腹

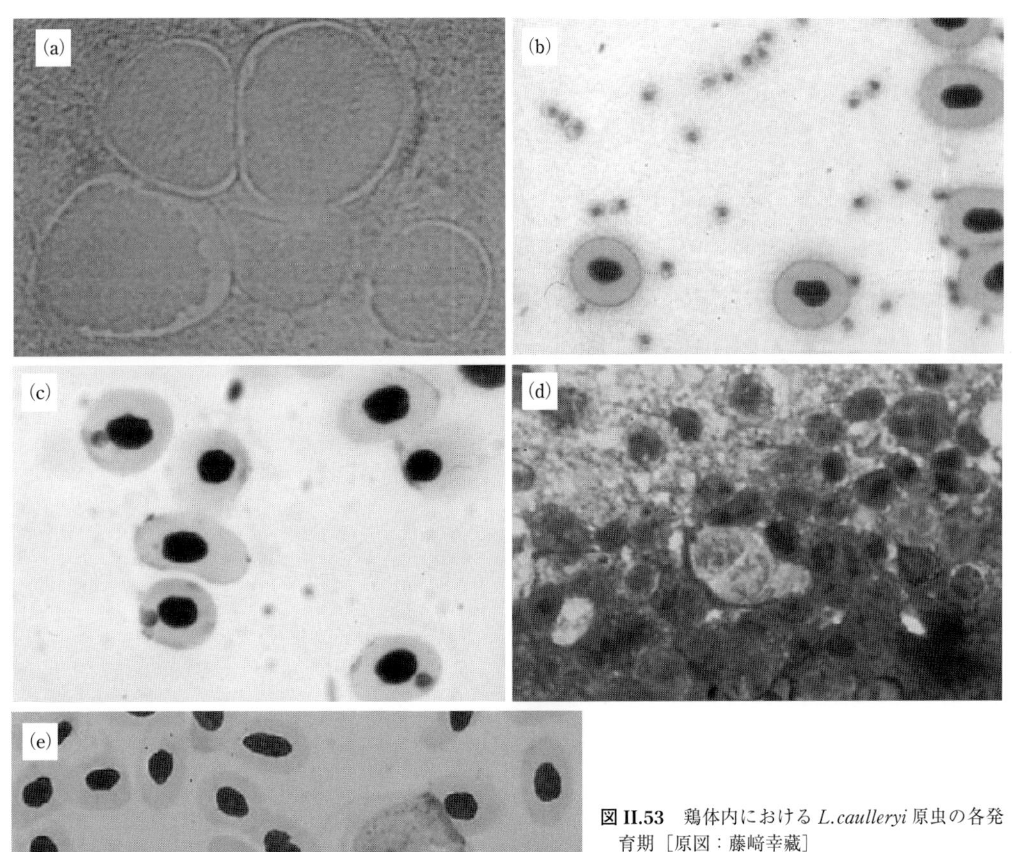

図 II.53　鶏体内における *L.caulleryi* 原虫の各発育期［原図：藤﨑幸藏］
(a) 組織内の第 2 代メロント（シゾント）（生鮮標本），(b) フリーの第 2 代メロゾイト，(c) 赤内型第 2 代メロゾイト，(d) 赤芽球内で発育中のガメトサイト，(e) ミクロガメトサイト（右）とマクロガメトサイト（左）

腔内出血(図 II.55)を起こして急死する．死を免れたものは出血，赤血球破壊によって貧血し，鶏冠・肉髯の蒼白，緑便の排泄，発育の遅延，産卵率低下などの症状が現れ，漸次衰弱して死亡するか，または耐過して生存する．耐過鶏では持続感染免疫(premunition)が成立し，再感染に対して強く抵抗する．秋葉らは本症を病態と経過から，①喀血などの出血死，②貧血がみられ，緑便を排泄して衰弱死，③貧血がみられ，緑便を排泄し，発育が遅れ，産卵の低下・停止などがみられるが耐過・生存する，④とくに症状を示さないで耐過する，などの4型に分類しているが，1か月齢前後の雛は①，②の経過をとり，また1か月齢以上の雛と成鶏は③，④の経過をとるものが多い．死亡率は鶏の月齢，スポロゾイト感染数，環境などで異なるが，とくに雛では数～20%前後，ときに70～80%の高い死亡率を示す．

診　断：①疫学：本症の流行は媒介者であるニワトリヌカカの発生に一致し，6月頃から始まり，7～9月に多発して10月頃には終息する．

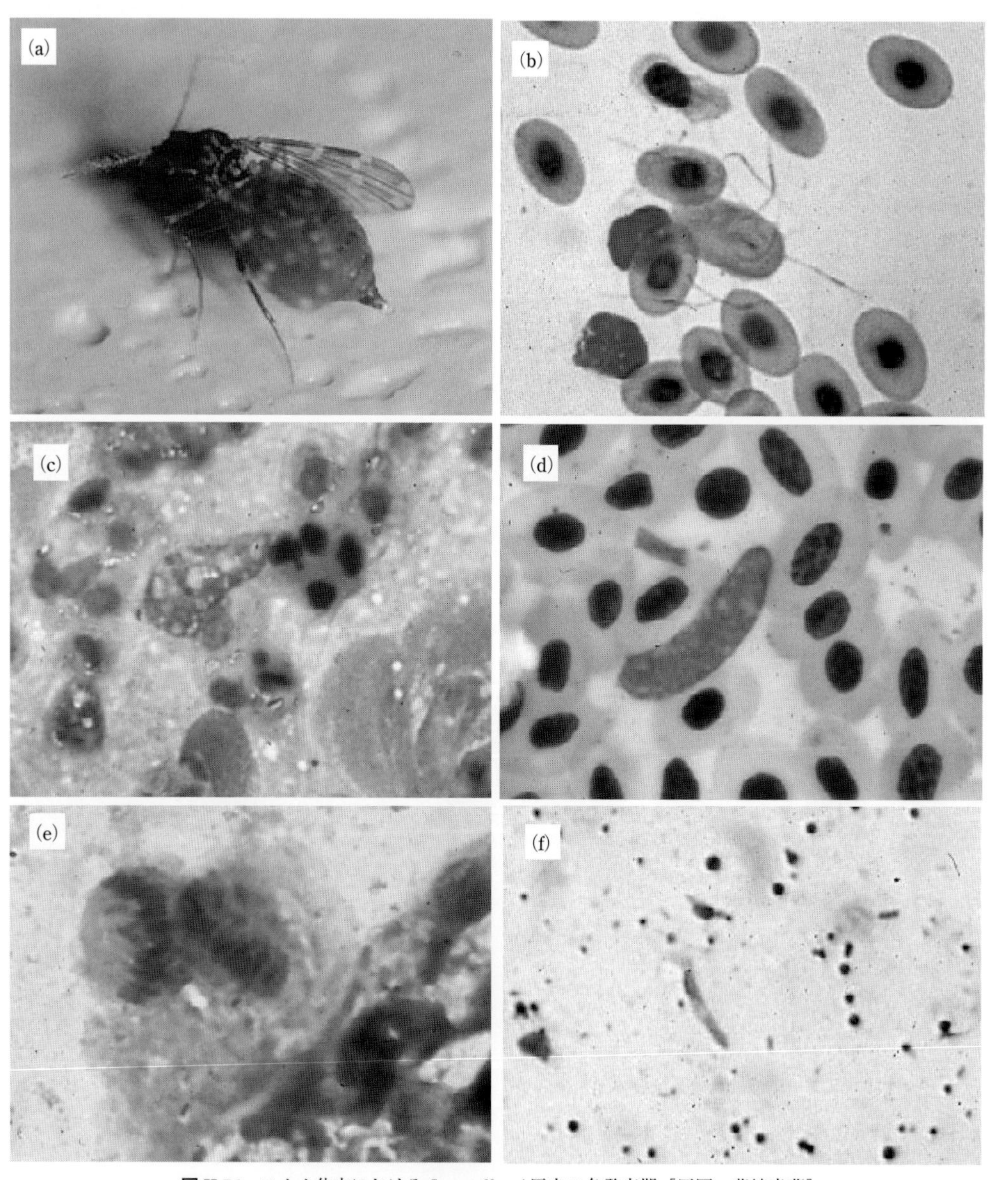

図 II.54　ヌカカ体内における *L. caulleryi* 原虫の各発育期［原図：藤﨑幸藏］
(a)感染鶏で飽血したニワトリヌカカ，(b)ヌカカの中腸内でのミクロガメート放出，(c)ザイゴートからオーキネートへ発育中の虫体，(d)オーキネート，(e)中腸の基底膜に形成されたオーシスト，(f)唾液腺内のスポロゾイト

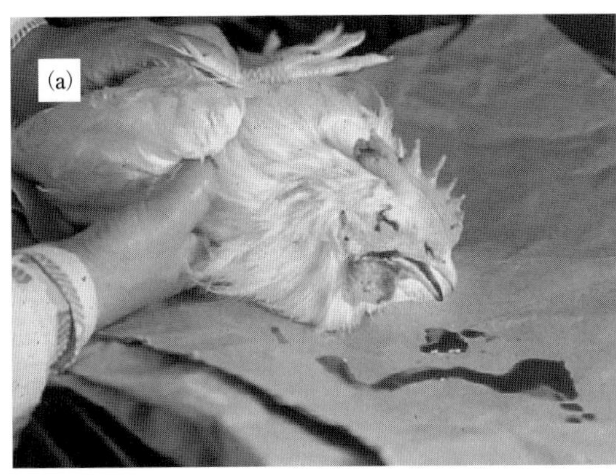

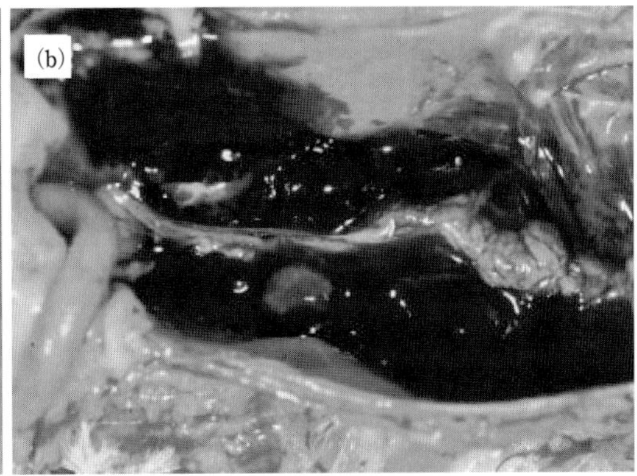

図 II.55 *L. caulleryi* 感染鶏の喀血と出血.（a）感染 13 日目に喀血中の鶏，（b）喀血死したニワトリの剖検所見（腎の大出血に注意）［原図：藤﨑幸藏］

なお，ヌカカの発生，生育，活動などに影響する気象条件，水田における導水，水抜き，中耕などの稲作の進行状況，隣接する鶏舎における発生状況，例年の被害状況などを多面的・多重的に把握することによって，本症の発生予測がかなりの程度まで可能である．

②寄生虫学的検査：発症の予測される時期に，本症が疑われる症状や剖検所見があれば，原虫の検出を行う．原虫検査は，生前診断であれば，感染鶏の末梢血液の薄層塗抹標本をギムザ染色して，赤血球内の第 2 代メロゾイトやガメトサイトを検出する．剖検例であれば，臓器の捺印塗抹ギムザ染色標本または組織切片染色標本によってメロント（シゾント），あるいはガメトゴニー期の虫体を確認する．出血した臓器乳剤などの生鮮標本から第 2 代メロント（シゾント）を確認することが可能である．

③血清学的検査：血清診断法としては，メロント（シゾント）由来抗原を用いて抗体検出を行う寒天ゲル内沈降反応が実用化されている．他に蛍光抗体法や ELISA などの各種血清診断法も利用できる．

治療および予防：

①原虫対策：現在，飼料添加物としてアンプロリウム（amprolium）＋エトパベート（ethopabate）＋スルファキノキサリン（sulfaquinoxaline）の合剤またはハロフジノンポリスチレンスルホン酸カルシウム（sulfonated polystyrene halofuginone calcium）が，出荷 1 週間前までのブロイラーおよび 10 週齢までの採卵用雛に用いられ有効である．出荷前 1 週間の休薬期間中の発症被害はない．また，10 週齢以降産卵開始前までの採卵用雛の，予防法としてピリメタミン合剤（ピリメタミン（pyrimethamine）＋スルファジメトキシン（sulfadimethoxine）の合剤）やピリメタミン関連合剤とサルファ剤の合剤などの動物用医薬品の投与は有効である．なお，これらの薬剤使用にあたっては，薬物の残留性から投与後の一定期間は，食用目的での出荷が制限されている．また，5 週齢以降の採卵用雛には発症軽減効果のある第 2 代メロント（シゾント）由来の組換え R7 タンパク質サブユニットワクチンが市販されていたが，現在は市販されていない．

②媒介昆虫対策：主要な媒介昆虫であるニワトリヌカカの発生源は水田，苗代などの，広大な面積をもち，しかも全国的に分布する場所であることから，殺虫剤散布などによって幼虫殺滅などの実効のある発生源対策を講ずることは至難である．したがって，成虫の鶏舎への飛来・侵入・吸血活動の阻止が主要な媒介者対策となる．このために，気密性の高いウインドレス鶏舎やセミウインドレス鶏舎は有用である．開放式鶏舎では，ピレスロイド系，カーバネイト系，有機リン系殺虫剤の防虫網や鶏舎壁面の散布，誘蛾灯の設置などを行い，媒介者のニワトリヌカカの数をできるかぎり少なくすることは本病の予防にある程度有効である．

3.8 犬のヘパトゾーン症 (Canine hepatozoonosis)

ヘパトゾーン属(*Hepatozoon*)原虫は，*Hemogregarina* 属などとともに，真コクシジウム目(Eucoccidiida または Eucoccidiorida)のアデレア亜目(Adeleina または Adeleorina)，ヘパトゾーン科(Hepatozoidae)に属する．宿主の範囲が広く，爬虫類をはじめげっ歯類，食肉獣，鳥類などに寄生する．媒介者もマダニ，吸血昆虫と多岐にわたる．ヘパトゾーンなどアデレア亜目の原虫の特徴は，媒介者の体内でマクロガメトサイトとミクロガメトサイトが相互に接着する連接(syzygy)を行うことである．オーシストは100 μm 以上と大きく，内部に感染性のスポロゾイトを含有した多数のスポロシストが形成される．表II.21 にヘパトゾーンの主要種を示した．日本では犬の *Hepatozoon canis* 感染が問題となる．野生動物ではキタキツネ，テン，ニホンツキノワグマなどでヘパトゾーン感染が報告されている．

原　因：*Hepatozoon canis*

①分布：ヨーロッパ，アフリカ，中東，アジアおよび北南米と世界中に広く分布し，日本でも西日本を中心に犬で感染が認められている．

②分類：感染犬の好中球や単球の細胞質内のガメトサイトは，大型の長楕円形で宿主細胞の1/3〜1/5 を占める．ギムザ染色ではガメトサイトの細胞質は明るい青色に染まり核は顆粒性で赤紫色に染まる(図 II.56(a)参照)．

③媒介者：クリイロコイタマダニ(*Rhipicephalus sanguineus*)が主要な媒介者で，ダニ体内では経発育期伝播(stage to stage transmission)を行う．宿主は感染ダニを経口摂食することで感染する．他にフタトゲチマダニ(*Haemaphysalis longicornis*)やキチマダニ(*H. flava*)も媒介者となるとされる．

④感受性動物：犬，イヌ科動物．

感染および発育：*H. canis* の成熟オーシストをもつ感染マダニを犬が経口摂食すると，犬の腸管内でマダニ体内からスポロゾイトが放出される．スポロゾイトは小腸壁を通過して血行性またはリンパ行性により，脾，肝，肺，骨髄，骨格筋，心筋などの内皮系または単球系食細胞に感染する．これらの宿主細胞内ではメロゴニー(シゾゴニー)による無性生殖が反復して起こり(図 II.56(b)参照)，一部のメロント(シゾント)から放出されたメロゾイトは好中球や単球に感染して，ガメトサイトに分化する．犬の感染からガメトサイトの出現までの期間は約 28 日である．

次に，末梢血の白血球に感染したガメトサイトはマダニの吸血とともにマダニ体内に取り込まれる．マダニの中腸内ではマクロガメトサイトとミクロガメトサイトが連接による有性生殖を行う．マクロガメトサイトとミクロガメトサイトは形態学的には区別がつかない．連接した 2 個のガメトサイトは被膜でおおわれてガメートを形成し，最終的に融合して運動性のあるオーキネートとなる．形成されたオーキネートは腸管を貫通して血体腔(hemocoel)へ移動し，大きなオーシストを形成する．スポロゾイトを含有した多数のスポロシストが形成された成熟オーシストをもつマダニを犬が摂食すると伝播が成立する．なお *H. canis* 感染母犬から仔犬への垂直感染も報告されている．

症　状：ヘパトゾーンに感染した犬ではメロント(シゾント)からメロゾイトが放出される際の組

表 II.21　おもなヘパトゾーン属(*Hepatozoon*)原虫

種　名	宿　主	媒介者	分　布
H. canis	犬，猫，キツネ，ライオン，ヤマネコ，その他食肉獣	クリイロコイタマダニ	アフリカ，インド，中東，東南アジア，日本
H. americanum	犬	クリイロコイタマダニ	米国
H. felis	猫，ヤマネコ，ライオン	クリイロコイタマダニ	日本，韓国を含むアジア，アフリカ，南米，中東，欧州
H. muris	ラット	トゲダニ類	全世界
H. musculi	マウス	トゲダニ類	英国
H. cuniculi	ウサギ	不明	イタリア

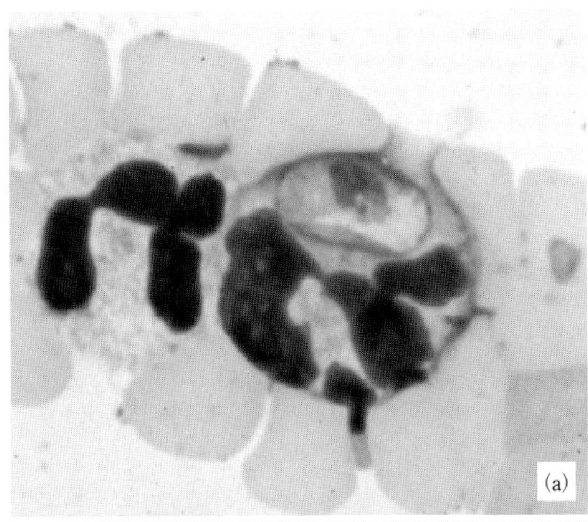

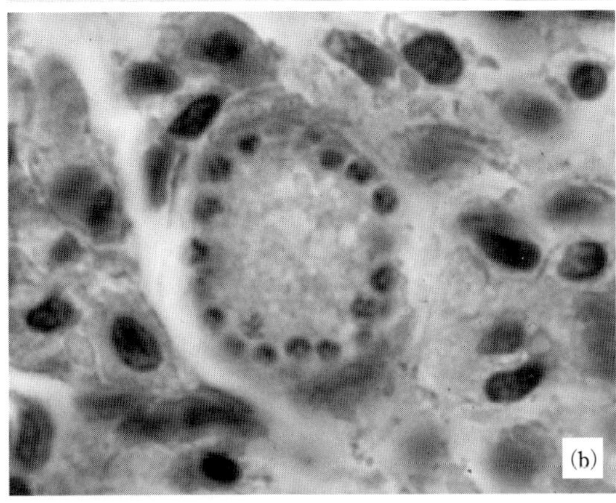

図 II.56 犬の好中球に寄生した *Hepatozoon canis* のガメトサイト(a)と脾臓に認められたメロント(b)(ギムザ染色)
[原図：藤﨑幸藏]

織破壊に伴う化膿性肉芽腫性炎反応により，発熱や疼痛などの臨床症状がみられる．米国でみられる *H. americanum* の方が *H. canis* より病原性が強い．*H. canis* 感染犬では，大半が症状を示さずに耐過するが，体温上昇，体重減，嗜眠，貧血，高グロブリン血症，高アルブミン血症などの臨床症状を示すのは，4か月齢以下の幼犬，あるいはパルボウイルス，ジステンパー，バベシア症などの合併症をもつものが多い．末梢血液の好中球原虫寄生率が5％以下では通常無症状で，稀に100％近くなる重症例もある．高原虫寄生率の場合，顕著な好中球血症(neutrophilia)を伴うことが多い．*H. americanum* 感染犬は，原虫寄生率は0.1％以上になることは稀であるが，衰弱・死亡するなど予後不良となることが多い．

診　断：新鮮血液の塗抹標本，あるいは骨格筋や皮膚の生検標本にギムザ染色あるいはライト染色を行い，虫体を検出する．血液塗抹中に検出されるのは，通常，好中球か単球中に感染したガメトサイトである．採血後すぐに塗抹標本を作製しないと多くのガメトサイトは宿主細胞から遊離し，非染色性のカプセルが認められることになる．また，*H. canis* 感染では多くは臨床症状を示さないため，血液検査の際に偶発的に検出されることがある．骨格筋などの生検標本では，原虫およびシスト様構造物が化膿性肉芽腫ともに認められる．ヘパトゾーンのガメトサイトに対する抗体を検出する間接蛍光抗体法やELISA法，血液中の原虫遺伝子を検出するPCR法なども開発され疫学調査に利用されている．

治　療：イミドカルブ(imidocarb)を血液中にガメトサイトが検出できなくなるまで2週ごとに5～6 mg/kg(皮下か筋注)やイミドカルブとドキシサイクリン(doxycycline，3週間連続経口投与)の併用が有効とされるが，原虫を体内から完全に除去することはできないことが多い．ただ，再発しても低い原虫寄生率で予後は良好であるとされる．また，非ステロイド性の抗炎症薬は感染犬の不快症状の緩和に有効である．

予　防：マダニの寄生を避けて付着したマダニを速やかに取り除くことと，感染マダニを犬が経口摂食しないようにすること．マダニ駆除剤などの使用も有効と考えられる．

3.9 ピロプラズマ症 (Piroplasmosis)

アルベオラータ界，アピコンプレックス門(Apicomplexa)，無コノイド綱(Aconoidasida)，ピロプラズマ亜綱(Piroplasmia)，ピロプラズマ目(Piroplasmida)に属するタイレリア属(*Theileria*)もしくはバベシア属(*Babesia*)の感染によって起こる疾病を，ピロプラズマ症(Piroplasmosis)と総称し，獣医学上重要となる．本症は，牛をはじめとして馬，犬，猫，山羊，めん羊，豚，ラクダ，水牛，ロバ，ヤク，シカなど様々な動物種にみられ，ヒトにおいてもげっ歯類や牛に寄生するバベシア種による感染症例(ヒトバベシア症：human babesiosis)が報告されている．ピロプラズマ(piroplasma)と名付けられた由来は，赤血球に寄生している虫体(plasm)が炎(piro)のような形態をしていることによる．タイレリアとバベシアの赤血球に寄生している虫体はメロゾイトと表記されることがあるが，正確にはメロゴニーとガメトゴニーの発育期の虫体混合物であるために，正しくはピロプラズム(piroplasm)や赤内型原虫とよぶ．いずれも，マラリア原虫のような色素(hemozoin)形成がなく，かつマダニによって生物学的に媒介される点が大きな特徴となる．表II.22にタイレリア属とバベシア属原虫の区別点をまとめた．両属のもっとも主要な区別点は，シゾゴニーの行われる場所やマダニの伝播様式である．また，ピロプラズマは，脊椎動物のリンパ球や赤血球では無性生殖で，一方のマダニ体内では有性生殖と無性生殖で増殖する．すなわち，ピロプラズマの終宿主はマダニであり，脊椎動物は中間宿主となる．主要なタイレリアとバベシアの種名と媒介マダニなどを，それぞれ表II.23と表II.24にまとめた．なお，これら原虫による疾病は，それぞれタイレリア症(Theileriosis)ならびにバベシア症(Babesiosis)とよばれている．日本の家畜(法定)伝染病(牛，水牛，馬，シカ)に指定されているピロプラズマ症の病因種は，*Theileria parva*，*T. annulata*，*T. equi*，*Babesia bigemina*，*B. bovis*，および*B. caballi*である．

［注］シゾゴニー(schizogony；多数分裂)とメロゴニー(merogony；メロゾイト形成)の相違について：医・獣医学分野では両者が同義で使用されることが多いが，厳密には異なる．すなわち，シゾゴニーとは細胞質分裂を伴わない核分裂により多核の原虫細胞となる過程のことで，*T. parva*のリンパ球寄生期がその代表例である．一方のメロゴニーとは，アピコンプレックス類などが生活環の中でシゾゴニーにより無性的にメロゾイトを作る過程をいう．したがって，シゾゴニーはメロゴニー以外にもスポロゴニー(sporogony)やガメトゴニー(gametogony)の過程でも起きている．

3.9.1　牛のピロプラズマ症 (Bovine piroplasmosis)

(1)小型ピロプラズマ症

原　因：*Theileria orientalis*(小型ピロプラズマ)

①分布：日本，韓国，中国，モンゴル，ロシア沿海州，東南アジア，オーストラリア，ニュージーランドなど，世界中に広く分布している．

②分類：日本の小型ピロプラズマ病の病原体の学名としては，*Theileria sergenti*が長期間にわたって用いられてきた．しかし，この学名はめん羊に寄生する種のsecondary homonym(異物同名)であり，分類命名規約の上から不当なものであった．これに代わる学名についてはその近縁原虫(*T. sergenti/buffeli/orientalis*群原虫)全体の種名の整理の必要があり，混乱した時期もあったが，近年ようやく小型ピロプラズマ病の病原体とその近縁原虫の種名を*T. orientalis*とすべきと結論された．なお，*T. orientalis*の主要表面タンパク質をコードする遺伝子の解析から，日本国内に分布する原虫株は池田型(タイプ2)と千歳型(タイプ1)を含めた5タイプの遺伝子型に区別され，大部分の野外分離株はこれらの遺伝子型が混在していることが最近明らかとなっている．とくにホルスタインは，池田型に高い感受性を示す．

③媒介者：日本内地では，フタトゲチマダニ(*Haemaphysalis longicornis*)，ヤスチマダニ(*H.*

表II.22　タイレリアとバベシアのおもな区別点

原虫の性状	タイレリア	バベシア
主要な中間宿主	おもに反芻動物	広範な脊椎動物
中間宿主におけるシゾゴニーの場所	リンパ球	赤血球
赤血球内のピロプラズムの大きさ	小	大
マダニの介卵伝播の有無	無	有
マダニにおけるキネートの動態	唾液腺に直行する	卵などで増殖してから唾液腺に移行
キネートの形態	棍棒状で大きい	葉巻型で小さい
スポロゾイトの大きさ	小	大

表 II.23 おもなタイレリア属(*Theileria*)原虫種

種名(病名)	中間宿主	媒介マダニ	おもな分布
T. parva(東部海岸熱,January disease,Corridor disease)	牛,アフリカ水牛	コイタマダニ属(*Rhipicephalus*)	アフリカ
T. annulata(熱帯タイレリア病)	牛,水牛	イボマダニ属(*Hyalomma*)	アフリカ,アジア,南欧
T. mutans(良性アフリカタイレリア病Ⅰ)	牛,アフリカ水牛	キララマダニ属(*Amblyomma*)	アフリカ
T. velifera	牛,アフリカ水牛	キララマダニ属	アフリカ
T. taurotragi(良性アフリカタイレリア病Ⅱ)	牛,エランド	コイタマダニ属	アフリカ
T. orientalis(小型ピロプラズマ病)	牛,水牛	チマダニ属(*Haemaphysalis*)	日本,韓国,東南アジア,アフリカ,オーストラリア,北米
T. buffeli	水牛	チマダニ属	東南アジア
T. lestoquardi	めん羊,山羊	イボマダニ属	南欧,東欧,北アフリカ,中近東
T. ovis(たぶん複数種)	小型反芻獣	コイタマダニ属,イボマダニ属,カクマダニ属(*Dermacentor*),チマダニ属,イボマダニ属	世界各地
T. separata	めん羊	コイタマダニ属	サブサハラ
T. recondita	めん羊,山羊,シカなど	チマダニ属	西欧,ドイツ,英国
T. cervi(たぶん複数種)	各種のジカ類	不明	日本,ヨーロッパ,北米
T. egui	馬,ロバ,ラバ	イボマダニ属,カクマダニ属,コイタマダニ属	南欧,アジア,アフリカ,米国,中南米

表 II.24 おもなバベシア属(*Babesia*)原虫

種名(病名)	中間宿主	媒介マダニ	分布
B. bigemina(ダニ熱,テキサス熱)	牛,水牛,野生反芻獣	ウシマダニ亜属(*Boophilus*)	アフリカ,アジア,オーストラリア,南欧,米国
B. bovis(脳バベシア症)	牛,水牛,野生反芻獣	ウシマダニ亜属,コイタマダニ *Rhipicephalus* 属	アフリカ,アジア,日本,オーストラリア,ヨーロッパ
B. divergens	牛,野生反芻獣	マダニ属(*Ixodes*)	南欧,英国,北西アフリカ
B. major	牛	チマダニ属(*Haemaphysalis*)	南欧,英国,北西アフリカ
B. ovata(大型ピロプラズマ病)	牛	チマダニ属	日本,韓国
B. motasi	めん羊,山羊	チマダニ属,コイタマダニ属,カクマダニ属(*Dermacentor*)	ヨーロッパ,中東,インド,アフリカ
B. ovis	めん羊,山羊	コイタマダニ属	ヨーロッパ,中東,ロシア,アジア,アフリカ
B. caballi	馬,ロバ,ラバ	イボマダニ属(*Hyalomma*),カクマダニ属,コイタマダニ属	ヨーロッパ,アジア,アフリカ,中南米
B. trautmanni	豚	ウシマダニ亜属,コイタマダニ属,イボマダニ属	アジア,米国,アフリカ,ヨーロッパ
B. canis rossi	犬,野生肉食獣	コイタマダニ属,チマダニ属,カクマダニ属	日本,アジア,ヨーロッパ,アフリカ,米国,オーストラリア
B. canis canis	犬,野生肉食獣	〃	
B. canis vogeli	犬,野生肉食獣	〃	
B. gibsoni	犬,野生肉食獣	コイタマダニ属,チマダニ属,カクマダニ属,マダニ属	日本,アジア,アフリカ
B. microti	げっ歯類	マダニ属	ヨーロッパ,米国,日本
B. rodhaini	げっ歯類	不明	アフリカ

ias），マゲシマチマダニ（*H. mageshimaensis*）など（図 II.57），またオーストラリアでは，*H. bancrofti* などのチマダニ類（図 II.57）の若・成ダニが，経発育期伝播（stage-to-stage transmission, transstadial transmission）によって本原虫を生物学的に媒介する．すなわち，幼ダニあるいは若ダニが感染牛を吸血して原虫を取り込み，これから脱皮した若ダニあるいは成ダニ（雄雌とも）が，新たな宿主を吸血した際に原虫を伝播する．他にウシホソジラミ（*Linognathus vituli*）（図 IV.54 参照）やシロフアブ（*Tabanus trigeminus*）が機械的に媒介することも知られており，流行地の伝播形態は一様ではないと考えられている．

④感受性動物：牛，水牛，ヤクに感染する．ホルスタインやヘレフォードは *T. orientalis* に感染すると発病しやすい一方，黒毛和種は感染するが比較的耐性を示す．エゾシカを含む日本産シカには *T. orientalis* と類似したシカタイレリア（*Theileria* sp.(sika1)）の寄生が多数認められているが，牛にはシカタイレリアの感染がみられない．一方，エゾシカに対する *T. orientalis* の感染性も認められていない．

発育および生態：

①牛体内における発育：赤血球内寄生性原虫（ピロプラズム，赤内型原虫）のみが知られていた時代には，牛体内の発育は *Theileria parva* に準ずると考えられていた．しかし，*T. orientalis* では，スポロゾイト接種後 7 日目頃に一過性に発熱するとともに，リンパ節，肝，脾などに直径 250 μm 程度まで巨大化した大型のシゾント（macroschizont）が出現することが判明し（図 II.58），*T. parva* とは発育形態に明らかな差異が存在する．現在では，*T. orientalis* はシゾント感染細胞が巨大化するのみで分裂増殖しない non-transforming *Theileria* 原虫類に区分され，シゾント感染リンパ球が癌細胞のように無限に分裂増殖する *T. parva* などの transforming *Theileria* 原虫類と区別している．non-transforming *Theileria* と transforming *Theileria* は，シゾント感染細胞の種類やマダニ体内のガメトゴニーやキネート形成のプロセスなどにも相違がみられる．

T. orientalis のシゾントは単球に感染し，感染後 10～14 日頃に直径約 1 μm のメロゾイトを放

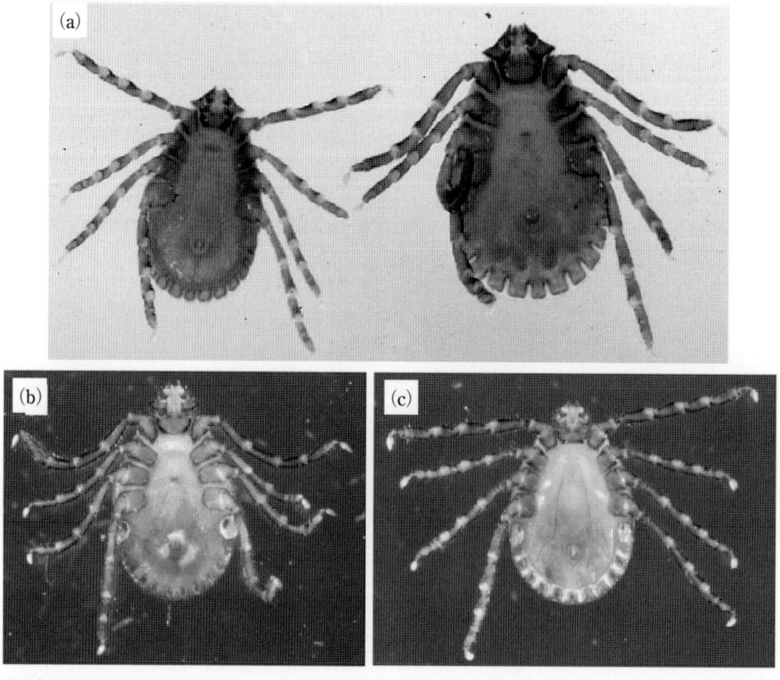

図 II.57　小型ピロプラズマ原虫 *Theileria orientalis* を媒介する *Kaiseriana* 亜属のチマダニの腹面［原図：藤﨑幸藏］
(a)フタトゲチマダニの近縁種（*Haemaphysalis bancrofti*）の雄ダニ（左），雌ダニ（右），(b)ヤスチマダニ（*H. ias*）の雌ダニ，(c)マゲシマチマダニ（*H. mageshimaensis*）の雌ダニ

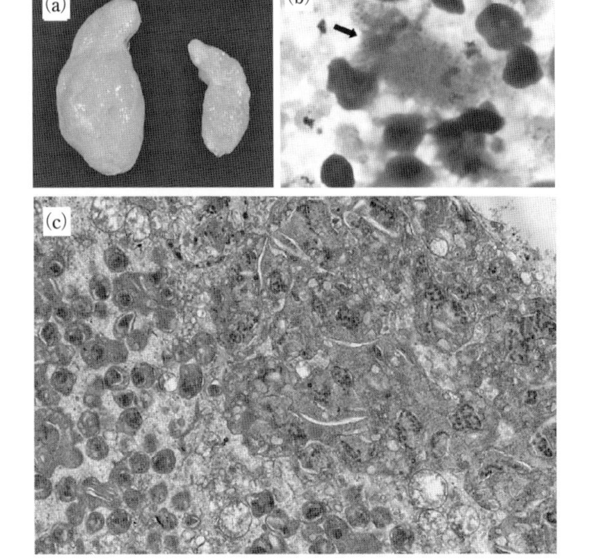

図 II.58　*T. orientalis* のシゾゴニー［原図：佐藤真澄］
(a)スポロゾイト実験感染後6日目の牛耳下リンパ節(左)の腫脹(右は対照)，(b)このリンパ節のギムザ染色塗抹標本に検出されたマクロシゾント(矢印)，(c)このリンパ節の電顕像(右上に巨大シゾント，左側に多数のゾイト)

出する．これらが赤血球に侵入し，さらに分裂増殖して1個～複数個のピロプラズムとして寄生する(図 II.59)．ピロプラズムが急増する感染初期(急性期)の感染牛では柳葉状，コンマ状，桿菌状の虫体が多くみられ，一方の慢性期には卵円形などの細胞質の多い虫体が増える傾向にある．原虫血症(パラシテミア：parasitemia)は慢性期に移行しても増減を繰り返し(図 II.60)，長期間にわたってピロプラズム感染赤血球が認められる．また，*T. orientalis* が寄生した赤血球には，しばしば桿状小体(bar)やベール(veil)とよばれる特徴的な構造物が検出されるため，この構造物がみられない *Theileria annulata*, *T. parva*, *T. mutans* などとの鑑別に重要となる(図 II.59)．ベールはヘモグロビン沈殿物と原虫の分泌タンパク質との混合物であると考えられている．

②マダニ体内における発育：フタトゲチマダニが感染牛を吸血すると，マダニの中腸内でガメトゴニーが開始する(図 II.61)．この場合，吸血によって摂取された原虫がすべてマダニ体内で発育するのではなく，飽血落下直前の半日位に摂取されたピロプラズムのみが，ガメトゴニー以降の発

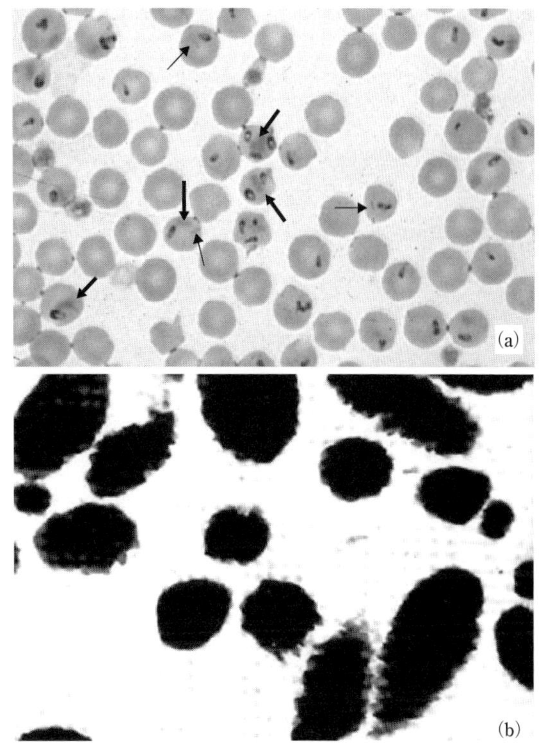

図 II.59　*T. orientalis* のピロプラズムと桿状体・ベール［原図：杉本千尋］
(a)実験感染牛における高パラシテミア(太矢印は桿状小体，細矢印はベール)，(b)分離精製したベールの電顕像

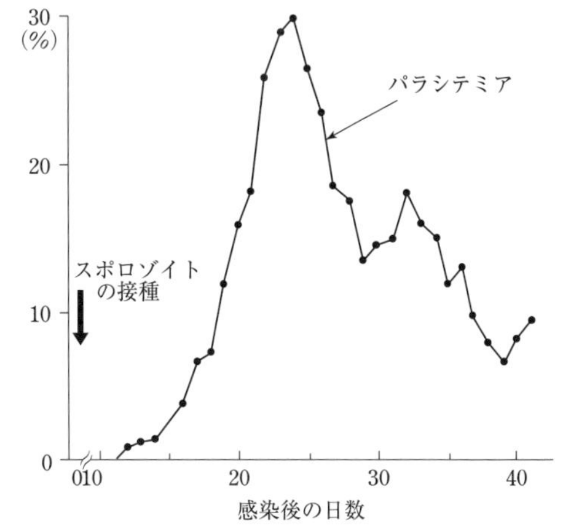

図 II.60　*T. orientalis* の実験感染牛におけるパラシテミアの推移［原図：藤﨑幸藏］

育を行うことになる．それ以前のピロプラズムは，マダニの消化活動によって破壊され，体外に糞として排泄される．マダニ中腸のセリンプロテアーゼなどの消化酵素の働きによって赤血球膜が溶解し，ピロプラズムは血球外へと遊離し，マダニの飽血時には雌雄のガメート(gamete)の合体

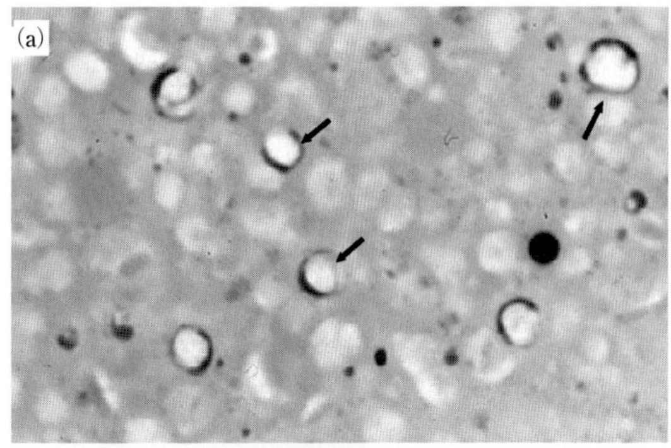

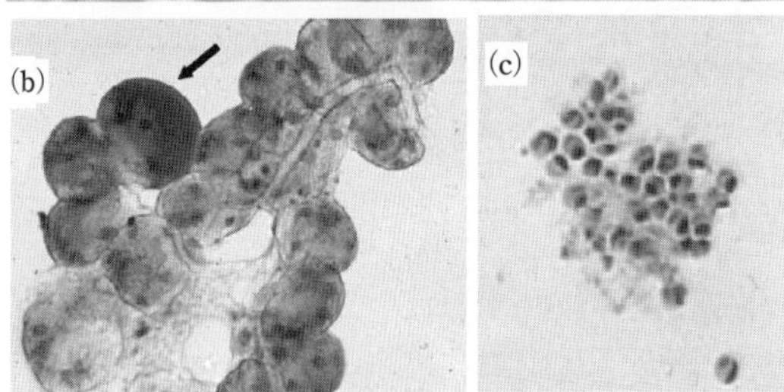

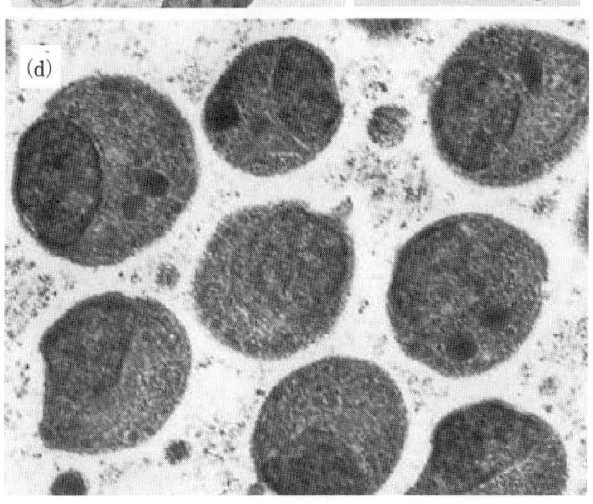

図 II.61　*T. orientalis* のマダニ体内発育期
(a)飽血直後のフタトゲチマダニ若ダニ中腸内容の塗抹(ギムザ染色),(ring form とよばれるザイゴート(矢印)など多数の赤外型原虫に注意),(b)原虫が感染した typeIII 唾液腺胞(矢印)(MGP 染色),(c)分離精製したスポロゾイト(ギムザ染色)［原図：神尾次彦］,(d)スポロゾイト電顕像［原図：神尾次彦］

によって円形のザイゴート(zygote)が形成されている(図 II.61).中腸細胞内で発育したザイゴートは,マダニの脱皮前後にキネート(kinete)となる.その後,キネートはマダニの血体腔(ヘモリンフ)に移行して,唾液腺の III 型腺胞の e 細胞に侵入してスポロゾイトとなる(図 II.61).

③放牧病としての小型ピロプラズマ症：流行牧野では,入牧開始から約 1 か月で一斉に感染牛が出現する.これは,スポロゾイトを唾液腺に保有した状態(図 II.61)で牧野の地中で越冬していた感染マダニが,5〜6 月頃に植生上に出現し,放牧された牛に一斉に吸血を開始することによる.舎飼いから放牧野に移され,環境や飼料の変化に慣れない内に原虫感染を受けることになるため,症状が顕在化しやすい.すなわち,小型ピロプラズマ症は,いわゆる「放牧病」の 1 つとして対策が最重要な感染症である.

症　状：主要な症状は発熱と貧血である.感染後 7 日目前後の単球でのシゾゴニー期に 40℃を超える弛張熱がみられ,またスポロゾイト侵入部位近くの体表リンパ節の腫脹も観察される.感染 10〜14 日目には末梢赤血球にピロプラズムが認められるようになる.感染 1 か月後にはピロプラズム寄生赤血球数が急増し,宿主は急性の貧血に陥り,元気と食欲が消失する.重症例では貧血による可視粘膜の退色蒼白化,心悸亢進,呼吸促迫などがみられ,起立不能から死亡することもある.バベシア症と異なり,貧血は血管外溶血によるもので,感染・非感染の赤血球はいずれも細胞膜が脆弱となり脾臓において赤血球クリアランスが亢進する結果とされている.このため,黄疸が観察されても軽度であり,血色素尿の排泄はみられない.この血管外溶血による貧血は,大球性高色素性貧血に分類され,大小不同の赤血球を多数観察すると回復が難しくなる.放牧牛では肺炎や下痢などの合併症や,*Babesia ovata*,*Anaplasma centrale*,*Eperythrozoon wenyoni* などの他の住血性微生物との混合感染によって,病勢が悪化する.

診　断：

①疫学：本症の発生は感染マダニの吸血を受けることによる.放牧牛では入牧後 1 か月頃の一斉検査で貧血が認められた場合は,まず本症を疑う必要がある.なお,放牧期間中は軽症や無症状で経過する牛も少なくない.しかし,発症牛・未発症牛のいずれにおいても体内から原虫が消失することはないため,原虫保有牛が舎飼いに移された後に,妊娠,分娩,輸送,合併症などの強いストレスを受けて,重篤な発症を引き起こすことも多い.

②寄生虫学的検査：発症が予測される時期に,本症が疑われる臨床症状や脾腫などの剖検所見が

あれば，原虫の検出を行う．原虫検査は，感染牛の末梢血液の薄層塗抹標本をギムザ染色して，赤血球内に寄生したピロプラズムを検出する．

③遺伝子検査，血清学的検査：*T. orientalis* の主要表面タンパク質(MPSP)をコードする遺伝子を検出するポリメラーゼ連鎖反応(PCR)による遺伝子検査法や，本種の遺伝子型を区分できるタイピング PCR 法が確立されている．血清診断法としては，末梢赤血球のピロプラズムを抗原とする間接蛍光抗体法(IFA)や酵素抗体法(ELISA)による検査法がある．

治　療：

①原虫対策：8-アミノキノリン(aminoquinoline)製剤のパマキン(pamaquine)，プリマキン(primaquine)，ジミナゼン(diminazene)製剤のガナゼックなどが使用されてきたが，これら薬剤の国内製造と販売が中止され，抗原虫薬による原虫防圧は困難な情勢にある．これに代わるワクチン開発も行われているが実用化には至っていない．かつて感染牛の血液を微弱感染させる毒血ワクチンによる予防が行われていたが，小型ピロプラズマの感染拡大や牛白血病ウイルスなどの住血性微生物の蔓延を招くことから，その使用は禁止されている．そのため，今後も媒介マダニの対策がますます重要となっている．

②対症療法(輸血，輸液)：重症牛では，強度の貧血，脱水，アシドーシス，栄養低下などに対する輸血と栄養輸液，強心剤の投与が必要である．ただし，大球性高色素性貧血に至った牛のすみやかな回復は困難である．輸液は静注，経口，皮下のいずれのルートでもよい．

媒介マダニの対策：殺ダニ剤による媒介マダニの駆除については，IV 部 1.2 節(マダニの防除)を参照されたい．牛の放牧を 2 ～ 3 年間中止する休牧(pasture spelling)は本症の被害軽減に有効である．なお，休牧の目的はマダニの生息数を減少させることではなく，牧野に生息しているマダニ体内から原虫を消失させる「牧野マダニの消浄化(zooprophylactic action の活用)」を目的としている．休牧の間，放牧地のマダニは野生中小動物のみを吸血することになり，生息マダニはほぼ *T. orientalis* フリーの状態になると期待される．しかし，マダニの発育サイクルが遅い北海道などの寒冷地では，5 年以上の休牧が必要となる．

(2) 東アフリカ海岸熱(East Coast fever：ECF)

原　因：*Theileria parva*

①分布：ケニア，ウガンダ，タンザニア，ルワンダ，ブルンディ，コンゴ，マラウイ，モザンビーク，ザンビアなどアフリカ諸国に分布する．

②疾病名：最近まで本病は，East Coast fever の他に，Corridor(buffalo) disease あるいは January disease とよばれ，病原体もそれぞれ *T. parva parva*，*T. parva lawrencei*，*T. parva bovis* として亜種レベルの区別がなされていた．しかし分子生物学的研究の進展に伴い，*Theileria parva* の遺伝子型(type)レベルの相違であると結論されている．家畜法定伝染病に指定されている．

③媒介者：*Rhipicephalus appendiculatus*(図 II.62)，*R. duttoni*，*R. zambeziensis* などのコイタマダニ属のマダニが媒介する．

④感受性動物：牛，アフリカ水牛．

発育および生態：

①牛体内における発育：感染マダニが吸血時に唾液とともにスポロゾイトを牛に注入することで感染する．スポロゾイトは直径 1 μm 程度の球状虫体で，10 分以内にリンパ球に侵入する．トキソプラズマやマラリア原虫と異なり，宿主感染細胞の細胞膜が寄生体胞(parasitophorous vacuole)として残ることはなく，スポロゾイトは宿主細胞から直接栄養を摂取して発育する．侵入 3 日後にはシゾゴニーが開始される．直径 10～15 μm に発育したシゾント内部には，メロゾイトの原基の核が多数観察され，Koch's blue body とよばれる(図 II.62)．シゾントは宿主リンパ球の細胞成長制御システムを刺激し，細胞分裂させ，これに伴ってシゾント自身も分裂増殖する(transforming *Theileria* に区分される)．このため感染牛は，感染後 10 日前後には白血病と同様の所見を呈し，多くが死亡する(図 II.62)．感染後 12～14 日目には，シゾント内部にメロゾイトが形成される．宿主細胞の崩壊により血液中に放出されたメロゾイトは，赤血球に侵入してピロプラズムとなる．ピロプラズムは赤血球成分を摂取して増殖するが，

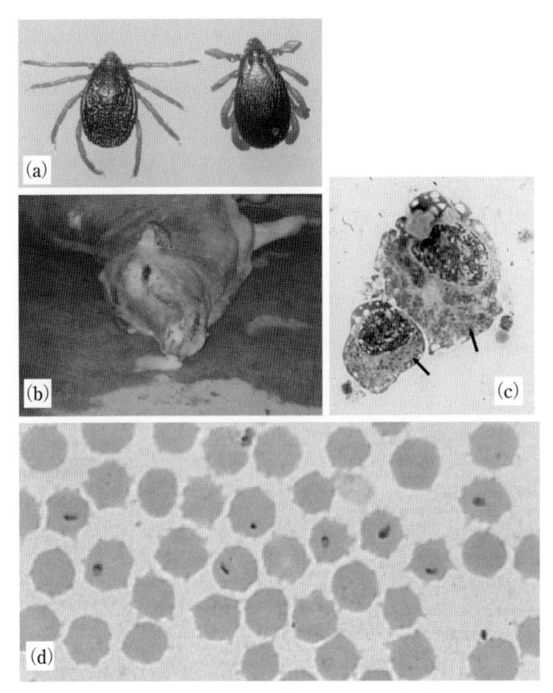

図 II.62　東アフリカ海岸熱［原図：藤崎幸藏］
(a)媒介者，*Rhipicephalus appendiculatus*（左：雌ダニ，右：雄ダニ），(b)スポロゾイト接種10日目に急死したECF実験感染牛，(c)この牛のリンパ節のギムザ染色塗抹に検出されたKoch's blue bodyとよばれるマクロシゾント（矢印）（ギムザ染色），(d)赤血球とピロプラズム（ギムザ染色）（桿状体とバーは認められない）

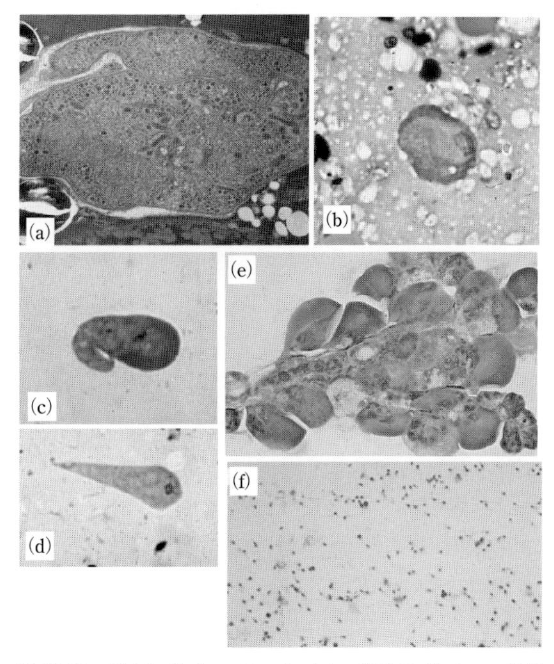

図 II.63　*Rhipicephalus appendiculatus* 体内の *T. parva* 原虫［原図：藤崎幸藏］
(a)(b)ダニ中腸細胞内でキネートに発育中のザイゴート（電顕，ギムザ染色），(c)(d)ヘモリンフに遊出したキネート（ギムザ染色），(e)原虫が感染した多数のtypeIII唾液腺胞（MGP染色），(f.)1個の感染腺胞にみられるスポロゾイト（ギムザ染色）

マラリア原虫のように代謝産物として色素を産生することはない．ピロプラズムの大半は大きさ1〜1.5 μmのコンマ状虫体で，少数が卵形となる．コンマ状の虫体は二分裂増殖するため，Y字状など種々の形態のピロプラズムが出現する（図II.62）．

②マダニ体内における発育：媒介者のコイタマダニ属のマダニが感染牛を吸血すると，マダニ中腸内でガメトゴニーが開始する．赤血球から中腸腔に出た虫体は，放射状突起を持つ体長8〜12 μmのミクロガメトサイト（ray body）と，球状で直径4〜5 μmのマクロガメトサイトに発育する．飽血後6日目頃にはガメートの合体（syngamy）による受精が行われ，円形のザイゴートが形成される．マダニの脱皮時期に合わせて，中腸細胞に寄生したザイゴートの内部では細胞質の陥凹によるキネート形成が行われる（図II.63）．キネートは棍棒状で，成熟したものは運動性をもち，体長は20 μmに達する（図II.63）．キネートは血体腔（ヘモリンフ）に移行した後，唾液腺のIII型腺胞のe細胞に侵入し，スポロゴニーによりスポロゾイトを形成する（図II.63）．1個のキネートが感染した腺細胞には5×10^4個のスポロゾイトの形成がみられる（図II.63）．図II.64に *T. parva* の発育史を示した．

症状・病原性：一般にはリンパ球でのシゾゴニー期に発症し，感染後1週目から発熱やリンパ節の腫脹が認められる．その後，元気消失，脈拍と呼吸数の増加，横臥などが顕著となり，感染後3〜4週目には70〜100%の牛が肺水腫による呼吸困難で死亡する（図II.62）．牛体内では，シゾントはTリンパ球に寄生し，宿主細胞とともに分裂増殖する．この分子機構として，宿主細胞のアポトーシスと生存シグナルの伝達経路に対する原虫分子による制御が知られている．急性期の牛では，原虫感染・非感染のリンパ球を殺す細胞障害性T細胞（CTL）が出現するため，牛の免疫系が破壊され，様々な免疫障害がもたらされる．一方，感染に耐過した牛では感染Tリンパ球だけ

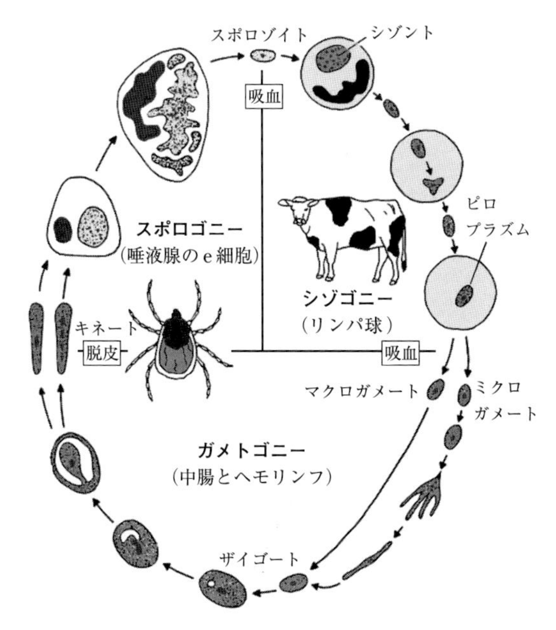

図 II.64 *T. parva* の発育史［ILRAD(1990)を改変］

を殺す CTL が産生され，再感染に抵抗となる．しかし，この耐過牛における T 細胞の免疫応答は原虫の株に特異的であり，異なる株間では効果がない．

抗原多様性：本原虫には抗原性や，染色体，遺伝子など様々のレベルで多様性(diversity)が認められ，これが原虫の同定やワクチン開発の大きな障害となっている．この多様性発現の分子機構は不明な点が多いが，宿主である牛と媒介者であるマダニの双方で，複数の株による重感染(superinfection)が起こり，染色体の組換えや遺伝子の再組合せ(reassortment)が生じることが最大の理由であるとされている．

診断・治療：血液塗沫標本やリンパ節のバイオプシー標本を用いた原虫検出とともに，IFA や ELISA などの血清学的診断法が用いられる．遺伝子型や系統を同定するためには遺伝子診断法が用いられる．試験管内培養はシゾント感染 T リンパ球でのみで可能である．ワクチン開発はスポロゾイトとシゾントを材料として行われている．これら両発育期の生存虫体を少数だけ接種して人為的に感染させた牛を，テトラサイクリンなどの抗生物質で治療することによって免疫を付与する感染免疫付与法(infection and treatment 法)がすでに実用化されている．抗原虫薬については表 II.25 にまとめた．

(3)熱帯タイレリア症

原　因：*Theileria annulata*

①分布：北アフリカ，南欧，中東，インド，ロシア東部に分布する．日本での報告はない．

②媒介者：イボマダニ属(*Hyalomma*)のマダニによって媒介される．

③感受性動物：牛と水牛に感染する．牛には病原性がかなり強いが，水牛には弱い．

有熱期にシゾントが出現し，急性期には環状のピロプラズムが多く出現する．*T. parva* と同様に，transforming *Theileria* に区分される．流行国では，感染初期にテトラサイクリンやナフトキノンが抗原虫薬として使われている．また，弱毒シゾント感染リンパ球による生ワクチンの接種も行われている．本症は，日本で家畜法定伝染病に指定されている．

(4)ダニ熱(tick fever，テキサス熱：Texas fever, red water, splenic fever など)

原　因：*Babesia bigemina*

①分布：台湾，韓国，中国南部，東南アジア，南アジア，中東，モンゴル，ロシア南部，アフリカ，南ヨーロッパ，中南米，オーストラリアなどに分布している．沖縄における牛バベシア症(*B. bigemina* と *B. bovis* の感染による)の発生は，28 年間，13 億 7,200 万円を投じたオウシマダニ撲滅事業により，1997 年に終息した(図 II.65)．本症は，家畜法定伝染病に指定されている．

②媒介者：1 宿主性のコイタマダニ属ウシマダニ亜属のオウシマダニ(*Rhipicephalus* (*Boophilus*) *microplus*)(図 II.66)，*R.* (*B.*) *australis*，*R.* (*B.*) *decoloratus* では，雌成ダニがピロプラズムを摂取し介卵伝播(transovarial transmission)によって次世代の若，成ダニが媒介する．2 宿主性のコイタマダニ属の *Rhipicephalus bursa* と *R. evertsi* では，次世代の成ダニが媒介する．3 宿主性のコイタマダニ属の *R. appendiculatus* とチマダニ属の *Haemaphysalis punctata* では，次世代の幼，若，成ダニが媒介する．

③感受性動物：牛，水牛，オジロジカ，マザマ

表 II.25　動物のピロプラズマ症の治療薬

種　類	説　明
トリパンブルー (trypan blue)	・ピロプラズマ原虫の駆虫に最初に用いられた薬剤 ・牛の *B. bigemina*，馬の *B. caballi*，犬の *B. canis* などバベシアの大型種に有効 ・1%溶液を 1 回量として牛に 50 ～ 100 mL，犬に 5 ～ 10 mL を静注
アクリジン色素 (acridine)	・isravin，acriflavin，trypaflavin，enflavin，gonacrin などが使用された ・バベシアの小型種にも有効
キヌロニウム (quinuronium)	・牛の *B. bigemina*，馬の *B. caballi*，犬の *B. canis* などバベシアの大型種に有効だが，バベシアの小型種には有効性が低い ・牛に 1 mg/kg (最大量 300 mg)，馬に 0.6 ～ 1 mg/kg，犬に 0.25 mg/kg (最大量 5 mg) を 1 回量として皮下注
イミドカルブ (imidocarb)	・牛，馬の全バベシアに有効 ・牛に 1 mg/kg の筋肉・皮下注，馬に 2.2 mg/kg の筋肉・皮下注を 2 日間連用 ・犬の *B. canis* には 5 mg/kg の 1 回皮下注で有効
アミドカルバライド (amidocarbalide)	・バベシアに有効 ・牛の基準量は 5 mg/kg の筋肉・皮下注であるが，甚急性には 10 mg/kg を 2 日間連用する ・馬には 8.8 mg/kg を 2 日間筋注
ジミナゼン (diminazene)	・バベシアに有効でタイレリアにも効果 ・牛の *B. bigemina* は 3.5 mg/kg の筋注で原虫は速やかに消失するが，*B. divergens*，*B. bovis* では不完全な効果，*T. orientalis* には 7 ～ 10 mg/kg を 1 日に 1 回筋注 ・馬では 5 mg/kg の筋注を 2 日間行う ・犬の *B. canis* には 4 mg/kg を，*B. gibsoni* には 3.5 ～ 5 mg/kg を 1 日 1 回 2 日間筋注
フェナミジン (phenamidine)	・バベシアに有効 ・牛では 9 ～ 13.5 mg/kg を筋注 ・馬では *B. caballi* に 8.8 mg/kg の筋注を 2 日間，*B. equi* には同一量を 4 ～ 5 日間筋注 ・犬の *B. gibsoni* には 15～20 mg/kg（仔犬は 10 mg/kg が最大量）に 1 日 1 回 2 日間皮下注
8－アミノキノリン (8－aminoquinoline)	・牛の *T. orientalis* に有効 ・パマキンは 0.36 mg/kg を 1 日量として 2 ～ 3 日間，プリマキンは 1 mg/kg を 1 日量として 3 日間用いる

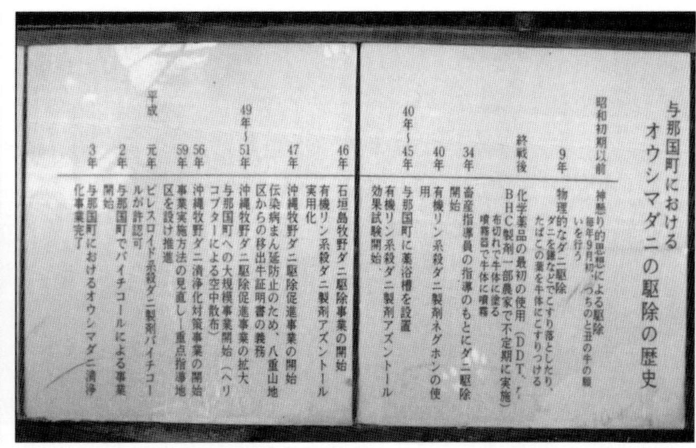

図 II.65　世界的偉業となったオウシマダニ撲滅の成功を称える沖縄県与那国島の記念碑

ジカなど．

発育および生態：

①牛体内における発育：感染マダニは吸血時に唾液とともにスポロゾイトを牛に注入する．スポロゾイトは体長約 2.5 μm 程度の洋梨状虫体で，先端が幅広く後端が尖っている．スポロゾイトはただちに血液中の赤血球に感染して，赤内型虫体(ピロプラズム)となる．赤血球に侵入直後のピロプラズムは，直径 2 ～3.5 μm の円形，環状，あるいはアメーバ状の多形性を示し，栄養型(トロフォゾイト)ともよばれる(図 II.67)．ピロプラズムは，二分裂による増殖，宿主血球の崩壊を伴っ

図 II.66　飽血したオウシマダニ(雌)の産卵［原図：猪熊　壽］

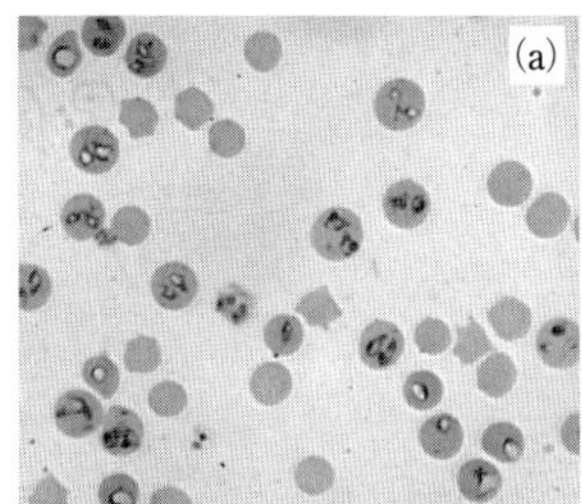

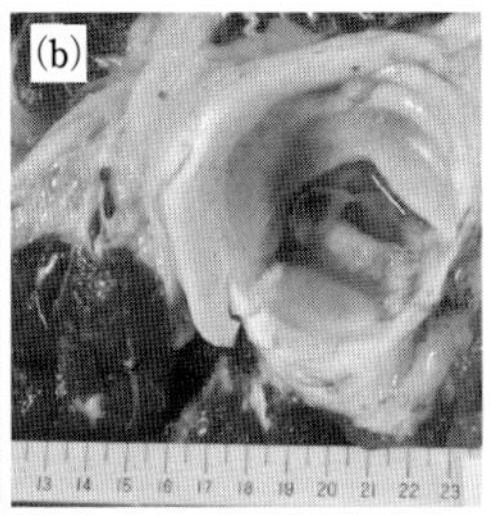

図 II.67　ダニ熱(a)赤血球と *B. bigemina* ピロプラズム(ギムザ染色)，(b)死亡牛にみられた血色素を帯びた関節液［原図：藤崎幸藏］

た脱出，新たな赤血球への侵入という増殖サイクルを繰り返すため，感染牛では血管内での大量の赤血球崩壊による貧血と血色素尿(hemoglobinuria)が生じる．典型的なピロプラズムのうち単梨子状の虫体は5 × 2.8 μmで，牛寄生性の原虫種ではもっとも大型である(図 II.67)．分裂直前の双梨子状のピロプラズムは4.2 × 1.5 μmとやや小さく，その結合角度は強鋭角であり，同定の目安となる．寄生体胞や色素の形成はみられない．

②マダニ体内における発育：オウシマダニの雌成ダニが感染牛を吸血すると，ダニ中腸内のピロプラズムの一部が，ガメトサイトと考えられる放射状突起を有したray bodyに発育する．ray bodyは赤血球の外に出て，さらに5段階の発育を経て，中腸細胞(basophilic cellまたはpresumed vitellogenic cellとよばれる特定の細胞)に侵入する．中腸細胞内では分裂増殖虫体(fission body)が形成され，多数のキネート(sporokinete, vermicule)が形成される．腸管を出たキネート

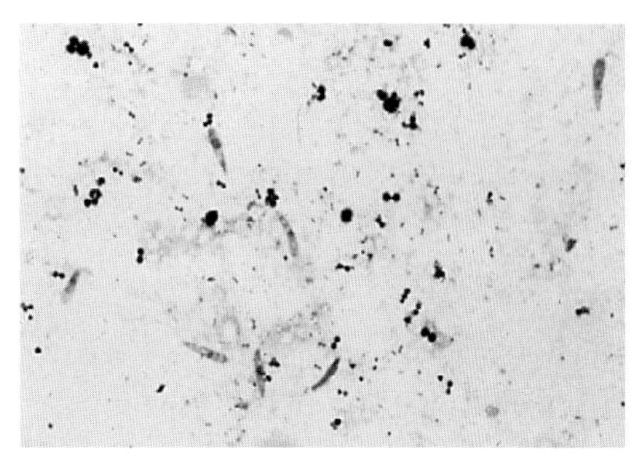

図 II.68　*Rhipicephalus* (*Boophilus*) *microplus* 雌ダニのヘモリンフに認められる *B. bigemina* のキネート(ギムザ染色)［原図：藤崎幸藏］

は，ダニの血球(ヘモサイト：hemocyte)，筋線維，マルピーギ管の細胞，卵細胞などに侵入し，新たな分裂増殖虫体となる．これがさらに別の細胞内に侵入して分裂増殖を繰り返す(図 II.68)．

このような分裂増殖は雌ダニが死亡するまで続くが，卵細胞に侵入したキネートは産卵後に孵化した幼ダニの腸管上皮細胞に移行して再び増殖する．次いで，若ダニの唾液腺細胞内に移行したキネートが，最終的にスポロゾイトとなる．1個の唾液腺細胞には5～10 × 10^3個のスポロゾイトが形成される．また，一部のキネートは若ダニの中腸上皮細胞に侵入・増殖し，成ダニの吸血時にもスポロゾイトとなって感染能を有する．

症　状：貧血，黄疸，血色素尿を主徴とする疾病を引き起こす．若齢牛は感受性が低く，不顕性感染のことが多い．一方の成牛では強い症状を示し，50～90%が死亡する．ダニ吸血後1～2週間でパラシテミアが出現し，ほぼ同時に発熱する．原虫出現後数日目から貧血が進行し，パラシテミアの上昇とともに血管内溶血による血色素尿と黄疸が顕著になる．感染牛は，持続感染免疫(premunition)により再感染に抵抗となる．

診断・治療：血液塗沫標本やリンパ節のバイオプシー標本による原虫検出とともに，IFAやELISA，補体結合反応(CFT)などの血清学的診断や，PCRを用いた遺伝子診断法による種同定が利用されている．ピロプラズムによる試験管内培養法が確立している．イミドカルブやジミナゼンなどが有効であるが，急性症例では奏功しない場

合も多い．輸血や補液など貧血への対症療法も必要である．

媒介マダニ対策：殺ダニ剤による媒介マダニの駆除が重要である．しかし，1宿主性のオウシマダニは比較的容易に薬剤耐性を獲得するので，殺ダニ剤の使用には注意が必要である．一方で，中腸上皮細胞の構成タンパク質(Bm86)の組換え体を用いた，オウシマダニの吸血・飽血を阻止するための抗マダニワクチンの開発も行われている．

(5)脳バベシア症(cerebral babesiosis)

原　因：*Babesia bovis*

①分布：中南米，アフリカ，アジア，ヨーロッパ，オーストラリアなど世界中に広く分布している．日本の沖縄でもかつて発生がみられた(図II.65)．家畜法定伝染病の病原体である．

②媒介者：媒介マダニはオウシマダニ亜属やコイタマダニ属のマダニである(表II.24)．

③感受性動物：宿主は牛の他，ノロジカ，アカジカなど．

小型のバベシアで赤血球内ピロプラズムの洋梨状虫体は約2.0 × 1.5 μmで，その他に円形や不整形の虫体もみられる(図II.69)．原虫が寄生した赤血球の表面には，原虫タンパク質による突起した構造物(knob)が形成され，これが原因で脳血管の閉塞による脳バベシア症(図II.69)が高頻度に起きる．成牛の感受性は高く，流涎，興奮，麻痺などの神経症状を呈して急死する．成牛の致死率は20〜30%である．試験管内培養法が確立されており，この培養虫体を用いたIFAの他，原虫由来の組換え体抗原を用いたELISA，原虫遺伝子断片を特異的に検出できるPCR法などが開発されている．オーストラリアや南アフリカでは弱毒生ワクチンが実用化されている．しかし，成牛や妊娠牛では発病するリスクがあり，また多彩な抗原多型を示す野外株に対応できないなどの欠点が指摘されている．

(6)大型ピロプラズマ症

原　因：*Babesia ovata*

①分布：沖縄を除く日本全国，韓国，東南アジアなどに分布している．

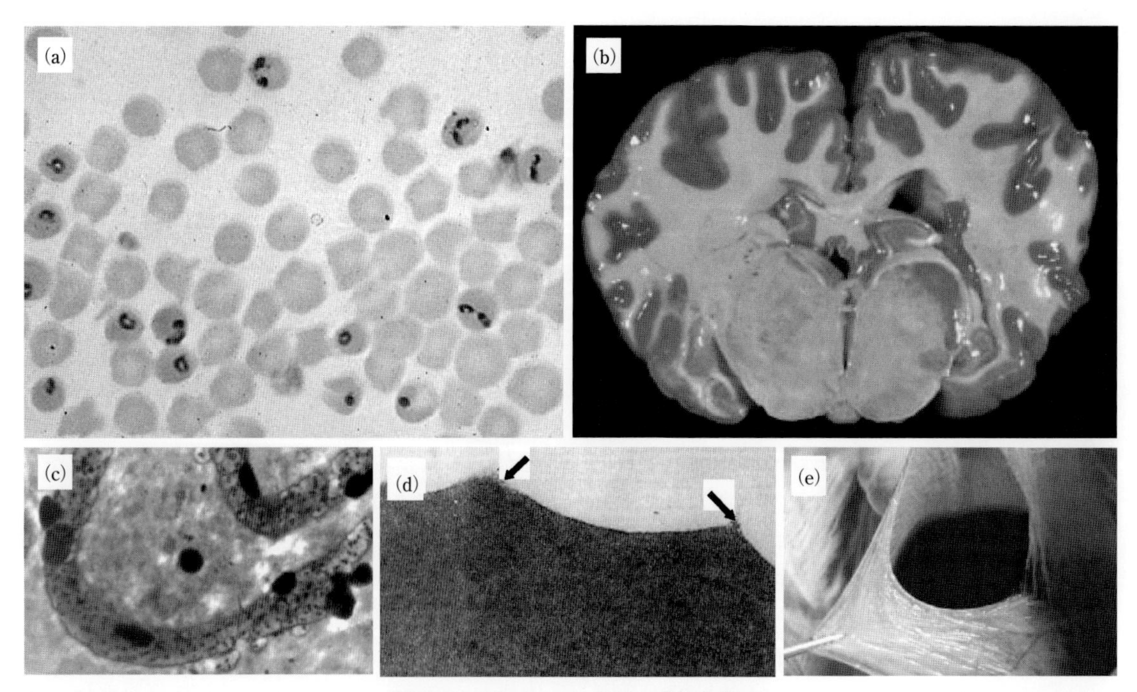

図II.69　*Babesia bovis*［原図：藤崎幸藏］

(a)実験感染牛の赤血球とピロプラズム(ギムザ染色)，(b)脳バベシア症を起こした死亡牛の脳割面(皮質が赤色)，(c)この脳の毛細血管のスタンプ染色像(感染赤血球による栓塞)，(d)感染赤血球の電顕像(knob(矢印)が明瞭［原図：相川正道］，(e)死亡牛の膀胱にたまった血尿

②分類：*Babesia bigemina*にピロプラズムの形態が類似し，*T. orientalis*(小型ピロプラズマ)より大型であることから，日本では大型ピロプラズマとよばれている．洋梨状の虫体は大型で，平均1.67〜3.16 μmである．

③媒介者：フタトゲチマダニであり，小型ピロプラズマ症と媒介マダニは共通する．しかし，雌成ダニがピロプラズムを摂取し，介卵伝播を経て，次世代のおもに幼ダニが媒介する．

④感受性動物：牛．

発育および生態：感染マダニの吸血後9〜16日で赤内型虫体(ピロプラズム)が認められるようになる．血管内溶血が起きるため，発熱，黄疸，血色素尿などが主要な臨床症状となるが，他のバベシア病よりも軽度である．*T. orientalis*が混合感染(mixed infection)すると症状は悪化する．発症は入牧後すぐのことが多い．一般に成牛の方が感受性が高く，幼牛ではパラシテミアも短期間で低下し，症状も軽度である．

診　断：血液塗沫による原虫の検出とともに，PCRを用いた遺伝子診断による種同定が利用されている．

(7)その他の牛のピロプラズマ症の原因種

1)*Theileria mutans*

良性アフリカタイレリア病を引き起こす．アフリカ，中東，極東の大部分，ロシアなどに分布し，コイタマダニ属，キララマダニ属(*Amblyomma*)，およびチマダニ属のマダニによって媒介される．

2)*Babesia divergens*

ピロプラズムは小型で形態的に*B. bovis*に似るが，洋梨状虫体は少し小さく約1.5 × 0.4 μmで，赤血球の周辺部に寄生する．対をなす洋梨状虫体の結合角度は大きく，感染赤血球が集塊を作るようなことはない．その他，もっと太い洋梨状(約2 × 1 μm)や円形(径約1.5 μm)の虫体が認められる．*B. divergens*は牛以外に，ヒトにも感染する．本原虫によるヒトバベシア症(human babesiosis)はヨーロッパで散発的な報告があり，致命率が高い．流行地域は，媒介マダニの*Ixodes ricinus*が分布するヨーロッパからロシアの地域である．

3)*Babesia major*

ピロプラズムは大型で，*B. bigemina*よりやや小さい．対をなす洋梨状虫体は2.6 × 1.5 μm(地域によって3.3〜3.5 μm)で，円形虫体は1.8 μmである．牛の赤血球中央部に寄生する．日本の*B. ovata*は本種に近縁と考えられる．分布地はヨーロッパ，ロシア，北米である．媒介マダニとしては*Haemaphysalis punctata*が知られている．

3.9.2 馬のピロプラズマ症
(Equine piroplasmosis)

原　因：*Theileria equi*と*Babesia caballi*の2種．

①分布：2種とも，南ヨーロッパ，アジア，中近東，アフリカ，中南米など世界的に広く分布している．重複して分布することが多く，混合感染も一般的である．両原虫種とも日本での流行は認められていないが，家畜法定伝染病の病因として厳重に監視されている．

②分類：*T. equi*のピロプラズムは小型(1.3〜3.0 μm)で，円形やコンマ状(その直径は平均1.69 μm)，洋梨状の単一虫体(1.89 × 1.01 μm)，および対をなす洋梨状虫体(1.39 × 0.97 μm)として観察される．時にみられる十字形の4個の虫体(マルタクロス：maltase cross)の存否は，*B. caballi*との鑑別に有用である(図II.70)．一方の*B. caballi*は大型(2.0〜5.0 μm)で，ピロプラズムは洋梨状(2.15〜4.0 × 2.0 μm)，円形，アメーバ状である(図II.70)．なお，*T. equi*はかつて*Babesia equi*と命名されていたが，シゾゴニーを行うことが明らかとなり，現在は*Theileria*属に再分類されている．両原虫種ともピロプラズムの試験管内培養が可能である．

③媒介者：両原虫種とも，アフリカや旧大陸においては，カクマダニ属(*Dermacentor*)(図II.71)，イボマダニ属，コイタマダニ属のマダニ種によって媒介される．中南米の*T. equi*と*B. caballi*は，おもにオウシマダニ(*R.* (*B.*) *microplus*)によって媒介される．流行地では，注射針の使い回しや感染馬からのドーピング輸血も直接伝播の原因となっている．

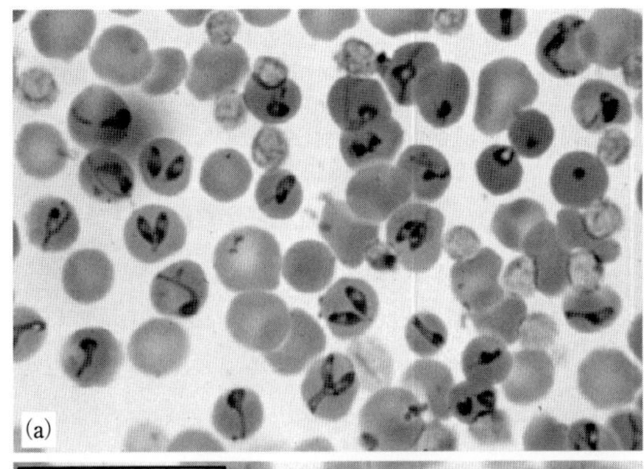

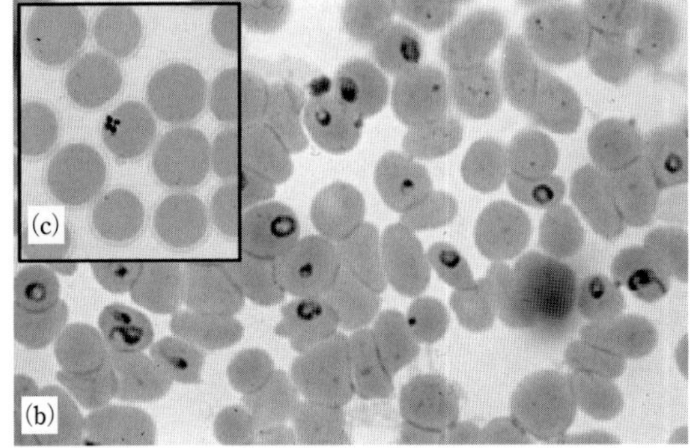

図 II.70　*in vitro* 培養で増殖した *Babesia caballi* と *T. equi*［原図：藤﨑幸藏］
(a) B. caballi (ギムザ染色)，(b) *T. equi* (ギムザ染色)，(c) *T. equi* のマルタクロス虫体 (ギムザ染色)

④感受性動物：馬の他，ロバ，ラバ，シマウマにも感染する．

発育および生態：

①馬体内での発育：*T. equi* のスポロゾイトは，宿主リンパ球，単球，マクロファージでシゾントとなった後に，メロゾイトが赤血球に侵入してピロプラズムとなる．寄生赤血球内にアナプラズマ様の点状虫体がまず現れ，次いで類円形虫体，四分裂虫体，および洋梨状虫体の順で発育する．一方の *B. caballi* のスポロゾイトは赤血球に直接侵入し，二分裂で増殖する．

②マダニ体内での発育：旧大陸における媒介マダニの体内では，*T. equi* は経発育期伝播，*B. caballi* は介卵伝播の発育を行うが，中南米のオウシマダニ体内では，両種とも介卵伝播の発育を行う．

症　状：

① *T. equi*：病原性は，*B. caballi* と比べて高い．潜伏期は10～30日で，発熱の後，食欲・元気消失，流涙，眼瞼腫脹，黄疸などがみられる．

図 II.71　*Dermacentor reticulatus* の近似種のアミメカクマダニ *D. silvialum* の雌ダニ(左)と雄ダニ(右)の背面．第二次大戦終了直後に東北地方の旧軍馬放牧場で石原忠雄博士が採集した個体．［原図：藤﨑幸藏］

顕著な貧血と血色素尿が認められるが，*B. caballi* と異なり後躯麻痺はない．甚急性では30～90%と高いパラシテミアを示し，その後1～2日で死亡する．死亡率は10%以下が多いが，50%に達することもある．剖検では，全身の削痩，黄疸，浮腫，貧血，胸・腹水の貯溜，脾・肝の腫大などが認められる．胎盤感染 (transplacental transmission) も報告されている．

② *B. caballi*：潜伏期は6～10日で，発熱，貧血，黄疸の他，胃腸炎が多くの感染例でみられる．また，後躯麻痺による運動障害もしばしば認められる．パラシテミアが1%以上になることはなく，溶血性貧血に由来する血色素尿は稀である．死亡率は約10%，ときに50%といわれる．幼齢馬は高齢馬より感受性が低い．

症状が耐過した馬では，*T. equi* 感染では生涯にわたって，一方の *B. caballi* 感染では1～4年間にわたって不顕性感染の状態が続く．キャリアーとして原虫を他の馬へと伝播するのみならず，妊娠，輸送，免疫抑制剤の投与などの様々なストレスが加わると再び顕在化する．

診　断：*B. caballi* ではパラシテミアが低く，*T. equi* でもパラシテミアの検出が発熱期間の約5日間に限定され，しかも点状虫体しか観察されない場合には原虫の同定が困難なことから，血液塗抹標本からの原虫の直接検出診断法は問題が多い．このため試験管内培養法や馬赤血球置換SCIDマウスによって原虫を増殖させてから，塗抹標本を検査するなどの診断が必要となる．両原虫種とも，国際的にCFTが血清診断法として用いられてきたが，最近は培養原虫を用いたIFA

の他，種特異的な原虫由来の組換え抗原を用いたELISAやイムノクロマト法(ICT)が，新たな血清診断法として開発されている．また，原虫遺伝子断片を特異的に検出するPCR法も有効である．

治　療：馬のピロプラズマ症の治療薬として，イミドカルブ(imidocarb)とジミナゼン(diminazene aceturate)が使われている．しかし，これらの治療薬は強い副作用があり，使用には十分な注意が必要である．とくに，ロバは本剤に対する感受性が高い．また，完全治療は困難で，たとえ治癒しても感染馬はキャリアーとなる．

3.9.3　犬のピロプラズマ症
(Canine piroplasmosis)

原　因：*Babesia canis* と *B. gibsoni* の2種．

①分類：*B. canis* のピロプラズムは大型(約5.0 × 2.4 μm)で洋梨型のことが多く，しばしば鋭角に結合した二分裂虫体が観察される．病原性の強弱の順に *B. canis rossi*，*B. canis canis*，*B. canis vogeli* の3亜種がある．*B. gibsoni* のピロプラズムは，*B. canis* より小型(約3.2 × 1.0 μm)で多形性であるが，環状や卵形虫体の単独寄生が観察される(図II.72)．

②分布：*B. canis* は世界的に広く分布し，もっとも病原性の高い *B. canis rossi* は南アフリカ，北米，南米に，*B. canis canis* はヨーロッパ，米国，アジアに，もっとも病原性の弱い *B. canis vogeli* はアフリカと沖縄を含むアジアの熱帯・亜熱帯地域に，それぞれ分布する．*B. gibsoni* はインド，スリランカ，ベトナム，中国の一部，韓国などに分布し，日本では九州～東北地方で発生がある．

③媒介マダニ：*B. canis rossi* は *Haemaphysalis leachi*，*B. canis canis* は *Dermacentor reticulatus* (図II.71)，*B. canis vogeli* はクリイロコイタマダニ(*Rhipicephalus sanguineus*)によって，それぞれ媒介される．日本の *B. gibsoni* はおもにフタトゲチマダニによって媒介され，クリイロコイタマダニやツリガネチマダニ(*Haemaphysalis campanulata*)も媒介者となりうる．

④感受性動物：両種とも犬およびイヌ科の野生肉食動物．

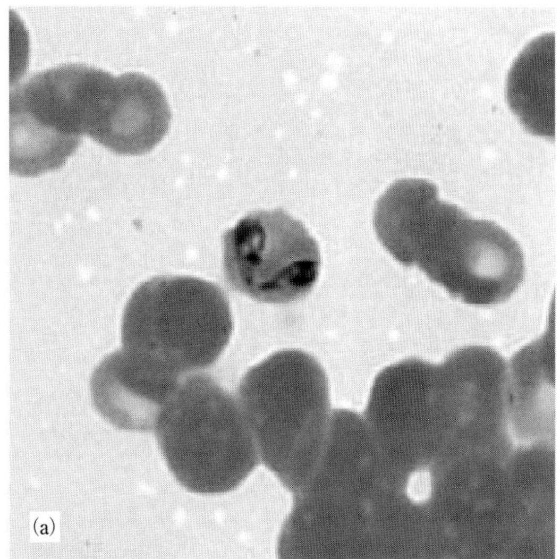

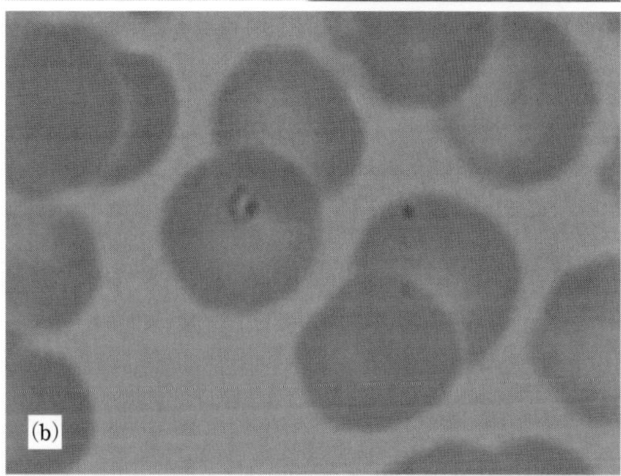

図 II.72　*Babesia canis* に感染したザンビアの犬の血液塗抹(a)と *B. gibsoni* に感染した沖縄の犬の血液塗抹(b)(ギムザ染色)［原図：藤崎幸藏］

発育および生態：*B. canis* は基本的にマダニの介卵伝播を経て宿主動物に感染するが，経発育期伝播も成立することから，すべての発育期のマダニが感染源となる．図II.73に *B. canis* の発育史を示した．一方の *B. gibsoni* は，フタトゲチマダニによって介卵伝播される．輸血や闘犬でみられる咬傷など，血液を介した直接伝播も報告されている．*B. gibsoni* では，母犬から直接胎仔に伝播する胎盤感染も実験的に証明されている．犬バベシアは耐過してもなお長期にわたり持続感染することが多く，耐過犬はマダニを介した他個体への感染源となる．

症　状：犬のバベシア症(canine babesiosis)ともよばれる．病原性の高い *B. canis rossi* は，低酸素症と広範な組織障害を惹起する低血圧性ショ

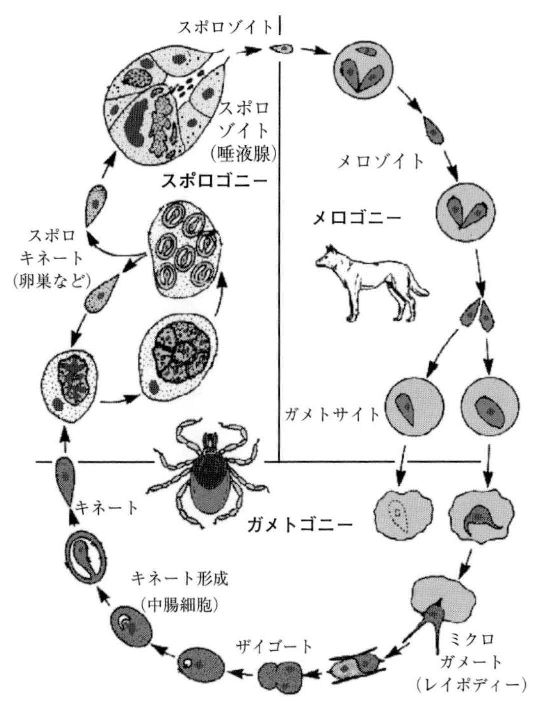

図 II.73 *Babesia canis* の発育史
［Kakoma, I. and Mehlhorn, H.(1994)を改変］

ックを起こし，それが死因となる．*B. canis canis* と *B. canis vogeli* では溶血性貧血が主徴で，急性経過をたどると血色素尿，黄疸，発熱が顕著となる．病原性が低いとされる *B. canis vogeli* でも，急性経過の場合，治療しないと死の転帰をとる場合がある．*B. canis vogeli* の潜伏期は 10 日〜 3 週間であり，慢性経過では症状は緩慢となり間歇熱，貧血，軽度の黄疸がみられる．*B. canis* に感染した犬の尿は，濃褐色の血色素尿となる．一方の *B. gibsoni* の潜伏期は 2 〜 4 週間で，急性期には，発熱と溶血性貧血に加えて，腎不全，代謝性アシドーシス，低血圧性ショックなどを起こす．剖検では顕著な脾種と軽度の肝腫がみられる．*B. gibsoni* に感染した犬の尿は褐色のビリルビン尿となり，血色素尿は稀である(図 II.74)．

診　断：マダニの寄生歴と再生性貧血を確認する．血液塗抹染色標本から顕微鏡下で赤血球のピロプラズムを検出するが，原虫数が少なく困難な場合もある．高感度で正確な種同定には PCR 法が有効である．血清診断法はピロプラズムを抗原とした IFA の他，各種原虫抗原由来の組換え体抗原を用いた ELISA が開発されている．

(A)

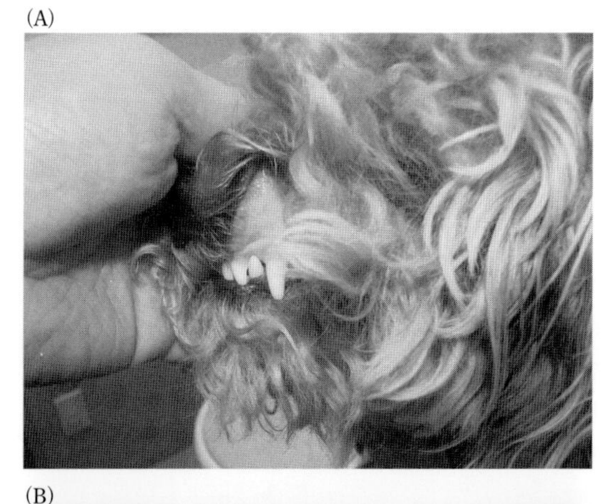

(B)

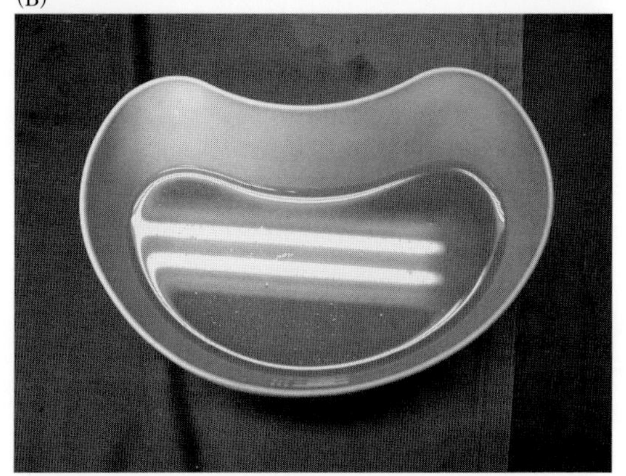

図 II.74　犬バベシア症を発症した犬における粘膜の蒼白(A)とビリルビン尿(B)［原図：白永伸行］

治　療：治療には抗バベシア薬を利用するが，ジミナゼン製剤は *B. gibsoni* に対する効果は弱く，副作用(疼痛，腫脹，下痢，嘔吐，神経症状など)も知られており，その使用はリスクを伴う．貧血と脱水に対する輸血や補液などの対症療法やアシドーシス治療も重要になる．感染犬へのグルココルチコイドや免疫抑制剤の使用，また摘脾には注意が必要である．なお *B. gibsoni* に対しては，アトバコンの適用外使用 13.3 mg/kg，8 時間間隔で 10 日間の経口投与が効果が高い．

予　防：マダニの駆除で予防する．流行地では，薬浴やスポットオン剤の投与，ならびに犬舎および周囲敷地への殺虫剤の定期的散布が望ましい．ヨーロッパではピロプラズムの分泌抗原を利用した *B. canis* のワクチンが開発されている．

3.9.4 げっ歯類のピロプラズマ症
(rodent piroplasmosis)

原 因：*Babesia microti* と *B. rodhaini* の2種.

①分布：*B. microti* は，1912年にポルトガルの小型げっ歯類の *Microtus incertus* から発見されて以降，北半球の温帯地域を中心に広く分布していることが確認されている．日本でも，アカネズミ(*Apodemus speciosus*)とエゾヤチネズミ(*Clethrionomys rufocanus*)から分離されている．*B. rodhaini* は，1950年にコンゴのげっ歯類(*Thamnomys surdaster*)から分離された．

②分類：*B. microti* のピロプラズムは多形性で *B. rodhaini* より小型(1～6 μm)で，ときに十字型のマルタクロスが認められる(図II.75)．*B. rodhaini* は大型で，ピロプラズムは多型性を示すが，洋梨状の虫体やマルタクロスは認められない．*B. microti* には，少なくとも4群(北米型，ミュンヘン型，穂別型，神戸型)が区別され，北米型は米国，ヨーロッパ，アジア地域に広く分布している．一方の穂別型と神戸型の日本以外の分布については，不明な点が多い．

③媒介マダニ：北米型はマダニ属(*Ixodes*)のマダニによって媒介され，米国では *Ixodes scapuralis* とその近縁種によって，ヨーロッパでは *I. ricinus* によって，またアジア地域ではシュルツェマダニ(*I. persulcatus*)によって，それぞれ媒介される．穂別型はヤマトマダニ(*I. ovatus*)によって媒介される．日本でヒトバベシア症の原因となった神戸型の媒介マダニ種は不明である．*B. rodhaini* の媒介マダニ種もわかっていない．

④感受性動物：野生げっ歯類．

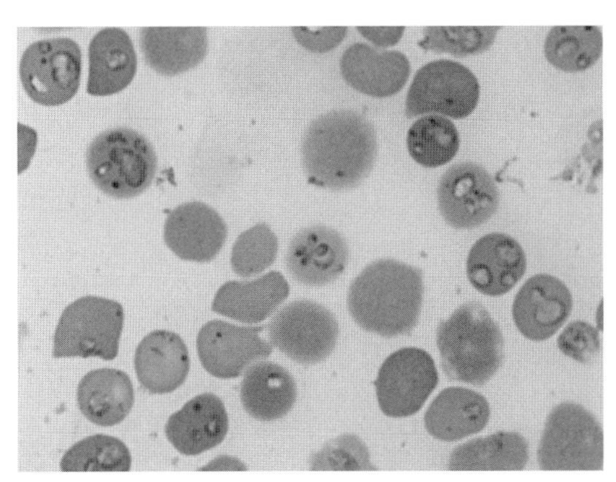

図II.75 *B. microti* のミュンヘン型が感染したマウスの血液塗抹標本像

症 状：*B. rodhaini* をマウスに実験感染させると，溶血性貧血，血色素尿，黄疸，および発熱が顕著となり，100%のマウスが急性経過をたどって死亡する．一方の *B. microti* も溶血性貧血と発熱が主徴で，パラシテミアも20～60%に達するが，ほとんどが耐過する．

B. microti は，ヨーロッパの *Babesia divergens* とともに，ヒトバベシア症の病原体として重要で，米国では過去20年間に数百人の患者が発生している．米国のヒトバベシア症の病勢は，同時感染することの多いライム病の病原体(*Borrelia burgdorferi*)によっても左右され，溶血性貧血と血小板減少が顕著で，パラシテミアは1～20%からときに80%以上に達し，死亡率が5%に達する．日本でも，1999年に *B. microti* の神戸型の感染者が2名認められた．脾臓を摘出した患者や免疫抑制にある患者では重症化しやすい．マダニ刺咬による感染が普通であるが，神戸症例のように輸血による感染も報告されている．

診断・治療：両原虫種とも実験感染モデル原虫として，バベシア症の診断法や治療法の開発に利用されてきた．

ヒトバベシア症の診断は，臨床症状に加えて血液塗抹標本からの赤内型虫体の検出によるが，リング状虫体は熱帯熱マラリア原虫のそれとよく似ており，洋梨状虫体の出現やヘモゾイン色素の欠如など，マラリアとの鑑別が重要となる．PCR法による遺伝子診断が有効である．ヒトバベシア症の治療には，キニーネ(quinine)とクリンダマイシン(clindamycin)(ともに600 mg，1日3回，経口)の同時併用が第一選択である．これが卓効を示さない場合は，輸血に加えて，アジスロマイシン(azithromycin)とキニーネの併用や，アジスロマイシン，クリンダマイシン，およびデオキシサイクリン(deoxycycline)の3剤併用が推奨されている．

3.9節の参考文献

ILRAD(1990) *Annual report of the International Laboratory for*

Research on Animal Diseases
https://cgspace.cgiar.org/handle/10568/49888

Kakoma, I. and Mehlhorn, H. (1994) *Babesia* of domestic animals. In: Kreier JP (ed.) *Parasitic Protozoa*, Academic Press

4. 繊 毛 虫 類

4.1 バランチジウム症 (Balantidiosis)

原　因：大腸バランチジウム(*Balantidium coli*)の寄生によって起こる疾病である．バランチジウムは，アルベオラータ界，繊毛虫門(Ciliophora)，リトストマ綱(Litostomatea)，バランチジウム目(有口庭類，Vestibuliferida)，バランチジウム科(Balantidiidae)に属する大型の繊毛虫(ciliate)であり，豚に広くみられるが，ヒト，イノシシ，サル，げっ歯類にもみられることがある．栄養型と嚢子型(シスト)の2形態がある．栄養型虫体は卵円形を呈し，大きさには幅があり体長40～150 μm，体幅20～100 μmと寄生原虫の中では大型である．体表全体に繊毛をもち，らせん回転しながら活発に運動する．体前端からやや後方に細胞口を有し，虫体内には大核，小核，収縮胞，食胞などの細胞内小器官とともに大小の顆粒がみられる．大核はソーセージ形ないし腎臓形を呈し，体の中央部に位置する．シストはほぼ球形で，大きさは45～70 μmで，繊毛はみられないが大核と収縮胞は通常の鏡検でも認められる(図II.76，77)．新鮮標本では淡黄色～淡緑色である．シスト壁は比較的厚い2層の膜よりなる．

モルモットの盲腸には *B. caviae*，カエルの盲腸には *B. entozoon* の寄生が知られる．

感染および発育：感染はシストの経口摂取による．シストが新しい宿主に摂食されると，腸管上部で脱シストして栄養型虫体となり，小腸を経て大腸内に到達してそこで分裂増殖する．栄養型虫体は大腸内を活発に運動して腸内のデンプン顆粒や細菌を摂食する．腸管粘膜への積極的な侵入性はないとされる．しかし，腸管に潰瘍などの組織損傷部位があれば，粘膜上皮内に侵入して組織片や血球などを摂食しながら増殖し，コロニーを形成することがある．ただし，これら侵入の過程で，酵素を分泌して積極的に組織内に侵入するとの見解もある．大腸後方に送られた虫体は運動性を失って次第にシスト化し，糞便とともに排出される．シストは外界抵抗性が強く，糞便中で数週間生存する．

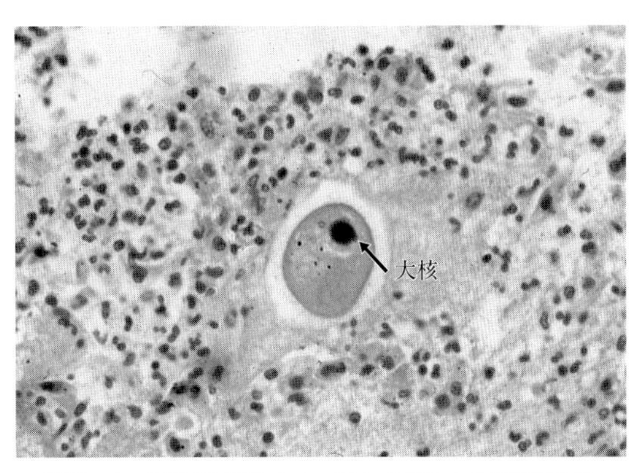

図 II.76　組織内に侵入したバランチジウムの栄養型虫体 ［原図：今井壯一］

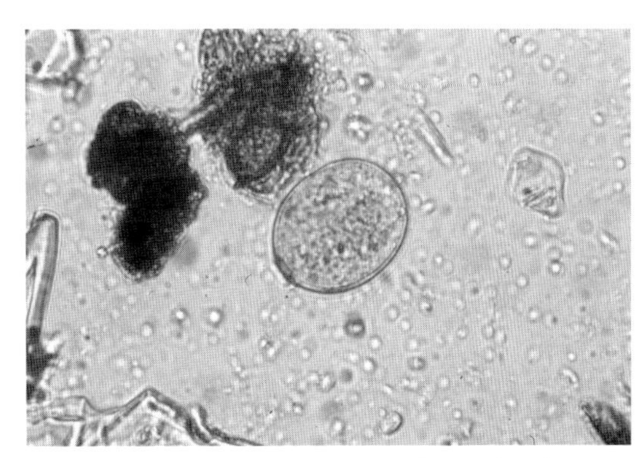

図 II.77　バランチジウムのシスト ［原図：今井壯一］

症状および解剖学的変状：通常，とくに成豚では不顕性感染が多い．しかし，虫体が組織内に侵入すると病害が現れる．組織内で増殖した虫体はその運動性で組織を破壊するため，腸粘膜のびらん，潰瘍を広げる結果となる．幼豚では発症しやすく，水様性の下痢に始まり，次第に下痢便中に血液を混じるようになる．食欲不振，抑うつ，脱水，削痩がみられ，重篤な場合には1～3週間で死亡する．慢性型では，長期にわたる腸組織の破壊のため，貧血，脱水，消化機能障害が起こり，発育が阻害される．ヒトでの重篤な感染では，下部腹痛を伴う下痢または赤痢症状と貧血がみられる．犬においても重度の感染が起こると，持続性の下痢，赤痢，腹痛，食欲不振，抑うつ，脱水がみられる．

診　断：新鮮糞便中よりシストを検出するのがもっとも簡便かつ確実な方法である．新鮮な下痢便中には栄養型虫体がみられることがある．この場合，虫体は体全体にある繊毛を活発に動かして運動するのをみることができる．虫体は比較的大きいため，組織切片中で容易に検出できる．多くの場合は，虫体がもつ大核が明瞭に観察される．

治　療：豚のバランチジウム症の治療にはメトロニダゾール(metronidazole)があったが，本剤は食用の動物への使用は禁止されている．また，多くの場合では，単独感染で病害が出ることは少ないので，他の感染症や腸疾患の診断と治療にも注意が必要である．

予　防：罹患動物は隔離して治療を行う．飼育環境中でのシストの汚染を防ぐため，感染動物の適正な糞便処理が必要となる．

4.2 バクストネラ症 (Buxtonellosis)

原　因：バクストネラ(*Buxtonella sulcata*)の寄生による．バクストネラは大腸バランチジウムと類似する繊毛虫で，バランチジウム目，ピクノスリックス科(Pycnothrichidae)に分類され，牛や水牛の盲腸に寄生する．栄養型，シストともに大腸バランチジウムと類似するが，栄養型虫体の大きさは50～150 × 40～100 µmで，体の一端から他端にかけてゆるく湾曲する無繊毛の縦溝があるのが特徴である．シストは球形で，直径約50 µm，シスト壁は比較的薄く，大核は腎臓形を呈している(図II.78)．

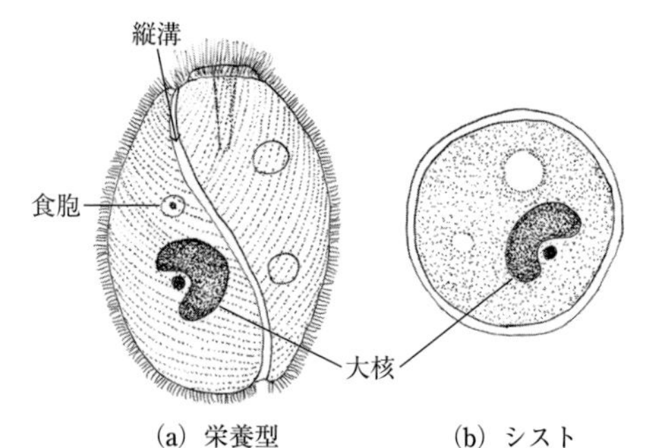

図 II.78　バクストネラ［原図：今井壯一］

感染および発育：感染はシストの経口摂取による．腸管内で分裂により増殖する．

症状および解剖学的変状：本種は病原性をもたないものと考えられている．しかし，バランチジウムと同様に，他の原因により大腸炎がある場合，その部位を刺激することにより潰瘍を起こす可能性がある．組織内に侵入した像もみられている．

診　断：糞便検査により原虫を検出する．通常はシストが糞便中にみられ，栄養型虫体がみられることは少ない．

治　療：比較的高い寄生率を示すが，病原性は認められないことが多い．牛が健康状態であれば治療は必要としない．大腸炎症状があり本原虫が認められる場合には，他の原因を疑う．

予　防：とくにない．

5. 微胞子虫類

5.1 エンセファリトゾーン症 (Encephalitozoonosis)

微胞子虫類は，現在，オピストコンタ(Opisthokonta)スーパーグループ，菌界(Fungi)，微胞子虫門(Microspora)に高次分類され，昆虫，魚類，哺乳類などの多様な動物の細胞内に寄生し，1,200種以上が知られている．エンセファリトゾーン属(*Encephalitozoon*)の微胞子虫は，ウサギ，モルモット，ハムスター，ラット，マウスなどのげっ歯類をはじめ，犬，猫，鳥やヒトなどの幅広い宿主域を有し，ヒトでは免疫不全患者や臓器移植患者などで，発熱，下痢，腎不全などの臨床症状を示す報告があり，動物由来感染症(anthropozoonosis)の原因体としても注目されている．

原　因：とくに *Encephalitozoon cuniculi*，*Encephalitozoon hellem*，*Encephalitozoon intestinalis* の3種が動物由来感染症の原因として注目されている．*E. cuniculi* は非常に広い宿主範囲を有し，*E. hellem* はおもに鳥の間に分布し，*E. intestinalis* は野生動物においても散発的に発生している．

Encephalitozoon は，偏性細胞内寄生性であり，栄養型虫体(trophozoite)と胞子(spore)が知られている．栄養型虫体はほぼ楕円形で，組織内での大きさは 0.8～1.2 × 2.0～2.5 μm，胞子は楕円形で大きさは 1.5 × 2.5 μm である．内部に1個の極胞(きょくほう)(polaroplast)と1本の極管(きょくかん)(polar tube)をもつ(図 II.79)．*Encephalitozoon* spp. 3種の胞子は形態学的には区別できないため，遺伝子型により分類される．

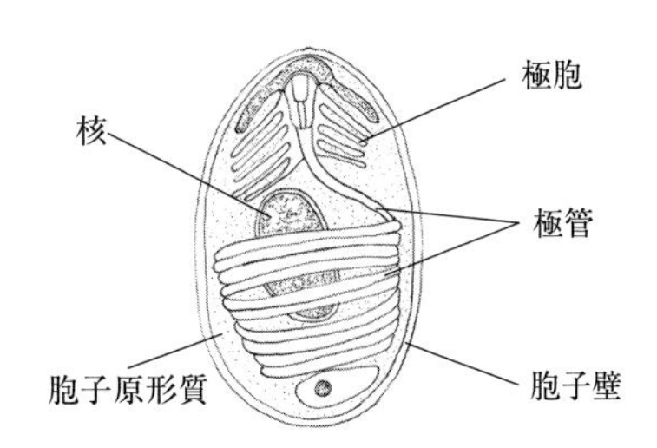

図 II.79　微胞子虫類の胞子の模式図
［原図：今井壯一・藤﨑幸藏］

感染および発育：感染経路は主として胞子の摂取による経口感染であるが，経気道感染や経胎盤感染もある．感染後は血行性に伝播し，全身の各臓器に播種性に感染する．胞子が経口摂取により宿主の腸管に入ると極管が翻転して突出し，これを通して胞子原形質が宿主細胞に侵入することが知られている．抹消マクロファージなどの細胞内に侵入した原虫は分裂増殖して栄養型虫体となり，次いでスポロント，スポロブラストを経て胞子となる．胞子は死亡宿主体の破壊によって外界へ放出される経路と，尿中に排出される経路とがある．とくにウサギでは，胞子は尿中に排出される．尿中の排泄は，感染から3～5週間後に観察される．胞子は外界環境に対して抵抗性があり，長期にわたって感染性をもつ．

症状および解剖学的変状：一般には不顕性感染のことが多いが，幼獣では発症しやすい．ウサギでは脳炎および腎炎に関連した全身性疾患を起こし，斜頸，回旋，麻痺などがみられることがある．このような症例では脳や腎臓に多数の虫体が認められる．脳における組織学的所見は小壊死域に囲まれた類上皮細胞からなる小巣状肉芽腫である．重症例では血管周囲にリンパ球の集積がみられ，腎臓や心臓にも肉芽腫や壊死巣が認められる．腎臓では集合管上皮細胞内の原虫が細胞を破壊して尿中に入る．

犬では後躯麻痺，運動失調，全身性体調不良，時にぶどう膜炎などの眼病変がみられる．主要な病変はウサギと同様に脳炎と腎炎である．猫では重度の筋肉けいれん，抑うつ，麻痺などが報告されている．

診　断：死後検査では腎臓，脳および脊髄，肝臓および心臓の病変と細胞内の虫体の検出を行う．病変は，しばしば腎臓に限定され，不規則な薄い灰色または白色の色をした病巣として観察される．生前診断では臨床症状(脳炎，腎機能障害)ならびに血液所見(リンパ球増多)の検討および尿中からの胞子の検出を試みる．胞子はグラム染色によって紫色(陽性)に染まる．Uvitex 2B 染色によって胞子を蛍光検出することも可能である．間接蛍光抗体法，ELISA による血清学的診断やPCR 法による遺伝子診断も行われている．

治療・予防：ウサギにおける治療は現在のところ有効なものはないが，フェンベンダゾール(fenbendazole) 20 mg/kg を 4 週間単位もしくはアルベンダゾール(albendazole) 10〜15 mg/kg の 3 か月単位で投与する．炎症による臨床症状軽減のためステロイド剤の併用も行われている．感染のおもな原因は，尿中に排泄される胞子の摂取であることから，同居ウサギへの感染予防は，発症ウサギを隔離飼育し，同一の飼育ケージ，餌皿や飲水用ボトルの使用を行わないことである．

III

蠕　虫　類

1. 吸 虫 類

1.1 分類と形態

吸虫類(trematodes)は条虫類および線虫類とともに蠕虫類の一群を形成し，分類学的には扁形動物門(Platyhelminthes)の吸虫綱(Trematoda)とほぼ同義語として使われている．吸虫綱は楯吸虫亜綱(Aspidogastrea)と二生亜綱(Digenea)からなり，楯吸虫亜綱は軟体動物や魚類，カメ類に寄生する種を含む小さな分類群であり，獣医学上の重要性は低い．一方，二生亜綱は哺乳類や鳥類などの脊椎動物に寄生する種を含む分類群であり，獣医学上重要な種をすべて含んでいる．

二生亜綱の分類体系は研究者によって多少異なるが，Fasciolidae(蛭状吸虫科)，Paramphistomidae(双口吸虫科)，Gastrodiscidae(腹盤双口吸虫科)，Gastrothylacidae(腹嚢双口吸虫科)，Dicrocoeliidae(二腔吸虫科)，Troglotrematidae(住胞吸虫科)，Nanophyetidae(ナノフィエツ科)，Echinostomatidae(棘口吸虫科)，Opisthorchiidae(後睾吸虫科)，Heterophyidae(異形吸虫科)，Diplostomatidae(新腹口吸虫科)，Plagiorchiidae(斜睾吸虫科)，Schistosomatidae(住血吸虫科)などに分類される(表 III.1)．

二生亜綱の吸虫は扁平木葉状(肝蛭，膵蛭，槍形吸虫など)が多いが，豆状(双口吸虫，肺吸虫など)や線虫様(住血吸虫)もある．通常2個の筋質な吸盤(acetabulum)，すなわち口周囲にある口吸盤(oral sucker)と腹面にある腹吸盤(ventral sucker)を備えるが，口吸盤や腹吸盤を欠く種類もある．吸虫の形態を大別すると，gasterostome, holostome (strigeid), monostome, amphistome, distome, echinostome, schistosome の7型が主である(図 III.1)．Gasterostome は筋肉質の口が腹面中央付近に存在し，Bucephalidae 科(魚類寄生)にみられる．Holostome は虫体が前後の2部分からなり，前半部には固着器官(tribocyclic organ, holofast)を備え，後半部は円柱状である．Diplostomatidae 科などにみられる．Monostome は腹吸盤を欠き，Notocotylidae 科にみられる．Amphistome は腹吸盤が大きくて体後端に位置し，口吸盤を欠くが，咽頭があたかも吸盤様である．Paramphistomidae 科や Gastrothylacidae 科，Gastrodiscidae 科などの双口吸虫類にみられる．Distome は口吸盤および腹吸盤を有するもっとも一般的な形態のグループで，特徴的な形態がみられない．Fasciolididae 科や Dicrocoelidae 科，Troglotrematidae 科などにみられる．Echinostome は体前端が冠(collar)状となって多数の棘(spine)を有し，Echinostomatidae 科にみられる．Schistosome は吸虫類では唯一雌雄異体であり，Schistosomatidae 科にみられる．体表は外被(tegument)からなり棘を備えた種もある．また体表には乳頭(papillae；平腹双口吸虫)，抱雌管(gynaecophoral canal；住血吸虫)，固着器官(tribocycric organ；壺形吸虫)などの構造物がある．外被下の組織には，よく発達した輪状筋および縦走筋がみられ，さらにその深部は柔組織(parenchyma)が網目状に分布して消化系や生殖系，排泄系などの諸器官を支持している(図 III.2)．

(1)消化系(図 III.3(a))

口吸盤に囲まれたロート状の口にはじまり，筋質の咽頭(pharynx)，食道(esophagus)を経て左右の腸管(intestine)に分岐する．多くの吸虫種では左右の腸管はそれぞれ単一の管であるが，複雑に樹枝状に分岐する種(肝蛭)もある．腸管は盲管となっているので，一般的には肛門は存在しない

表 III.1　おもな吸虫類の分類

Kingdom ANIMALIA 動物界
Phylum Platyhelminthes 扁形動物門
Class Trematoda 吸虫綱
Subclass Digenea 二世亜綱
Order Echinostomida 棘口吸虫目
Family Fasciolidae 蛭状吸虫科
Genus *Fasciola*
Fasciolopsis
Family Paramphistomidae 双口吸虫科
Genus *Paramphistomum*
Orthocoelium
Calicophoron
Family Gastrothylacidae 腹嚢双口吸虫科
Genus *Fischoederius*
Family Gastrodiscidae 腹盤双口吸虫科
Genus *Homalogaster*
Family Echinostomatidae 棘口吸虫科
Genus *Echinostoma*
Order Plagiorchiida 斜睾吸虫目
Family Dicrocoeliidae 二腔吸虫科
Genus *Eurytrema*
Dicrocoelium
Family Troglotrematidae 住胞吸虫科
Genus *Paragonimus*
Family Nanophyetidae ナノフィエツ科
Genus *Nanophyetus*
Family Plagiorchiida 斜睾吸虫科
Genus *Plagiorchis*
Prosthogonimus
Order Opisthorchiida 後睾吸虫目
Family Opisthorchiidae 後睾吸虫科
Genus *Clonorchis*
Opisthorchis
Family Heterophyidae 異形吸虫科
Genus *Metagonimus*
Heterophyes
Pygidiopsis
Order Strigeidida 有襞吸虫目
Family Diplostomatidae 新腹口吸虫科
Genus *Pharyngostomum*
Alaria
Family Schistosomatidae 住血吸虫科
Genus *Schistosoma*
Gigantobilharzia
Trichobirharzia

が，排泄系の排泄孔に腸管が繋がっている種（棘口吸虫）もある．

(2)生殖系

吸虫類は住血吸虫科を除き，雌雄同体（hermaphrodite）で，雄性生殖器官と雌性生殖器官を

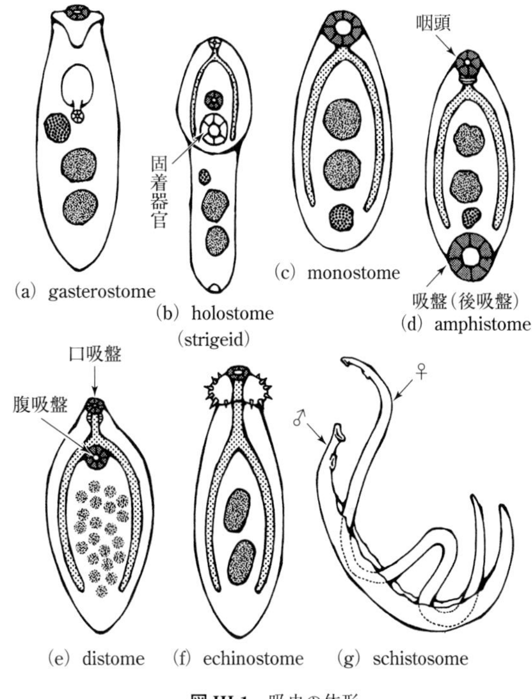

図 III.1　吸虫の体形

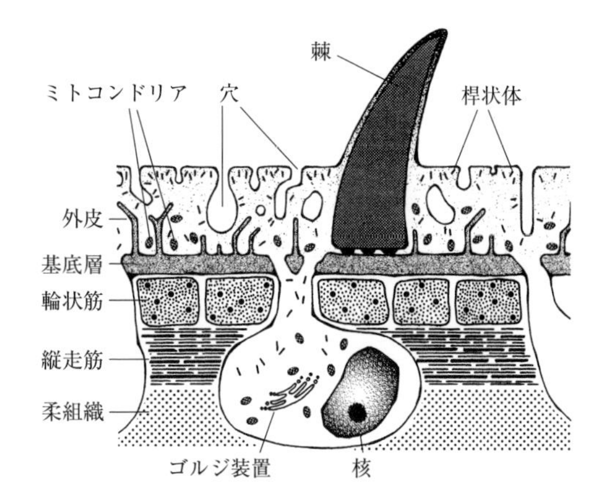

図 III.2　吸虫の外被の構造

備えている．

雄性生殖系（図 III.3(b)）は，精細胞を産生する精巣（testis），精細胞および精子を輸送する小輸精管（vas efferens）や輸精管（vas deferens），精子を貯留する貯精嚢（seminal vesicle），精子の保護や活性に作用する物質を供給する前立腺（摂護腺：prostate gland），射精や交接器官である射精管（ejaculatory duct）や陰茎（毛状突起：cirrus）などで構成される．精巣は円形から分葉まで形状は様々で，一般的には2個が横または縦に並ぶが，

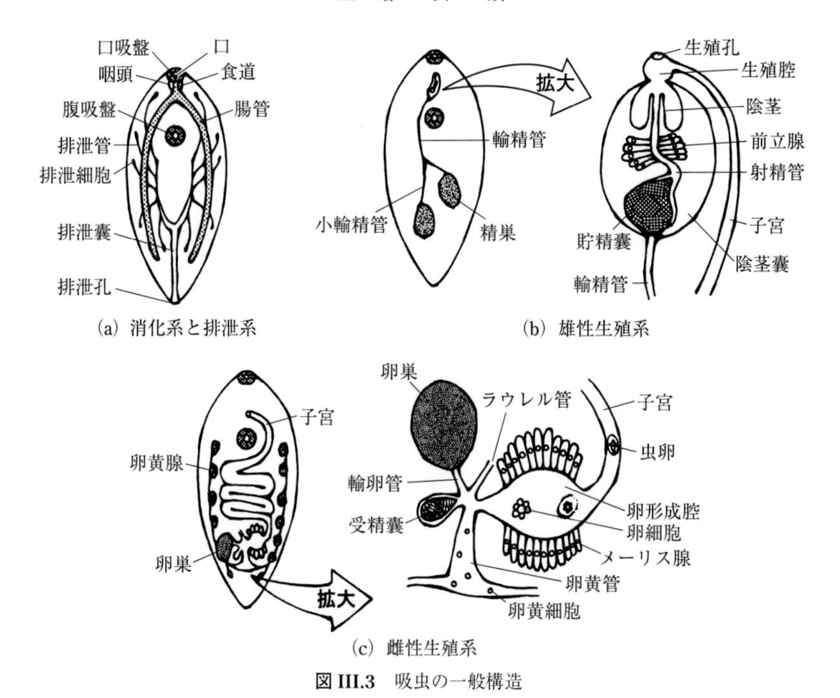

(a) 消化系と排泄系 (b) 雄性生殖系

(c) 雌性生殖系

図 III.3 吸虫の一般構造

7～8個の精巣(濾胞)をもつ種(日本住血吸虫)もある．虫体の後半部に精巣がみられる種が多いが，前半部にある種(膵蛭，槍形吸虫，平腹双口吸虫，日本住血吸虫など)もある．産生された精子(精細胞)は細い小輸精管から太い輸精管を通って移動し貯精囊に蓄えられるが，精子形成を行わない単為生殖系の吸虫(日本産肝蛭，ウェステルマン肺吸虫3倍体)では貯精囊に精子はみられない．交接に際して，精子は射精管から陰茎を経て相手個体に注入される．陰茎の出口である生殖孔は虫卵の産出孔でもあり，体前部の腹側体表に開口する種類が多い．また貯精囊から陰茎までの器官は陰茎囊(毛状突起囊：cirrus sac)に納められている種類が多い．

雌性生殖系(図 III.3(c))は，卵細胞を産生する卵巣(ovary)，卵細胞を輸送する輸卵管(oviduct)，虫卵形成の場である卵形成腔(ootype)，卵黄細胞(vitelline cells)を産生する卵黄腺(vitelline gland)とそれを輸送する卵黄(輸)管(vitelline duct)，卵殻形成物質を分泌するメーリス腺(Mehlis' gland)，虫卵の輸送と接合相手個体の精子を輸送する子宮(uterus)，虫卵の産出や接合を行う生殖孔(genital pore)などから構成される．卵巣は円形，類円形または樹枝状に分葉し，一般的には体後部に位置する．卵巣で産生された卵細胞は輸卵管を経て卵形成腔へ移動する．卵形成腔の近辺には受精囊(seminal receptacle)およびラウレル管(Laurer's canal)が開口する．受精囊は交接した相手個体の精子を受精時まで貯蔵する小囊である．ラウレル管は他端が背側体表に開口し，卵黄物質などの余剰物質を排泄する細管と考えられているが，欠如するものや盲囊に終わる吸虫種もある．受精した卵細胞が卵形成腔に入ると，卵黄細胞は互いに融合して多核質となり，卵細胞を取り囲み，栄養供給を行う．また卵黄細胞から放出された顆粒は，メーリス腺から分泌された物質とともに卵殻形成をつかさどる．形成された未熟な虫卵は長い子宮を移動する間に卵殻が完全に形成されて成熟虫卵となり，生殖腔を経て生殖孔から産出される．

(3) 排泄系(図 III.3(a))

原腎管系であり，体内に多数存在する排泄細胞(excretory cell，炎(ほのお)細胞：flame cell)にはじまる．集められた排泄物は微細な排泄管(excretory tube)に送られ，それらは集まって虫体の左右にある集合管(collecting tube)となり，さらに排泄囊(excretory bladder)に集合して虫体後方の排泄孔(excretory pore)から排泄される．炎細胞は

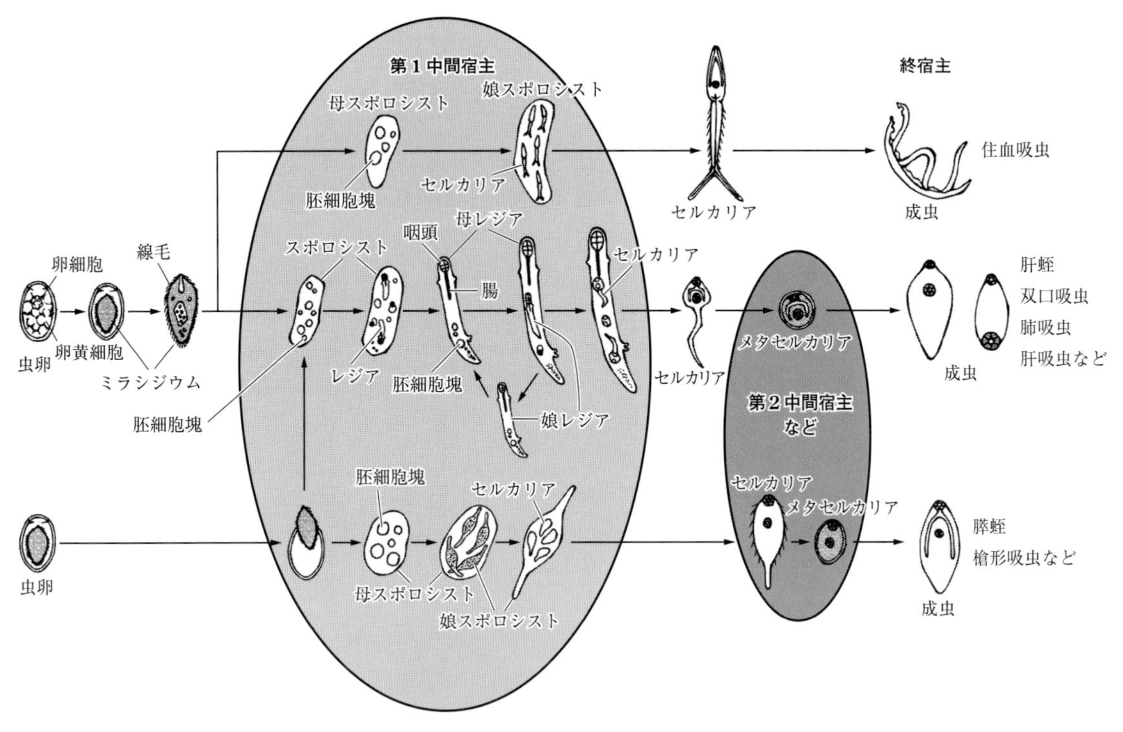

図 III.4　吸虫の発育

幼虫期にもみられ，とくにセルカリアでは炎細胞の数と分布様式が分類体系や種の同定の指標として使われる．

(4) 神経系

発達は悪いが，体前部の食道付近に 1 対の神経節があり，そこから神経線維が末梢に走っている．また吸虫種によっては幼虫のミラシジウム (miracidium) やセルカリアに眼点 (eye spot) とよばれ，感覚器官と考えられている構造がみられる．

1.2　生態と発育 (図 III.4)

二生亜綱の吸虫は中間宿主を 1 つ，または 2 つ (第 1 中間宿主，第 2 中間宿主) を要する間接発育を行い，最初の中間宿主は巻貝である．吸虫類は中間宿主体内で無性生殖 (幼生生殖) を行い，終宿主で有性生殖 (単為生殖を含む) を行う．

吸虫の虫卵は，複合卵で卵細胞と卵黄細胞からなり，一般的には卵殻が厚く，小蓋を有し，比重が 1.2 より大きい．虫卵は糞便や尿，痰，鼻汁などとともに終宿主体外に排泄されるが，排泄時の虫卵内容が卵細胞と卵黄細胞である吸虫種 (肝蛭，双口吸虫，肺吸虫など) とすでに幼虫 (ミラシジウム) を含んでいる種 (住血吸虫，膵蛭，槍形吸虫など) がある．未発育の虫卵では，適度な温度 (およそ 15〜30℃) と湿度，酸素条件下で発育を開始し，ミラシジウム形成卵となる．ミラシジウムが水中で孵化する種 (肝蛭，双口吸虫，肺吸虫，住血吸虫など) と中間宿主に摂取された後にその消化管内で孵化する種 (膵蛭，槍形吸虫，肝吸虫など) がある．前者のミラシジウムは，体表によく発達した繊毛を備えて水中を活発に遊泳し，光や中間宿主の分泌物質などに対する走行性で中間宿主を発見し，その体表より侵入すると繊毛を脱ぎ捨てスポロシスト (sporocyst) となる．スポロシストは嚢状の幼虫で消化系はなく，少数の炎細胞で構成される排泄系と胚細胞 (germ cell) の集団がみられる．胚細胞は外皮下層の組織でつくられ，有糸分裂を繰り返して球状の胚細胞塊 (germ ball) となる．胚細胞塊はさらに分裂・発育してレジア (redia) とよばれる幼虫に発育する吸虫種 (肝蛭，双口吸虫，肺吸虫，肝吸虫など) と再びスポロシスト (娘スポロシスト：daughter sporocyst)を形成する種(住血吸虫，膵蛭，槍形吸虫など)がある．その際，最初に形成されているスポロシストは母スポロシスト(mother sporocyst)とよぶ．レジアは，口，咽頭，腸からなる消化系，排泄系と胚細胞を有し，スポロシストより遊離して成長する．レジア内の胚細胞塊はセルカリア(cercaria)とよばれる幼虫に発育する種と再びレジア(娘レジア：daughter redia)に発育する種がある．最初のレジアは母レジア(mother redia)とよぶ．一方，娘スポロシストでは胚細胞はすべてセルカリアへと発育する．セルカリアは体部と尾部で構成され，体部には口吸盤と腹吸盤，消化系，排泄系の他に，被嚢や侵入に必要な物質を分泌する腺細胞系(穿通腺細胞：penetration gland cell，被嚢腺細胞：cystigenous gland cell，粘液腺細胞：mucoid gland cell，頭腺：head gland)などを備える．セルカリアの尾部は先端が分岐する吸虫種(住血吸虫)と分岐しない種(肝蛭，双口吸虫など多くの種)がある．中間宿主(第1中間宿主)より遊出したセルカリアは，第2中間宿主体内または植物表面で被嚢してメタセルカリア(metacercaria)となるもの(肝蛭，双口吸虫，肺吸虫，肝吸虫，膵蛭など多数)，直接終宿主に侵入するもの(住血吸虫)がある．セルカリアおよびメタセルカリアは終宿主に侵入すると発育しながら寄生部位に移動して成虫になる．

1.3 双口吸虫症 (Paramphistomosis)

双口吸虫類には多くの種類が知られ，牛やめん羊などの反芻動物に寄生する種の他，豚，馬，犬，ヒト，野生動物(シカ，カバ，ゾウ，サイ，サルなど)などに寄生する種もある．ここでは，牛の双口吸虫症について記載する．

原　因：双口吸虫類の分類には虫体の組織標本が用いられるため，同定は容易でない．日本に分布する種は，双口吸虫科(Paramphistomidae)，*Calicophoron* 属の *C. calicophorum* と *C. microbothrioides*，*Orthocoelium* 属の *O. streptocoelium*，*Paramphistomum* 属の *P. ichikawai* と *P. gotoi*，腹嚢双口吸虫科(Gastrothylacidae)の *Fischoederius* 属の *F. elongatus*，そして腹盤双口吸虫科

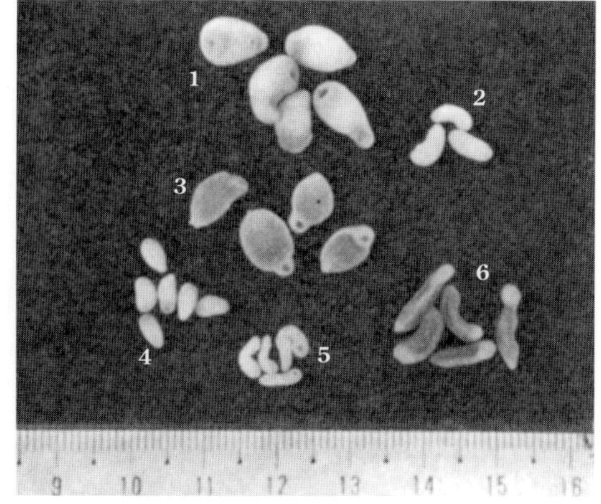

1：*C. calicophorum*，2：*P. gotoi*，3：*H. paloniae*，
4：*O. streptocoelium*，5：*P. ichikawai*，6：*F. elongatus*

図 III.5　牛に寄生する6種の双口吸虫

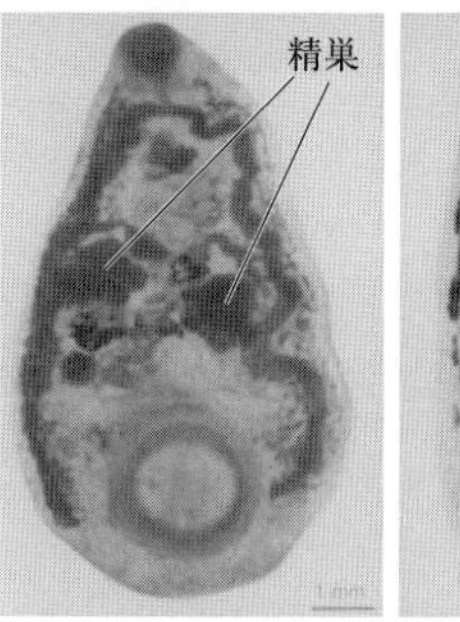

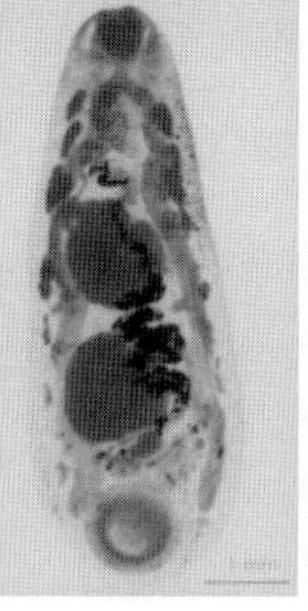
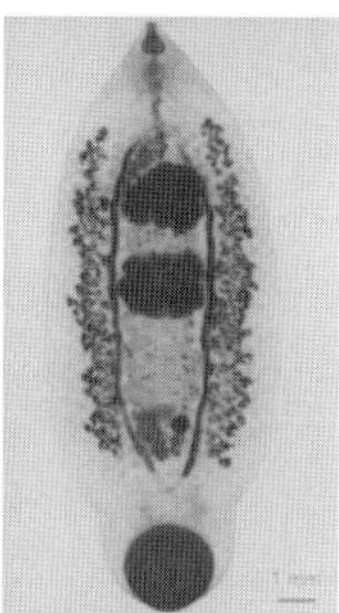

(a) *C. calicophorum*　(b) *O. streptocoelium*　(c) *H. paloniae*

図 III.6　3種の双口吸虫

(Gastrodiscidae) *Homalogaster* 属の *H. paloniae* (平腹双口吸虫)の5属7種と考えられている(図 III.5)．双口吸虫類は大形の吸盤が体後端にあり，後吸盤(posterior sucker)という．一方，口吸盤を欠くが，大きな筋質の咽頭(pharynx)が吸盤様にみえる．

(1) *Calicophoron calicophorum*

体長 10～13 mm，体幅 5.8～7.5 mm，円錐形で全体的に白色であるが体後端部は赤色を帯びる．未成熟虫体では全体的に赤みを帯びる．精巣は深く分葉して互いに斜めに位置する(図 III.6)．第1胃または第2胃に寄生し，日本ではもっとも普通にみられる．虫卵は 125 × 70 μm で無色透明である(図 III.7)．中間宿主はヒメヒラマキミズマイマイ(*Gyraulus pulcher*)である．

(2) *Calicophoron microbothrioides*

体長 3.9～5.5 mm，体幅 1.8～2.4 mm，第1

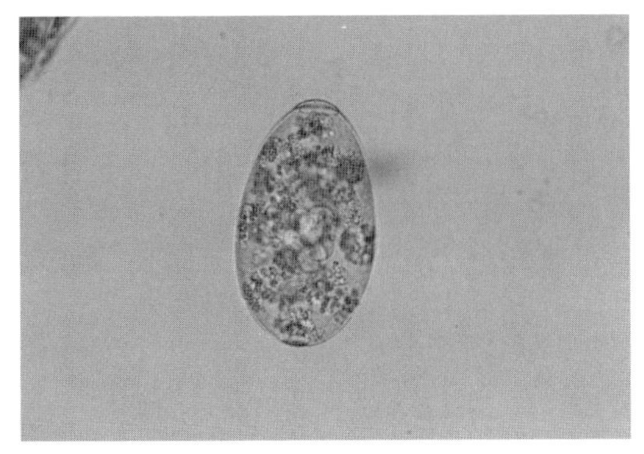

図 III.7　双口吸虫の虫卵

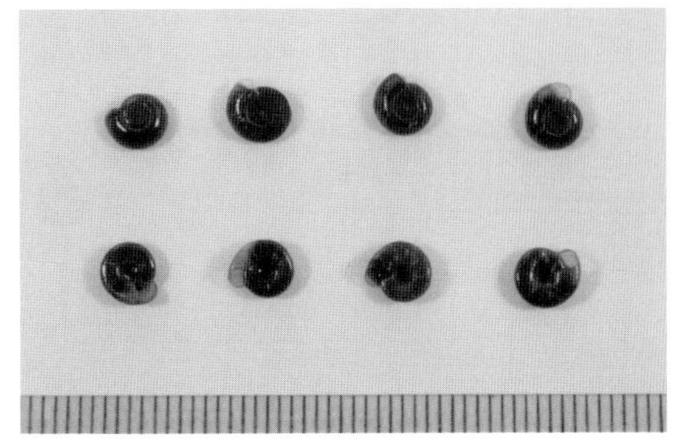

図 III.8　ヒラマキガイモドキ

胃に寄生し，日本では1986年に北海道で初めて発見され，その後九州や沖縄でも検出された．虫卵は124 × 68 μmで無色透明である．中間宿主はヒメモノアラガイ(*Austropeplea ollula* = *Lymnaea ollula*)である．

(3) *Orthocoelium streptocoelium*

体長6.6 mm，体幅1.8 mm，第1胃または第2胃に寄生し，日本では *C. calicophorum* とともにもっとも普通にみられる(図 III.6)．虫卵は150 × 74 μmで無色透明である．中間宿主はヒラマキミズマイマイ(*Gyraulus chinensis*)である．

(4) *Paramphistomum ichikawai*

体長5.0～6.6 mm，体幅2～3 mm，短い円錐形で淡紅色，口の周囲に多数の小突起が密生する．第1胃または第2胃に寄生し，日本での分布は比較的稀である．虫卵は128 × 71 μmで無色透明である．中間宿主はヒラマキガイモドキ(*Polypylis hemisphaerula*)である(図 III.8)．

(5) *Paramphistomum gotoi*

体長5.0～7.3 mm，体幅2～3 mm，長い円錐形で体前半部の体表は小突起でおおわれる．第1胃または第2胃に寄生し，日本では稀にみられる．虫卵は140 × 70 μmで無色透明である．中間宿主はヒラマキミズマイマイである．

(6) *Fischoederius elongatus*

体長10～20 mm，体幅2～4 mm，紡錘形で赤褐色，腹嚢を有する(図 III.9)．第1胃または第2胃に寄生し，日本では稀にみられる．虫卵144 × 78 μmで無色透明である．中間宿主はヒメヒラマキミズマイマイである．

(7) *Homalogaster paloniae*(平腹双口吸虫)

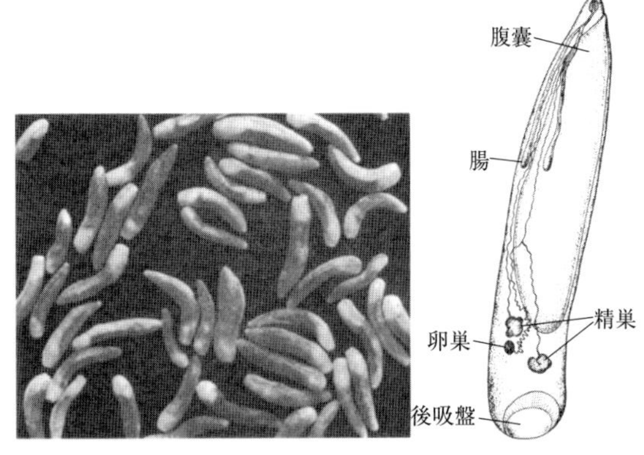

図 III.9　*Fishchoederius elongatus*

体長16～18 mm，体幅8～9 mm，赤褐色，体前部は幅広く木の葉状で腹面には多数の乳頭が存在し，体後部は小球状紡錘形である(図 III.6)．盲腸に寄生し，西日本の他に岩手県にもみられる．虫卵は129 × 69 μm，無色透明，卵黄細胞は密に分布する．中間宿主はヒラマキガイモドキである．

その他に *Paramphistomum explanatum*，*P. cervi*，*Orthocoelium orthocoelium*，*O. scoliocoelium*，*Fischoederius cobboldi*，*F. japonicus* などの種が日本で記載されたが現在の分布は確認されていない．

発育と感染(図 III.10)：成虫によって産出された虫卵は，糞便とともに外界に排泄された後，発育を開始する．*C. calicophorum* の虫卵では20℃で18日後，30℃では8日後にミラシジウムが孵化する．ミラシジウムは繊毛を使って水中を活発に移動し，中間宿主貝を発見するとその体表から侵入して嚢状のスポロシストとなる．スポロシストは貝の体液循環系を介して中腸腺部に移動して発育し，その体内に数個のレジア(母レジア，第

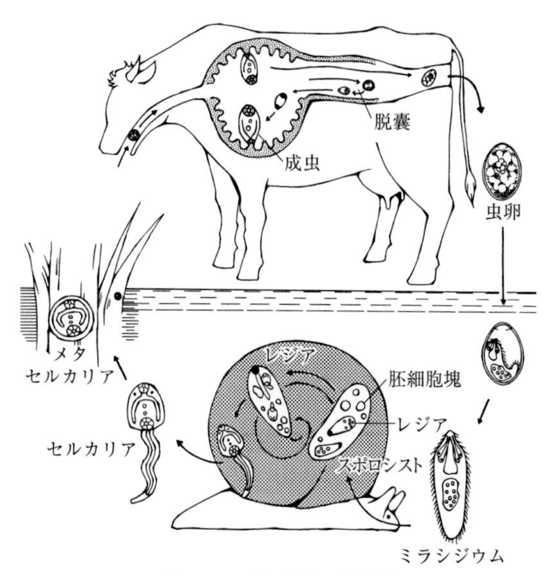

図 III.10　双口吸虫の発育環

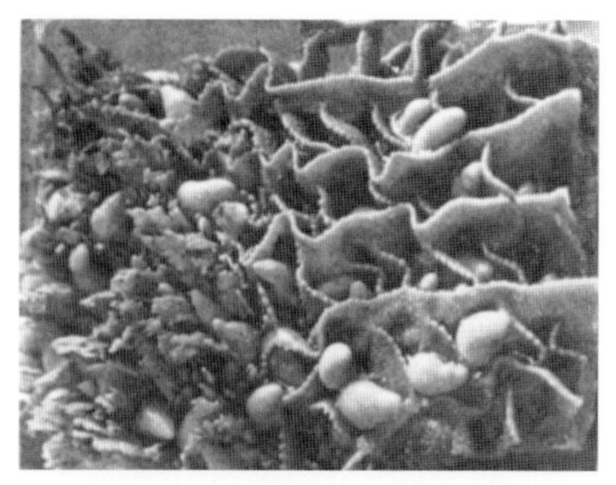

図 III.11　牛の前胃に寄生する双口吸虫

1代レジア)を形成する．レジアは単純な消化系(口，腸)をもち，スポロシストから脱出すると貝の組織内を活発に動き回り，組織成分を摂取して発育，その体内に十数個の未成熟セルカリアまたは娘レジアを形成する．未成熟セルカリアはレジアより産出され，組織内で約10日で，1対の眼点と長い尾部を有する黒褐色の成熟セルカリアとなり，やがて光の刺激で貝体外へ遊出する．感染貝1個体は死亡するまでに数十から数千個のセルカリアを遊出させる．セルカリアは，黄色または緑色光に対する正の走行性によって水中を移動し，水に浸かっている植物の茎や葉の表面に吸着すると粘液を分泌して被嚢し，円盤状のメタセルカリアとなる．メタセルカリアの大きさは双口吸虫の種によって異なるが，直径は164～276 μmである．メタセルカリアは水中で2か月以上は生存し，*P. ichikawai* のメタセルカリアでは6か月後の生存率は32%である．メタセルカリアは稲の茎や畔草などとともに牛に摂取されると，小腸内で脱嚢，腸壁に吸着して2週から1か月間発育した後，胃へ移動して成虫となる．プレパテント・ピリオドは，双口吸虫の種によって多少異なるが，*P. ichikawai* ではめん羊体内で約50日である．

症原性と症状：胃に寄生する双口吸虫種では，成虫の吸着による胃粘膜の突起形成が認められるが，それによる直接的な病害はないと考えられている(図 III.11)．しかし，きわめて多数の成虫が寄生すると前胃の消化機能に影響し，立毛，多飲多渇，食欲不振，胃弛緩などが認められる．一方，きわめて多数のメタセルカリアが短期間で摂取されると，脱嚢した幼若虫は発育が互いに抑制されて小腸内に長期間とどまり，粘膜や筋層深部まで侵入して，小腸上部の壁の肥厚，カタル性炎，びらん，点状出血などを引き起こし，臨床的には元気喪失，食欲不振，立毛，悪臭ある水溶性下痢などがみられる．これは腸双口吸虫症(intestinal paramphistomosis)とよばれ，幼獣では死亡することもある．最近，平腹双口吸虫の成虫寄生による牛の死亡例が報告され，剖検では大腸粘膜の小結節形成や出血斑がみられ，結節内には多数の幼若虫が確認される．

診　断：成虫の寄生は，糞便検査(渡辺法，時計皿法，昭和式法，ビーズ法などの沈殿集卵法)で虫卵を確認する．牛の双口吸虫症は山間部の小規模な飼育農家で多い．また肝蛭との混合感染もみられるので，虫卵による両者の識別は重要である．一般的に双口吸虫の虫卵は肝蛭卵よりもやや小形で無色透明，卵細胞が卵の中央部に位置し，また卵黄細胞は多くの種で疎に散在する．虫卵の形態による双口吸虫の種の識別は困難であるが，近年では虫卵のゲノムDNAから種特異的な塩基配列を検出するDNA診断が検討されている．腸双口吸虫症の診断は容易ではないが，夏期に水田草(青草)が多給され，重度感染が起こりやすい農家では本症の発生を疑い，悪臭ある水溶性下痢便から幼若虫(体長2～5 mm)の検出を試みる．

治　療：双口吸虫の駆除には，以下のような薬剤が使用されているがその効果は一様ではない．

(1)ニクロスアミド(niclosamide)

羊の *P. ichikawai* において，50 mg/kg の 1 回投与で小腸内幼虫の 95.7%，胃内成虫の 18.2% に効果がみられた．牛では，150 mg/kg でも効果がない．

(2)ニクロフォラン(niclofolan)

めん羊の *P. ichikawai* に対して，6 mg/kg の 1 回経口投与で小腸内幼虫の 95.7% に効果がみられたが，成虫にはほとんど効果がない．

(3)ブロチアニド(brotianide)

15 mg/kg の投与で，幼虫の 80〜99%，成虫の 87〜90% に有効である．

(4)レゾランテル(resorantel)

めん羊と牛における 65 mg/kg の投与で，幼虫の 80〜99%，成虫の 85〜100% に効果がある．

(5)オキシクロザニド(oxyclozanide)とレバミゾール(levamisole)

オキシクロザニド 18.7 mg/kg とレバミゾール 9.4 mg/kg の 2 回投与 3 日間で，*C. calicophorum*, *O. streptocoelium*, *P. ichikawai* の幼虫 99.9%，成虫 100% に有効である．現在，いずれの薬剤も日本では入手不可である．

予　防：基本的には生活環を断ち切ることを考える．

(1)虫卵の殺滅

虫卵は熱やアンモニアに対する抵抗力が比較的弱いので，牛糞便を堆肥や厩肥として水田に散布する場合には十分に発酵・腐熟させる．

(2)中間宿主の撲滅

殺貝効果を有する農薬(ブラストサイジン S，EDDP などの 5 〜10 ppm)を水田に散布することも考えられるが，環境保全の観点から推奨できない．ヒラマキガイ類が生息しにくい環境作りも重要である．

(3)メタセルカリアの殺滅

メタセルカリアは熱や乾燥には比較的弱いので，おもな感染源である稲わらは十分に乾燥させてから給与する．また稲わらをビニールハウスで 2 か月間保存させるか，サイレージにして 2 週間経過させればメタセルカリアの感染性はほとんど消失する．刈り取ったばかりの稲茎や水田青草を給餌する際は，水田に浸っていない(メタセリカリア付着の可能性がない)部分だけを与える．

1.4　肝蛭症(Fasciolosis)

肝蛭症は *Fasciola* 属の吸虫の感染に原因し，おもに反芻動物(牛，めん羊，山羊など)の疾病であるが，ヒトの寄生虫症としても重要である．世界の多くの地域で家畜衛生上もっとも重要な疾病の 1 つとされ，感染牛における肝臓の廃棄，発育の遅延，乳質および乳量の低下など畜産業に及ぼす影響は甚大である．

原　因：蛭状吸虫科(Fasciolidae)，*Fasciola* 属の *F. hepatica*(肝蛭)および *F. gigantica*(巨大肝蛭)の 2 種が一般的に認められている．1953 年に両種の中間的性質をもつ *F. indica* が新種として記載されたが，その後の研究で *F. gigantica* のシノニムであるとされた．また，後述するように，日本の肝蛭は種が決定されていないため，日本産肝蛭(*Fasciola* sp.)と総称されている．

(1)肝蛭(*Fasciola hepatica*)

体長 20〜30 mm，体幅 8 〜13 mm の扁平，木の葉状で，前部に頭円錐が発達する(図 III.12 (a))．体長と体幅の比(体長 / 体幅)は 3 未満とされる．口吸盤は口周囲に，腹吸盤は頭円錐基始部の腹面にそれぞれ位置する．腸管は腹吸盤のやや前方で左右の両枝に分岐し，両分枝はさらに複雑に分岐する．生殖孔は腸管の分岐点と腹吸盤の中間で腹面に開く．精巣は体中央部の前後に 1 対と

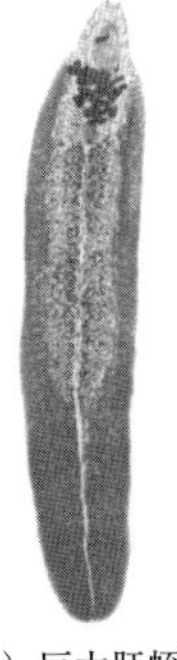
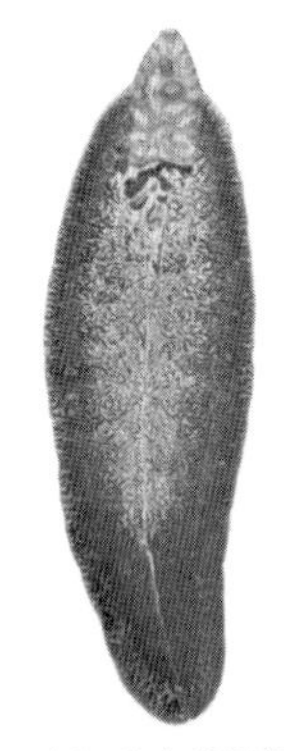

(a) 肝蛭　(b) 巨大肝蛭　(c) 日本産肝蛭

図 III.12　*Fasciola* 属の比較

して存在するが，それぞれの精巣は樹枝状に複雑に分葉し，体中央部の大部分を占めている．貯精囊は陰茎囊内にあり，無数の精子で充満している．卵巣は1個であるが精巣と同様に分葉し，精巣より前方の右側にみられる(図 III.13(b)参照)．染色体数は $2n = 20$(2倍体)であり，両性生殖を行う．虫卵は 125～150 × 70～88 μm，黄褐色で小蓋を有し，小蓋側に偏在する卵細胞と多数の卵黄細胞を含む(図 III.14 参照)．双口吸虫卵に類似するが，虫卵の色，卵細胞の位置，卵黄細胞の密度などによって識別できる．終宿主はおもに反芻動物(牛，めん羊，山羊，シカなど)であるが，豚，馬，ロバ，ラクダ，実験動物(ウサギ，ラットなど)，ヒトなどにも寄生する．寄生部位は肝臓(胆管)であるが，幼若虫は肺，子宮，脳脊髄などに迷入することがある．分布はヨーロッパ，南米・北米，オセアニア，アフリカの一部地域(エチオピアなど)である．中間宿主はモノアラガイ科(Lymnaeidae)の巻貝で，ヨーロッパでは *Galba truncatula*，オーストラリアでは *Austropeplea tomentosa*，米国では *Pseudosuccinea columella* などである．日本産肝蛭の中間宿主であるヒメモノアラガイ(*Austropeplea ollula*)に対する感染性は低い．

(2)巨大肝蛭(*Fasciola gigantica*)

体長 25～70 mm，体幅 5～12 mm，竹の葉状で体側はほぼ平行し，体後端は尖らないで丸く終わる(図 III.12(b))．体長/体幅は3～5を示し，*F. hepatica* に比べて細長い．虫卵は 155～190 × 75～95 μm で *F. hepatica* の虫卵よりも大きい．アフリカ，アジアに分布する．おもな終宿主は，牛，水牛，野生の反芻動物であるが，山羊，めん羊，ロバ，ヒトなどにも寄生する．牛はめん羊よりも好適な宿主であるとされ，感染率は高く，また成虫の生存期間も長い．実験動物(ウサギ，ラット，マウス)は非好適宿主であり，成虫が寄生することはほとんどない．寄生部位は肝臓(胆管)であり，幼若虫は肺，子宮，脳脊髄などに迷入することがある．中間宿主はモノアラガイ科(Lymnoeidae)の巻貝で，アフリカ，アジアでは *Radix auricularia*，*Lymnaea natalensis* などである．ヒメモノアラガイに対する感染性は高い．

(3) 日本産肝蛭(単為生殖型肝蛭：*parthenogenetic Fasciola* sp.)

日本に存在する肝蛭は古くは *F. hepatica* であると信じられていた．しかし，渡辺・岩田(1954)は日本の肝蛭には形態が明らかに *F. gigantica* と同定される虫体が存在することを報告した．それを機会に日本産肝蛭の種に関する多数の研究が行われたが，いずれもその解決には至っていない．体長 20～50 mm，体幅 6～15 mm で形状は *F. hepatica* に類似する個体，*F. gigantica* に類似する個体および両種の中間的な個体が混在する(図 III.12(c))．さらに染色体の研究から，日本産肝蛭には2倍体個体($2n = 20$)，3倍体個体($3n = 30$)およびモザイク個体($2n/3n = 20/30$)が存在し，これらはいずれも正常な精子をつくることがほとんどできない，いわゆる精子形成異常型である．このことは，日本産肝蛭の卵細胞は減数分裂を行うことなく，単為生殖によって発生することを意味している．この特異な性質は，両性生殖で精子との受精により卵細胞が発生をする *F. hepatica* および *F. gigantica* とは明らかに異なる．また，日本産肝蛭の内部構造は *F. hepatica* および *F. gigantica* と類似するが，それらともっとも異なる点は貯精囊内に精子がまったくあるいはほとんど存在しないことであり，染色標本で容易に識別できる(図 III.13(c))．また，最近の DNA 解析から，日本産肝蛭(単為生殖型肝蛭)は *F. hepatica* と *F. gigantica* の交雑子孫であり，中国で出現し，終宿主家畜(牛)の移動とともに朝鮮半島から日本に渡来したと考えられている．分布は日本の他に，韓国，中国，ベトナム，タイ，ミャンマー，ネパール，バングラデシュ，インド，フィリピンなどの東～南アジアである．日本では牛の感染率は 1940～1950 年代には 20～70%と高かったが，2010 年には 0.06%まで減少した．一方で北海道や奈良県などでは野生シカの感染率は高く，牛における再流行が危惧されている．虫卵は 119～193 × 66～107 μm で，虫体の形状と同様に変異の幅が大きい．とくに3倍体虫体の虫卵は大型である．

おもな終宿主は反芻動物(牛，めん羊，山羊，エゾシカ，ニホンジカなど)であるが，豚，馬，

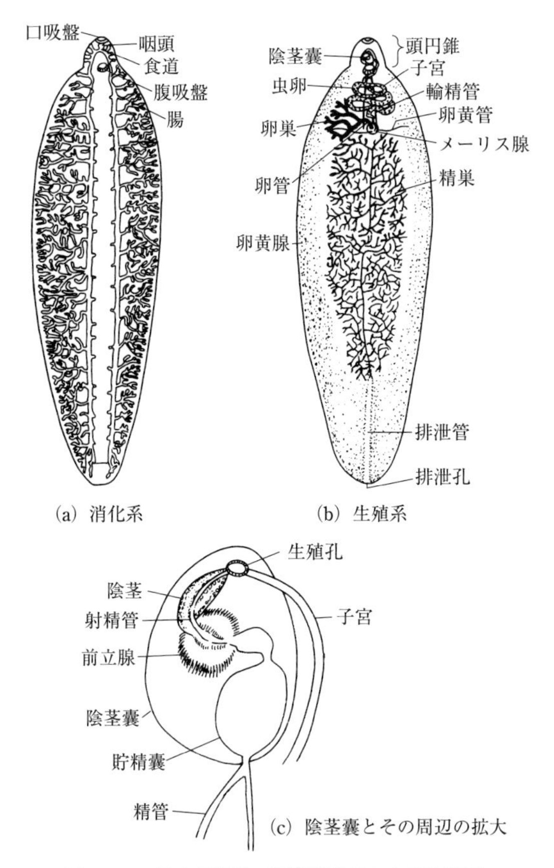

図 III.13 日本産肝蛭の形態(消化系および生殖系)

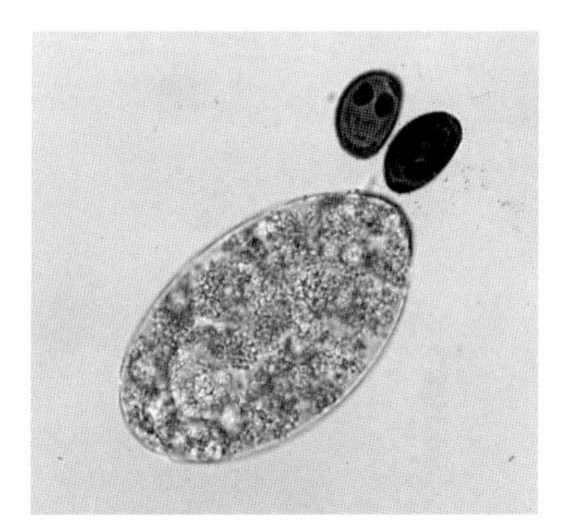

図 III.14 日本産肝蛭の虫卵(上の2個の虫卵は槍形吸虫卵)

ヒトなどにも寄生する．実験動物(ウサギ，ラット，マウス)への感染性は一様ではない．これは，感染性の高い個体と低い個体が存在するため，実験に用いられた虫体の違いによって結果が異なるためである．

寄生部位は肝臓(胆管)であるが，肺，脳脊髄，子宮などへの異所寄生もみられる．中間宿主はヒメモノアラガイであるが，北海道ではコシダカモノアラガイ(*Galba truncatula*)も中間宿主となる(図 III.15，16)．ヒメモノアラガイは全国的に広く分布し，水田や側溝などの水の流れが緩やかで有機物質も豊富な場所に好んで生息する．一方，コシダカモノアラガイは東北北部から北海道の寒冷地に多く生息し，ヒメモノアラガイより螺塔(巻き)が高いことで識別できる．なお，これらと近縁な種であるモノアラガイ(*Lymnea japonica*)や，一見して形態が類似するサカマキガイ(*Physa acuta*)は，日本産肝蛭の中間宿主とはならない．

図 III.15 ヒメモノアラガイ

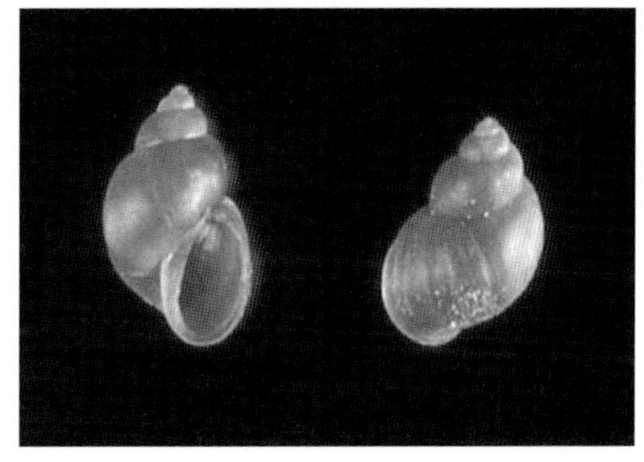

図 III.16 コシダカモノアラガイ

発育と感染(図 III.17，18)：成虫によって産出された虫卵は，胆管から腸を経て，糞便とともに外界に出る．新鮮糞便中の虫卵は未発育であるが，25℃では約 14 日後にミラシジウムを形成する．十分に発育したミラシジウムは強い光の刺激を受けて孵化すると，繊毛を使って水中を活発に泳ぐ．ミラシジウムは，光受容器と考えられている眼点(eye spot)で光に向かう性質(走光性)，中間宿主貝の分泌物(脂肪酸など)に向かう性質(走化性)によって水面近くに生息するヒメモノアラ

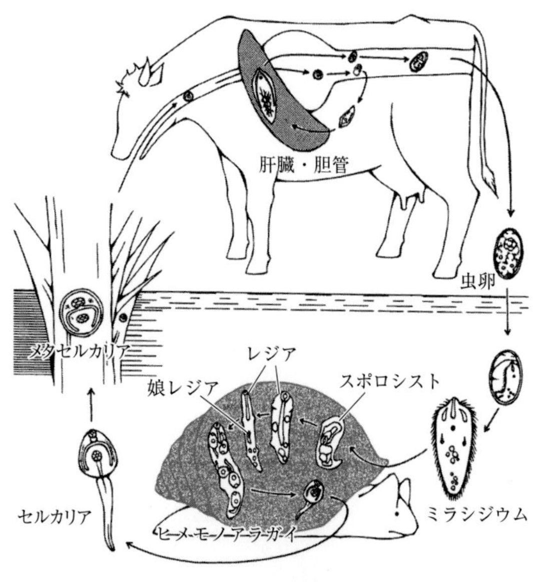

図 III.17　日本産肝蛭の生活環

ガイを発見し，その体表から侵入して繊毛を脱ぎ捨て囊状のスポロシストとなる(図 III.18-4)．スポロシストは貝の体液循環系を介して心臓内や中腸腺部に移動して発育し，その体内で生産された生殖細胞(germinal cells：胚細胞)は分裂・発育してボール状の生殖細胞塊となり(図 III.19)，さらに発育してレジア(母レジア，第 1 代レジア)となる(図 III.18-6)．レジア(図 III.18-7)は単純な消化系(口，腸)をもち，スポロシストから産出されると貝の組織成分を摂取して発育する．レジアも生殖細胞を生産し，それらは再びレジア(娘レジア，第 2 代レジア)またはセルカリアへ発育する(図 III.20，21)．レジアが生産した生殖細胞がどちらの幼虫に発育するかは宿主の貝が置かれた環境要因(温度，宿主の栄養状態など)によって決まると考えられ，ミラシジウムを感染させた貝を

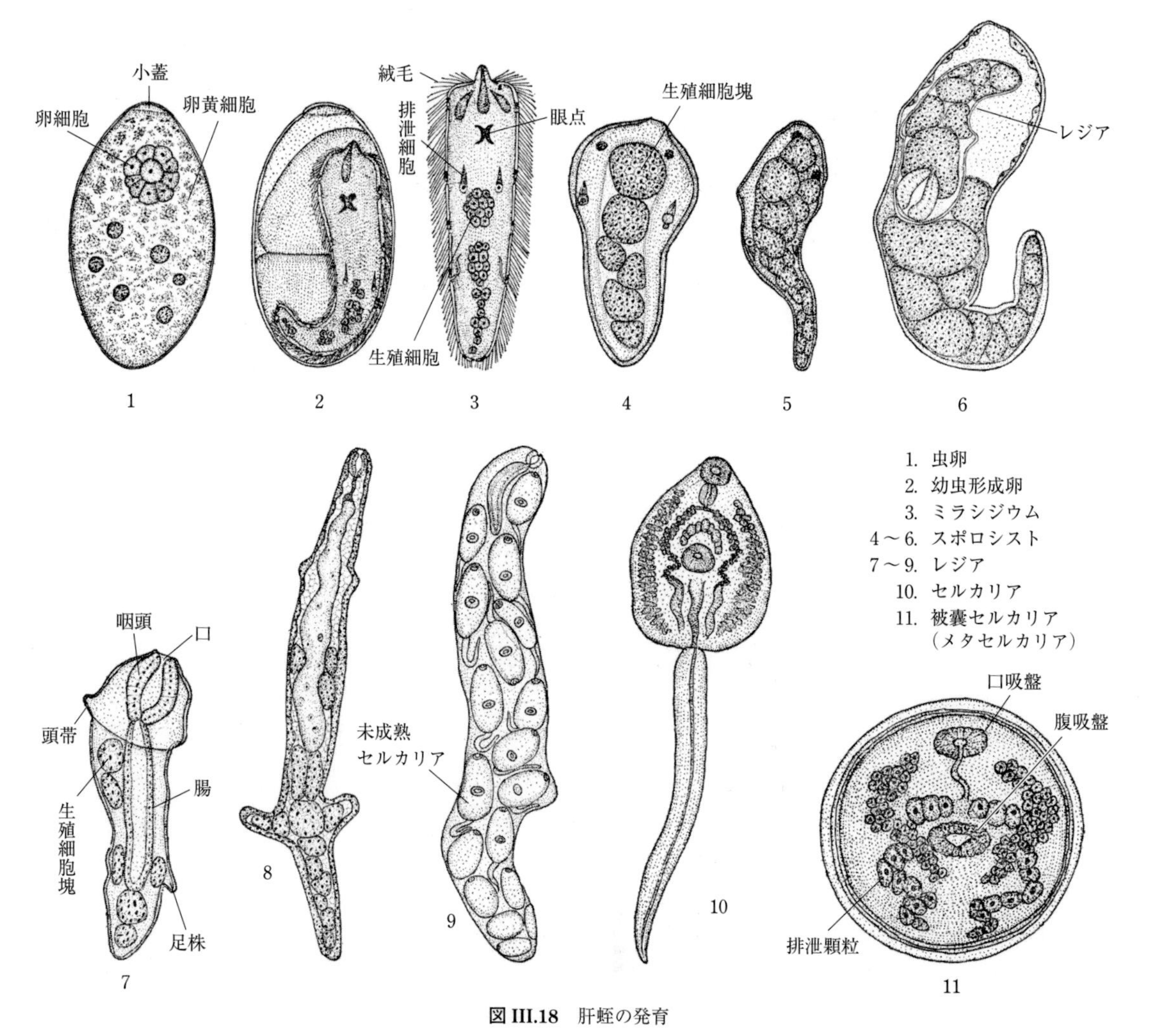

図 III.18　肝蛭の発育

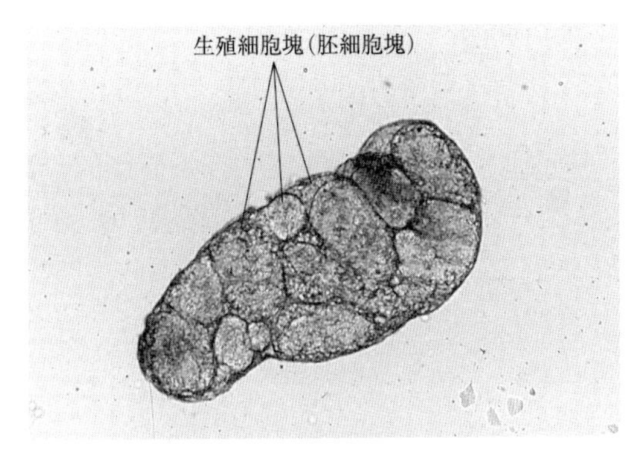

図 III.19　肝蛭のスポロシスト

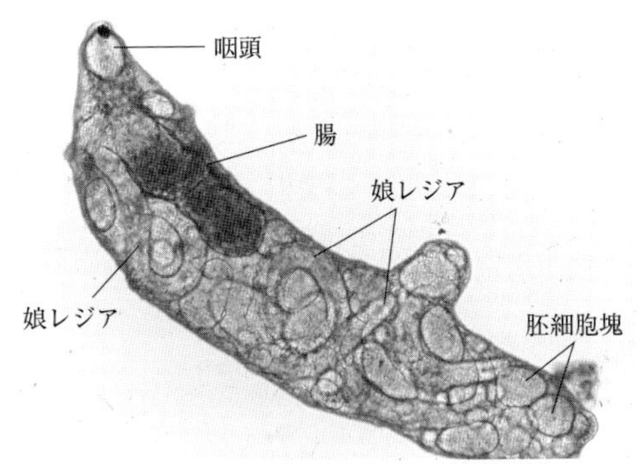

図 III.20　肝蛭のレジア(娘レジアを含む)

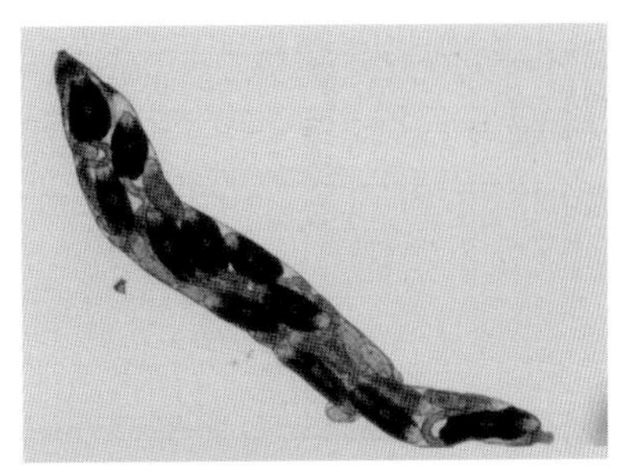
図 III.21　肝蛭のレジア(セルカリアを含む)

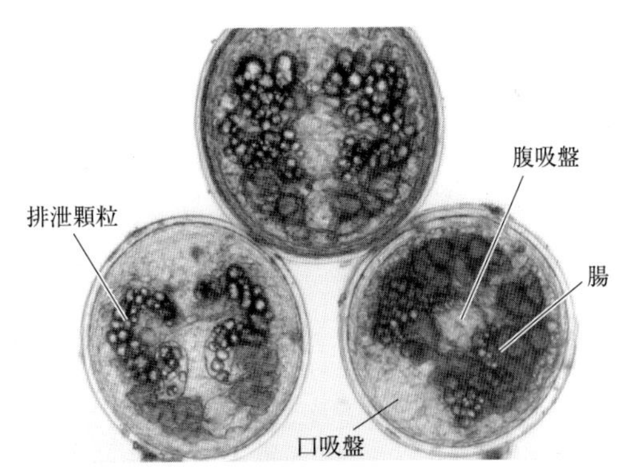

図 III.22　肝蛭のメタセルカリア(最外膜を除去)

25℃で十分な餌を与えて飼育した場合には，母レジア内で最初につくられた生殖細胞は娘レジアに発育し，次に生産された生殖細胞はセルカリアに発育する．娘レジアおよびセルカリアは母レジアの産門(birth pore)より順次産出され，娘レジアはさらに次代のレジア(第3代レジア)またはセルカリアの生産を開始する．

このように中間宿主体内の肝蛭幼虫は幼生生殖(無性生殖)によってその数を著しく増加させる．ミラシジウム1匹を感染させたヒメモノアラガイからは最多で約 12,000 個のセルカリアが産生される．レジアから産出されたセルカリア(図 III.18-10)は貝体内で十分に成熟した後，水中へと遊出する．セルカリアは長い尾を8の字状に活発に動かして水中を移動し，稲や畔草の茎などに達するとタンパク質や多糖類を分泌して被嚢し，メタセルカリア(図 III.22)となる．メタセルカリアは4層の膜でおおわれているため，環境に対する抵抗力は強く，湿潤状態であれば3か月～1年間は感染力を保持している．終宿主はメタセルカリアが付着した稲の茎や畔草を摂取して感染する．メタセルカリアは小腸内で脱嚢し，腸壁を穿通して腹腔へ移動し，肝表面から侵入，肝実質や血液，組織液を摂取して発育し，最終的には胆管へ侵入して成虫となる．プレパテント・ピリオドは牛で約 66 日間，めん羊で 60～65 日間，ウサギで 55～63 日間である．

病原性と症状：幼若虫が肝実質を移行する時期(肝内移行期)，成虫が胆管に寄生する時期(胆管内寄生期)および異所寄生(迷入)に分けることができる．

(1)肝内移行期

幼若虫は約 30～40 日間，肝実質を移動して発育する．そのため，幼虫が通過した部位には組織の破滅と出血を伴う線状の病変(虫道)が形成され，創傷性肝炎の病像を呈する(図 III.23)．組織学的には巣状出血，空洞形成，組織の破壊と壊死，好中球，好酸球，リンパ球を主とした細胞浸潤が顕著にみられ，また大食細胞，異物巨細胞も出現する(図 III.24)．多数のメタセルカリアを一度に摂取した重度感染では，肝臓に無数の虫道が形成され，創傷部から滲出した非凝固性の暗赤色液が腹腔に貯留して腹膜炎を起こす．さらにフィ

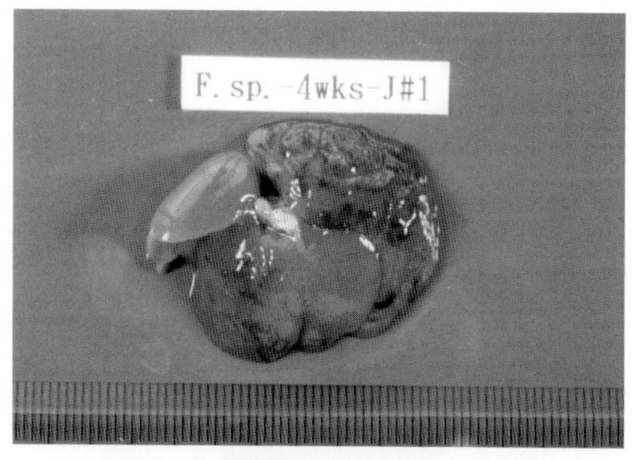

図 III.23 肝蛭感染 4 週後のスナネズミの肝臓

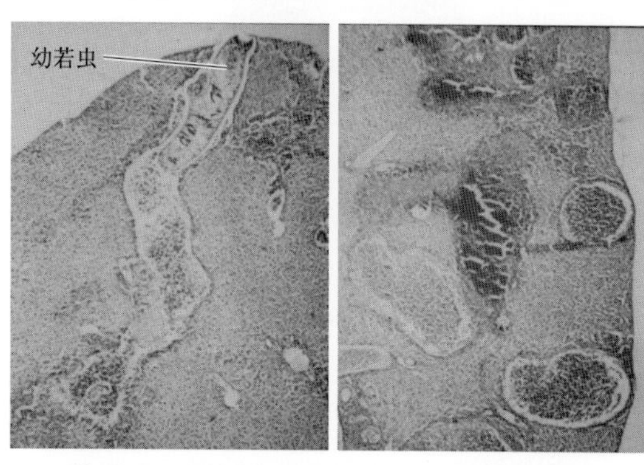

図 III.24 肝蛭感染 10 日後のマウス肝臓の組織所見

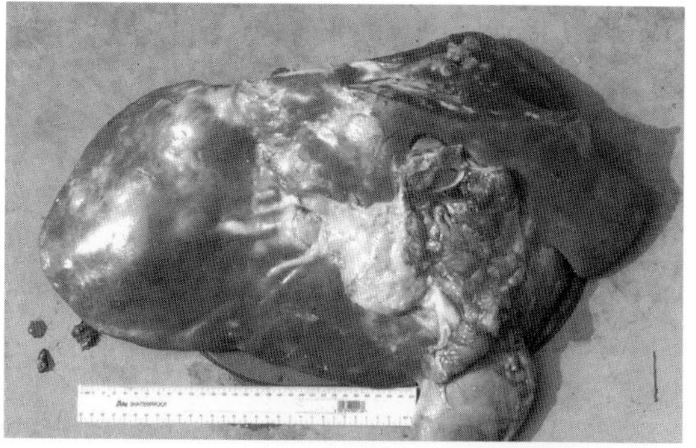

(a) 全体像

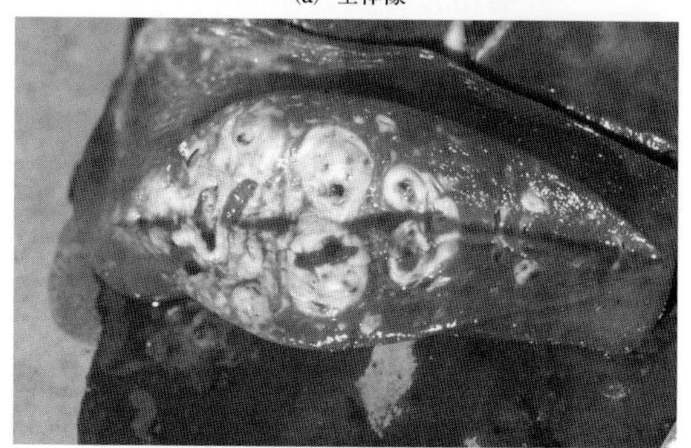

(b) 断面(顕著な胆管の肥厚)

図 III.25 肝蛭感染牛の肝臓

ブリン様滲出液が肝被膜へ付着して被膜表面は粗造となり，横隔膜，大網，腹膜と癒着する．この時期には肝臓の腫脹，胆嚢および肝門リンパ節も顕著に腫大する．

このような肝内寄生期の病害は急性症を引き起こし，とくにめん羊，山羊の多数感染では死亡することも多い．急性症状としては食欲廃絶，進行性の貧血，削痩が顕著で，体温上昇(41℃)，血便の排泄，起立不能などもみられる．牛における急性症の発生は稲わらや水田青草の給与の時期と密接に関連し，稲わらを給与する地域では 12 月から 1 月に発生が多く，また青草を給与する地域では 9 月から 11 月に多い．

(2)胆管内寄生期

肝実質で発育した幼若虫は胆管に侵入してやがて成虫となる．虫体は胆管上皮を機械的に刺激し続け，また排泄された代謝産物が周辺組織を化学的に刺激するので，慢性的な胆管炎や胆管周囲炎が生ずる．これらの炎症病変は結合組織の増生を招くとともに肝実質における虫道病変が器質化すると広範な肝線維症が生じ，さらに進行すると慢性的な肝硬変になる．すなわち，胆管は著しく肥厚して肝臓表面からも樹枝状または蛇行状に隆起するのが確認できる(図 III.25)．胆管内には小塊状または砂状の石灰結石が形成され，管腔の閉塞や嚢胞状拡張，さらには胆汁のうっ滞が認められる．これらの病変はとくに左葉で著しく，左葉の萎縮とともに右葉が代償性に肥大すると肝臓全体が類円形に変形する．このような肝内寄生期の障害によって，栄養の低下，眼結膜の貧血，心機能障害，肝の圧痛，胃腸障害，泌乳量の低下，下顎部の浮腫(bottle jaw)，下痢などの慢性症状がみられる．

(3)異所寄生

幼若虫または成虫が本来の寄生部位以外の気管支，子宮，脊髄などに異所寄生することや胎仔に移行することがある．とくに肝蛭の濃厚汚染地域やジャージー種の飼育地域で発生することが多い．虫体が気管支に迷入すると，局所的な気管支拡張，チーズ様物質の貯留した腫瘤，肺の間質増生などが認められ，腫瘤からは *Corynebacterium*

属の細菌が検出されることが多い．症状は慢性的な発咳，膿塊の喀出，血中好酸球の増加などがみられる．また，繁殖障害の牛で子宮洗浄の際に幼若虫が発見されることから，子宮内迷入と繁殖障害との因果関係が示唆されている．さらに脊髄腔，硬膜下に迷入すると腰麻痺などの神経症状が現れ，胎仔に移行すると新生仔牛に発育不良，起立不能，哺乳不能などが発生する．

(4)血液および血液生化学所見

赤血球数の低下(400〜500万)，Ht値の低下(17〜18%)，Hbの低下(5〜6 g/dL)，白血球数の増加(2〜3万)，とくに好酸球の著増(20〜40%)，アルブミンの減少，γグロブリンの増加，GOTおよびGPTの増加などが認められる．

診　断：診断は糞便検査による虫卵の検出または血清学的検査による肝蛭特異抗体の検出による．

(1)虫卵検査法

成虫の寄生を証明するもっとも確実な方法であるが，幼若虫の寄生は検出できない．成虫の産卵数は1日あたり数千個であると推定されているので，糞便量の多い牛では集卵法を行う．肝蛭虫卵の比重は1.2以上であるため，沈殿集卵法で検査する．渡辺法，時計皿法，昭和式法，ビーズ法などの沈殿集卵法が開発されているが，操作が簡便で特殊器具を必要としない渡辺法や虫卵の定量検査(EGPの算出)が可能なビーズ法がよく用いられる．

(2)血清学的検査法

肝蛭に対する抗体は感染2〜4週後から検出され，長期間高い抗体価を持続するので幼若虫の寄生や異所寄生の検出に適する．しかし，非特異反応による擬陽性の発現や虫体死滅後も抗体価はすぐには低下しないことを考慮しなければならない．皮内反応，ゲル内二重拡散法，酵素抗体法(ELISA)などが試みられている．皮内反応は牛の尾根部に肝蛭粗抗原を皮内注射し15分後に皮膚腫脹の直径を計測して判定する方法であるが，特異性が低いため個体診断には適さない．また，ゲル内二重拡散法，酸素抗体法も非特異反応の関与が絶えず問題となる．最近ではELISAキットなどが市販されている．

治　療：本症は経済的に大きな損失を与える疾病であることから，多くの肝蛭駆除薬が開発されてきた．それぞれの薬剤は，虫齢別に効果の程度が異なり，また肉や乳に残留する期間も異なることから，使用目的に適した薬剤を選択することが大切である．

(1)トリクラベンダゾール(triclabendazole)

6〜12 mg/kgの1回投与で8週齢〜130日齢虫体の90%以上，5週齢虫体の50〜90%に駆除効果がある．食肉の出荷停止期間は28日，また牛乳へは長期間移行するため乳牛に使用することはできない．

(2)ブロムフェノホス(bromophenofos)

12 mg/kgの1回投与で12週齢虫体に90%以上の駆虫効果があるが，5週齢以下の虫体にはほとんど効果がない．出荷停止期間は牛乳で5日間，食肉で21日間である．下痢などの副作用を認めることがある．

(3)ニトロキシニル(nitroxynil)

5〜10 mg/kgの皮下または筋肉内注射で5週齢以上の虫体の90%に効果がある．食肉の出荷停止は110日，乳牛に使用することはできない．下痢，食欲低下，元気消失などの副作用がある．

(4)ビチオノール(bithionol)

20〜30 mg/kgの経口投与で12週齢虫体の50〜90%に効果がある．5週齢以下の虫体には効果がない．食肉の出荷停止は10日，乳牛に使用することはできない．下痢，食欲不振がみられる．2018年現在，国内で入手可能な認可薬はブロムフェノホスだけである．

予　防：生活環を断ち切ることが予防の基本である．

(1)虫卵の殺滅

肝蛭卵は熱，アンモニアに対しては抵抗力が弱いので，牛糞便を堆肥として水田に還元する場合には十分に発酵，腐熟させる．

(2)中間宿主の撲滅

殺貝効果を有する農薬(ブラストサイジンS，EDDPなどの5〜10 ppm)を水田に散布してヒメモノアラガイを殺滅することも考えられるが，環境保全の観点から推奨できない．さらには牛舎周辺や放牧地内のヒメモノアラガイ生息場所の環境を改善し，生息できないようにすることも重要である．

(3)メタセルカリアの殺滅

おもな感染源はメタセルカリアが付着した稲わらや水田青草である．メタセルカリアは熱，乾燥には比較的弱いので，稲わらは十分に乾燥させて給与する．またビニールハウスで2か月間保存された稲わらや，サイレージ化して2週間経った稲わらではメタセルカリアの感染性が消失するといわれる．刈り取ったばかりの稲茎や水田青草のメタセルカリアには高い感染性があると考えられるので，これらの給餌は極力避ける．やむを得ずに与えるときは水中に浸っていない部分だけを与える．なお，肝蛭の人体感染例は酪農家に多く，フランスでは自家製クレソンの生食，日本ではセリの生食や，稲刈りや稲わらの作業時に手に付着したメタセルカリアを誤って摂取することにより発生する．

1.5 肝吸虫症(Clonorchiosis)

原 因：後睾吸虫科(Opisthorchiidae)，*Clonorchis* 属の肝吸虫(*C. sinensis*)による．成虫は体長 10〜20 mm，体幅 3 〜 5 mm の竹葉状，肉薄で生時は暗赤色を呈する．虫体の中央部は虫卵を入れた子宮が占める．精巣は樹枝状に分岐した1対で虫体の後部で前後に縦に並ぶ(図 III.26)．虫卵は黄褐色，小形(27〜32 × 15〜17 μm)で茄子状，小蓋に接した卵殻縁が肥厚して突出する．卵表面にはマスクメロン皮状の模様がみられ，卵内にはすでにミラシジウムが形成されている．寄生虫の虫卵としては横川吸虫の虫卵などとともに最小群に属する．終宿主はヒト，犬，猫，イタチ，カワウソ，豚，ネズミなどで胆管に寄生する．中国，韓国，日本，台湾などに分布する．日本ではかつて，北海道，青森県，岩手県を除く各地，とくに琵琶湖周辺，岡山県南部，秋田県八郎潟周辺，宮城県松島などの河川や湖周辺地域が流行地として知られていたが，最近ではほとんどみられなくなった．なお，肝吸虫の近縁種として猫肝吸虫(*Opisthorchis felineus*)，タイ肝吸虫(*O. viverrini*)があるが，いずれも日本に存在しない．

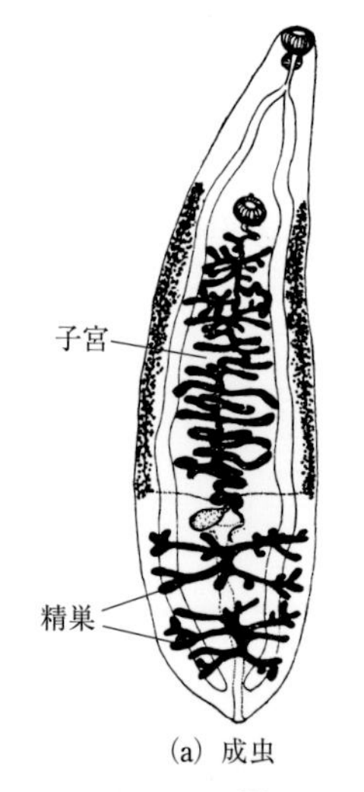

(a) 成虫

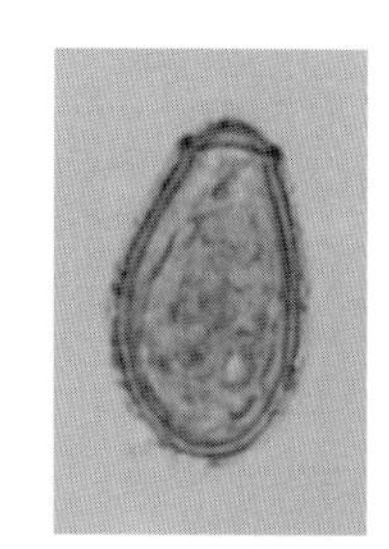

(b) 虫卵

図 III.26 肝吸虫

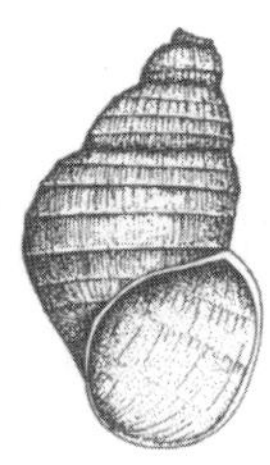

図 III.27 肝吸虫の第1中間宿主(マメタニシ)

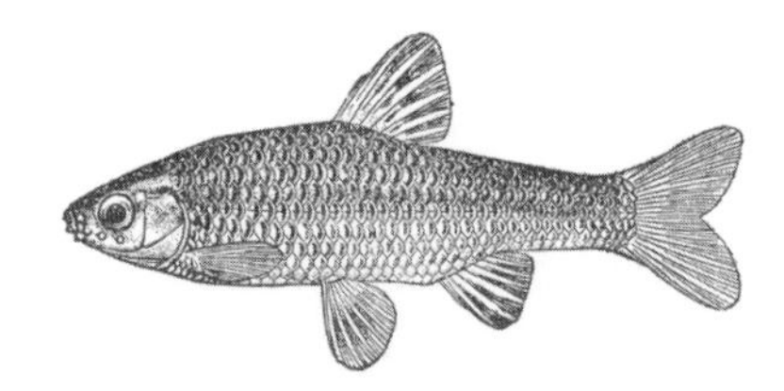

図 III.28 肝吸虫の第2中間宿主(モツゴ)

発育と感染：2種類の中間宿主を必要とし，第1中間宿主は淡水性巻貝のマメタニシ(図 III.27)，第2中間宿主はコイ科(モツゴ，コイ，フナなど)，ワカサギ科(ワカサギ)などの約 80 種に及ぶ淡水魚である(図 III.28)．糞便中に排出された虫卵はマメタニシに摂取されるとその消化管内でミラシジウムが孵化し，組織に侵入してスポロシスト，さらにレジア，セルカリアへと発育する．

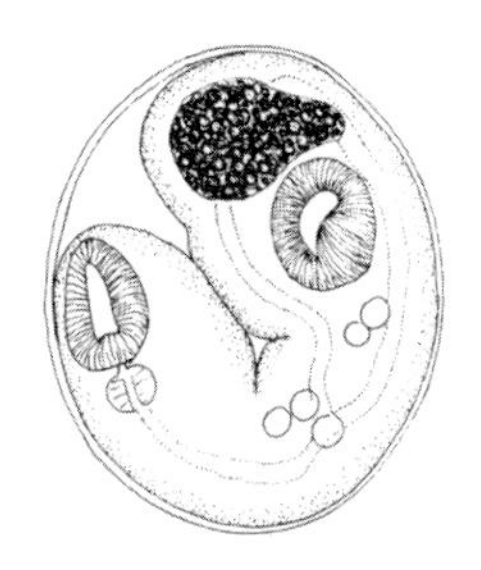

図 III.29　肝吸虫のメタセルカリア

セルカリアは貝より遊出して水中を浮遊し，第2中間宿主となる魚類の鱗の間より侵入して筋肉内でメタセルカリア(150 × 100 μm)となる(図 III.29)．終宿主はメタセルカリアが寄生した魚を生食することによって感染する．小腸内で脱嚢した幼若虫は，十二指腸の総胆管開口部から侵入して総胆管，肝内胆管枝に達して成虫となる．また，多数のメタセルカリアが感染した場合には，胆管の他，胆嚢や膵管，十二指腸にまで虫体を認めることがある．プレパテント・ピリオドは 23〜26 日間である．

病原性と症状：胆管内の虫体による機械的および化学的刺激，胆管閉塞によって慢性胆管炎を生じ，さらに炎症が胆管周囲に及ぶと間質性肝炎から肝硬変へと移行する．また，胆管内には虫卵を核とした胆石を認める．症状は少数寄生例では軽微であるが，多数寄生では食欲不振，被毛の光沢消失，下痢，さらに病状が進むと腹水貯留，浮腫，黄疸，貧血などがみられる．人体例では，肝臓がん，肝膿瘍，胆石症などを続発することが知られているが，犬，猫では明らかではない．

診　断：糞便検査により虫卵を検出する．ホルマリン・エーテル法(MGL 法)，AMSIII 法などの沈殿集卵法で行う．肝吸虫の虫卵は異形吸虫科の横川吸虫，高橋吸虫，前腸異形吸虫の虫卵と大きさや色調が類似するが，小蓋に接した卵殻縁が肥厚して突出すること，卵殻表面にメロン皮のような皺状模様がみられることで識別できる．

治　療：犬，猫に対する治療の報告はほとんどないが，トリクロロメチルベンゾール(1,4-bis-trichloromethylbenzole：Hetol) 50 mg/kg/ 日の5日間連続投与，さらにプラジカンテル(praziquantel) 25 mg/kg の1日3回投与が有効とされる．

予　防：第2中間宿主となる魚類の生食を避けることである．魚類を十分に加熱調理すればメタセルカリアは死滅する．

1.6　槍形吸虫症(Dicrocoeliosis)

原　因：二腔吸虫科(Dicrocoeliidae)，*Dicrocoelium* 属の *D. chinensis*(中国槍形吸虫)，*D. dendriticum*(槍形吸虫)などによる．虫体は柳葉状で，体長 4 〜12 mm，体幅 2 〜 3 mm，生時は赤みを帯びる．精巣は腹吸盤の後方に2個，並列(*D. chinensis*)または縦列(*D. dendriticum*)する．卵巣は精巣の後方に位置する．子宮は虫体の後方で蛇行する(図 III.30)．虫卵は暗褐色で一端に小蓋を有し，大きさは 45〜51 × 30〜33 μm，内部には長い繊毛と2個の大きな顆粒塊が特徴的であるミラシジウムを含む(図 III.31)．虫卵の形態は同じ二腔吸虫科の *Eurytrema*(膵蛭)属の虫卵に似ている．宿主は牛，めん羊，山羊，豚，馬，犬，猫，サル，ヒトなどであるが，日本ではニホンジカ，ニホンカモシカ，野ウサギ，ネズミ，ナキウサギなどの野生動物から検出されることが多い．寄生部位は肝臓(胆管)であるが胆嚢から検出されることもある．分布はヨーロッパ，アフリカ，米国，アジアなど世界的で，日本では東北地

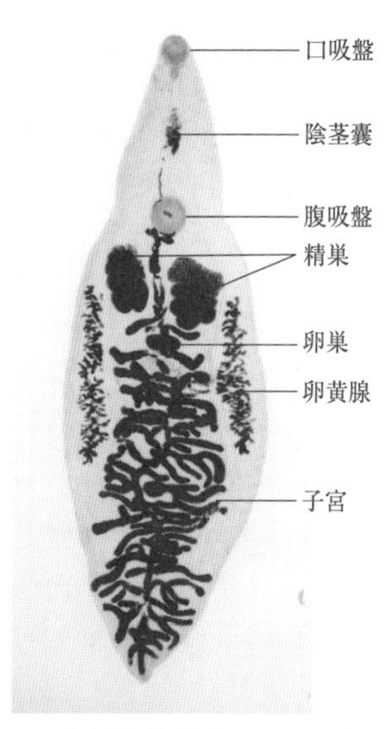

図 III.30　中国槍形吸虫(*D. chinensis*)の成虫

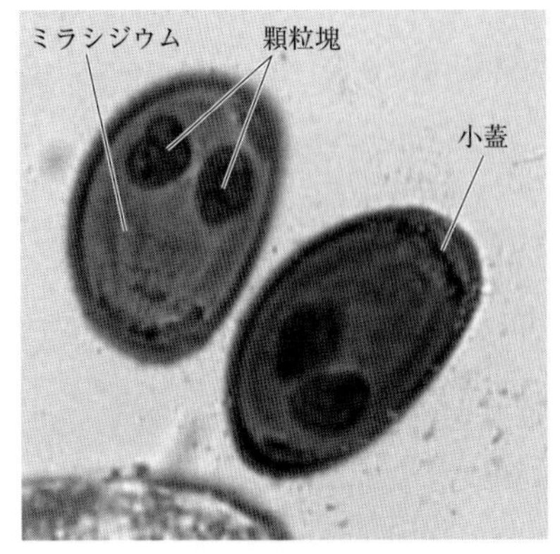

図 III.31　槍形吸虫の虫卵

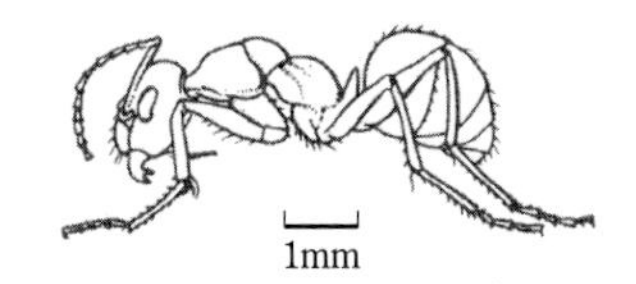

図 III.32　クロヤマアリ(*Formica japonica*)

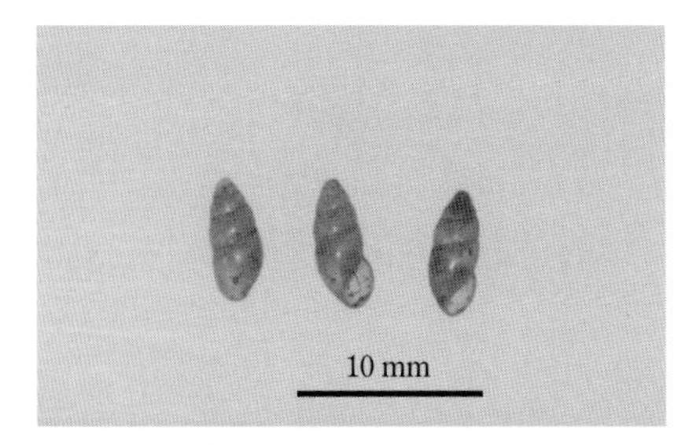

図 III.33　ヤマホタルガイ

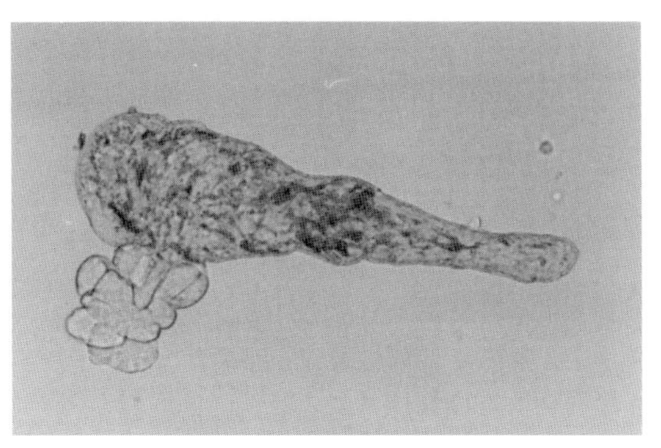

図 III.34　槍形吸虫の娘スポロシスト(ヤマホタルガイから検出)

方(岩手県五葉山系)のニホンジカで *D. chinensis* の寄生率が高い.

発育と感染：2種類の中間宿主を必要とし，第1中間宿主は陸生巻貝のカタツムリ類，第2中間宿主はアリ類である．中国における *D. chinensis* の第1中間宿主は *Bradybaena similaris*, *Ganesella virgo*, *Cathaica fasciola* などであり，第2中間宿主は *Formica* 属(ヤマアリ類)(図 III.32)，*Camponotus* 属(オオアリ類)である．また，ヨーロッパの *D. dendriticum* では，第1中間宿主として *Helicella* 属，*Cionella* 属，*Zebrina* 属などの54種が知られ，第2中間宿主は *Formica* 属などである．一方，日本における槍形吸虫類の中間宿主は解明されていないが，*Cionella lubrica*(ヤマホタルガイ)(図 III.33)に虫卵を食べさせると娘スポロシスト(図 III.34)まで発育する．

第1中間宿主は虫卵を経口摂取して感染し，その消化管で孵化したミラシジウムは組織中で母スポロシスト，娘スポロシスト，セルカリアへと約3か月かかって発育する．セルカリアは粘液性物質(粘球：slime ball)に包まれて貝から脱出した後，第2中間宿主(アリ)に経口摂取され，その体腔や脳でメタセルカリアとなる．終宿主はアリを経口的に摂取して感染するが，メタセルカリアが寄生したアリは神経障害を起こして動きが鈍るため，終宿主に摂取されやすくなる．終宿主体内では，小腸で脱嚢した幼若虫は十二指腸の総胆管開口部から侵入し主胆管で成虫となる経路，および門脈系を経て胆管に寄生する経路が考えられている．プレパテント・ピリオドは6～12週間で，成虫の生存期間は数年間である．

病原性：幼虫が小腸から胆管へ移行する経路によって障害される組織とその程度は異なる．しかし，幼虫が肝実質で発育しないので，肝蛭類に比べると病原性は強くはない．多数の虫体が寄生した肝臓は，胆管の拡張・肥厚，肝硬変などの慢性的病変を認めることもある．症状を発現しないことも多いが，栄養障害，下痢，便秘，削痩を認めることもある．

診　断：糞便検査(遠心沈殿法，ビーズ法などの沈殿集卵法)で虫卵を検出する．膵蛭卵と酷似するが，膵蛭卵が左右対称であるのに対して，槍形吸虫卵は左右不相応であることから，両者を識別できる．

治　療：ベンズイミダゾール(benzimidazole)系製剤のアルベンダゾール(albendazole)の

15～20 mg/kg 経口投与で98%以上の虫体が駆除され，チオファネート(thiophanate)40 mg/kg 1回経口投与も有効である．プラジカンテル50 mg/kg の経口投与も有効である．チアベンダゾール(thiabendazole)，フェンベンダゾール(fenbendazole)は投薬量を増やすと効果がある．

予　防：日本では，家畜の感染はほとんどないので予防対策は実施されていない．しかし，野生動物(野ウサギ，ニホンジカなど)の感染率が高い地域ではこれらの保虫宿主の牧場内への侵入防止や駆除も必要である．槍形吸虫の虫卵は抵抗力が強く，乾燥した放牧地でも数か月間生存するので，牧野を虫卵で汚染させないことが重要である．

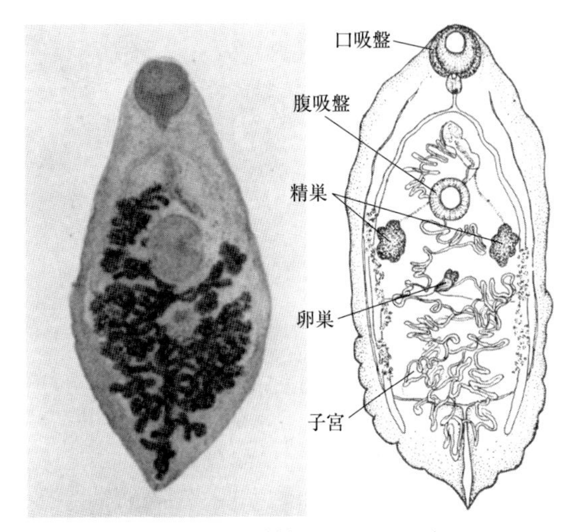

図 III.35　膵蛭(*E. pancreaticum*)

1.7　膵蛭症(Eurytrematosis)

原　因：二腔吸虫科(Dicrocoeliidae)，*Eurytrema* 属の *E. pancreaticum*(膵蛭)と *E. coelomaticum*(小形膵蛭)の2種が膵蛭症のおもな原因種である．宿主は牛，水牛，めん羊，山羊などの反芻家畜の他，豚，シカ，ラクダ，野ウサギ，ヒトなどであり，また実験的にはマウス，ラット，犬，猫も宿主となる．寄生部位は膵管である．両種はともに扁平な木の葉状で，新鮮時は赤色血塊状の虫体であるが，虫体の大きさ，腹吸盤と口吸盤の直径の比，精巣および卵巣の形状などで識別される．膵蛭は体長8～24 mm，体幅4～9 mm，腹吸盤／口吸盤比は1未満(口吸盤は腹吸盤よりもわずかに大きい)，精巣および卵巣は分葉する(図 III.35)．小形膵蛭は体長5～8 mm，体幅3～5 mm，腹吸盤／口吸盤比は1以上(口吸盤は腹吸盤と大きさが同じか，やや小さい)，精巣および卵巣は円形または楕円形である(図 III.36)．虫卵は暗褐色で一端に小蓋を有し，内部には2個の明瞭な顆粒塊を特徴とするミラシジウムを含んでいる(槍形吸虫卵にきわめて似る)．膵蛭卵は41～80 × 20～40 μm，小形膵蛭卵は42～53 × 23～39 μm である．両種はアジアに分布し，ヨーロッパや北アメリカからは報告されていない．日本では膵蛭は東北地方から沖縄まで広く分布し，小形膵蛭は関西地方から沖縄までの比較的温暖な地域に分布する傾向がみられ，とくに八丈島や隠岐島，佐渡島，奄美大島，沖縄など離島の牛では感染率は比較的高い．

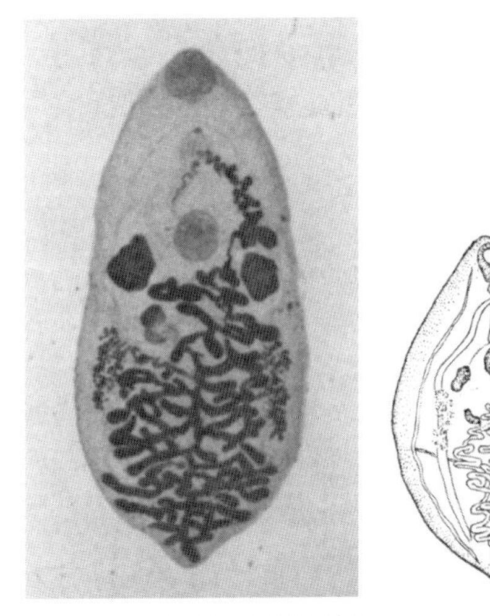

図 III.36　小形膵蛭(*E. coelomaticum*)

発育と感染(図 III.37)：第1中間宿主はオナジマイマイ(*Bradybaena similaris*)(図 III.38)，ウスカワマイマイ(*Acusta sieboldtiana*)などで，第2中間宿主はホシササキリ(*Conocephalus maculatus*)，ウスイロササキリ(*C. chinensis*)などである．

糞便とともに排泄された虫卵が第1中間宿主に摂取されると，孵化したミラシジウムは消化管壁に侵入して根瘤状で運動性のない母スポロシストに発育する．母スポロシスト内には多数の娘スポロシストが形成され，それぞれの娘スポロシスト

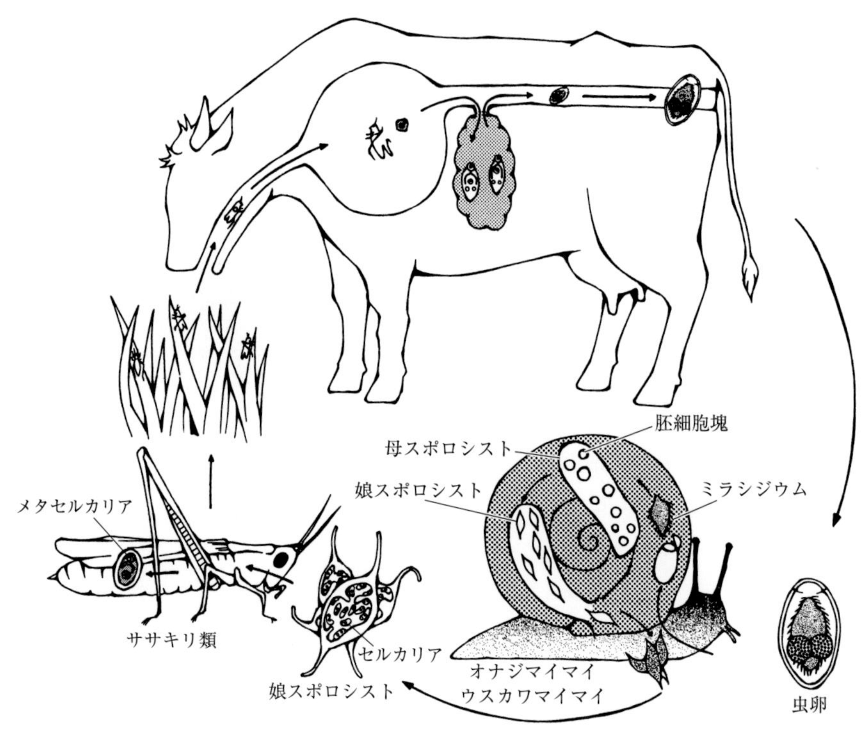

図 III.37　膵蛭の生活環

図 III.38　オナジマイマイ

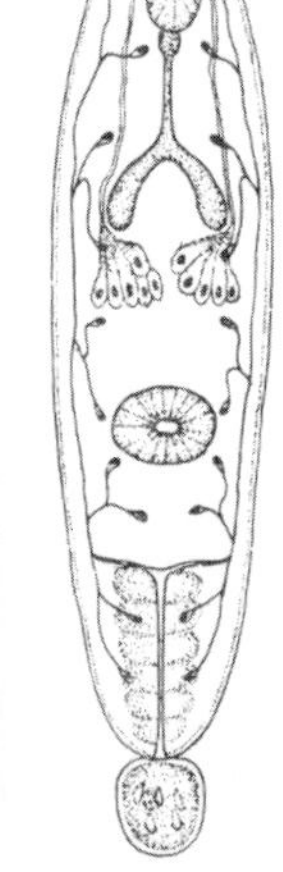

(a) 娘スポロシスト　　(b) セルカリア

図 III.39　膵蛭の娘スポロシストとセルカリア

は十分に発育すると母スポロシストを離れ血体腔を移動して呼吸孔周囲の組織からマイマイ体外に遊出する．遊出直後の娘スポロシストは線状であるが，やがて中央部が膨らんで紡錘形となる(図 III.39(a))．膨隆部は多数のセルカリア(図 III.39(b))を容れ，その数は膵蛭では平均 118 個，小形膵蛭では 297 個である．娘スポロシストの遊出はマイマイの活動が活発な夜中から明け方(午前1～4時)に観察され，1日に遊出する娘スポロシスト数は数個から 10 数個で，遊出期間は1か月以上に及ぶ．娘スポロシストがササキリに摂取されるとセルカリアは消化管壁から体腔や脳に移動して大きさ 390 × 260 μm のメタセルカリアとなる．終宿主はササキリを摂取して感染するが，メタセルカリアを保有するササキリは行動が不活発となるため草食に際して終宿主に摂取されやすくなる．メタセルカリアは終宿主の小腸で脱嚢し，膵管開口部より管内に侵入，上行して主膵管などで成虫に発育する．プレパテント・ピリオドは両種ともにおよそ 100 日間である．

病原性と症状：症状は一般的に軽度であるが，

多数寄生では栄養障害，削痩，流涎，被毛粗剛，下痢，貧血などがみられることがある．とくに小形膵蛭は虫体が小さく，膵管の細末部や膵実質にまで侵入するため，膵管の慢性カタル性炎，管壁の線維性肥厚，上皮の過形成，リンパ浸潤などがみられ，膵液がうっ滞して膵管が拡張し，細菌の二次感染による炎症の波及から慢性間質性膵炎を併発することがある．

診　断：離島などの流行地域で本症が疑える症例には，ビーズ法や昭和法などの沈殿法による糞便検査で虫卵の検出を試みる．膵蛭および小形膵蛭の虫卵は，槍形吸虫の虫卵ときわめて類似するが，左右対称であることから識別できる．また糞便内虫卵数は経時的に変動するので糞便検査は数回実施する．

治　療：ニトロキシニル(nitroxynil) 30 mg/kg を1か月間隔で3回の皮下投与，また初回に 10 mg/kg，2回目(20日後)と3回目(70日後)にそれぞれに 30 mg/kg の皮下投与が小形膵蛭の駆除に有効である．さらにプラジカンテル(praziquantel)の 10 mg/kg 隔日3回投与もきわめて有効であるが，投薬コストが高く，牛に使用するのは実用的でない．

予　防：牧場内に生息する野生動物(ウサギなど)が膵蛭類の保虫宿主(resevoir host)となっていることが多いので，これらの対策も重要である．

1.8　肺吸虫症(Paragonimosis)

原　因：肺吸虫症は，住胞吸虫科(Troglotrematidae)，*Paragonimus* 属の約 40 種に原因する．日本ではウェステルマン肺吸虫(*P. westermani*)，大平肺吸虫(*P. ohirai*)，宮崎肺吸虫(*P. miyazakii*)の3種が知られている．以前，別種とされていた小形大平肺吸虫(*P. iloktsuenensis*)と佐渡肺吸虫(*P. sadoensis*)は大平肺吸虫のシノニム(同物異名)である．肺吸虫類は淡紅色，豆状で，終宿主では肺に虫嚢(worm cyst)を形成し，その中に通常2虫体が寄生する(図 III.40)．

(1) ウェステルマン肺吸虫(*Paragonimus westermani*)

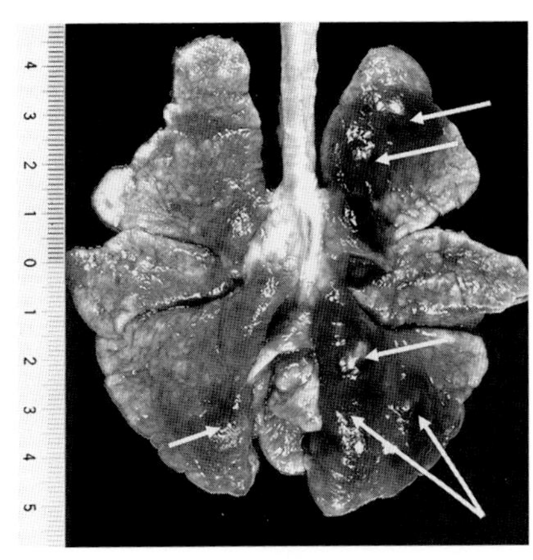

図 III.40　ウェステルマン肺吸虫感染猫の肺［原図：杉山　広］
矢印は虫嚢を示す．

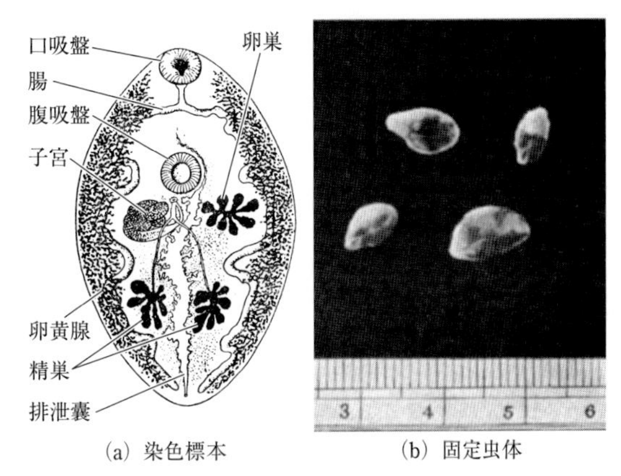

(a) 染色標本　(b) 固定虫体

図 III.41　ウェステルマン肺吸虫

成虫は体長が 7～12 mm，肉厚で豆状，生時は淡紅色である(図 III.41)．本虫には染色体数が $2n = 22$ の2倍体個体および $3n = 33$ の3倍体個体があり，前者をウェステルマン肺吸虫，後者をベルツ肺吸虫(*P. pulmonalis*)とする説もある．2倍体個体は両性生殖，すなわち卵細胞は精子との受精によって発育するが，3倍体個体では単為生殖，すなわち卵細胞は受精することなく発育する．3倍体個体は精子をつくらないため受精嚢に精子は認められない．圧平固定した染色標本では，腹吸盤は虫体のほぼ中央に存在し，そのやや後方には樹枝状に分岐した卵巣，多数の虫卵を入れた子宮がみられる．精巣はこれらよりもさらに後方に位置し，樹枝状で1対である．卵黄腺は体前部から後部まで中央部を除いて広範に分布する(図 III.41(b))．

虫卵は 79.4 × 43.7 μm(2倍体個体)または

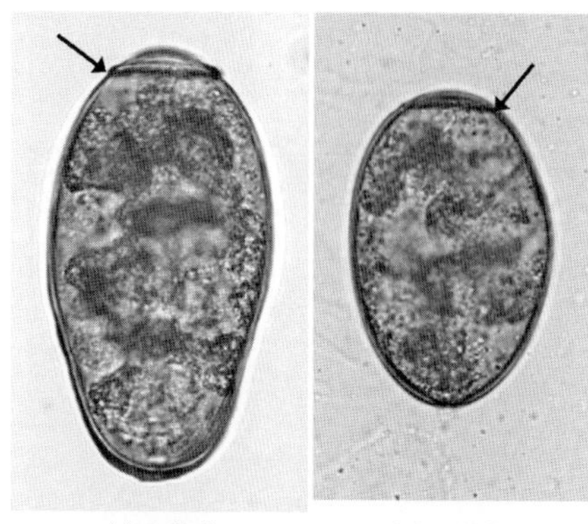
(a) 3倍体 (b) 2倍体

図 III.42 ウェステルマン肺吸虫の虫卵［原図：杉山 広］
矢印は小蓋を示す．

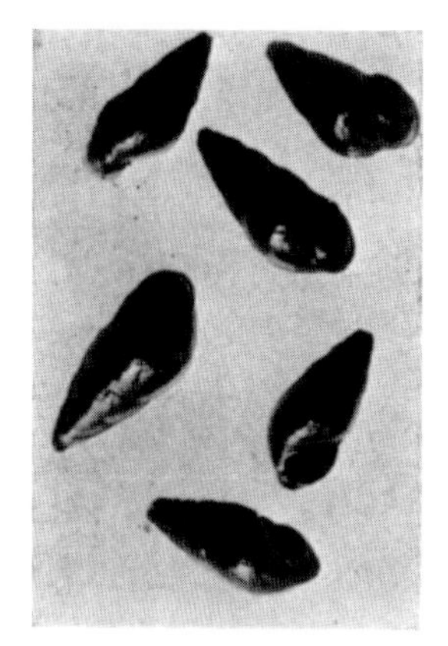
図 III.43 カワニナ

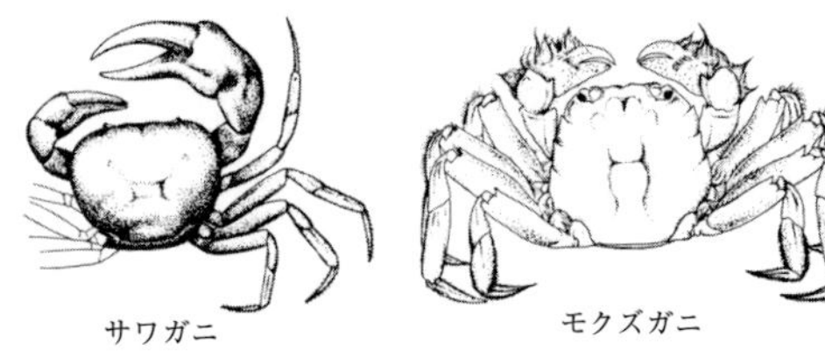

図 III.44 第2中間宿主のカニ

91.2 × 50.5 µm（3倍体個体），黄金色で左右不対称，卵殻は厚いが一様ではない．虫卵の一端は丸みを帯びて小蓋が認められ，他端はやや尖っている（図 III.42）．終宿主は，ヒト，犬，猫，タヌキ，キツネ，イタチ，テンなどで，肺に直径約1 cm の虫嚢を形成して寄生する．第1中間宿主はカワニナ（図 III.43），第2中間宿主は2倍体個体ではサワガニ，3倍体個体ではモクズガニである（図 III.44）．またイノシシ，ネズミなどは待機宿主（paratenic host）となる．アジアに分布し，日本，韓国，中国，台湾では2倍体個体および3倍体個体の両方が存在するが，インド，セイロン，タイ，フィリピン，ロシアでは2倍体個体しか存在しない．日本では北海道以外に分布し，サワガニを中間宿主とする2倍体個体は主として山間部地域に，モクズガニを中間宿主とする3倍体個体は河川の中〜下流地域にみられる．

(2) 大平肺吸虫（*Paragonimus ohirai*）

成虫はウェステルマン肺吸虫に類似する．虫卵は 76.4 × 47.8 µm でウェステルマン肺吸虫卵に似るが，左右対称，最大幅は中央付近にある，卵殻の厚さは一様で小蓋のない端に小突起があるなどの点で異なる．終宿主はネズミ，犬，タヌキ，イタチ，イノシシなどである．第1中間宿主はカワザンショウという殻長3〜4 mm の汽水性巻貝で，第2中間宿主はベンケイガニ，アカテガニなどである．これらの中間宿主はいずれも河口付近に生息するため，感染動物も河口付近に多い．

(3) 宮崎肺吸虫（*Paragonimus miyazakii*）

成虫はウェステルマン肺吸虫に類似するが，細長い．虫卵は 75.5 × 44.1 µm で卵殻の厚さはどの部位でもほぼ同じである．終宿主はイタチ，テン，タヌキ，イノシシ，犬，猫，ヒトなどである．第1中間宿主はホラアナミジンニナ，ミジンツボなどの殻長1〜2 mm の小さな淡水性巻貝で，第2中間宿主はサワガニである．

発育と感染（図 III.45）：成虫が産出した虫卵は虫嚢から気管，消化管を経て糞便とともに外界に出る．また一部の虫卵は気管を経て喀痰とともに喀出される．虫卵は未発育であるが，25℃前後で約2週間でミラシジウムを形成する．水中で孵化したミラシジウムは第1中間宿主貝の体表から侵入し，その体内でスポロシスト，レジア，セルカリアへと順次発育する．第2中間宿主のカニ類が第1中間宿主を捕食すると，セルカリアは消化管壁を穿通し循環系を利用して筋肉，鰓，肝臓などに達し，被嚢してメタセルカリア（図 III.46）となる．終宿主が第2中間宿主を捕食すると感染し，メタセルカリアは小腸で脱嚢し，腸壁を穿通して腹腔に出る．この幼若虫は腹壁の筋肉である程度発育した後，横隔膜を貫いて胸腔に入り，ペアとなる（pairing）相手を求めて移動する．ペアができると実質内に侵入して虫嚢を形成し成虫とな

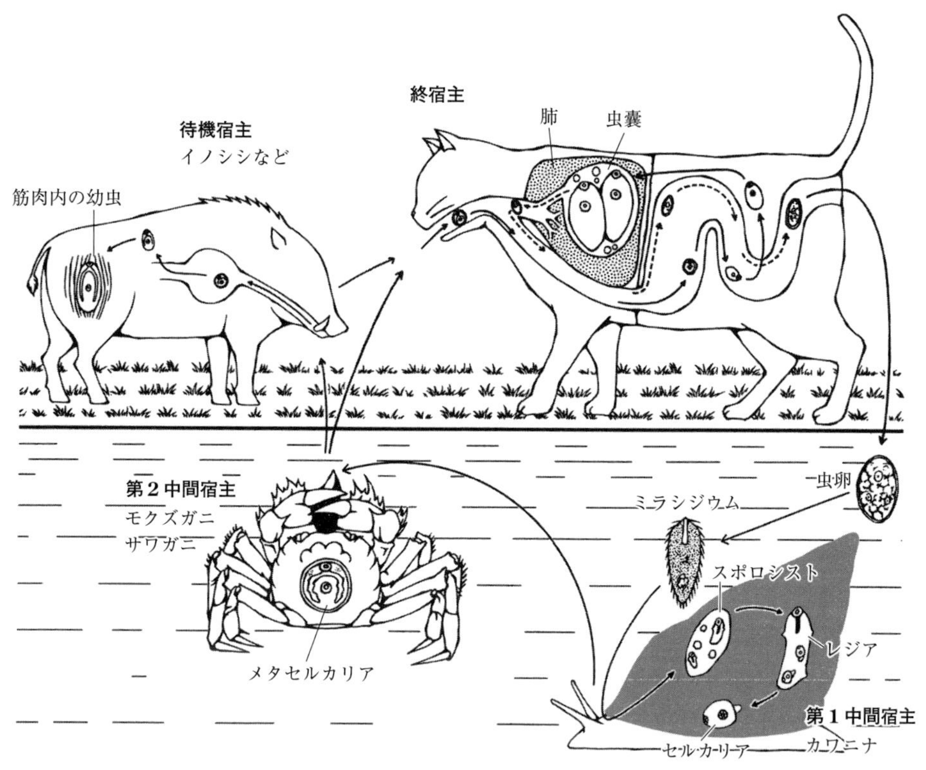

図 III.45　ウェステルマン肺吸虫の生活環

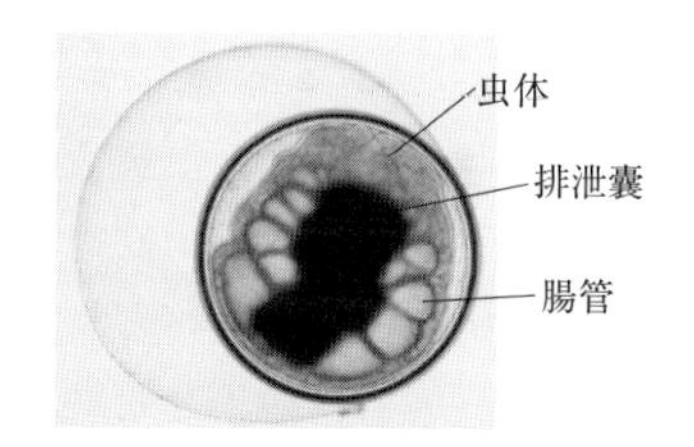

図 III.46　ウェステルマン肺吸虫のメタセルカリア（2倍体）

る．肺吸虫は雌雄同体であるが，ペアになることは遺伝子拡散の手段であると考えられている．3倍体個体は単為生殖を行うので，1虫嚢に1虫体で寄生することが多い．プレパテント・ピリオドは6～10週間である．また，ウェステルマン肺吸虫では待機宿主（イノシシなど）を介した感染経路もある．すなわち，待機宿主がメタセルカリアに感染したカニを捕食すると，小腸で脱嚢した幼若虫は筋肉に移動し，そこで発育することなく幼若虫として寄生する．この肉を終宿主が生で食べた場合には幼虫は腸管から腹腔，胸腔を経て肺に達して成虫となる．

病原性と症状：肺吸虫による病害と症状は虫体の体内移行と密接に関係し，とくに多数寄生では顕著である．好適終宿主である犬や猫では，感染後4週までは腹腔や腹壁に存在する幼若虫に起因する創傷性肝炎，腹膜炎が認められ，さらに感染後6週までは胸腔に侵入した幼虫により胸膜炎，胸水の貯留，気胸が生じ，それに伴って発熱，食欲不振，呼吸促迫，発咳，血痰などの症状が認められる．さらに感染8週後からは喘息様発咳，乾性ラッセル，吸気性喘息などの症状とともに，X線検査では胸部の結節様浸潤像，輪状の陰影像が特徴的である．血液所見では白血球増多，とくに感染5週後以降の好酸球増多がみられる．また，人体症例では，本虫が脳や皮下組織，腹腔臓器，眼窩などに迷入することがあり，とくに脳の迷入症例では頭痛，嘔吐，てんかん様発作，視力障害などを示して死亡することもある．しかし，犬や猫の異所寄生による症例はほとんど知られていない．

診　断：糞便または喀痰の虫卵検査（MGL法，AMSIII法などの沈殿集卵法）による．幼若虫の寄生や成虫の胸腔内寄生では虫卵は検出されないので，ゲル内沈降反応や酵素抗体法（ELISA）などの血清診断によって肺吸虫特異抗体の検出を試みる．また胸部X線撮影によって虫嚢の結節状陰影像や虫道の陰影像を検出することは補助診断として有用である．

治　療：ビチオノール(bithionol)またはプラジカンテル(praziquantel)の投与が有効である．ビチオノールはヒトでは15 mg/kgを1日2回投与で1日おきに10回投与が有効である．犬，猫では50 mg/kgの4～5日間連続投与が試みられているが，効果は一様でない．プラジカンテルについては，ヒトで75 mg/kg/日，2～3日投与，犬，猫では50 mg/kg 4日間投与で効果がある．また宮崎肺吸虫と考えられる犬の症例でビチオノール投与によって糞便内虫卵が消失し症状が改善されている．

予　防：第2中間宿主(カニ類)の生食を避ける．ヒトでは加熱不足のカニ料理(空揚げ，蟹汁など)，調理器具(包丁，まな板など)に付着したメタセルカリア，さらにウェステルマン肺吸虫ではイノシシ肉を介した幼虫による感染にも十分な注意が必要である．イノシシの猟犬でも生肉が与えられると感染リスクが高まる．また，最近，シカ肉を食べたヒトでウェステルマン肺吸虫症がみつかっているため，シカも待機宿主として疑われている．

1.9　横川吸虫症(Metagonimosis)

原　因：異形吸虫科(Heterophyidae)，*Metagonimus* 属の横川吸虫(*M. yokogawai*)による．本虫は体長1.0～1.5 mm，体幅0.45～0.73 mmときわめて小形の楕円形の吸虫で，腹吸盤と生殖孔が合一した生殖腹吸盤装置(acetabulo-genital apparatus)が存在するのが特徴である(図III.47)．虫卵は28～32 × 15～18 μm，黄褐色，小蓋は存在するが確認しにくい．新鮮糞便中の虫卵にはすでにミラシジウムが形成されている．宿主はヒト，犬，猫，ネズミ，タヌキ，イタチ，ゴイサギ，トビなどで，その小腸に寄生する．日本，中国，台湾，韓国，東南アジアなどに分布し，日本における犬，猫の感染率は河川周辺の一部を除いては一般的に低い．その他，横川吸虫と近縁な異形吸虫科の種には，高橋吸虫(*Metagonimus takahashii*)，有害異形吸虫(*Heterophyes heterophyes*)，前腸異形吸虫(*Pygidiopsis summa*)などがあり，横川吸虫と同様の疾病を起こす．

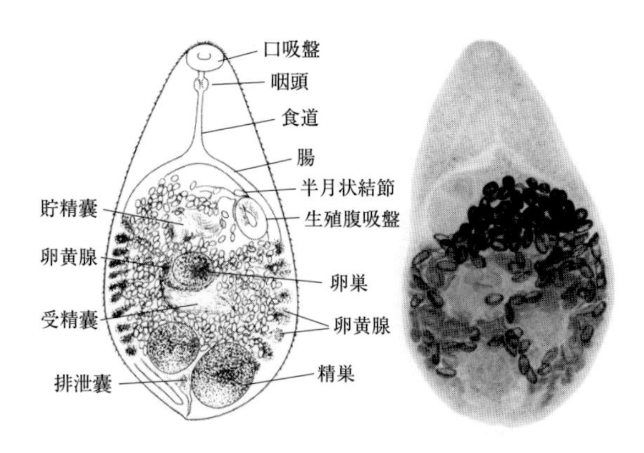

図 III.47　横川吸虫(左)と高橋吸虫(右)

発育と感染：2種類の中間宿主を必要とし，第1中間宿主は淡水性巻貝のカワニナ，第2中間宿主はアユ，ウグイ，シラウオなどの淡水魚である．糞便とともに排泄された虫卵をカワニナが経口摂取するとその体内でミラシジウムが孵化し，スポロシスト，レジア，セルカリアへと発育する．セルカリアは水中へ脱出し，第2中間宿主に遭遇するとその鱗間から侵入して筋肉や鱗でメタセルカリアとなる．終宿主に食べられるとメタセルカリアは小腸で脱嚢し，遊出した幼若虫は発育して約1週間後には成虫となる．

病原性と症状：虫体は腸絨毛の間に深くもぐり込んで寄生するため，周囲組織にはカタル性の炎症が起こる．少数寄生では無症状で経過するが，多数寄生の場合には，下痢，腹痛，慢性腸炎，時には粘血便排出などの症状が認められる．また，ヒトでは，虫卵が小腸粘膜から組織中に取り込まれ，循環系を経て心筋，脳，脊髄で梗塞を起こすことが知られている．

診　断：MGL法やAMSIII法などの遠心沈殿法による糞便検査で虫卵を検出する．虫卵は肝吸虫や異形吸虫科の他種の虫卵と類似する．

治　療：プラジカンテル30 mg/kgの1回投与が有効である．

予　防：第2中間宿主の生食を防止することである．日本ではアユやウグイのメタセルカリア保有率は70～100%と高い．ヒトへの感染源としては，アユ，シラウオがもっとも重要であり，アユ料理の加熱不足やシラウオの生食にはとくに注意が必要である．

1.10 壺形吸虫症 (Pharyngostomosis)

原　因：重口吸虫科（Diplostomatidae），*Pharyngostomum* 属の壺形吸虫（*P. cordatum*）による．本虫は体長1.4～2.3 mm，体幅0.8～1.6 mmと小形で，虫体の前半部には特有の固着器官（tribocyticorgan, holdfast organ）と葉状体（foliteportion）を備え，全体として壺形を呈する（図III.48）．虫卵は黄褐色で小蓋を有し，大きさは104～121 × 70～89 μm，卵殻表面にはメロン皮様の皺模様がみられる（図III.49（b））．宿主は猫，ツシマヤマネコ，イリオモテヤマネコなどで，その小腸，とくに十二指腸から空腸の上部に寄生する（図III.49（a））．犬は好適宿主ではない．ヨーロッパ，アフリカ，アジアに広く分布する．日本では1967年に福岡県の猫で初めて報告されてからおもに南日本，西日本地方で検出されることが多かったが，近年では関東や東北地方でも検出され，全国的に広がっている．本虫はカエルやヘビの捕食によって感染することから，都市郊外の猫で感染率が高く，また感染経路が同じマンソン裂頭条虫との混合感染も多い．

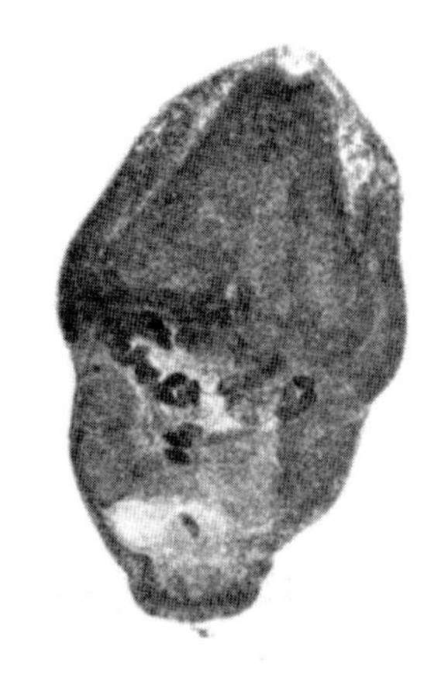

図 III.48　壺形吸虫

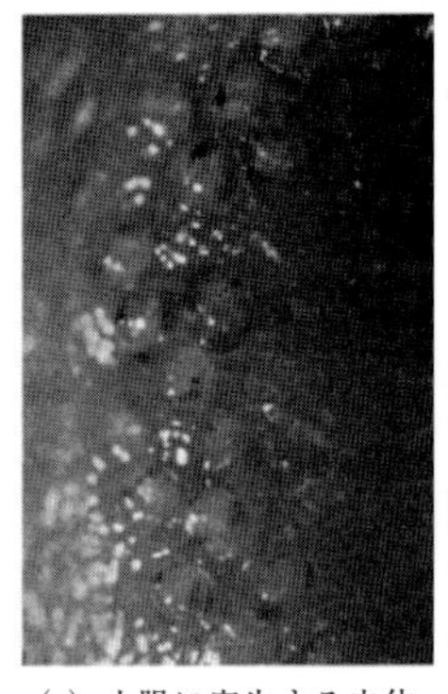

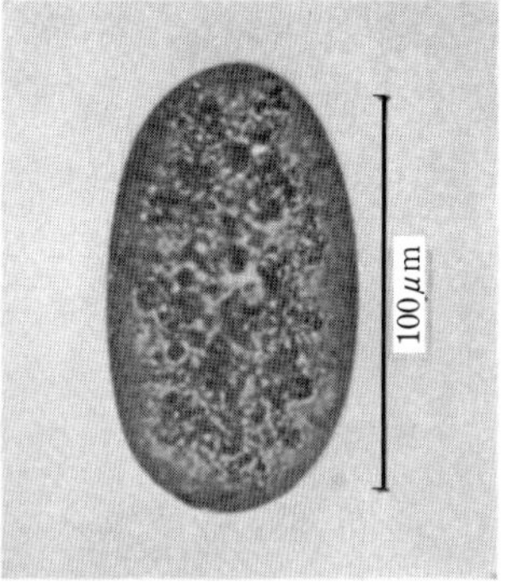

（a）小腸に寄生する虫体　（b）虫卵

図 III.49　壺形吸虫の虫体と虫卵

発育と感染：2種類の中間宿主を必要とし，第1中間宿主は淡水性巻貝のヒラマキガイモドキ，第2中間宿主はカエル（ツチガエル，トノサマガエルなど）である．また，ヘビ，タヌキなどは待機宿主となる．水中で孵化したミラシジウムはヒラマキガイモドキの体表から侵入し，スポロシスト，セルカリアへと発育する．貝より遊出したセルカリアはオタマジャクシ，カエルへ侵入してその筋肉中でメタセルカリアとなる．これを終宿主が捕食すると感染する．プレパテント・ピリオドは15～34日間で，摂取したメタセルカリアの成熟度によって変動する．虫体の生存期間は約8か月である．

病原性と症状：本虫は固着器官で腸絨毛を巻き込んで腸壁に固着して寄生するため，腸絨毛が機械的に障害される．症状は慢性的で頑固な下痢，食欲不振，栄養障害，削痩などで，とくに多数感染の幼猫やマンソン裂頭条虫，猫回虫，コクシジウムなどとの混合感染した症例では顕著である．

診　断：MGL法などの沈殿集卵法によって糞便中の虫卵を検出する．虫卵は棘口吸虫の虫卵に似るが卵表面のメロン皮様模様の有無で両者は鑑別できる．

治　療：プラジカンテル30 mg/kgの1回皮下注射，またbis（2-hydroxy-3-nitro-5-chlorophenyl）sulfideの30～45 mg/kgの1日1回，2～3日間投与が有効である．

予　防：第2中間宿主，待機宿主の捕食を防止する．

1.11 棘口吸虫症（Echinostomosis）

原　因：棘口吸虫科（Echinostomatidae）は

Echinostomatinae 亜科や Echinochasminae 亜科などの多くの亜科と多くの属を含む大きな分類群であるが，とくに重要なのは前亜科の *Echinostoma* 属である．虫体は柳葉状で細長く，生時は淡桃色で，頭端に頭冠(head collar)および頭冠棘(head spine)を備える(図 III.50)．頭冠棘の配列および数は属や種を同定する際の指標となる．棘口吸虫類は種類がきわめて多く，鳥類からは 350 種，哺乳類からは 60 種以上が記載されている．しかし，これらには多くのシノニム(同物異名)が含まれると考えられ，種の問題は混乱している．*Echinostoma* 属では 61〜114 種が報告され，それらの頭冠棘は 27〜51 個である．虫卵は淡黄褐色で小蓋を有する(図 III.51)．

(1)浅田棘口吸虫(*Echinostoma hortense*)

体長は 6.0〜9.0 mm，体幅は 1.1〜1.5 mm，頭冠棘は 27〜28 個である．虫卵の大きさは 106〜139 × 59〜85 μm である．終宿主は犬，ヒト，ドブネズミ，イタチ，テン，タヌキなどで，その小腸に寄生する．第 1 中間宿主はモノアラガイ，ヒメモノアラガイ，第 2 中間宿主はカエル，サンショウウオ，ドジョウなどである．

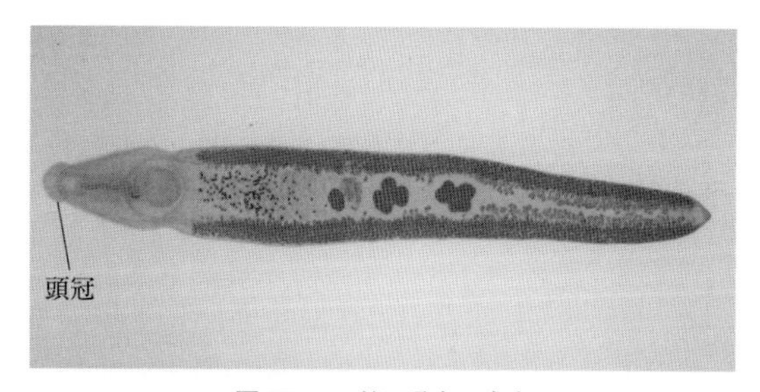

図 III.50　棘口吸虫の成虫

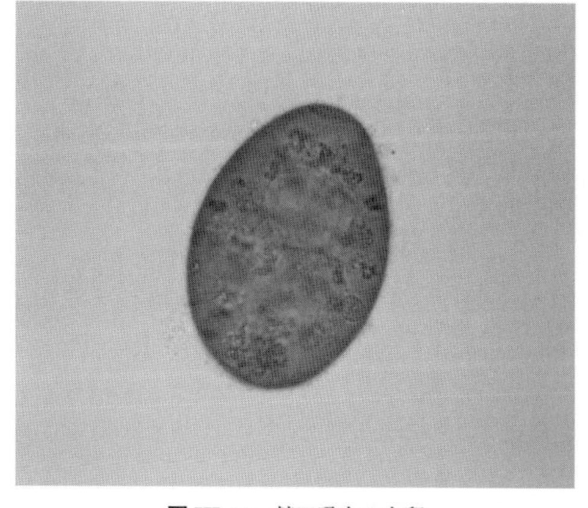

図 III.51　棘口吸虫の虫卵

(2)移睾棘口吸虫(*Echinostoma cinetorchis*)

体長は 18〜21 mm，体幅は 3.3〜3.7 mm，頭冠棘は 37 個である．虫卵の大きさは 96〜112 × 57〜84 μm である．終宿主は犬，ヒト，ドブネズミなどで，その小腸に寄生する．第 1 中間宿主はヒラマキガイモドキ，第 2 中間宿主はドジョウ，カエル，モノアラガイ，タニシ，ヒラマキガイモドキなどである．

発育と感染：2 種類の中間宿主を必要とする．糞便中に排出された虫卵は未発育であるが，夏季の気温では約 2 週間でミラシジウムを形成する．水中で孵化したミラシジウムは第 1 中間宿主の体表から侵入し，その体内でスポロシスト，レジア，セルカリアへと発育する．セルカリアは貝から遊出した後，第 2 中間宿主へ侵入してメタセルカリアとなる．終宿主は第 2 中間宿主を捕食することによって感染する．小腸で脱嚢した幼若虫は小腸粘膜で発育を続け，1〜2 週間後には成虫となって産卵を開始する．

病原性と症状：棘口吸虫は頭冠部を小腸粘膜深部にまで差し込んで寄生するため，寄生部位とその周辺に出血を伴った腸炎が起こる．*E. malayanum* を実験感染させたラットでは，粘膜の破壊，融解，杯細胞の増数，固有層の浮腫，上皮細胞の増生などが認められている．また，ハムスターにおける *E. tribolvis* の実験感染では水様性下痢，進行性の損耗，体重の減少などを発現して死亡した．人体症例でも多数寄生では下痢，粘血便，嘔吐，発熱，腹痛などが認められ，また血液検査では白血球増多，とくに好酸球の顕著な増加が認められる．

診　断：MGL 法や AMSIII 法などの沈殿集卵法によって糞便中の虫卵を検出する．棘口吸虫の虫卵は壺形吸虫卵と類似するので鑑別を要する．

治　療：人体症例では，プラジカンテル(praziquantel) 15 mg/kg を 1 回投与した後，瀉下剤として硫酸マグネシウム 30〜40 g の投与，ビチオノール(bithionol) 35 mg/kg の 1 回投与が有効である．犬や猫における治療の報告はほとんどないが，プラジカンテルの 20 mg/kg 3 日間投与が有効との報告がある．その他，メベンダゾール(mebendazole)，オキシクロザニド(oxyclozanide）も駆虫効果が期待できる．

予　防：第2中間宿主の生食を防止することである．ドジョウの「おどり食い」は棘口吸虫の感染を起こすばかりでなく，線虫の顎口虫感染（後述）の危険性もあるので避けなければならない．

1.12　住血吸虫症（Schistosomiasis）

原　因：住血吸虫科（Schistosomatidae）の *Schistosoma* 属は哺乳動物の住血吸虫症の原因であり，*Trichobilharzia* 属や *Gigantobilharzia* 属は鳥類に寄生する住血吸虫である．住血吸虫科の吸虫は血管内に寄生し，体形は線虫様に細長く，雌雄異体である（図 III.52，53）．雌雄は通常ペアで寄生し，雄虫体は腹吸盤後方から体後部の腹側にみられる溝状の抱雌管（gynaecophoric canal）で雌を抱いている（図 III.53）．また住血吸虫類の虫卵には小蓋がない．*Schistosoma* 属には多数の種が知られているが，形態による識別が困難な種も多く，分類は混乱している．しかし，中間宿主に対する適合性や地理的分布，虫卵の形態などに基づいて *S. japonicum* 群，*S. haematobium* 群，*S. mansoni* 群および *S. indicum* 群の4群に分けられている．

(1) 日本住血吸虫（*Schistosoma japonicum*）

雄虫体は体長7〜21 mm，体幅0.9 mmで灰白色，精巣は7個みられる（図 III.54）．雌虫体は体長12〜26 mm，体幅0.3 mmで雄よりも細長く暗褐色で，子宮内には55〜200個の虫卵がある．虫卵は淡褐色，大きさは70〜100 × 50〜65 μmで卵殻には小さな突起がある．糞便に排泄された虫卵は成熟したミラシジウムを容れる．宿主はヒト，牛，めん羊，犬，猫，豚，ウサギ，マウスなど多くの哺乳動物であるが，馬やラット，モルモットなどは感受性が低い．寄生部位は腸間膜静脈などの門脈系である．中間宿主は *Onchomelania* 属の淡水巻貝で，日本ではミヤイリガイ（カタヤマガイ：*Onchomelania hupensis*）である（図 III.55）．分布は中国，台湾，フィリピン，インドネシアなどであり，中間宿主であるミヤイリガイの生息域と密接に関連する．日本では，かつて広島

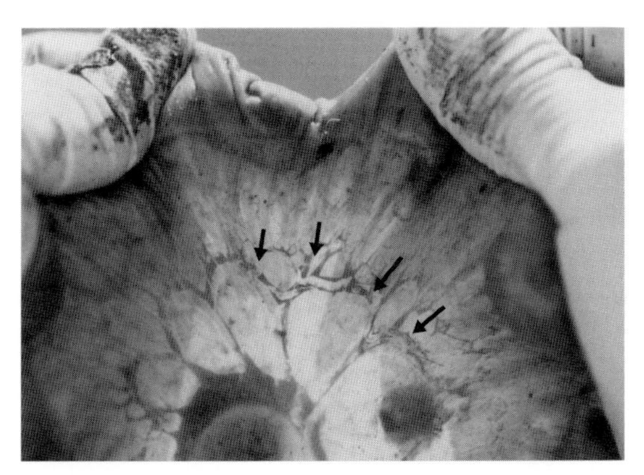

図 III.52　野生動物（*Kobus leche*）の腸間膜静脈に寄生する住血吸虫（矢印）

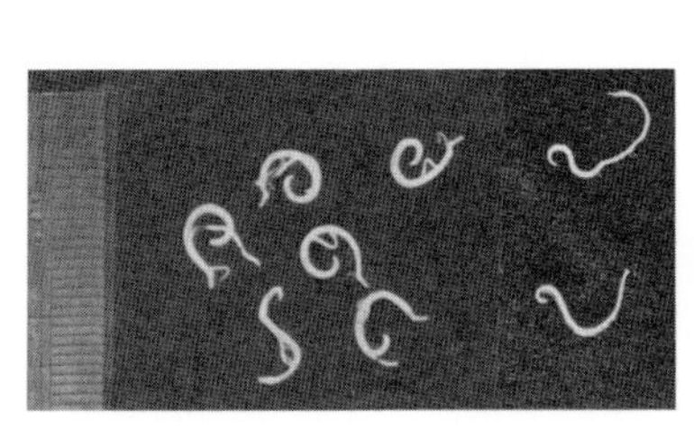

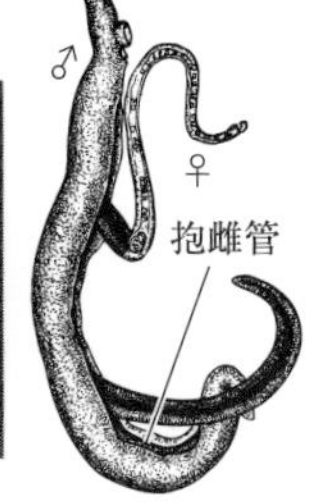

図 III.53　日本住血吸虫

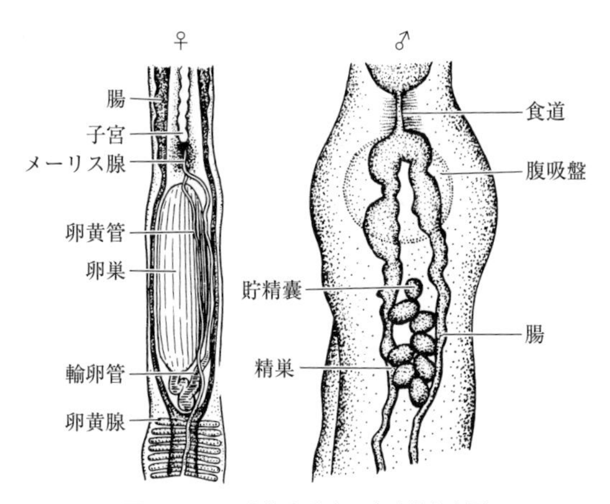

図 III.54　日本住血吸虫の生殖器拡大図

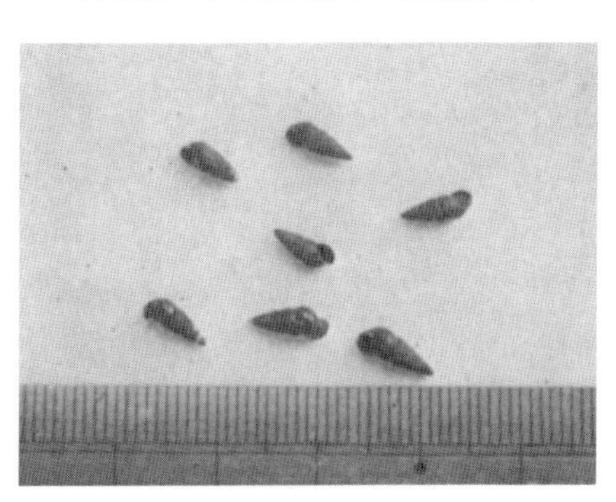

図 III.55　ミヤイリガイ

県片山地方，山梨県甲府盆地，福岡県と佐賀県の筑後川流域，静岡県の富士川河口域と沼津地方，埼玉県と千葉県，東京都，茨城県の利根川流域において，ヒトや牛などに本症の発生がみられたが，ミヤイリガイ撲滅対策などの感染防遏(ぼうあつ)対策が功を奏し，現在では新たな感染は確認されていない．*S. japonicum* 群には，他に霊長類と食肉類の門脈に寄生する *S. mekongi*，げっ歯類寄生の *S. sinensium* がある．

(2)ビルハルツ住血吸虫(*Schistosoma haematobium*)

体長は雄で 10～15 mm，雌で 13.5～22.5 mm である．雌の子宮内虫卵数は 4 ～56 個である．虫卵は黄褐色で 112～170 μm，一端に棘状の突起がある．アフリカや中近東に分布し，ヒトやサルの膀胱静脈叢に寄生する．中間宿主は *Bulinus* 属の淡水巻貝である．S. *haematobium* 群には，他に偶蹄類と霊長類の腸間膜静脈に寄生する *S. mattheei*，偶蹄類の腸間膜静脈に寄生する *S. bovis* と *S.curassoni*，*S. margrebowiei*，*S. leiperi*，霊長類寄生の *S. intercalatum* がある．

(3)マンソン住血吸虫(*Schistosoma mansoni*)

体長は雄で 6.4～12 mm，雌で 7.2～14 mm である．雌の子宮内虫卵数は平均 1 個と少ない．虫卵は黄褐色で 114～175 × 46～68 μm，側方に棘状の突起がある．アフリカや南米に分布し，ヒトやサル，ネズミの門脈に寄生する．中間宿主は *Biomphalaria* 属の淡水巻貝である．*S. mansoni* 群には，他にげっ歯類寄生の *S. rodhaini*，偶蹄類寄生の *S. edwardiense* がある．

(4)インド住血吸虫(*Schistosoma indicum*)

体長は雄で 5 ～19 mm，雌で 6 ～22 mm である．雌の子宮内虫卵数は平均 86 個である．虫卵は黄褐色で 57～140 × 18～72 μm，側方に棘状の突起がある．インドなどに分布し，偶蹄類の門脈に寄生する．中間宿主は *Indoplanorbis* 属の淡水巻貝である．*S. indicum* 群には，他に偶蹄類の腸間膜静脈に寄生する *S. spindale*，偶蹄類の鼻粘膜静脈に寄生する *S. nasale*，げっ歯類と偶蹄類，肉食類の腸間膜静脈に寄生する *S. incognitum* がある．

(5) *Trichobilharzia* 属および *Gigantobilharzia* 属

ムクドリに寄生する *Gigantobilharzia stumiae* (ムクドリ住血吸虫)，カモ類に寄生する *Trichobilharzia physellae* と *T. ocellata*，アヒルに寄生する *T. brevis* などが知られる．これらのセルカリアが偶発的にヒトの皮膚に侵入すると激しい掻痒を伴う皮膚炎を引き起こし，セルカリア性皮膚炎(cercarial dermatitis)，水田性皮膚炎(paddy field dermatitis)，湖岸病(swimmer's itch)などとよばれる．

発育と感染：日本住血吸虫の生活環を図 III.56 に示す．雌成虫は腸間膜静脈の細い血管内で未発育の虫卵を産出する．虫卵は細血管を塞栓し組織に約 10 日間とどまるとミラシジウムが形成されて成熟虫卵となる．虫卵が排出した(抗原)物質に対する炎症反応から虫卵周囲の組織が壊死し，虫卵は壊死組織とともに腸管腔へ脱落し，さらに糞便とともに宿主体外へ排泄される．虫卵が水中に入るとミラシジウムはただちに孵化しミヤイリガイを求めて水中を遊泳する．ミヤイリガイに接触すると遊泳運動はさらに活発となり，やがてミラシジウムは頭足や外套膜などの軟体部から侵入して母スポロシストとなる．母スポロシストは発育して内部に多数の娘スポロシストを生ずる．母スポロシストを離れて発育した娘スポロシストはセ

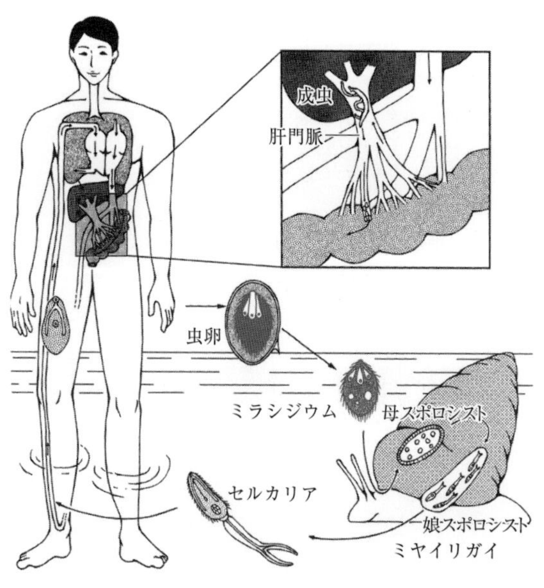

図 III.56 日本住血吸虫の生活環

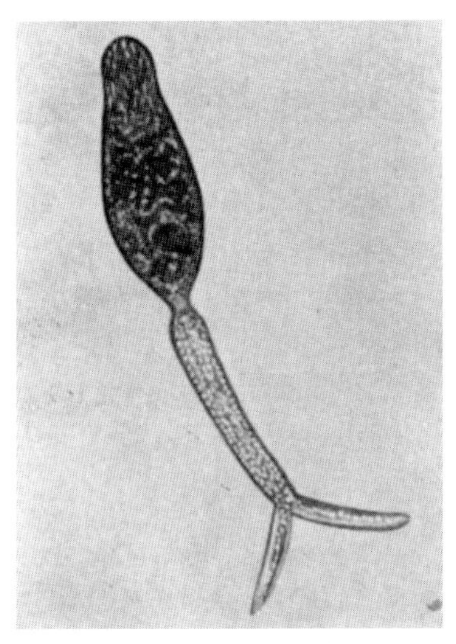

図 III.57　水中を遊泳する住血吸虫のセルカリア

ルカリアを産生する．セルカリア（図 III.57）は二股に分岐した尾をもつ岐尾セルカリアで，娘スポロシストを離れて血体腔で成熟し，水中へ遊出する．ミラシジウムの侵入から成熟セルカリアが遊出するまでには 10 週以上を要する．水中に遊出したセルカリアは，終宿主を発見するとタンパク融解酵素を分泌して皮膚から侵入（経皮感染）し，尾を切断して幼虫体（schistosomulum）となって血管またはリンパ管内に入り，心臓から肺に達する．肺で発育した幼虫体は心臓に戻り大循環系を経て門脈系に達する．幼虫体は雌雄がペアになると性成熟して産卵を開始する．プレパテント・ピリオドは約 6 週間である．また，幼虫体は胎盤移行によって胎児（仔）に侵入することがある．

病原性と症状：住血吸虫症のおもな病態は虫卵によって発現される．すなわち，虫卵は免疫介在性の炎症反応（過敏症）を惹起し，その結果として形成される虫卵性肉芽腫は本症の病態と深く関係している．一方，虫体は分子擬態（molecular mimicry）などの免疫逃避機構を備えているため，血管内に寄生する成虫に対しては炎症性反応もほとんど認められず，移行中の虫体や死滅虫体による一時的な局所障害の他は虫体が病因となることはほとんどない．本症の症状と病理所見は，便宜上，幼虫体が体内に侵入してから体内移行をしている時期（体内移行期または産卵前期），成虫が産卵を開始してから間もない時期（産卵期または急性期），長い産卵期間を経た時期（慢性期）に分けられる．

(1) 体内侵入・移行期（産卵前期）

セルカリアの侵入部位である四肢下部に小丘疹と掻痒を伴う皮膚炎がみられる．さらに侵入した幼虫体が体内移行で肺に達した際に血管周囲に出血と好酸球を主とした細胞浸潤を生じ，一過性の咳と発熱がみられることがある．しかし，この時期の発症は一般的に軽度であり，見過ごされることが多い．

(2) 産卵期

急性症状を発現する時期である．日本住血吸虫は他種に比べて重症化することが多いが，これは雌成虫の産卵数が他種よりも顕著に多いことによる．門脈系に寄生する種類では，産出された虫卵は腸管や肝臓の細血管を塞栓して機械的に傷害するとともに抗原性物質を分泌して周囲に炎症性反応と肉芽腫形成，壊死などを引き起こす．組織学的には虫卵を中心にして好中球，リンパ球，マクロファージ，線維芽細胞の他，好酸球や異物巨細胞の湿潤を伴う肉芽腫（虫卵結節）がみられる（図 III.58，59）．また，腸管壁では虫卵周囲に細菌の二次感染を伴って偽膿瘍や潰瘍が形成され，水様下痢や粘血便を排泄して疝痛を訴える．牛や犬では腸管の病変は大腸（直腸）で顕著であり，直腸検査によって直腸壁の肥厚を触知できる．また肝では腫大がみられる．血液所見では白血球，とくに好酸球の増加が顕著であり，A/G 比の低下や GOT，GPT，ALP の一時的な上昇などが認められる．

(3) 慢性期

急性期を経過した後や軽度感染が繰り返されると慢性期となる．肝臓や腸管の炎症性反応は線維化反応へと移行する．すなわち，肝臓の虫卵肉芽腫は線維芽細胞の浸潤によって瘢痕化し，肝臓全体としては次第に硬度を増して肝硬変や石灰変性（石粉症）となる（図 III.60，61）．その結果，門脈系がうっ血して門脈圧が亢進され，腹水の貯留や脾腫がみられる．腸では腸管壁の肥厚から直腸が狭窄することがあり，さらに粘膜萎縮から慢性的な消化障害が続くと極度の削痩を来し，貧血などが併発すると予後不良となる．

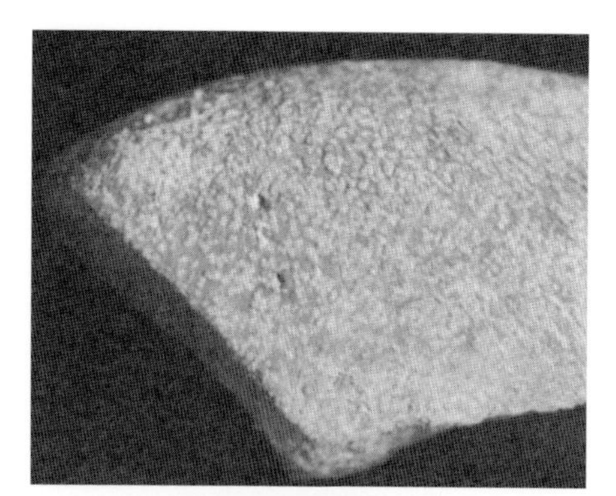

(a) 肝臓断面

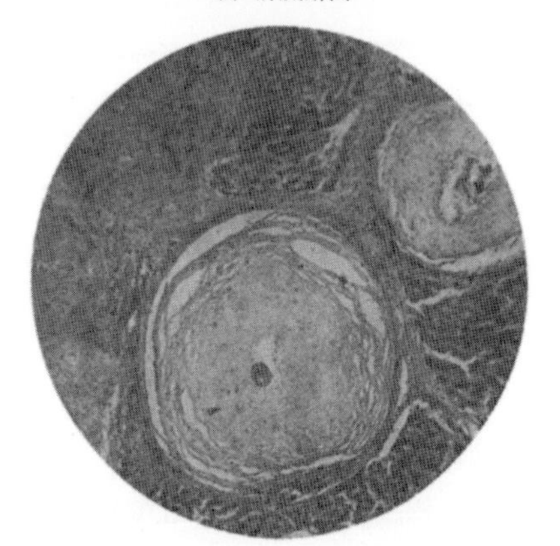

(b) 結節断面(中央に虫卵あり)

図 III.58　馬の肝臓にみられる虫卵結節

ヒトの日本住血吸虫症では脳における虫卵塞栓や虫体の異所寄生によって，てんかんや慢性脳炎症状の発現が知られているが，動物での発生は明らかではない．

診　断：流行地では粘血性の下痢，食欲不振，増体量の低下，時には斃死などの所見から本症を疑うことは可能である．しかし，一般的には感染動物の多くは特徴的な症状を発現することなく慢性化するために虫卵や孵化したミラシジウムを検出して確定診断をする．門脈系に寄生する種(日本住血吸虫など)では沈殿集卵法(ホルマリン・エーテル法，AMSIII 法)による糞便検査や腸粘膜バイオプシーによって虫卵を検出する(図 III.62)．日本住血吸虫症の腸粘膜バイオプシーは，牛では肛門より 20〜30 cm，犬では約 10 cm の大腸粘膜より掻爬した組織材料を用いて行う．また，ミラシジウム孵化法は，ミラシジウム形成虫卵が水中でただちに孵化する性質を利用して開発された検査法で，大量の糞便を用いて検査することができるが，免疫作用を受けた虫卵は孵化率が低下するので注意する．

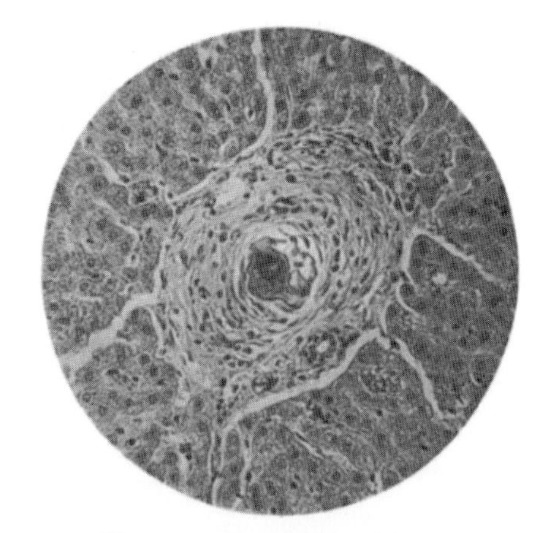

図 III.59　ノウサギ肝臓の虫卵結節

図 III.60　肝硬変(虫卵 2 個をみる)

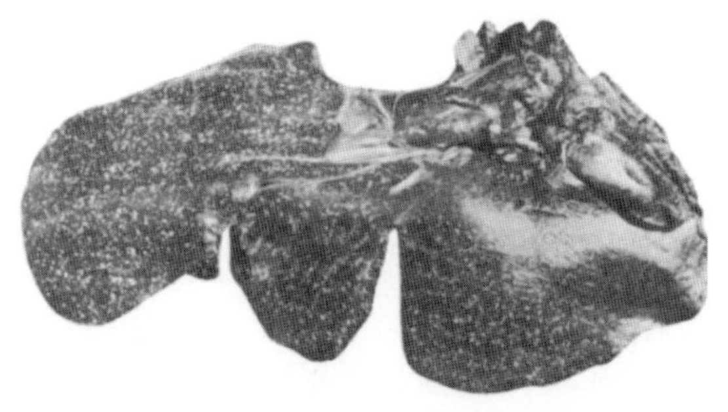

図 III.61　馬の肝臓の虫卵結節と石(粉)症

ヒトの住血吸虫症では，特異抗体や循環抗原，免疫複合体を検出する血清学的診断法が数多く開発されている．一方，牛などの動物では ELISA 法や間接蛍光抗体法，間接血球凝集反応，補体結合反応，ゲル内沈降反応などによる抗体検出が試みられている．また，被検血清中の抗虫卵抗体を

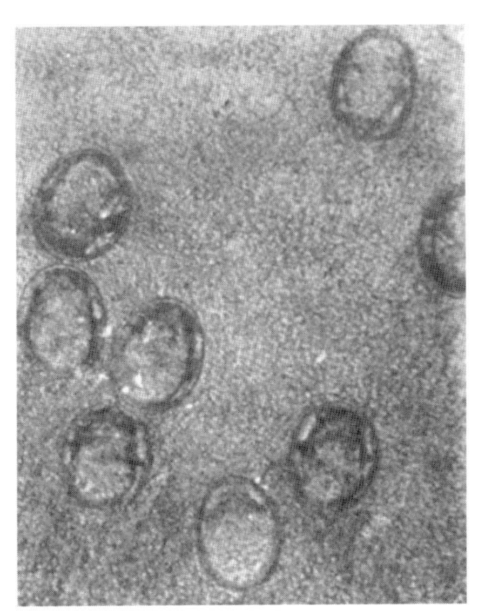

図 III.62　糞便内の日本住血吸虫卵

検出する虫卵周囲沈降(circumoval precipitation：COP)反応は，虫卵の周囲に抗原抗体沈降物が形成される現象を利用した特異的な検査法であるが，実施には生存虫卵や凍結乾燥虫卵が必要である．

治　療：駆虫薬を投与して成虫を殺滅するとともに対症療法を行う．駆虫薬としては古くからアンチモン製剤が使用されてきたが，強い副作用を伴うことが多く，治療は必ずしも容易ではなかった．プラジカンテルは高い駆虫効果を有し，副作用の発現も比較的少ないことからヒトでは第1選択薬として用いられる．牛ではプラジカンテル 20～25 mg/kg を3日または5日間隔で2回経口投与により *S. bovis*, *S. spindale*, *S. japonicum* に有効である．

予　防：生活環を断ち切ることが予防の基本である．

(1)感染防止

セルカリアの経皮感染を避けるため，流行地では汚染水域に柵を設けて立入を防止することなどが考えられる．

(2)中間宿主の撲滅

生息場所の環境を変えて中間宿主を排除する．たとえば排水路を整備して水溜りをなくす．水の流れを速くする．水草の繁殖を抑える．また，殺貝効果の高い薬剤，たとえばニクロサミド(niclosamide)を生息環境に散布する．中間宿主の生息場所に繁殖力が強くて中間宿主とならない貝種を導入して競合的排除を狙う．中間宿主貝を捕食する魚類を導入する．

(3)ワクチン

放射線照射(弱毒)セルカリアの接種，Glutathione S-transferase (GST) や keyhole limpet haemocyanin (KLH) などの防御抗原がワクチン候補として研究されている．

2. 条　虫　類

2.1 分類と形態

条虫は吸虫と同様すべて寄生性で，一部の目を除き間接型の生活環を営み，終宿主の脊椎動物では消化器系の管腔内に寄生する．一般に条虫は扁形動物門(Platyhelminthes)の条虫綱(Cestoda)の動物を指すが，獣医学領域に関連するグループとしては，条虫綱の中でも真性条虫亜綱(Eucestoda)の裂頭条虫目(Diphyllobothridea)と円葉目(Cyclophyllidea)の条虫に限られ，そのほとんどが円葉目に属する．その他の目のほとんどは魚類に寄生し，水中での発育および生活環に適応している．吸虫と比較すると，条虫の終宿主に対する宿主特異性は高い．さらに，条虫は，家畜が終宿主となり，成虫が寄生する種だけでなく，家畜が中間宿主となり，幼虫が寄生する種も含まれる．なお，以下の記載は獣医学領域に関連する条虫の特徴に限定して記載する．なお，裂頭条虫類は擬葉目(Pseudophyllidea)に含まれるとされてきたが，近年，擬葉目から独立し裂頭条虫目として扱われるようになった(表 III.2)．

表 III.2　獣医学領域で重要な条虫

裂頭条虫目(Diphyllobothridea)
- 裂頭条虫科 *Diphyllobothrium, Spirometra*

円葉目(Cyclophyllidea)
- メソセストイデス科 *Mesocestoides*
- 裸頭条虫科 *Anoplocephala, Moniezia*
- 膜様条虫科 *Hymenolepis, Rodentolepis*
- ダベン条虫科 *Raillietina, Davainea*
- ジピリディウム科(二孔条虫科) *Dipylidium*
- ディレピス科 *Amoebotaenia, Choanotaenia, Metroliasthes*
- テニア科 *Taenia* (*Multiceps, Hydatigera* を含む), *Echinococcus*

2.1.1 成虫の体制

成虫は頭端の頭節(とうせつ)(scolex)と，それに続くやや細くなった頸部(neck)，さらに多数の片節(へんせつ)(proglottid, segment)の繋がったストロビラ(strobila)からなり，テープ状で tapeworm とよばれている(図 III.63)．体長は数 mm から数 m に及ぶものまで含む．条虫は，頭節で宿主粘膜に付着し，頸部において片節を産生し，その後方に向かうにつれて，片節内で生殖器の分化・成熟が進む．生殖器が未分化もしくは分化途中のものを未熟片節(immature proglottid)，生殖器が完全に分化・成熟したものを成熟片節(mature proglottid)とよぶ．さらに，ストロビラ後端近くにおいて円葉目では片節内が虫卵で充満した受胎片節(gravid proglottid)となり，これが片節間で離脱し，糞便とともに宿主体外へ排泄される(apolytic)．一方，裂頭条虫目は成熟片節の産卵孔から虫卵が体外へ放出されるため，apolytic ではないが，老熟片節(senile proglottid)がちぎれて，宿主糞便中に出現することがある(pseudoapolytic)(表 III.3)．

2.1.2 栄養吸収

条虫には吸虫とは異なり，消化管はなく，栄養はすべて体表から吸収する．体表はテグメント(tegument)とよばれる細胞成分からなり，体表は多数の微小毛(microthrix)でおおわれている．微小毛は哺乳類の腸管などの微絨毛に似ているが，電顕観察ではその先端は電子密度が高く，棘のようになっている(図 III.64)．

2.1.3 間充組織および筋肉

成虫の体は吸虫と同様に間充組織(かんじゅうそしき)(充組織：parenchyma)によって占められ，線虫のような

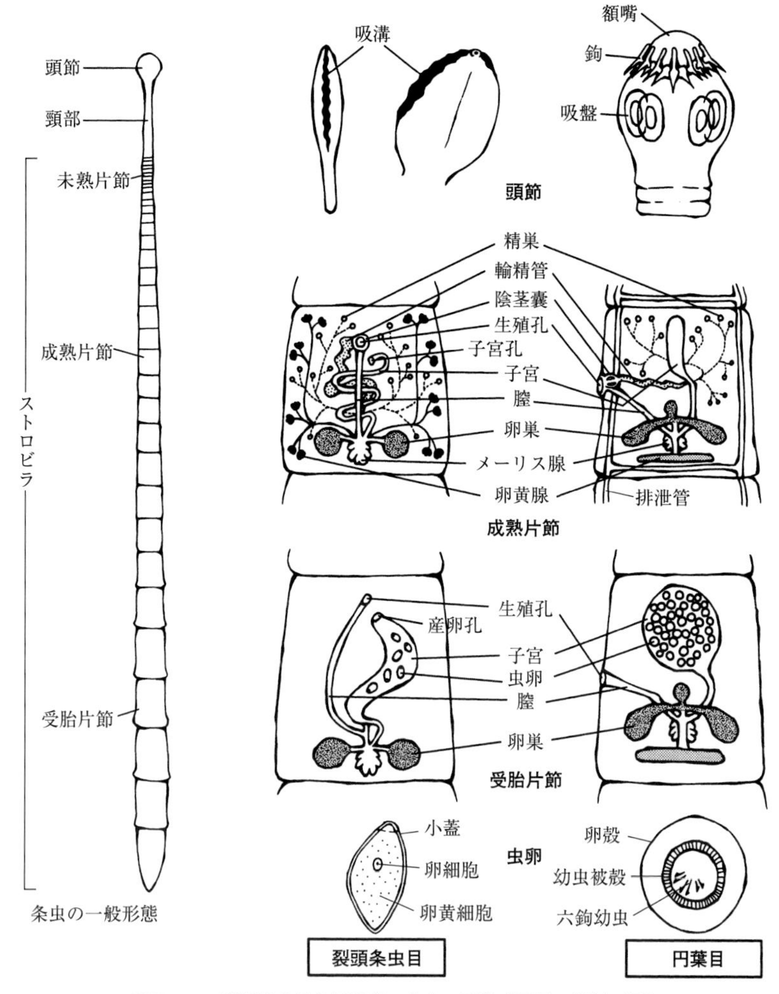

図 III.63　裂頭条虫目と円葉目の条虫の形態［原図：板垣　匡］

表 III.3　裂頭条虫目と円葉目の条虫の比較(まとめ)

		裂頭条虫目		円葉目
頭節(scolex)		吸溝		基本的には吸盤，額嘴，鉤を有す
片節	生殖孔	腹面に開く		側面に開く
	子宮孔(産卵孔)	存在するので，虫卵は逐一産出される		存在しないので，虫卵は子宮内に蓄積される
	受胎片節・老熟片節	受胎片節なし(anapolytic) 老熟片節の排泄あり(pseudoapolytic)		受胎片節あり(apolytic)
虫卵	小蓋	ある		ない
	内容	卵細胞および卵黄細胞 ↓ コラシジウム		六鉤幼虫:幼虫被殻に包まれる(とくに条虫科)
	孵化	水中		一般的には中間宿主の消化管中
中間宿主		第 1 中間宿主	第 2 中間宿主	中間宿主(1 つだけ必要，中擬条虫科は 2 つ) 無脊椎動物(テニア科以外の条虫) 哺乳類(テニア科の条虫)
		橈脚類 (ケンミジンコ)	魚類(日本海)，両生類 (マンソン)	
		前擬充尾虫 (プロセルコイド)	擬充尾虫(プレロセル コイド)	嚢尾虫もしくは擬嚢尾虫
待機宿主		爬虫類，哺乳類(マンソン裂頭条虫)		

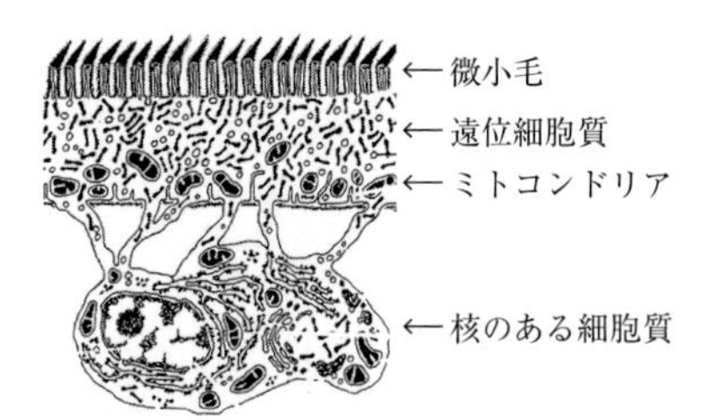

図 III.64 条虫のテグメントの微細構造
［原図：Treadgold, L. T.(1984)］

偽体腔はない．間充組織内には多数の石灰小体(calcareous corpuscle)が分布するが，その機能についてはよくわかっていない．これは条虫の成虫および幼虫の特有の構造物であることから，病理組織標本の鏡検時には条虫を鑑別する指標として重要である．

片節には輪状，縦走，斜走もしくは横走筋があり，ストロビラ全体でゆっくり伸縮運動を行う．片節内部は筋層によって皮質と髄質に分けられている．

2.1.4 神経系

中枢神経系は頭節にあり，主要な左右の２本の神経幹と数本の付属神経幹は，後方に向かい最終片節まで繋がり，すべての片節が統合されている．神経幹からの神経は各片節内で横へも伸び，生殖孔などへも繋がる．体表の感覚器は片節にも見られるが，頭節に多い．

2.1.5 排泄系

炎(ほのお)細胞(flame cell)に始まる排泄系は排泄管(excretory canal)に繋がる．これらはストロビラを縦に最終片節まで伸び，最後端部で開口する．排泄管は浸透圧調節にも関与すると考えられ，浸透圧調節管(osmoregulatory canal)ともよばれている．片節の両側を主要排泄管が２組縦走し，それぞれ腹側と背側の管を含む．太い腹側の管は片節内で横に繋がり，梯子(はしご)状となる．

2.1.6 生殖器

条虫は雌雄同体(hermaphrodite)で，１つの片節内に雌性生殖器官と雄性生殖器官を含む．精巣(testis)で産生された精子(sperm)は，小輪精管(vas efferens)，輪精管(vas deferens)を経て，貯精嚢(seminal vesicle)，毛状突起嚢(陰茎嚢：cirrus sac, cirrus pouch)へ送られる．生殖孔(genital pore)の開口部には毛状突起(陰茎：cirrus)だけでなく膣(vagina)も開口し，精子は毛状突起を介して交尾相手の生殖孔内の膣に送り込まれる．通常，交尾は同ストロビラ内の別片節間，もしくは他個体間で行われるが，一部の種では同一片節内でも行われる．膣は受精嚢(seminal receptacle)に繋がり，侵入してきた精子は，これを介してメーリス腺(Mehlis' gland)内の卵形成腔(ootype)へ送られる．卵巣(ovary)で産生され輸卵管(oviduct)を経由してきた卵子(oocyte)，さらに卵黄腺(vitelline gland)で産生され卵黄管(vitelline duct)を経由してきた卵黄細胞(vitelline cell)も卵形成腔へ送られ，これらは卵形成腔もしくは子宮起始部で合体し，子宮(uterus)内で虫卵が完成する．なお，虫卵の卵殻(egg shell)の成分はおもに卵黄細胞由来である．

2.1.7 その他の器官および付属物

Moniezia 属のように片節間腺(interproglottidal gland)を有する種や，*Thysanosoma* 属のように片節外側後縁の鋸歯状突起や，葉状条虫(*Anoplocephala perfoliata*)のように頭節の吸盤後方の突起物(lappet)を有する種などがある．ダベン条虫科では，頭節の吸盤に多数の小鉤を有する．

2.1.8 裂頭条虫目と円葉目の成虫

裂頭条虫目と円葉目の成虫の構造は様々な点で異なるので(表 III.3)，分けて述べる．なお，幼虫の形態については条虫の生活環の節で述べる．

裂頭条虫目の頭節には背腹に吸溝(きゅうこう)(bothrium)があり，ストロビラは未熟片節，成熟片節および老熟片節からなる．

裂頭条虫目の成熟片節内の髄質には２つに分岐した卵巣(卵管は１つ)，子宮と多数の精巣と輸精管が分布する(図 III.65)．裂頭条虫目では１つの虫卵産生のためには多数の卵黄細胞を必要とし，皮質には多数の卵黄腺が広く分布する．子宮には虫卵を産出する産卵孔(子宮孔：uterine pore)があり，産卵孔は片節の腹面中央部に開口する．毛状突起を含む生殖孔は産卵孔のやや前方に開口す

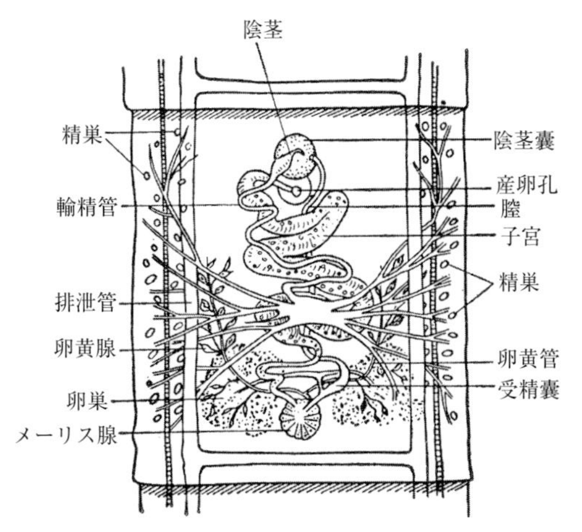

図 III.65　裂頭条虫目の成熟片節［原図：板垣　博・大石　勇(1984)］

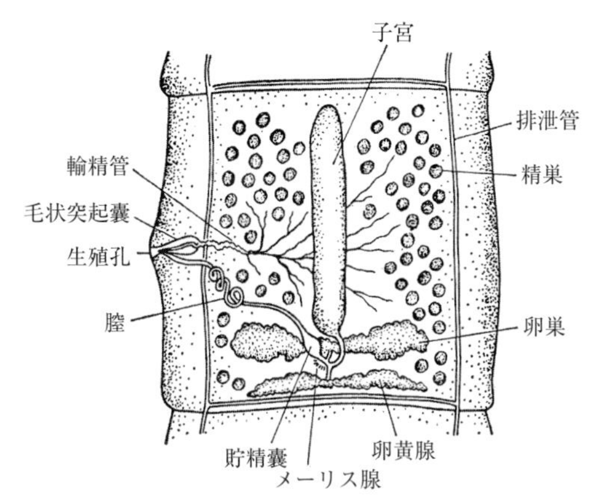

図 III.66　円葉目(テニア科)の成熟片節
［原図：板垣　博・大石　勇(1984)］

る．このように，虫卵の宿主体外への排泄には片節の離脱は必要としないが(anapolytic)，老熟片節がストロビラから切れて，宿主糞便に排泄されることがある．

円葉目の条虫の頭節には4つの吸盤(sucker)があり，さらに頭端に額嘴(がくし)(rostellum)とよばれる構造物があるものが多い．額嘴には特徴的な鉤(hook)を有する種が多く，同定の重要な指標となる．ストロビラは未熟片節，成熟片節，および受胎片節からなる．なお，受胎片節は老熟片節とよばれることもある．

円葉目の条虫の成熟片節内の髄質には，卵巣，子宮，多数の精巣，輸精管などだけでなく，卵黄腺も分布する(図 III.66)．卵黄腺は，裂頭条虫目とは異なり，髄質において卵巣の後方に1つの小集塊を形成し，1つの虫卵産生のために必要な卵

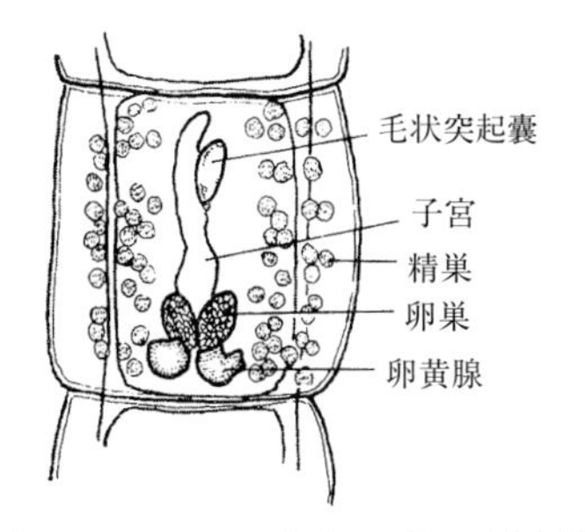

図 III.67　メソセストイデス科の成熟片節
［原図：Cheng, T. C.(1974)］

黄細胞は1つのみである．子宮には虫卵を産出する産卵孔がなく，虫卵は子宮内に蓄積され，卵殻内で分化が進み，六鉤幼虫を形成し，成熟虫卵となる．毛状突起および膣を含む生殖孔は，片節の側面に開口する．生殖器は1組の種が多いが，犬条虫(*Dipylidium caninum*)や*Moniezia*属のように2組有し，生殖孔が両側に開口する種もある．なお，メソセストイデス科の条虫は，例外的に生殖孔が片節腹面中央部に開口し，卵黄腺は2つに分かれている(図 III.67)．円葉目の条虫では交尾後，子宮内に受精卵が蓄積し，虫卵の発育につれて片節内の精巣や卵巣などは退化し，片節が虫卵を含む子宮で満たされるようになる．このような片節を受胎片節とよぶ．子宮内において虫卵は六鉤幼虫(oncosphere)を形成するまで発育し，感染能を有するようになる．子宮の形態は種により様々で，六鉤幼虫を含む成熟虫卵の蓄積とともに観察できるようになる．縦樹状分岐，横樹状分岐，輪状，網目状などがある．さらに，犬条虫のように子宮が最終的に島状に分かれるものでは，内部の虫卵の集塊は卵嚢(egg capsule)となる．ダベン条虫科や一部の裸頭条虫科では，虫卵は子宮から副子宮(paruterine organ)とよばれる線維性被膜におおわれた袋状構造物に移動する．虫卵の宿主体外への排泄には片節の離脱が必要で，受胎片節は片節間で離脱し，糞便とともに排泄される．

2.2　生態および生活環

条虫の生態および生活環は裂頭条虫目と円葉目の条虫でかなり異なり(表 III.3)，さらに円葉目

表 III.4　円葉目条虫の幼虫(metacestode)

テニア科およびメソセストイデス科以外		
	擬囊尾虫	
メソセストイデス科		
	テトラチリジウム	
テニア科		
	囊尾虫(広義)	
		囊尾虫(狭義の囊尾虫)
		帯状囊尾虫
		共尾虫
		包虫

図 III.68　裂頭条虫目の幼虫［原図：Olsen, O. W.(1974)］

の中ではメソセストイデス科は他の科のものとは異なるので，それぞれ項を分けて記載する．

2.2.1　裂頭条虫目

成虫の産卵孔から産出された虫卵は，単一の卵細胞と多数の卵黄細胞を含み，吸虫の虫卵と同様小蓋を有する．終宿主の糞便とともに外界へ排泄される．虫卵は水中で発育し，感染能を有するコラシジウム(coracidium)となる．これは繊毛のある幼虫被殻に囲まれた六鉤幼虫である．中間宿主は2つ必要で，それぞれにプロセルコイド(procercoid；前擬尾虫)とプレロセルコイド(plerocercoid；擬尾虫)が寄生する(図 III.68)．これらの幼虫には囊胞がなく，前擬充尾虫や擬充尾虫ともよばれる．光刺激により虫卵の小蓋から孵化したコラシジウムは水中を遊泳し，第1中間宿主のケンミジンコによって捕食される．六鉤幼虫は繊毛のある幼虫被殻から出て，ケンミジンコの血体腔に移行後発育して頭部に侵入腺のあるプロセルコイドとなる．このケンミジンコを第2中間宿主が捕食すると，プロセルコイドは腸管から体内に侵入し，吸溝を有するプレロセルコイドに発育する．生活環には，さらに待機宿主(paratenic host)を含むことがある．通常，第2中間宿主および待機宿主ともに魚類であるが，*Spirometra* 属では第2中間宿主はおもにオタマジャクシ(カエル)，待機宿主は，両生類，蛇，鳥類，犬や猫以外の哺乳類などを含む．*Spirometra* 属のプレロセルコイドはとくに医学領域では孤虫(sparganum)とよばれることがあり，孤虫による感染を孤虫症(sparganosis)とよぶ．

終宿主への伝播は，プレロセルコイドを含む第2中間宿主および待機宿主の捕食による．終宿主の消化管内では，プレロセルコイドの頭部の吸溝により，小腸に定着する．その後片節を形成し，成虫へと発育する．多数の片節から産卵されるため多数の虫卵が糞便とともに排泄される．成虫による感染を裂頭条虫症とよぶ．

2.2.2　円葉目(メソセストイデス科以外)

成虫は終宿主の消化管，一部胆管に寄生し，成虫から離脱した受胎片節もしくは虫卵が糞便とともに排泄される．虫卵内にはすでに六鉤幼虫が形成されており，排泄時において中間宿主への感染能を有する．虫卵の最外層には卵殻があり，その中に幼虫被殻に囲まれた六鉤幼虫を含む．幼虫被殻は *Moniezia* や *Taenia* 属のように特徴的な形態をしているものがある．虫卵は，中間宿主へ経口的に伝播し，卵殻の物理的破壊や消化酵素などの刺激により六鉤幼虫が消化管内で孵化する．孵化後消化管から体内に侵入し，擬囊尾虫(システィセルコイド：cysticercoid)もしくは囊尾虫(システィセルクス：cysticercus)とよばれる終宿主への感染期幼虫(メタセストーデ：metacestode)となる(表 III.4，図 III.69)．これらのメタセストーデには終宿主体内で将来成虫の頭節となる部分を含む．

擬囊尾虫は，テニア科以外のほとんどの科にみられ，中間宿主である昆虫やダニ，ミミズなどの無脊椎動物の血体腔などに寄生するメタセストーデである．これは大きな囊胞がなく，小型で，頭節はすでに成虫と同様の形態をしている(図 III.69)．小形条虫(*Rodentolepis nana*)の発育は例外的で，虫卵は本来の中間宿主の甲虫類(Coleoptera)だけでなく，ヒトを含む哺乳類の小腸内で

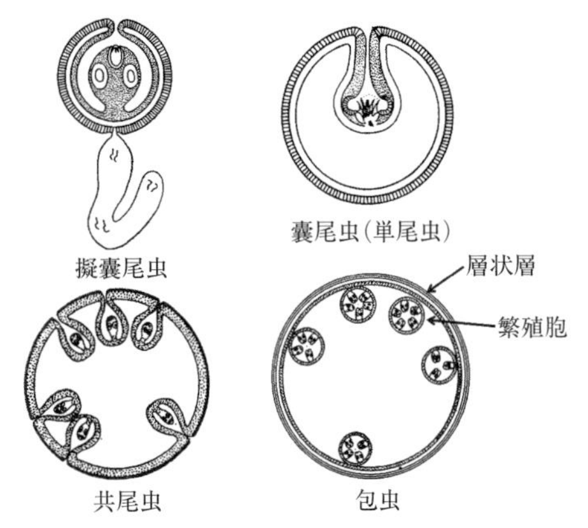

図 III.69　円葉目の幼虫［原図：板垣　博・大石　勇(1984)］

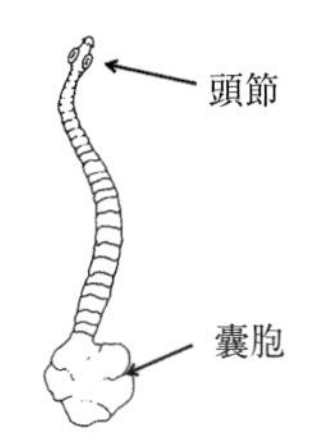

図 III.70　帯状嚢虫［原図：Smyth, J. D.(1994)］

も孵化し，小腸粘膜内で擬嚢尾虫にまで発育し，さらにその後小腸管腔内へ出て成虫となる．すなわち，同一個体が中間宿主と終宿主の役割を演じ，自家感染(autoinfection)することがある．

一方，嚢尾虫は，テニア科条虫の中間宿主である哺乳類の内臓や筋肉などに寄生するメタセストーデである．これには大きな嚢胞があることから一般名で嚢虫(bladder worm)ともよばれる．大きい種では鶏卵大以上になる．嚢尾虫には嚢胞内に陥入した頭節が１つのみ含まれ(狭義の嚢尾虫)，通常，「嚢尾虫」という用語はこの狭義の意味で用いられてきた．しかし，猫条虫(*Taenia faeniafonmis*)の嚢尾虫は中間宿主体内で頭節が嚢胞から翻転し，さらに片節形成を行い，ストロビラ状(生殖器は分化しない)になることから帯状嚢虫(strobilocercus)とよばれている(図 III.70)．なお，一部の嚢尾虫(広義の嚢尾虫)は，多数の頭節が含まれる種があり，共尾虫(共尾嚢虫：coenurus)および包虫(hydatid cyst, echinococcus)とよばれる．共尾虫では嚢胞に直接頭節が多数付着し，包虫では嚢胞内に繁殖胞(brood capsule)が付着し，その中に多数の原頭節(protoscolex)を含む．さらに包虫の最外層には PAS 陽性の層状被膜(laminated layer)があるが，他の嚢尾虫にはこの層はない．なお，この層は和名では角皮層やクチクラ層とよばれているが，クチクラは構成分ではない．

テニア科のメタセストーデによる感染は，それぞれ，嚢虫症(嚢尾虫症：cysticercosis)，共尾虫症(共尾嚢虫症：coenurosis)，包虫症(hydatidosis もしくは larval echinococcosis)を起こす．多くの場合，これらの幼虫は成虫とは別の学名がつけられているが(たとえば，有鉤嚢虫 *Cysticercus cellulosae*；有鉤条虫 *Taenia solium* の幼虫)，本来１つの生物には１つのみ学名を用いるべきである．中間宿主での寄生部位は種により異なり，肝臓，腸間膜および大網，筋肉，中枢神経などで，病原性は寄生虫の寄生部位により異なる．通常は，虫卵の経口感染後短期間で六鉤幼虫が最終寄生部位まで移行するが，豆状嚢尾虫(*Taenia pisiformis* の幼虫)や細頸嚢尾虫(*Taenia hydatigena* の幼虫)のように，肝臓内の移動中に虫道を作り，組織破壊や出血を起こし，病原性を発揮するものもある．メタセストーデは中間宿主の家畜体内で通常長期間生存するが，死滅することがあり，死滅虫体では石灰沈着が起こる．多包虫(*Echinococcus multilocularis* の幼虫)感染のヒトやネズミでは，無性増殖する多包虫が肝臓の周囲組織に浸潤したり，他の臓器・器官に転移することがあるが，豚や馬は好適宿主でないため，多包虫の増殖は限定的である．

円葉目の条虫の終宿主への伝播は中間宿主の捕食による．終宿主の消化管内にメタセストーデが入ると，消化酵素の働きにより頭節が遊離し，テニア科の嚢尾虫は陥入していた頭節は翻転し，成虫の頭節の形になり，片節形成を開始する．一方，擬嚢尾虫の頭節は成虫と同様にすでに吸盤や鉤は露出しているため終宿主の消化管内においてすぐに定着できる．終宿主体内では体内移行せず，消化管(おもに小腸，さらに胆管および大腸)の管腔に定着し，その後片節形成が進み，成虫となる．完全に成熟した成虫では，六鉤幼虫を含む虫卵で充満した受胎片節がストロビラの片節との間で離脱し，糞便中に出現する．片節離脱後，糞便への排泄前に，消化管内で片節から虫卵が放出

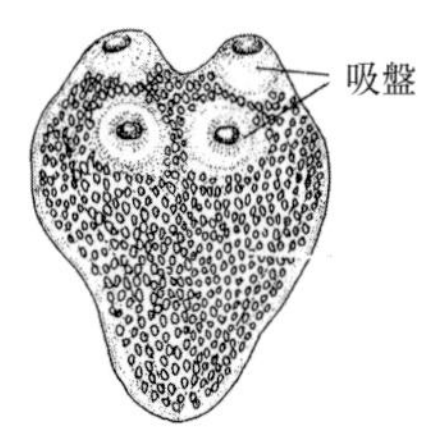

図 III.71　テトラチリジウム［原図：Cheng, T. C.(1974)］

される場合もある．条虫の成虫による感染を条虫症とよぶ．一般に，成虫感染の病原性はあまり強くないが，棘溝条虫(*Raillietina echinobothrida*)のように，頭節の付着部の小腸が陥凹し，漿膜面に突出するものもある．

2.2.3　円葉目メソセストイデス科

2つの中間宿主を必要とし，第1中間宿主は節足動物といわれている．第2中間宿主は魚類を除く様々な脊椎動物で，このメタセストーデはテトラチリジウム(tetrathyridium)とよばれ，頭部に4つの吸盤を有し(図 III.71)，頭部は陥没し，表面からこれらの吸盤はみえない．第2中間宿主体内で一部の種は縦二分裂で増殖する．終宿主への伝播はテトラチリジウムを含む中間宿主動物を捕食することによる．終宿主の消化管内において，定着前に無性増殖する種がある．すなわち，実験的に一定数のテトラチリジウムを経口投与すると，それより多数の成虫が回収できる．

2.3　条虫症および嚢虫症の診断

成虫感染による条虫症の診断は，糞便の虫卵もしくは片節の検出による．虫卵の形態的な鑑別はある程度可能であるが，テニア科の虫卵については形態的な種の鑑別は困難で，とくに多包条虫感染が疑われるときには遺伝子による鑑別が必要となる．検査材料が片節の場合は，片節および子宮の分岐の形態，片節内の卵嚢および虫卵の形態から鑑別する．なお，円葉目の成虫感染では消化管内で脱片節したときのみ，片節や虫卵が糞便中に出現するため，感染していてもこれらが検出されないときがあり，検査は複数回行う必要がある．裂頭条虫感染では多数の虫卵が検出されることが多いが，動物種により排泄虫卵数が少数のこともある．

家畜の嚢虫症に対する生前の診断は，通常行われていないが，ヒトでは血清診断や画像診断が行われている．食肉検査時に家畜から虫体が検出された場合は，嚢尾虫の頭節の鉤の数および大きさから同定する．多包虫症の豚や馬では，重要な鑑別点である原頭節の形成が認められないので病理組織標本の PAS 染色，もしくは遺伝子検査が必要となる．

なお，成虫および幼虫がヒトに寄生する種としては，有鉤条虫，および小形条虫，成虫が寄生する種としては，日本海裂頭条虫(*Dibothriocephalus nihonkaiensis*)，無鉤条虫(*Taenia saginata*)およびアジア条虫(*Taenia asiatica*)，幼虫が寄生する種としては，単包条虫(*Echinococcus granulosus*)と多包条虫(*Echinococcus multilocularis*)，マンソン裂頭条虫(*Spirometra erinaceieuropaei*)が含まれる．

2.4　治療および予防

条虫症の駆虫薬としては，かつてアレコリン，塩酸ブナミジン，ニクロスアミド，パモ酸ピランテル，フェンベダゾールなどが使用されてきた．また，裂頭条虫に対しては硫酸パロモマイシンなども使用されている．現在では，副作用がほとんどないことおよび優れた駆虫効果から，国内ではおもにプラジカンテルが用いられている．嚢虫症の駆虫薬としては，アルベンダゾール，メベンダゾール，フェンベダゾールの部分的な効果が知られている．また，孤虫症，脳共尾虫症，多包虫症に対しては外科的な切除が有効であるが，家畜が生前に嚢虫症と診断されることは稀である．

予防のためには，生活環を断つことが重要であるが，中間宿主が屋外の昆虫やササラダニの場合の対策は困難である．一方，中間宿主が飼育舎や住居内の昆虫の場合は殺虫剤噴霧が有効である．鶏の場合はケージ飼いにより中間宿主の接触を減らすことができるが，アリなどはケージをのぼる可能性もある．テニア科条虫のように家畜が中間宿主となる場合は，家畜の食肉検査時の適正な検査，その後の食肉の適切な処理および管理，生の臓器や筋肉を犬に与えないことなどが重要である．食肉を介するヒトへの感染防止のためには，食肉の冷凍や十分な加熱処理が重要である．げっ歯類が中間宿主となる条虫に対しては，猫の室内飼の徹底や飼い主への注意喚起が必要である．終宿主から中間宿主への伝播の遮断は，終宿主の駆虫や糞便の適切な処理が有効である．

2.1～2.5 節の参考文献

Cheng, T. C.(1974) *General parasitology*, Academic Press

Khalil, L.F., *et al.* (1994) *Key to the Cestode Parasites of Vertebrates*, CAB international

Kuchta, R., *et al.* (2008) Suppression of the tapeworm order Pseudophyllidea (Platyhelminthes: Eucestoda) and the proposal of two new orders, Bothriocephalidea and Diphyllobothriidea. *Int. J Parasitol.*, **38**(1), 49–55

Olsen, O. W.(1974) *Animal Parasites 3rd ed.*, University Park Press

Smyth, J.D.(1994) *Introduction to animal parasitology* (*3rd ed.*), Cambridge University Press

Threagold, L. T. (1984) *Parasitic Platyhelminths*. In: Bereiter-Hahn, J., *et al.* (eds.), *Biology of the integument*, Springer-Verlag

板垣　博・大石　勇(1984)新版家畜寄生虫病学，朝倉書店

2.5　犬猫の裂頭条虫症

原　因：裂頭条虫目・裂頭条虫科の条虫が原因となる．日本で問題となる主要な種は，マンソン裂頭条虫 *Spirometra erinaceieuropaei* および日本海裂頭条虫 *Diphyllobothrium nihonkaiense* である．マンソン裂頭条虫の分布は世界的で，日本にも田園地域や農村地域を中心に広く分布する．これは，犬猫への感染源となる動物(カエルやヘビなど)の生息状況を反映している．日本海裂頭条虫の分布は日本の他，日本海周辺の朝鮮半島やロシア極東部である．なお，近縁の広節裂頭条虫 *Diphyllobothrium latum* は，ユーラシア大陸西北部や北米などでみられる．

形　態：マンソン裂頭条虫と日本海裂頭条虫の基本的な形態は互いに類似するが，成虫の全長は大きく異なり，後者の方が長い．

(1) マンソン裂頭条虫(*Spirometra erinaceieuropaei*)

本種には多くのシノニム(*Spirometra erinacei*, *Diphyllobothrium erinacei*, *D. mansoni*)がある．成虫は，体長 1 ～ 2 m，体幅約 1 cm で，白色～

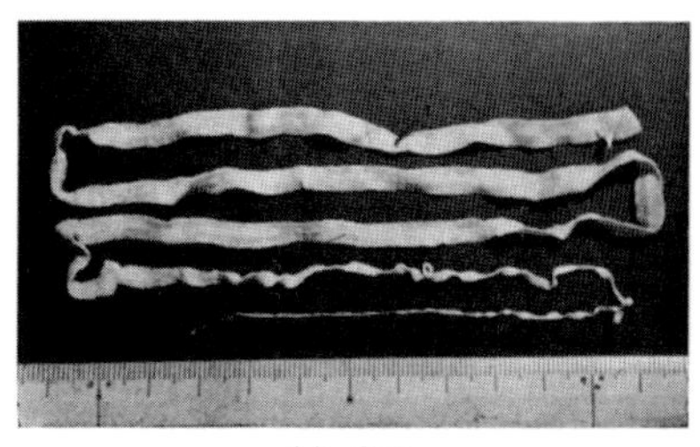

(a) 成虫

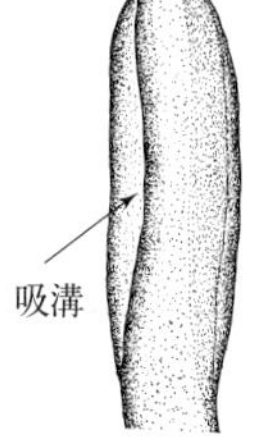

(b) 頭部吸溝

図 III.72　マンソン裂頭条虫［原図：板垣　博・大石　勇］

黄白色を呈する(図 III.72(a))．虫体は前端から頭節・頸部とこれに続くストロビラにより構成され，頭節側の方が，より細い．頭節には，宿主の小腸粘膜に固着するための器官として，背腹に 1 対の吸溝を有する(図 III.72(b))．頸部では新しい片節が次々に形成され，これに伴い既存の片節は徐々に後方に押し出されながら成熟する．成熟片節では雌雄の生殖器が完成し，生殖孔および子宮孔(産卵孔)が腹面の正中線上に開く．老熟片節内の子宮(螺旋状)には虫卵が包蔵されており，子宮孔から順次産出される．本条虫は後述の日本海裂頭条虫と同様に産卵数がきわめて多く，1 匹の成虫が 1 日に産出する虫卵は数万～百万個に及ぶ．ストロビラ全体は 1,000 個以上の片節からなり，各老熟片節の中央部に位置する子宮が連なってみえるのが特徴である．一方，虫卵は褐色を呈し，左右非対称のラグビーボール状で，一端に小蓋を有する(図 III.73)．大きさは 50～70 × 30～45 μm である．虫卵の内容は 1 個の卵細胞と多数の卵黄細胞により構成され，幼虫は未形成である．なお，日本国内のマンソン裂頭条虫は，2 倍体と 3 倍体の虫体が混在しており，3 倍体は単為生殖を行うと考えられる．

(2) 日本海裂頭条虫(*Diphyllobothrium nihonkaiense*)

かつて，同属の広節裂頭条虫(*D. latum*)と混同されていた．しかし，国内でみつかる虫体は，広節裂頭条虫とは第 2 中間宿主や虫体の形態，生化学的性状が異なることから，1986 年に「日本海裂頭条虫」として新種記載され，現在ではこれが定着している．さらに 2017 年には，新たな学名として *Dibothriocephalus nihonkaiensis* が提唱された．成虫の基本的な形態はマンソン裂頭条虫と

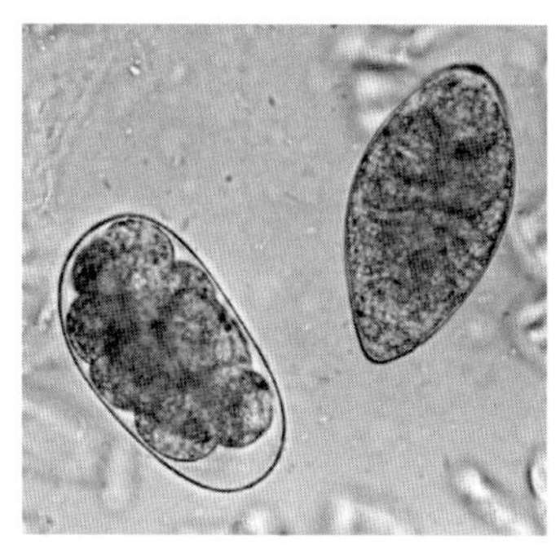

図 III.73　マンソン裂頭条虫の虫卵(右側．左は鉤虫卵)［原図：板垣　匡］

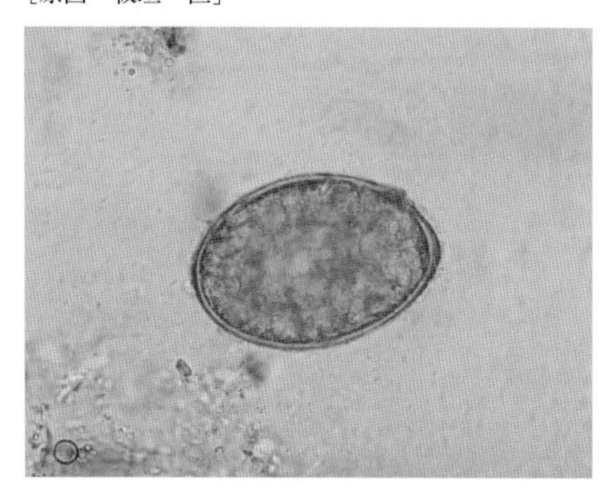

図 III.74　日本海裂頭条虫の虫卵［原図：板垣　匡］

類似するが，体長は最大で 10 m，体幅 1.5 cm とより大きく，片節の総数は 4,000 個に達する．頭節・頸部および各片節の構造，虫卵の産出については，マンソン裂頭条虫と同様であるが，子宮は菊花紋状である．虫卵は黄褐色で一端に小蓋を有する．大きさは 55〜75 × 40〜55 μm，楕円形でマンソン裂頭条虫卵よりも丸みを帯びる(図 III.74)．

発育と感染：マンソン裂頭条虫と日本海裂頭条虫の発育は基本的に類似しており，いずれも中間宿主を 2 つ必要とする点が特徴である．

(1)マンソン裂頭条虫(図 III.75)

第 1 中間宿主はケンミジンコ，第 2 中間宿主はカエル・ヘビ・鳥類・哺乳類と多様である．これら第 2 中間宿主は，待機宿主としての役割も果たす．終宿主の糞便とともに外界に排泄された虫卵内にはコラシジウムが形成される．孵化して水中に遊出したコラシジウムがケンミジンコに捕食されると，その体内でプロセルコイド(前擬尾虫)に発育する．この感染ケンミジンコが第 2 中間宿主に捕食されると，プロセルコイドはプレロセルコイド(擬尾虫)(図 III.76)となり，皮下や筋肉などに寄生する(図 III.77)．第 2 中間宿主が終宿主に捕食されると，その小腸でプレロセルコイドが成虫へと発育する．終宿主としては猫が主要で，次いで犬・タヌキ・キツネなどである．猫の場合，プレロセルコイド摂取から虫卵排出までの期間(プレパテント・ピリオド)は 7 〜10 日間とされる．稀ながら，ヒトから成虫が検出された例も報告されている．

プレロセルコイドが寄生した第 2 中間宿主(例：カエル)を別の第 2 中間宿主(例：ヘビ)が捕食した場合，プレロセルコイドは発育することなくヘビの皮下や筋肉に寄生する．この場合，ヘビは待機宿主であり，プレロセルコイドがその体内に蓄積されるため，終宿主への感染機会が増える．ヘビにおけるプレロセルコイド寄生率を調べると，カエルを好むヤマカガシやシマヘビで著しく高いことが知られている．また，本来は終宿主である猫や犬がケンミジンコとともにプロセルコイドを摂取した場合，プロセルコイドが成虫に発育することはなく，プレロセルコイドのまま皮下や筋肉などに寄生する．すなわち，この場合の猫や犬は第 2 中間宿主に相当する．

マンソン裂頭条虫は，壺形吸虫(*Pharyngostomum cordatum*)と共通の第 2 中間宿主・待機宿主(カエルやヘビなど)をとる．したがって，これらの生物を捕食する機会の多い猫では，マンソン裂頭条虫と壺形吸虫が混合感染する例がしばしばみられる．

(2)日本海裂頭条虫

第 1 中間宿主は，マンソン裂頭条虫の場合と同じくケンミジンコである．一方，第 2 中間宿主は海を回遊するサケ類(サクラマスやカラフトマス)である．また，マンソン裂頭条虫とは異なり，哺乳動物が待機宿主となることはない．臨床上問題となる終宿主はヒトと犬であるが，犬から検出されることは比較的稀である．自然界ではクマや海棲哺乳類へ寄生が報告されているものの，生活環には不明な点が残されており，主要な終宿主についてもさらに検討が必要である．

病原性と症状：いずれの裂頭条虫種も，成虫寄生による終宿主への病害は軽微である．通常，少数寄生では無症状で経過するため，飼い主が犬猫の肛門から排出されたストロビラを発見して感染

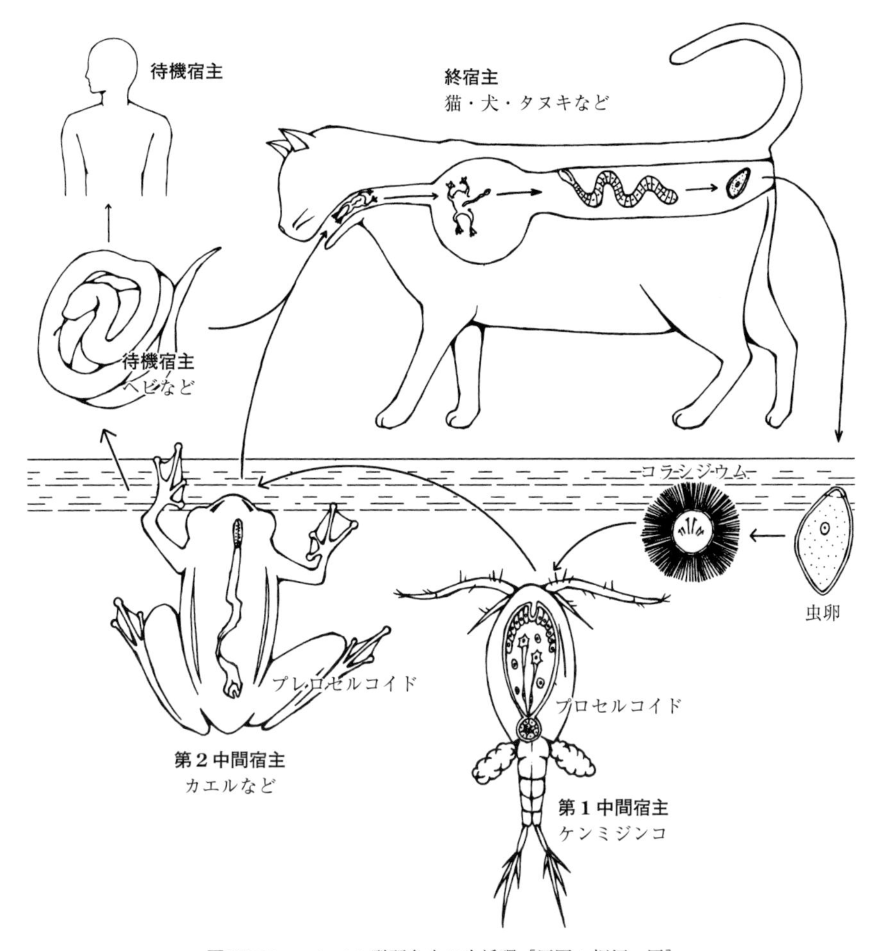

図 III.75　マンソン裂頭条虫の生活環［原図：板垣　匡］

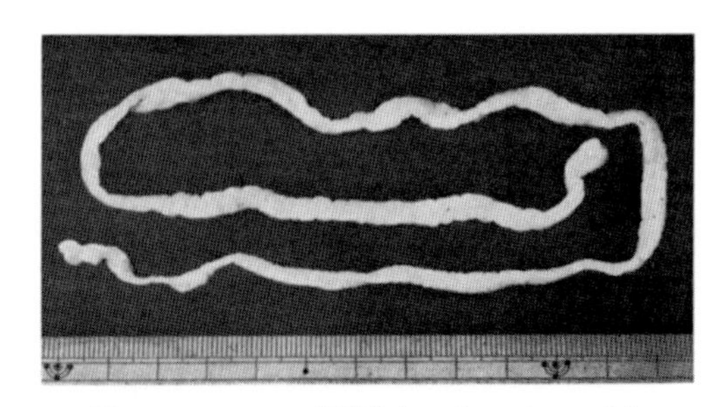

図 III.76　マンソン裂頭条虫のプレロセルコイド［原図：板垣　博・大石　勇］

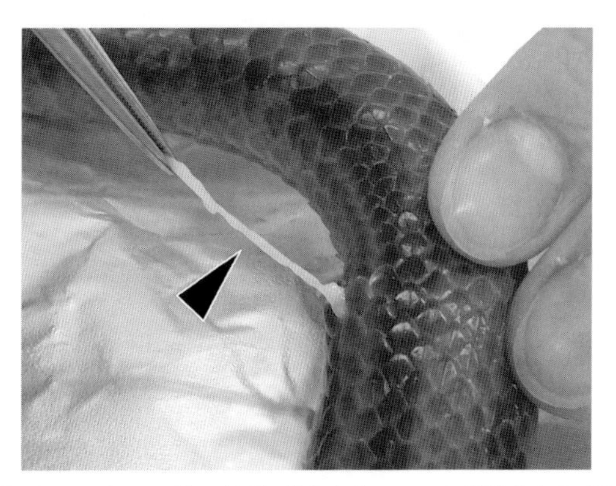

図 III.77　シマヘビの皮下に寄生するマンソン裂頭条虫のプレロセルコイド(マンソン孤虫)

に気づく例も多い．しかし多数の成虫が寄生した場合には，時として粘血便を伴う慢性の下痢や消化不良により，栄養失調を招く．また，食欲の異常亢進や異食症などを認めることもある．血液所見では白血球数，とくに好酸球数の増加が特徴である．なお，北欧では，広節裂頭条虫の感染者が悪性貧血を起こすことが知られている．これは寄生虫体による造血因子(ビタミン B_{12})の消費によるものと理解されている．しかし，日本国内の日本海裂頭条虫寄生の場合はこのような症状はみられない．

マンソン裂頭条虫では，プレロセルコイドが宿主の頭蓋内・脊髄・心嚢内・眼瞼などに寄生して周辺組織を圧迫，壊死させ，深刻な病害を与えることがある．また，皮下や筋肉に寄生した場合には，移動性腫瘤を形成して発熱・疼痛・掻痒感がみられる．これらはマンソン孤虫症(Sparganosis mansoni)とよばれる幼虫移行症として，とくに人体症例が医学領域で問題となる．なお，一般に，成虫が未特定の条虫類の幼虫を孤虫とよぶ．マンソン孤虫についてはすでに成虫(マンソン裂頭条虫)が明らかにされたが，現在でも孤虫の呼称が使われている．

診 断：いずれの裂頭条虫種も，成虫寄生の診断には糞便内の虫卵を検出する．裂頭条虫類では，成虫が宿主消化管内で成熟虫卵を順次産卵し，産卵数もきわめて多いため，通常は直接塗抹法による糞便検査で虫卵を検出することができる．しかし，虫体発育の程度や宿主の種により産卵数が変動するため，ホルマリン・エーテル法(MGL)法やAMSIII法など沈殿法による集卵検査がより確実である．また，宿主の肛門から排出されたストロビラの形態を観察できれば，裂頭条虫類であることの確認は容易である．一方，マンソン孤虫症(プレロセルコイド寄生)の場合，虫体が組織内に寄生するため，虫体を直接確認することができない．人体症例では，移動性または限局性の皮膚腫脹や腫瘤が認められた場合には本症を疑い血清学的診断が行われるが，犬や猫では実用化されていない．

治 療：裂頭条虫の成虫に対してもっとも有効な駆虫薬はプラジカンテルであるが，高い用量で使用する必要がある．具体的には，マンソン裂頭条虫の場合30 mg/kg(円葉目の瓜実条虫に対する用量の6倍)，日本海裂頭条虫では35 mg/kg(瓜実条虫に対する用量の7倍)を1回投与する．ただし，裂頭条虫類の駆虫は円葉条虫類の場合よりも難しい場合が多く，これらの用量で投与しても虫体が残存したとする症例も稀ではない．他には，塩酸ブナミジン40～50 mg/kgの空腹時経口投与も有効とされるが，嘔吐や異常便排出などの副作用をみることがある．一方，マンソン孤虫症(プレロセルコイド寄生)に有効な治療薬はなく，外科的に虫体を摘出する．

予 防：犬猫への成虫寄生を防ぐために，感染源となる第2中間宿主や待機宿主を生食させないことが重要である．飼育環境によりやむを得ない場合には，定期的に糞便検査を実施し，必要に応じて駆虫を行うことで多数の虫体が寄生することを防ぐ．また，ケンミジンコ(第1中間宿主)の摂取がプレロセルコイド寄生の原因となりうるため，ケンミジンコを含む懸念のある水は与えないようにする．

2.6 犬猫の円葉目条虫症(中間宿主の嚢虫症を含む)

2.6.1 瓜実条虫症

原 因：円葉目・ジピリディウム科(二孔条虫科)に属する瓜実条虫(犬条虫)*Dipylidium caninum* の成虫寄生による．分布は世界的で，日本でも普通にみられるが北日本では比較的少ない．

形 態：体長は数cm～50 cm程度，体幅は約3 mmである(図III.78)．ただし，体長は寄生虫体数によっても影響され，多数寄生では個々の虫体長が小さくなる傾向がある．この現象は混み合い効果(crowding effect)とよばれる．頭節には，4個の吸盤と，40～60個の鉤を3～4列に配した額嘴を有する(図III.79c)．額嘴は伸縮自在で，額嘴嚢への出し入れを活発に行う．ストロビラは100個以上の片節からなる．成熟片節には2組の雌雄生殖器を備え，生殖孔が各片節の左右両側縁に開く(図III.79a)．受胎片節は瓜の種子状を呈し，本条虫名の由来となっている．他の円葉目条虫類と同様，産卵孔を欠く．受胎片節では多数の

図III.78 瓜実条虫［原図：板垣 博・大石 勇］

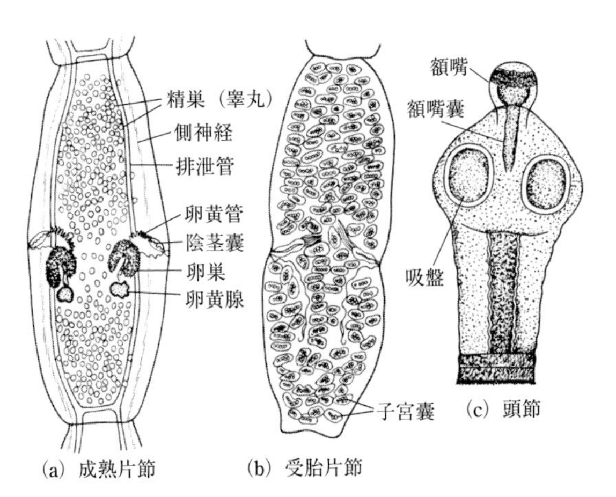

図 III.79 瓜実条虫の片節，頭節［原図：板垣　博・大石　勇］

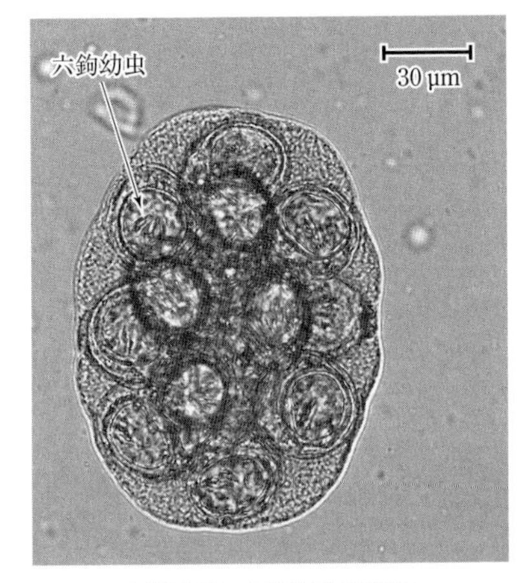

図 III.80 瓜実条虫の卵嚢

卵嚢(子宮嚢：uterine capsule)が片節の大部分を占める(図 III.79b)．卵嚢は子宮が嚢状に分かれたもので，8 ～15 個の虫卵を包蔵する(図 III.80)．受胎片節は虫体後端から順次切り離されて，糞便とともに宿主体外に排出される．排出された受胎片節は 8 ～10 × 2 ～ 3 mm，白色で活発に伸縮するため飼い主に発見されやすく，しばしばハエの幼虫(ウジ)などと誤認される．卵嚢内の虫卵は約 40～50 μm の類球形で，六鉤幼虫を包蔵する．

発育と感染(図 III.81)：おもな中間宿主はノミ類(ネコノミ・イヌノミ・ヒトノミ)である．受胎片節の伸縮運動や崩壊に伴い露出した虫卵を幼虫期のノミが摂取すると，その消化管内で孵化した六鉤幼虫が体腔に移動し，3 週間程度で擬嚢尾虫へと発育する．このノミが擬嚢尾虫を含んだまま発育して成虫になると犬猫に寄生し，これら終宿

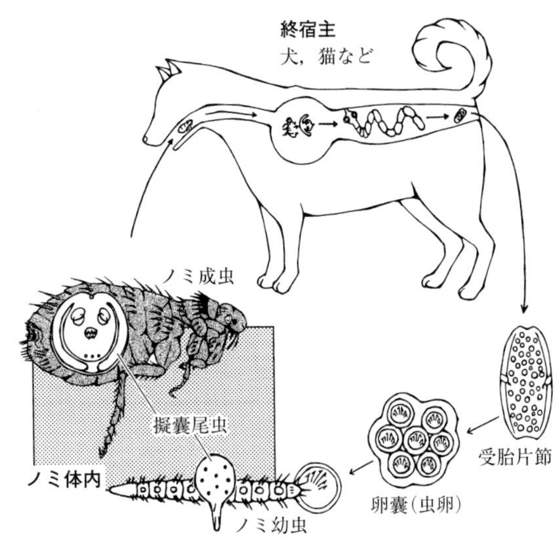

図 III.81 瓜実条虫の生活環［原図：板垣　匡］

主動物への瓜実条虫の感染源となる．すなわち，擬嚢尾虫を含むノミ成虫を終宿主が毛づくろいなどの際に経口摂取することで感染し，遊離した頭節が小腸で成虫へと発育する．通常，2 ～ 4 週間後には終宿主の糞便内に受胎片節が排出されるが，虫体の発育は終宿主の健康状態や年齢などにも影響される．終宿主は，犬や猫の他にキツネ・オオカミ・ヤマネコなどである．稀にヒト(とくに小児)に寄生する場合もある．

病原性と症状：一般に，円葉目条虫の成虫による病害は軽度で，とくに少数寄生では無症状で経過することが多い．ただし，幼齢あるいは基礎疾患をもつ宿主に多数の虫体が寄生した場合，元気消失・食欲不振・下痢・削痩・嘔吐・腹痛などがみられる他，腸閉塞・腸重積・腹部膨満や，けいれん・てんかん様発作が起きることもある．一方，排出された受胎片節が肛門周囲に付着して局所を刺激すると，宿主に不快感や痒みをもたらす．

診断・治療・予防：糞便とともに排出された受胎片節および卵嚢の形態を確認することで診断が可能である．瓜実条虫の受胎片節は瓜の種子状で，新鮮な状態であれば活発に伸縮運動する．また，受胎片節内をスライドガラスなどで圧平して顕微鏡で観察することにより，飛び出した卵嚢を確認できる．ただし，宿主体外に排出されて時間が経った受胎片節は，乾燥により米粒大ほどに収

縮している場合もある．

条虫の成虫を駆虫する際には，頭節を含む虫体全体を駆除することが重要である．頭節が残存した場合，新しいストロビラが再生して駆虫前の状況に戻ってしまうためである．瓜実条虫の成虫に対してはプラジカンテルが高い駆虫効果を示し，広く使われている．5 mg/kg の経口または皮下の単回投与で完全な駆虫が期待できる．なお，瓜実条虫の成虫寄生が確認された場合，同じ宿主にノミ(中間宿主)が寄生している場合が多い．したがって，瓜実条虫の駆虫と並行してノミ寄生の確認と駆除を行い，再感染を防ぐ必要がある．その際，卵・幼虫・蛹期のノミは宿主から離れて環境中に生存しているため，飼養環境の清浄化も欠かせない．

瓜実条虫の感染予防には，飼養環境を清潔に保つことでノミ(中間宿主)の発生を防ぎ，ノミを摂取させないことが重要である．また，必要に応じて瓜実条虫の成虫に対する予防的駆虫を定期的に行うことも有効である．

2.6.2　テニア属条虫症(中間宿主の嚢尾虫症を含む)

原　因：円葉目・テニア科・テニア属(*Taenia*)の豆状条虫(*T. pisiformis*)・胞状条虫(*T. hydatigena*)・多頭条虫(*T. multiceps*)・連節条虫(*T. serialis*)，*Hydatigera* 属の猫条虫(*H. taeniaeformis*)が原因となる．猫条虫は他のテニア属条虫との類似点が多く，かつてテニア属に含まれていたため，この項目で取り上げる．いずれの種も世界に広く分布するが，日本における豆状条虫・胞状条虫・連節条虫の分布域は限られており，多頭条虫は常在しない．猫条虫は，日本でも普通にみられる．なお，ここで取り上げるテニア属条虫は犬猫を終宿主とするが，中間宿主はウサギ・反芻獣・豚・げっ歯類などである．成虫期と幼虫(嚢尾虫)期の虫体は形態が大きく異なる．成虫と嚢尾虫では宿主域や病害も異なるが，各条虫種の生活環に即した理解のために，成虫と嚢尾虫をこの項でまとめて取り上げる．

形　態：成虫の体長は 20～500 cm ほどで，中形～大形の条虫である．頭節には 4 つの吸盤と額嘴を有し，額嘴には 20～50 個の鉤が 2 列に並んで付属する．鉤の形態や数が，種を鑑別する際の目安の 1 つとなる．成熟片節は 1 組の雌雄生殖器を備え，生殖孔は片節側縁(片側のみ)に開口する．産卵孔はない．受胎片節は，樹枝状に分岐した子宮が大部分を占めており，子宮内には多数の虫卵を包蔵する．虫卵の構造を外側から順にたどると，最外層の薄い卵殻，中間層の厚く丈夫な幼虫被殻，最内層の六鉤幼虫膜となる．六鉤幼虫膜の内部に六鉤幼虫が収まる．ただし，卵殻は薄くて壊れやすく，糞便から検出される際には脱落している場合が多い(図 III.82)．このため，虫卵の大きさは幼虫被殻の大きさで示され，30～40 × 20～30 μm ほどである．なお，テニア科条虫(テニア属および後述のエキノコックス属を含む)の虫卵は形態が互いによく似ており，顕微鏡観察による種の鑑別は困難である．テニア属の中でも，条虫の種ごとに中間宿主，嚢尾虫の形態や寄生部位が異なるため，詳細は後述する．国内では，猫条虫を除き，犬猫へのテニア属条虫(成虫)の寄生例は稀である．

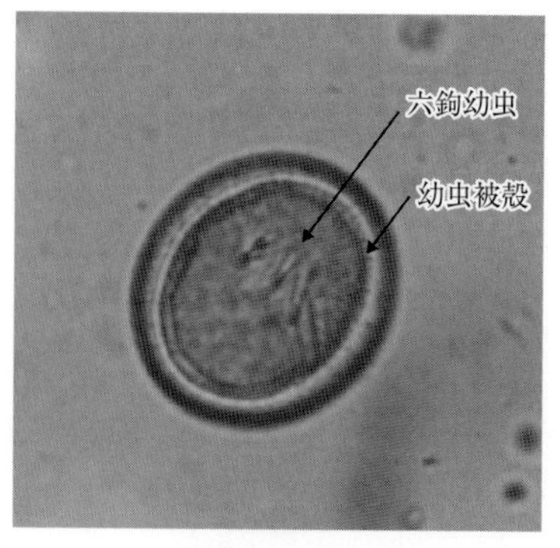

図 III.82　テニア属条虫の虫卵［原図：板垣　匡］

① 豆状条虫(*T. pisiformis*)：成虫は体長 30～200 cm，体幅 4 ～ 7 mm で，ストロビラの側縁はノコギリ刃状を呈する(図 III.83)．頭節に 4 個の吸盤を有し，額嘴には大小異なるサイズ(220～290 μm および 130～180 μm)の鉤が 34～48 個並ぶ．成虫は，イヌ科動物(犬・キツネ・コヨーテなど)およびネコ科動物(猫・トラ・ライオンなど)の小腸に寄生する．一方，中間宿主はウサギで，その肝臓や腹腔に直径約 1 cm の半透明の豆状嚢尾虫が寄生する(図 III.84, 85)．

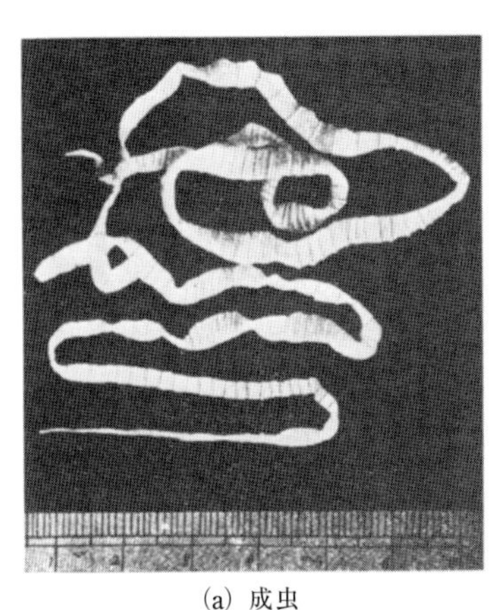

(a) 成虫

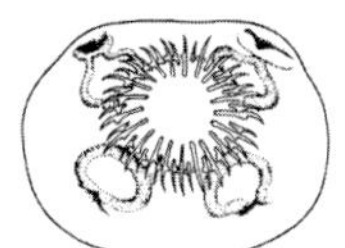

(b) 頭節の吸盤と鉤

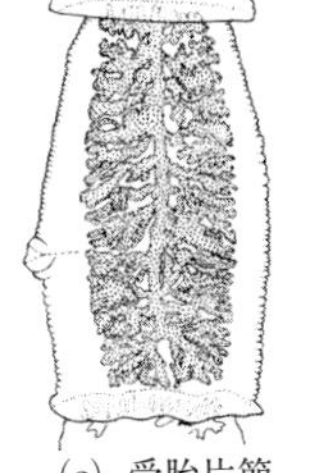

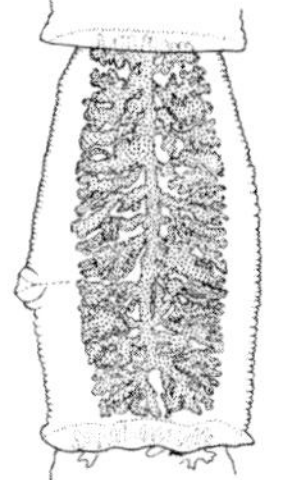

(c) 受胎片節

図 III.83　豆状条虫［原図：板垣　博・大石　勇］

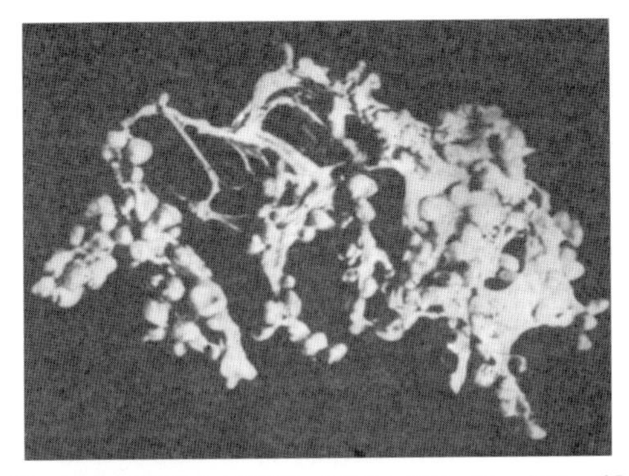

図 III.84　豆状条虫の嚢尾虫［原図：板垣　匡・大石　勇］

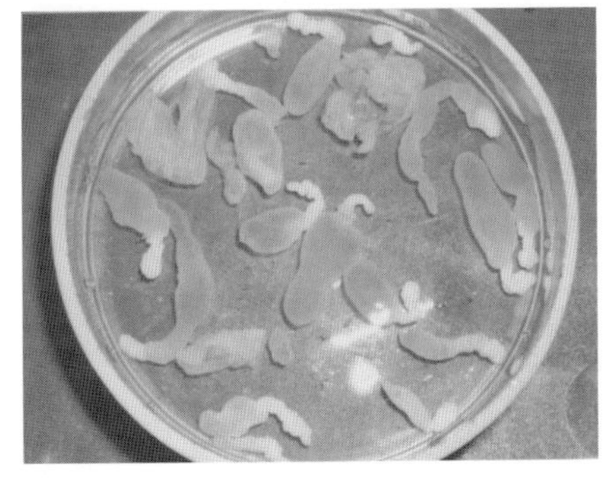

図 III.85　翻転した豆状嚢尾虫［原図：板垣　匡］

嚢尾虫は単尾虫(各嚢尾虫が1つの頭節を形成)の形をとる．

②胞状条虫(*T. hydatigena*)：成虫は体長75～500 cm，体幅5～7 mm．頭節に4個の吸盤を有し，額嘴には大小(170～220 μm および110～160 μm)の鉤が22～44個並ぶ．成虫は，イヌ科動物(犬・キツネ・オオカミなど)，ネコ科動物(猫など)，イタチ科動物(テンなど)の小腸に寄生する(図 III.86)．中間宿主はめん羊・牛・豚・

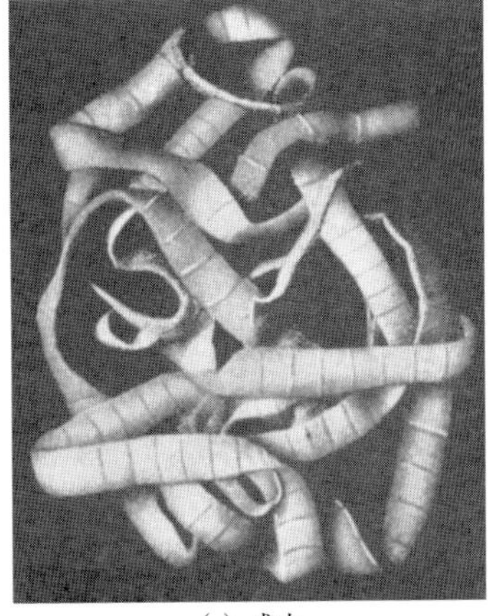

(a) 成虫

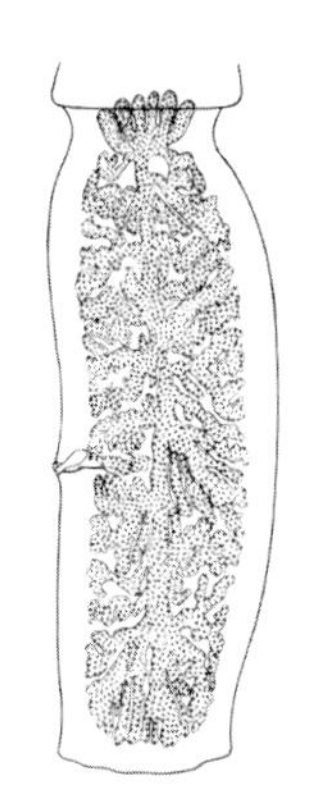

(b) 受胎片節

図 III.86　胞状条虫［原図：板垣　博・大石　勇］

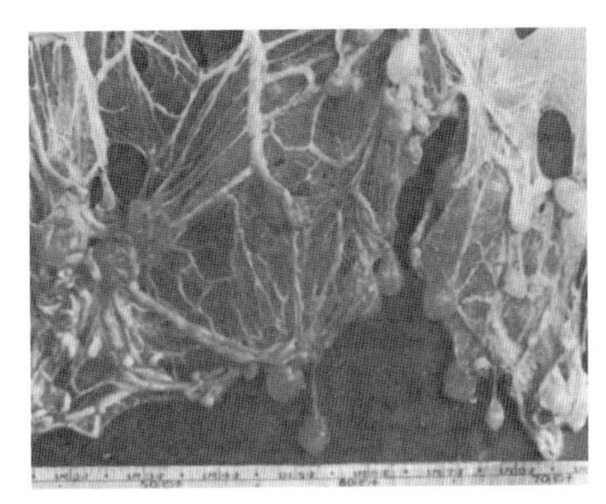

図 III.87　豚の大網に寄生する細頸嚢尾虫
［原図：板垣　博・大石　勇］

カモシカなどで，その腹腔臓器の漿膜面や肝臓に細頸嚢尾虫が寄生する(図 III.87)．本嚢尾虫の名称は，虫体が細長い紐状の膜で臓器にぶら下がったようにみえることに由来する．嚢尾虫の直径は0.5～5 cm で半透明，類球状で，肉眼的には嚢胞肝や腸気泡症などと類似する．嚢尾虫は単尾虫の形をとる．

③多頭条虫(*T. multiceps*)：成虫は体長40～100 cm，体幅3～5 mm．頭節に4個の吸盤を有し，額嘴には大小(150～170 μm および90～130 μm)の鉤が22～32個付属する．成虫は，イヌ科動物(犬・キツネ・コヨーテなど)の小腸に寄生する．中間宿主はめん羊・山羊・牛などで，その脳や脊髄に直径約5 cm の脳共尾虫が寄生する(図 III.88)．嚢尾虫は共尾虫(各嚢尾虫が複数の頭節を形成)の形をとる．

④連節条虫(*T. serialis*)：成虫は体長20～75

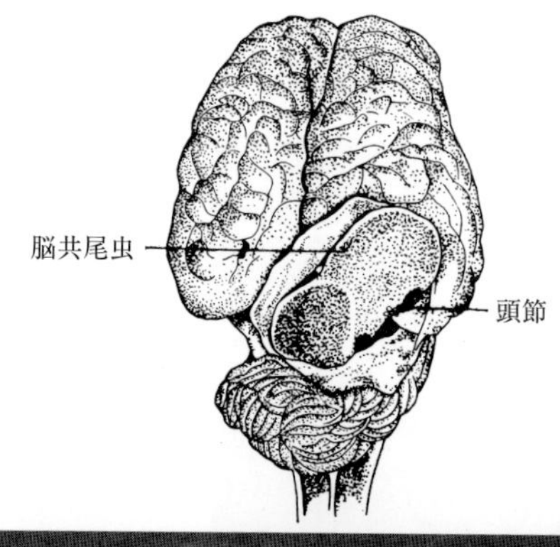

図 III.88 脳共尾虫(白色球状のものは頭節)
［原図：板垣 博・大石 勇］

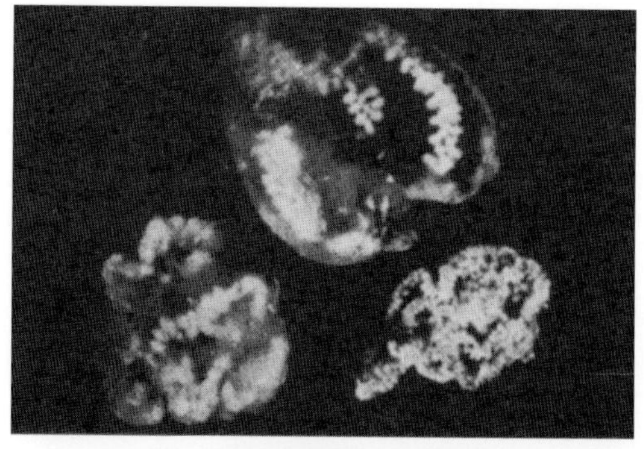

(a) 全形(白色球状のものは頭節)

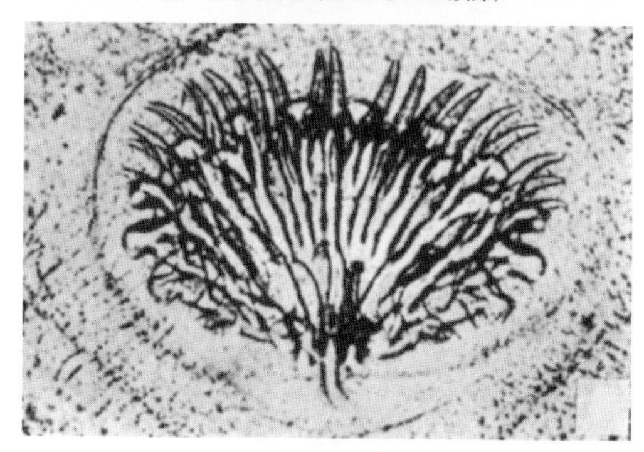

(b) 頭節の鉤

図 III.89 連節共尾虫［原図：板垣 博・大石 勇］

cm，体幅 3 ～ 5 mm．頭節に 4 個の吸盤を有し，額嘴には大小(130～175 μm および 70～120 μm)の鉤が 22～35 個みられる．成虫は，イヌ科動物(犬・キツネ・コヨーテなど)の小腸に寄生する．中間宿主はウサギで，その筋間や皮下組織に直径約 5 cm の連節共尾虫が寄生する(図 III.89)．連節共尾虫の頭節は多数が数珠状に連なる．囊尾虫は共尾虫の形をとる．

⑤ 猫条虫(*H. taeniaeformis*)：成虫は体長 15～60 cm，体幅 3 ～ 5 mm．頭節に 4 個の吸盤を有し，額嘴には大小(380～420 μm および 250～270 μm)の鉤が 26～52 個並ぶ．成虫は，猫やキツネの小腸に寄生する．中間宿主はネズミ類(ドブネズミなど)で，その肝臓に直径 5 mm ほどの帯状囊尾虫が寄生する(図 III.90)．頭節はすでに翻転してストロビラの形成が認められるため，片節囊尾虫ともよばれる(図 III.91)．

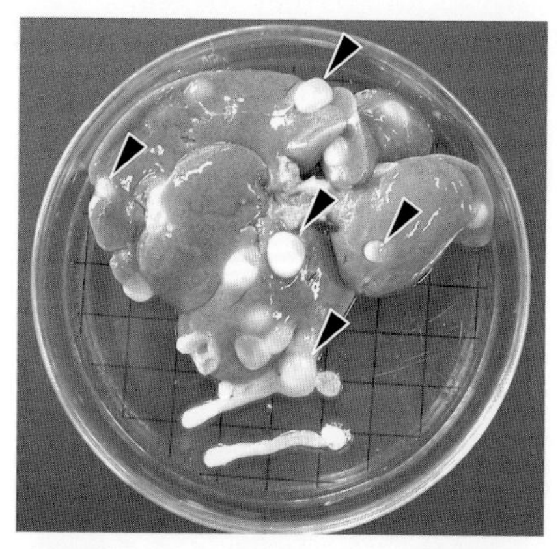

図 III.90 ラットの肝臓に寄生する帯状囊尾虫
［原図：奥 祐三郎］

発育と感染：テニア属条虫の生活環が成立するためには，終宿主の他に，中間宿主を 1 つ必要とする．虫卵が中間宿主に経口的に摂取されると，腸管内で孵化した六鉤幼虫は腸管粘膜に侵入して血流に乗り，血行性にそれぞれの寄生部位に到達して囊尾虫へと発育する．囊尾虫の形態は条虫の種により異なる．これらの囊尾虫が中間宿主とともに終宿主に捕食されると，囊尾虫内の頭節が小腸粘膜に固着して発育し，1 ～ 3 か月後には成虫となって受胎片節や虫卵の排泄を開始する．排出された虫卵内にはすでに六鉤幼虫が形成されており，中間宿主への感染能を備えている．

病原性と症状：成虫寄生による終宿主への病害

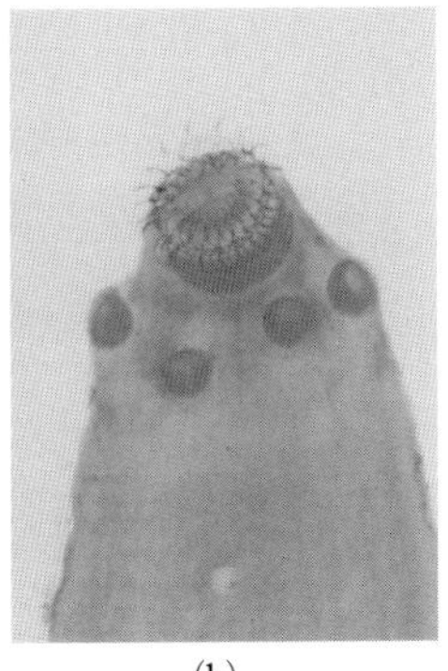

(a)　(b)

図 III.91　片節嚢尾虫(a)と頭節部［原図：板垣　匡］

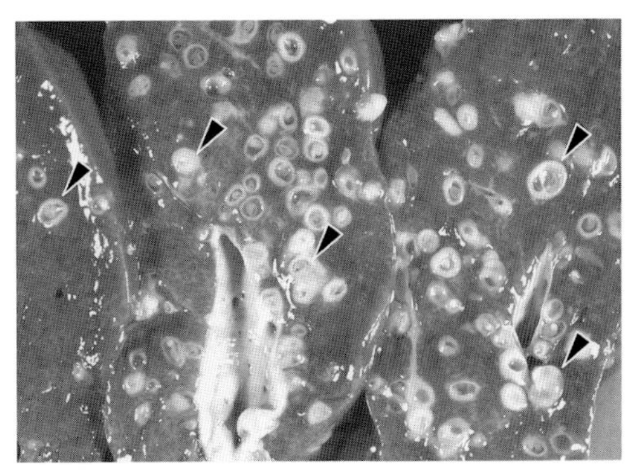

図 III.92　豚の肝臓実質内に寄生する多数の細頸嚢尾虫［原図：奥 祐三郎］

と，嚢尾虫寄生による中間宿主への病害は異なり，一般に後者の方が宿主に対する病害は大きい．成虫寄生による病害については，瓜実条虫による犬猫への病害(先述)の場合と同様である．すなわち，成虫による病害は軽度で，とくに少数寄生では無症状で経過することが多い．ただし，幼齢あるいは基礎疾患をもつ宿主に多数の虫体が寄生した場合には臨床症状の発現に繋がる場合もあり，注意が必要である．

一方，嚢尾虫は，中間宿主の体腔や主要臓器の組織内に寄生して発育するために，寄生部位によっては宿主に深刻な病害をもたらす．とくに，胞状条虫の嚢尾虫(細頸嚢尾虫)および多頭条虫の嚢尾虫(脳共尾虫)による疾病は産業動物に被害をもたらすため，以下に詳述する．

①細頸嚢尾虫症：少数寄生では症状の発現は認められないが，多数の嚢尾虫がめん羊や豚の肝臓に寄生した場合(図 III.92)，急性肝蛭症に類似した肝炎症状を示し，しばしば致死的である．また，感染めん羊の肝被膜下に直径約 1 cm の緑色結節が散在する例がみられるが，これは再感染抵抗性による宿主の組織反応で死滅した虫体であると理解されている．海外のめん羊産業がさかんな国や地域では問題となるが，日本国内の家畜における症例は稀である．

②脳共尾虫症：嚢尾虫は大脳表面に形成され，虫体の発育とともに周囲の組織や頭蓋骨を圧迫する．これによりもたらされる症状は，寄生部位と虫体の大きさにより異なり，大脳半球占拠部位の方向に傾頸したり，旋回したりする(めん羊の旋回病)．さらに，視覚障害を伴う場合もある．嚢尾虫が大脳前部に形成された場合には，頭部を垂れて跳躍したり，障害物に盲進したりする行動がみられる．小脳が圧迫されるとけいれん・歩行障害・流涎などを示し，脊髄が圧迫されると運動障害や運動麻痺がみられ，起立不能や横臥をみる．さらに，頭蓋骨や脊髄骨が圧迫により萎縮・軟化し，病態が進行すると頭蓋骨穿孔を起こす．

診断・治療・予防：成虫寄生(終宿主)の場合と嚢尾虫寄生(中間宿主)の場合とを区別して理解することが重要である．

①終宿主の診断・治療・予防：瓜実条虫(先述)の場合に準ずる．すなわち，糞便とともに排出された受胎片節や虫卵の形態を確認することで診断する．テニア属条虫の受胎片節では，生殖孔が片節の側縁(片側のみ)に開き，片節内は樹枝状の子宮が占める．受胎片節が宿主腸管内で壊れると子宮内の虫卵が放出されるため，糞便検査(虫卵の検出)による診断も可能である．ただし，テニア属の虫卵はエキノコックス属の虫卵と形態が酷似しており，顕微鏡観察による種の鑑別は困難である．したがって，鑑別が必要な場合には，さらに種特異的な遺伝子や抗原の検出を行う．成虫の駆虫の要領は瓜実条虫の場合と同様で，頭節を含む虫体全体を駆除することが重要である．駆虫にはプラジカンテルが高い効果を示し，5 mg/kg の経口または皮下の単回投与で完全な駆虫が期待できる．終宿主への成虫寄生を予防するためには，中間宿主の捕食を防ぐこと，また，中間宿主の感染臓器を生で与えないことが重要である．

②中間宿主の診断・治療・予防：通常，生前の

診断や治療は行わないが，常在地では先述の特徴的な症状により嚢尾虫の寄生を疑う．剖検や食肉検査では，虫体の形態や宿主の種類・寄生部位により診断する．犬など終宿主動物への成虫寄生が感染源となるので，常在地では定期的に検査と駆虫を行う．なお，海外の牧羊地域では，嚢尾虫に対する感染防御ワクチンも試みられている．

2.6.3 エキノコックス症（中間宿主の包虫症を含む）

原 因：円葉目・テニア科・エキノコックス属（*Echinococcus*）の条虫が原因であり，獣医学領域における重要種は単包条虫（*E. granulosus*）および多包条虫（*E. multilocularis*）である．単包条虫は分布域が広く，遺伝的背景や宿主域が多様なため，複数の種に細分化する分類法が定着しつつあるが，ここでは一括して単包条虫として記述する．日本（北海道）に常在して問題となっているのは，多包条虫である．エキノコックス属の条虫として，他に南米（ヤマネコ包条虫，フォーゲル包条虫）やチベット（*E. shiquicus*）にも固有の種がみられるが，分布は限局的である．

分 布：単包条虫の分布は世界的で，とくにアフリカ・地中海沿岸・中近東・中央アジア・中国・オーストラリア・カナダ・南米などに流行が認められる．日本における定着は確認されていないが，散発的に患者の発生がみられる他，輸入牛（生体）への寄生例が報告されている．一方，多包条虫の分布は北半球の比較的高緯度地域に限られる．とくに，中央ヨーロッパ（ドイツ・スイス・フランスなど）・中国・シベリア・北米などに流行が認められる．日本でも北海道で流行がみられ，キタキツネ（終宿主）の約4割から成虫が検出される状況が続いている．また，北海道外でも新規患者が散発的に発生している．近年，知多半島などで終宿主（犬）からの虫卵検出事例が複数確認されたことから，本州の一部地域における生活環の定着が懸念されている．

形 態：単包条虫・多包条虫ともに成虫は条虫類としては例外的に小形で，体長は1 cmにも満たない．片節の数も3～5個程度である．頭節には4つの吸盤と額嘴を有し，額嘴には26～46個の鉤が2列に並ぶ．成熟片節には1組の雌雄生殖器を有し，生殖孔は側縁（片側のみ）に開く．産卵孔はない（図III.93）．受胎片節の子宮は分岐せず内部に200個程度の虫卵を含む．虫卵の形態は他のテニア科条虫と似ており，顕微鏡観察による種の鑑別は困難である．卵殻は薄くて壊れやすいため，通常は糞便から検出される際には消失している．幼虫被殻は約32～35 μmで，内部に六鉤幼虫を含む．エキノコックス属の幼虫は包虫（hydatid cyst, echinococcus）とよばれる特殊な形態を示し，中間宿主体内で無性増殖する．包虫の最外層は層状被膜とよばれ，多糖類に富んだ無細胞・無構造の層である．以前はクチクラ層と称されたが，実際にはクチクラは含まない．層状被膜の内面は胚層（胚細胞層）で内張りされており，この層を構成する未分化の細胞から繁殖胞が形成され，さらに繁殖胞の内部に多数の原頭節が形成される．好適な中間宿主体内では，包虫が無性増殖して全体の大きさが増していくのと並行して，その内部には新たな繁殖胞と原頭節が次々に形成される．このため，1個の包虫内にはきわめて多数の原頭節が形成される．一方，非好適な中間宿主体内では繁殖胞や原頭節が形成されず，層状被膜のみの構造として認められることが多い．

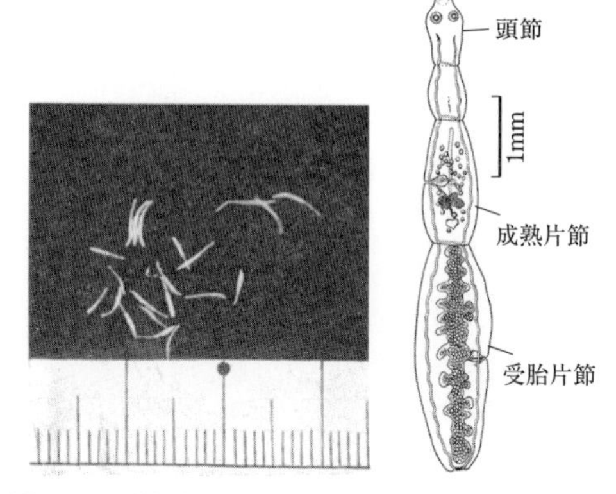

図III.93 単包条虫の成虫［原図：板垣 博・大石 勇］

①単包条虫（*E. granulosus*）：成虫の体長は約2～9 mmである．頭節に続いて未熟片節・成熟片節・受胎片節が連なり，計3～5個ほどの片節が虫体を形成する．生殖孔は各片節側縁の中央～やや後方に開く．単包条虫の包虫を単包虫（unilocular hydatid）とよぶ．単包虫の増殖は組織浸

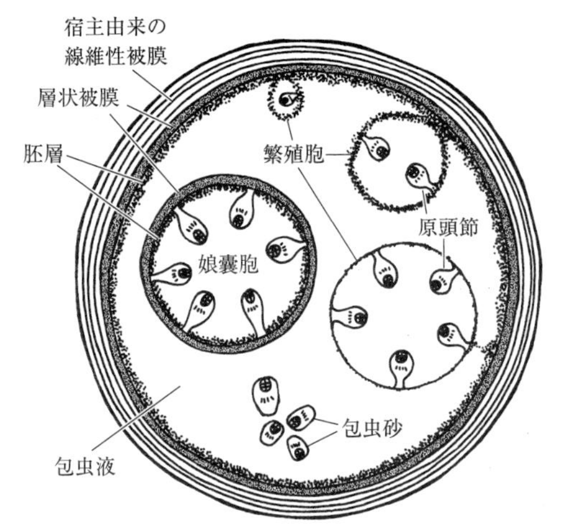

図 III.94　単包虫の構造［原図：板垣　匡］

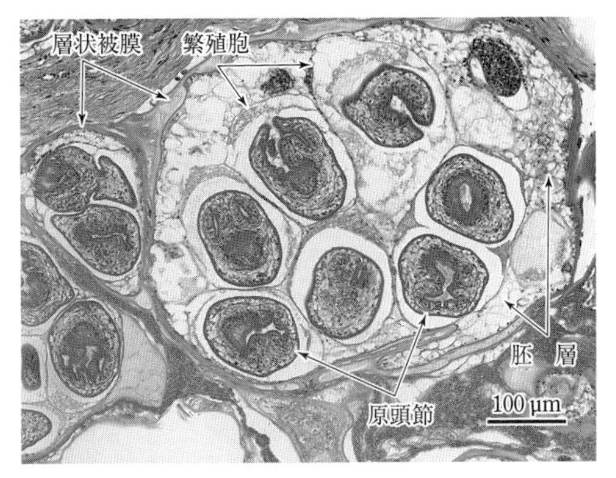

図 III.95　好適な実験的中間宿主(コットンラット)に寄生した多包虫

潤性ではなく，ほぼ球形を保ったままボール状に包虫全体の大きさが増し，その内部に繁殖胞と原頭節を形成する(図 III.94)．また，単包虫の内部には包虫液とよばれる多量の液体が貯留する．この包虫液中に遊離した繁殖胞と原頭節は，肉眼的に砂粒状にみえることから包虫砂(hydatid sand)とよばれる．

②多包条虫(*E. multilocularis*)：成虫は単包条虫よりもやや小さく，体長は約 1.2〜4.5 mm である．また，生殖孔は各片節側縁のやや前方寄りに開く．多包条虫の包虫は多包虫(alveolar hydatid)とよばれる．多包虫は多胞性で，寄生臓器の組織内に浸潤しながら無性生殖により増殖するため，包虫全体の大きさや形態は不定である．内部構造は基本的に単包虫と同様で，最外層は層状被膜でおおわれており，その内部に繁殖胞，さらにその内部に多数の原頭節を作る(図 III.95)．最終的には，寄生した臓器の大部分を占めるほどに包虫が増殖する場合もある．通常，包虫液の貯留は単包虫ほど顕著ではない．

発育と感染：他のテニア科条虫と同様で，終宿主の他に中間宿主を 1 つ必要とする．

①単包条虫：終宿主はイヌ科動物(犬・オオカミ・ジャッカル・ディンゴなど)である．稀に猫からも成虫がみつかるが，未成熟である．成虫は終宿主の小腸で発育し，糞便とともに受胎片節や虫卵が排出される．プレパテント・ピリオドは 40〜50 日間程度である．この虫卵を経口摂取した中間宿主に単包虫が寄生する．単包条虫の中間宿主は虫体の系統や地域により多様であるが，めん羊や牛などの偶蹄類が主要である．他に，馬・ラクダ・カンガルーなどの動物やヒトへの包虫寄生もみられる．中間宿主の腸管内で虫卵から孵化した六鉤幼虫は腸管の粘膜から侵入し，おもに血行性に肺や肝臓に到達して寄生する．組織内に寄生した虫体は嚢胞化し，やがて単包虫を形成する．単包虫が寄生した中間宿主やその臓器を終宿主が捕食すると，包虫内の原頭節が終宿主の小腸粘膜に固着して成虫へと発育する．牧畜地域における単包条虫の典型的な生活環は，飼養犬と反芻家畜の間で成立している．

②多包条虫(図 III.96)：終宿主はアカギツネや犬などのイヌ科動物である．プレパテント・ピリオドは単包条虫も短く 30 日間程度である．多包条虫の好適な中間宿主は単包条虫と異なり，ハタネズミやヤチネズミなどのげっ歯類である．実験動物では，スナネズミやコットンラットが好適な中間宿主として広く使われている．他に，ドブネズミ・トガリネズミ・霊長類(ヒトを含む)・豚・馬などにも多包虫が寄生する．ただし，ヒトや豚など非好適な宿主では，繁殖胞や原頭節の形成はみられない．北海道の自然界における多包条虫の生活環は，キタキツネ(アカギツネの亜種)とエゾヤチネズミの間にみられる捕食者−被捕食者の関係によって維持されている．

病原性と症状：終宿主は感染初期に粘液や血液の混じった便や下痢便を排出する場合があるが，顕著な症状はみられない．単包条虫・多包条虫と

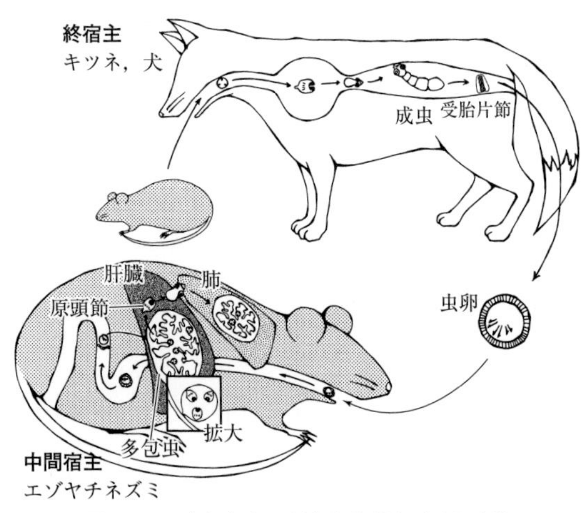

図 III.96　多包条虫の生活環［原図：板垣　匡］

もに，成虫寄生による終宿主への病害が問題となることはほとんどない．一方，包虫は中間宿主体内であたかもがんのように無性増殖し，寄生臓器の機能障害を引き起こす．これを包虫症(単包虫症・多包虫症)とよぶ．ヒトは非好適な中間宿主であるため，人体包虫症では虫体の発育が遅く，潜伏期間が数年以上に及び，肺や肝臓の機能不全により致死的な経過をとる場合もある．また，原発寄生部位の虫体の一部が血流により他の臓器に運ばれて増殖し，病巣が転移するとも考えられている．家畜の包虫感染では生前に発症する例は稀であり，食肉検査や剖検の際に虫体がみつかる例が多い．日本では，多包条虫の流行地である北海道を中心に，豚や馬への多包虫寄生がみつかっている．食肉検査で把握される豚への多包虫感染状況は，飼養地域における流行状況を反映することから，北海道では多包虫症の流行をモニタリングするための指標として利用されている．

診断・治療・予防：他のテニア科条虫と同様，成虫寄生(終宿主)の場合と包虫寄生(中間宿主)の場合とを区別して理解することが重要である．

単包条虫・多包条虫ともに，終宿主(犬や猫など)における成虫寄生の診断は，糞便検査による受胎片節や虫卵の検出が基本となる．ただし，顕微鏡による虫卵の形態観察のみでは他のテニア科条虫との鑑別が難しい．犬猫からエキノコックス属条虫卵を疑う虫卵を検出した場合には，糞便内に含まれる虫体由来の抗原や遺伝子を検出することにより，寄生を確認する．また，飼い主への問診により流行地への渡航歴や中間宿主動物の捕食歴などの情報を得ることも重要である．単包条虫・多包条虫によるヒトのエキノコックス症は，感染症法が定める四類感染症として監視の対象となっており，ヒトへの感染源となる犬への成虫寄生を診断した獣医師は，最寄りの保健所長を経由して都道府県知事に届け出ることが義務付けられている．

終宿主に成虫が寄生した場合には，プラジカンテルによる駆虫が有効である．5 mg/kg の経口または皮下の単回投与で完全な駆虫が期待できる．ただし，プラジカンテルには虫卵を殺滅する効果はない．なお，成虫の駆虫直後には終宿主の糞便に多数の虫卵が排出されて周囲を汚染する危険があるため，ヒトへの感染予防のため注意が必要である．具体的には，感染犬を隔離した状態で駆虫を行うとともに，排出された糞便は適切に処理する．環境が虫卵で汚染された場合には，高温や乾燥にさらして虫卵を殺滅する．

食肉検査などで動物への包虫寄生を疑う病変がみつかった場合には，病理組織学的検査で包虫の形態的特徴を確認する．とくに，PAS 反応で陽性を示す層状被膜の存在を証明できれば，診断の重要な手がかりとなる．産業動物への包虫寄生は，通常は治療の対象とならない．人体包虫症の治療は，おもに医学領域で重要である．現在，包虫に対して著効を示す駆虫薬はないが，アルベンダゾールの投与により病巣の縮小や増殖停止が認められる場合がある．定期検査により感染を早期に発見し，虫体を外科的に摘出することがもっとも確実である．しかし，人体包虫症は潜伏期間が長期間に及ぶため，実際には早期発見は困難な場合が多い．

終宿主への成虫寄生を防ぐためには，中間宿主動物やその包虫寄生臓器を生食させないことが重要である．一方，中間宿主への包虫感染を予防するには，飼養環境や生活環境，飲食物が虫卵で汚染されるのを避ける．流行地では，終宿主となる飼養動物に対してプラジカンテルによる定期駆虫を行うことも有効である．

2.6.4　メソセストイデス属条虫症

原　因：円葉目・メソセストイデス科・メソセストイデス属(*Mesocestoides*)の条虫が原因となる．本属は多様な種を含むと考えられるが，生活環が未解明なものも多く，分類が十分に整理されていない．ここでは，日本で複数の寄生例が確認されている有線条虫(*M. lineatus*)，*M. paucitesticulus*, *M. vogae* について述べる．有線条虫は日本でもっとも報告の多いメソセストイデス属条虫で，海外にも広く分布すると考えられる．*M. paucitesticulus* は愛媛のタヌキから採取・新種記載された条虫で，その後大分でも検出された．海外における分布は不明である．*M. vogae* はテトラチリジウム期に無性増殖する種としてトカゲの仲間から分離され，現在では，無性増殖する性質を利用して実験的研究に広く利用されている．自然界にも広く分布すると推測され，日本では近年になって飼養犬への寄生例が相次いで報告された．なお，本種はしばしば *M. corti* と混同され，両種の異同については議論があるが，本書では *M. vogae* として扱う．

形　態：以下，形態に関する情報が多い有線条虫を中心に記述する．有線条虫の成虫は30〜250 cmで，頭節には4つの吸盤を有するが，額嘴と鉤を欠く．成熟片節には1組の雌雄生殖器があり，円葉目としては例外的に生殖孔が片節の腹面に開口する．成熟片節の子宮は盲嚢であるが，受胎片節では虫卵の貯留とともに一部が球状となって副子宮(paruterine organ)(図 III.97)を形成する．副子宮内の虫卵は40〜60 × 34〜43 μmの卵円形で，薄い卵殻の内部に六鉤幼虫を含む(図 III.98)．発育には2つの中間宿主を必要とし，第1中間宿主体内には擬嚢尾虫が，第2中間宿主体内にはテトラチリジウム(図 III.99)がそれぞれ寄生する．テトラチリジウムは成虫と同様に4つの吸盤を有し，額嘴と鉤を欠く．片節は未形成である．*M. paucitesticulus* の基本的な形態は有線条虫に似るが，成虫は体長90〜120 cm，片節数は632〜1346個とされる．成熟片節内には31〜43個の精巣がみられる．虫卵は32〜42 × 26〜33 μmである(図 III.100)．

発育と感染：メソセストイデス属条虫の生活環には，円葉目条虫としては例外的に2つの中間宿主が関与する．第1中間宿主は自由生活性のササラダニ類や甲虫類とされるが，検討の余地が残されている．第2中間宿主は，有線条虫では両生類(カエルなど)や爬虫類(ヘビなど)および哺乳類など多様で，*M. paucitesticulus* では鳥類である．虫卵が第1中間宿主に摂取されると，孵化した六鉤幼虫がその体腔内で擬嚢尾虫へと発育する．この第1中間宿主を第2中間宿主が捕食すると，擬嚢尾虫はテトラチリジウムへと発育し，宿主の体腔や肝臓などに寄生する．終宿主は第2中間宿主を捕食して感染し，テトラチリジウムが宿主の小

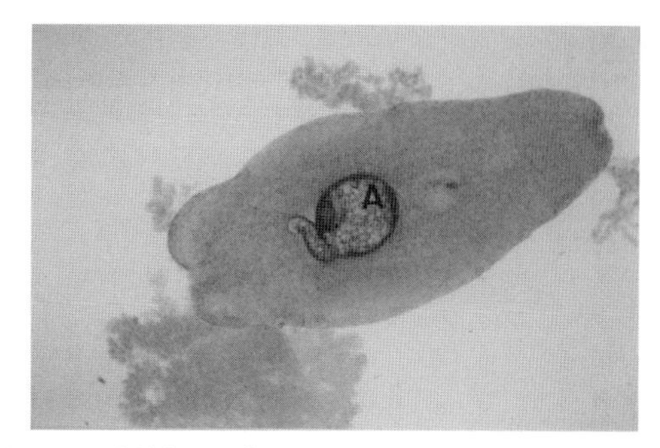

図 III.97　有線条虫の受胎片節(A：副子宮)［原図：板垣　匡］

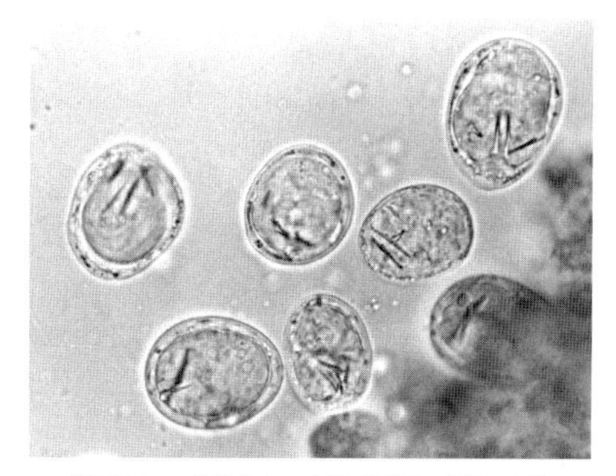

図 III.98　有線条虫の虫卵［原図：板垣　匡］

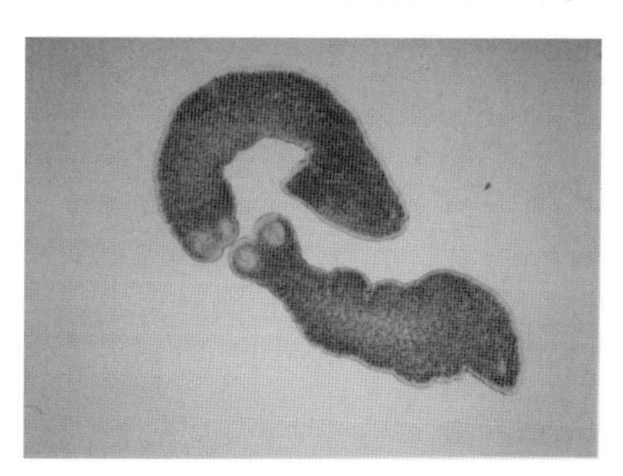

図 III.99　*Mesocestoides vogae* のテトラチリジウム［原図：板垣　匡］

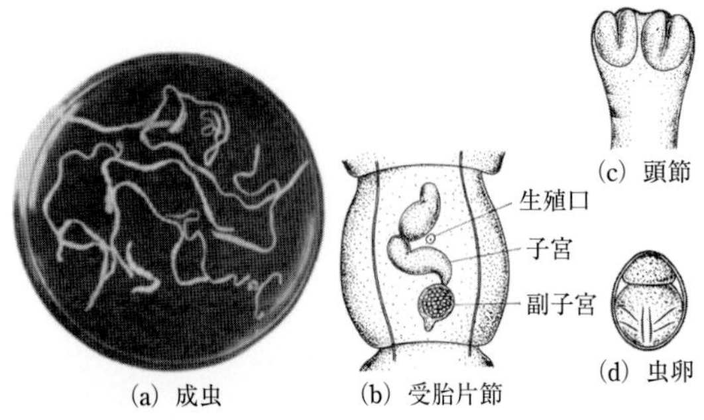

図 III.100 *M. paucitesticulus*［原図：板垣　博・大石　勇］

腸粘膜に固着して成虫へと発育する．有線条虫の終宿主として犬・猫・キツネ・タヌキ・アライグマなどが報告されている他，ヒトへの成虫寄生例も知られている．*M. paucitesticulus* の終宿主は犬・キツネ・タヌキなどイヌ科動物である．終宿主以外の哺乳類が第 2 中間宿主を捕食した場合には，待機宿主としてテトラチリジウムの寄生を受ける．なお，犬や猫が第 1 中間宿主を摂取した場合はテトラチリジウムが寄生する．この場合，犬や猫は第 2 中間宿主に位置付けられる．特記事項として，*M. vogae* のテトラチリジウムは第 2 中間宿主や待機宿主体内で無性増殖する他（図 III.101，102），終宿主の腸管内でも無性的に増殖する．これは，メソセストイデス属条虫の中でも *M. vogae* にみられる特殊な性質である．

病原性と症状：成虫寄生による病害については，他の円葉目条虫類の場合と同様である．すなわち，成虫による病害は軽度で，少数寄生では無症状で経過することが多い．ただし，幼齢あるいは基礎疾患をもつ宿主に多数の虫体が寄生した場合には臨床症状の発現に繋がる場合もあり，注意が必要である．近年報告された日本国内飼養犬の *M. vogae* 寄生例では，多数の幼若虫体が宿主の小腸粘膜に固着し，タンパク漏出性腸症を引き起こした．この場合，*M. vogae* が宿主体内で無性増殖する性質をもつために，濃厚感染して発症に至ったと考えられる．擬嚢尾虫やテトラチリジウムの寄生による病害は，通常は問題とならない．しかし，*M. vogae* のようにテトラチリジウム期に宿主体内で無性増殖する種が，犬の腹腔内で増殖して腹腔内幼虫条虫症（canine peritoneal larval cestodiasis）を引き起こす場合がある．無症状の

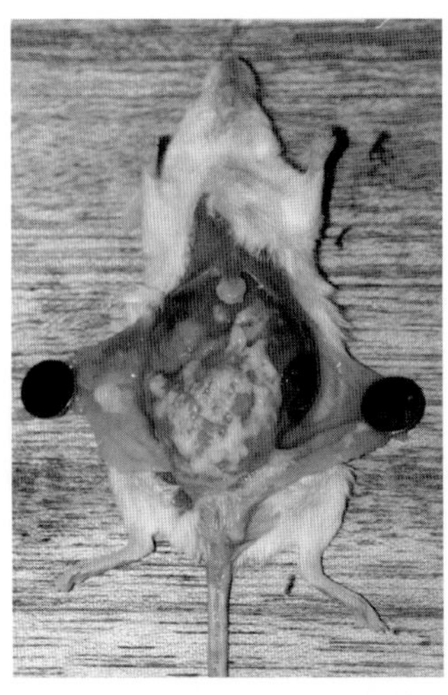

図 III.101　*M. vogae* のテトラチリジウムに感染したマウス［原図：板垣　匡］

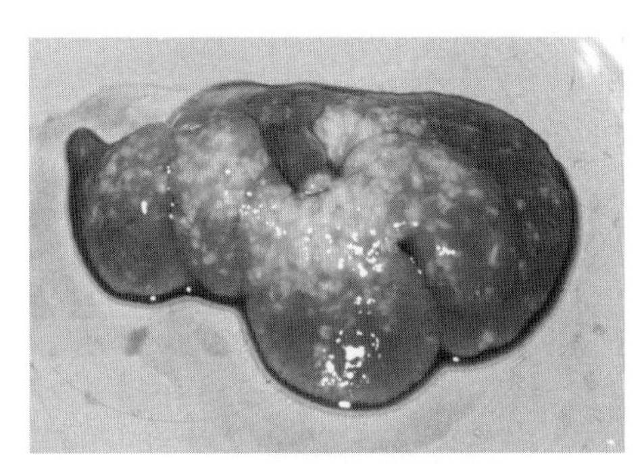

図 III.102　*M. vogae* 感染マウスの肝臓［原図：板垣　匡］

犬から手術の際に虫体が偶然発見される例もあるが，テトラチリジウムの増殖が腹水貯留や食欲減退，元気消失などの症状の原因となり，致死的な場合もあるため，注意を要する．

診断・治療・予防：成虫寄生については，他の円葉目条虫類の場合に準ずる．すなわち，糞便とともに排出された受胎片節の形態を確認することで診断が可能である．メソセストイデス属条虫の受胎片節は，副子宮および腹側面に開く生殖孔を有するのが特徴である．成虫の駆虫の要領も他の円葉条虫類の場合と同様で，頭節を含む虫体全体を駆除することが重要である．駆虫にはプラジカンテルが高い効果を示す．5 mg/kg の経口または皮下の単回投与で完全な駆虫が期待できる．成虫寄生を防ぐためには，感染源となる第 2 中間宿主や待機宿主の捕食を防ぐことが重要である．

犬の腹腔内幼虫条虫症（テトラチリジウム寄生）の場合，腹水の抜去または腹腔内洗浄により採取

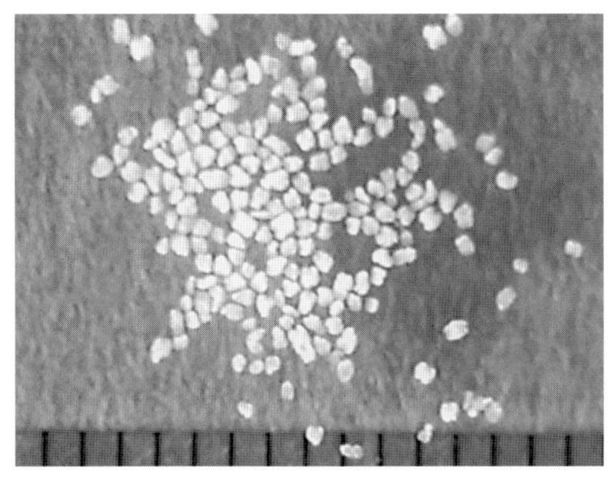

図 III.103　犬の腹水とともに採取された *M. vogae* のテトラチリジウム（スケールの 1 目盛りは 1 mm）

された虫体の形態を確認することで診断できる（図 III.103）．必要に応じて，虫体の遺伝子診断を行う．テトラチリジウムの駆除にもプラジカンテルが有効である．5 mg/kg で 2 回投与（皮下）により寛解したとの報告がある．感染予防には，感染源と推測される第 1 中間宿主・第 2 中間宿主・待機宿主の捕食を防ぐことが重要である．

2.7 その他の円葉目条虫症（中間宿主の嚢虫症を含む）

2.7.1 ヒトを終宿主とする円葉目条虫症（中間宿主の嚢虫症を含む）

原　因：円葉目・テニア科・テニア属（*Taenia*）に属する有鉤条虫（*T. solium*）および無鉤条虫（*T. saginata*）（シノニム：*Taeniarhynchus saginatus*）がおもな原因となる．これらの他に，アジア条虫（*T. asiatica*）の寄生例が日本を含むアジア諸国で報告されており，問題となっている．犬猫を終宿主とするテニア属条虫（先述）と同様に成虫期と幼虫期の虫体は形態が大きく異なり，幼虫期の虫体を嚢（尾）虫とよぶ（用語としては嚢尾虫が適切であるが，この項目では，広く使われている嚢虫を使用する）．両種ともヒトを終宿主とするが，主要な中間宿主に違いがあり，前者は豚，後者は牛である．ただし，有鉤条虫は中間宿主域が広く，豚以外にもヒトを含む多様な哺乳類に寄生して嚢虫症の原因となる．すなわち，ヒトは有鉤条虫の終宿主でありながら中間宿主にもなるため，自らが排出した虫卵を摂取して嚢虫の感染を受ける場合がある．

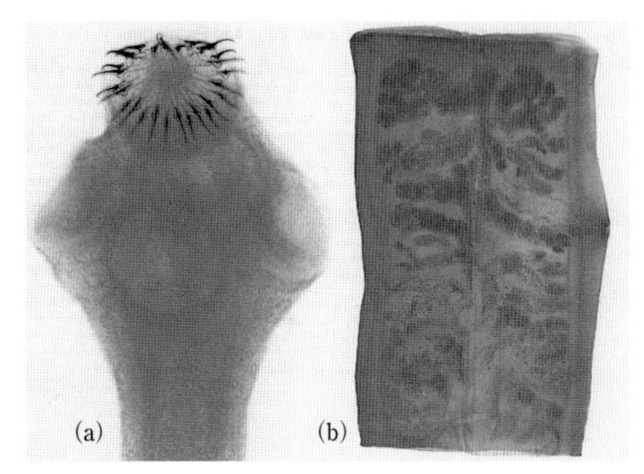

図 III.104　有鉤条虫の頭節（a）および受胎片節（b）
［原図：Ash, L. R. and Orihel, T. C.（1990）］

分　布：有鉤条虫は，中南米・中南アフリカ・東欧諸国・アジアなど世界に広く分布し，とくにインド・中国・韓国・ロシアに多いとされる．日本でもかつては沖縄に分布したが，現在は常在しない．ただし，人体の輸入感染症例が毎年のように報告されており，軽視することはできない．無鉤条虫の分布も世界的である．とくにアフリカ・ロシア・中近東・南米・地中海沿岸で，牛の放牧がさかんな地域に多発するとされる．

形　態：形態的特徴の概要は，犬猫を終宿主とするテニア属条虫（先述）と同様である．

①有鉤条虫：成虫は体長 200～300 cm で，片節数は 800～900 である．頭節に 4 個の吸盤を有し，額嘴には大小の鉤が 22～32 個付属する（図 III.104a）．成虫はヒトの小腸に寄生する．受胎片節は 10～12 × 5～6 mm の縦長で，運動性は弱い．子宮の分岐は各側に約 10 本である（図 III.104b）．主要な中間宿主は豚であるが，宿主域が広く，ヒトを含む多くの哺乳類にも嚢虫（有鉤嚢虫）が寄生する．本嚢虫は豚やヒトの筋肉（咬筋・前肢筋・頸部筋・横隔膜・心筋など）や脳に寄生し，約 8 × 4 mm の半透明，長球状の嚢胞としてみられる（図 III.105）．嚢虫は単尾虫（各嚢虫が 1 つの頭節を形成）の形をとる．虫卵の形態も他のテニア属条虫と同様で，六鉤幼虫が幼虫被殻でおおわれており，大きさは 30～40 × 20～30 μm ほどである．

②無鉤条虫：成虫は体長 300～600 cm で，片節数は 1,000 個に及ぶ．頭節に 4 個の吸盤を有す

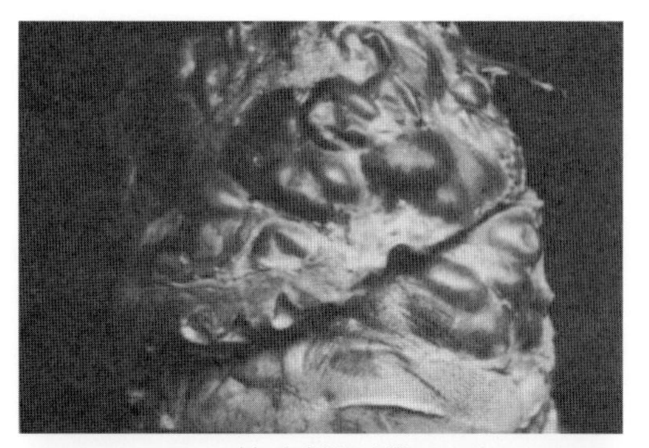

(a) 寄生豚の心臓

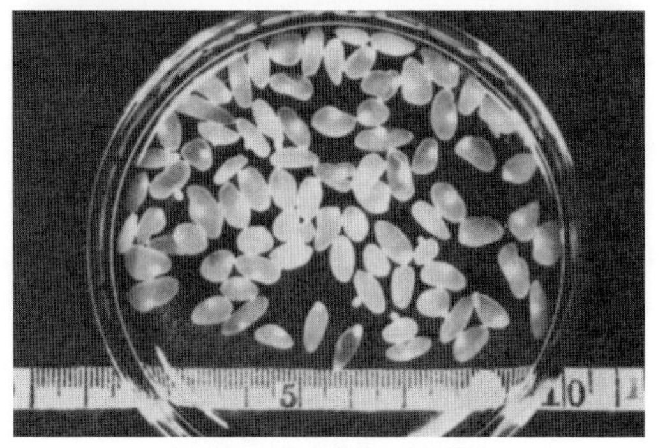

(b) 回収された多数の有鉤嚢虫

図 III.105 豚嚢尾虫(有鉤嚢虫)
[原図：板垣 博・大石 勇]

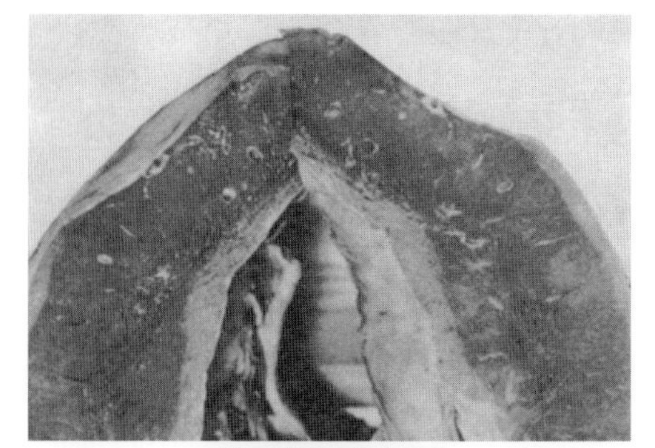

(a) 心筋内の無鉤嚢虫

(b) 咬筋内の嚢虫

図 III.107 無鉤嚢虫［原図：板垣 博・大石 勇］

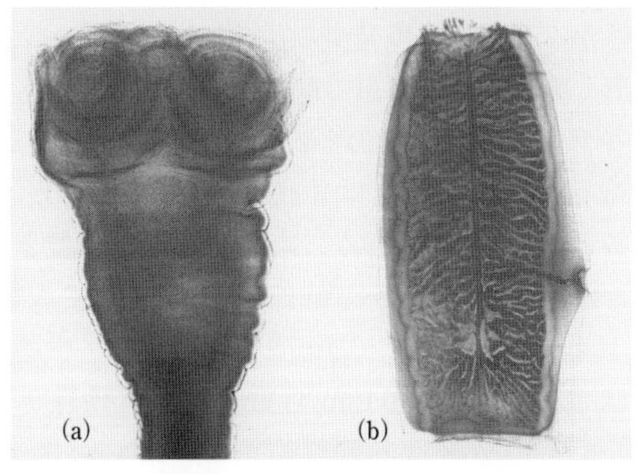

図 III.106 無鉤条虫の頭節(a)および受胎片節(b)
［原図：Ash, L. R. and Orihel, T. C.(1990)］

るが，その名が示すように鉤を欠き，額嘴は痕跡的である(図 III.106a)．受胎片節は 15〜20 × 3〜5 mm の縦長，有鉤条虫よりも肉厚で活発に運動する．子宮の分岐は有鉤条虫よりも多く，各側に 20 本以上認める(図 III.106b)．主要な中間宿主は牛で，その筋肉に嚢虫(無鉤嚢虫)が寄生する．有鉤嚢虫とは異なり，無鉤嚢虫はヒトにはほとんど寄生しない．本嚢虫は，大きさ約 6 × 4 mm の半透明で長球状の嚢胞として認められる(図 III.107)．心臓・横隔膜・咬筋・肩部・大腿部の寄生例が多い．嚢虫は単尾虫の形をとり，成虫と同様に鉤を欠く．虫卵の形態は有鉤条虫と同様である．

③アジア条虫(*T. asiatica*)：本条虫の形態は無鉤条虫に似るが，中間宿主が牛ではなく豚で，その肝臓に嚢虫が寄生する．ヒトは寄生臓器を生食して感染し，その小腸に成虫が寄生する．台湾などアジアに分布し，日本には存在しないとされてきたが，2010 年以降に人体症例が相次いで報告された．なお，ヒトに嚢虫が寄生することはない．

発育と感染：宿主域が異なる点を除き，発育・感染の概要は犬猫を終宿主とするテニア属条虫(先述)と同様である．上述のように，ヒトは有鉤条虫の終宿主でありながら中間宿主にもなる点に注意を要する．

病原性と症状：病原性・症状の概要は，犬猫を終宿主とするテニア属条虫と同様である．すなわち，成虫寄生による終宿主への病害と，嚢虫寄生による中間宿主への病害は異なり，一般に後者の方が宿主に対する病害は大きい．ここでは，とくに問題となる有鉤嚢虫症について述べる．

有鉤嚢虫感染豚の症状は，発熱・運動障害・呼吸障害・神経症状などである．しかし通常はこれらの症状を発現することはなく，と畜検査において感染がみつかる例が多い．なお，と畜場法施行規則により，解体時および解体後の検査で有鉤嚢虫症と診断された場合は全部廃棄の対象となる．

本症は，豚の疾病としてよりも，ヒトの嚢虫症として公衆衛生上の重要性が高い．ヒトが有鉤嚢虫の寄生を受けた場合，筋肉に加えて脳・眼・皮下に寄生することが多く，寄生部位によっては神経障害を伴う重大な病害をもたらす場合もある（人体有鉤嚢虫症）．有鉤条虫（成虫）感染者は，自らの便とともに排泄された虫卵を摂取する機会が多いことや，自家感染（腸管内で孵化した六鉤幼虫による嚢虫感染）が起こることから，多数の嚢虫寄生を受けて重症化するリスクが高い．したがって，成虫感染者に対しては早期の診断と適切な駆虫が重要である．

診断・治療・予防：終宿主（ヒト）への成虫寄生の場合は，排出された受胎片節および虫卵の形態により診断する．近縁種との鑑別には遺伝子検査が有効である．成虫の駆虫にはプラジカンテルを使用する．ただし，有鉤条虫の受胎片節が駆虫によりヒトの腸管内で崩壊すると，虫卵が放散して自家感染を招く恐れがあるため注意を要する．ヒトへの成虫感染を予防するためには，嚢虫を含む食肉（有鉤条虫：豚肉，無鉤条虫：牛肉，アジア条虫：豚の肝臓）の生食を避ける．

嚢虫症については，無鉤嚢虫症の診断・治療はほとんど問題とならないため，以下，有鉤嚢虫症を中心に述べる．生前診断を試みる場合には，舌の嚢虫寄生を目視で確認する．病理組織学的検査では，吸盤と鉤を備えた原頭節の存在を確認する（図 III.108）．無鉤嚢虫も類似の形態を示すが，鉤を欠く．治療が試みられる例は少ないが，有鉤条虫（成虫）の駆虫に使われるプラジカンテルやメベンダゾールが有鉤嚢虫に対しても有効である．ヒトや豚への嚢虫感染予防には，飲食物を感染者の糞便（受胎片節や虫卵を含む）で汚染しないことが重要である．これは，牛の無鉤嚢虫症予防においても同様である．

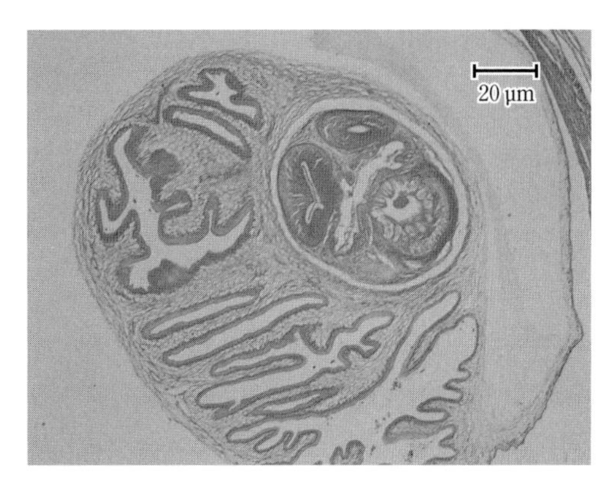

図 III.108　豚の心筋に寄生した有鉤嚢虫

2.7.2　げっ歯類を終宿主とする円葉目条虫症

原　因：円葉目・膜様条虫科に属する縮小条虫（*Hymenolepis diminuta*）および小形条虫（*Rodentolepis nana*；シノニム：*Hymenolepis nana, Vampirolepis nana*）が原因となる．いずれもげっ歯類を主要な終宿主とするが，ヒトを含む他の人獣への寄生例もある．世界に広く分布し，日本でも野生のげっ歯類などでは普通にみられる．また，ハムスターなど愛玩用の小動物からもしばしば検出される．かつては実験用げっ歯類への感染に注意を払う必要があったが，現在ではほとんど問題とならない．

形　態：両種とも，成虫の大きさは条虫類としては小形である．

①縮小条虫：成虫は 20～60 mm で，片節数は 1,000 個以上になる．多数寄生の場合は「混み合い効果（crowding effect）」により小形になる傾向がある．頭節には 4 個の吸盤を有するが鉤を欠き，額嘴は痕跡的である．成熟片節は幅が広く 3.6 × 0.6 mm で，生殖孔は各片節の側縁（片側のみ）に開き，産卵孔を欠く．成熟片節に 3 つの精巣を備えるのが特徴で，うち 1 つは片節中央よりも生殖孔寄りに，残り 2 つはその反対側に位置する．卵巣は片節中央部にあって左右に分葉し，葉間に卵嚢腺がある．虫卵はほぼ球形で 62～88 × 52～81 μm ほど，内部に六鉤幼虫を含む．六鉤幼虫をおおう幼虫被殻は球形で，小形条虫でみられるフィラメント（後出）を欠く．

②小形条虫：成虫は縮小条虫よりもさらに小形で，体長 10～25 mm，片節数は 200 個ほどであ

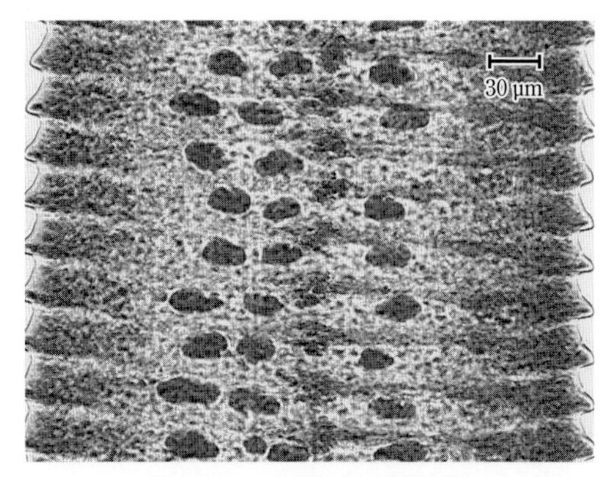

図 III.109　小形条虫の成熟片節

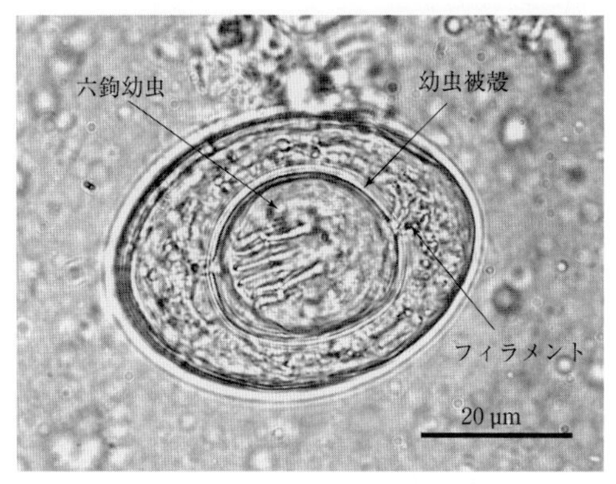

図 III.110　小形条虫の虫卵

る．頭節には4個の吸盤と20～27個の鉤を配した額嘴を有する．鉤の存在により縮小条虫と鑑別できる．成熟片節に3つの精巣を備える点(図 III.109)，生殖孔が各片節の側縁(片側のみ)に開き，産卵孔を欠く点は，縮小条虫と同じである．虫卵は45～55 × 40～45 µm ほどで，内部に六鉤幼虫を含む．六鉤幼虫をおおう幼虫被殻はレモン形で両端に突起があり，そこから数本のフィラメントが伸びている(図 III.110)．

発育と感染：両種とも主要な終宿主はげっ歯類であるが，他の人獣への成虫感染も成立する．縮小条虫は中間宿主を1つとる間接感染のみであるのに対して，小形条虫では間接感染に加えて直接感染(中間宿主をとらない)や自家感染も成立する．

①縮小条虫：多様な昆虫類(甲虫類・ノミ・ゴキブリなど)が縮小条虫の中間宿主となる．虫卵がこれら中間宿主に摂取されると，その体内で擬嚢尾虫へと発育する．擬嚢尾虫が中間宿主とともに終宿主に摂取されると小腸粘膜に固着し，15日間ほどで成虫に発育する．通常，受胎片節は宿主の消化管内で崩壊し，放出された虫卵が糞便とともに排出される．

②小形条虫：間接感染の場合，中間宿主となる生物の種類や，宿主体内における発育は縮小条虫とほぼ同様である．一方，中間宿主をとらない直接感染も成立するのが，本条虫の特徴である．環境中に排出された虫卵を終宿主が摂取した場合，その腸管内で孵化した六鉤幼虫がそのまま腸絨毛組織内に侵入し，擬嚢尾虫へと発育する．この擬嚢尾虫は尾部を欠き，被膜が薄いなど，中間宿主体内で発育したものとは形態に違いがみられる．腸絨毛組織内で発育した擬嚢尾虫は自ら腸管腔に脱出してそのまま小腸粘膜に固着し，2週間ほどで成虫に発育する．さらに，終宿主腸管内で成虫の受胎片節が崩壊し，遊離した虫卵から六鉤幼虫が孵化した場合，その後の虫体発育は上述した直接感染と同じ経過をたどる．これが繰り返されることにより，小形条虫が1度も宿主から離れることなくその生活環が循環する．この現象は自家感染(autoinfection)とよばれる．

病原性と症状：他の円葉条虫類の場合と同様，成虫による病害は軽度で，少数寄生では無症状で経過することが多い．ただし，多数の虫体が寄生した場合には消化器症状の発現に繋がる場合もあるため，注意が必要である．とくに小形条虫の場合には，直接感染および自家感染により多数寄生が発生しやすい上に，擬嚢尾虫が腸絨毛組織内に侵入するために，消化器症状や栄養障害，削痩などの発現に至りやすい．ヒト(とくに小児)への寄生の場合も同様である．なお，輸入直後の小動物(ハムスターなど)では，輸送ストレスも加わって衰弱死する場合もある．

診断・治療・予防：糞便検査で虫卵の形態学的特徴を確認することにより，診断が可能である．浮遊法やホルマリン・エーテル法などの集卵法が適している．駆虫には，プラジカンテル(5～10 mg/kg・単回投与)が有効である．実験動物施設における発生を防ぐためには，飼養環境を清潔に保ち中間宿主の侵入・発生を防止することや，動物の導入に伴う条虫の持ち込みを阻止することが重要である．愛玩動物では，ハムスターへの小形条虫寄生例が比較的多いため，必要に応じて検査と駆虫を実施することが望ましい．

2.7 節の参考文献

Ash, L.R. and Orihel, T.C.(1990) *Atlas of Human Parasitology*, 3rd edition, ASCP Press

2.8　馬の条虫症

馬は，条虫の中間宿主となり幼虫が寄生する場合と，終宿主となり成虫が寄生する場合がある．前者では，単包条虫や多包条虫の幼虫(単包虫，多包虫)が重要であるが，稀に胞状条虫や多頭条虫の幼虫(細頸嚢虫，脳共尾虫)の寄生も報告されている．後者では，裸頭条虫科(Anoplocephalidae)の葉状条虫(*Anoplocephala perfoliata*)，大条虫(*Anoplocephala magna*)，乳頭条虫(*Anoplocephaloides*(*Paranoplocephara*) *mamillana*)が重要であり，とくに日本では葉状条虫が普通種である．幼虫感染についてはテニア属条虫症(2.7.2項)とエキノコックス症(2.7.3項)の項に譲り，本節では成虫寄生による条虫症のみについて記載する．

原　因：裸頭条虫科の葉状条虫，大条虫，乳頭条虫の寄生による．

分類と形態：裸頭条虫科の特徴は，頭節に4つの吸盤を有し，額嘴や鉤を欠くこと，虫卵に洋梨状装置を有することである．裸頭条虫科には，片節に生殖器2組を有して生殖孔が片節の両側に開口する(*Moniezia*)属も含まれるが，葉状条虫，大条虫および乳頭条虫の生殖器は1組のみで，生殖孔は片節の一側に開口する．子宮は片節を横断する1本の管状である．大条虫は小腸，とくに空腸に寄生し，大型で長く(体長3.5～80 cm，体幅2.5 cm)，葉状条虫は盲腸回盲部周辺に寄生し，中型(体長2.5～8.0 cm，体幅0.8～1.4 cm)で，くさび型である．さらに，乳頭条虫は小腸に寄生し，小型(体長1.0～4.0 cm，体幅0.4～0.6 cm)である．頭節の幅は大条虫4 mm，葉状条虫2 mm，乳頭条虫0.7 mmで，葉状条虫のみ吸盤後縁に1組の垂れ状の突起(ラペット：lappet)を有する(図 III.111)．これらの条虫，とくに葉状条虫と大条虫の片節は扁平で幅広であり，ストロビラの外見は層状である(図 III.112)．糞便中に受胎片節が排泄される．虫卵はしばしば不整円形あるいはローマ字の“D”の形をしており，虫卵の大きさは，葉状条虫が平均80 μmで75 μmを超えるものが多く，大条虫はやや小型で平均65 μm，乳頭条虫ではさらに小型で37～51 μmである．虫卵には洋梨状装置が備わっており(図 III.113)，装置内に六鉤幼虫を入れる．六鉤幼虫の大きさは，葉状条虫で平均18 μm，大条虫では小さく平均8～12 μmである．

疫　学：大条虫，葉状条虫および乳頭条虫は馬，ロバ，ラバ，シマウマなどのウマ科動物に寄生する．世界中に分布し，すべての年齢層の馬にみられる．中でも葉状条虫がもっとも流行しており，世界各国における感染率は18～82%である．葉状条虫に比べ，大条虫と乳頭条虫の感染率は低いが，米国における大条虫の感染率はヨーロッパに比べると高いことが知られている．

日本でも上記の3種が報告されているが，日本

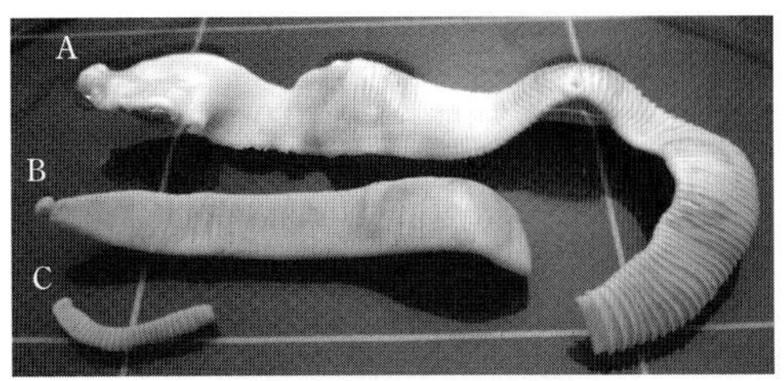

(a) 馬の条虫3種(全体像)

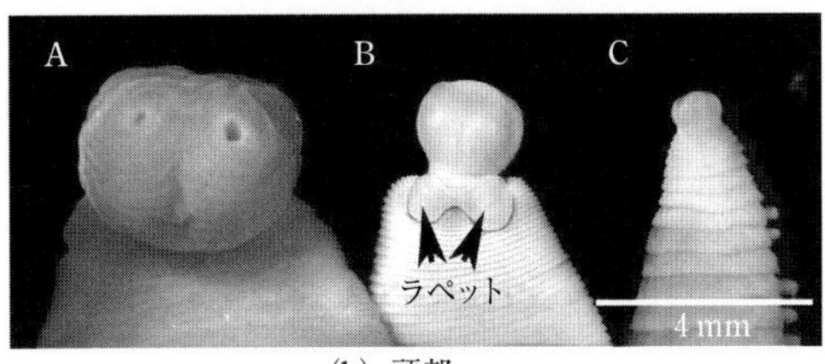

(b) 頭部

図 III.111　馬の成虫寄生種条虫3種［原図：奥　祐三郎］
A：大条虫，B：葉状条虫，C：乳頭条虫．

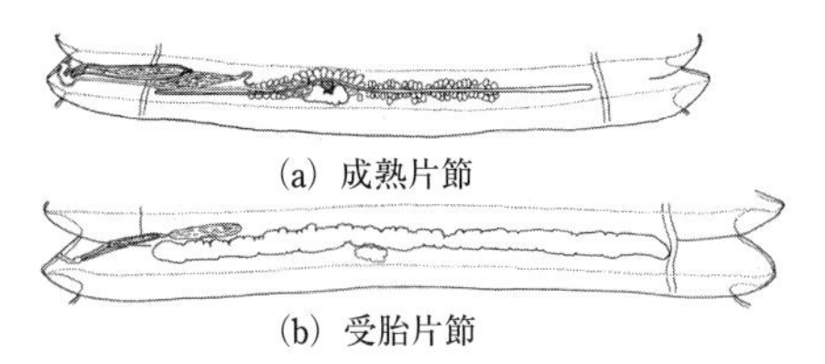
(a) 成熟片節
(b) 受胎片節

図 III.112　葉状条虫の成熟片節と受胎片節
［原図：Khalil, L. F. *et al.*(1994)］

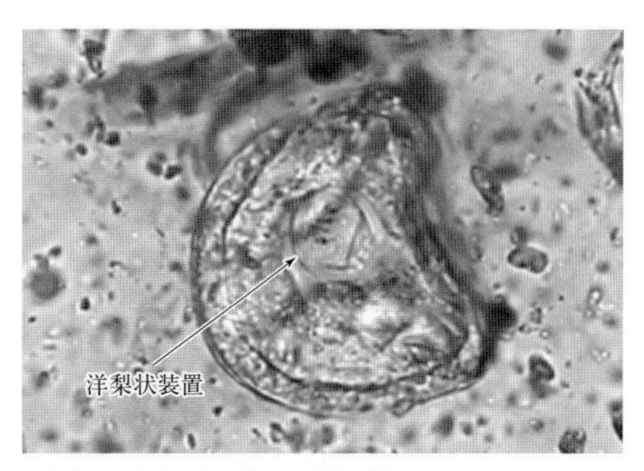

図 III.113 葉状条虫の虫卵［原図：奥 祐三郎］

で馬から発見される条虫はほとんどが葉状条虫で，大条虫と乳頭条虫はきわめて稀である．日本における1970年代および1980年代の競走馬223頭および450頭の剖検調査では，葉状条虫の検出率はそれぞれ74.0％および33.1％であった．1998年の北海道日高地方における102頭のサラブレッドの糞便検査では27.5％の陽性率であった．ただし，これらの馬に駆虫薬(プラジカンテル)を投与したところ，58.8％の馬が虫体を排泄しており，糞便検査の感度の低さが指摘されている．一方，近年は条虫の駆虫プログラムが普及し，2009年の競走馬の糞便内虫卵の陽性率は数％にまで減少している．

発育と感染：牧野などの地面や土壌中に自由生活する小型(体長1 mm以下)のササラダニ類(oribatid mite)が中間宿主となる．裸頭条虫類の虫卵は長いものでは9か月ほど牧野で生存できる．オトヒメダニ属(*Scheloribates*)，ケンショウダニ属(*Liebstadia*)，フリソデダニ属(*Galumna*)，ツノバネダニ属(*Achipteria*)，ヤンバルフリソデダニ属(*Allogalumna*)などの多様なササラダニが野外調査や実験感染によって中間宿主となることが知られているが，日本における中間宿主の種は同定されていない．ササラダニは成ダニの体表が厚く堅い殻でおおわれ，非吸血性で高い密度で牧野や林に生息する．暖かい季節に繁殖するが，寒帯の雪の下でも越冬は可能である．馬は牧草とともに感染ダニを偶発的に摂食して感染する．この中間宿主から馬への伝播は晩秋から冬が多いとされている．

ササラダニは，口器の形状から，虫卵から洋梨状装置(六鉤幼虫を含む)を吸引して感染すると考えられている．洋梨状装置から脱出した六鉤幼虫はダニの血体腔へ移行後，擬嚢尾虫に発育する．ダニ血体腔における幼虫の発育には5～20週間ほど必要であるが，この期間は気温に依存し，たとえば28℃では，葉状条虫はオトヒメダニ属やツノバネダニ属のササラダニ体内において，35～40日で感染能を有する擬嚢尾虫となる．馬におけるプレパテント・ピリオドは6～10週間である．

病原性：軽度感染では症状は示さないが，重度の感染では疝痛，下痢，削痩がみられる．小腸に寄生する乳頭条虫は非病原性と考えられているが，大条虫感染ではカタル性腸炎，重度感染では出血性腸炎を引き起こす．盲腸に寄生する葉状条虫は寄生虫体数と病原性に相関があると考えられ，重度の感染は疝痛の原因となることが示唆されている．葉状条虫に対する感染馬の抗体価と疝痛(けいれん性，回腸閉塞性)の発生頻度には関連がみられる．葉状条虫は盲腸の回盲部に集中して寄生し，重度感染では回腸や結腸からも検出される．

病理学的変化として，寄生部周辺の浮腫，肥厚，充血，回盲口の管腔狭窄，頭節による吸着部の潰瘍，潰瘍部の偽膜形成などがみられる．組織学的には好酸球とリンパ球の浸潤が顕著である．重度の寄生では，さらに盲腸のカタル，びらん，壊死，稀に腸重積がみられ，病変部は深部に及び，腸穿孔や腸破裂を引き起こすことがある．

診 断：生体には糞便中の片節もしくは虫卵検査が行われるが，片節もしくは虫卵の排泄数は一定せず，通常の糞便検査(遠心浮遊法および沈殿法)の感度は3～62％で，とくに軽度感染では低いと考えられている．虫卵検査のためには，浮遊液として飽和ショ糖液を用いた遠心浮遊法がもっとも高感度(46～62％)との報告がある．マックマスター法による検出感度は低い(3～8％)．駆虫1日後の糞便を検査することにより感度が向上するとの報告もある．今後は軽度感染例の検出も含め，感度の改善が必要と考えられる．感染馬では血清抗体価の上昇と唾液への抗体分泌がみられるため，血清あるいは唾液からの抗体検出も診断に有効である．英国では血清抗体検出キットが市販されており，馬群の感染状況の評価に用いられている．この他，糞便内抗原検出法，糞便 PCR 法，馬の裸頭条虫 3 種を区別する糞便 multiplex PCR 法も開発されている．

予防と治療：牧野における中間宿主のササラダニ対策は困難であるので，ササラダニへ伝播しないように，牧野において馬の糞便を迅速に処理すること，および定期的な馬の駆虫が必要である．清浄な牧野に新たに馬を導入する場合は，完全駆虫後に行う．感染が予想される牧野では，生後 8 〜12 か月の仔馬が葉状条虫の虫卵を排出しはじめることから，生後 8 か月から 6 か月間隔で定期的に仔馬を駆虫することが推奨される．駆虫にはメベンダゾール (mebendazole) 15〜20 mg/kg，ビチオノール (bithionol) 7 〜10 mg/kg，ニクロスアミド (niclosamide) 100 mg/kg などが以前から用いられてきたが，最近ではピランテル (pyrantel) やプラジカンテル (praziquantel) が用いられている．パモ酸ピランテル (pyrantel pamoate) 13.2 mg/kg の 1 日 2 回投与は平均 93％の駆虫効果であるが，馬により効果にかなりの個体差がみられることがあり，完全駆虫のためにはプラジカンテル 1.5〜2.5 mg/kg (経口 1 回投与) が推奨されている．

2.8 節の参考文献

Khalil, L. F., *et al.* (1994) *Keys to the Cestode Parasites of Vertebrates*, CAB international

2.9　反芻動物の条虫症

反芻動物は，裸頭条虫科の終宿主として成虫の寄生がみられる他に，テニア科条虫 (胞状条虫，羊条虫，多頭条虫，単包条虫など) の中間宿主として幼虫 (嚢虫) の寄生がみられる．この節では反芻家畜の裸頭条虫症 (Anoplocephalidosis) についてのみ記載する．幼虫感染による嚢虫症ついてはテニア属条虫症 (2.7.2 項) とエキノコックス症 (2.7.3 項) を参照されたい．

原　因：裸頭条虫科の裸頭条虫亜科に属する *Moniezia* 属と房体条虫亜科に属する *Thysanosoma* 属，*Stilesia* 属，*Avitellina* 属および *Thysaniezia* 属の条虫種が原因であり，小腸寄生種と胆管寄生種に分けられる．裸頭条虫科に共通の形態的特徴は，成虫の頭節が 4 つの吸盤のみで額嘴を欠くことであるが，裸頭条虫亜科と房体条虫亜科の形態には違いがみられ，裸頭条虫亜科の *Moniezia* 属は，片節に 2 組の生殖器，網目状の子宮，卵黄腺があるが，房体条虫亜科にみられる副子宮器官はない．一方，房体条虫亜科の条虫の片節には，子宮から送られてきた虫卵を蓄積する副子宮器官があり，卵巣と卵黄腺が合体して胚卵黄腺 (germo-vitellium) になっていることが特徴で，各片節の生殖器は *Thysanosoma* 属では 2 組，*Stilesia* 属，*Avitellina* 属，*Thysaniezia* 属では 1 組である．また，虫卵においても，裸頭条虫亜科には洋梨状装置 (幼虫被殻が変形したもの) がある (図 III.114) が，房体条虫亜科にはない．

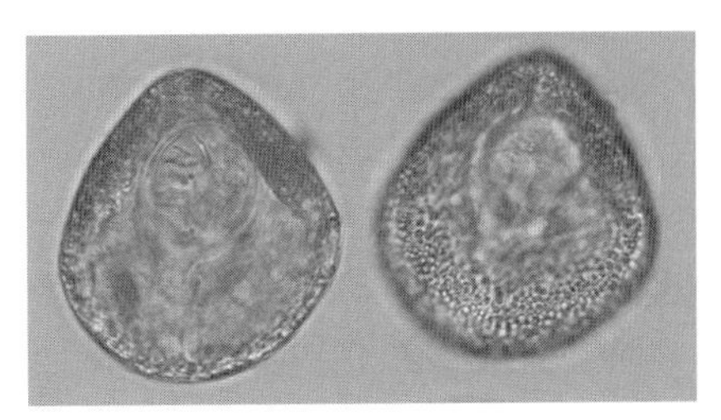

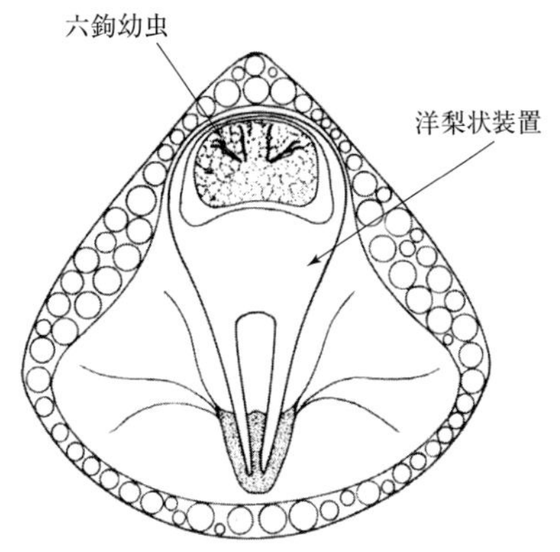

図 III.114　拡張条虫の虫卵［下段原図：Kearn, G. C. (1998)］

(1) ベネデン条虫 (*Moniezia benedeni*)

牛でもっとも普通にみられる大型の条虫で，小腸に寄生する．稀にめん羊および山羊にも寄生する．拡張条虫より大型で，ストロビラは長さ 1〜4 m，受胎片節の幅は 2.0〜2.6 cm である．片節には 2 組の生殖器を有し，両側に生殖孔が開口する．卵黄腺は卵巣の後方に位置する．片節間腺

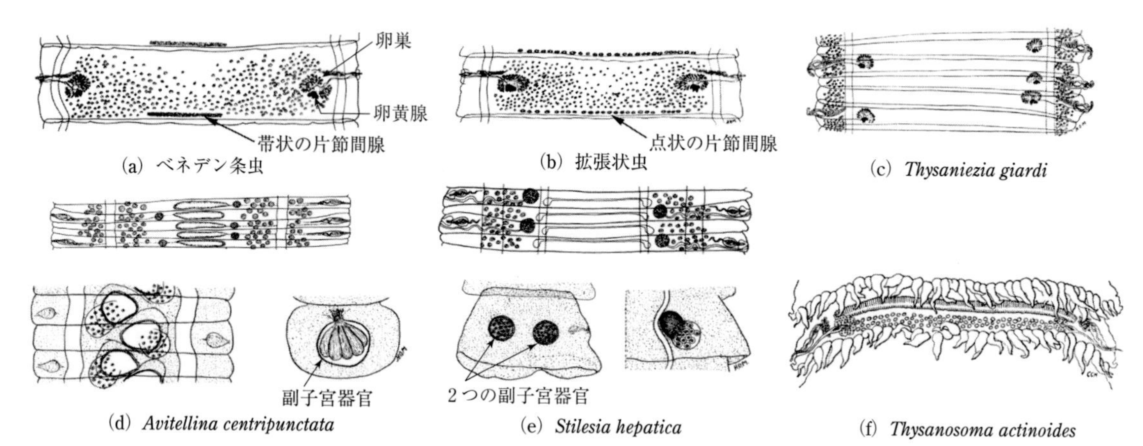

図 III.115　反芻家畜に寄生する条虫の成熟片節(受胎片節を含む)［原図：Monnig, H. O.(1934)］

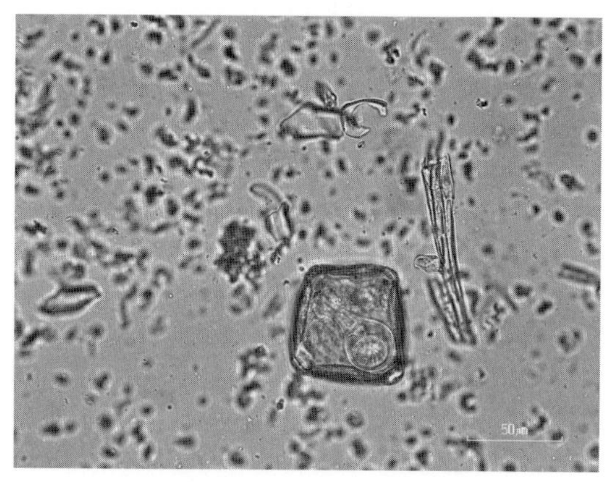

図 III.116　ベネデン条虫の虫卵

は片節後縁に隣接し，拡張条虫と異なり帯状である(図 III.115(a))．ストロビラから離脱した受胎片節はそのまま糞便中に排泄されるが，一部は腸管内で崩壊して，糞便中に虫卵が混入する．虫卵はほぼ四角形(正六面体)を呈し，直径 75 µm，内部に六鉤幼虫を入れた洋梨状装置がある(図 III.116)．分布は全世界である．

(2)拡張条虫(*Moniezia expansa*)

めん羊や山羊でもっとも普通にみられる大型の条虫で，小腸に寄生する．とくに，仔羊において多数の寄生が認められる．牛にも寄生するが，稀である．ストロビラの長さは約 1 m，片節の最大幅は約 1.2 cm である．稀に，体長 6 m，最大幅 1.6 cm に達する虫体もあるが，多数寄生例では虫体は小さくなる．片節は 2 組の生殖器を有し，両側に生殖孔が開口する．卵黄腺は卵巣の後方に位置する．片節後縁には多数のロゼット状の片節間腺が点状に 1 列に配列することが特徴である(図 III.115(b))．ベネデン条虫との形態鑑別は，おもに片節間腺の配列状態をもとに行われる．虫卵は円味のある三角形で，直径は 56〜67 µm である(図 III.114)．虫卵は内部に六鉤幼虫を入れた洋梨状装置を有する．糞便中には受胎片節と虫卵が排泄される．分布は全世界である．

(3) *Thysaniezia giardi*(*Helictometra giardi*)

めん羊，山羊や牛の小腸に寄生し，体長 1 〜 2 m，体幅 1 cm である．各片節には生殖器が 1 組あり，子宮は前後に蛇行する．卵黄腺は卵巣の後方に位置し，生殖孔は片節側面に左右不規則に開口する(図 III.115(c))．受胎片節は約 300 の副子宮器官を有する．虫卵は洋梨状装置を欠く．糞便中には数個の虫卵を含む副子宮(約 150 µm)が排泄される．分布は全世界である．

(4) *Avitellina centripunctata*

めん羊や他の反芻動物の小腸に寄生し，体長 2 〜 3 m，体幅 3 mm である．各片節には生殖器が 1 組あり，卵巣と卵黄腺は 1 つになっている．生殖孔は片節側面に左右不規則に開口する(図 III.115(d))．受胎片節は 1 つの副子宮器官を有し，内部に数個の線維性嚢(それぞれ数個の虫卵を含む)を含む．虫卵(21〜45 µm)は洋梨状装置を欠く．糞便中には虫卵も排泄される．ヨーロッパ，アフリカ，アジアに分布する．

(5) *Stilesia globipunctata*

めん羊，山羊や他の反芻動物の小腸に結節を形成し，その内腔に頭節と未熟片節を入れ，ストロビラの後方は腸の内腔に遊離して寄生する．体長45～60 cm，体幅2.5 mmである．各片節には生殖器が1組あり，卵巣と卵黄腺は1つになっている．生殖孔は片節側面に左右不規則に開口する．受胎片節には2つの副子宮器官があり，虫卵には洋梨状装置はない．糞便中には虫卵ではなく受胎片節が排泄される．分布はヨーロッパ，アフリカ，アジアである．

(6) *Stilesia hepatica*

本種の形態は*Stilesia globipunctata*に似るが，めん羊，山羊，牛や他の反芻動物の胆管に寄生し，体長20～50 cm，体幅3 mmである．アフリカでは90～100%の感染率を示す流行地が多くある．副子宮器官には小型(27 × 14 μm)の虫卵を約30個ずつ含む(図III.115(e))．熱帯アフリカやアジアに分布する．

(7) *Thysanosoma actinoides*

本種はめん羊，牛，シカなどの胆管，膵管，小腸の胆管開口部に寄生する．各片節には生殖器が2組あり，卵巣と卵黄腺は1つになっている．片節後縁には鋸歯状の突起が多数あり，この突起の長さは体の後方ほど長くなる(図III.115(f))．この突起のためストロビラを胆管から引き出すことは困難である．糞便中には受胎片節が排泄される．受胎片節には多数の小さな副子宮器官があり，その中に6～12個ずつ虫卵(26 × 19 μm)が含まれている．虫卵には洋梨状装置がない．北米西部，南米西部に分布するが，稀に日本においてもみられる．

発育と感染(図III.117)：ベネデン条虫と拡張条虫の中間宿主としては様々なササラダニが知られ，とくに，フリソデダニ属の*Galumna flagelliferum*，オトヒメダニ属のハバビロオトヒメダニ(*Scheloribates laevigatus*)，*Scheloribates fusifer*などが好適な中間宿主となる．めん羊や牛の小腸においてストロビラから離脱した受胎片節は，腸管内もしくは糞便中で崩壊し，虫卵が外界へ出される．虫卵は乾燥しても45日間ほど生き残る．ササラダニは虫卵に孔をあけて六鉤幼虫を吸飲し，ササラダニの血体腔で六鉤幼虫から擬嚢尾虫(160 × 180 μm)に発育する(図III.118)．この発育には4か月間ほど必要とされているが，

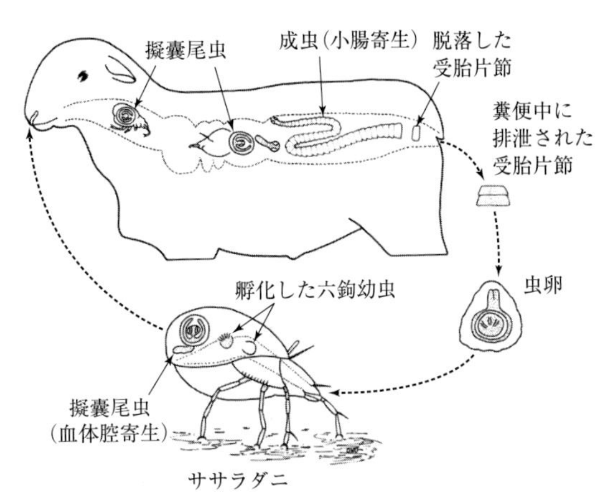

図III.117　めん羊の拡張条虫の生活環
［Olsen, O. W.(1974)を改変］

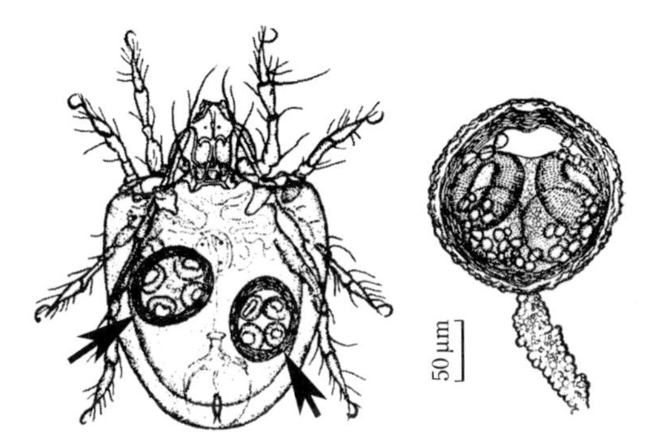

(a) 拡張条虫の擬嚢尾虫(矢印)に感染したササラダニ(ハバビロオトヒメダニ)　(b) 拡張条虫の擬嚢尾虫

図III.118　ササラダニにおける擬嚢尾虫
［原図：Spasskii, A. A.(1961)］

気温に依存し，夏季では6～8週間ともいわれている．牛やめん羊は擬嚢尾虫を保有するダニを牧草とともに食べて感染する．ササラダニは放牧場の土壌の上層25 mmに集中して生息している．感染から受胎片節が糞便中に検出されるまでのプレパテント・ピリオドは37～40日間である．拡張条虫の成虫は感染後3か月前後で自然排出される．受胎片節が排泄される期間は短いが，放牧の期間を通して感染の機会があり，放牧期間中感染率が上昇する．一方，舎飼期になると感染の機会がなくなるので，感染率が春まで減少する．擬嚢尾虫を保有する感染ダニも越冬できるので，春に放牧を開始したときから牛やめん羊には感染の機会がある．*Moniezia*属で汚染された牧野では感染ササラダニが長いものでは19～22か月間残存

するといわれており，このため，汚染牧場では毎年感染がみられる．このように，*Moniezia* 属の感染は放牧時に起こると考えられてきたが，最近，南九州において，ベネデン条虫が放牧経験のない舎飼牛において流行していることが確認され，牛舎の敷きわらに生息するササラダニによる媒介の可能性が報告されている．

めん羊の拡張条虫の感染率は幼若動物で高く，また，しばしば多数(稀に数百虫体に及ぶ)の感染がみられる．このような重度感染の場合，それぞれの虫体は小さくなる．この現象は密度効果(混み合い効果)とよばれている．牛のベネデン条虫感染でも幼獣の感染率が高い．*Thysaniezia giardi*，*Avitellina centripunctata*，*Stilesia globipunctata* の中間宿主には多数のササラダニが報告されている．*Stilesia hepatica* の中間宿主については不明であるが，ササラダニが候補として考えられている．なお，チャタテムシ(Psocid)からも *Avitellina*, *Thysaniezia*, *Thysanosoma* の擬嚢尾虫が発見されているが，終宿主への感染には成功しておらず，中間宿主としての重要性については明らかになっていない．

病原性：めん羊は拡張条虫の軽度感染では無症状である．6 か月齢以下の仔羊は重度感染しやすいが，このような重度の感染においてもあまり病原性は示さないと考えられている．牛におけるベネデン条虫感染でも病原性はほとんどないと考えられている．消耗，貧血などで斃死しためん羊から拡張条虫が発見されることもあるが，同群の一見健康な羊からも同様に拡張条虫が発見される．また，抗条虫薬を定期的に投与した羊と無処置の羊において増体量を比較しても，差は認められていない．感染による増体量の減少，羊毛生産の減少，下痢，貧血，エンテロトキセミア(enterotoxemia)に対する感受性の上昇など数多くの症状が報告されているが，厳密に拡張条虫感染のみでこれらの症状が引き起こされたという確実な証拠，もしくは統計学的に有意な証拠はない．

一方，房体条虫亜科の病原性は比較的高く，小腸に寄生する *Stilesia globipunctata* は感染初期に小腸粘膜に頭節を侵入させ，その後結節が形成され，頭節と未熟片節を結節内に挿入したまま寄生

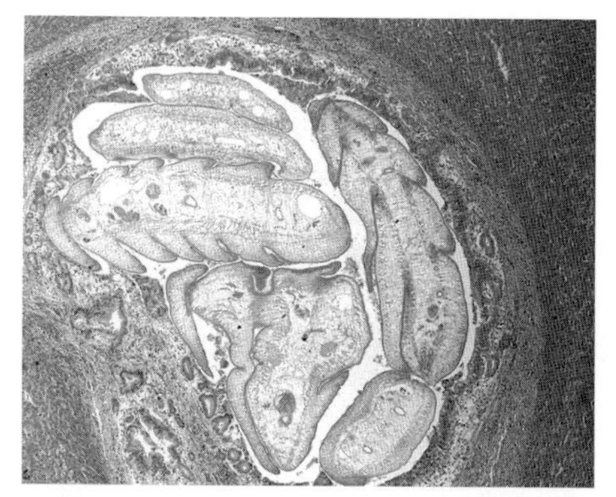

図 III.119　*Stilesia hepatica* 感染牛の胆管の病理組織像［原図：板垣　匡］

を続ける．このため，腸の浮腫と，結節における増殖性の炎症，細胞浸潤，上皮の剝離などがみられ，斃死することもある．胆管に寄生する *Stilesia hepatica* や *Thysanosoma actinoides* 感染では，胆管の拡張や肥厚，軽度の肝硬変がみられ，流行地では肝臓の廃棄の原因として重要である(図 III.119)．膵液や胆汁の流れを阻害するように考えられるが，重度の感染でも黄疸などの症状はほとんど示さない．

診　断：糞便中に米粒状の片節が検出できる．しかし，片節を排泄していないめん羊の多くからも剖検で虫体が発見されることから，この片節の検出率は低いと考えられる．裸頭条虫亜科の拡張条虫やベネデン条虫は糞便中に虫卵も排泄されるが，房体条虫亜科(*Thysanosoma*, *Stilesia*, *Avitellina*, *Thysaniezia*)では多くの場合片節のまま糞便とともに体外に出されるので，糞便から虫卵ではなく，片節を検出・分離することが必要である．すなわち，約 40 g の糞便に水を加えて攪拌し，1 mm の金網でろ過したろ液を，さらに網目 106 μm の金網でこし，金網上の残渣に 100 mL の水を加え，これをシャーレに移し，実体顕微鏡下で片節を検出する．検出した受胎片節の副子宮の形状などから診断する．拡張条虫およびベネデン条虫感染では，片節の確認に加え，虫卵検査を実施する．これらの 2 種は，虫卵の形(ベネデン条虫：四角形，拡張条虫：三角形)から鑑別できる．

治　療：拡張条虫およびベネデン条虫に対してはアルベンダゾール(albendazole)3.8～ 5 mg/

kg 経口投与(牛 10 mg/kg 経口投与)，フェバンテル(febantel) 5 ～15 mg/kg 経口投与，フェンベンダゾール(fenbendazole) 10 mg/kg 経口投与(牛 15 mg/kg 経口投与)，メベンダゾール(mebendazole) 10～20 mg/kg 経口投与，ネトビニン 20 mg/kg 経口投与，オキシフェンダゾール(oxyphendazole) 5 mg/kg 経口投与，プラジカンテル(praziquantel) 5 mg/kg 経口投与が効果的である．ただし，拡張条虫については病原性がほとんどなく，増体量の改善などの経済的な利点がないため，めん羊群の駆虫について必要がないとの指摘もある．他の小腸寄生種に対しても上述の方法が効果的であると考えられる．

一方，胆管寄生種の *Thysanosoma actinoides* に対してはプラジカンテル 40 mg/kg 経口投与，フェンベンダゾール 10 mg/kg 経口投与，胆管寄生種の *Stilesia hepatica* や小腸に結節を形成する *Stilesia globipunctata* に対してはプラジカンテル 15 mg/kg 経口投与が効果的で，とくに，プラジカンテルは通常使用量よりかなり大量の投与が必要であることに留意する．

予　防：牧野におけるササラダニ対策のために，殺虫剤を牧野に散布することは環境保護の観点からも推奨できないが，牧野を耕すことによってササラダニ個体数を一時的に減らすことができる．また，一部の感染ササラダニは 2 年近く生存可能といわれているが，前年休牧した牧野に家畜を放牧することもある程度効果が期待できる．晩春から早夏，さらに必要であれば秋の定期的な駆虫により感染率を下げることができる．一方，牛舎内での流行に対しては，敷きわらの入れ替えと駆虫を組み合わせることで高い効果が得られる．

2.9 節の参考文献

Kearn, G.C. (1998) *Parasitism and the Platyhelminthes*, Chapman & Hall
Monnig, H.O., (1934) *Veterinary Helminthology and Entomology*, Baillière, Tindall & Cox
Olsen, O.W. (1974) *Animal Parasites 3rd ed.*, University Park Press
Spasskii, A. A. (1961) *Essentials of Cestodology, V1： Anoplocephalate Tapeworms of Domestic and Wild Animals*, The Academy of Science of the USSR (English translation: The National Science Foundation)

2.10　家禽の条虫症

日本における鶏の飼養形態は大型化しており，このような農家では鶏舎施設や衛生管理の改善，オールイン・オールアウト方式による生産などにより，条虫感染はほとんど問題とならない．しかし，放し飼い，敷きわら堆積，開放鶏舎，平飼い方式の生産では条虫症が発生することがあり，これは条虫の中間宿主の生態と密接な関係がある．さらに，有機農法(開放鶏舎・放し飼い)による養鶏においては，寄生虫の感染機会が増し，また駆虫薬の使用も控えられるので，様々な寄生虫症の発生が予想される．

原　因：家禽に寄生する条虫は，円葉目のダベン条虫科，膜様条虫科(膜鱗条虫科)，ディレピス科の 3 科に属する(表 III.5)．

(1) ダベン条虫科の条虫

世界における家禽の重要な種は *Raillietina* 属の棘溝条虫(*Raillietina echinobothrida*)，方形条虫(*Raillietina tetragona*)および有輪条虫(*Raillietina* (*Skrjabinia*) *cesticillus*)である．日本ではさらに，樫原条虫(*Raillietina* (*Paroniella*) *kashiwarensis*)が奈良県と大阪府で報告されている．その他に，*Raillietina georgiensis*，短節条虫(*Davainea proglottina*) (図 III. 120)，*Cotugnia digonopora* などがある(表 III.5)．

棘溝条虫，方形条虫と樫原条虫は体長 10～25 cm，体幅 1 ～ 4 mm であるが，有輪条虫はやや小型で通常体長約 4 cm で，稀に 15 cm に達する．有輪条虫は額嘴が巨大であり，吸盤には小鉤がない(他の 3 種の吸盤には小鉤がある)．方形条虫の頭節は非常に小さく，肉眼での判別が難しい．一方，棘溝条虫や樫原条虫の頭節は大きく，肉眼で判別可能である．また，方形条虫は額嘴に 1 列の短い小鉤を有するのに対し，棘溝条虫や樫原条虫は額嘴に 2 列のやや長い小鉤を有する．樫原条虫は頸部が太く，頭節との境界が不明瞭である．4 種の条虫とも各片節に一組の生殖器を備えており，生殖孔は片節の左右どちらか一方の側縁に開口するが，ストロビラ全体でみると，方形条虫と樫原条虫の生殖孔はストロビラを構成する片

表 III.5　家禽に寄生する条虫

条　虫[1]		終宿主	中間宿主[2]	病原性[3]
ダベン条虫科 (Davaineidae)	方形条虫（*Raillietina tetragona*）*	鶏，鶉，ホロホロ鳥，ハト	アリ類（トビイロシワアリ，アズマオオズアカアリなど）	中等度～重度
	棘溝条虫（*Raillietina echinobothrida*）*	鶏，鶉，七面鳥	アリ類（トビイロシワアリ，アズマオオズアカアリなど）	中等度～重度
	有輪条虫（*Raillietina*（*Skrjabinia*）*cesticillus*）*	鶏，鶉，七面鳥，ホロホロ鳥	食糞性甲虫類（ゴミムシ，エンマムシ類）	なし～軽度
	橿原条虫（*Raillietina*（*Paroniella*）*kashiwarensis*）*	鶏	アリ類（オオハリアリ）	なし～軽度
	Raillietina georgiensis	七面鳥	アリ類	不明
	短節条虫（*Davainea proglottina*）	鶏，ハト	ナメクジ，カタツムリ類	重度
	Cotugnia digonopora	鶏	アリ類	不明
膜様条虫科 (Hymenolepididae)	鶏膜様条虫（*Hymenolepis carioca*）*	鶏，鶉，七面鳥	食糞性甲虫類（コエンマムシなど），サシバエ，シロアリ	不明
	Hymenolepis cantaniana *	鶏	食糞性甲虫類	なし～軽度
	Hymenolepis（*Drepanidotaenia*）*lanceolata*	ガチョウ，アヒル	水棲甲殻類	重度
	Diorchis nyrocae	アヒル	水棲甲殻類	不明
	扇様条虫（*Fimbriaria fasciolaris*）	アヒル，鶏	水棲甲殻類	不明
ディレピス科 (Dilepididae)	楔形条虫（*Amoebotaenia sphenoides*（=*cuneata*））*	鶏，七面鳥	食糞性甲虫類（ハラジロカツオブシムシなど）	軽度
	ウズラ条虫（*Metroliasthes coturnis*）*	鶉	バッタ類	不明
	Metroliasthes lucida	七面鳥，鶉，ホロホロ鳥，鶏	食糞性甲虫類，ハエ類，バッタ類	不明
	漏斗状条虫（*Choanotaenia infundibulum*）*	鶏，鶉，七面鳥	ミミズ類	中等度

注（1）＊は国内にも分布する種（Sawada, 1955，板垣・大石, 1984）．
（2）中間宿主は Reid, W. M.(1991) と板垣・大石(1984) による．
（3）病原性は Reid, W. M.(1991) による．

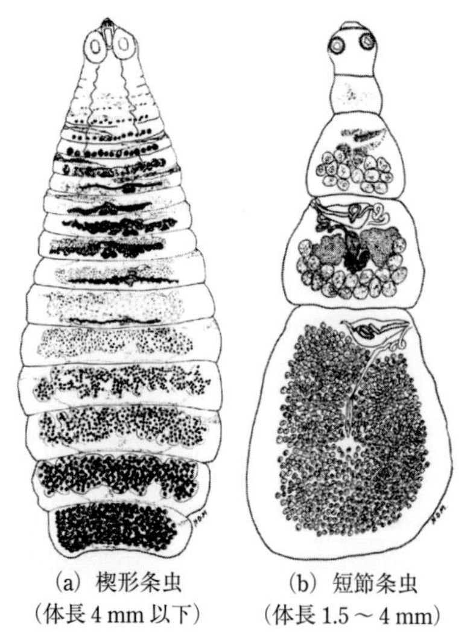
(a) 楔形条虫（体長 4 mm 以下）　(b) 短節条虫（体長 1.5～4 mm）

図 III.120　家禽の条虫［原図：Monnig, H. O.(1927)］

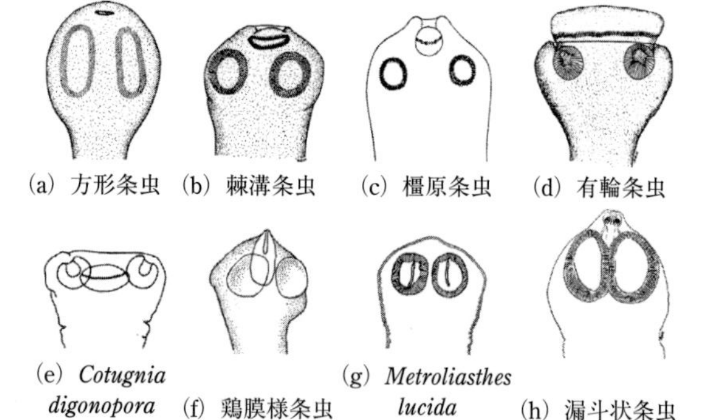
(a) 方形条虫　(b) 棘溝条虫　(c) 橿原条虫　(d) 有輪条虫
(e) *Cotugnia digonopora*　(f) 鶏膜様条虫　(g) *Metroliasthes lucida*　(h) 漏斗状条虫

図 III.121　家禽にみられる条虫の頭節［原図：奥　祐三郎］

節の左右どちらか一方のみに揃って開口しているのに対し，棘溝条虫と有輪条虫の生殖孔はストロビラを構成する片節の左右に不規則に開口している（図 III.121）．これらの条虫種は家禽の小腸，とくに方形条虫と棘溝条虫は小腸下部，有輪条虫は小腸上部，橿原条虫は小腸全体に寄生する．棘溝条虫の頭節の吸着部は小腸漿膜面に突出し，結節（1～6 mm）を形成する．

(2)膜様条虫科の条虫

鶏膜様条虫（*Hymenolepis*（*Echinolepis*）*carioca*）と *Hymenolepis*（*Staphylepis*）*cantaniana* が日本をはじめほとんど世界中の鶏にみられる．その他に

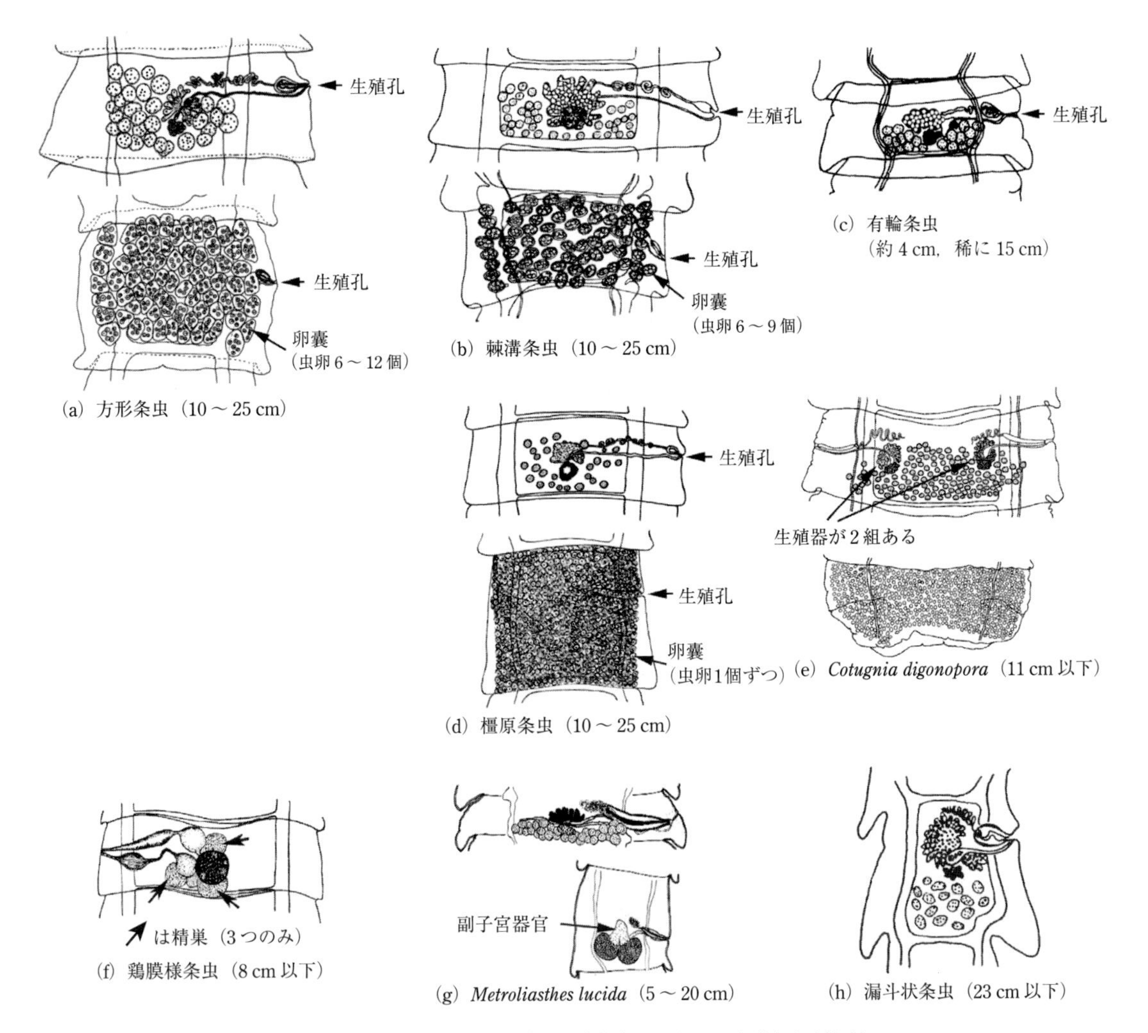

図 III.122 家禽に寄生する条虫の片節（1 cm 以下の小型条虫は除く）
[(a)(b)(e)(g)：Khalil, L. F. *et al.*(1994)；(c)(h)：Reid, W. M.(1991)；(d)：澤田 勇(1953)；(f)：澤田 勇(1952a)]

アヒルなどから *Hymenolepis* (*Drepanidotaenia*) *lanceolata*, *Diorchis nyrocae*, *Fimbriaria fasciolaris* が報告されている（表 III.5）．鶏膜様条虫は糸状の細い条虫で，体長 8 cm，体幅 1.0～1.2 mm，*Hymenolepis cantaniana* は小さく体長 2 cm，*Hymenolepis lanceolata* は長さ 13 cm，体幅 18 mm で幅広である．吸盤には鉤はなく，額嘴を有するが，鶏膜様条虫の額嘴は痕跡的である．本科の条虫の精巣は 3 つである．鶏膜様条虫の虫卵は数層の膜を有し，約 62 × 72 μm である．鶏膜様条虫，*Hymenolepis cantaniana* ともに六鉤幼虫はラグビーボール状である．これらの条虫種は家禽の小腸，とくに鶏膜様条虫および *Hymenolepis cantaniana* は十二指腸に寄生する．

(3) ディレピス科の条虫

楔形条虫（*Amoebotaenia sphenoides* (*cuneata*)），ウズラ条虫（*Metroliasthes coturnix*），*Metroliasthes lucida*，漏斗状条虫（*Choanotaenia infundibulum*）の 4 種が主である．

楔形条虫は，体長 4 mm 以下，片節数は 25～30 個，全体が楔状である．吸盤には鉤がないが，額嘴に 12～14 本の鉤（25～32 μm）を有し，横一列に 12～15 個の精巣が並ぶ．生殖孔は左右不規則に片節の前方に開口する．虫卵は小さく 42 × 47 μm である．鶏や七面鳥の十二指腸に寄生し，世界中に広く分布し，日本（京都府，大阪府）にもみられる．

漏斗状条虫は，長さ 23 cm 以下，幅は約 1.5～

3 mm で，額嘴には 16～22 個の鉤(25～30 μm)を有し，吸盤には小鉤はない．生殖孔は左右交互に開口する．片節の後方に 25～60 個の精巣を有する．卵嚢を有し，その中に多数の虫卵 47 × 54 μm を含み，虫卵は両端に糸状突起物を 2 本有している．鶏や七面鳥の小腸上部に寄生し，ほとんど世界各地に分布し，日本(群馬県)では 1984 年にウズラから発見された．

ウズラ条虫は，体長 5 ～20 cm，幅 0.8～ 3 mm で，頭節に額嘴がない．糞便には米粒大の受胎片節を排泄し，この受胎片節には副子宮があり，最終的には多数の虫卵(75 × 50 μm)が片節前方に集まり，1 つの卵嚢になる．ウズラの小腸上部に寄生し，日本(愛知県)から 1972 年に発見され，新種報告された．

その他に，*Amoebotaenia oligorchis* (体長 1.3～2.3 mm，精巣 5 ～ 6 個)が日本(京都府)の鶏から報告されている．

発育と感染：中間宿主は昆虫などである(表 III.5)．受胎片節が糞とともに排泄され，その内部の虫卵が中間宿主に摂取されると，腸内で六鉤幼虫が孵化し，血体腔に移動後，擬嚢尾虫(図 III.123，124)となる．擬嚢尾虫が形成されるまでの日数は条虫種で異なるが，楔形条虫はミミズ体内で 2 週間，漏斗状条虫は気温 30℃で約 10 日間(冬期は 2 か月間以上)である．終宿主が中間宿主を摂食すると小腸で擬嚢尾虫が発育し成虫となる．プレパテント・ピリオドは，方形条虫と櫃原条虫で 13～15 日間，棘溝条虫と有輪条虫で 20 日間，鶏膜様条虫で 3 ～ 4 週間，楔形条虫で約 4 週間，漏斗状条虫で 8 ～12 日間，ウズラ条虫で 2 週間である．

病原性と症状：条虫の種によって病原性に差がみられる．ダベン条虫科では，方形条虫と棘溝条虫の病原性が比較的高く，有輪条虫の 130 虫体感染や櫃原条虫の 2 ～87 虫体感染では，鶏の産卵率や増体量に影響を及ぼさないが，方形条虫の 12～16 虫体感染では体重減少がみられ，50 虫体の擬嚢尾虫投与により産卵率の低下や，肝臓や腸粘膜のグリコーゲンレベルの低下がみられる．棘溝条虫の感染は結節性条虫症を引き起こし，カタル性，増殖性腸炎を呈し，リンパ球や多形核白血球，好酸球浸潤がみられる．重度感染では粘液性下痢，食欲減退，元気消失，呼吸困難，さらに斃死することもある(図 III.125)．

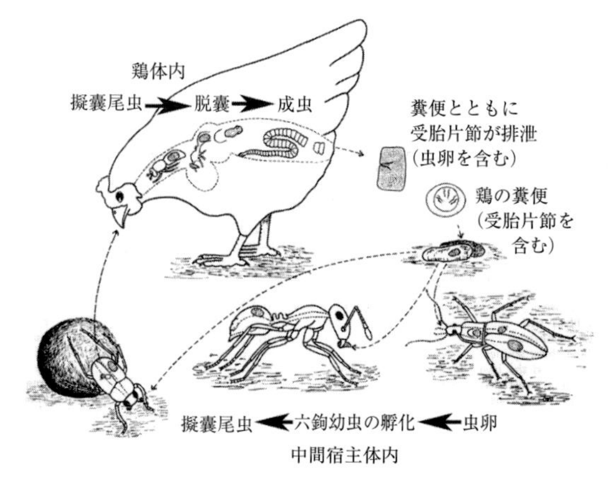

図 III.123 鶏の条虫の生活環
［Olsen, O. W.(1974)を改変］

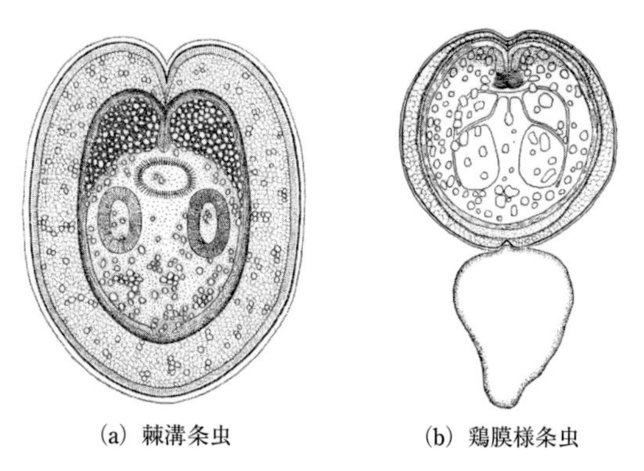

図 III.124 家禽にみられる条虫の擬嚢尾虫
［(a)：澤田 勇(1952b)，(b)：澤田 勇(1952a)］

膜様条虫科では，鶏膜様条虫と *Hymenolepis cantaniana* は非病原性と考えられており，数百虫体の感染でも増体量の低下は認められない．しかし，腸内に数千の成虫が寄生するような重感染の場合，カタル性腸炎と下痢を伴い，死に至ることがある．*Hymenolepis lanceolata* はアヒルとガチョウでとくに激しい病原性を引き起こすといわれている．ディレピス科では，楔形条虫は通常非病原性とされるが，重度感染では発育阻害を起こし，稀に死亡することがある．漏斗状条虫の感染により体重減少を起こすことがある．ウズラ条虫は軽度感染では症状は認められないが，重度感染では，腸壁が薄くなり，慢性のカタル性炎となり，羽毛や脚鱗の光沢消失，粘液性下痢便の排

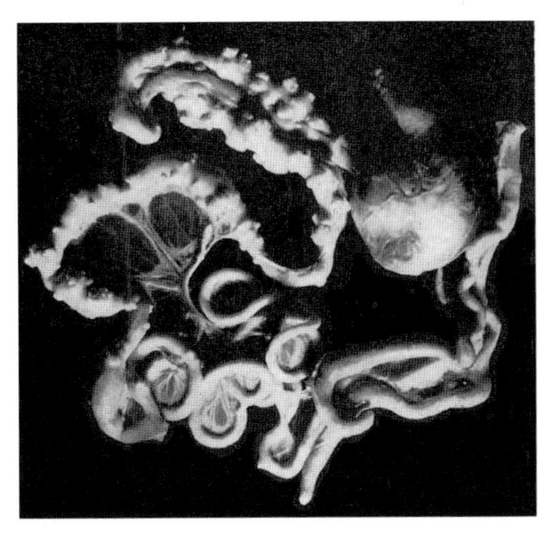

図 III.125　棘溝条虫感染による鶏小腸の結節形成
［原図：Bushnell and Brandly（1929）］

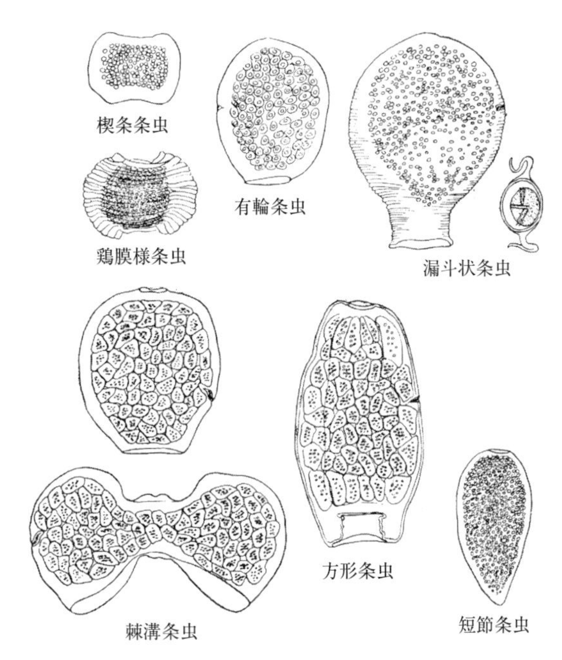

図 III.126　家禽の条虫の受胎片節
［原図：Soulsby, E.J.L.（1982）］

泄，食欲減退，元気消失，産卵率の低下などがみられることがある．

診　断：生前においては糞便中に排泄された受胎片節と虫卵の形態を，剖検においては小腸の結節病変（棘溝条虫感染）の有無と成虫の形態（大きさ，頭節と成熟片節の形態）を観察して診断する．ただし，宿主斃死後しばらくすると条虫の額嘴や吸盤の鉤と小鉤が脱落したり，腸からのストロビラ採取時に頭節が切断されることがしばしばあるので，頭節が損傷しないように虫体を回収することが肝要である．また，感染していても，糞便中の虫卵や片節の排泄が認められない症例があるので，剖検がもっとも信頼できる診断法となる．剖検では，腸管を水中でハサミを用いて切り開くと，頭節の付着部以外のストロビラが浮くので，腸管に付着する頭節を注意深く回収するか，生食中に数時間放置し頭節が腸管から離脱するのを待つ．通常，検出したストロビラについては，染色標本を作製し，成熟片節および受胎片節を観察して鑑別するが，この標本作製には時間を要する．短時間で頭節を観察するためには，頭節を切断しホイヤー液で封入する．また，受胎片節をピンセットで引き裂いて，卵嚢や虫卵を鏡検する．

受胎片節および虫卵の鑑別：家禽の条虫感染ではゴマ粒大の受胎片節が糞便とともに排泄される．たとえば，方形条虫と棘溝条虫では1片節ずつ（わずかに運動する），有輪条虫と橿原条虫ではそれぞれ2～3，2～5片節が繋がって（活発に運動する）排泄されることが多い．棘溝条虫の受胎片節はくびれて二連球状を呈することが特徴である．これらの受胎片節の排泄は午後3～5時に多いが，これは給餌時間によって変動することもある．

受胎片節の同定には，虫卵，卵嚢，副子宮などの形態が重要である（図 III.126）．

方形条虫：受胎片節1片節ずつ，6～12虫卵／卵嚢，虫卵は球形で58～63 μm.

棘溝条虫：受胎片節1片節ずつ（二連球状），2～9虫卵／卵嚢，虫卵は球形で73～77 μm.

有輪条虫：受胎片節2～3片節ずつ，1虫卵／卵嚢，虫卵は長球形で93 × 74 μm（フィラメントあり）．

橿原条虫：受胎片節2～5片節ずつ，1虫卵／卵嚢，虫卵は長球形で82 × 73 μm.

ウズラ条虫：受胎片節1片節ずつ，1卵嚢／片節，虫卵は長球形で90 × 100 μm.

漏斗状条虫：受胎片節，虫卵は長球形で47 × 54 μm（両端にひも状付属物あり）．

鶏膜様条虫：受胎片節・虫卵，虫卵は類球形で62 × 72 μm，六鉤幼虫はラグビーボール状.

楔状条虫：受胎片節1片節ずつ，虫卵は類球形で 42 × 47 μm.

短節条虫：受胎片節 1 片節ずつ，虫卵は小型で 28〜40 μm.

治　療：家禽に寄生する条虫に対して，ニクロスアミド（nicrosamide）50〜100 mg/kg 経口投与の駆虫効果が報告されてきたが，現在本剤は日本では入手困難である．また，かつて日本でデストマイシン A（destomycin A）やハイグロマイシン B（hygromycin B）が飼料添加物として用いられてきたが，現在は使用されていない．プラジカンテル（praziquantel）1 回，5 〜10 mg/kg 経口投与は多くの条虫種に対して効果的であるが，条虫種により薬剤の必要量が異なる．すなわち，方形条虫では 3 mg/kg，短節条虫では 10 mg/kg の投与で 100％の効果が報告されている．フェンベンダゾール（fenbendazole）の飼料添加も 240 ppm（6 日間）で有輪条虫に対する 100％の駆虫効果が報告されている．*Raillietina* と *Hymenolepis* に対し，フルベンダゾール（flubendazole）60 ppm（7 日間，飼料添加）およびメベンダゾール（mebendazole）60 ppm（7 日間，飼料添加）も効果があるが，フルベンダゾールは鶏卵・肉に移行しないのに対し，メベンダゾールは鶏体内へ移行する．

予　防：それぞれの条虫の中間宿主に対する対策が重要である．

①条虫は中間宿主の摂食によって感染することに留意し，感染機会が少ないような飼育方法を選ぶ．放し飼い→平飼い→バタリー飼い→ケージ飼いの順で感染機会が減少する．ケージ飼いでも開放式鶏舎の場合は飛翔性の昆虫の侵入の機会が残る．

②鶏糞の除去を励行して中間宿主が片節や虫卵に接する機会をなくす．

③鶏糞の加熱・日射により，虫卵を殺滅する．

④鶏舎の清掃・殺虫剤散布および飼料の適切な管理により，中間宿主の発生を抑える．

2.10 節の参考文献

Bushnell and Brandly (1929) In: Biester, H.E. and Schwarte, J.J. (eds.) (1952) *Diseases of Poultry 3rd Edition*, Iowa State College Press

Khalil, L. F., *et al.* (1994) *Keys to the Cestode Parasites of Vertebrates*, CAB international

Olsen, O. W. (1974) *Animal Parasites 3rd ed.*, University Park Press

Soulsby, E. J. L. (1982) *Helminths, arthropods and protozoa of domesticated animals (7th edition)*, Baillière Tindall

Reid, W.M. (1991) In: Calnek, B.W. (ed.), *Diseases of Poultry 9th Edition*, Iowa State University Press

澤田　勇（1952a）鶏の小腸に寄生する膜様条虫の生活史について（予報），奈良学芸大学紀要，1 (3)，231-233

澤田　勇（1952b）方形條虫及び棘溝條虫の擬嚢尾虫に於ける差異について，動物学雑誌，**61**(10)，311-313

澤田　勇（1953）鶏に寄生する橿原條虫（新種）の形態学的研究，動物学雑誌，**62**(5)，179-185

3. 鉤 頭 虫 類

3.1 分類と形態

鉤頭虫類(Phylum Acanthocephala)は体前端に吻(proboscis)をもち，その表面に鉤(hook)が螺旋状に列を作って配列している．この鉤を備えた吻は翻転して吻鞘(proboscis sheath)に収まることができるが，成虫の寄生時には突出して宿主の腸管粘膜に深く穿孔し組織を傷害する原因となる．これまでに約1,300種が知られ，様々な動物(哺乳類，鳥類，両生類，魚類など)を終宿主とし，主として節足動物を中間宿主とする他，様々な動物を待機宿主とすることもある．

鉤頭虫類は3つの大きな綱，Archiacanthocephala，Palaeacanthocephala，Eoacanthocephala に分類されるが，哺乳類や鳥類に寄生する種は Archiacanthocephala 綱および Palaeacanthocephala 綱に属する．Archiacanthocephala 綱は陸棲脊椎動物の腸管に寄生し，中間宿主はゴキブリや甲虫の幼虫であり，吻の鉤は同心円状に配列し，原腎管を有する．本綱には大鉤頭虫科(Oligacanthorhynchidae)の *Macracanthorhynchus* 属や *Prosthenorchis* 属，あるいはモニリフォルミス科(Moniliformidae)の *Moniliformis* 属などが分類される．Palaeacanthocephala 綱では，終宿主は魚類，水禽，哺乳類で，中間宿主は甲殻類であり，吻鉤は放射状に配列し，原腎管がない．本綱には，*Acanthocephalus* 属や *Centrorhynchus* 属，*Corynosoma* 属，*Prosthorhynchus* 属などが分類される．

鉤頭虫類は雌雄異体で，体長は多くの種において 30 mm 以下であるが，雌虫が 600 mm に達する大鉤頭虫 *Macracanthorhynchus hirudinaceus* もある．虫体(図 III.127)は吻部，頸部および胴部からなり，吻は伸縮自在で翻転して吻鞘に収まるが，寄生時には宿主の腸壁に穿孔し吻鉤が組織に打ち込まれて強く固着する．胴部は円筒形で，その内部の擬体腔には垂棍(lemniscus)，神経系，生殖器官などが配置している．消化器系(口，消化管)は欠如し，体表から栄養を吸収する．生殖器系は発達し，雄虫では1対の精巣やセメント腺(cement gland)，輸精管，交接嚢などからなり，雌虫では卵巣(球)，子宮鐘，子宮，膣などからな

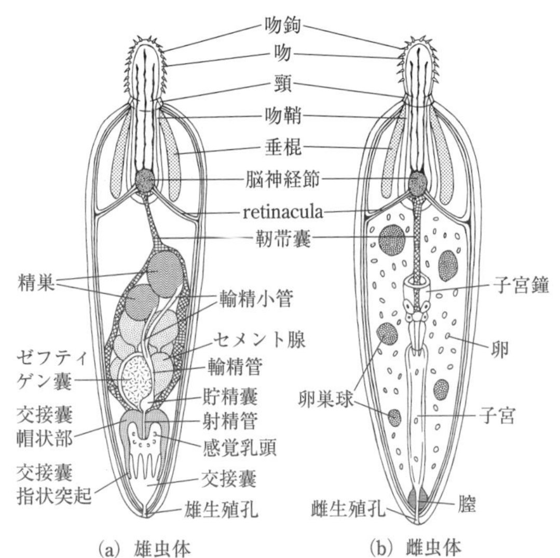

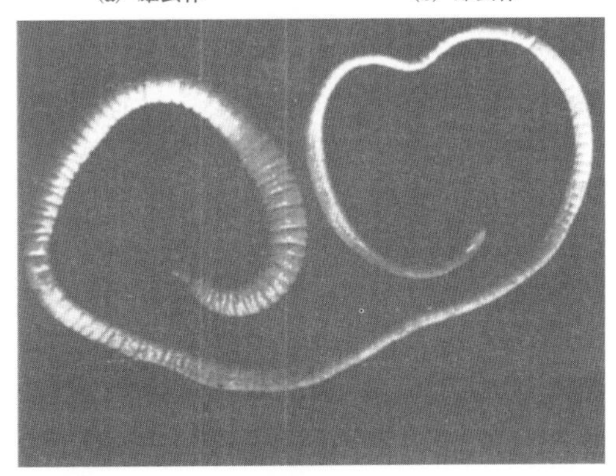

大鉤頭虫

図 III.127 鉤頭虫の形態
［原図：板垣　匡(上)・板垣　博・大石　勇(下)］

る．卵巣球には多数の卵が充満するが，卵巣球の破壊とともに虫卵は擬体腔に拡散し，そこで雄虫から受け入れた精子により受精する．受精卵はその周囲に卵殻が形成されると，子宮の入り口である子宮鐘に吸い込まれ，子宮，膣を経て体後端の陰門(生殖孔)から虫卵として産出される．

3.2　生態と発育

雌成虫は雄虫と交接すると数か月間，虫卵を産出する(図 III.128)．虫卵は内外 2 層の殻とその間の物質様層で囲まれ，その内部には数本の顎嘴鉤(がくしこう)(rostellar hook)をもつ幼虫(アカントール：acanthor)がみられる．

虫卵は糞便とともに宿主体外に排出され，中間宿主(昆虫，甲殻類など)に経口的に摂取されると，その消化管でアカントールは孵化して管壁を穿通して原体腔に達し，発育してアカンテラ(acanthella)となる．さらに分泌物により被嚢を形成してシスタカンス(cystacanth)とよばれる幼虫となる．シスタカンスは，翻転して吻鞘に収まる吻など特有の構造を有し，これが中間宿主とともに終宿主に摂取されると腸管で脱嚢して腸壁に固着して成虫へと発育する．また，待機宿主を介した感染もあり，シスタカンスが魚類や両生類，爬虫類などに摂取されると，その体腔や組織内で再び被嚢して終宿主に摂取される機会を待つ．

3.3　鉤頭虫症(Acanthocephaliasis)

哺乳類の鉤頭虫症では成虫が吻部を腸壁深部にまで挿入して寄生して，組織の破壊と炎症，潰瘍形成がみられ，重度寄生では腸管腔の栓塞，あるいは腸壁を穿孔して急性腹膜炎を引き起こす．次のような種が原因となる．

(1) 大鉤頭虫 (*Macracanthorhynchus hirudinaceus*)

雄虫は体長 5 ～15 cm，体幅 0.3～0.5 cm，雌虫は体長 10～65 cm，体幅 0.4～1.0 cm と大型で，生鮮時には淡紅色で体壁には顕著な横襞がある(図 III.127)．虫体は後方に向かって次第に細くなる．吻は球状で，鉤が 5 ～ 6 列，1 列に 6 個

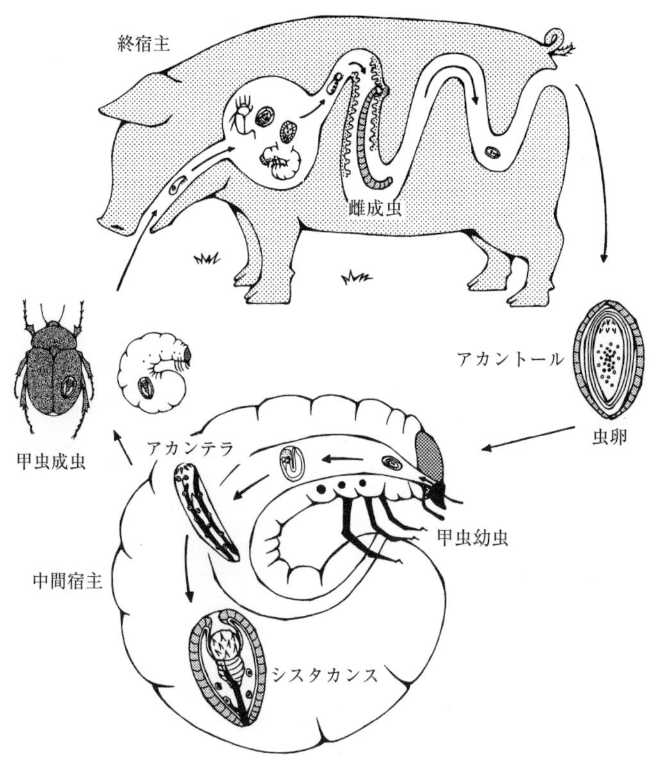

図 III.128　鉤頭虫の生活環［原図：板垣　匡］

ずつ螺旋状に並ぶ．終宿主は豚，イノシシなどで，小腸に寄生する(図 III.129)．中間宿主は甲虫類(コガネムシなど)である．分布は世界的で，日本でも南西諸島のリュウキュウイノシシ，山口県のニホンイノシシから検出されているが，現在までのところきわめて散発的な感染事例の記録にとどまっている．本虫はヒトの感染も約 350 例が知られ，中国やタイなどの甲虫を生食する習慣がある地域でみられる．同属の *Macracanthorhynchus ingens* は北米大陸に分布し，雄虫が体長 10 cm，雌虫が 35 cm ほどで，犬，アライグマ，キツネを終宿主とし，ヤスデ類が中間宿主である．稀に人体例の報告もある．

(2)鎖状鉤頭虫(*Moniliformis moniliformis*；シノニム：*Moniliformis dubius*)

雄虫は体長 4.5～14.5 cm，雌虫は体長 14～32 cm，吻は棍棒状で，鉤は 12～14 列，1 列に 9～12 個である．終宿主は *Rattus* 属のネズミ(ドブネズミ，クマネズミなど)で，その小腸に寄生する．中間宿主はゴキブリ類(ワモンゴキブリ，チャバネゴキブリ，クロゴキブリなど)や甲虫である．分布は世界各地で，日本でも一般的である．米国，中東，ナイジェリア，日本などで人体感染例も報告されているが稀である．

(3)*Prosthenorchis elegans*

雄虫は体長 18～27 mm，雌虫は体長 18～33 mm，吻は球状で，鉤は 6 列，1 列に 5～6 個ずつ螺旋状に並ぶ．胴部前端には横襞がみられる．リスザル，タマリン，マーモセット，テナガザルなど新世界ザルを終宿主として高率にみられ，回盲部を中心に盲結腸に寄生する．中間宿主はゴキブリ類(チャバネゴキブリなど)である．日本では動物園で飼育されているリスザル，マーモセットやテナガザルなどから検出され，リスザルでは重度寄生により斃死した症例が報告されている．感染リスザルの症状は，初期には食欲低下，元気消失，下痢で，末期には摂餌できずに重度の削痩に陥り衰弱，腸閉塞で死亡する．または虫体による腸壁穿孔で腹膜炎を併発して死亡する．剖検では，虫体の粘膜穿孔により回盲部の漿膜面に突出する結節病変がみられ，100 匹を超える多数の虫体の寄生により腸管腔の閉塞所見がみられることもある．有効な駆虫薬は知られていないが，プラジカンテル・パモ酸プランテル・フェバンテル(praziquantel, pyrantel pamoate, febantel) 合剤(体重 1 kg あたり，それぞれ 5 mg，14.4 mg，15 mg) 3 日間連続投与により，ある程度の効果がある．飼育下のリスザルはゴキブリを好んで捕食するために重度感染を起こしやすい．飼育舎でのゴキブリ侵入予防や駆除，さらには感染動物の糞便を適切に処理することで感染を予防する．

(4)その他の鉤頭虫

サギやカモメ，ウなどの野生水禽類，ノスリやフクロウなどの野生猛禽類などには *Arhythmorhynchus* 属，*Corynosoma* 属，*Centrorhynchus* 属，*Porrorchis* 属，*Mediorhynchus* 属など多様な鉤頭虫が寄生する．またタヌキやアライグマの腸管からは鳥類寄生の鉤頭虫のシスタカンスがよく検出されている．

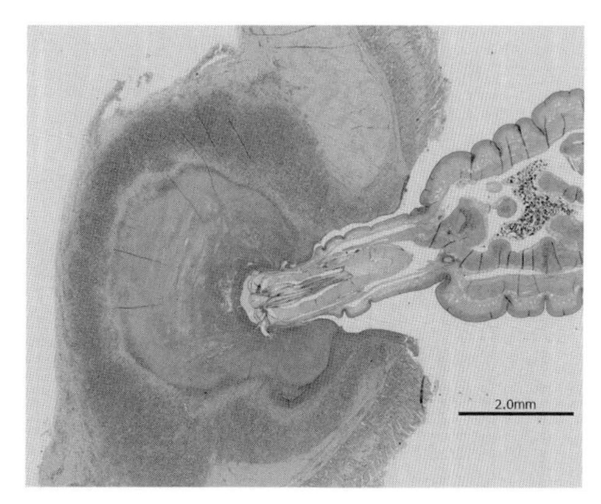

図 III.129　大鉤頭虫
イノシシへの寄生例．左：腸管肉眼写真，右：組織写真

4. 線　虫　類

4.1　形態と発育

線虫類(Nematoda, Nematodes)は線形動物門(Phylum Nematoda)に属する生物の通称である．線虫類には自由生活性のものと，寄生性のものがある．自由生活性線虫は水中や土壌中など，地球上のあらゆる環境にきわめて多くの種が生息し，現生の動物群ではもっとも繁栄していると推察される．一方，寄生性線虫は，脊椎動物だけでなく，植物や無脊椎動物にも寄生する種が存在する．脊椎動物に寄生する線虫は3万種以上が報告され，獣医寄生虫学の分野では，原虫類と並んで多数の種が研究対象となっている．

本章で取り扱う線虫類は線形動物門の線虫綱(Nematoda)に含まれ，線虫鋼は体後端部で肛門後方に存在する側尾腺(双腺，ファスミッド：phasmid)の有無に基づいて無ファスミッド亜綱(Aphasmida；Adenophorea；鞭虫類，旋毛虫，腎虫類など)と有ファスミッド亜綱(Phasmida；Secernetea；上記グループ以外)に分類される．線虫類の属や種は，基本的には雄成虫の形態学的特徴に基づいて分類されるが，近年は分子生物学的手法を用いた診断法や系統解析も応用されている．

4.1.1　体制

線形類は体が糸状・紐状であり，左右相称，体節には分かれない．基本的に分化した神経系，消化系，生殖系，排泄系の器官を有し，呼吸系と循環系の器官を欠く(図III.130～132)．これらの器官は，中胚葉性上皮性の細胞で裏打ちされていない偽体腔(pseudocoelom)内に存在し，腔には体腔液(haemolymph)が充満する．

(1)外部形態

体形が円筒状のため虫体の横断面は通常円形であり，このため英名ではround worm(円虫の語源)とよばれ，虫体断面が平たい蠕虫類(吸虫や条虫類)とは異なる特徴である．体表は厚いクチクラ(cuticle)でおおわれ，種によって縦走する隆起線や乳頭，頭胞，頸翼などの構造物がみられる．線虫類は一般に雌雄異体で，成虫は雌が雄より大きい．体長は旋毛虫 *Trichinella* spp.(雌成虫2～4 mm)や *Ollulanus tricuspis*(雌成虫1～2 mm)のように数mm以下の小形の種や，豚回虫 *Ascaris suum*(雌成虫30～40 cm)や腎虫 *Dictophyme renale*(雌成虫100 cm)のように大形の種まであり，その多様性は著しい．また開嘴虫 *Syngamus* spp.(雌成虫20 mm，雄成虫6 mm)や *Trichosomoides crassicauda*(雌成虫10～19 mm，雄成虫1.3～3.5 mm)のように雌雄体長が著しく異なる種がある．

(2)体壁

体壁の支持組織は外側から外被，外被下層，筋肉層からなる．外被(クチクラ)は一般に半透明で強靱であり，細胞構造を欠き，外被下層の分泌物で作られる．表面は平滑にみえるが，環状や輪状構造が連続し，また一部が変形して口唇や歯環，乳頭，頸翼，頭胞，交接嚢などの特徴的な構造を形成する．これらの構造は線虫の属や種を同定するときの形態学的指標とされる(図III.133～135)．またとくに消化管内に寄生する線虫種では，宿主の消化酵素に耐性を示し，寄生生活に適応している．外被下層を裏張りして筋肉層がみられるが基本的に縦走筋のみで輪状筋は分布しない．筋は合胞性で細胞質が発達する．また外被下層から内側に向けて隆起する4本の縦走線(背腹正中線，左右側線)が存在し，虫体を観察する

表 III.6 主な線虫類の科(亜科)レベルまでの分類

線虫綱 Class Nematoda
双腺亜綱 / ファスミッド亜綱 Subclass Secernetea/Phasmidia
　回虫目 Order Ascaridida
　　回虫上科 Ascaridoidea
　　　回虫科 Ascarididae
　　　アニサキス科 Anisakidae
　　盲腸虫上科 Heterakoidea
　蟯虫目 Order Oxyurida
　　蟯虫上科 Oxyuroidea
　　　蟯虫科 Oxyuridae
　　　ヘテロキシネマ科 Heteroxynematidae
　旋尾線虫目 Order Supirurida
　　旋尾線虫亜目 Suborder Spirurina
　　　顎口虫上科 Gnathostomatoidea
　　　　顎口虫科 Gnathostomatidae
　　　フィザロプテラ上科 Physalopteroidea
　　　　フィザロプテラ科 Physalopteridae
　　　眼虫上科 Thelazioidea
　　　　眼虫科 Thelaziidae
　　　スピルラ上科 Spiruroidea
　　　　スピルラ科 Spiruridae
　　　　食道虫科 Gongylonematidae
　　　　スピロセルカ科 Spirocercidae
　　　　　スピロセルカ亜科 Spirocercinae
　　　　　アスカロプシス亜科 Ascaropsinae
　　　ハブロネマ上科 Habronematoidea
　　　　ハブロネマ科 Habronematidae
　　　　テトラメレス科 Tetrameridae
　　　糸状虫上科 Filarioidea
　　　　糸状虫科 Filariidae
　　　　　糸状虫亜科 Filariinae
　　　　　ステファノフィラリア亜科 Stefanofilariinae
　　　　オンコセルカ科 Onchocercidae
　　　　　セタリア亜科 Setariinae
　　　　　犬糸状虫亜科 Dirofilariinae
　　　　　オンコセルカ亜科 Onchocercinae
　円虫目 Order Strongylida
　　円虫亜目 Suborder Strongylina
　　　円虫上科 Strongyloidea
　　　　円虫科 Strongylidae
　　　　カベルティア科 Chabertidae
　　　　気管開嘴虫科 Syngamidae
　　鉤虫亜目 Suborder Ancylostomatina
　　　鉤虫上科 Ancylostamtoidea
　　　　鉤虫科 Ancylostomatidae
　　毛様線虫亜目 Suborder Trihostrongylina
　　　毛様線虫上科 Trichostrongyloidea
　　　　毛様線虫科 Trichostrongylidae
　　　　捻転胃虫科 Haemonchiidae
　　　　クーペリア科 Cooperiidae
　　　　ディクチオカウルス科 Dictyocaulidae
　　　モリネウス上科 Molineoidea
　　　　モリネウス科 Molineidae
　　　ヘリグモソーム上科 Helogmosomoidea
　　　　ヘリグモソーム科 Heligmosomidae
　　　　ヘリグモネラ科 Heligmonellidae
　　肺虫亜目 Suborder Metastorngylina
　　　肺虫上科 Metastrongyloidea
　　　　肺虫科 Metastrongylidae
　ラブディティス目 Order Rhabditida
　　ラブディティス上科 Rhabditoidea
　　　　糞線虫科 Strongyloididae
双器亜綱 / 無ファスミッド亜綱 Subclass Adenophorea/Aphasmida
　エノプリダ目 Order Enoplida
　　旋毛虫上科 Superfamily Trichinelloidea
　　　鞭虫科 Trichuridae
　　　　鞭虫亜科 Trichurinae
　　　　毛細線虫亜科 Capillariinae
　　　旋毛虫科 Trichinellidae
　　腎虫上科 Dictyophymatoidea
　　　腎虫科 Dictyophymatidae

Anderson, R. C. (2009) *Keys to the Nematode Parasites of Vertebrates*

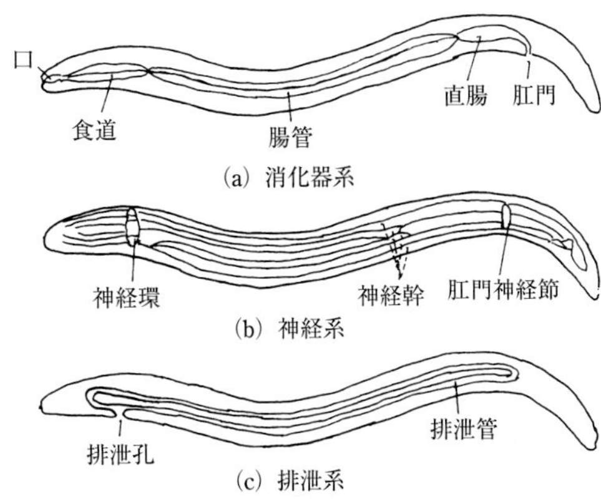

図 III.130 線虫の消化器，神経，排泄系模式図［原図：茅根士郎］

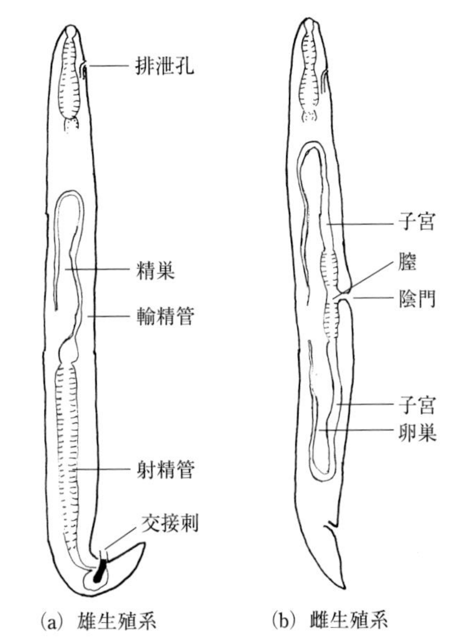

図 III.131 線虫の雌雄生殖系［原図：茅根士郎］

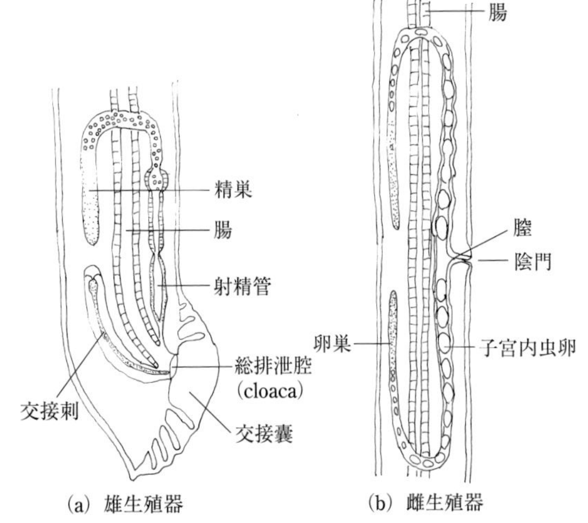

図 III.132 雌雄生殖器［原図：茅根士郎］

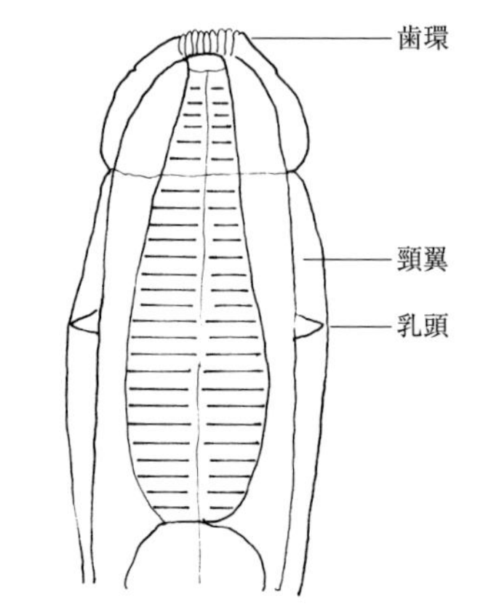

図 III.133　線虫の頭端［原図：茅根士郎］

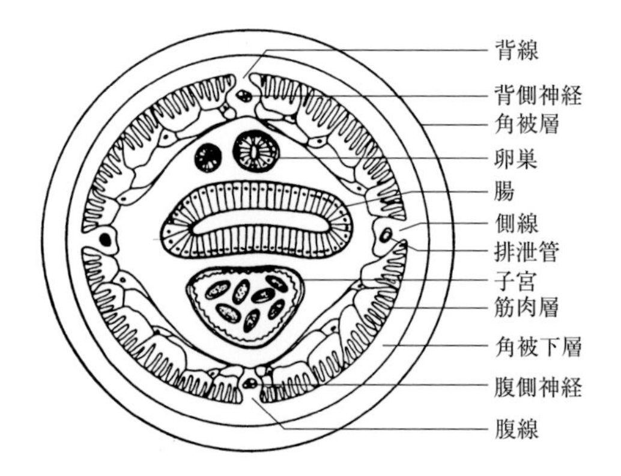

図 III.136　線虫の横断面［原図：茅根士郎］

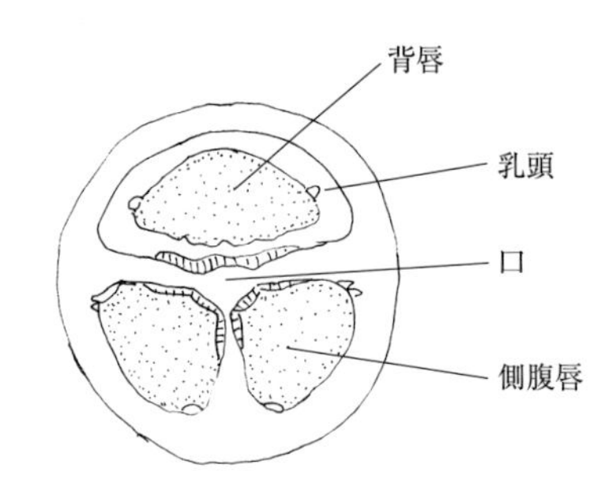

図 III.134　口唇(豚回虫)［原図：茅根士郎］

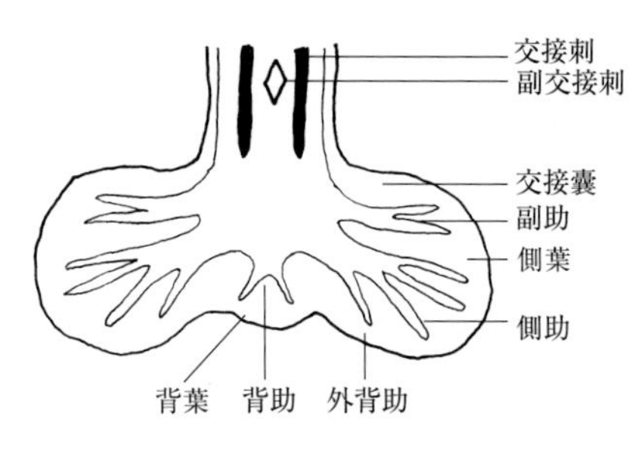

図 III.135　交接嚢(雄，尾端：円虫目)の構造［原図：茅根士郎］

とクチクラを通して前方から後方まで連続的に白色の線として観察できる．縦走線には，神経と排泄系の管がみられ，また筋肉細胞の神経支配突起が背線と腹線で神経に連絡している(図 III.136)．

(3)消化器系

消化管は体の前端付近にある口から始まり，口腔，食道，腸，直腸を経て体後端の肛門に終わる(図 III.130(a))．口の周辺には突出した口唇(labia)を有する種(回虫類)があり，また口腔(buccal cavity)が大きく発達した種(円虫類など)もある．また，口の開口部付近の内外周には歯冠(corona radiata)を有する種(円虫類など)や，口腔内に鉤を有する種(鉤虫類)などもある．食道は通常，筋肉質の棍棒状であり，背側と左右腹側の３本の筋肉から構成されるが，後端部が球状に肥大した食道球(esophageal bulb)となる種(蟯虫類など)もある．また，食道管を取り囲むように大形の食道腺細胞(スティコサイト：stichocyte)が連なるスティコソーム(stichosome)構造を有する種(鞭虫類)もある．腸管は直腸を経て肛門に開口し，雌虫体では腹側に開くが，雄では肛門と生殖口が合して総排泄口(cloaca)となる．

(4)神経・感覚系

中枢神経系は食道の中央部を環状に取り囲む神経環(nerve ring)とその付近にある神経節(ganglion)であり，これらから虫体の前後に数本の神経が出て，体表付近に存在する末梢の感覚器官に分布・連絡している(図 III.130(b))．感覚器官としては，前端付近の乳頭や後端近くのファスミッド(１対のクチクラ性の小嚢で化学的感覚機能を有するとされる)，前方の食道部の両側体表に開口するアンフィッド(双器，amphid；分泌機能の他に感覚機能を備えるとされる)などが主要なものである．

(5)排泄系

体壁の左右側線内を縦走する排泄管(excretory canal)は食道部位で合流してＨ型の構造となり，合流した管は腹面正中線上に排泄孔(excretory pore)として開く．偽体腔内の老廃物はこの経路で体外に排泄される(図 III.130(c))．

(6)生殖器系

寄生性の線虫類は基本的に雌雄異体であり，それぞれの生殖器官を有する．

①雄生殖系：白色の糸状の一連の器官であり，管状の精巣から始まり，輸精管(vas deferens)，貯精嚢(seminal vesicle)，射精管(ejaculatory duct)から構成され，総排泄腔に開く．総排泄腔の開口部付近には，交接の際に雌を固定する交接刺(spicule)とそれを収める交接刺嚢(spicule pouch)や交接刺鞘(spicule sheath)，副交接刺(gubernaculum)，交接嚢(copulatory bursa)，生殖乳頭(genital papilla)，尾翼(caudal ala)などの交接に必要な構造を備える種がある．交接刺は種によって1または2本あり，2本の場合は線対称または左右非対称で通常は左側の交接刺が細く長い．交接嚢はとくに円虫目で発達し，葉(lobe)と肋(ray)で構成され，その形態は種により異なるため同定の指標となる．尾翼が発達する種(旋尾線虫類の一部)や，生殖乳頭を有する種(顎口虫類)があり，さらに雄虫体の尾部が腹側に曲がる種(回虫類)やコイル状に巻曲する種(糸状虫類，鞭虫類)などあり，交接の際に雌を巻きつけるのに適した構造となっている．

②雌生殖器：雄生殖器と同様に白色糸状の一連の器官である．卵巣，輸卵管(oviduct)，受精嚢(seminal receptacle)で虫卵が形成され，子宮に送られて貯留される．虫卵は子宮から射卵管(ovijector)を経て，膣に送られ，陰門から産出される．陰門の位置は線虫の種によって異なるが，体前半部に存在する種も多い(糸状虫類，旋尾線虫類など)．雌生殖器は卵巣から子宮(射卵管)までが2組対になり，膣で合流する種が多いが，1組しかない種もある(鞭虫類など)．

4.1.2　発育環(生態と発育)

線虫類の発育は，基本的には雌成虫が産出した虫卵内の受精細胞(単細胞)が分割・発生して幼虫(1期幼虫：first stage larva；L_1)になることから始まる．1期幼虫は孵化後，脱皮をして次ステージの幼虫(2期幼虫：second stage larva；L_2)に変態する．同様に幼虫は脱皮することで3期幼虫(L_3)，4期幼虫(L_4)，そして5期幼虫(L_5)となる．5期幼虫は脱皮することなく，性成熟して成虫となり，交接後，雌成虫は虫卵を産出する．すなわち，線虫は幼虫が4回脱皮を繰り返すことで発育期の異なる幼虫に変態する．線虫類の多くの種は，雌成虫が虫卵を産出する卵生であり，卵の内容は単細胞または分割細胞である．しかし1期幼虫が形成された虫卵を産出する種(糞線虫，旋毛線虫類)や雌子宮内で孵化した1期幼虫を産出する種(糸状虫類，旋毛虫)もある．

このように線虫種により虫卵の内容の違いや1期幼虫での産出などは線虫を診断する上で重要な情報となる．さらに線虫種により，虫卵の形状にも特徴があり，レモン型で両端に栓様構造を備えた虫卵(鞭虫類，毛細線虫類など)や卵殻の外側にさらに厚い膜(タンパク膜)を備えた虫卵(回虫類)などがあり，診断に有用である．

線虫類は，生活環の完結に中間宿主を必要としない直接型生活環(直接発育)をする種(回虫類，鞭虫類，円虫類，鉤虫類など)と中間宿主を必要とする間接型生活環(間接発育)をする種(糸状虫類，肺虫類など)がある．直接発育をする種では，通常1期幼虫から3期幼虫までの発育を終宿主体外で行い，3期幼虫から5期幼虫，さらに成虫への発育を終宿主体内で行う．さらに1期から3期幼虫までの発育を虫卵内で行い，3期幼虫を含む虫卵が終宿主への感染体となる種(回虫類，鞭虫類など)と虫卵内で発育した1期幼虫が外界で孵化し，環境中で発育した3期幼虫が感染体となる種(円虫類，鉤虫類など)がある一方，間接発育をする種では1期から3期幼虫までの発育を中間宿主体内で行い，3期幼虫から成虫を終宿主体内で行う．このように3期幼虫は終宿主への感染期であるため感染幼虫(infective larva)とよばれる．また3期幼虫を含む虫卵を3期幼虫含有卵(感染虫卵，成熟虫卵など)とよぶ．終宿主への感染経路としては，直接発育の線虫では3期幼虫含有卵や3期幼虫の経口摂取，3期幼虫による経皮感染があり，間接発育の線虫では，3期幼虫を有する中間宿主の経口摂取や，中間宿主から遊離した3期幼虫の経口または経皮感染などがある．その他の感染経路としては，3期幼虫を含む待機宿主の経口摂取で感染する種や同一終宿主体内で自家感染する種，さらには胎盤や母乳を介して母から子への垂直感染を行う種などがある．

終宿主体内での発育：基本的には感染した幼虫が，臓器・組織内を移動しながら発育・脱皮し，最終寄生部位に到着して成熟する線虫(多くの回虫類・鉤虫類など)と，移動することなく最終寄生部位に達してその付近で発育・脱皮して成熟する線虫がある．前者を体内移行性(migratory)線虫，後者を非体内移行性(nonmigratory)線虫とよぶ．幼虫が血行またはリンパ行を経て肺に達し，肺胞から気管支，咽頭を移動して食道に入り，腸管へ到達して成虫となる体内移行を，とくに気管型移行とよび，回虫類や鉤虫類など多くの線虫種でみられる．しかし，これらの体内移行性の線虫種であっても幼虫が感染した宿主の状態(初感染，再感染，年齢など)によっては移行することなく成虫に発育することがある．また，幼虫が終宿主体内で発育する際に一時的に発育を停止させる現象が知られ，発育停止現象(arrested larval development，hypobiosis)とよばれる．この現象は，反芻動物の毛様線虫類(捻転胃虫，オステルターグ胃虫，クーペリア線虫)や馬の小円虫類でよく知られ，感染時の幼虫が受けた不適な環境要因(寒冷など)が原因とされ，4期幼虫または5期幼虫の時期にみられる．

4.2 糞線虫症(Strongyloidiosis)

原　因：ラブディティス目(Rhabditida)，糞線虫科(Strongyloididae)の糞線虫属(*Strongyloides*)の線虫が糞線虫症の原因である．本属はヒトを含め各種哺乳類の小腸に寄生するが，寄生期虫体(雌虫)は小さく10 mmを超えるものはない．多くの種は2～5 mmと小さい．また，粘膜上皮層内に虫体は局在して寄生するように，その体幅はきわめて細く30～60 μmである．このように糸状で細いことから，英名はthreadwormとよばれている．生活環は特異で寄生世代と自由生活世代が交番する．すなわち糞線虫属の寄生世代は単為生殖(処女生殖)を行う寄生世代と有性生殖を行う自由生活世代が交互にみられることが大きな特徴である．このような特異な生活環をヘテロゴニー(heterogony)とよぶ．寄生期の虫体はすべて雌虫である．

寄生世代虫体と自由生活世代虫体は食道の形態によって区別される．前者の食道は細長い管腔状でフィラリア型(filariform；F型)食道とよばれるのに対し，後者の食道は末端が有弁の食道球となり，ラブディティス型(rhabditiform；R型)食道とよばれる(図III.137)．

(1)糞線虫(*Strongyloides stercoralis*)

寄生期雌虫は白色で，体長は2.1～2.7 mm，体幅は30～40 μmときわめて細い．食道はフィラリア型で，0.5～0.7 mmと細長い．一方，自由生活世代の雄虫は体長0.8～1.0 mmで体幅は40～50 μm，雌虫は体長0.9～1.7 mmで体幅は50～85 μmで，雌雄虫体ともにラブディティス型

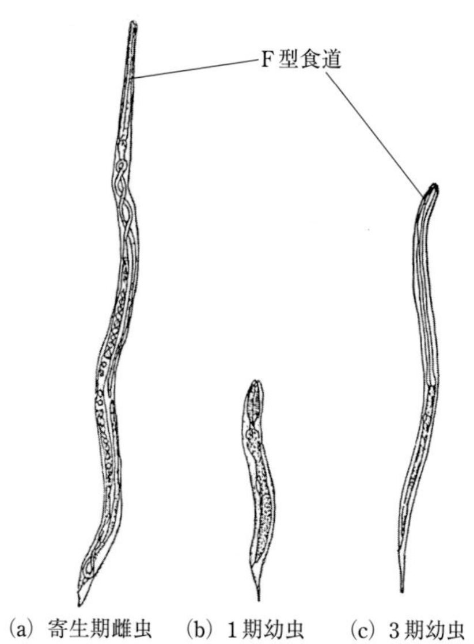

(a) 寄生期雌虫　(b) 1期幼虫　(c) 3期幼虫

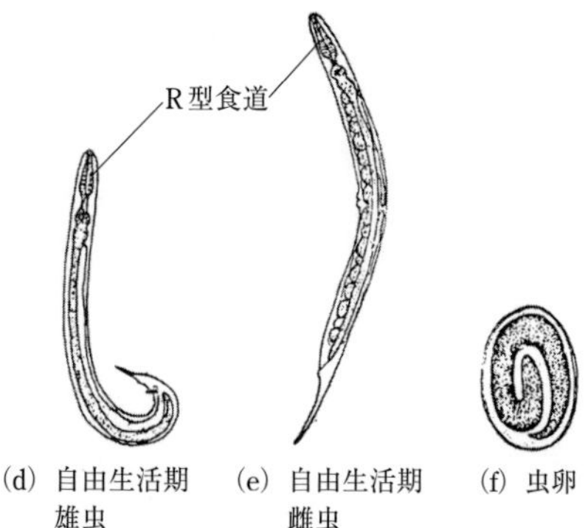

(d) 自由生活期雄虫　(e) 自由生活期雌虫　(f) 虫卵

図III.137　豚糞線虫の発育［原図：板垣　博・大石　勇］

食道，すなわち食道球をもち，食道は 0.11～0.15 mm と短い．本種は糞便中に1期幼虫(L_1)として排泄され，その大きさは 300 µm 長，体幅 20 µm と小さい．経皮感染性をもつフィラリア型幼虫(L_3)は 490～630 µm 長，体幅 16 µm で，食道は 220～270 µm 長で体長の約 2/5 を占める．尾端は3つに分岐して，顕微鏡下では逆V字状を呈する．本種は熱帯・亜熱帯など高温多湿な地域に広く分布し，ヒトの他，霊長類，犬，猫，キツネなどに寄生する．また，温帯であっても，繁殖舎で育ったビーグル犬で感染がしばしば確認される他，ヒトでも散発的な寄生が確認される．本種は後述するように自家感染(autoinfection)するので，一度感染すると生涯にわたり寄生がみられる．同様に自家感染する種はアライグマ糞線虫(*Strongyloides procyonis*)など数種に限られ，それらの種ではいずれも糞便内にラブディティス型幼虫(L_1)が排出されるのが特徴である．なお，国内でのヒトの糞線虫症は九州南部，沖縄に散発する．

(2)豚糞線虫(*Storngyloides ransomi*)

寄生期雌虫は 3.5～4.5 mm(図 III.138)，糞便中に虫卵(45～55 × 26～35 µm)が排泄される．虫卵は無色，卵殻は薄く，内容は幼虫形成卵である．豚，とくに生後数か月の仔豚の小腸に多く寄生がみられる．世界的に分布し，日本でも普通にみられる．

(3)乳頭糞線虫(*Strongyloides papillosus*)

寄生期雌虫は 3 ～ 6 mm，糞便中に虫卵(40～60 × 20～40 µm)が排泄される．楕円形の虫卵は無色，卵殻は薄く，内容は幼虫形成卵である．宿主は山羊，牛などの反芻動物の他，豚，イノシシ，ウサギなどの小腸に寄生する．反芻動物はきわめて好適な宿主で，とくに幼獣に多く，世界的に分布する．

(4)猫糞線虫(*Strongyloides planiceps*)

寄生期雌虫は 3 ～ 6 mm，糞便中に虫卵(58～64 × 32～40 µm)が排泄される．楕円形の虫卵は無色透明で，卵殻は薄く幼虫形成卵(図 III.139)である．犬，猫，タヌキなどの小腸に寄生する．マレー半島と日本に分布することが知られ，国内のタヌキではかなり高頻度に寄生がみられる．

(5)その他の糞線虫

その他の動物の小腸に寄生する種として，馬に寄生する馬糞線虫(*Strongyloides westeri*；寄生期雌虫は 8 ～ 9 mm と大きい)，旧世界ザル寄生のサル糞線虫(*Strongyloides fuelleborni*)，新世界ザル寄生の *Strongyloides cebus*，ヌートリア寄生の *Strongyloides myopotami*，鶏寄生の *Strongyloides avium*，ネズミ寄生のネズミ糞線虫(*Strongyloides ratti*)やベネズエラ糞線虫(*Strongyloides venezuelensis*)，北米産リス寄生の *Storngyloides robustus*(本種も寄生期雌虫は 8 ～ 9 mm と大きい)，アジア産リス寄生の *Storngyloides callosciureus* など様々な種が知られている．

発育と感染(図 III.140)：糞線虫類の生活環は特異で，中間宿主は必要とせず，寄生世代と自由

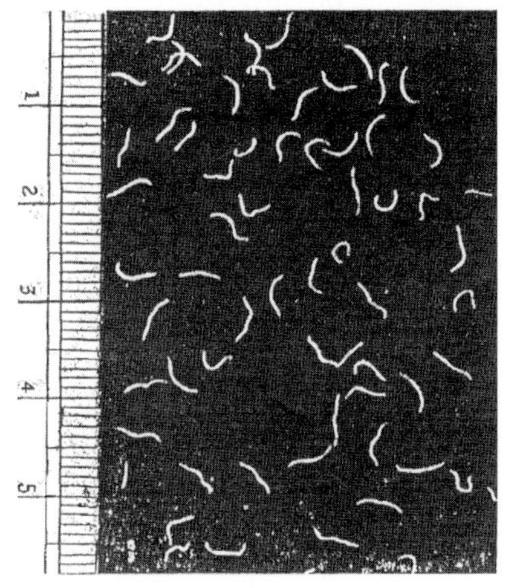

図 III.138　豚糞線虫［原図：板垣　博・大石　勇］

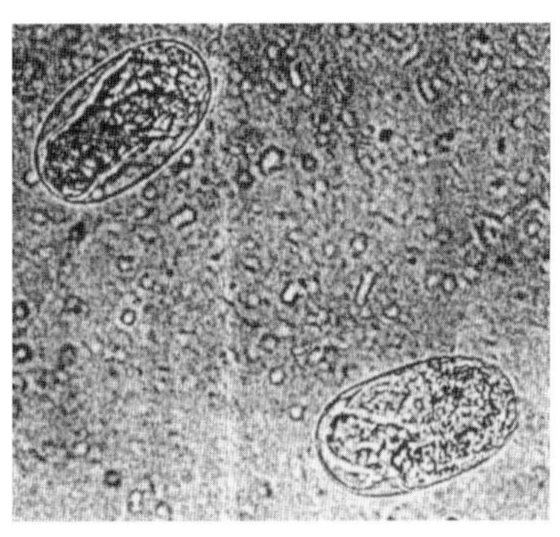

図 III.139　猫糞線虫卵［原図：板垣　博・大石　勇］

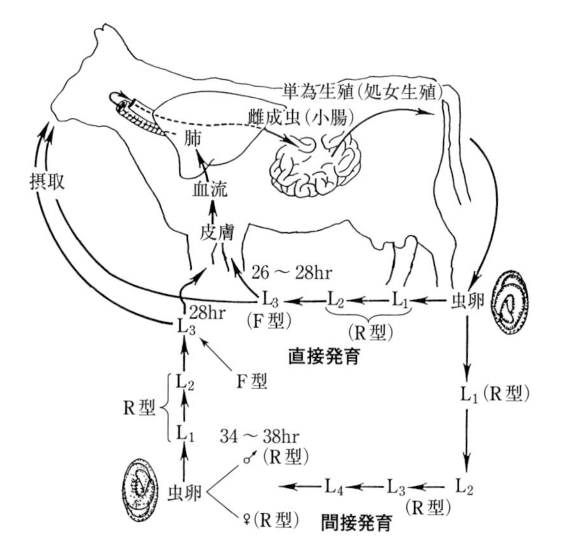

図 III.140　乳頭糞線虫(*Strongyloides papilllosus*)の生活環
［原図：茅根士郎］
R型：ラブディティス型；F型：フィラリア型；L：幼虫

生活世代が交番する．宿主の小腸粘膜層を貫通して寄生する雌虫は単為生殖によって虫卵を産出し，幼虫形成卵として糞便内に排出されてくる．例外的に，糞線虫(*S. stercoralis*)は宿主の腸粘膜で虫卵が孵化し，糞便中に1期幼虫(L_1)，すなわちラブディティス型幼虫として排泄されてくる．また，一部の幼虫は腸内でフィラリア型幼虫に育ち，腸粘膜から体組織に侵入して体内移行を経て成虫として小腸に寄生する自家感染を引き起こし，生涯にわたって感染が継続する．糞便とともに外界に出た幼虫形成卵は5～6時間後には孵化して1期幼虫(ラブディティス型)となる．この幼虫は，外界の環境条件(温度，栄養，湿度，pH，土壌)や寄生期雌虫の日齢，その宿主の栄養などに左右され，自由生活世代の雄虫あるいは雌虫に発育(間接発育：heterogonic cycle)するか，フィラリア型幼虫へと直接発育(homogonic cycle)すると考えられている．自然界における発育様式は間接発育が一般的で，その適温は20～30℃であるとされている．この適温を超える異常な高温や低温では直接発育が観察される．

(1)直接発育

糞線虫類の2期幼虫(L_2)は2回目の脱皮の際に鞘を脱ぎ捨て，無鞘の3期幼虫(L_3，フィラリア型幼虫)となるため，他の線虫の3期幼虫と比べると長期間は生存できない．フィラリア型幼虫は宿主に経皮的に感染する他，経口的に入り口腔粘膜から侵入する．

(2)間接発育

糞便中に排泄された1期幼虫(糞線虫)あるいは幼虫形成卵(他種糞線虫類)は外界の好適な環境下では，急速に発育・脱皮(4回にわたり脱皮を繰り返すが，いずれもラブディティス型食道をもつ)し，48時間以内に自由生活世代の雌雄成虫に発育して交尾する．雌成虫1匹あたりの産卵数は約180個で，孵化した1期幼虫は2回脱皮してフィラリア型食道をもつ3期幼虫となり，おもに経皮感染する．

経皮的に感染した3期幼虫は血流あるいはリンパ流を介して肝臓，肺に達し，肺胞壁毛細血管を破って肺胞内に脱出して気管移行する．すなわち，気管，咽頭を経て嚥下されて小腸に入り，粘膜内に侵入して2回脱皮して寄生世代雌虫となる．経口感染して口腔粘膜から体内に侵入した幼虫はその後，経皮感染した場合と同様のルートを経て固有寄生部位の小腸に達して雌成虫となる．プレパテント・ピリオドは糞線虫で約2週間，猫糞線虫では7～12日間，豚糞線虫では7～9日間(仔豚では経乳感染後4～5日間)，乳頭糞線虫では8～12日間である．経乳感染は豚糞線虫と乳頭糞線虫で知られ，豚糞線虫では胎盤感染も認められている．乳頭糞線虫の経皮感染の好発部位は蹄冠部(趾)，臀部，胸垂，臍部などである．

自家感染では，腸管内で1期幼虫がフィラリア型幼虫に発育して粘膜から体内に侵入する他，肛門付近の皮膚上で1期幼虫が感染幼虫に発育して皮膚に侵入して感染することがある．免疫不全状態に陥ると，自家感染する幼虫数が増し，寄生世代の雌成虫が増加，さらに自家感染して体内に侵入する幼虫が増えるため重度の糞線虫症(播種性糞線虫症)を引き起こす．

病原性と性状：

(1)糞線虫症および猫糞線虫症

糞線虫症および猫糞線虫症は一般に下痢を主徴とし，時に血便の排泄をみる程度で，成獣(犬，猫)では著しい症状を示すことはないが，幼獣では感染幼虫の経皮感染，とくに反復感染による痒覚，紅疹を伴う皮膚病変，成虫寄生による小腸粘膜病変が認められ，栄養障害，削痩，脱水，貧血，発育不良など重症となることがある．また，多数の幼虫が一度に気管移行すると気管支炎，肺炎症状が観察される．

(2)豚糞線虫症

成豚では寄生しても通常は症状は認められない．しかし，幼獣の軽度感染では症状は認められないが，重度の成虫寄生ではカタル性腸炎を起こし，粘膜の充血，小出血斑が認められ，腸内容は悪臭を帯びる．豚は消化障害の結果，食欲不振，元気喪失，嘔吐，貧血，出血，長期にわたる下痢により発育不良となり，いわゆる「ひね豚」となる．

(3)乳頭糞線虫症

乳頭糞線虫の病害については従来問題にされていなかったが，1978年頃からオガクズ牛舎で飼育されている乳用雄仔牛に突然死を起こす原因不明のポックリ病が発生，その後，乳頭糞線虫が原因であることが判明したため，この疾患は突然死型乳頭糞線虫症(sudden death type of strongyloidiosis)と命名された．突然死型乳頭糞線虫症は狭いオガクズ牛舎で密飼いされた生後2～3か月齢の仔牛に好発する．多発時期は8～9月(7月下旬～10月初旬)で，本症が発生すると感染牛舎を中心に突然死する仔牛が続発し，感染牛舎が全滅することもあった．本症は特殊な飼育環境のもとで起こる日本特有な疾病で，世界ではブラジルで報告されているに過ぎない．本症は何の前触れもなく，ある日突然，仔牛が倒れ，呼吸促迫，数回の奇声(放血と殺時のうめき声に似る)と四肢のけいれんを発し，数分以内に死亡する．また突然死型以外に，以下の非突然死型乳頭糞線虫症に分類される．

- 急性症：軽度の症状を呈して死亡する．
- 衰弱死：眼球の陥没，耳殻の垂下を伴って下痢，削痩から起立不能に陥り死亡する．
- 慢性症：下痢を主徴とする．

乳頭糞線虫の感染実験による突然死の再現試験では，牛体100 kgあたり感染幼虫数32万匹以上で衰弱死，突然死が認められ，100万匹以上ではすべての仔牛に突然死(暴露後10.8～14.8日)が認められた．剖検による病変は，いずれも軽度で突然死に結びつく所見は少なく，小腸粘膜の充血，腸間膜リンパ節に肥大が認められるが，まったく病変が認められない症例も観察される．また乳頭糞線虫の3期幼虫の大量感染を受けた仔牛では，脱毛，蹄冠部の痒覚，紅疹，びらん，痂皮などが観察される．

診　断：糞線虫では1期幼虫(R型幼虫)，他の種では幼虫形成卵をそれぞれ糞便から検出することにより診断する．糞線虫の1期幼虫検出には直接塗抹法ないしホルマリン・エーテル法(MGL)法がある．幼虫形成卵の検出には飽和食塩液浮遊法やショ糖液浮遊法が適している．

猫糞線虫，乳頭糞線虫，豚糞線虫は新鮮糞便では幼虫形成卵であるが，犬，猫には鉤虫卵，豚には腸結節虫卵，牛などの反芻獣には各種の円虫類の虫卵が観察され，これら糞便中の虫卵は時間が経過すると幼虫形成卵となり，糞線虫類の虫卵と鑑別が困難となる．したがって，検査には新鮮な糞便材料を用いることが重要である．糞線虫類と他の線虫類を確実に鑑別するためには，糞便の瓶培養法，ろ紙培養法を実施し，検出された糞線虫類の3期幼虫(F型幼虫)と他の線虫類の3期幼虫とを鑑別する．また，犬の糞線虫症では，糞便内幼虫の高感度検出法として寒天培地培養法も有用性がある．

治　療：イベルメクチン(ivermectin)0.2 mg/kgの皮下注射は犬の糞線虫症に対して効果がある．糞線虫に感染した犬は他の犬とは隔離し，ヒトへの感染を注意すべきである．慢性の犬糞線虫症は難治性で，再発しやすいので駆虫効果が認められても6か月間は少なくとも毎月，糞線虫の幼虫の検査を実施する必要がある．猫糞線虫症に対してはパーベンダゾール(parbendazole)30 mg/kgの3日間連続経口投与，イベルメクチン0.2 mg/kgの1回経口投与が有効である．また豚糞線虫症ではイベルメクチン0.3 mg/kgで98%以上の効果が認められる．また母豚の駆虫は哺乳中の仔豚への感染予防になる．

チアベンダゾール(thiabendazole)はすべての糞線虫種の駆虫に用いられている製剤で，めん羊の乳頭糞線虫に44～46 mg/kg，豚糞線虫に

50～100 mg/kg の経口投与で効果がある．犬では 100～150 mg/kg を 3 日間経口投与し，その後，糞便中に 1 期幼虫が検出されなくなるまで毎週投与する．また仔犬の糞線虫予防には 250 ppm の飼料添加が推奨される．馬の糞線虫(*S. westeri*)に対してはチアベンダゾール，ドラメクチン(doramectin)，イベルメクチンが使用され，イベルメクチンによる母馬の駆虫は哺乳中の仔馬の感染予防となる．

予　防：糞線虫類は他の線虫類とは異なり，プレパテント・ピリオド(8～12 日間)が短く，自由生活世代で増殖するので，この外界での繁殖が好適となるような環境条件(適温，適湿など)を与えないことが重要で，畜舎の清掃，乾燥を保つことが必要である．

日本で発生がみられた突然死型乳頭糞線虫症はオガクズを敷料とした牛舎で飼育された生後 2～3 か月齢の仔牛において 8～9 月に多発する．したがって，発生時期に合わせて定期的に駆虫することが必要である．また病勢判断の目安に定期的に EPG(eggs per gram；糞便 1 g 中の虫卵数)を計数し，駆虫薬の投与により 1 万以下に抑制し，仔牛の突然死を予防する．また敷料のオガクズを適宜交換し，殺虫剤(ジクロルボス dichlorvos など)を散布することで仔牛への感染防止を図る．糞線虫は直接発育の場合，糞便中に排泄された 1 期幼虫は短時間(26～36 時間以内)で感染性をもつ 3 期幼虫に発育するので，犬に感染が認められたら 24 時間ごとに犬小屋やケージを清掃する必要がある．また，糞線虫は人獣共通寄生虫であるのでヒトへの感染防止にも十分に配慮しなければならない．

4.3 鉤　虫　症 (Ancylostomiosis, Bunostomiosis など)

原　因：円虫目(Strongylida)，鉤虫科(Ancylostomatidae)の *Ancylostoma* 属，*Agriostomum* 属，*Necator* 属，*Bunostomum* 属，*Globocephalus* 属，*Uncinaria* 属などの線虫が鉤虫症(Hookworm disease)の原因となる．これらの線虫類は，いずれも口腔がよく発達し，口の周囲にはクチクラが変形した切板(cutting plate)あるいは切器(cutting organ)がある．さらに切板には歯(鉤：hook)がみられる場合がある．体の前端部が背側に湾曲している種が多い．鉤虫類は犬，猫，ヒトの小腸に寄生する線虫として重要であり，馬にはみられない．切板の歯の数と形態，雄の交接嚢の構造，横状線の幅などが形態学的同定の指標となる．

(1) 犬鉤虫(*Ancylostoma caninum*)

成虫の体長は，雄 8～12 mm，雌 15～20 mm．新鮮虫体は灰白色であるが，吸血により腸管に血液を蓄え，赤～暗赤色の腸管が透けてみえる．切板には 3 対の歯(鉤)がある(図 III.141)．雄の交接嚢はよく発達している．虫卵は大きさ 56～65 × 37～43 μm，無色で卵殻が薄く，糞便内排出時には受精卵が卵分割している．犬およびイヌ科の動物の小腸，とくに空腸に寄生する．猫に寄生することは稀である．ヒトの小腸に成虫が寄生することが報告されている．世界各地に分布するが，北半球に多く，日本でも普通にみられる．

(2) 猫鉤虫(*Ancylostoma tubaeforme*)

成虫の体長は，雄 10～11 mm，雌 12～15 mm．犬鉤虫よりやや小形で細く，歯は 3 対である．本種と犬鉤虫との相違点は交接刺長(犬鉤虫 0.90～1.05 mm，猫鉤虫 1.26～1.72 mm)，頸部乳頭の形などでそれほど多くない．虫卵は犬鉤虫のものに

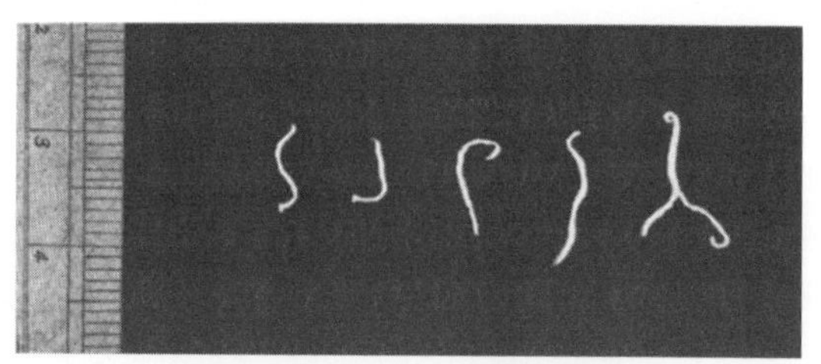

(a) 成虫（右端のものは交接中の虫体）

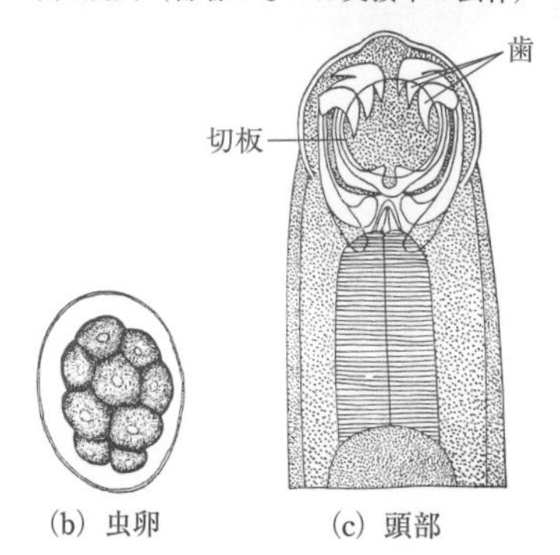

(b) 虫卵　　(c) 頭部

図 III.141　犬鉤虫［原図：板垣　博・大石　勇］

類似し，大きさは55〜76 × 34〜45 µm，排出時には受精卵が卵分割している．猫の小腸に寄生し，日本の猫にみられる鉤虫はほとんどが本種であると考えてよい．世界各地に分布する．

(3)ブラジル鉤虫(*Ancylostoma braziliense*)

成虫の体長は，雄6〜8 mm，雌7〜10 mm．歯は大小2対で，雄の交接嚢は小さい．虫卵の大きさは75〜95・41〜45 µm．犬，猫の小腸に寄生する．東南アジア，熱帯アフリカ，中・南米および北米南東部に分布するが，日本にはみられない．

(4)セイロン鉤虫(*Ancylostoma ceylanicum*)

成虫の平均虫体長は，雄8.1 mm，雌10.5 mm．歯は大小2対であるが，小さい方の歯(内腹歯)がブラジル鉤虫のものよりも大きい．さらに，交接嚢の肋の配列がブラジル鉤虫のものと違う．また成虫の体表には多数の横条線があり，その間隔はブラジル鉤虫よりも大きい．犬や猫の他，野生動物，ヒトの小腸に寄生する．南米，東アジア，東南アジアに分布し，東南アジアではヒトの感染率が高い．日本では，沖縄，奄美で報告がある．

(5)ズビニ鉤虫(*Ancylostoma duodenale*)

成虫の体長は，雄8〜11 mm，雌12〜15 mm．歯は大小2対であるが，内腹歯はセイロン鉤虫よりも明らかに大きく，内腹歯の内側に小さな副歯がある．虫卵は56〜60 × 35〜40 µm．ヒトが固有宿主であり，サル類，稀に豚，実験的には犬，猫の小腸に寄生する．本種はヒトの寄生虫として重要で，ヨーロッパ，アフリカ，アジアなどの旧世界に分布する．日本にもみられる．

上記以外の*Ancylostoma*属として，日本では串間タヌキ鉤虫(*Ancylostoma kusimaense*)がタヌキから報告されている．

(6)*Agriostomum vryburgi*

成虫の体長は，雄9〜11 mm，雌13〜16 mm．虫卵の大きさは125〜193 × 60〜92 µm．口腔は浅く底部が広い．口縁に4対の歯がみられる．牛，水牛の小腸に寄生する．インド，パキスタン，東南アジア，ブラジルに分布する．日本にはみられない．

(7)アメリカ鉤虫(*Necator americanus*)

成虫の体長は，雄7〜10 mm，雌9〜13 mm．虫卵の大きさは64〜76 × 36〜40 µm．頭端が背側に湾曲，口腔は球形に近く，切板は半月形を呈する．ヒトが固有宿主であり，稀に犬，猫および豚の小腸に寄生する．熱帯，亜熱帯，とくに中南米とアフリカに多い．日本にもみられる．

(8)羊鉤虫(*Bunostomum trigonocephalum*)

成虫の体長は，雄12〜17 mm，雌18〜26 mm．頭端は背側に湾曲し，口縁には2枚の半月形の切板がみられ，口腔の背側は突出して歯状の突起(背丘：dorsal cone，または背歯：doral teeth)となる(図III.142)．歯はない．虫卵は79〜97 × 47〜50 µmで，両端が丸みを帯び，内容の細胞に黒色の顆粒がみられる．世界各地に分布する．日本にもみられる．なお，*Bunostomum*属の鉤虫は反芻動物に寄生する．

(9)牛鉤虫(*Bunostomum phlebotomum*)

成虫の体長は，雄10〜18 mm，雌24〜28 mm．羊鉤虫に類似するが，背丘(背歯)が短い(図III.143)．虫卵は79〜117 × 47〜70 µm．牛の小腸，とくに十二指腸に寄生する．世界各地に分布し，日本でも稀でない．牛鉤虫は，放牧牛の線虫として知られているが，日本ではオガクズを敷料に用いた牛舎の仔牛の感染例が報告されている．

(10)豚鉤虫(*Globocephalus urosubulatus*)

成虫の体長は，雄4〜6 mm，雌5〜8 mm．虫卵の大きさは52〜56 × 26〜35 µmで，無色で排出時の内容は卵分割した受精卵である．口がやや背側に向かって開き，口腔はほぼ球状である．開口縁は*Bunostomum*属と同様2個の環状のバンドで囲まれている．歯はない．口腔底に1対の三角形の歯がある．豚の小腸に寄生する．ヨーロッパ，アフリカ，北米・南米，東南アジアに分

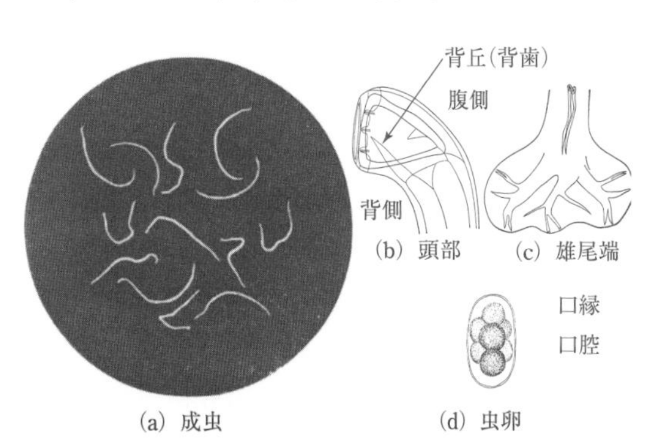

図III.142　羊鉤虫［原図：板垣　博・大石　勇］

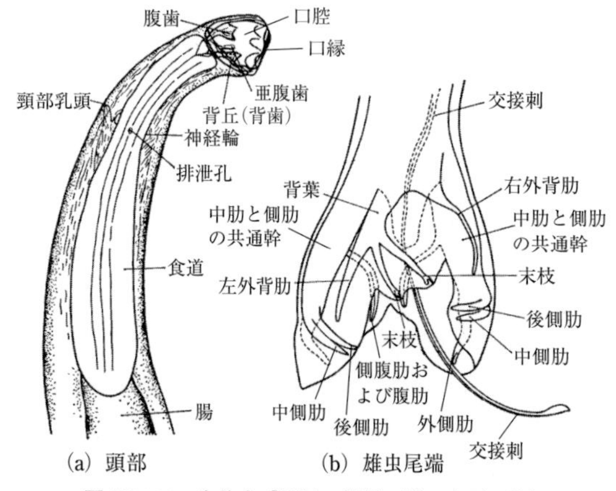

図 III.143 牛鉤虫［原図：板垣 博・大石 勇］

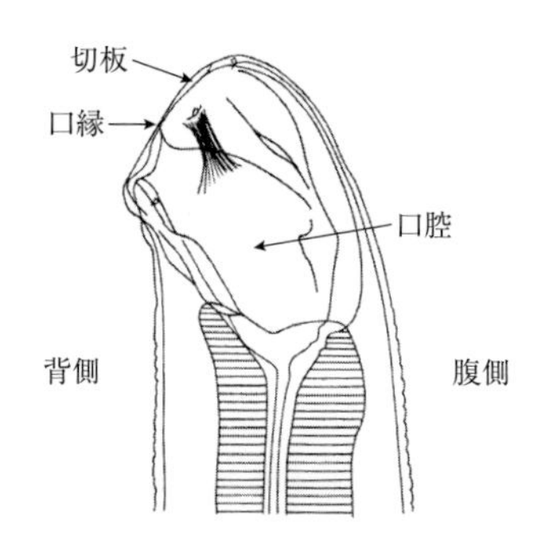

図 III.144 狭頭鉤虫の頭部［原図：板垣 博・大石 勇］

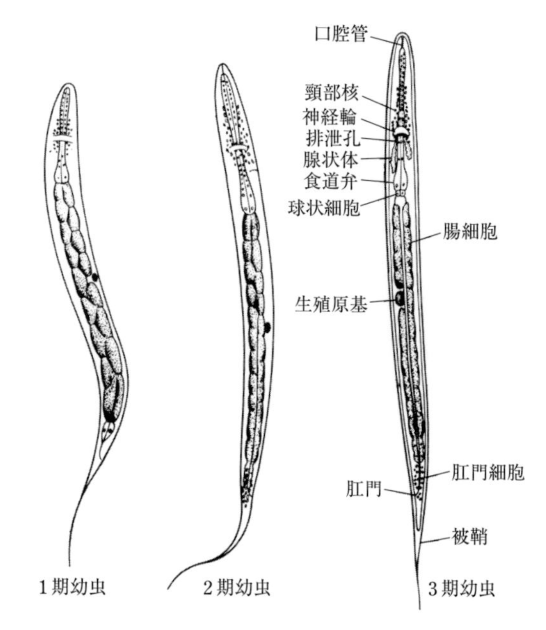

図 III.145 牛鉤虫の幼虫［原図：板垣 博・大石 勇］

布．日本にはみられない．

(11) 狭頭鉤虫 (*Uncinaria stenocephala*) (図 III.144)

成虫の体長は，雄 5～9 mm，雌 7～12 mm．虫卵は 65～85 × 40～50 µm．頭端は背側に曲がり，口縁には 2 個の半月状の切板があるが，歯はなく，口腔は漏斗状．犬，猫の小腸の後方 1/3 を主たる寄生部位とする．温帯および低温の地域 (北米，ヨーロッパ，東アジア) に広く分布する．日本では，輸入動物以外に犬での報告はないが，北海道のキツネでみつかっている．

(12) *Gaigeria pachyscelis*

成虫の体長は，雄 12～20 mm，雌 16～30 mm．虫卵は 105～129 × 50～55 µm．口縁の腹側に 2 個の切板があり，口腔底の腹側近くに 2 個の歯がみられる．アフリカ，インドの羊，山羊の十二指腸にみられる．

発育と感染：他の多くの円虫目の線虫と同様に，鉤虫類は外界で感染幼虫である 3 期幼虫にまで発育し，経皮または経口感染して宿主体内で成虫に発育する．鉤虫卵は数個ないし十数個の細胞を含む状態で糞便中に排泄される．適当な条件下であれば，卵内に 1 期幼虫が形成され孵化する．鉤虫卵の発育には一般に高温多湿が必要で，低温と乾燥は発育を遅延ないしは停止させる．温度条件と発育に必要な時間は鉤虫の種類によって異なっている．たとえば犬鉤虫では 23～30℃ならば 12～24 時間で幼虫形成卵まで発育し，孵化した 1 期幼虫は約 1 週間で感染幼虫まで発育する．一方，牛鉤虫では 30℃で 24～30 時間で孵化し，5～8 日間で感染幼虫まで発育する．狭頭鉤虫の虫卵は 15～25℃で幼虫形成卵まで発育し，20℃の好適温度では 12 時間で孵化し，4 日間で感染幼虫まで発育する (図 III.145)．

孵化した 1 期幼虫は発育・脱皮して 2 期幼虫になる．2 期幼虫は 1 期幼虫と同様に発育するが，やがて 2 期幼虫内部に 3 期幼虫 (感染幼虫) が形成される．したがって，3 期幼虫は 2 期幼虫の角皮 (クチクラの殻) を被った被鞘幼虫 (ensheathed larva) である．3 期幼虫は摂食せず感染機会を待つ．宿主への感染経路は 4 つが考えられる．第 1 は，3 期幼虫による経皮感染である．第 2 は 3 期幼虫の経口感染であり，第 3 は感染母体内の幼虫が乳汁中に排泄され，哺乳の際に乳汁を介して産子に感染する経乳感染(経乳房感染，乳汁感染，初乳感染)，第4は子宮内感染(胎盤感染)である．すべての鉤虫がこれらの4つの感染経路をとるというわけではなく，主要な感染経路は鉤虫の種によって異なっている．たとえば，経乳感染は *Ancylostoma* 属の種のみでしか知られていない．また，犬鉤虫と *Uncinaria* 属の種は経口感染が主要な感染経路であるが，*Bunostomum* 属の種やブラジル鉤虫，ズビニ鉤虫では経皮感染が主である．なお，*Gaigeria* 属の種は必ず経皮感染する．

宿主内での体内移行は，感染種や感染経路によってその動態が異なり，たとえば，狭頭鉤虫は体内移行を行わない．経皮感染の場合，感染幼虫は皮膚や毛胞から侵入し，脱鞘する．幼虫はリンパ管または毛細血管に侵入し，心臓を経て肺に達し肺胞に侵入する．肺胞内の幼虫は小気管支，気管支を上行して，食道，胃を経て(気管型移行)小腸に達して成熟する．経口感染の場合には，おもに宿主の感受性の違いによって2つの発育過程がある．初感染動物のように感受性の高い場合には，体内移行を行わない．すなわち，感染幼虫は消化管内で脱鞘し，胃腺や小腸のリーベルキューン腺に侵入して数日間この部にとどまった後，小腸腔内に戻り，2回脱皮して成虫になる(粘膜型移行)．既感染があり抵抗性がある動物では，幼虫の多くが口腔粘膜内に侵入し，循環系から気管型移行を経て成虫に発育する．しかし，犬の体内に侵入した幼虫すべてが成虫になるわけではなく，とくに抵抗性の高い動物では，一部の幼虫が肺から循環系を経て全身へ移行し(全身型移行)，筋肉などで発育停止幼虫として寄生する．発育停止幼虫は，経乳感染や胎盤感染の原因となる他，その他の刺激により再活性化して成虫への発育を開始する．経乳感染では，母犬の妊娠期最終2週目に幼虫が再活性化して乳腺へ移行し，仔犬に経乳感染した幼虫は粘膜型移行を行って成虫となる．胎盤感染では，母犬の妊娠中に幼虫が再活性化して胎盤を通過し，胎仔に先天的に感染する．ただし，犬鉤虫では，経乳感染が若齢動物への主要経路であると考えられている．

特異な感染経路として待機宿主をとる場合がある．犬鉤虫の感染幼虫をマウス，サル，猫に接種するとこれらの動物の筋肉内にコイル状に巻いた幼虫がみつかり，しかもこの幼虫は長期間生存する．また，犬鉤虫の感染幼虫はゴキブリ体内で80日間生存して感染源になるという．犬がこれらの待機宿主を補食すると，幼虫が粘膜型移行あるいは気管型移行を行って腸管に成虫として寄生する．

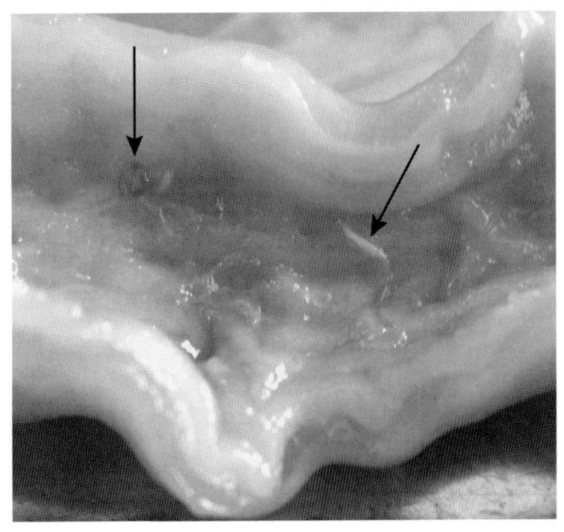

図 III.146　腸粘膜に寄生する犬鉤虫

プレパテント・ピリオドは，感染経路，宿主の年齢や抵抗性の有無などによって異なる．犬鉤虫の場合，幼犬で15～18日間，成犬で15～26日間，経乳感染や胎盤感染の場合には，10～14日間，猫鉤虫では，22～25日間，*Gaigeria pachyscelis* では約10週間，狭頭鉤虫では約15日間，羊鉤虫，牛鉤虫では宿主の既感染の有無によって異なり，30～56日間である．成虫の寿命は犬鉤虫では数か月から2年以内である．

解剖的変状：鉤虫は小腸粘膜に鉤着して寄生しており(図 III.146)，粘膜に充血，腫脹，多数の麻の実大の点状出血(図 III.147)，潰瘍を伴うカタル性炎症がみられ，腸壁の肥厚を認める．腸管内には血液を混じた暗赤褐色の汚泥状の内容物がみられる．また，重感染時には，虫体の侵入に起因する皮膚炎が顕在化し(経皮感染時)，加えて，諸臓器の貧血，肝臓の脂肪変性，腸管膜リンパ節の軽度の腫脹や，体内移行幼虫が肺胞に脱出する機械的障害に起因する肺の小出血や寄生性肺炎がみられる．反芻動物では，100匹以上の寄生が問題とされる．また，犬鉤虫症では，6か月以下の仔犬

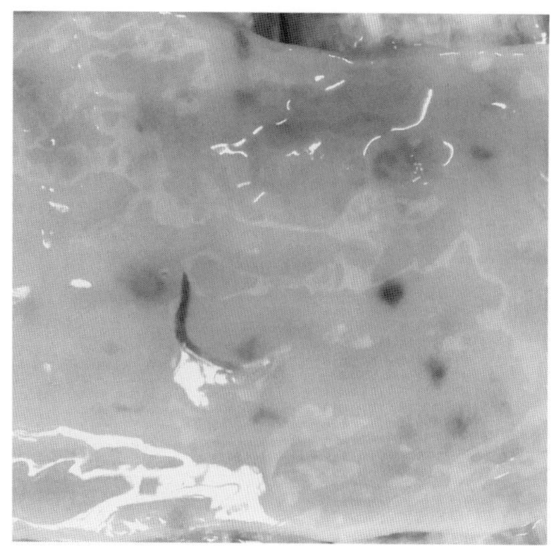

図 III.147　犬鉤虫による小腸の出血斑

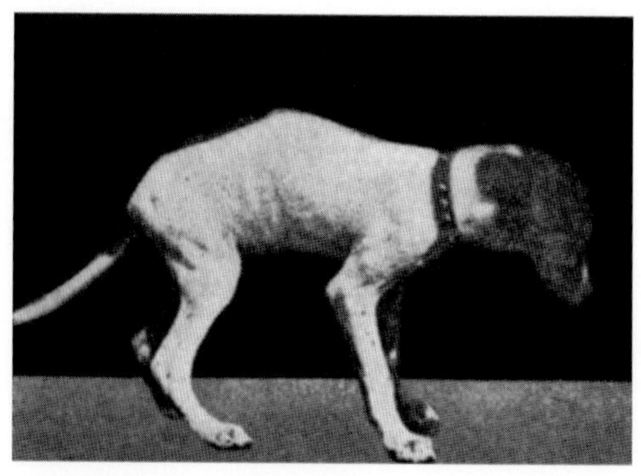

図 III.148　鉤虫症の患犬［原図：板垣　博・大石　勇］

が LD50 を示す寄生数は 100～160 匹とされている．鉤虫 1 匹の 1 日あたりの吸血量は犬鉤虫 0.08～0.20 mL，ブラジル鉤虫 0.001 mL，セイロン鉤虫では 0.01 mL，狭頭鉤虫 0.0003 mL と種類によって差がある．また，鉤虫類は頻繁に吸血個所を変更し，さらに吸血に際し血液凝固を妨げる物質を分泌するため，吸血箇所からの出血が起こり，貧血に貢献する．鉤虫によって摂取された赤血球はかなりの量が消化されないで排出される．

症　状：犬鉤虫による症状を中心に述べる．犬鉤虫症は 5 か月齢以下の仔犬で被害が著しい．感染を耐過したものは抵抗性を獲得し，保虫状態であっても多くの場合は症状を示すことはない．犬鉤虫症は次の 3 病型に分けられる．

(1)甚急性型

生後間もない哺乳期の仔犬にみられ，死後に剖検によって鉤虫症と確定診断されることが多い．出生直後は健康であるが，生後 1 週間頃から下痢が始まり，やがて血便となり発育不良が目立ってくる．2 週間頃から急激に症状が悪化し，哺乳力の減少，衰弱，激しい粘血性の下痢となり，強い貧血状態となって斃死する．この病型での発症の多くは，虫体が成虫に発育する前であり，糞便中に虫卵がみられないことが多い．

(2)急性型

重度に成虫の感染を受けた幼犬にみられる病型で，初期には食欲亢進，次第に食欲不振となり，削痩，下痢が始まる．便には多量の粘血液が混じり，悪臭がある．貧血によって可視粘膜は蒼白となり，腹痛が原因で悲鳴を発するようになる．挙動が落ち着かなくなり背弯姿勢(図 III.148)をとることがある．さらに衰弱すると膿・粘液性の眼脂や顎凹部・下腹部の浮腫がみられるようになる．心悸亢進・呼吸困難となってついには虚脱に陥る．糞便中には多数の虫卵がみられる．

(3)慢性型

もっとも普通にみられる病型で，急性期の感染の初期を耐過したものである．臨床症状を欠き，寄生虫体数は少なく，宿主との関係が均衡のとれた状態にある．糞便中には少数の虫卵がみられる．

甚急性・急性の病型では血液所見に著変がみられる．もっとも特徴的なのは，赤血球数の減少で，100～200 万台にまで減少し，赤血球容積，血色素量も低下する．さらに，白血球数の増加がみられ，好酸球の割合が 15～20% にまで増加することもある．血清タンパク量も低下し，アルブミン低下から A/G 比が著しく低下する．貧血は急性出血がみられる初期には正球性・正色素性であるが，慢性感染で鉄欠乏になると小球性・低色素性・不飽和性貧血となる．貧血の原因は，鉤虫による吸血，虫体咬着部位や粘膜損傷による潰瘍部からの出血である．また，鉤虫が分泌する催貧血性物質や溶血性物質が関与するとの説もある．

めん羊や牛に寄生する羊鉤虫や牛鉤虫も犬鉤虫と同様に吸血し，病原性が強い．重度な感染では初期に軽度の腹痛と便秘，やがて下痢となり，体重減少，栄養不良，衰弱，貧血により粘膜が蒼白となる．慢性の経過をとる重症例では，浮腫が顎

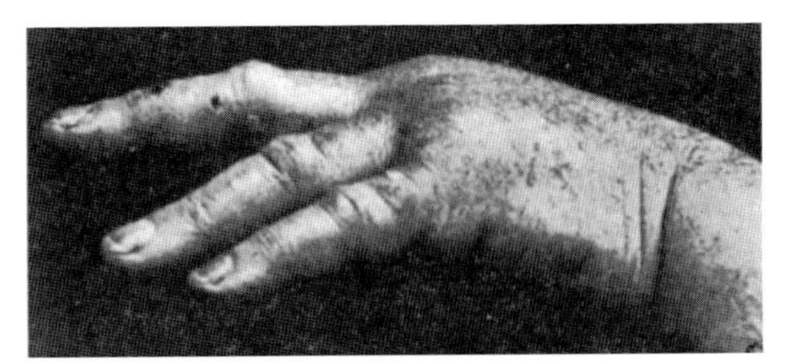

図 III.149　犬鉤虫幼虫感染による皮膚炎
［原図：板垣　博・大石　勇］

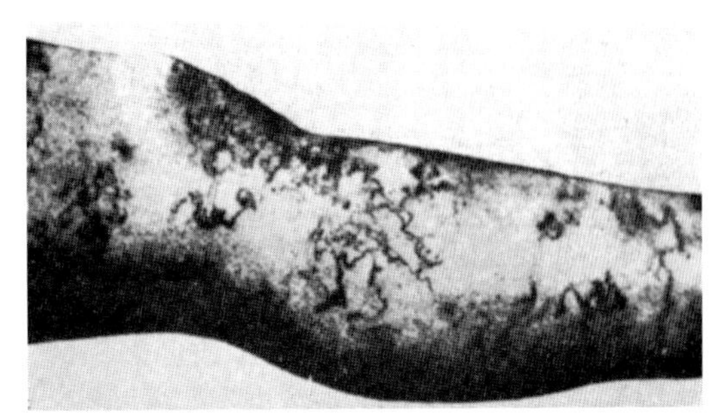

図 III.150　ブラジル鉤虫幼虫による肥行疹
［原図：板垣　博・大石　勇］

凹部にみられるようになり，斃死する場合がある．めん羊や牛では，毛様線虫やその他の消化管内線虫が混合寄生することによって病勢が悪化することが多い．牛鉤虫では，感染を耐過した牛は，ほぼ確実に抵抗性を獲得する．したがって鉤虫症がみられるのは生後 4 ～12 か月齢の幼牛が多く，発症は冬季に多い．

鉤虫の感染幼虫が皮膚感染することによって皮膚炎が発症することがある．犬では四肢，とくに趾間部の皮膚に多くみられ，湿性湿疹から壊死・潰瘍に病勢が進み，細菌の二次感染によって膿皮症となることもある．痒感が強く，また跛行がみられることがある．舎飼牛では，牛鉤虫の感染幼虫が経皮感染することに起因する脚部の痒感から足踏みや脚部をさかんになめる動作がみられることがある．このようなものでは，脚部には皮膚炎が生じ，細菌の二次感染を起こすことがある．

皮膚爬行症（creeping eruption）：これは，ヒトの皮膚表層を線虫の幼虫が移行する皮膚幼虫移行症（cutaneous larva migrans）で，皮膚に線状，蛇行性，紅斑性の皮膚炎が生じる．細菌の二次感染によって悪化する（図 III.149）．ブラジル鉤虫の幼虫によるものがもっとも多いが（図 III.150），犬鉤虫，狭頭鉤虫，牛鉤虫の感染幼虫の感染によっても発症する．激しい痒感がある．

診　断：幼獣に貧血，下痢，とくにタール便，栄養不良，浮腫などの症状があれば，本症を疑い，糞便を用いて虫卵検査を行う．犬，猫の場合，虫卵が多いときには直接塗抹法でも検出できるが，正確を期するには浮遊液を用いた浮遊集卵法が適する．日本では，犬から検出されたものは犬鉤虫卵，猫からのものは猫鉤虫卵としてよいが，正確に寄生虫種を決定するには，虫卵の遺伝子診断や成虫を採取して形態学的検討を必要とする．なお，草食動物では糞便の夾雑物が多いので直接塗抹法は不向きであり，これらの糞便検査には，糞液を一度ガーゼまたは金網でろ過して夾雑物を取り除いたものを材料として浮遊集卵法を行う．しかし，鉤虫卵と他の円虫類の虫卵とを区別することは困難であり，寄生虫種を決定するためには，虫卵培養法で得られた 3 期幼虫の形態観察あるいは虫卵の遺伝子診断が必要である．一般的な臨床面からは正確に寄生虫種を決定する必要はない．鉤虫症であっても甚急性型のように虫体が成虫に発育する前の発症では虫卵を排泄していないので，類似症状を示す他の疾患との類症鑑別は慎重に行う必要がある．

治　療：駆虫薬としては，以下に示す様々な市販抗線虫薬が有効である．ただし，オーストラリアではピランテル製剤に耐性をもつ犬鉤虫の存在が報告されている．なお，成虫を駆虫しても，その駆虫された成虫の替わりを担うべく，発育停止幼虫が再活性化して腸管へ出て成虫となる現象が知られており，見かけ上駆虫薬が効かないという状況が生まれる．このような場合，駆虫薬の長期間頻回投与を余儀なくされる．

パモ酸ピランテル（pyrantel pamoate）：犬に 5 mg/kg を 1 回経口投与する．体重 2.25 kg 以下の犬には 10 mg/kg を 1 回経口投与する．牛に対しては，他の一般消化管内線虫と同様に 25 mg/kg を 1 回経口投与する．

ミルベマイシンオキシム（milbemycin oxime）：犬に 0.5 mg/kg を 1 回経口投与する．

イベルメクチン（ivermectin）：犬に 0.2 mg/kg を 1 回経口投与する．

モキシデクチン(moxidectin)：犬に 0.17 mg/kg を 1 回皮下投与する.

レバミゾール(levamisole)：牛，めん羊には 8 mg/kg を 1 回経口投与あるいは 6 mg/kg を 1 回皮下投与，犬に 10 mg/kg を 2 日間連続投与する.

フェンベンダゾール(fenbedazole)：犬に 50 mg/kg を 3 日間連続経口投与する．牛に対しては，5 mg/kg を 1 回経口投与する.

チアベンダゾール(thiabendazole)：めん羊，山羊に 50 mg/kg，犬には 60 mg/kg を 1 日 1 回 3 日間経口投与する.

フェバンテル(febantel)：フェンベンダゾールおよびオクスフェンダゾールの前駆体であり，代謝されて駆虫活性をもつ．ピランテルやプラジカンテルとの合剤として市販されている.

反芻動物での集団駆虫は，鉤虫卵や孵化した幼虫が低温に対して抵抗力が弱いため，再感染防止が容易となる冬季に実施することが望ましい.

予　防：他の寄生虫と同様，生活環が完了しないような措置をとる．まず，虫卵の排泄阻止のために駆虫を実施する．感染防止には，糞便の処理を頻繁に行い感染幼虫と動物とを物理的に隔離することや，虫卵や感染幼虫が低温と乾燥に弱いことから，乾燥状態を保ちやすくするために畜舎の床のコンクリート化が有効である．また，出産を 3 期幼虫の少ない冬季になるように計画することも有効である.

発育停止中の幼虫に対する有効な駆虫薬はなく，経乳感染や胎盤感染の予防策は困難であるが，犬においては，妊娠後期から哺乳期に再活性化する幼虫をターゲットとして，周産期に駆虫薬を投与することで対策が可能である．出産 5 日前のモキシデクチン 1 mg/kg の 1 回皮下投与，4～9 日前およびその 10 日後のイベルメクチン(0.5 mg/kg)の 2 回投与，あるいは問題が深刻な場合には妊娠 14 日目から哺乳 14 日目までフェンベンダゾール(50 mg/kg)の毎日投与が有効である.

反芻動物，とくに放牧される動物に対する確実な予防法は現状では開発されていない．頻繁に糞便検査を行い，感染状況を把握することが大切であるが，最低でも入牧前，夏季，および放牧後の冬季に行い，虫卵がみられた場合に駆虫を行うことが望ましい.

4.4 馬の円虫症 (Equine strongylosis)

消化管寄生線虫の代表的な名称として strongyle(ラテン語の原義は「円い，球形」の意味)が用いられる．馬の円虫類に対しては 17 世紀の学名命名法が提唱された当時から，*Strongylus* 属が使用され，その他の多くの消化管線虫も *Strongylus* 属に分類されていた．馬の円虫類は従来から世界中の馬に高率に寄生が認められ，多数寄生による疾病は獣医学的には重要である.

日本での馬の飼養頭数は，2016 年の統計によれば，6 万 9 千頭(軽種馬約 4 万頭，農業用馬 5 千頭)程度であり軽種馬(競走用サラブレッド種)の生産が主体である．軽種馬生産農家では円虫類の駆虫対策が比較的早期から実行されてきた．1980 年代以降，日本で初めて動物用イベルメクチン製剤が導入されて以来，その有効性が高く認められている．現在定期的な駆虫を実施している大手軽種馬生産牧場では円虫類の感染はきわめて少数に抑えられており，駆虫対策が著効を示した具体的例として評価されている.

原　因：馬を主体に奇蹄類の盲結腸に寄生する円虫類は，分類学的には円虫目(Strongylida)，円虫科(Strongylidae)の円虫亜科(Strongylinae)と毛線虫亜科(Cyathostominae)に属する線虫の総称であり，多数の属種が知られている．円虫亜科には *Strongylus* 属，*Oesophagodontus* 属，*Triodontophorus* 属および *Craterostomum* 属が含まれ，毛線虫亜科には *Cyathostomum* 属，*Cylicocyclus* 属，*Cylicostephanus* 属，*Poteriostomum* 属，*Gyalocephalus* 属，*Caballonema* 属，*Cylicodontophorus* 属などが含まれる．円虫亜科の *Strongylus* 属の線虫は大円虫(large strongyle)とよばれ，成虫は体長が 15 mm 以上と大きく，幼虫は体内移行をして発育するため病原性も高い．一方 *Strongylus* 属を除く円虫亜科と毛線虫亜科の線虫は小円虫(small strongyle)とよばれ，成虫は小型(15 mm 未満)が多く，幼虫は体内移行することなく腸粘膜で発育し，病原性も低いと

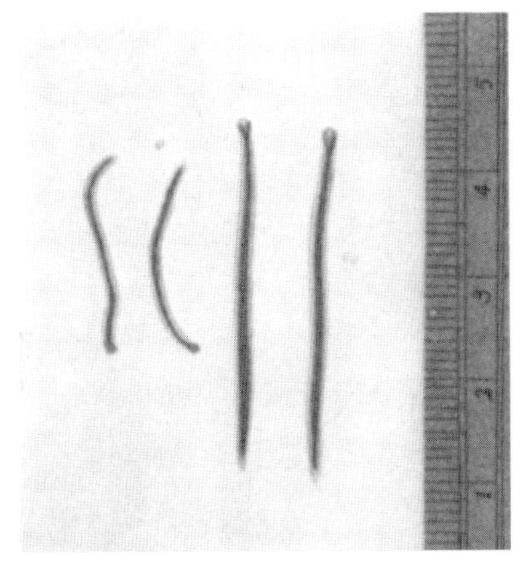

図 III.151　普通円虫(左)と無歯円虫(右)の成虫
［原図：板垣　博・大石　勇］

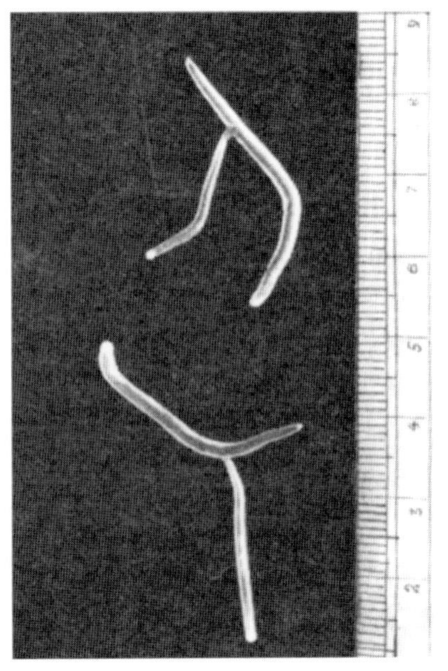

図 III.152　交接中の無歯円虫［原図：板垣　博・大石　勇］

されている．本章では *Strongylus* 属線虫のうち世界的によく知られる普通円虫(*Strongylus vulgaris*)，無歯円虫(*S. edentatus*)と馬円虫(*S. equinus*)による大円虫症をおもに記述する．このうち馬円虫は世界的に少なく，日本でもほとんどみられない．

形　態：*Strongylus* 属は体長 1.5 cm 以上で，成虫は生時に暗赤色を呈し，吸血した血液を入れた消化管や黄白色の生殖器が観察できる(図 III.151，152)．頭端に大きな口が開口し，口の周辺には歯環(leaf crown，corona radiata)とよばれる構造が取り巻き，口の外側は口冠(mouth collar)

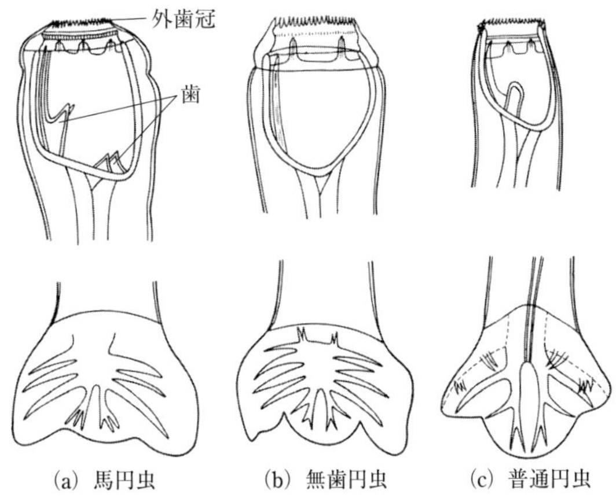

(a) 馬円虫　(b) 無歯円虫　(c) 普通円虫

図 III.153　円虫の口腔(右側面)と交接嚢(背面)
［原図：板垣　博・大石　勇］

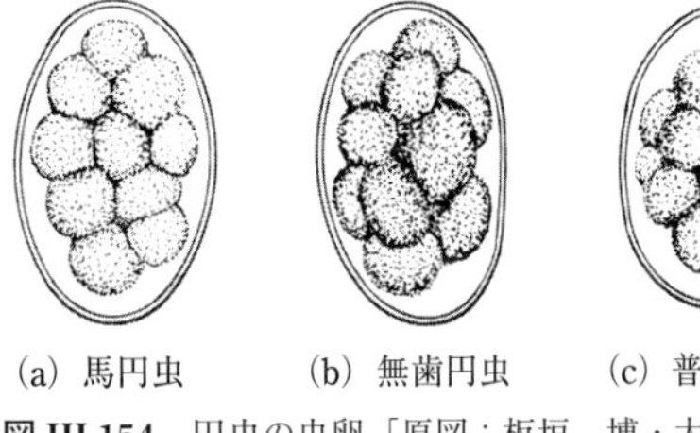

(a) 馬円虫　(b) 無歯円虫　(c) 普通円虫

図 III.154　円虫の虫卵［原図：板垣　博・大石　勇］

となる．口腔が発達し，口腔底の突起の形態から種の鑑別が容易である(図 III.153)．肉眼では頭端は断端状に認められる．この発達した口腔を用いて宿主の腸粘膜に吸着し，粘膜組織や血液を摂取する．雄の尾端にはよく発達した左右対称な交接嚢と細い交接刺がある(図 III.153)．雌の尾端は円錐状に終わり，陰門(vulva)は体後半 1/3 に位置する．虫卵は長円形で小円虫類を含め虫卵の形態では種の判別は困難である(図 III.154)．

(1)馬円虫(*Strongylus equinus*)

体長は雄 25～35 mm，雌 38～55 mm．外歯環数は 42～50．口腔底には腹側に小型の歯が 2 個，背側に大型のものが 1 個ある(図 III.153(a))．虫卵は無色で卵殻は薄く，75～91 × 41～54 pm．卵の内容は大型の細胞が数個から十数個に分裂している．世界各地の馬，ロバ，ラバ，シマウマなどの盲結腸に寄生するが，日本での寄生率は低い．

(2)無歯円虫(*Strongylus edentatus*)

体長は雄 22～28 mm，雌 32～44 mm．外歯環数 55～75．口腔底の歯(突起)はない(図 III.153

(b)). 虫卵は 78〜88 × 48〜52 mm. 宿主は馬円虫と同様で, おもに右側結腸に寄生するとされる. 世界各地に分布し, 日本でももっとも普通に認められる種類である.

(3) 普通円虫(*Strongylus vulgaris*)

体長は雄 14〜16 mm, 雌 20〜25 mm. 前 2 種と比べ小型である. 外歯環数 17〜20. 口腔内の背側に 1 つ円形の歯が存在するが先端で 2 葉に分かれている(図 III.153 (c)). 虫卵は 83〜93 × 48〜52 mm. 宿主は馬円虫と同様. 寄生部位はおもに盲腸. 世界各地に分布し, 日本でも普通にみられる. 寄生性動脈瘤の原因として円虫類の中でもっとも病原性の高い種とされる.

発育と感染：馬の円虫類の発育環は多くの円虫目線虫と同様に中間宿主を必要としない直接発育であり, 感染幼虫(3 期幼虫)の経口感染による.

(1) 大円虫

糞便中に排出された虫卵内で 1 期幼虫が形成され, これが外界で孵化し, 2 回脱皮し, 2 期幼虫のクチクラを被鞘した 3 期幼虫(感染幼虫)になる.

この外界での発育には適当な温度と湿度, 酸素が必要である. 一般に高温多湿の条件下で発育は良好であり, 最低発育可能温度は 8 ℃で, 高温ほど発育が早い. 好適な条件下ではおよそ 1 日以内で 1 期幼虫は孵化し, 翌日には 2 期幼虫となり, 3 〜 4 日以内に 3 期幼虫となる(図 III.155). 35℃の培養条件下では 10 時間で孵化し, 2 日後に 3 期幼虫が出現する. 感染幼虫は上方に移動する性質があり, 牧草の先端に集まる傾向がみられる.

牧草などに付着した 3 期幼虫は経口的に終宿主に感染する. 感染後, 小腸で脱鞘し, 基本的に腸管組織内で発育・脱皮して 4 期幼虫となるが, その後の移行経路は種によって様々である. またその移行経路により病態も異なる. *Strongylus* 属は腸管組織で発育した後に体内移行を行うが, その詳細は未だに不明な点が多い. しかし, 各種は以下のように考えられている.

①馬円虫

3 期幼虫は小腸で被鞘していたクチクラを脱鞘し, 盲腸や腹側結腸粘膜壁に侵入するが, 浸潤した宿主細胞により取り囲まれ, おおよそ 1 週間で小結節を形成する. この結節内で脱皮を行い 4 期幼虫に成長する. その後結節から腹腔内に脱出した幼虫は肝に到達し, 肝実質内を 6 週間以上移動して発育する. その後, 膵臓周辺や脾・腎臓, その他の臓器で 4 期幼虫と 5 期幼虫が観察される. 5 期幼虫は盲結腸に移動して壁で大型の結節を形成した後, 管腔内に達して成虫となる. プレパテント・ピリオドは 9 か月間以上である.

②無歯円虫

3 期幼虫は腸管壁に侵入後, 門脈系を経て数日で肝実質に到達し, 感染後 6 〜 8 週には肝・腎の靭帯周辺に認められるようになる. ここで 4 期幼虫への脱皮を行うという説や, 肝臓実質内で結節を形成し, そこで 4 期幼虫になるという説もある. その後肝被膜下から腹膜下を移動して腹腔の広範に分布するが脇腹や肝靱帯に多くの幼虫がみられる傾向がある. 4 回目の脱皮は感染後 4 か月にみられる. 5 期幼虫は腹膜下を移動し続け, 腸間膜を経て大腸壁に到達し, 大型の化膿性結節を形成する. その結節から未成熟虫が腸管腔へ脱出

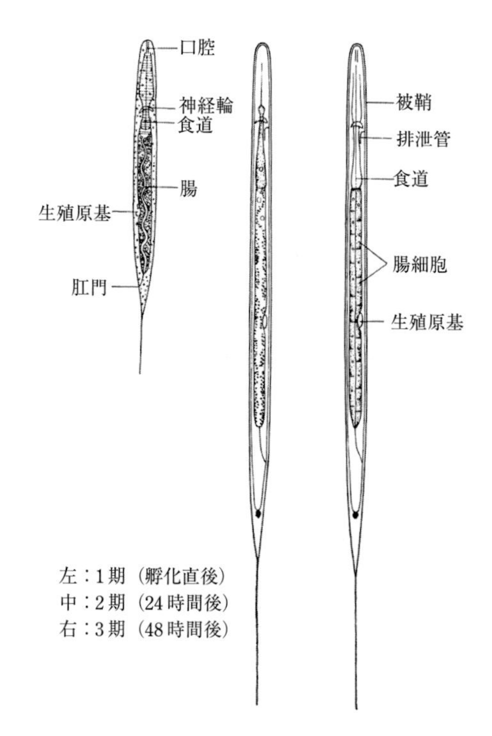

図 III.155　馬円虫の自由生活期幼虫の発育
［原図：板垣　博・大石　勇］

し，成虫となる．プレパテント・ピリオドは10～12か月間である．

③普通円虫

幼虫の動脈を介した体内移行により，腸間膜動脈を中心とした血管病変を起こし，馬の円虫類ではもっとも病原性の高い種とされている．体内移行経路には諸説がある．3期幼虫は腸壁に侵入し，粘膜下組織で脱皮し，4期幼虫となる．幼虫は腸粘膜動脈内から前腸間膜動脈とその分枝に到達する．この間幼虫は動脈壁内を移動し，数か月後には5期幼虫へと脱皮する．幼虫の寄生により腸間膜動脈内膜が損傷されて，血栓が形成される場合もある．また，別の移行経路として，幼虫は腸壁から血行性に肝臓を介して心から肺に移動した後に大動脈から前腸間膜動脈に移動するという説や，腸壁から漿膜と筋層の間を穿孔して動脈根部に達するという説もある．また血管中を移動するため脳・中枢神経系への迷入も認められている．5期幼虫は動脈血流に沿って動脈管腔内を分岐方向に移行し，腸管壁に位置する細動脈に到達して，腸管組織に移動する．盲・結腸壁に到達した5期幼虫を取り囲んで結節が形成され，結節を突き破って5期幼虫が腸管腔内へ脱出し，腸管で成虫となる．プレパテント・ピリオドは6～7か月間である．

(2)小円虫

糞便中に排泄された虫卵から1期幼虫が孵化し，外界で3期幼虫になり，これが宿主に経口的に感染することは大円虫と同様である．

3期幼虫は盲結腸粘膜内に侵入し，4期幼虫に脱皮すると管腔内に遊離し，そこで発育・脱皮して5期幼虫から成虫になる．プレパテント・ピリオドは春から夏期では5～6週間とされている．しかしながら秋期から初冬に感染した場合，冬期には成虫に発育せずに腸粘膜の結節内で発育停止状態で越冬する現象が認められている（発育停止現象）．冬期間では粘膜の結節は蓄積されて増数し，翌年の温暖期（春）になると一斉に発育を再開して成虫となり，産卵を開始するため，便糞中に排泄される虫卵数の上昇が認められる．これは反芻家畜の胃虫類などで認められる春季顕在化現象（spring rise phenomenon）と同様の現象である．

病原性：

(1)大円虫

幼虫の組織移行による物理的な組織破壊と腸管腔に寄生した成虫が粘膜に吸着する際の物理的な傷害がある（図 III.156，157）．*Strongylus* 属の3種に共通している点は，腸管壁への3期幼虫の侵入とその後の粘膜下織や漿膜下での移動による出血を伴う組織破壊である．これは感染虫体数の多少にも影響される．

a. 移行幼虫による病原性

①馬円虫：大量の感染幼虫の投与により肝・脾の出血がみられる．

②無歯円虫：肝を主として腹腔内諸臓器表面や腎周囲脂肪組織に発育移行中の虫体がしばしば検出される．腹壁腹膜下にはやや大型の出血斑がみられ，幼虫が存在する臓器の漿膜面にはしばしば線維素の沈着が肉限でも認められる．これは，馬では感染部位に線維素が析出しやすいためで，日

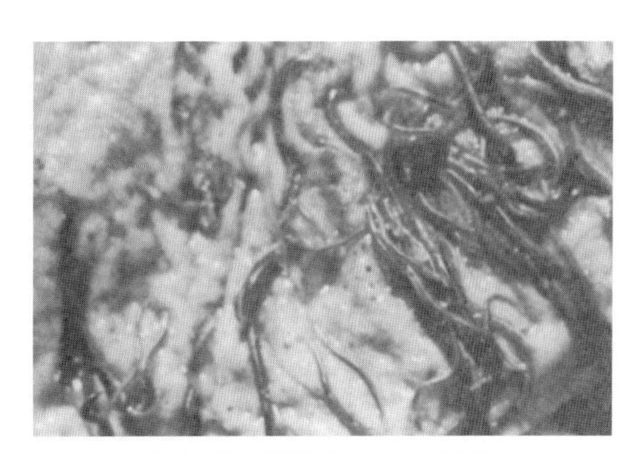

図 III.156　馬結腸に寄生する大円虫
［原図：板垣　博・大石　勇］

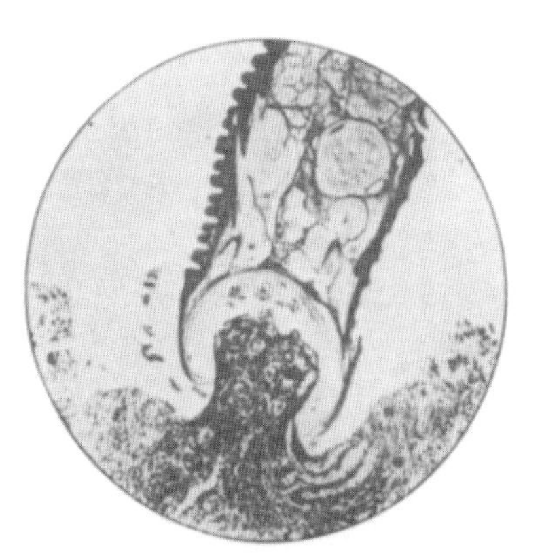

図 III.157　盲腸粘膜に咬着する普通円虫
［原図：板垣　博・大石　勇］

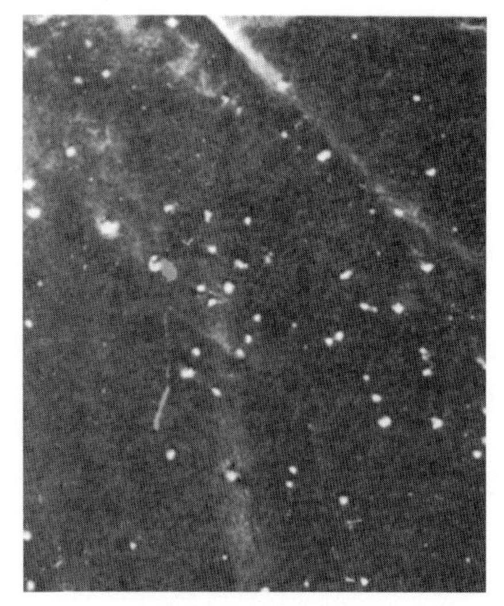

図 III.158　肝石(砂粒)症［原図：板垣　博・大石　勇］

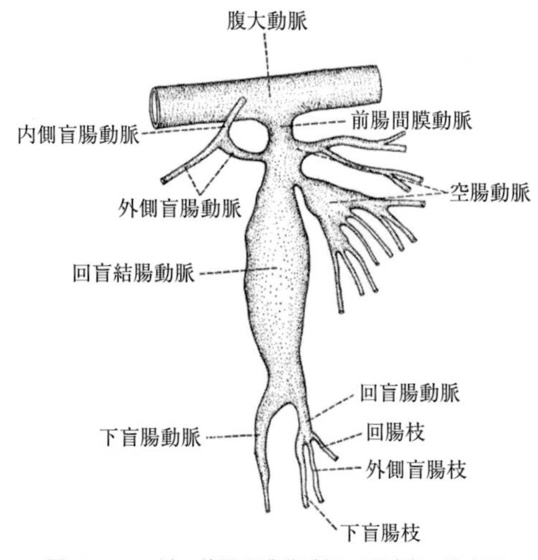

図 III.159　馬の前腸間膜動脈部の動脈瘤の模式図［原図：板垣　博・大石　勇］

本住血虫症などでも類似の病変がみられる．また，肝表面や実質に粟粒大の小結節が形成され，新鮮な病変には幼虫がみられる．この結節は時間の経過とともに石灰沈着が進み石灰変性となり，肉眼的に赤黒い肝表面に白色の結節が散在する外観から肝石症または肝砂粒症(chalicosis nodularis hepatis；図 III.158)とよばれる．

③普通円虫：もっとも顕著なものは動脈への病原性であり，駆虫が不十分であった時代にはほとんどの馬で前腸間膜根部の動脈瘤(図 III.159)や腸間膜の動脈血管の肥厚が広範囲に認められていた．これは当時，馬の普通円虫の寄生率が高く，飼育環境で常時感染が繰り返されていたためである．幼虫は動脈内膜下を移動するため，頻回の感染により血管が刺激され，内膜の肥厚，血栓形成などの動脈炎が広範囲に認められる(図 III.160)．またしばしば血栓内に幼虫が認められる．多数寄生では腸間膜の血管走行部位に肥厚が広範に認められる．

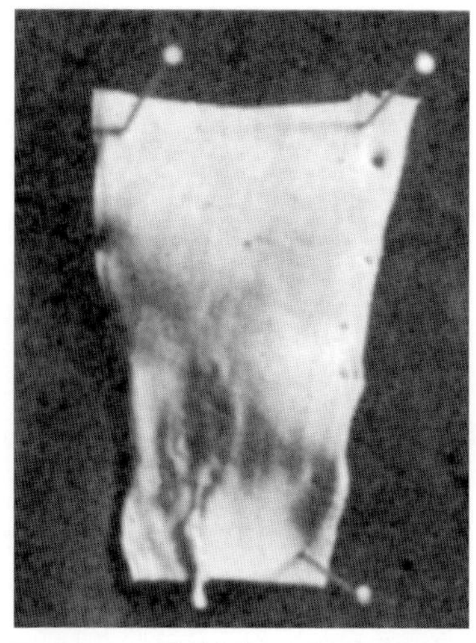

図 III.160　大動脈内膜下の普通円虫の幼虫［原図：板垣　博・大石　勇］

b. 幼虫と成虫による病原性

3種の大円虫の幼虫は最終的には盲・結腸に達し，粘膜組織から腸管腔内へ移動して成虫となる．この過程での病変は粘膜組織への侵入による病変と，成虫が消化管粘膜に吸着し，組織や血液を摂取することによる病変がある(図 III.156, 157)．粘膜組織では，虫体を取り囲む形で細胞浸潤が起こり，とくに好酸球が顕著である．この炎症反応は，次第に結合組織に置き換わり，結節性病変となり(図 III.161)，長期的には石灰化するが，しばしば膿瘍化もみられる．成虫は発達した口腔で粘膜に吸着するため組織の損傷が著しく，吸着部位が点状出血病巣として認められる．

(2)小円虫

円虫亜科の小円虫の成虫は口腔が発達しており，盲結腸粘膜での吸血や組織損傷は大円虫類と同様に高いとされる．しかし毛線虫亜科では成虫の口腔は発達せず，これらの損傷は軽度と考えられる．幼虫期の粘膜での発育は両亜科ともに同様であり，粘膜の結節病変は4期幼虫が脱出した後も膨大化する．さらに冬期間に発育を停止して多

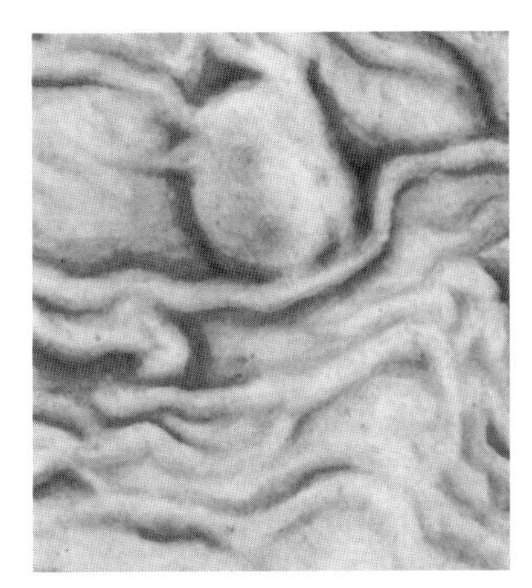

図 III.161　普通円虫の幼虫による大腸粘膜の膿瘍
［原図：板垣　博・大石　勇］

数の越冬幼虫が蓄積された個体では翌春に幼虫が一斉に管腔内に脱出するため粘膜の損傷は重篤になる．

臨床症状：駆虫が定期的に行われるようになった現状では重度感染は少なく，不顕性感染が多い．これまでは，馬の疝痛の主要な原因として普通円虫の腸間膜動脈の病変や動脈瘤の形成が重要視されてきた．普通円虫の3期幼虫を数百匹感染させた馬では，発熱，食欲不振，倦怠などの臨床症状が認められ，しばしば疝痛を伴う．剖検により，広範な動脈炎，血栓形成が認められ，二次的な梗塞と局所的な壊死がこれら動脈の支配領域の腸管に認められる．無歯円虫や馬円虫の感染による顕著な臨床症状は認められないが，下痢などを伴うこともある．とくに幼駒で重篤となり，下痢や出血性大腸炎の誘因になるとされ，慢性化により栄養不良や発育不良となる．臨床病理的には貧血(腸管での失血による)，白血球数の増加，低アルブミン血症，A/G比低下などがみられる．日本では1970年代以前では競走馬にも高率に認められたが，現在は駆虫が励行されており，軽種馬では円虫類の寄生率と寄生虫体数は急激に減少している．しかしながら在来馬や乗馬用などで飼養されている個体では，駆虫が定期的に実施されないことも多く，円虫類だけでなく馬回虫などの重度感染例がしばしばみられる．

診　断：糞便検査(浮遊法)により円虫卵の検出を行うが，虫卵の形態的特徴から大円虫と小円虫，さらに属や種の鑑別は不可能である．また，糞便内虫卵数(EPG)の評価には，マックマスター(McMaster)法や，ショ糖遠心浮遊法が用いられる．円虫類の属や種の鑑別には剖検や駆虫薬投与後の糞便中に排出された成虫を形態学的に同定する必要がある．また糞便中の虫卵を瓦培養法やガラス瓶内おがくず培養法で培養し，感染幼虫(3期幼虫)に発育させ，その形態学的特徴から*Strongylus*属3種とおもな小円虫類の属との鑑別は可能である．しかし，これらの検査には時間・人的労力・経験が必要とされ必ずしも容易ではない．近年，遺伝子学的手法による円虫科線虫の種同定の試みがなされているが，臨床診断への応用はまだ不十分である．臨床的には円虫類を鑑別することなく，治療が行われる．免疫学的診断法は実用化されていない．

治療・予防：駆虫薬の投与が一般的である(表III.6)．現在国内ではイベルメクチン(ivermectin)製剤(ペースト剤0.2 mg/kg)の経口投与が主流である．その他に，パモ酸ピランテル(pyrantel pamoate)製剤(液状)の19 mg/kgなどが認可されている．海外では，チアベンダゾール(thiabendazole) 50 mg/kg，メベンダゾール(mebendazole) 10 mg/kg，フェンベンダゾール(fenbendazole) 7.5 mg/kg，オキシベンダゾール(oxibendazoleo) 5～10 mg/kgなどが使用されており，消化管内の成虫には良好な駆虫効果を得ている．体内移行中の幼虫期に対してはチアベンダゾール440 mg/kg 2日間投与，フェンベンダゾール60 mg/kgのように用量を増やすことにより効果がみられる．イベルメクチン製剤は移行中の幼虫にも有効である．

円虫症の発症予防としては定期的な駆虫の徹底が重要である．飼育環境により円虫類の感染状況が異なるが，年6～8回の駆虫でほぼ完全にコントロールしている国内生産牧場がある．しかし，1960年代以降にベンズイミダゾール系薬剤に対する耐性虫体群の出現が問題となり，その後イベルメクチン製剤に対しても，一部の国，地域や農場で耐性虫体群の存在が報告されている．そのため，駆虫薬の選択や投与回数，投与期間などを考慮した消化管線虫症の対策が求められる．また，

表 III.7 円虫類に用いられる駆虫薬

薬剤名		薬剤形	投薬量*1 (mg)	有効性*2		副作用
				成虫	組織内幼虫	
	フェノチアジン	水溶散	75	+++	−	沈鬱貧血
	ピペラジン	水溶散	200	+++	−	軟便
有機リン剤系	トリクロルボス	水溶散，錠剤	60	+++	−	疝痛
	ジクロルボス	錠剤，ペースト	40	+++	−	軟便
	ハロキソン	粉末，ペースト	60	+++	−	
ピランテル製剤	ピランテル，モランテル	水溶散，ペースト	6.6	+++	+	
レバミゾール系	レバミゾール	粉末，水溶散	10	+++	?	発汗
ベンズイミダゾール剤	チアベンダゾール	水溶散，けん濁液，ペースト	50	+++	++	
	カンベンダゾール	ペースト	20	+++	++	軟便
	パーベンダゾール	けん濁液	2.5	+++	−	下痢
	メベンダゾール	顆粒，ペースト	8.8	+++	+	軟便
	フルベンダゾール	けん濁液，ペースト，顆粒	5	+++	++	
	オキシフェンダゾール	けん濁液，錠剤	10	+++	+++	下痢
	オキシベンダゾール	錠剤，けん濁液，ペースト	10	+++	+++	
	アルベンダゾール	けん濁液，ペースト	5	+++	+	下痢
	フェバンテル	ペースト，けん濁液，顆粒	6	+++	−	
アベルメクチン剤	イベルメクチン	ペースト，(皮下注)	0.2	+++	+++	

＊1 体重 1kg あたりの投与量．
＊2 +++：90%，++：75～90%，+：50～75%を示す．

飼育環境での糞便の早期除去は広い放牧場では困難であるが，厩舎や限られた飼育環境では実際的である．

4.5 腸結節虫症 (Oesophagostomosis)

腸結節虫症は，腸結節虫 *Oesophagostomum* 属の寄生により幼虫が腸粘膜に侵入し結節形成が特徴的な疾病である．また本属と近縁の大口腸線虫による疾病についても付記する．

原　因：円虫目円虫上科 (Strongyloidea)，カベルティア科 (Chabertiidae) の *Oesophagostomum* 属と *Chabertia* 属の線虫が原因である．*Oesophagostomum* 属は，体前端に小さい口が開く．口腔は狭く，口の周縁に歯環がある．頭部は，背側にある頭溝によってくびれ，それより前方のクチクラは膨れて頭胞 (cephalic vesicle) を形作る．雄成虫の交接嚢はよく発達している．*Chabertia* 属は口が大きく，やや腹側に偏して開口し，口腔は球形で大きい．交接嚢は発達している．両属の成虫は盲結腸に寄生し，*Oesophagostomum* 属は羊や牛などの反芻獣，豚(イノシシ)，霊長類をおもな終宿主とする種が知られる．*Chabertia* 属は反芻獣をおもな終宿主とする．両属ともに直接発育を行い，感染は 3 期幼虫の経口的摂取である．

(1) コロンビア腸結節虫 (*Oesophagostomum columbianum*：nodular worm) (図 III.162, 163)

雄 12～16 mm，雌 15～22 mm．長さの割に太い白色の線虫で，頭部は腹側に湾曲する．頭胞は明瞭でないが頸翼が発達している．1 対の著明な乳頭が頭部のくびれの直後にある．虫卵は無色で卵殻が薄く，宿主からの排出時に 4 ～16 個の細胞を含み，大きさは 73～89 × 34～45 μm である．めん羊，山羊，アンテロープ類，時にラクダの結腸腔内に遊離して寄生する．世界各地に分布するが亜熱帯・熱帯に多いとされる．家畜ではめん羊の重要な寄生虫である．感染期間は 14 か月以上である．

(2) 牛腸結節虫 (*Oesophagostomum radiatum*) (図 III.164)

雄 14～17 mm，雌 16～22 mm．本種の特徴は

図 III.162　腸結節虫類(左：コロンビア腸結節虫，右：山羊腸結節虫)［原図：板垣　博・大石　勇］

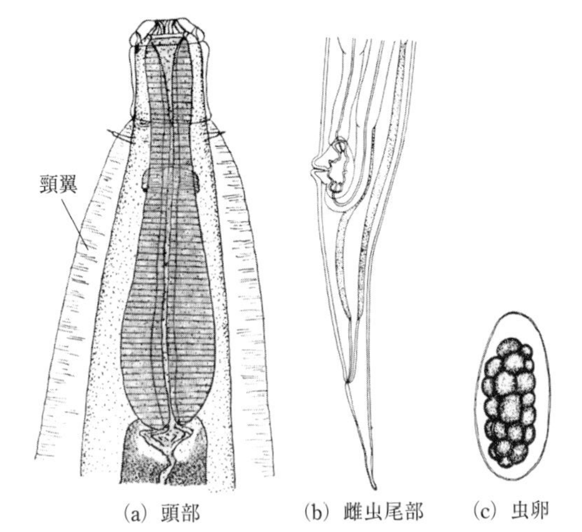

図 III.163　コロンビア腸結節虫［原図：板垣　博・大石　勇］

よく膨らんだ口襟(頭部先端のふくらみ)と発達した頭胞である．頸翼はあるが外歯環はない．頭部乳頭はくびれの少し後方にある．虫卵は前種のものに似て，70〜76 × 36〜43 μm．牛，水牛の盲腸，結腸に寄生する．世界各地に分布し，日本の牛にも本種による腸管の結節性病変はしばしばみられる(図 III.165)．

(3) 山羊腸結節虫(*Oesophagostomum venulosum*)(図 III.162)

雄 11〜16 mm，雌 13〜24 mm．本種の口襟，頭胞はともに発達が悪く，頸翼はみられない．頸部乳頭は頭部のくびれよりはるかに後方にある．虫卵は 85〜100 × 47〜59 μm で，宿主からの排出時の内容の細胞数は 4 〜16 個である．山羊，めん羊，シカ，ラクダの結腸に寄生する．分布は世界的であるが，コロンビア腸結節虫よりも寒冷な地に分布するとされ，日本の山羊にもみられているが近年の報告は少なく，ニホンジカからの報告もある．

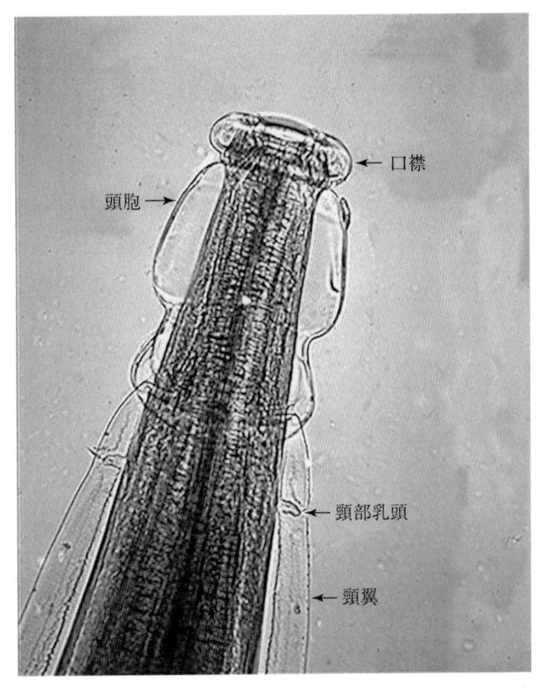

図 III.164　牛腸結節虫成虫頭部［原図：Johnstone, C.(1998)］

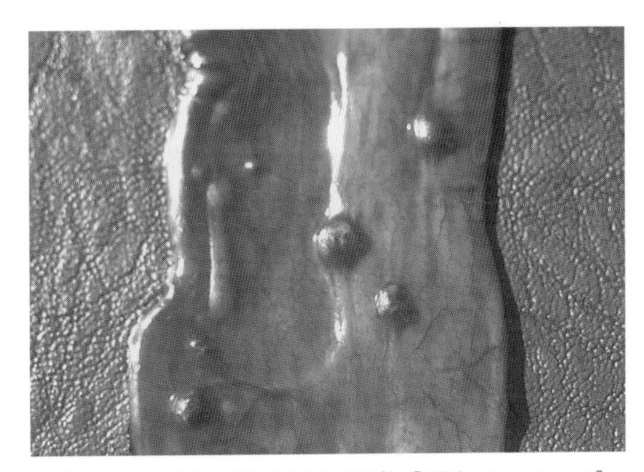

図 III.165　牛腸結節虫感染小腸結節［原図：Boomker, J.］

(4)豚腸結節虫(*Oesophagostomum dentatum*)

雄 8 〜10 mm，雌 11〜14 mm．頭胞は発達しているが頸翼はない．虫卵は 60〜80 × 35〜45 μm，宿主からの排出時の内容の細胞数は 8 〜16 個．豚の盲腸，結腸に寄生し，世界各地に分布するが，日本の豚では近年は飼育環境の改善により発生は減少している．日本のイノシシからは本種とともに *O. watanabei* も検出されている．

(5)*Oesophagostomum quadrispinulatum*

雄 7 〜 9 mm，雌 8 〜10 mm．頭胞は発達する．虫卵は 63〜72 × 27〜36 mm，豚の結腸，盲

腸に寄生する．北米，ヨーロッパ，東南アジアなどに分布する．日本での最近の分布は不明である．

その他の *Oesophagostomum* 種として，国内のニホンザルからは，*O. aculeatum* が報告されている．アフリカ・中南米・東南アジアでは霊長類寄生性の *O. bifurcum* の人体感染が知られている．

(6) 大口腸線虫（*Chabertia ovina*：large-mouthed bowel worm）

口はやや腹側を向いて開き，口腔は大きく球形で，頭胞は不明瞭である（図 III.166）．雄 13〜14 mm，雌 17〜20 mm，虫卵は両端が鈍円で，大きさは 90〜105 × 50〜55 μm で無色，宿主からの排出時の内容は十数個の細胞である．めん羊，山羊，牛などの反芻動物の結腸に寄生する．世界各地に分布し，日本でも寄生報告はあるが，最近の発生状況は不明である．

発育と感染：腸結節虫属と大口腸線虫の宿主体外での発育は他の円虫類や毛様線虫類に類似する．すなわち，糞便中へ排泄された腸結節虫属の虫卵は，外界の条件が適当ならば，細胞分裂し，1期幼虫を含むようになる．虫卵はやがて孵化し，1期幼虫は外界で発育，脱皮を繰り返し，2期幼虫のクチクラを被鞘した3期幼虫（感染幼虫）となる．孵化までの期間と3期幼虫までの期間は外界条件（気温）と種によって異なるが，腸結節虫属では孵化までに1〜2日，3期幼虫までに5〜7日を要する．

宿主は3期幼虫の経口的摂取で感染し，幼虫は小腸内で脱鞘する．その後，腸結節虫属の幼虫は小腸と盲結腸壁に侵入し結節を形成する．結節内で脱皮した4期幼虫は1〜2週間後には結節を脱出し，粘膜表面で脱皮して5期幼虫となって盲結腸腔に移行する．プレパテント・ピリオドは5〜7週間である．結節形成には宿主種や宿主の感染経験の有無が関係すると考えられている．初感染の宿主では結節は小さく，4期幼虫が結節を去ると消失する．既感染の宿主では結節は径1 cm を超え，そこに幼虫が1年以上も休眠状態でとどまることがある．長期間を経過した結節では石灰沈着が進み，また山羊腸結節虫では結節形成はみられない．成虫の寿命は長く，14か月以上である．

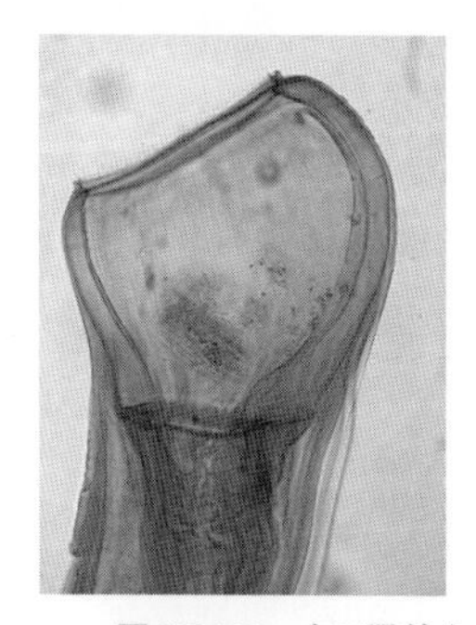

図 III.166　大口腸線虫の頭部（左）と雄虫体（右）
［原図：Jones, T. W.（2007）］

大口腸線虫の虫卵は排出後，約1日で孵化し，5〜6日後に3期幼虫となる．経口感染によって摂取された3期幼虫は小腸の粘膜内に侵入する．幼虫の多数感染では盲・結腸壁にも侵入する．感染1週後に脱皮して4期幼虫となり，腸腔内に戻り，盲腸に移行してさらに脱皮して5期幼虫となる．その後，結腸に移行し，口腔内に粘膜を取り込んで咬着寄生する．プレパテント・ピリオドは6〜7週間とされる．

解剖的変状：腸結節虫属による病変は，おもに3期幼虫の腸壁侵入によるものであり，成虫の寄生による病変は少ないとされる．*Chabertia* 属では成虫の腸粘膜咬着に起因する変状が主であると考えられる．めん羊ではコロンビア腸結節虫の幼虫寄生により，腸壁に結節が形成されるのが特徴である．結節の大きさは栗粒大〜指頭大で，幼若な小結節は灰緑色を帯び，表面は平滑で，粘膜下織に存在する．一方，大きな結節は藍黄色で腸壁の漿膜側まで突出し，表面は凹凸不正である．結節の内部は浸潤・遊走した細胞やその変性物である黄白色または灰緑色の泥状物を含み，古いものは石灰変性に陥る．組織標本では好酸球の浸潤が著しい．結節は結腸および盲腸壁に密発し，小腸壁および直腸壁にも認められる（図 III.167）．結節から幼虫を検出・摘出することは困難なことが多い．大形の結節では幼虫の脱出した孔が認められる場合がある．夏季にみられる新鮮な緑色の小結節内には長さ3〜4 mm の幼虫が含まれる．石灰変性した大きい結節は，幼羊よりも老羊に多くみられる．結節が少ないにもかかわらず腸内に成虫が多く寄生する症例は幼羊に多い．

図 III.167　めん羊の腸結節虫症［原図：板垣　博・大石　勇］

図 III.168　腸結節虫症(特異姿勢)
［原図：板垣　博・大石　勇］

幼虫は腸壁以外に肝臓，肺，心筋，腹部脂肪組織にも迷入する場合があり，組織内に微小結節が形成されることがある．腸腔内に戻った虫体に原因して，盲結腸には限局性のカタル性浮腫や潰瘍を生じることがある．成虫が多数寄生すれば慢性カタル性腸炎を呈し，粘膜は肥厚し，粘膜表面は膿様の分泌粘液でおおわれる．

Chabertia 属は腸壁に結節を形成しない．腸粘膜に咬着した成虫は，大きな口腔で粘膜組織を取り込んでいるため，小血管が破綻して出血がみられる．多数寄生では粘膜の充血，腫脹，および点状出血がみられる．また，成虫は吸着部位を時々変えるため細菌感染が起こりやすくなる．

症　状：腸結節虫属に対しては幼獣の感受性が高く，コロンビア腸結節虫，牛腸結節虫が重要である．めん羊の腸結節虫症は仔羊が罹病しやすく，重度感染すれば1～2週間後に下痢～粘血便を排し，後肢を伸長し，背を湾曲して腹痛を訴え，これは腸結節虫症の特異姿勢とされている(図 III.168)．しかし，これらの臨床症状で本症を診断することは困難である．

病羊は食欲不振から次第に栄養が衰え，貧血，衰弱し，被毛は粗剛になり，限局性に脱毛する．また可視粘膜は蒼白となり，下顎部または前胸部に浮腫が現れ，ついには虚脱状態になる．下痢は激しく，後に糞は悪臭ある下痢便となり，多量の粘液が混じる．しばしば認められる腸重積の原因は本症によるものと考えられ，歩行強拘，後肢脚弱，起立不能に陥ることもある．また，幼虫により腹膜炎を併発することもあるという．めん羊以外の動物では，コロンビア腸結節虫による被害は少ないとされるが，幼牛では牛腸結節虫の重度感染により食欲不振，削痩，貧血，悪臭のある下痢などの症状が現れる．一方，成牛では重度感染で下痢がみられることがあるが，多くは無症状である．幼豚では，豚腸結節虫の重度感染によってしばしば食欲不振，発育不良，下痢などの症状が現れるが成豚では症状が明らかでないことが多く，飼育環境の汚染源となる．腸結節虫症で顕著な結節が多数みられた場合，腸管は食用としての経済的価値が損なわれることになる．

大口腸線虫による症状は軽微とされるが，重度感染すれば貧血，下痢を呈することがあるとされる．しかし，日本では本種の感染による顕著な症例報告はほとんどない．

診　断：めん羊，牛には多種の消化管内寄生線虫が知られており，これらの線虫に起因する症状は通常軽微であり，臨床症状から本症を特定診断することは困難である．このため，浮遊集卵法で糞便内の虫卵検査を行う必要があるが，腸結節虫類や大口腸線虫を含む消化管線虫類は円虫目に属し，それらの虫卵の形態は類似するために鑑別することは困難である．寄生線虫種の鑑別の必要があれば虫卵培養によって得られた3期幼虫の形態から診断をする．腸結節虫類の3期幼虫は第2期のクチクラを被鞘し，長いフィラメント様の尾端をもつ．また，腸細胞数も20以上と多数であるため，他の消化管線虫類の３期幼虫との鑑別は比較的容易である．大口腸線虫の３期幼虫も腸結節虫類と類似するが，腸細胞数が約 30 個と非常に多いため鑑別は可能である．しかし，本症を含む消化管線虫症の治療には共通する駆虫薬が用いられることから，一般臨床では消化管内線虫症（寄生性胃腸炎）として診断することが重要である．豚の腸結節症が疑われる場合にも，浮遊集卵法で虫卵検査を行う．紅色毛様線虫 *Hyostrongylus lubidus* や *Globocephalus* spp. などの虫卵との鑑別は困難であるが，日本の飼育豚ではこれらの線虫種は確認されていない．糞便検査で検出された虫卵の EPG は，本症の診断・治療の１つの目安となるが，幼虫の寄生を検出できないことや，成虫の産卵数が変動することなどを考慮する必要がある．

治　療：反芻動物における消化管内線虫類（腸結節虫類を含む）の駆虫薬は表 III.9 を参照のこと．豚の腸結節虫症でもイベルメクチンやドラメクチン，フルベンダゾール，フェンベンダゾールが有効である．

予　防：畜舎の床はコンクリートにして排水をよくし，水洗の励行，乾燥，糞便を堆積させないようにする．また，パドック内の糞便を早期に除去して衛生的環境を保つように心掛ける．虫卵，幼虫が厳寒期には生存できないことを考慮して，冬季に駆虫を行うことが本症予防に有効である．また，めん羊に対しては，初春，夏，晩秋の年３回の糞便検査・駆虫が推奨されている．

仔豚への感染を阻止するためには，分娩前の母豚の駆虫，仔豚は生後１～1.5 か月齢のときに最初の駆虫を行い，以後は月に１回の駆虫を繰り返すとよい．感染動物の糞は堆肥とし，発酵熱を利用して虫卵と幼虫を殺滅する．放牧動物が感染したときは舎飼いとし，駆虫後は未汚染牧野に放牧する．

4.5 節の参考文献

Boomker,J., *Helminth infections of wildlife*
http://www.afrivip.org/sites/default/files/Helminths-wildlife/index.html

Jones, T.W.(2007) *Parasite species referred to during the courses*, The Royal (Dick) School of Veterinary Studies, The University of Edinburgh,
http://www.vet.ed.ac.uk/parasitology/InfectionAndImmunity/P_08Nematodes/index.htm

Johnstone, C.(1998) *Parasitos y enfermedades parasitarias de los animales domesticos*, University of Pennsylvania
http://cal.vet.upenn.edu/projects/merialsp/index.html

4.6　豚腎虫症（Stephanurosis）

原　因：豚腎虫症（swine kidney worm disease）は豚腎虫の成虫および幼虫によって引き起こされる疾病である．本種は円虫目（Strongylida），開嘴虫科（Syngamidae）豚腎虫亜科（Stephanurinae）の *Stephanurus* 属に唯一分類される線虫である．養豚施設の改善や飼育管理の改良により近年は飼育豚での発生は少ないが，野生化豚やイノシシでの寄生は高率にみられる．

豚腎虫（*Stephanurus dentatus*；swine kidney worm）（図 III.169）は，雄虫 22～30 mm，雌虫 34～40 mm，虫体は長さの割に太い．生鮮時の虫体は暗赤色であるが，半透明の体壁をとおして生殖器官が白色の不明瞭な模様としてみえる．体前端に広い口が開き，その周縁に６個の epaulette とよばれるクチクラの小片と発達の悪い歯環がある．よく発達した口腔の壁は厚く，底部に三角形

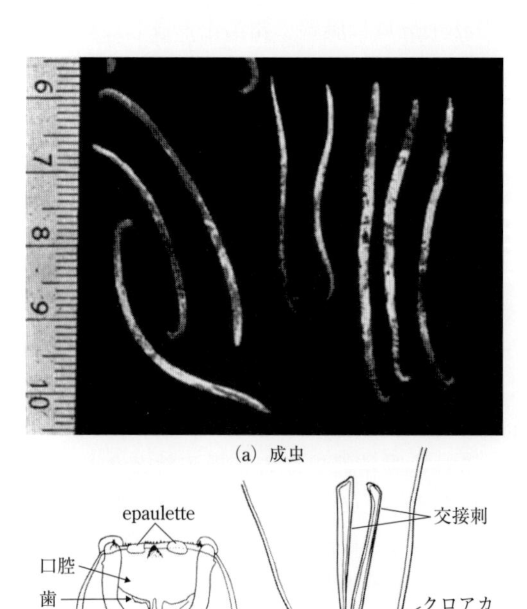

図 III.169　豚腎虫［原図：板垣　博・大石　勇］

の歯がみられる．雄虫の交接嚢は発達が悪く，尾端近くに四角形に近い形でみられる(図 III.169 (b))．雌虫の陰門は肛門近くに開き，尾端は鉤状に曲がる．

虫卵は殻が薄く無色で，一端は他端に比べて鈍円である．大きさは 100～120 × 56～65 μm である(図 III.170)．尿中に排泄された虫卵内容は 32～64 個の細胞塊で，虫卵には粘着性がある．終宿主は豚，イノシシで，腎周囲脂肪組織，輸尿管壁，腎盂などに寄生する(図 III.171)．

幼虫は肝臓，肺，脾臓などにみられるが，とくに肝臓に多く，かなり大きな虫体も認められる．直接発育で，宿主体内で体内移行をする．豚以外では仔牛，ロバなどで本種の自然寄生例が報告されている．しかしながら，これらの非固有宿主では本線虫の成熟はみられない．南米・北米，中近東，南アフリカ，インドネシア，インド，パキスタン，オーストラリア，太平洋諸島，フィリピンなどに分布し，日本でもみられる．

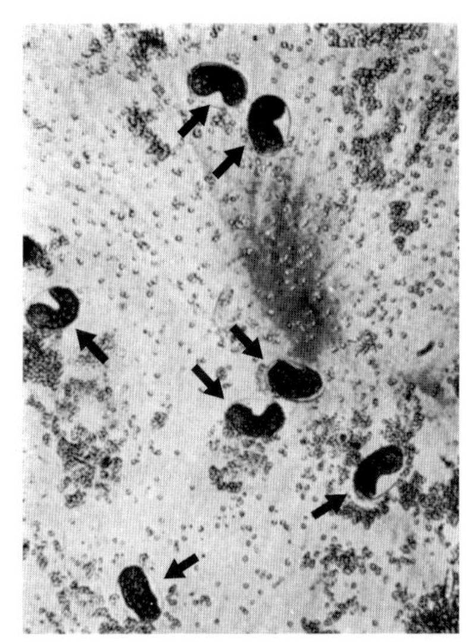

図 III.170　豚腎虫卵［原図：板垣　博・大石　勇］

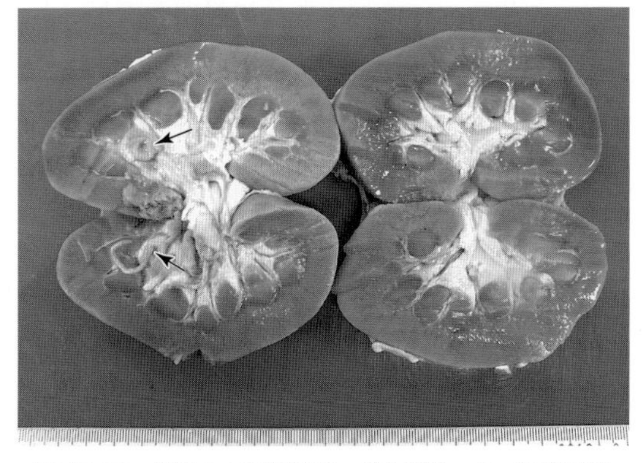

図 III.171　豚腎虫の感染例(左：感染腎臓，右：正常腎臓)

発育と感染：尿中に排泄された虫卵は 13℃ 以上の温度で発育して内部に幼虫を形成する．湿度と温度が適当であれば，24～36 時間後に孵化し，1 期幼虫は 4 ～ 6 日間に 2 回脱皮して 3 期幼虫となる．この 3 期幼虫が経口的および経皮的に終宿主に感染する．また，3 期幼虫がミミズに摂取されると，その体内で被嚢し長期間にわたって感染源となる．この場合のミミズは待機宿主(paratenic host)である．経口的に感染した 3 期幼虫は胃腸の粘膜に侵入し，脱皮して 4 期幼虫になる．また，経皮感染した 3 期幼虫は皮膚または皮下の筋組織で脱皮して約 70 時間後に 4 期幼虫となる．4 期幼虫は血流によって運ばれ，経口感染では門脈，経皮感染では肺循環を経て肝臓に達する．幼虫が肝臓に達するのは経口感染では感染 3 日目以降，経皮感染では 8 ～40 日後である．

幼虫はまず門脈系の血管内壁に寄生して血栓形成や栓塞の原因となる．次いで幼虫は肝実質内に侵入し，3 ～ 9 か月の長期間にわたってその中を移行，発育，脱皮して 5 期幼虫となる．やがて幼虫は肝臓から肝包膜をとおして脱出し腹腔内を移行して腎臓周囲に達し，とくに輸尿管周囲の脂肪組織に穿入し虫嚢を形成して成熟する．虫嚢は細い瘻管によって輸尿管腔に通じており，虫卵はこれを通って尿中に排泄される．輸尿管壁以外に腎周囲脂肪組織，腎盂，腎臓実質内にも寄生する．この他，幼虫は肺，胸腔，脾臓，膵臓，腰筋，腰椎腔などにも迷入するが，このような臓器内にみられる虫体は被包されているので腎臓周囲には到達できない．

感染から虫卵排泄までのプレパテント・ピリオドは通常 8 ～ 9 か月間であるが寄生部位などによっても変わり，6 ～16 か月の幅がある．寄生期間は約 2 年である．また，子宮内に迷入することが知られている．

解剖学的変状：成虫は腎臓周囲脂肪組織，腎盂，輸尿管，肝臓周囲脂肪組織または結合組織に鳩卵大の嚢胞(虫嚢)や膿瘍を形成し，その中に雌雄各 1 虫体，時には数匹の虫体が寄生する．稀に

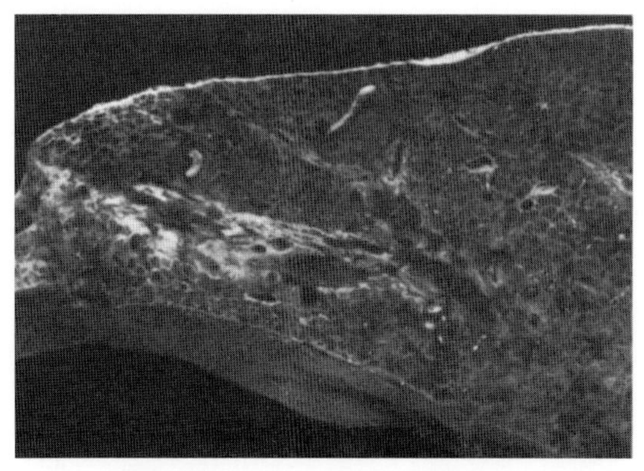

図 III.172　イノシシ肝臓内の豚腎虫幼虫
［原図：板垣　博・大石　勇］

腎包膜を破って腎臓実質に入ったり，または腎盂，尿管に通ずる瘻管を形成する．腎臓には梗塞，瘢痕，拡張がみられ，尿管壁は肥厚し，尿管は迂曲し，稀に尿管閉塞を来す．肝臓の病変は感染経路の違いにかかわらず常に存在する．はじめは肝臓裏面に白色の虫道があり，これに幼虫が認められる(図 III.172)．数か月を経過すれば虫道はなくなるが肝包膜に線維素を付着し，その肝断面は結合組織が増生して質は硬く，肝硬変を認め，また，膿瘍を形成する．しばしば腹水もみられる．

その他に，リンパ節，皮膚，腹腔内諸臓器や肺にも大小の結節が形成され，結節内に幼虫がみられる．また，大動脈起始部の脂肪組織にも膿瘍を形成し，前腸間膜動脈，肝動脈，門脈に血栓も認められる．腹・胸腔内の臓器に癒着もみられる．

症　状：豚腎虫は幼虫期が長いため6か月程度で出荷される肥育豚には寄生が少なく，長期間飼育される種豚での寄生が問題となる．軽度感染では一般に症状は明瞭ではない．栄養不良，受胎率の低下，または後躯脱力のために交尾不能がみられる．重度感染では削痩，跛行，後躯硬直，後躯脱力から起立不能となる．また，急性腎炎の症状がみられる．尿には常にタンパクが含まれる．幼豚は削痩，貧血，発育障害を来し，激しい症例では斃死する．目につく症状は，幼豚の肝臓に幼虫の寄生が多い場合にみられる発育障害と哺乳中の母豚の急激な衰弱である．時に迷入による異所寄生から，脊髄障害を来して後躯麻痺を生ずることもある．

皮膚感染の場合には，幼虫の侵入した局所に小結節が作られ，浮腫，びらん，局所リンパ節の腫脹がみられる．感染後 20 日頃に症状が極に達する．病変はおもに腹部皮膚にみられる．

診　断：本症が常在する養豚場において，疑える症状があれば，早朝尿を連日数回採取して，尿沈渣中の虫卵を検査する．虫卵には粘着性があるので，虫卵の検出に際しては，採尿や検査に用いるカテーテルや容器のすべての内面に流動パラフィンを塗布して虫卵の付着を防ぎ，静置後その沈渣について集卵するのがよい．

幼虫期の症状は診断が困難であるが，感染後 2～4 週の初期にみられる好酸球増加症や肝臓障害を示す血清 GOT・LDH 活性値の上昇は，診断する上での有力な情報である．発育不良と削痩は他の慢性疾患との鑑別を，また，後躯脱力はビタミン A 欠乏，その他の原因による後躯障害との鑑別を必要とする．

治　療：レバミゾール(levamisole)が成虫に有効であり，8 mg/kg の経口・皮下投与で目的が達せられ，5 週間後に虫卵は消失する．フェンベンダゾール(fenbendazole)は成虫，移行期幼虫に有効であり，自然感染豚に 10，15 mg/kg を 1 回，または 2，3，5 mg/kg を 3 日間連用し，56 日後に剖検したが成虫，幼虫ともに寄生をみなかったとの報告がある．

他に，ベンズイミダゾール(benzimidazole)誘導体であるメベンダゾール(mebendazole)，アルベンダゾール(albendazole)，その他にも効果が期待される．

予　防：虫卵，幼虫ともに乾燥と日光に弱いので，豚舎の床をコンクリートにして排水をよくし，敷わらを堆積せず，日当たりをよくして乾燥をはかる．また，虫卵，幼虫は低温に弱い(発育には 13℃以上を要し，4℃で死滅)ので，冬季には自然感染がない．この時期(本州中部では 12 月より 3 月)に分娩，育成を行うように種付け時期を考慮するとよい．寄生成豚は感染源となるので，年 2 回位は検診し，保虫豚を排除する．また，幼豚は成豚から隔離して飼育するとよい．

感染幼虫は土壌や糞便中で約 100 日間生存するが，3％クレゾール，10％硫酸銅あるいは 5％ケロール(kerol)を 1 L/2 m^2の割合で散布すれば死滅するため，床への散布を週に 1 回行えばかなりの効果がある．また，ミミズが本線虫の感染を媒介し，その体内で長期間生存するので，豚舎内・外のミミズ駆除を実施する必要もある(III 部 4.7 節参照)．

4.7　開嘴虫症(Syngamosis)

原　因：開嘴虫症(かいしちゅう)の原因となる気管開嘴虫は，円虫目(Strongylida)，開嘴虫科(Syngamidae)開嘴虫亜科(Syngaminae)に分類される線虫で，雄虫は雌虫に比べてはるかに小さい．雌雄が常に交尾した状態で寄生しており，検出時には y 字形に連結して回収される．口腔は大きく杯状に前方に広がっている．

気管開嘴虫(*Syngamus trachea*；gapeworm)(図 III.173)は，雄虫 2 ～ 6 mm，雌虫 15～30 mm で，宿主の種類によって大きさが異なる．生鮮虫体は赤く，y 字形に交尾した雌雄虫体ペアとして寄生する．虫卵は 78～110 × 43～46 µm で，卵殻は厚く，両端に厚さが増した小蓋がある．宿主から排泄直後の虫卵内容は 16～32 個の細胞である．直接発育し，体内移行する．キジ目とスズメ目の鳥類の気管に寄生し，鶏，七面鳥，キジ，ホロホロ鳥などにみられる．キジなどの養殖場で大発生したことがある．この他，スクリャービン開嘴虫(*S. skrjabinomorpha*)(鶏，ガチョウの気管に寄生，旧ソ連に分布)など数種が野鳥から報告されている．

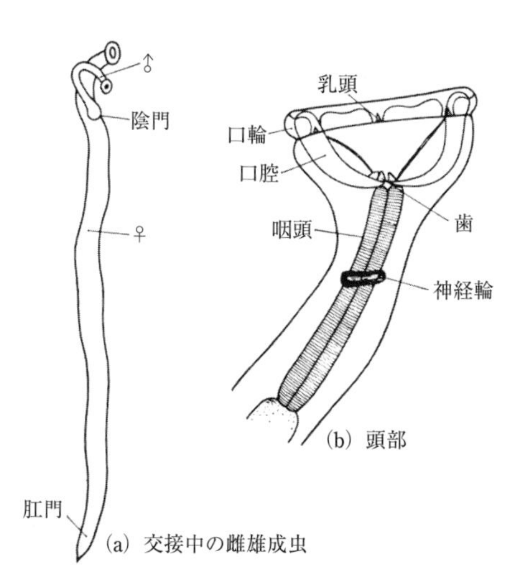

図 III.173　気管開嘴虫［原図：板垣　博・大石　勇］

また，*Syngamus* 属に近縁の *Mammomonogamus* 属の線虫が哺乳類の上部気管，鼻腔に寄生する．*M. laryngeus* が東南アジアの牛，水牛などから，*M. nasicola* がアフリカ，南米，カリブ海諸島の牛，めん羊，山羊から，*M. ieri* がトリニダード，ジャマイカの猫から，*M. auris* が東南アジアの猫から報告され，内耳炎を引き起こすことが報告されている．本属の線虫の虫卵には両端に小蓋がない．*M. laryngeus* による人体例がこれまでに 100 例ほど知られ，発咳や喘息症状の原因となるとされる．さらに，近縁の *Cyathostoma bronchialis* がヨーロッパと北アフリカのアヒル，ガチョウの気管，気管支から報告されている．本種の寄生では，雌雄虫体が交尾した状態ではない．

発育と感染：外界で虫卵内に 1 期幼虫が形成される．幼虫は虫卵内で 2 回脱皮して産卵後約 9 日目には 3 期幼虫となる．この 3 期幼虫は条件により孵化する．孵化した 3 期幼虫，あるいは 3 期幼虫を含む虫卵を鳥が経口的に摂取すると感染する．しかし，3 期幼虫や幼虫形成卵がミミズ(シマミミズ *Eisenia fetida* など)に食べられると，幼虫はミミズの筋肉内で被嚢してシストを形成する．この感染ミミズを鳥が摂取することによっても感染が成立する．この場合のミミズは待機宿主である．カタツムリ，ナメクジ，甲虫などは待機宿主にはならないとされている．

鳥の小腸内の感染幼虫(3 期幼虫)は粘膜内に侵入し，血流によって肝臓を通って肺に運ばれ肺胞内に移動する．その後，脱皮を繰り返し 7 日目には成熟するものがみられる．交尾した後，気管に移行する．早いものでは，感染 9 日目には気管内壁に定着する．雄虫は気管軟骨に達するほど深く気管内壁に穿入するが，雌虫は浅く粘膜に咬着する．産卵開始は感染約 2 週間後に始まり，虫卵は咳によって喉頭に出て，飲み込まれて糞便とともに排泄される．

Mammomonogamus ieri の発育環は前種と同じと考えられるが，待機宿主はトカゲである．*Cyathostoma bronchialis* ではミミズを中間宿主とする間接発育をする．

解剖学的変状：気管開嘴虫の成虫は赤色を帯び，気管または気管支の粘膜に皿状の頭部を密着させて咬着する．咬着部の粘膜には肉芽腫性炎症や小膿瘍の形成がみられ，粘液や浸出物によっておおわれている．気管，気管支などの管腔は虫体により狭窄，閉塞が生じる．とくに雛鳥では内腔が狭いため顕著である．気管，食道または嗉嚢内に凝血塊を生ずることもある．また，肺には移行した幼虫に起因する気管支炎が認められる．幼虫が食道壁を穿孔すれば，粘膜下組織にまで病変がみられる．

症　状：平飼いで飼育を行うキジ，ヤマドリ，七面鳥に発生が多い．成鳥での発症は少なく，感受性の高い雛鳥に多い．発症は春から秋の期間にみられ，初期には著変はないが，次第に元気，食欲が減退し，羽毛逆立，削痩，発咳，呼吸困難を呈し，口腔内に泡沫性の唾液を満たし，ついには窒息する．本症に特異的な症状は，呼吸困難からコリーザ様症状を呈することである．すなわち，病鳥は頸を伸ばし，口を開いての呼吸，いわゆる開嘴病（gapes）の特徴を示す．また，くしゃみをし，ときどき頭を左右に振りながら1～2匹の虫体を含む粘稠な分泌物を排することがある．少数寄生では死を免れるが，幼雛は予後不良のものが多い．七面鳥やホロホロ鳥では無症状に経過することが多い．

診　断：特徴のある臨床症状から本症を疑うことは容易である．確定診断をするためには，糞便を用いて虫卵検査を行う．幼雛で感染虫体が成熟する前に症状を現す場合には，糞便中に虫卵を証明できないので診断には注意を要する．剖検による診断では，気管から赤色で雌雄虫体が接合してy字形にみられる虫体が検出されれば確定される．

治　療：駆虫効果が知られた薬剤には次のものがある．

チアベンダゾール：50～200 mg/kg を餌に混ぜて与えるか，懸濁液として強制的に経口投与する．群に投与する場合は，餌に0.1％加えて3～4週間投与すれば，高い駆虫効果が得られる．

カンベンダゾール（cambendazole）：七面鳥に20 mg/kg を2日間投与すれば成虫を99％駆除できるが，4期幼虫や未熟成虫の駆虫には50 mg/kg を必要とする．

レバミゾール（levamisole）：4 mg/kg を水溶液として強制的に3日間投与する．

ジソフェノール（disophenol）：七面鳥に7.7 mg/kg を餌に混ぜて5日間投与，または同量をカプセルに入れて1回投与する．

予　防：成熟卵や待機宿主である感染ミミズを摂食することによって本虫の感染が起こる．虫卵は凍結しない湿潤な土中ならば9か月間は生存するが，孵化した3期幼虫は乾燥に弱く，すぐに不活発になる．しかし，幼虫はミミズ体内で4年余も生存し，日本ではほとんどがミミズを介しての感染とされている．

これらのことから，予防にはミミズの駆除が重要である．舎内・外の土壌中のミミズ駆除には，土壌燻蒸剤のDD剤（dichlorpropane dichlorpropilene），EDB剤（ethylene dibromide）などが使用される．また，ケージ・バタリー形式で飼育すればミミズや成熟卵の摂取が阻止できるので，本虫の感染を防止できる．本症は5月下旬より10月中旬までに多発する．感染鳥の摘発，駆虫による虫卵散布の防止も当然必要である．

4.8 反芻動物の毛様線虫症 (Ruminant trichostrongylosis)

牛，羊，山羊などの反芻家畜の消化管には多様な線虫種が混在寄生し，これらが炎症性の病害（寄生虫性胃腸炎：parasitic gasteroenteritis）を引き起こす．そのため臨床現場では寄生虫性胃腸炎の原因種を特定せずに「消化管寄生線虫症」として一括して診断・治療されている．消化管寄生線虫症の原因としては，おもに第四胃に寄生する *Ostertagia* 属（*Teladorsagia* 属などを含む），*Haemonchus* 属，*Mecistocirrus* 属など，小腸に寄生する *Cooperia* 属，*Trichostrongylus* 属，*Nematodirus* 属など，第四胃と小腸に寄生する *Trichostrongylus axei* などの毛様線虫亜目（Trichostrongylina）に属する毛様線虫類の他に，小腸に寄生する牛回虫（*Toxocara vitulorum*）や乳頭糞線虫 *Strongyloides papillosus*，鉤虫類（*Bunostomum* spp.）など，盲腸に寄生する鞭虫（*Trichuris* spp.），大腸に寄生する腸結節虫（*Oesophagostomum* spp.），さらには食道に寄生する食道虫属（*Gongylonema*）などが含まれる．

本項では，消化管寄生線虫の中でも第四胃と小腸に寄生する毛様線虫類による疾病(毛様線虫症)について記載し，その他の線虫種による疾病についてはそれぞれの項目(III 部 4.2，4.3，4.5，4.11，4.19，4.25 節)を参照されたい.

家畜に使用されている動物薬の中で消化管寄生線虫に対する駆虫薬は，世界的にワクチンや抗生物質と同等の売上高となっている．この実態は，消化管寄生線虫症が世界的に家畜の生産性に多大な影響を与え，その対策として駆虫が励行されている事実を反映している．米国農務省の試算では米国の牛産業で消化管寄生線虫症の被害は年間 20 億ドルと計算されているが，その原因はおもに毛様線虫類であるとされている.

原　因：反芻家畜に寄生する毛様線虫類は多数の種を含んでいるが，その系統分類には諸説がある．ここでは，Anderson ら(2006)に準じて，毛様線虫症の原因種を表 III.8 に示した.

毛様線虫類は，円虫目(Order Strongylida)毛様線虫上科に属し，基本的に口腔は発達せず，雄

表 III.8　反芻家畜を中心としたおもな毛様線虫症の原因線虫

科/亜科	属種[*1] (和名)	おもな宿主	おもな分布
Trichostrongylidae/ Trichostrongylinae	○ *Trichostrongylus* 属 (毛様線虫属)	牛，めん羊，馬	世界的
Haemonchidae/ Ostertagiinae	○ *Ostertagia ostertagi* (オステルターグ胃虫)	牛，ニホンジカ，トナカイ	世界的
	O. leptospicularis	牛	世界的
	O. kolchida	牛	ユーラシア米大陸
	O. lylata	牛	北米
	O. bisonis	バイソン	北米
	○ *Teladorsagia circumcincta* [*2]	めん羊，山羊	世界的
	T. davtiani [*2]	めん羊，山羊	世界的
	T. trifuricata [*2]	めん羊，山羊	世界的
	○ *Spiculopteragia houdemeri*	ニホンジカ(ニホンカモシカ，トナカイ)	極東 / 北海道～屋久島
	○ *Mazamastrongylus dagestanica*	めん羊，山羊，牛	世界的
	Marshallagia marshallagi	めん羊，山羊	世界的
	○ *Camelostrongylus mentulatus*	ラクダ，レイヨウ，キリン	アフリカ，中近東，動物園
	Longistrongylus albifornis	blesbock，gemsbock，めん羊	アフリカ，中近東
	○ *Hyostrongylus rubidus*	豚，めん羊，子牛	世界的
Haemonchidae/ Haemonchinae	○ *Haemonchus contortus* (捻転胃虫)	めん羊，山羊，牛	世界的
	○ *H. similis*	牛，めん羊，山羊	アジア，アフリカ
	○ *H. placei*	牛	世界的
	○ *Mecistocirrus digitatus* (牛捻転胃虫)	牛，水牛，山羊，ニホンジカ，(ヒト)	アジア，アフリカ
Cooperiidae/ Cooperiinae	○ *Cooperia onchophora*	牛	世界的
	○ *C. punctata*	牛	世界的
	○ *C. pectinata*	牛	世界的
	○ *C. curticei*	めん羊	世界的
Molineidae/ Nematodirinae	○ *Nematodirus filicollis*	めん羊	世界的
	○ *N. spathiger*	めん羊	世界的
	○ *N. battus*	めん羊	英国
	○ *N. abnormalis*	めん羊	米国，ニュージーランド
	○ *N. helvetianus*	牛	世界的
Cooperiidae/ Obeliscoidinae	*Obeliscoides cuniculi*	ワタオウサギ，カンジキウサギ	北中米
	○ *O. leporis*	ノウサギ(*Lepus* spp.)	極東
	○ *O. pentalagi*	アマミノクロウサギ	奄美大島

＊1　○は日本で認められた種.
＊2　*Teladorsagia* 属の 3 種は近年遺伝子学的に同種とする報告もある.

成虫は発達した交接嚢を有し，中間宿主をとらない直接発育を行い，被鞘した3期幼虫(感染幼虫)による経口感染である．日本国内の牛では臨床的に症状を示す症例は少ないが，羊では捻転胃虫の多数寄生により，貧血と浮腫が認められ，しばしば致死的転機をとる．これは虫体の吸血性によるところが大きい．

(1) *Ostertagia* 属

オステルターグ胃虫(*O. ostertagi*)は反芻動物(とくに牛)の第四胃に寄生する．生時は茶褐色を呈し，体長は雄6.0〜7.9 mm，雌8.4〜10.4 mmである．虫卵は無色で卵殻は薄く，66〜88(平均77.0)×30〜41(平均37.0)μm．雄成虫の副交接刺(gubernaculum)長は60〜104(平均76)μm，交接刺は左右対称で，221〜268(平均240)μmである(図III.174)．交接嚢では，腹肋と側肋は前側肋が独立した配列(2-1-2type)であり，背肋は小さく先端で分岐し，前側肋は中側肋よりも長い．雌成虫の陰門部周囲のクチクラはやや膨大し全周をスカート状に取り囲み完全に陰門をおおう構造(vulval flap，唇状片)を有するが，完全に欠如して陰門が露呈する個体などの変異がみられる(図III.175)．体表には縦に走行するほぼ同じ大きさのクチクラの隆起線(cuticular ridges)が頭胞の直下から尾端まで走行する．隆起線は体中央部で雄35〜47(平均38)本，雌で31〜41(平均35)本であり，ほぼ同大である．本種は，北極圏から熱帯アフリカまで広く分布し，日本の牛でも北海道から沖縄県まで普通に認められる(表III.9)．日本では，野生のシカや家畜化されたトナカイからも検出されている．本種は毛様線虫類の中でも，牛に対する病原性がもっとも高いとされている．

牛に寄生する他の種としては，*O. lyrata* や *O. leptospicularis* などが知られているが，日本国内の分布などは不明である．

(2) *Teladorsagia* 属

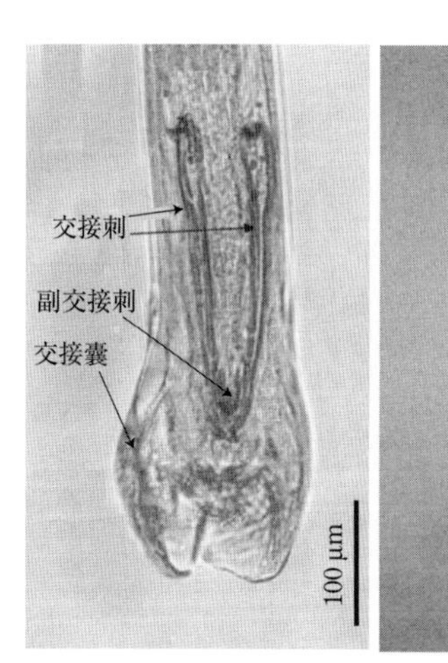

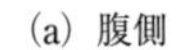

(a) 腹側　　(b) 側面図

図 III.174　*Ostertagia ostertagi* 雄成虫尾部

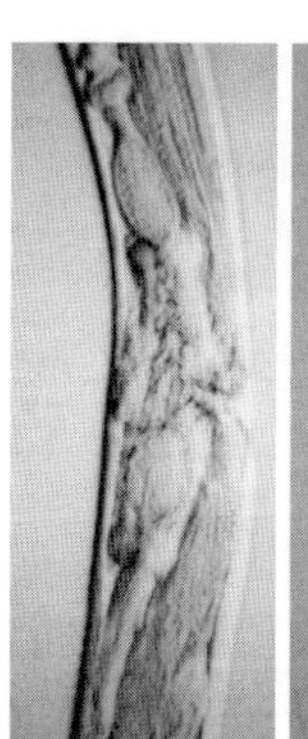
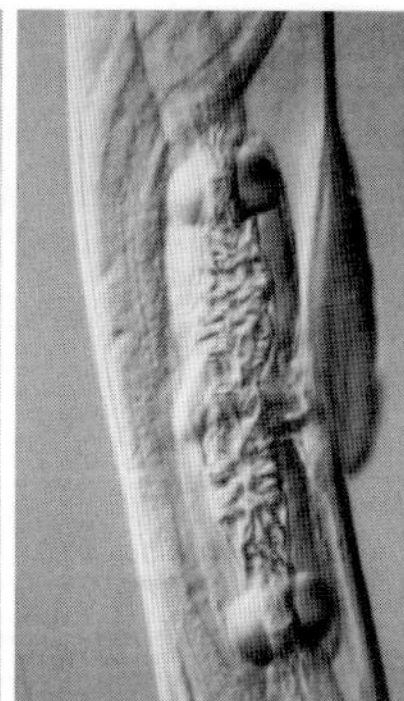
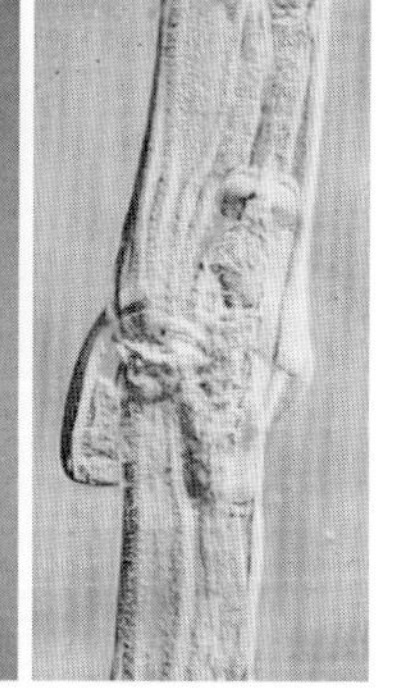

(a) 完全に欠如　(b) 部分的に存在　(c) 完全に周囲をおおう

図 III.175　*Ostertagia ostertagi* 雌成虫(陰門部の唇状片の変異)

表 III.9　国内の牛第四胃から剖検により検出された寄生線虫類

報告者	検査地	品種	検査頭数	線虫陽性率(%)			
				オステルターグ胃虫*1	牛捻転胃虫*2	毛様線虫*3	捻転胃虫*4
奥ら(1987)	北海道	ホル雌雄，黒毛和種	150	47.0	30.0	2.0	0.6
工藤ら(1985)	北海道	ホル	251	47.5	41.8	−	−
松本ら(1985)	北海道	ホル雌牛	41	46.3	39.0	2.4	−
福本ら(1990)	北海道	ホル雌廃用牛 (1986〜88)	293	63.6	46.1	21.6	0.3
寺田ら(1993)	北海道	ホル育成牛	9	88.9	55.6	22.2	−
工藤ら(1986)	青森県	ホル和牛	337	28.5	27.0	2.1	−
安田ら(1996)	鹿児島県	黒毛和種 (1992〜94)	143	36.4	7.0	3.5	2.8

*1 *Ostertagia ostertagi*，*2 *Mecistocirrus digitatus*，*3 *Trichostrongylus axei*，*4 *Haemonchus* sp.
[福本真一郎(2000)による]

Ostertagia 属に酷似するため同属とする意見もある．しかし，雄交接嚢の肋の配列が腹肋 2 本，前・中側肋が対をなし，後側肋が独立した配列(2-2-1type)であり，後側肋が前腹肋，中後側肋よりも長いこと，かつ前側肋が中側肋と等長かまたはより長いことで雄成虫の鑑別は可能である．しかし雌成虫や幼虫では，両属の鑑別は困難であり，また近縁な属や種との鑑別も困難である．世界的にめん羊や山羊の寄生種が多く，稀に牛にも寄生する．

T. circumcincta：体長が雄 7.5〜8.5 mm，雌 9.8〜12.2 mm，虫卵は 85〜103 (平均 94) × 44〜56 (平均 48) µm．交接刺は左右対称で細長く，280〜320 µm で，副交接刺 (90 µm) を有する．おもにめん羊，山羊の第四胃に寄生する．近縁種の *T. davatini*，*T. trifuricata* は本種のシノニムとされる．

(3) *Haemonchus* 属

世界中の反芻動物，とくに羊，山羊，牛の第四胃から高率に検出される．比較的大型で吸血により宿主に重篤な症状をもたらす寄生虫として非常に有名である．とくに羊では，日本国内でも捻転胃虫 (*Haemonchus contortus*) の多数寄生により致死的経過をたどる症例も珍しくない．

捻転胃虫 (*H. contortus*)：日本国内ではおもにめん羊，山羊に高率に寄生し，山羊の飼育がさかんな沖縄県では黒毛和種牛からも報告されている．虫体は大きく，生時は吸血による赤色の消化管を白色の子宮など生殖器がらせん状に取り囲む特徴的な外観を呈し，いわゆる Barber's (pole) worm として有名である．体長は雄 8.2〜19.0 mm，雌 12.3〜30.5 mm，虫卵は 53〜89 × 36〜52 µm である．交接刺は左右対称で 381〜550 µm，副交接刺 (179〜245 µm) を有する．体表の隆起線は明瞭であり，体中央部で雄 22〜30 本，雌 22〜30 本程度である．頸部乳頭の突出が顕著である．口腔はほとんどないが鉤状の歯を 1 本有する．雄の交接嚢はほぼ左右対称であるが，小さな背葉が右側に非対称に配置しているのが *Haemonchus* 属の大きな特徴である．側葉はよく発達し，腹肋と側肋の配列は前側肋が独立した 2-1-2type である (図 III.176)．雌成虫の陰門直前には発達した唇状片を有する個体もあるが，欠如する個体もある (図 III.177)．

その他に，*H. placei* や *H. similis* がおもに牛で知られるが，日本での感染状況は明らかでない．

(4) 牛捻転胃虫 (*Mecistocirrus digitatus*)

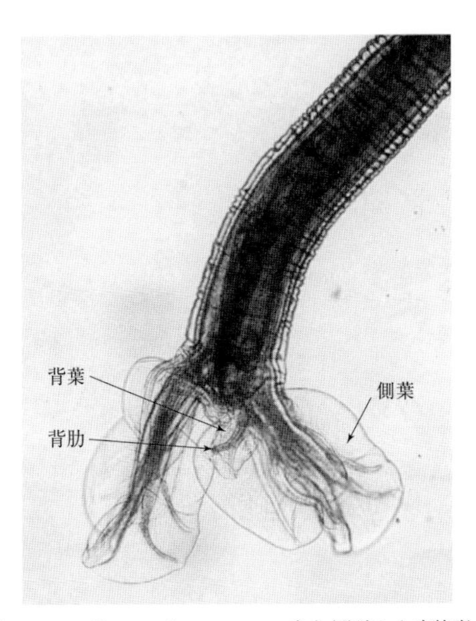

図 III.176 *Haemonchus contortus* 成虫 (発達した交接嚢の側葉．非対称に位置する背葉と背肋)

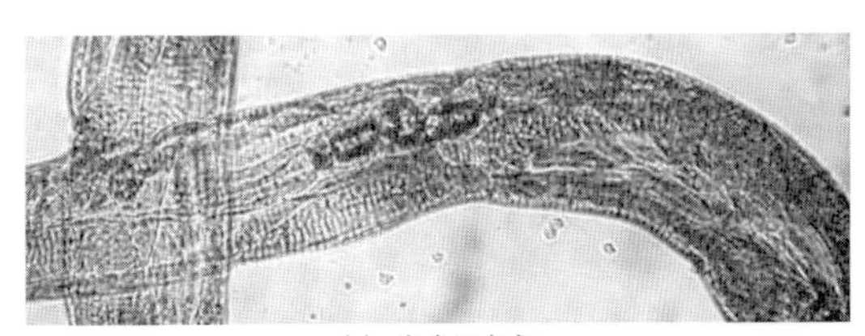

(a) 完全に欠如

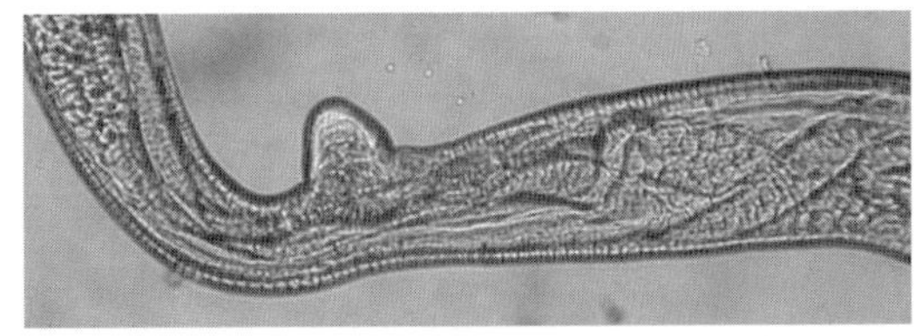

(b) 小型の突起

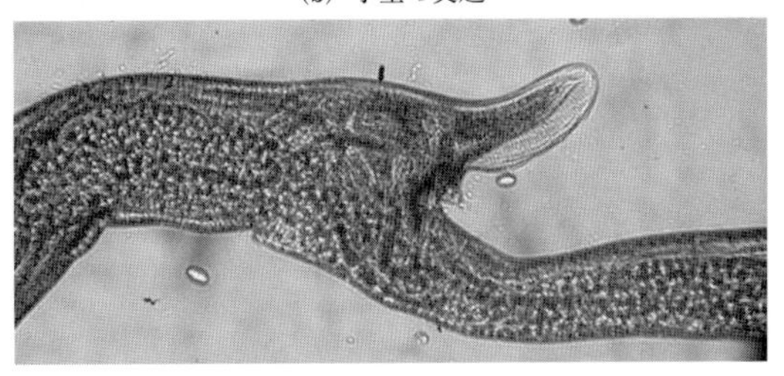

(c) 発達した構造

図 III.177 *Haemonchus contortus* 雌成虫 (陰門部の唇状片の変異)

Mecistocirrus 属は1属1種(本種のみ)である．体長は雄 27.7～31.5 mm，雌 36.3～40.5 mm(図III.178)，捻転胃虫よりも大形であり，生時は赤色を呈するため剖検時に肉眼でも認めやすい．虫卵はやや大型で 90～120 × 47～60 μm である．体表のクチクラの隆起線は細く体中央部で雄 34～47(平均 41)本，雌 38～50(平均 44)本である．口腔はほとんどないが，1本の歯を有する．雄の交接刺は非常に長く 5.5～6.6(平均 6.0) mm，左右等長で先端部分からほぼ全長で融合しており，通常尾端から半分長以上を露出している．副交接刺を欠く．交接嚢は側葉がよく発達し，腹肋と側肋の配列は 1-2-2type で，前腹肋が小さく後腹肋と前側肋が発達している．背葉は小さく背肋はきわめて小さい．雌の陰門は尾端付近の肛門直前に開口し，長い膣部(vagina vera)を有するのが特徴である(図 III.179)．宿主はおもに，牛と水牛であり，その第四胃に寄生する．また，山羊やシカからも検出され，きわめて稀にヒトや豚の報告がある．分布はアジアやアフリカで，東南アジアの牛や水牛では高率に寄生する．日本でも北海道から沖縄まで分布する．アジア産の牛(ゼブー，ブラーマン)がアフリカや中南米に導入された際に，本種の分布が拡大して問題となっている．

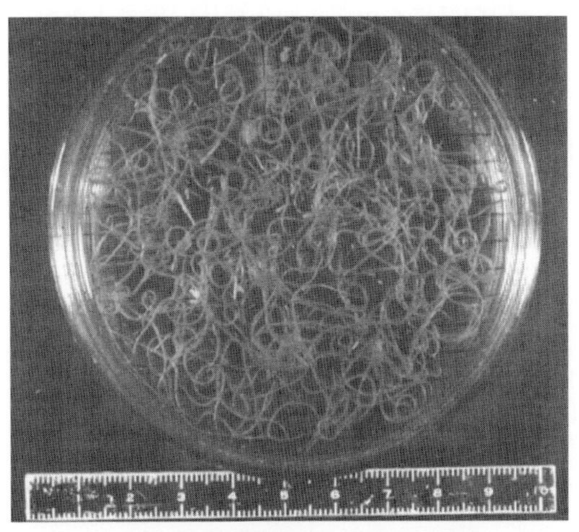

図 III.178　*Mecistocirrus digitatus* 成虫

(5) *Trichostrongylus* 属

Trichostrongylus 属は草食動物の小腸に寄生する種が多い．

Trichostrongylus axei：宿主は反芻動物の他，馬やげっ歯類，ウサギなどで，第四胃，単胃，小腸に寄生する．体長は雄 2.3～6.0 mm，雌 3.2～8.0 mm，虫卵は 75～107 × 30～47 μm．体表は平滑で隆起線構造はない．雄の交接嚢は小さく腹肋と背肋の配列は 1-3-1type で後腹肋・前

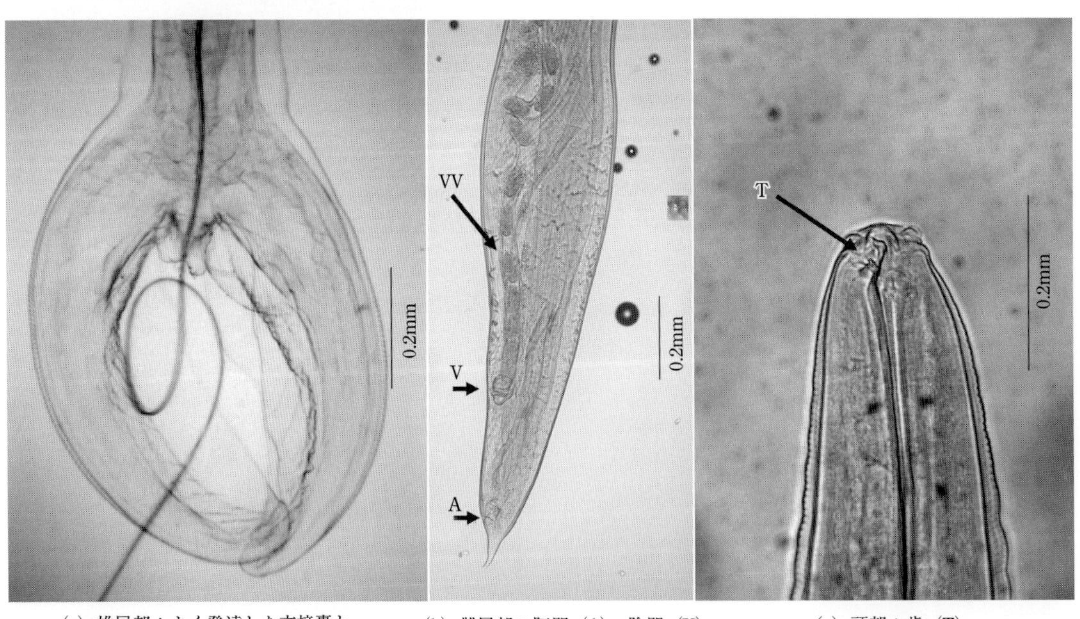

(a) 雄尾部：よく発達した交接嚢と細長い融合した交接刺　(b) 雌尾部：肛門 (A)，陰門 (V)，非常に長い膣部 (VV)，　(c) 頭部：歯 (T)

図 III.179　*Mecistocirrus digitatus* 成虫各部

側肋と中側肋が集まる．背肋は小さく背葉は不明瞭である．交接刺長は左右非対称で左 96～123 µm，右 74～96 µm である(図 III.180)．雌陰門をおおう唇状片はなく，陰門部が縦の陰裂構造を呈する(図 III.181)．

その他には，*T. colubuformis* や *T. vitrinus* が日本の牛や羊から検出されている．また，日本国内のノウサギ(*Lepus* 属)から *T. retartaeformis*，ライチョウなどから *T. tenuis* が検出されている．ヒトでは東洋毛様線虫 *T. orientalis* が知られている．

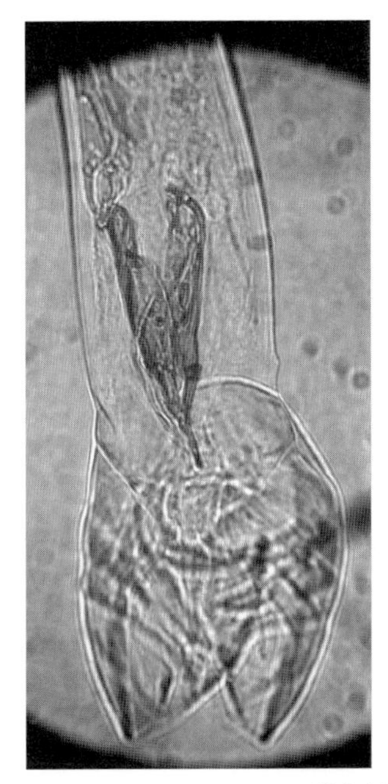

図 III.180　*Trichostrongylus axei* 雄成虫尾部

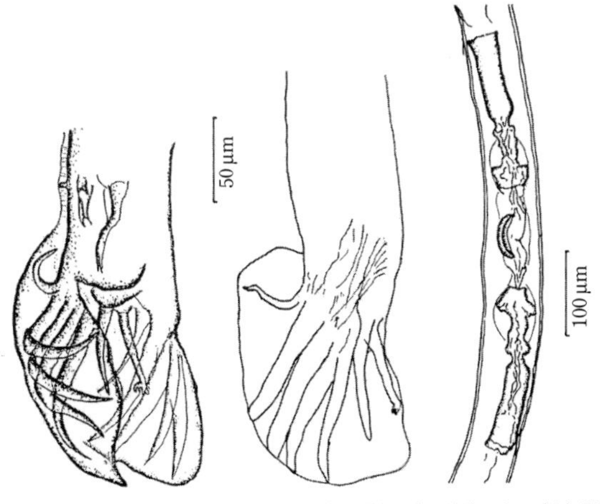

(a) 雄交接嚢(腹側)　(b) 雄交接嚢(左側葉)　(c) 雌陰門部：射卵器

図 III.181　*Trichostrongylus axei*

(6) *Cooperia* 属

寄生虫性胃腸炎の病原体としては，温帯地域では *Ostertagia* 属，*Haemonchus* 属や *Mecistocirrus* 属などに比べて重要性は低いが，熱帯・亜熱帯地域では慢性的な重度感染が重要である．本属は世界的に反芻家畜(おもに牛や羊)の小腸に寄生する *C. oncophora*，*C. cruticei*，*C. punctata*，*C. pecitinata* などが知られている．本属の虫体は，小型で体長はおよそ 10 mm 未満であり，ホルマリン固定するとコイル状に巻くので識別しやすい．虫体の頭部には体表クチクラが膨隆する小さな頭胞(cephalic vesicle)を形成し，横条がみられ，その後方よりクチクラの隆起線が体後方に向かって十数本みられる．口腔はきわめて小さく不明瞭であり，頸部乳頭がある．雄の交接嚢は大きく，左右の交接刺は中央部分で翼状に拡がり，副交接刺はない．雌虫体は小さな唇状片を備えている．

(7) *Nematodirus* 属

おもに反芻動物の小腸に寄生し，温帯・寒冷地域では仔羊の腸炎の原因として重要である．牛に寄生する *N. helvetianus*，おもにめん羊・山羊に寄生する *N. filicollis*，*N. sphathiger*，*N. battus*，*N. abnomalis* などが知られる．虫体は細長く生時は淡紅色を呈し，*Cooperia* 属よりは大きい．虫体の前部は巻き込んで綿糸状で，頭部には小さな頭胞があり口周辺には 6 個の乳頭がみられる(図 III.182)．交接嚢は側葉が発達し，内側に楕円形のクチクラ突起がみられる．左右の交接刺は

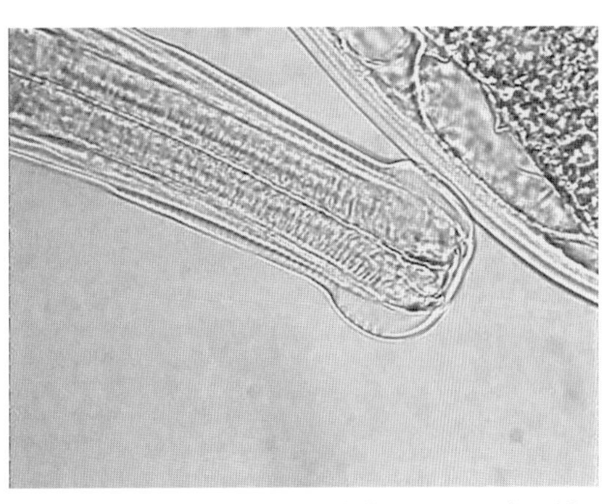

図 III.182　*Nematodirus* 属(頭部)［原図：Fox, C.(2012)］

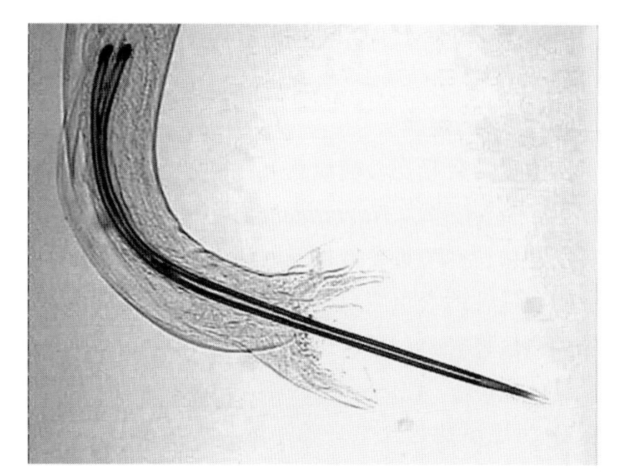

図 III.183　*Nematodirus* 属雄成虫尾部交接嚢癒合した交接刺［原図：Fox, C.(2012)］

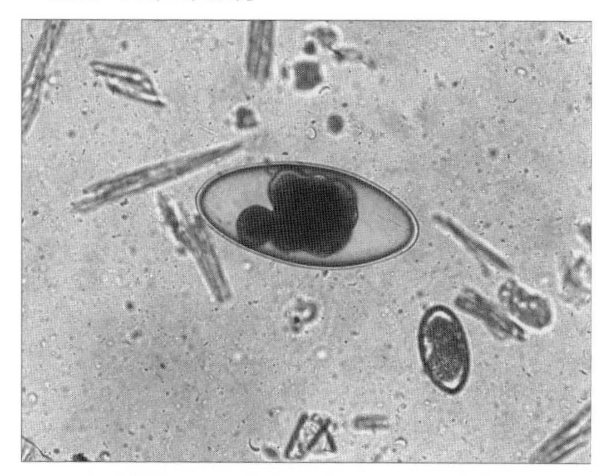

図 III.184　*Nematodirus helvetianus* 虫卵

対称で細長く，ほぼ全長にわたり密着する．副交接刺はない(図 III.183)．雌虫体は，陰門が虫体の後ろ 1/3 にあり，尾端が細くとがり，棘(spine)を備える種もある．本属の虫卵は卵殻が厚く，長径 200 µm 以上の虫卵を産出する種もあり，寄生蠕虫の虫卵としてはもっとも大きい．虫卵内の分割した卵細胞は 4 ～ 8 個と少数であり糞便検査時には容易に鑑別可能である(図 III.184)．

(8)その他の毛様線虫類

Spiculopteragia houdemeri：日本国内のニホンシカやニホンカモシカ，トナカイの腺胃にみられる．北海道から屋久島まで分布する．*Ostertagia* 属に類似する(図 III.185)．体長は雄 6.5 mm，雌 8.1 mm，虫卵は 43～61(平均 58) × 24～30(平均 28) µm．本種は，原記載がベトナム産のシカであり，極東地域に分布するシカ *Cervus* 属の優先種と思われる．

Camelostrongylus mentulatus：アフリカ，中近東，アジアの反芻動物(めん羊・山羊)やラクダ，キリンなどに寄生する．雄 7.9～8.9 mm，雌 9.3～12.5 mm，虫卵は 64～86 × 40～50 µm で，交接刺の形態に特徴がある(図 III.186)．

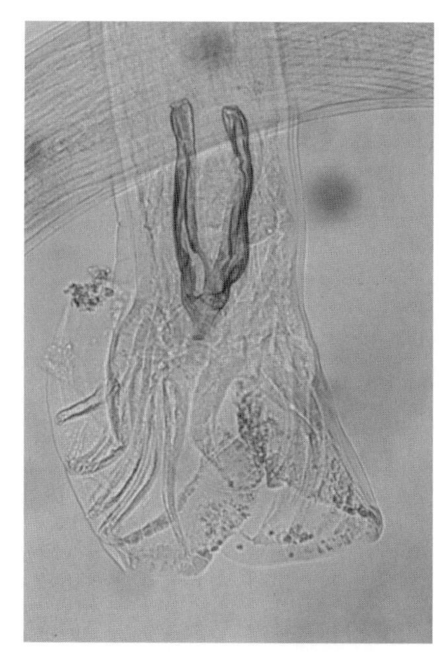

図 III.185　*Spiculopteragia houdemeri* 雄成虫尾部(エゾシカ第四胃)

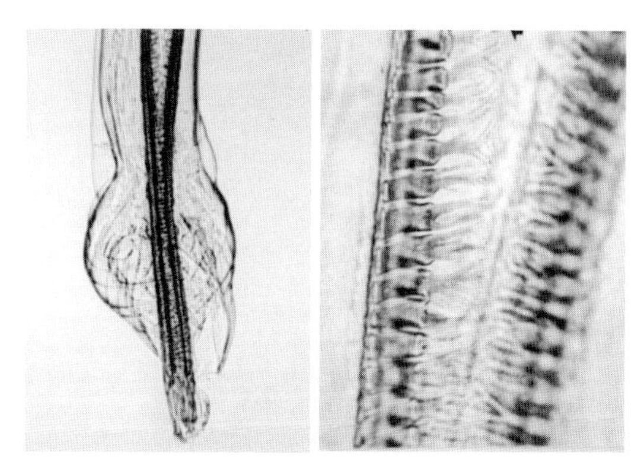

図 III.186　ケープキリン第四胃から検出された *Camelostrongylus mentulatus* 雄成虫尾部(交接刺の特徴ある形態)

Obeliscoides 属：全北区から中南米のウサギ類の胃に寄生し，*Haemonchus* 属などと類似の病原性が知られている．*O. cuniculi*(日本未報告)，*O. leporis*(ユキウサギ，ニホンノウサギ)，*O. pentalagi*(アマミノクロウサギ)などが知られる．

発育と感染：毛様線虫類は基本的に中間宿主を必要としない直接発育であり，終宿主に 3 期幼虫(感染幼虫)が経口感染する．通常糞便中には卵細胞が数個から数十個に分裂した虫卵が排出され，外界で発育を続け，虫卵内部に1期幼虫が形成され孵化する．土壌上などの外界で1期幼虫は脱皮して2期幼虫，さらに脱皮して3期幼虫になる(図 III.187)．1期および2期幼虫は，ラブディティス型の食道をもち，尾端がフィラメント状に細長い．3期幼虫は通常2期幼虫のクチクラを被鞘し，食道はフィラリア型となり，尾端も円錐状に短く変化する．3期幼虫は体長や食道長，腸細胞の形状と個数，生殖原器の位置，尾端と肛門までの距離(尾長)，被鞘クチクラの後端から虫体部までの距離，などを計測することにより，おもな属種の同定が可能である．感染幼虫は牧草などの植物を上行する性質があり，宿主が牧草を摂取する際に感染幼虫を取り込むことで感染する．なお，季節による温度差の顕著な温帯や寒帯地方では，寒冷期に幼虫が土壌中で越冬する行動が知られる．また，*Nematodirus* 属では虫卵内で3期幼虫まで発育し，この状態で越冬して翌春以降に感染することが知られ，spring flush とよばれる．

宿主に感染した3期幼虫は腸管内で発育・脱皮・成熟すると考えられるが，発育が解明されている種は少ない．オステルターグ胃虫，捻転胃虫や牛捻転胃虫では，3期幼虫は第四胃粘膜の胃腺内に侵入し，4期幼虫または5期幼虫まで発育した後，第四胃腔内に現れ粘膜表面で成熟して寄生を継続する(図 III.187)．その他の線虫の多くは，3期幼虫は小腸粘膜表面で2回脱皮し，成虫となる．*Nematodirus* 属では，3期幼虫は小腸粘膜下組織内に侵入して4期幼虫に発育してから，腸管腔に現れて，4回目の脱皮をして成虫となる．プレパテント・ピリオドはオステルターグ胃虫で15〜17日間，*Haemonchus* 属では羊 12〜15日間，牛で 26〜28日間，*T. axei* で 25日間程度，牛捻転胃虫で 59〜82日間である．成虫の寿命は *Ostertagaia* 属で3〜4か月，*Haemonchus* 属で約9か月とされるが，後述する発育停止現象や感染時の季節，宿主の免疫状態などで変動する．

毛様線虫類には，寒暖の季節が明瞭な温帯地域の厳冬期に糞便中に排出される虫卵数が激減し，翌春に虫卵排出数の上昇する現象が認められる．これは感染前の秋季に放牧地の感染幼虫が寒冷感作を受け，その後宿主に感染すると通常の発育期

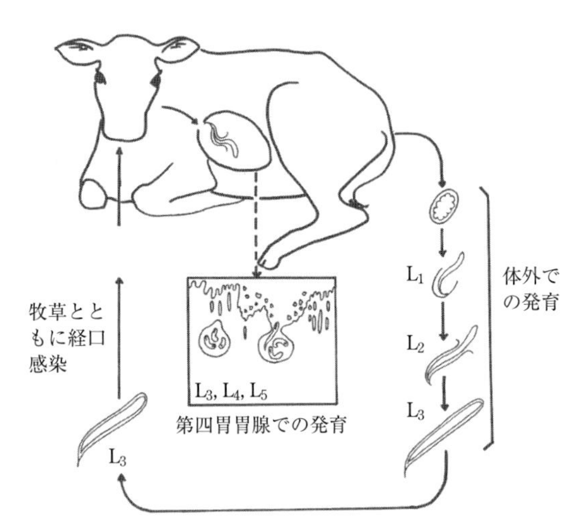

図 III.187　オステルターグ胃虫の発育環模式図

間(2〜4週間)では成熟できず，幼虫期のある段階で発育を停止(5〜6か月間)させる幼虫発育停止現象に起因する．すなわち，春季になると発育を停止していた幼虫が一斉に発育を再開して成虫となり，産卵することで糞便中の虫卵数が上昇する．これを春季顕在化現象とよび，この現象は，羊の捻転胃虫や牛のオステルターグ胃虫などで世界的に認められている．この現象は線虫類が子孫の生存率を高めるための適応進化と理解され，熱帯サバンナ気候のように乾季と雨季の降水量の差が明瞭な地域では乾季に産卵が低下し，雨季に産卵が再開する．北海道の牛でもオステルターグ胃虫の4期幼虫および牛捻転胃虫の5期幼虫に冬季の発育停止現象が認められている．

解剖的変状：第四胃寄生線虫の病原性は種類，発育段階また寄生虫体数によって異なる．

捻転胃虫や牛捻転胃虫は吸血性が高く，寄生により第四胃粘膜表面は多数の点状出血病巣が広範囲に認められる(図 III.188)．また粘膜表面に充血，潰瘍，浮腫を伴う急性または慢性の胃炎から胃潰瘍がみられることがある．オステルターグ胃虫は幼虫が胃腺腔内に寄生することで炎症反応が起こり，針頭大から粟粒大の小結節が認められる(図 III.189)．結節の表面には微小な開口がみられ内部に虫体が寄生する場合もある．また成虫の多数寄生によりカタル性胃炎を生ずる．

剖検時の虫体検出では，捻転胃虫や牛捻転胃虫は比較的大型で赤みを帯びるので肉眼でも容易に

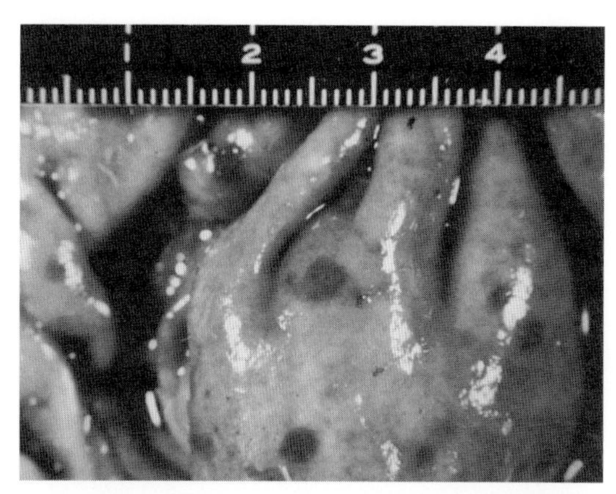

図 III.188　*Mecistocirrus digitatus* 感染牛第四胃粘膜表面（吸血による多数の点状出血病変）

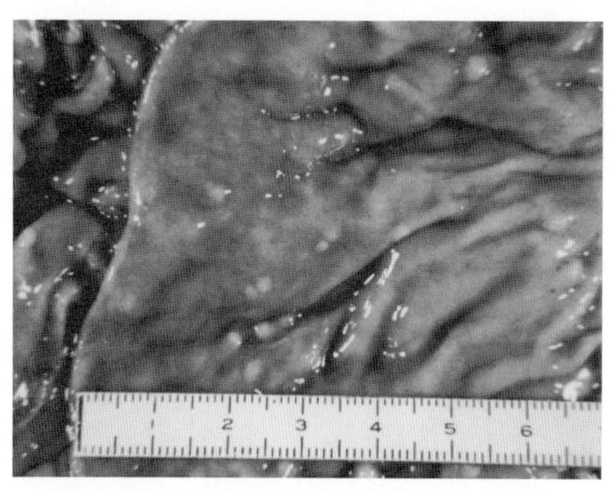

図 III.189　*Ostertagia ostertagi* 感染牛第四胃粘膜（幼虫寄生胃腺部の結節形成）

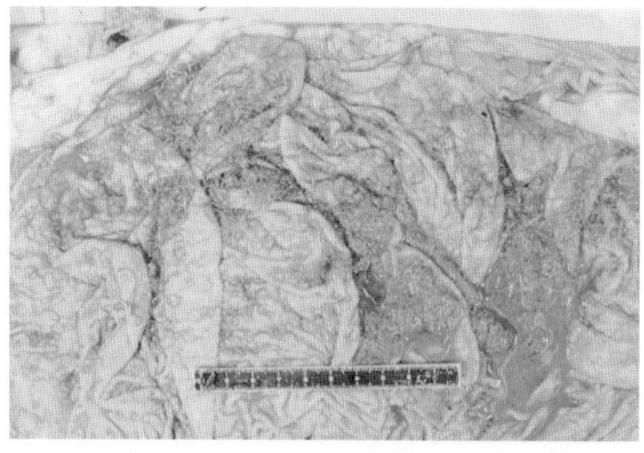

図 III.190　多数の *Mecistocirrus digitatus* 成虫が寄生する牛第四胃

検出できるが（図 III. 190），*Ostertagia* 属や *Trichostrongylus* 属などは小型でほとんど透明であるため，肉眼では検出しにくい．

症状と病原性：

（1）*Ostertagia* 属

臨床的症状として食欲不振，下痢，体重減少，

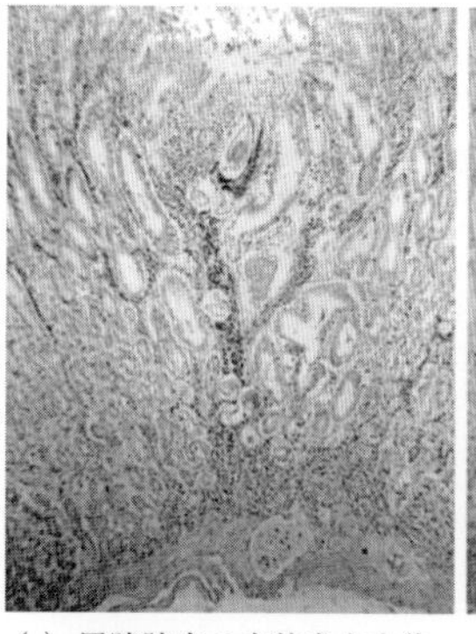

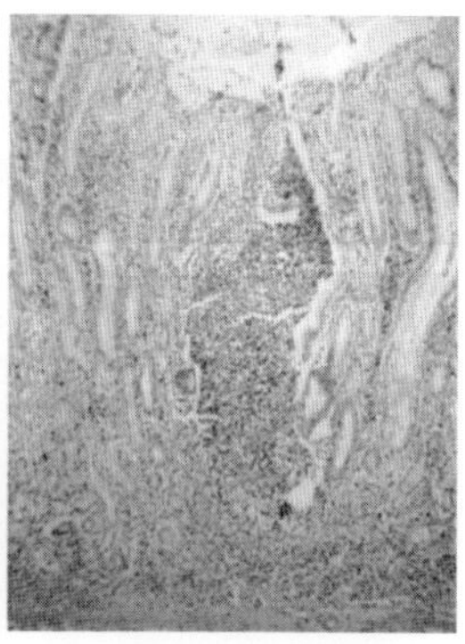

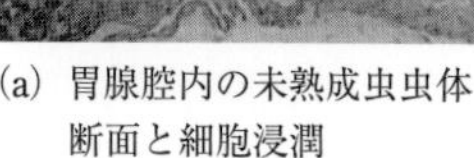

（a）胃腺腔内の未熟成虫虫体断面と細胞浸潤　（b）虫体脱出後の組織像（好酸球の集簇が顕著）

図 III.191　*Ostertagia ostertagi* 感染牛の第四胃粘膜組織（HE 染色）

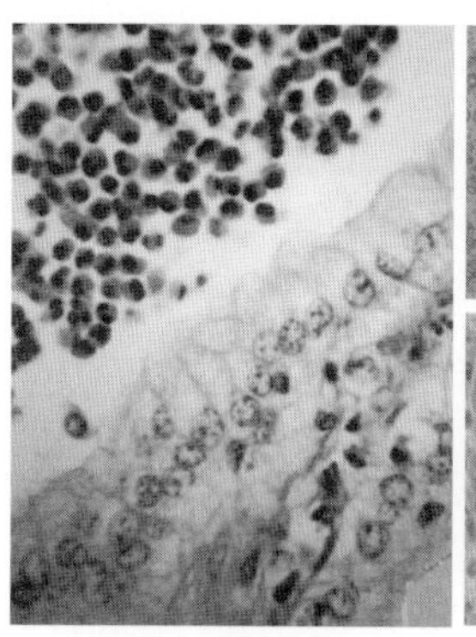

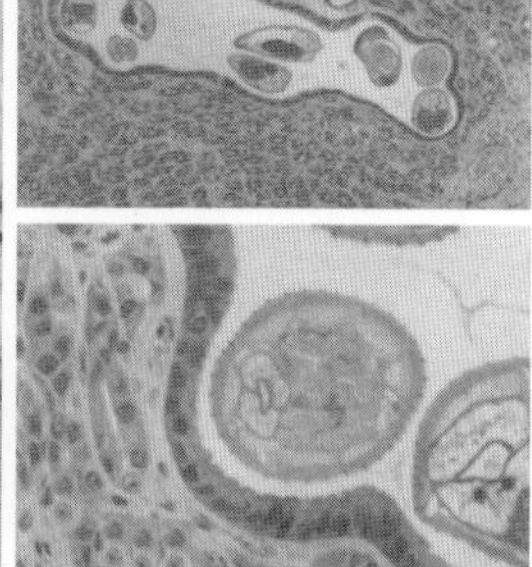

（a）牛（腺腔内への好酸球の集簇）　（b）トナカイ（下：拡大）

図 III.192　*Ostertagia ostertagi* 感染動物の第四胃粘膜組織（HE 染色）

低タンパク血症，軽度の貧血，下顎部の浮腫などがみられる．オステルターグ症はI型とII型に分類される．I型は放牧中の育成牛に多発し，短時間に多数の3期幼虫の感染を受けてすみやかに成虫に発育し，発症する．一方，II型では大量の発育停止幼虫（初期4期幼虫）が胃腺に認められ，その後急速に発育が進行し成虫になるため激しい病変をもたらす．たとえば，オステルターグ胃虫では3期幼虫（約1 mm）が胃腺に侵入して2回脱皮し，成虫（約8～10 mm）に発育する際に胃腺上皮細胞を傷害する（図 III.191，III.192）．3期幼虫から成虫までの期間はI型では18～21日で，II型は4～6か月である．胃酸分泌細胞（壁細胞：parietal cell）は未分化細胞に置き換わり，粘膜は肥厚する．細胞が破壊され，高分子成分の透過性異常が起こる．この変化は寄生を受けた胃腺だけ

でなく周囲の胃腺でも生じる．胃液 pH が上昇(2→7)することで，ペプシノーゲンがペプシンへと活性化できず，タンパク質の消化が損なわれ，血漿中ペプシノーゲン濃度が増加する．また胃酸による殺細菌作用も損なわれ細菌数の増加が認められる．さらに低アルブミン血症により高分子の透過性が高まり，第四胃内へ血漿アルブミンが漏出する．タンパク質の損失は電解質の損失も伴い下痢症状を悪化させる．この経過が持続すると浮腫に進行する．また増加したガストリン値が胃酸とペプシノーゲンの分泌を刺激し，前胃の運動性を抑制する．

(2) *Haemonchus* 属

羊の *Haemonchus* 属の成虫を羊の第四胃内に移植することで，pH の上昇，血清中ペプシノーゲンとガストリン濃度の顕著な上昇が認められ，また第四胃重量の増加，噴門部粘膜の肥厚，壁細胞数の減少，粘液生産細胞数と細胞分裂像の増加が確認されている．これらの粘膜細胞の増生(hyperplasia)と壁細胞の減少には TGF-α などの宿主成長因子の介在が知られている．

(2) 牛捻転胃虫の病原性

虫体は大型で口腔内に歯(buccal tooth)を有し，吸血による貧血と低タンパク血症に起因する高い病原性をもつ．また抗凝固因子を作用させて吸血するため失血が持続し，鉄欠乏性貧血となることがある．多数の寄生では第四胃内 pH の上昇や血漿ガストリン値の上昇もみられる．仔牛に5千～4万匹の3期幼虫を投与した実験では，70～80日後に顕著な体重減少と貧血がみられた．その他に肥満細胞の増加や局所の好酸球増多などもみられる．

第四胃の線虫寄生と第四胃変位の前駆症状ともいえる胃アトニーとの因果関係が指摘されている．またオステルターグ胃虫感染の認められる個体の血清中ペプシノーゲン値は駆虫により有意に減少することが認められ，第四胃粘膜への影響が強く示唆されている．今後第四胃内線虫寄生と第四胃変位を中心とした第四胃内疾病との相関関係についての調査研究が強く望まれる．

診　断：反芻動物の消化管寄生線虫は混合感染している場合がほとんどであり，臨床症状で特定種類の毛様線虫症と断定することは困難である．しかし，羊の捻転胃虫の重度感染例ではしばしば下顎部の浮腫が顕著にみられ，眼瞼粘膜の貧血も著しい．診断の基本は糞便検査による虫卵の検出である．ショ糖遠心浮遊法(ウィスコンシン法)が一般的であるが，マックマスター法も利用される．後者は牛のような水分含量の多い糞便では検出率(精度)は高くない．成牛では毎日数十 kg の糞便が排泄されるが，検査にはそのうちの数 g が用いられるため，EPG の定量はバラツキが大きくなり，その数値は感染数の大まかな目安程度と把握すべきである．しかし，EPG が低い値でも総排泄虫卵数はその数万倍になるため，虫卵が検出されたら駆虫の対象とすべきである． 消化管内寄生線虫類では，鞭虫(*Trichuris* 属)や乳頭糞線虫(*Strongyloides papillosus*)，牛回虫(*Toxocara vitulorum*)の虫卵は特徴的であり，その形態によって鑑別可能である．しかし，毛様線虫類や鉤虫(*Bunostomum* 属)，腸結節虫(*Oesophagostomum* 属)の虫卵は鑑別が困難であり，一括して消化管内寄生線虫の虫卵とされる．なお，属や種を判定するためには糞便培養を行う．すなわち，糞便中の虫卵を瓶(びん)培養法や瓦(かわら)培養法により25～30℃で培養し，検出された感染幼虫の形態から判定する．

これらの線虫の3期幼虫(感染幼虫)は，体長や食道長，腸細胞の形状や数，生殖原基の位置，尾端と肛門までの距離(尾長)，被鞘クチクラの後端から虫体部までの距離，などを計測することにより，線虫の属や種を同定することが可能である．

消化管内寄生線虫類の駆虫薬はほとんどの種に有効性を示すため獣医臨床の現場では線虫種の同定は必ずしも必要ではない．しかし，線虫種の違いによりそれぞれの宿主の免疫応答が異なることから，迅速で精度の高い診断法が求められ，虫卵 DNA を用いた遺伝子診断法が検討されている．

血液検査では特異抗体検出を目的とした血清診断法は市販・実用化されたものはない．非特異的反応が高く，抗体は長期間保存されるので感染の現状を把握するには限界がある．赤血球数，Ht値，血色素量，血清タンパク量などの臨床生化学的な数値の検討は病態把握に有効と思われる．

治　療（表 III.10）：駆虫薬の投与が主体であり，牛の消化管内寄生線虫に対する多くの駆虫薬が市販されている．いずれも良好な駆虫効果を示し，剤型として経口剤，経皮浸透剤，注射剤などがあるので用途によって選択が可能である．とくにイベルメクチン製剤に代表されるマクロライド系製剤が少量で高い駆虫効果を有し，家畜への安全性も高い．なお，めん羊は被毛が薬剤の浸透を妨げるため，牛用の経皮浸透性薬剤は効果がないので注射剤や経口剤を利用する．

予　防：海外では放射線照射した感染幼虫（*Haemonchus contortus*，*Cooperia* spp.など）をワクチンとして接種することである程度の感染防御能が得られているが実用化には至っていない．消化管内寄生線虫症は多くの場合，臨床症状を呈しない不顕性感染である．しかし駆虫薬を定期的に投与することで家畜の生産性が改善される．ホルスタインの放牧育成牛では，発育・増体率が改善し，育成期間の短縮，初回受胎および初回分娩の早期化，受胎率の向上がみられる．また泌乳牛では，分娩間隔の短縮，受胎率の向上，乳汁の体細胞数の有意な減少と乳質の改善，それに伴う乳価の向上がみられる．肉用牛では増体率の改善，雌繁殖牛では分娩間隔の短縮により生涯分娩産仔数

表 III.10　牛を中心とした消化管内線虫類の駆虫薬

薬品名		対象寄生虫	容量／用法	休薬期間	
				乳牛	肉牛
マクロライド系	イベルメクチン（ivermectin）	オステルターグ胃虫，牛捻転胃虫，クーペリア属，乳頭糞線虫，毛様線虫，牛腸結節虫，牛肺虫，疥癬ダニ	本剤 1 mL/50 kg（イベルメクチンとして 0.2 mg/kg 回）皮下注	28 日	37 日
		オステルターグ胃虫，牛捻転胃虫，クーペリア属，毛様線虫，牛腸結節虫，牛肺虫，疥癬ダニ	本剤 1 mL/50 kg（イベルメクチンとして 0.5 mg/kg 回）背線部に塗抹	28 日	37 日
	エプリノメクチン（eprinomectin）	イベルメクチンと同様	イベルメクチンと同様	0 日	20 日
	ドラメクチン（doramectin）	オステルターグ胃虫，牛捻転胃虫，クーペリア属，毛様線虫，牛腸結節虫，牛肺虫	本剤 1 mL/50 kg（ドラメクチンとして 0.2 mg/kg 回）皮下注	35 日	70 日
	モキシデクチン（moxidectin）	オステルターグ胃虫，牛捻転胃虫，クーペリア属，毛様線虫，牛腸結節虫，牛肺虫	本剤 1 mL/50 kg（モキシデクチンとして 0.5 mg/kg 回）背線部に塗抹	6 日	14 日
イミダゾチアゾール系	レバミゾール（levamisole）	オステルターグ胃虫，ネマトディルス，クーペリア属，毛様線虫，牛腸結節虫，糞線虫，牛肺虫	レバミゾールとして 10 mg/kg/回（本剤として 0.05 mL）牛頸背部に注ぐ	7 日	7 日
		牛肺虫，クーペリア属，オステルターグ胃虫，沖縄糸状虫	塩酸レバミゾールとして 7.5 mg/kg/回（本剤として 75 mg）経口投与	72 時間	7 日
ベンズイミダゾール系	フルベンダゾール（flubendazole）	オステルターグ胃虫，牛肺虫	フルベンダゾールとしてオステルターグ胃虫：10～20 mg 5 日連続，牛肺虫：20 mg/kg/回/日		10 日
	チアベンダゾール（thiabendazole）	トリコストロンギルス属，クーペリア属，ネマトディルス属，捻転胃虫，オステルターグ胃虫，牛腸結節虫	チアベンダゾールとして 66～110 mg/kg/回（製品として 88～146 mg）経口投与	5 日	

が増加し，農家の売り上げ増となる．また肥育素牛の格付けが向上し，市場での競り価格の上昇，利益増加に繋がる．牧羊では消化管寄生線虫症によりしばしば致死的な症例がみられ，重篤な発症を予防するために定期的な駆虫（年 6 ～ 8 回程度）が励行されている．しかし，薬剤耐性線虫の発生に十分注意して駆虫プログラムや使用薬剤を選択しなければならない．オーストラリアの羊ではイベルメクチン製剤の多用により耐性線虫が出現し，それが輸入羊を介して国内に導入され，北海道の羊では薬剤耐性線虫が高率にみられる．対策としては特定駆虫薬の過剰投与の抑制，新規駆虫薬の開発に加え，線虫抵抗性羊の品種改良などが行われている．

4.8 節の参考文献

Fox, C. (2012) *Center for Veterinary Health Sciences*, Oklahoma State University
https://instruction.cvhs.okstate.edu/

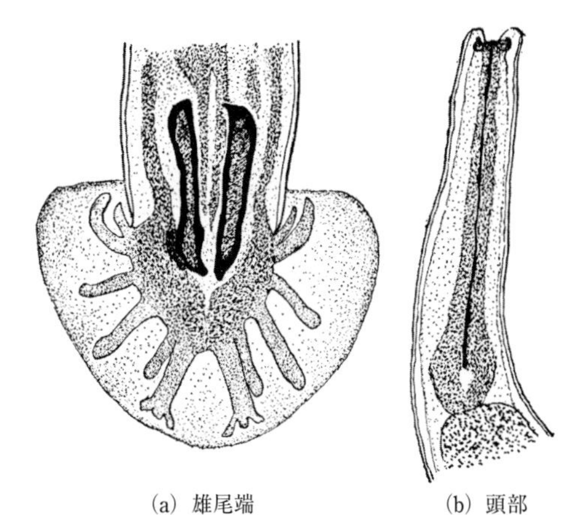

(a) 雄尾端　(b) 頭部

図 III.193　牛肺虫［原図：板垣　博・大石　勇］

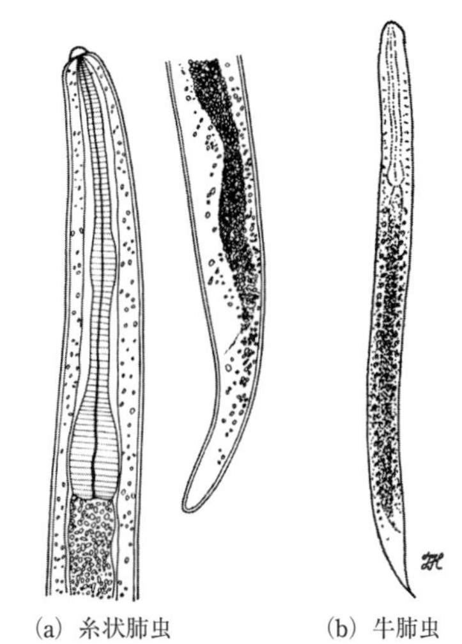

(a) 糸状肺虫　(b) 牛肺虫

図 III.194　新鮮糞に含まれる肺虫の幼虫［原図：板垣　博・大石　勇］

4.9　肺虫症（Lungworm diseases）

原　因：肺虫症の原因は，円虫目，毛様線虫上科（Trichostrongyloidea）の *Dictyocaulus* 属と，肺虫上科（Metastrongyloidea）の *Metastrongylus* 属，*Crenosoma* 属，*Muellerius* 属，*Protostrongylus* 属，*Filaroides* 属や *Angiostrongylus* 属の線虫類であり，終宿主の肺の気管支や実質組織，血管内に寄生する．家畜の肺虫症の原因として重要なのは，牛肺虫と豚肺虫である．

(1) 牛肺虫（*Dictyocaulus viviparus*）

虫体は白色糸状，雄 4.0～5.5 cm，雌 6.0～8.0 cm，頭部には小さな浅い口腔がある．本種は後述の糸状肺虫（*D. filaria*）に類似するが，雄の交接嚢は中側肋と後側肋が完全に融合しており，鑑別できる（図 III.193）．交接嚢は，褐色で短い 2 本の交接刺（195～215 μm）が観察される．陰門は雌体後端に開口する．牛肺虫は胎生であり，膣や陰門に近い子宮内の虫卵は幼虫形成卵となり，その大きさは 82～88 × 33～38 μm である．産出された幼虫形成卵は宿主体内で孵化し，糞便中には 1 期幼虫（390～450 × 33～38 μm）が検出される（図 III.194）．牛，水牛，ラクダ，シカ科などの気管，細気管支に寄生し，肺炎を引き起こす獣医学上重要な線虫である．世界各地に分布し，日本でも，1944 年の初発生（広島県）以降，全国各地にみられていたが，レバミゾール製剤による駆虫と予防が普及したことで 1980 年代以降は北海道を除いて発生は著しく減少している．

(2) 糸状肺虫（*Dictyocaulus filaria*）

虫体は糸状，乳白色で腸管は黒い線のようにみえる．雄 3 ～ 8 cm，雌 5 ～10 cm で，頭部には小さな 4 つの口唇と浅い口腔がある．雄の交接嚢は中側肋と後側肋が先端部分を除いて完全に融合している．交接刺は大きく（400～640 μm），暗褐色，長靴状で肉眼でも観察できる（図 III.195）．雌の尾端は細く尖り，陰門は体の中央部に開口す

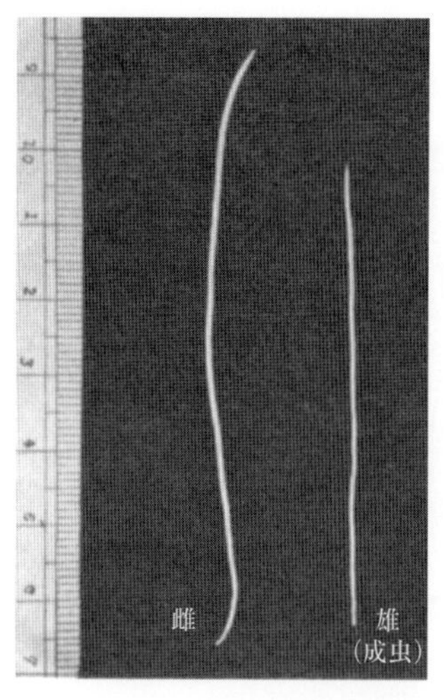

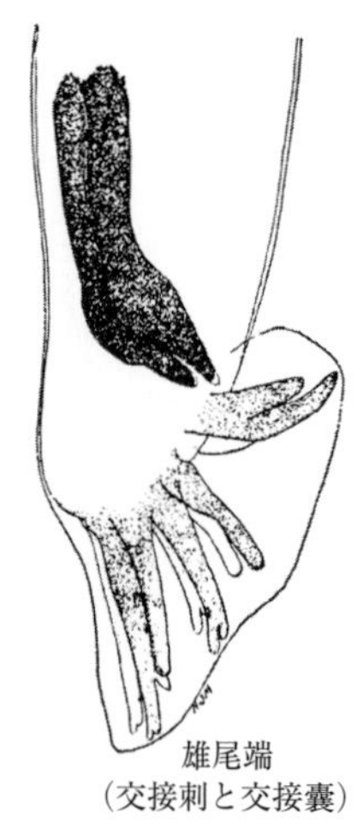

図 III.195 糸状肺虫(成虫)［原図：板垣 博・大石 勇］

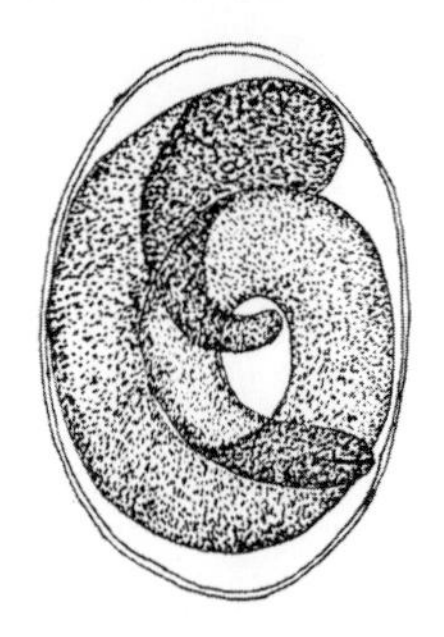

図 III.196 糸状肺虫卵［原図：板垣 博・大石 勇］

る．子宮内には幼虫形成卵(112～138 × 69～90 μm)が認められ(図 III.196)，牛肺虫と同様，虫卵は宿主体内で孵化し，糞便中には 1 期幼虫(550～585 μm)が排泄される．本種の分布は世界的でめん羊，山羊の気管支に普通にみられ，病害性の高い寄生虫の 1 つである．日本でも輸入めん羊に多くみられ，検疫時には注意が必要である．日本では，めん羊の飼育頭数が激減しており，最近の感染状況は不明である．海外では野生の反芻動物からも検出されている．

その他に *Dictyocaulus* 属には，馬やロバの気管支，細気管支に寄生する馬肺虫(*D. arnfieldi*)があるが，日本での馬の発生は確認されていない．海外からの輸入馬の検疫には注意しなければならない．

(3) 豚肺虫 (*Metastrongylus elongatus*；シノニム：*M. apri*)

虫体は乳白色糸状で雄は 1 ～ 3 cm，雌は 2 ～ 6 cm である．体前端には 6 個の口唇がある．雄

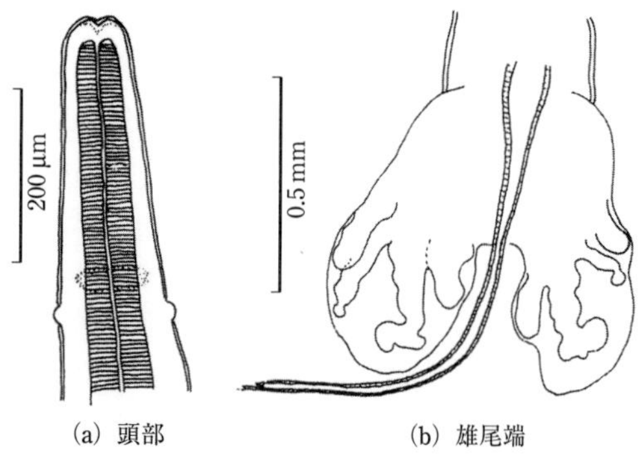

図 III.197 豚肺虫［原図：茅根士郎］

の交接嚢は小さく，2 本の長い交接刺(4.0～4.2 mm)があり，交接刺の末端は鉤状になっている(図 III.197)．雌の尾部は腹部に強く湾曲し，尾端は鋭く終わっている．陰門は肛門付近に開口する．虫卵は大きさ 45～57 × 38～41 μm で産卵時，虫卵の内容は幼虫(幼虫形成卵)である．豚，イノシシの他，ごく稀にめん羊，牛，シカ，ヒトの気管支，細気管支に寄生する．中間宿主はミミズ類である．

20 世紀後半まで日本の養豚場でも普通に感染が認められていたが，飼育管理が改善されたことで，現在ではきわめて少ない．豚肺虫に近縁な種として，*M. pudentodectes* と *M. salmi* が日本のイノシシから検出される．

(4) 広東住血線虫(*Angiostrongylus cantonensis*)

Rattus 属のネズミを固有宿主とし，rodent lung worm(rat lung worm)の呼称がある．体長は雄 1.5～2.5 cm，雌 2.5～3.5 cm．雌虫体は血液が充満した赤色の腸管に沿って白い子宮がらせん状に走っており，雌雄の鑑別は容易である(図 III.200)．頭端は鈍円で，口腔はなく食道は短い．雄の尾端は腹側に湾曲し，その先端には小さな交接嚢がある．交接刺(1.0～1.2 mm)は 2 本で，ほぼ同長で長い．本種はドブネズミ，クマネズミの肺動脈に寄生する．中間宿主はアフリカマイマイ，ナメクジ，リンゴガイなどである．虫卵は未発育卵として産出され，肺動脈内で孵化し，気管，食道を経て，糞便中には 1 期幼虫が排出される．太平洋諸島，東南アジアを中心に世界各地に分布し，日本でも沖縄から北海道までの港湾地区を主として各地にみられる．ヒトでは，本種の 3 期幼虫に感染

した中間宿主の経口摂取により，幼若成虫が中枢神経に寄生し，好酸球性髄膜脳炎(Eosinophilic meningo-encephlitis)の原因となり，これまで沖縄県を中心に多数の人体寄生例の報告がある．

(5)犬肺虫(*Filaroides hirthi*)

体長は雄 2 ～ 4 mm，雌 7 ～13 mm で，雄では交接囊は退化する．子宮内虫卵は 80 × 38 μm で幼虫を含み，気管支内で孵化した 1 期幼虫(150～190 μm)が糞便中に排出される．犬の肺実質に寄生し，小結節を作る．北米に多く，日本では，輸入ビーグル犬に多くみられている．

その他，猫の肺に寄生する *Aelurostrongylus abstorusus* が世界に広く分布するが，日本ではその実態は不明である．

発育と感染(図 III.198)：有蹄動物に寄生する *Dictyocaulus* 属と犬に寄生する *Filaroides* 属は中間宿主を必要としないが，その他の肺虫類はすべて中間宿主を必要とする．

(1)牛肺虫

雌成虫は気管ないし気管支で幼虫形成卵を産出し，大部分の虫卵は消化管を通過する間に孵化して 1 期幼虫が糞便とともに排泄される．1 期幼虫は前端が丸く，尾端は他の線虫類と比較して短くて尖り，ラブディティス型の食道を有する．この 1 期幼虫は前端と後端部を除いて黒色の栄養顆粒が密に分布している(図 III.194)．1 期幼虫は好適条件(23～27℃)では，5 ～ 7 日後には 3 期幼虫(感染幼虫)となる．しかし，5 ℃では 26 日間，0 ℃ではその発育は著しく緩慢となる．幼虫は乾燥には弱いが，低温には強く，北海道の牧場では越冬するとされている．しかし，幼虫は外界の影響を受けやすく，排泄された 1 期幼虫の 98％は 2 週間以内に死滅し，残りの 2 ％が感染幼虫に発育する．感染幼虫は 2 回目の脱皮の被鞘を脱がないので，2 枚の鞘に包まれ，その間食物を摂取することなく栄養顆粒を消費するため，3 期幼虫はほとんど透明となる．3 期幼虫の運動は緩慢で，他の消化管内線虫の 3 期幼虫のように牧草を上行性に這い上がることはなく，牧草の幼虫汚染は糞便の飛沫や糞便に繁殖したカビ(*Pilobolus* sp.)の胞子ともに幼虫が飛散することで起こる．3 期幼虫に汚染された牧草が牛に経口的に摂取されると

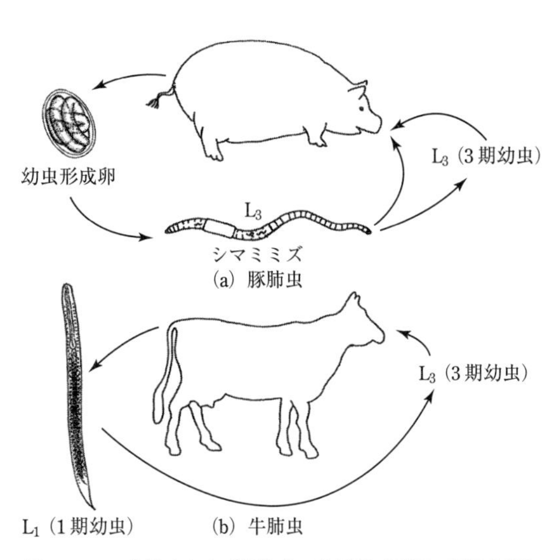

図 III.198 牛肺虫および豚肺虫の生活環［原図：茅根士郎］

幼虫は小腸内で脱鞘して，小腸壁に穿入し，腸間膜リンパ節に達した後，感染後 5 日以内に脱皮して 4 期幼虫となり，胸管から右心室，肺循環により肺毛細血管へ移行する．その後は肺胞内から気管系に入り，気管，気管支で発育し，最後の脱皮を行って感染 15 日後には 5 期幼虫となる．感染後 22 日頃には虫体は成熟し，1 期幼虫が糞便中に排泄される．牛肺虫の寄生期間(寿命)は短く(約 30 日間)，大部分の虫体は感染後 72 日までに自然排出されるといわれている．なお，めん羊に寄生する糸状肺虫，馬に寄生する馬肺虫の生活環も牛肺虫とほぼ同様である．プレパテント・ピリオドは糸状肺虫で 16～30 日間，馬肺虫で約 40 日間である．

(2)豚肺虫

糞便中に排出された幼虫形成卵は中間宿主であるミミズに摂取され，消化管で孵化し 1 期幼虫となり，ミミズの血管系の中心部である心臓付近で 3 期幼虫(感染幼虫；500～650 μm)に発育する(図 III.199)．幼虫形成卵がミミズに摂取され，感染幼虫になるまでの期間は，25℃で約 1 か月である．豚への感染は 3 期幼虫に感染したミミズを食べるか，感染ミミズの糞とともに排泄された感染幼虫，あるいは死んだミミズから遊離した感染幼虫を土壌とともに豚が摂食することによる．ミミズから排泄された感染幼虫は長期間，感染能力

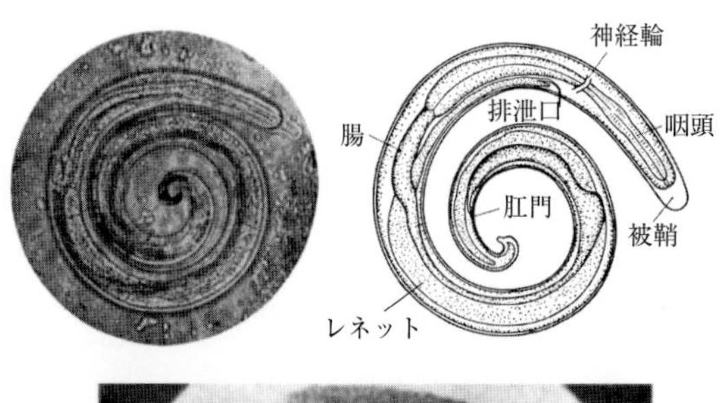

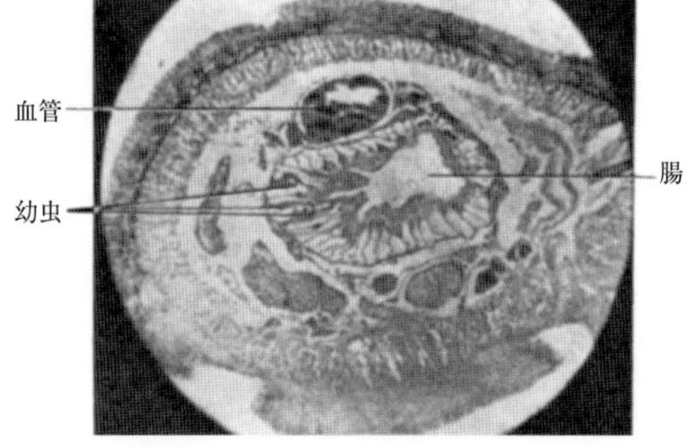

図 III.199　ミミズ体内の豚肺虫幼虫
［原図：茅根士郎］

があり，主要な感染ルートは豚が感染ミミズを摂食するよりも，ミミズから排泄された感染幼虫を土壌とともに豚が摂食することの方が重要であるとされている．豚の腸内に入った3期幼虫は腸壁に侵入後，腸間膜リンパ節で脱皮，リンパ管を経て血行に入り，心臓を経て肺胞(感染後3～5日)に達し，再び脱皮後，5期幼虫は気管支に移行し，感染後24～27日で成虫となる．糞便中に虫卵が排泄されるのは約1か月後である．

(3)広東住血線虫(図 III.200)

豚肺虫と同様に中間宿主を必要とする．中間宿主はアフリカマイマイ，ナメクジなどの陸産貝およびリンゴガイなどの淡水産巻貝で，糞便中に排出された1期幼虫は中間宿主に経口的または経皮的に侵入し，その体内で発育・脱皮し，約3週間で感染幼虫となる．固有宿主のネズミへの感染は，中間宿主を摂食する，遊出し野菜に付着した感染幼虫を摂取する，あるいはこの中間宿主を捕食した待機宿主(エビ，カニ)を摂取することで起こる．近年，汽水域に生息するアサリなどの食用2枚貝からも幼虫が検出されている．終宿主のネズミに侵入した3期幼虫は血行を介して，脳(クモ膜下腔)に達し，1か月滞在する間に2回脱皮し，5期幼虫となる．次いで肺動脈に移行，感染

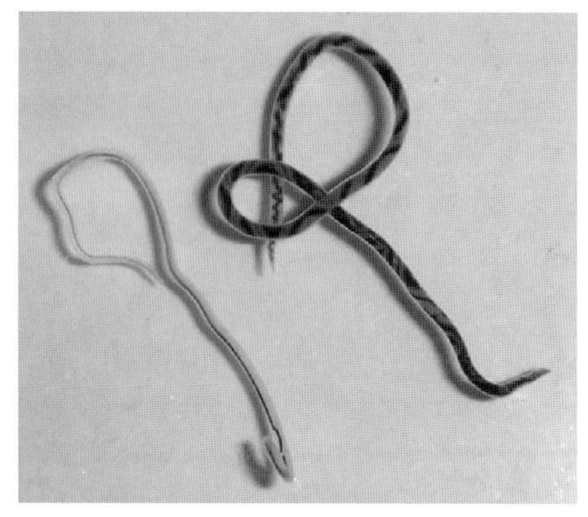

図 III.200　広東住血線虫，左：雄成虫，右：雌成虫
［原図：Eamsobhana, P. and Yong, H. S.(2009)］

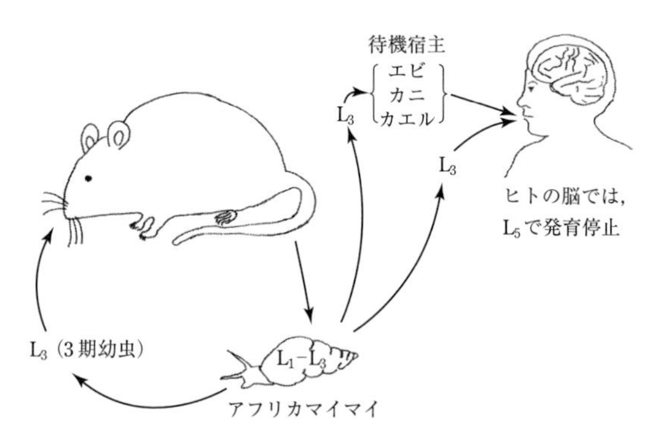

図 III.201　広東住血線虫の生活環［原図：茅根士郎］

後3～7週間で成熟する．しかし，非固有宿主であるヒトに感染すると脳で幼虫の発育は停止し，好酸球性髄膜脳炎の原因となり，肺動脈には移行しない(図 III.201)．

(4)犬肺虫

中間宿主を必要としない．糞便中に排泄された1期幼虫は終宿主に経口感染し，6時間以内に肝門脈系あるいは腸間膜リンパ節を介して肺に到達する．その間，感染後1，2，6，9時間後に肺組織内で脱皮し，32～35日で成熟，糞便中に1期幼虫を排出する．

症状と解剖的変状：

(1)牛肺虫症

以前は初放牧の仔牛(生後4～6か月)ではもっとも致命率の高い寄生虫性疾患の1つであった．主要症状は呼吸器障害で，前肢をやや開き，頭頸部をやや下方に伸ばし口を開いて舌を突き出し，

(a)

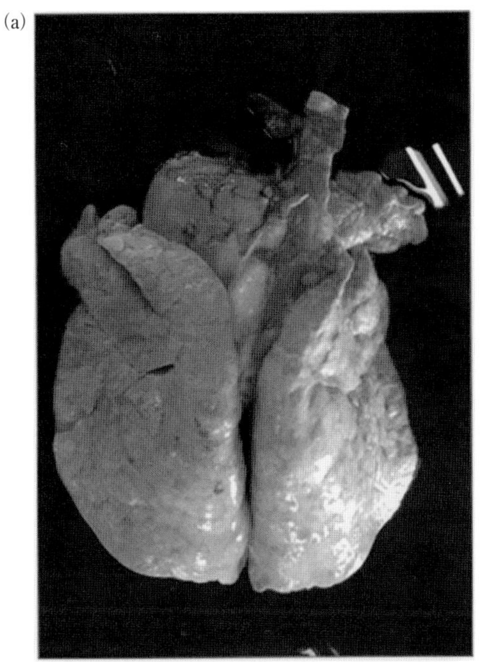

(b)

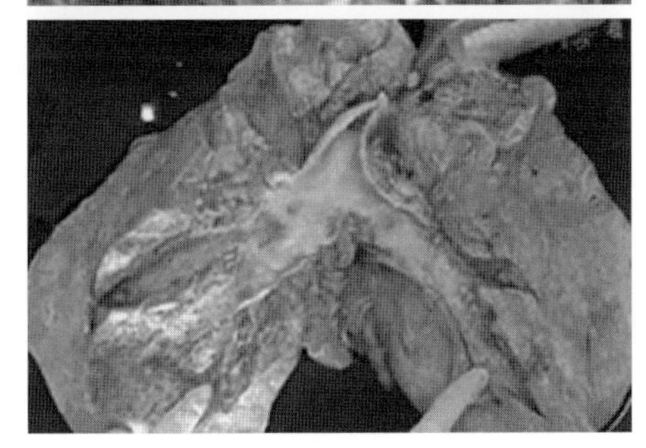

図 III.202　牛気管支内の牛肺虫虫体
(a)下葉に見られる広範な肺気腫病変，(b)牛気管支内の牛肺虫虫体

異物を喀出するような姿勢をとる独特な咳(husk)がみられる．咳は運動を強制する際などに起こりやすい．また呼吸数の増加，食欲不振，被毛粗剛，発育・増体率の低下，体重の減少などである．重症牛では，削痩が著しく，強い肺炎症

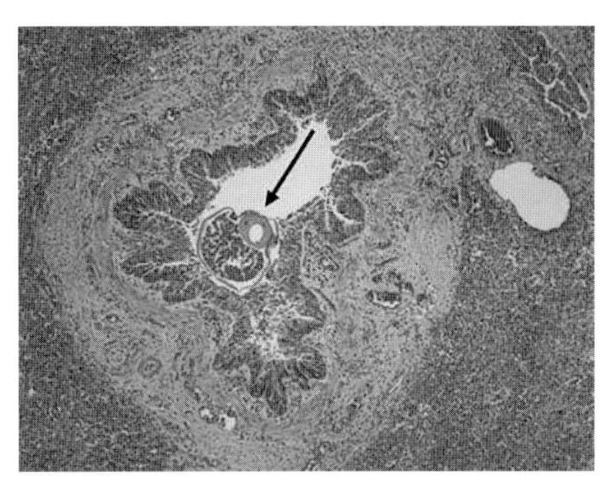

図 III.203　牛肺虫感染牛肺の気管支(HE 染色．矢印は虫体．)

状を示す．

急性牛肺虫症の病勢は次の 3 期(前駆期，成虫寄生期，回復期)に分類される．

①前駆期(prepatent phase)

感染後 25 日前後の幼虫寄生時にみられる病態で，好酸球性浸出物による細気管支の閉塞，肺胞虚脱が認められ，臨床症状として頻呼吸や発咳が観察され，ときに肺気腫となる(図 III.202)．

②成虫寄生期(patent phase)

成虫が細気管支や気管支に寄生する感染後 25〜55 日までの 1 か月の期間で，細気管支，気管支の炎症が著しく，炎症性浸出物による気管支，通気障害が認められる．感染牛は発咳や呼吸困難となり，急激に衰弱する．

③回復期(post-patent phase)

感染 50 日を経過・生存した牛は回復期に入る．呼吸数，発咳回数も減少し，体重も増加する．成虫は 90 日前後で宿主から排除されるが，気管支周囲の線維化，肺胞上皮化などの病変が残る(図 III.203)．急に呼吸困難を再発することもあり，この場合は致命的である．

糞便検査による 1 期幼虫検出数と症状は関連し，糞便 10 g 中に検出される幼虫数が約 100 匹では重症，約 500〜1000 匹では牛は死亡することが多い．なお，糸状肺虫の臨床症状は発咳と呼吸障害が顕著で，実験的には感染後 16 日頃から発咳が観察され，虫体が成熟する 30 日頃から明白となる．牧野における糸状肺虫感染羊は消化管内寄生線虫と混合感染していることが多く，下痢や一般状態が悪く，予後不良となる．

(2)豚肺虫症

生後3か月の仔豚に多発し，成豚では少ない．症状は明らかでないことが多いが，発咳がみられ，とくに運動の強制により咳は頻発する傾向がみられる．多数寄生すると食欲不振となり，徐々に削痩，被毛粗剛となり，ヒネ豚となる．重症例では肺炎症状を呈し，気管支内に豚肺虫が充満すると呼吸困難となり，そのため窒息死することがある．発熱は微生物の混合感染により観察されるが，豚肺虫単独感染ではほとんど認められない．

豚肺虫の特徴的な病理所見は感染初期の肺の点状出血の散在，気管支内の虫体寄生による気管支閉塞，肺組織の限局性気腫，気管支拡張が観察され，肺の周辺に白色の膨隆部(鳩卵大～鶏卵大)がみられる(図 III.204)．

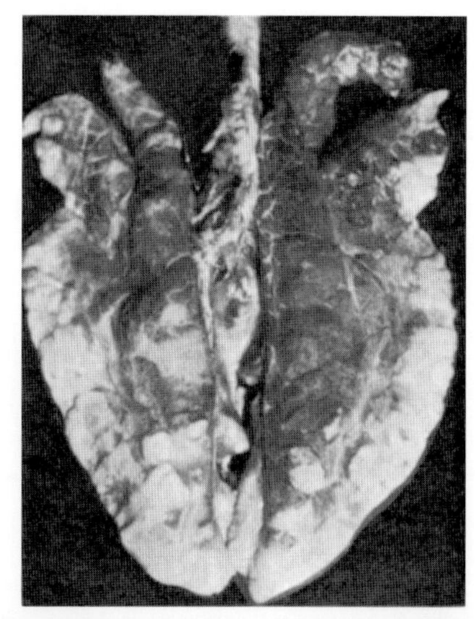

図 III.204　豚の限局性肺気腫［原図：板垣　博・大石　勇］

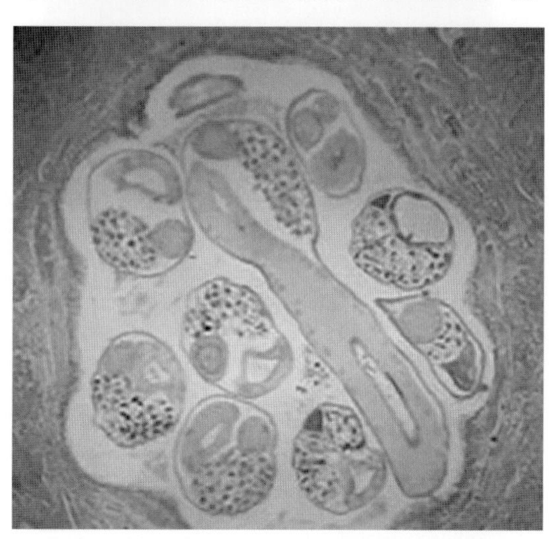

図 III.205　豚肺気管支内に寄生する豚肺虫虫体(HE 染色)

(3)広東住血線虫症

固有宿主である *Rattus* 属のネズミでは，とくに症状は認められない．しかし非固有宿主であるヒトに感染すると，約2週間の潜伏期後，激しい頭痛，悪心，嘔吐，めまい，知覚障害を引き起こし，髄液中に好酸球が増加し，好酸球性髄膜脳炎となる．本症は広東住血線虫が分布する中国，台湾，ハワイ，太平洋諸島から人体寄生例が多数報告されており，日本では，沖縄，本州から報告されている．

(4)犬肺虫感染症

顕著な徴候は認められないとされている．しかし，重度感染犬では，強度のストレスと免疫不全に陥ることがある．また肺虚脱など呼吸困難を呈する症例も知られている．

診　断：牛肺虫および豚肺虫感染では，肺虫症の特徴である発咳，呼吸器障害が認められれば，本症を疑い，糞便から虫卵(豚肺虫)，1期幼虫(牛肺虫)の検出を実施する．牛肺虫の1期幼虫の検査法として遠心管内遊出法およびポリ袋法がある．いずれの検査法でも新鮮な直腸便を使用し，消化管内寄生線虫類の幼虫および土壌線虫の混入を防ぐ．また豚肺虫卵の検査にはショ糖遠心浮遊法により，幼虫形成卵を検出する．汚染豚舎の摘発には，豚舎周辺のミミズから2期または3期幼虫を検出する．広東住血線虫と犬肺虫はいずれも糞便中に1期幼虫を排出するので糞便の直接塗抹法，硫酸亜鉛遠心浮遊法(犬肺虫)により1期幼虫を検出する．

治　療：肺虫類の駆虫薬として，レバミソール，フルベンダゾール，イベルメクチン，モキシデクチン，エプリノメクチンが用いられている．

塩酸レバミゾール(levamisole hydrochloride)：牛肺虫および糸状肺虫の成虫に対して7.5 mg/kg 1回経口投与か経皮浸透剤の塗布を行う．また豚肺虫では，8 mg/kg 1回経口投与で効果が認められる．犬肺虫に対しては，8 mg/kg の5回経口投与が効果的である．

フルベンダゾール(furubendazole)：牛肺虫に

対して 7.5 mg/kg 1 回経口投与で効果が認められる．しかし，未成熟虫に対してはやや効果が劣る．

イベルメクチン(ivermectin)：牛肺虫，糸状肺虫に対して 0.2 mg/kg の皮下注射が未成熟虫(4 期幼虫)および成虫に対して効果的である．また経皮浸透剤としては 0.5 mg/kg の頸背部への塗布が適用されている．なお，めん羊では経皮浸透剤は羊毛の脂肪により十分な効果が上がらないことに注意する．

モキシデクチン(moxidectin)：イベルメクチンと同様，0.2〜0.4 mg/kg の皮下注射が牛肺虫の未成熟虫，成虫に対して効果がある．

エプリノメクチン(eprinomectin)：牛肺虫に対して経皮浸透剤として 0.5 mg/kg の頸背部への塗布が適用されている．本剤は搾乳牛においても使用可能であり，酪農農場での全頭駆虫も可能である．

予　防：牛肺虫症の集団発生は，ほとんどの場合，汚染地域の牛を導入することで発生しているので，汚染地域の牛を導入しないことが重要である．牛肺虫の感染によって免疫を獲得した感染耐過牛は不顕性ないし軽度に経過する．糞便検査により 1 期幼虫が検出された場合，レバミソール(7.5 mg/kg)を経口投与し，再投与(40 日後)することで発症を抑制し，免疫を獲得させる予防法が用いられていた．またイベルメクチンの経皮浸透剤 0.5 mg/kg を泌乳期以外(未経産，育成期，乾乳期)の牛に塗布することで牛肺虫症を予防する．エプリノメクチン製剤は牛乳の出荷期間に制限がないため，農場での全頭の一斉駆虫が可能である．英国やオランダではガンマ線照射 3 期幼虫が生ワクチンとして市販され，放牧前に投与することで牧野での重篤な発症防御が可能である．

豚肺虫症の予防には，中間宿主であるミミズが生息できないように豚舎をコンクリート床に改善，乾燥させることにより，予防効果がある．

4.9 節の参考文献

Eamsobhana, P. and Yong, H.S. (2009) Immunological diagnosis of human angiostrongyliasis due to Angiostrongylus cantonensis (Nematoda: Angiostrongylidae), *Int. J. Infect. Dis.*, 13 (4), 425-431

4.10 蟯虫症(Oxyuriosis)

原　因：蟯虫(ぎょうちゅう)目(Oxyurida)，蟯虫科(Oxyuridae)の *Oxyuris*, *Skrjabinema*, *Enterobius*, *Aspiculuris*, *Syphacia* や *Passalurus* などの諸属，紡錘虫科(Atractidae)の *Probstmayria* 属の線虫が蟯虫症(pinworm disease)の原因となる．

蟯虫科の虫体は小型ないしは中型，食道はラブディティス型で前方がくびれている有弁の後部食道球がある(図 III.206)．肛門前の吸盤はない．虫卵は左右不対称で，一端に小蓋がある．脊椎動物の結腸または直腸に寄生する．雌虫は大きく，陰門は体の前方にあり，尾端が鞭状に長い．雄虫は雌虫に比べて非常に小さく，尖っていない尾端には一見交接嚢にみえる尾翼がある(図 III.206)．交接刺は 1 本，直接発育する．幼虫形成卵は経口感染して，宿主内での体内移行はしない．

(1) 馬蟯虫(*Oxyuris equi*)(図 III.206〜208)

雄虫 9〜12 mm で白色，雌虫 45〜150 mm で尾部は鞭状に長く褐色を帯びる(図 III.207)．陰門は体前端より 5〜10 mm にみられる．虫卵は，左右わずかに不対称で一端に小蓋がみられ，大きさは 85〜100 × 40〜45 µm (図 III.208)．馬の盲腸・結腸に寄生する．雌虫が夜間(未明)に肛門外に出て周囲の皮膚に産卵する．日本でも普通にみられる．幼虫の多数寄生による大腸カタルがみられる．

(2) マウス盲腸蟯虫(*Syphasia obvelata*)

非常に長い頸翼と狭い尾翼がある．雄虫 1.3〜1.5 mm で，腹面に 2〜3 個の隆起構造(マメロン：mamelon)がある．雌虫は 4.3〜4.5 mm で，虫卵は 127〜139 × 37〜40 µm で一側が扁平な柿の種子状を呈する．マウスの盲腸にみられるがラット，ヒトにも寄生する．午後に産卵がみられる．ラットのものは *S. muris* の場合が多い．日本でも普通にみられる．

(3) ラット盲腸蟯虫(*Syphasia muris*)

雄虫は約 1 mm，雌虫は 3〜4 mm で腹面に 3 個のマメロンをもつ．虫卵は 72〜82 × 26〜36 µm で蟯虫卵に特有の左右非対称性がみられるが，それほど顕著ではない．ラットの盲腸寄生

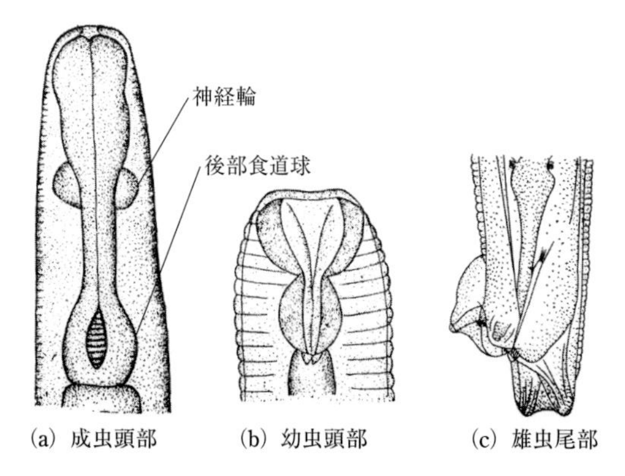

図 III.206 馬蟯虫の頭部と尾部［原図：板垣　博・大石　勇］

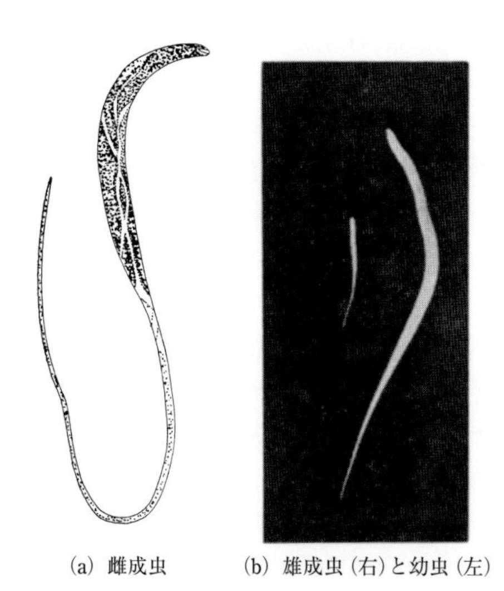

図 III.207 馬蟯虫［原図：板垣　博・大石　勇］

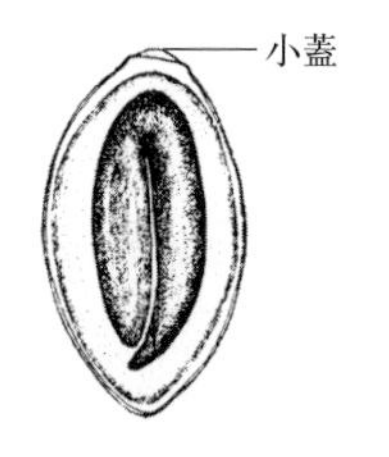

図 III.208 馬蟯虫卵［原図：板垣　博・大石　勇］

で，日本でも普通にみられる．

(4)ヒト蟯虫(*Enterobius vermicularis*；human pinworm, seatworm)

頭部のクチクラは膨れて嚢状，体側に狭い翼がある．雄虫 2 ～ 5 mm，雌虫は 8 ～13 mm で，虫卵は 50～60 × 20～32 µm で柿の種子状を呈する．ヒトの盲腸・結腸に寄生，夜間に肛門外で産卵する．ヒトに寄生し，日本でも過去には普通にみられたが最近はきわめて散発的(0.2%程度)である．動物園動物のチンパンジーでの感染は致命的な感染を引き起こすことが報告されている．多数の若齢虫の盲腸や回腸粘膜への侵入が重度の炎症を引き起こすとともに肝臓にも異所寄生することが知られ，下痢や嘔吐，食欲不振などを引き起こし，また，肛門周囲への産卵に伴う掻痒感から肛門いじりが一般的になる．なお，チンパンジー蟯虫(*Enterobius anthropopitheci*)やマカク蟯虫(*Enterobius macaci*)など，サル類に固有の蟯虫種も多く記録されている．

(5)ネズミ大腸蟯虫(*Aspiculuris tetraptera*)

雄虫 3.4～3.5 mm，雌虫 4.3～4.5 mm，頭部に膨隆と左右 1 対の頸翼がある．虫卵は 89～93 × 36～42 µm で，左右対称，糞便に混じって排泄される．排泄時は単細胞，マウスとラットにみられ盲腸に寄生する．日本でも普通にみられる．スナネズミでは *A. asiatica* が寄生する．

(6)ウサギ蟯虫(*Passalurus ambiguus*)

雄虫 4 ～ 5 mm，雌虫 8 ～11 mm で頸翼があり，雄虫の尾部には鞭状の付属物と小さな尾翼がある．雌虫の尾部は 3.5～4.5 mm と長く，先端のクチクラには約 40 個の環状の線がみられる．虫卵は 95～103 × 43 µm で，一側が扁平な柿の種状である．ウサギの盲結腸に寄生する．日本でもみられる．

紡錘虫科の虫体は，食道が筋肉の発達した後半部とあまり発達していない前半部に区別される点で，蟯虫科のものと異なる．交接刺は 2 本で，尾翼がない．

(7)胎生蟯虫(*Probstmayria vivipara*)

雄虫 2.5～2.7 mm，雌虫 2.6～3.0 mm で，虫体は帯青色で透明，雌雄ともに尾端が尖る．陰門はほぼ虫体中央に開く．卵胎生で，幼虫はほぼ成虫と同じ大きさである．ウマ科動物の盲腸，結腸に寄生する．日本ではそれほど多くない．

発育と感染：多くの種(ネズミ大腸蟯虫などを除く)が肛門を出て会陰部に粘液とともに虫卵を産み付ける．このことから，寄生があっても糞便中に虫卵がまったくみられないことも多い．幼虫は卵内で脱皮し，宿主に摂食されてから孵化する．直接発育し，固有宿主では組織内侵入や体内移行は基本的にしない．

(1)蟯虫科

馬蟯虫の場合，会陰部に産み付けられた卵塊は灰白色の線状の汚れのようにみえる(図 III.209)．虫卵は，1～1.5 日後に 1 期幼虫，3～5 日後に 3 期幼虫になるが，外界で孵化することはない．3 期幼虫を含む虫卵が馬に摂食されて小腸で孵化する．3 期幼虫は盲・結腸の粘膜腺窩に入り，3～10 日後に 4 期幼虫になる．さらに発育を続け，感染後 50 日頃に脱皮して成虫になる．雌虫は糞の移動に伴って肛門近くに運ばれ，やがて肛門から出て産卵し，その後死滅する．寄生虫体は雄虫に比べ雌虫が著しく多い．

ヒトに寄生する蟯虫では，産卵は夜間にみられ，室温では約 2 日間で感染力をもつようになる．摂取された虫卵は十二指腸で孵化し，空・回腸上部で 2 回脱皮し，その後大腸の粘膜内に移行する．感染後 36～56 日で肛門から出て産卵する．肛門周辺に産み付けられた虫卵の一部は，そこで孵化して幼虫は肛門から逆行して寄生する．この場合は 46～76 日後に産卵がみられる．マウス盲腸蟯虫，ラット盲腸蟯虫，ウサギ蟯虫などの宿主内発育は馬蟯虫のそれに類似する．

(2)紡錘虫科

胎生蟯虫は宿主の腸内で産生された幼虫がその部位で発育成長(自家感染)するので，寄生虫体数が次第に増加する．感染は糞とともに排泄された幼虫の経口摂取による．

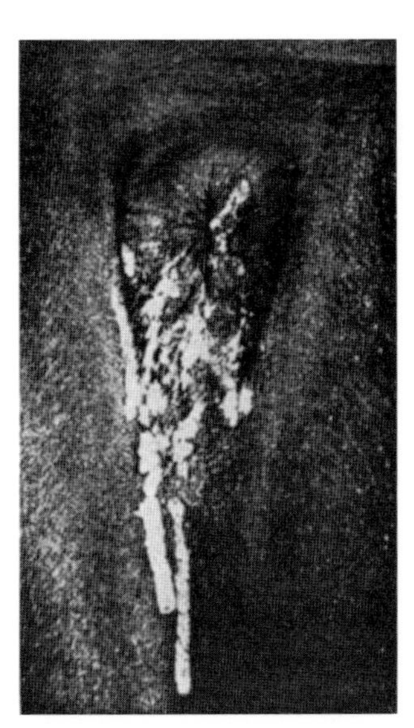

図 III.209　会陰部の馬蟯虫卵塊［原図：板垣　博・大石　勇］

解剖学的変状：馬蟯虫では 4 期幼虫が腸粘膜に付着して粘膜を採食するので，出血の可能性がある．重度感染では盲腸・結腸粘膜に小潰瘍や炎症がみられることがある．成虫は腸管腔内に遊離し腸内容を採食しており，病害はない．

症　状：馬蟯虫症は舎内飼育の馬にみられ，一般に激しい症状を呈することはない．本症の主徴は，産卵に際して雌虫が会陰部を這い回る不快感と会陰部皮膚に産み付けられた虫卵を含むゼラチン様物質の刺激による掻痒で，感染馬は舎壁や馬栓棒(ませんぼう)などに尾根部を擦りつけたり，臀部を噛む動作がみられる．これらの動作のために尾根部の尾毛の脱落や皮膚炎がみられる．感染馬の肛門直下には虫卵の集塊である帯黄白色の紐状被覆物がみられる．膣や子宮に馬蟯虫が侵入して(逆行性感染(retrograde infection)とよぶ)，その結果流産が起こった症例がある．

ヒト蟯虫は盲腸に寄生し，時に虫垂内にもみられる．無症状に経過することが多いが，産卵に伴う雌虫による肛門部の掻痒感があり，幼児の夜泣きや睡眠障害の原因となる．逆行性感染による膣炎も知られている．

胎生蟯虫は自家感染するため，通常，盲・結腸内の寄生虫体数はきわめて多くなるが，病害性はないとされる．

診　断：肛門部の掻痒と尾根部の脱毛，皮膚炎，ヒトの幼児では夜泣きがあれば本症を疑い，虫卵検査を行う．ネズミ大腸蟯虫では糞便検査で虫卵の検出も可能であるが，肛門周囲に産卵する他種では糞便検査では虫卵を検出できない．馬蟯虫では肛門直下の皮膚に付着する紐状物を掻き取って検査する．また，幅広の粘着セロハンテープを肛門直下の左右の皮膚に貼り付け，それをスライドグラスに貼り付けて鏡検する「セロハンテープ法」が簡便で有用である．種によって産卵する時刻がほぼ決まっているので，それに合わせて検査する必要がある．すなわち，馬蟯虫では未明に産卵するので早朝に検査する．糞便中に排泄された虫体や会陰部に付着し乾燥した雌虫体によって診断できることもある．なお，胎生蟯虫では糞便中に排泄される虫体によって診断される．

治　療：ピペラジン製剤の経口投与が有効で，アジピン酸ピペラジン(piperazine adipate)の400 mg/kg投与で100%の駆虫効果がある．またベンズイミダゾール(benzimidazole)系の各種薬剤の経口投与に効果がみられる．チアベンダゾール(thiabendazole)は100 mg/kgの投薬で成虫に対して100%の効果があり，未成熟虫に対しても有効である．カンベンダゾール，メベンダゾール，フェンベンダゾールはチアベンダゾールよりも，より未成熟虫に対する効果があり，それぞれ20 mg/kg，8.8 mg/kg，5 mg/kgが経口投与される．ピランテル(pyrantel)塩の経口投与も効果があり，パモ酸(pamoate) 19 mg/kg，酒石酸塩(tartrate)として12.5 mg/kgで成虫と未成熟虫にかなりの効果がある．イベルメクチン(ivermectin)の0.2 mg/kgの経口投与もきわめて有効である．

肛門周辺の掻痒に対しては，肛門部の洗浄消毒，局所麻酔薬を含んだ軟膏を塗布する．

予　防：寄生動物の摘発，駆虫によって虫卵の拡散をなくし環境汚染を防止する．また，虫卵は乾燥状態では約半日で死滅するので，常に乾燥を保つよう，環境の衛生状態に留意する．

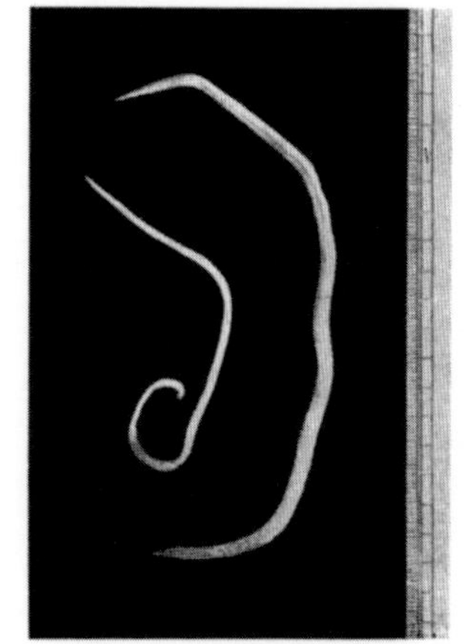

(a) 成虫（左：雄，右：雌）［原図：板垣　博・大石　勇］

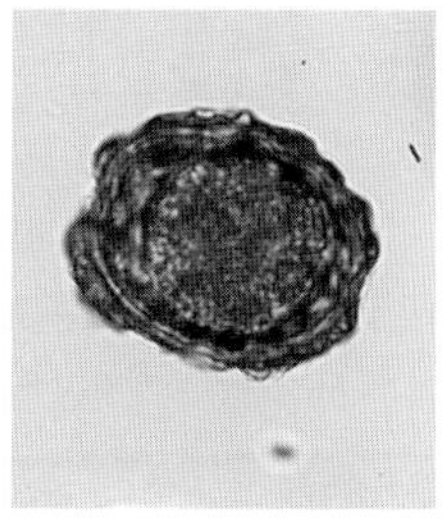

(b) 受精卵［原図：斉藤康秀］

図 III.210　豚回虫

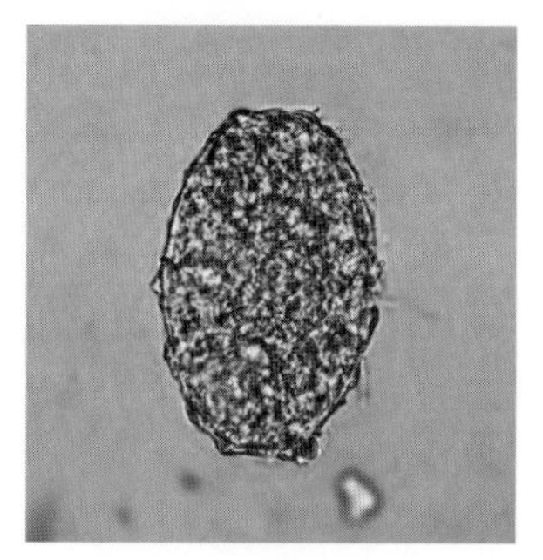

図 III.211　豚回虫の不受精卵［原図：斉藤康秀］

4.11　回虫症(Ascariosis)

原　因：回虫目(Ascaridida)，回虫科(Ascarididae)の *Ascaris* 属，*Toxocara* 属，*Toxascaris* 属，*Parascaris* 属や *Baylisascaris* 属などの大形の太い線虫である．口に3個の発達した口唇がある．食道に球状の膨大部はみられない．雄虫に尾翼はみられず，2本の交接刺は同形同大である．世界的に比較的普通にみられる線虫である．

(1)豚回虫(*Ascaris suum*)

成虫は雄15～25 cm，雌20～40 cm．体の両端に向かって次第に細くなるが，頭端は切断したようにみえる(図 III.210(a))．新鮮虫体は薄い紅色を帯び光沢がある．3個の口唇は発達している．肛門は尾端近くに開く．虫卵は黄褐色，円形に近い楕円形で，大きさ50～70 × 40～50 μm．卵殻は厚く，表面はタンパク膜があるため平滑でない．排泄直後の新鮮便内の虫卵内容は単細胞である(図 III.210(b))．雌の単性寄生などの場合にみられる不受精卵は楕円形で，大きさ63～98 × 40～60 μm，卵殻が薄く，表面のタンパク膜が不規則で，内容は顆粒状である(図 III.211)．比重は受精卵より大きい．成虫は豚の小腸に寄生する．2～6か月齢の肥育豚で寄生率が高い．世界的に広く分布する．豚回虫が牛や羊に感染した例もある．ヒトに寄生する人回虫 *A. lumbricoides* との異同については古くから多面的に論じられてきた．両種は形態学的には区別できないが，抗原性などに差があるとする見解もあり，いまのところ別種とする意見が多い．

(2)牛回虫(*Toxocara vitulorum*)

成虫は雄25 cm，雌30 cmに達する．外観は豚回虫に似ているが，クチクラが薄く，虫体は半透明で内部臓器が容易に透視できる．雄の尾端には突起がある．頸翼はない．虫卵は類円形で，色は薄く，大きさ75～95 × 60～75 μm．卵殻表面はタンパク膜があり平滑でない．排泄直後の新鮮便内の虫卵内容は単細胞である．おもに6か月齢以下の牛，水牛の小腸に寄生する．熱帯に分布する．日本では九州以南でみられることがあるが稀である．牛には豚回虫が寄生することもあるので鑑別が必要である．牛回虫は長く *Neoascaris* 属とされていたが，頭部の微細構造と発育上の違いから，現在は *Toxocara* 属とされている．

(3)犬回虫(*Toxocara canis*)

成虫は雄4～10 cm，雌5～18 cm．狭くて長い頸翼があり，その横条は粗い．頭部は腹側に曲がるものが多い．雄の尾端には突起がある(図III.212(b))．雌の陰門は体の前1/4の位置にある．虫卵は濃い黄褐色，球形～楕円形，大きさ75～80 × 65～70 μm．卵殻表面は厚いタンパク膜があり平滑ではない(図III.213)．排泄直後の新鮮便内の虫卵内容は単細胞で，卵細胞と卵殻の空隙がほとんどない．イヌ科動物の小腸に寄生し，ネコ科動物には寄生しない．世界的に広く分布し，日本の犬にも普通にみられる．

(4)猫回虫(*Toxocara cati*)

成虫は雄3～7 cm，雌4～12 cm．頸翼が犬回虫に比べて短くて幅が広く(図III.214)，肉眼で両種の区別ができる．雄の尾端に突起がある．虫卵の形態は犬回虫卵に類似し，大きさは68～75 × 60～67 μm(図III.215)．ネコ科動物の小腸に寄生し，イヌ科動物には寄生しない．世界的に広く分布し，日本の猫にも普通にみられる．

(5)犬小回虫(*Toxascaris leonina*)

成虫は雄2～7 cm，雌2.2～10 cm．頸翼は犬回虫に類似して狭くて長いが，横条が密である．頭部は背側に曲がるものが多い．雄の尾端に突起はない．雌の陰門が体の前1/3の位置に開く．虫卵は，無色～淡黄褐色の透明，楕円形，大きさは75～80 × 60～75 μm．卵殻は厚く，表面は平滑である．排泄直後の新鮮便内の虫卵内容は単細胞で，卵細胞と卵殻の空隙が広く，卵殻の内側に膜様の構造がある(図III.216)．犬や猫などのイヌ科およびネコ科の動物の小腸に寄生する．世界的に広く分布する．日本における寄生率は，犬回虫や猫回虫より低く，また，分布に地域的な差がある．イヌ科・ネコ科の輸入動物，トラやライオンなどの動物園動物にはよくみられる．

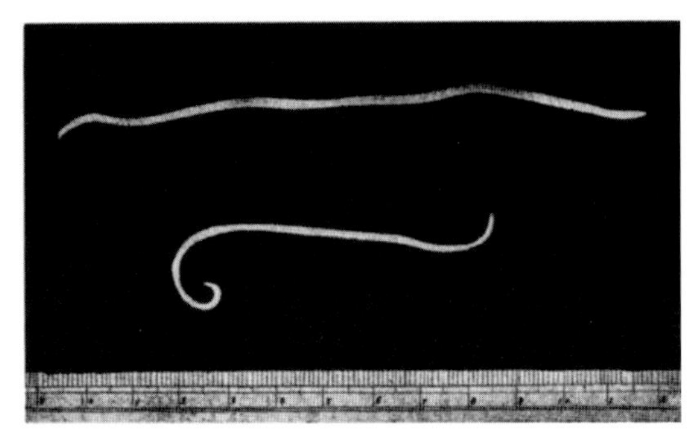

(a) 成虫（上：雌，下：雄）

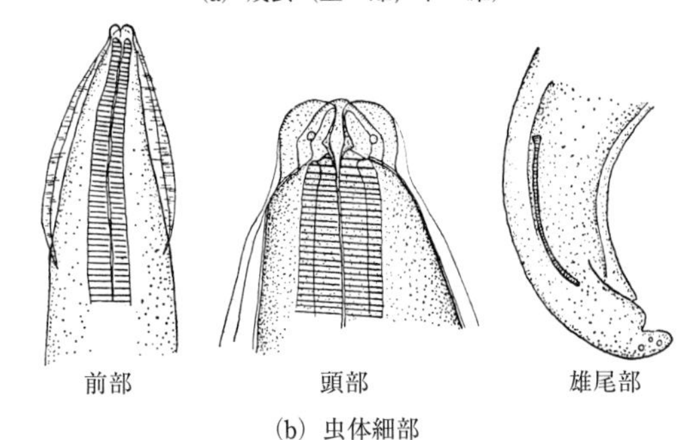

(b) 虫体細部

図 III.212　犬回虫［原図：板垣　博・大石　勇］

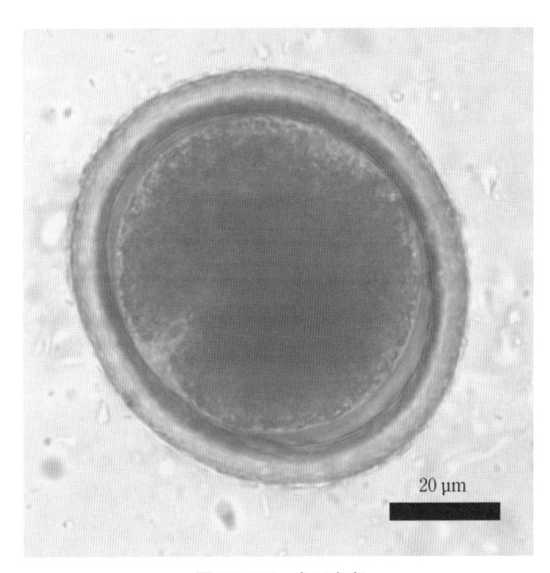

図 III.213　犬回虫卵

(6)馬回虫(*Parascaris equorum*)

大形の回虫で，成虫は雄15～28 cm，雌18～50 cm．頭部が大きく，本種の同物異名である大頭回虫(*Ascaris megalocephala*)の名はこれに由来する(図III.217(c))．3個の口唇はよく発達する．頸翼はない．雄の尾端に小さな尾翼がある．雌の陰門は体の前方1/4にある．虫卵は濃褐

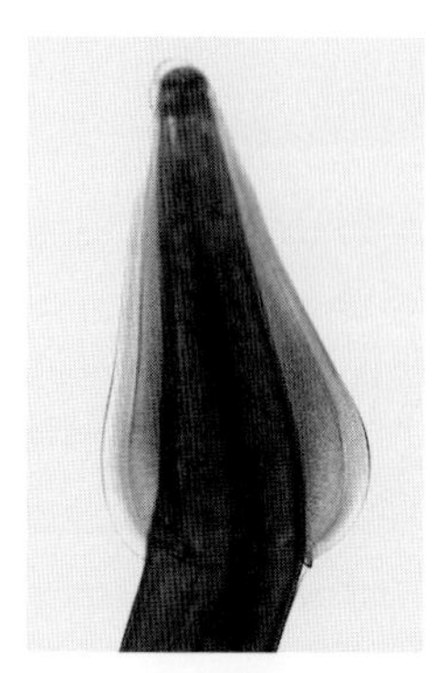

図 III.214　猫回虫の頸翼

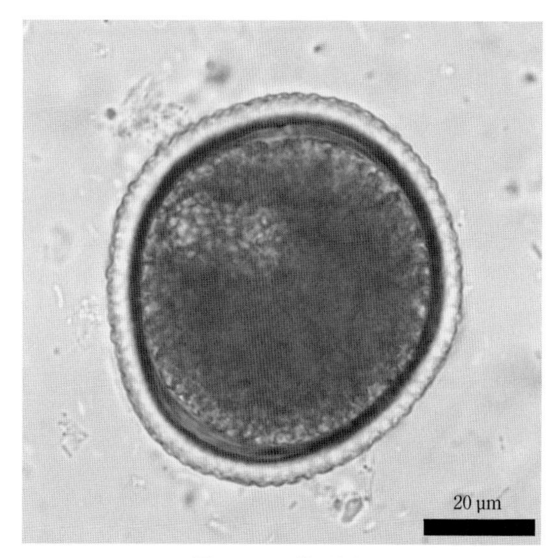

図 III.215　猫回虫卵

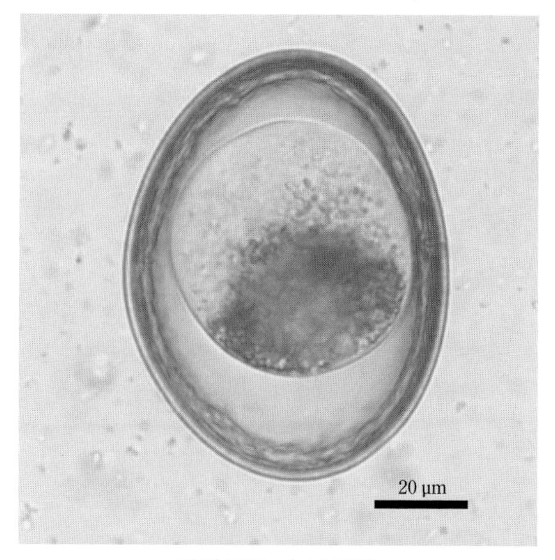

図 III.216　犬小回虫卵

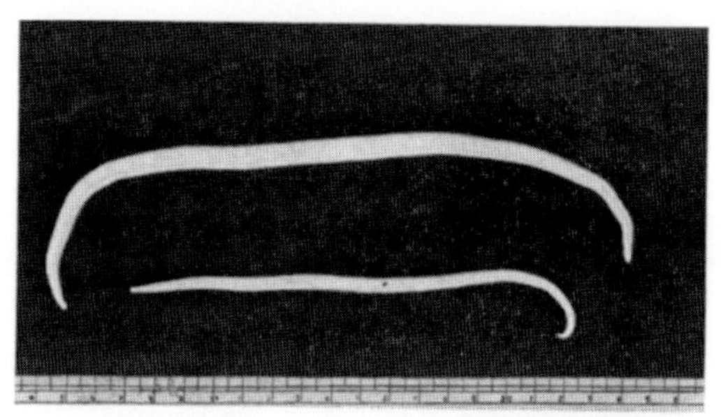

(a) 成虫（上：雌，下：雄）[原図：板垣　博・大石　勇]

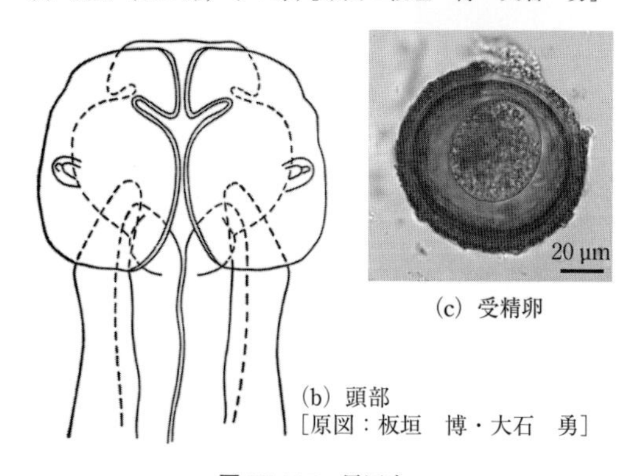

(b) 頭部
[原図：板垣　博・大石　勇]

(c) 受精卵

図 III.217　馬回虫

色，ほぼ球型で径 90〜100 μm．卵殻は厚く，表面はタンパク膜でおおわれ平滑でない．排泄直後の新鮮便内の虫卵内容は単細胞で，卵細胞と卵殻との空隙は広いが，不明瞭なこともある．馬，ロバ，シマウマなどの小腸に寄生する．世界的に広く分布し，日本でも普通にみられる．

(7)アライグマ回虫(*Baylisascaris procyonis*)

成虫は雄 9 〜11 cm，雌 20〜22 cm．頸翼は痕跡的で目立たない．陰門は体前端から 1/4〜1/3 の部位に位置する．虫卵は褐色，大きさ 63〜88 × 50〜70 μm で，卵殻は厚く表面はタンパク膜でおおわれ平滑ではない．アライグマの小腸に寄生する．

発育と感染：回虫類の生活環は単純ではない．陸生哺乳類に寄生する回虫類は中間宿主を必要としないが，肉食動物に寄生する回虫類には待機宿主が存在する．

(1)豚回虫

糞便とともに排泄された虫卵は単細胞卵で(図 III.210(b))，外界が適温(22〜30℃)であると発育し，9 〜13 日後に幼虫形成卵となる．卵内の 1 期幼虫は 1 回脱皮をして 2 期幼虫となる．さらに発育してもう一度脱皮し，排泄後約 30 日で感染力をもつ 3 期幼虫を含有する成熟卵になる．成熟

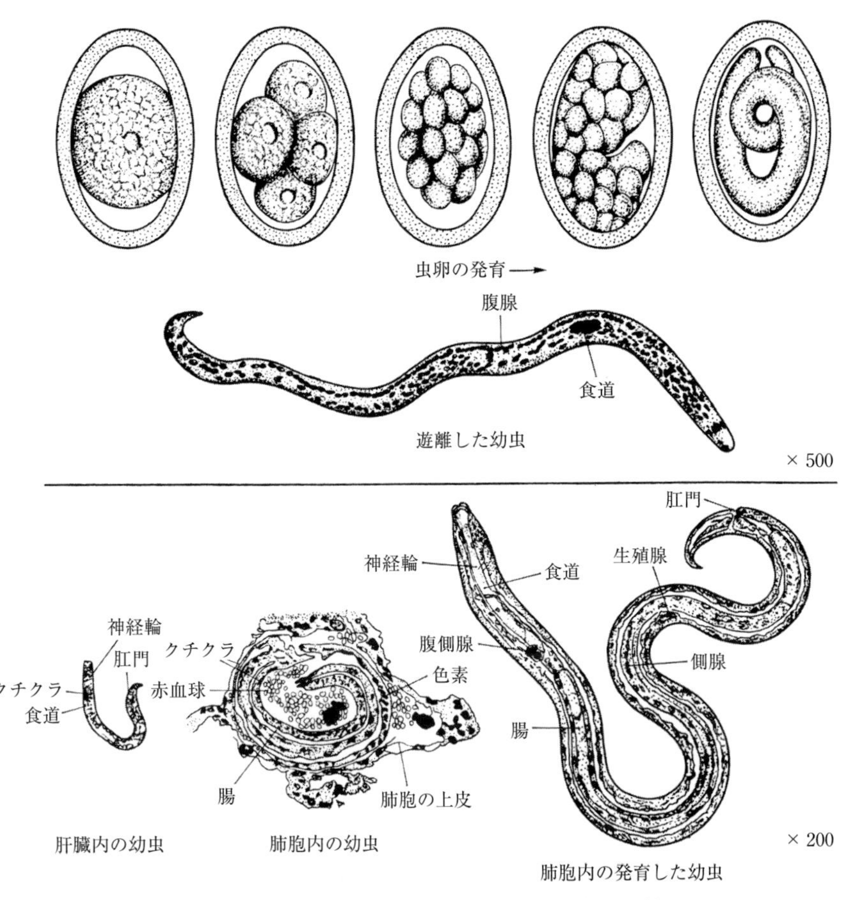

図 III.218　豚回虫の発育［原図：板垣　博・大石　勇］

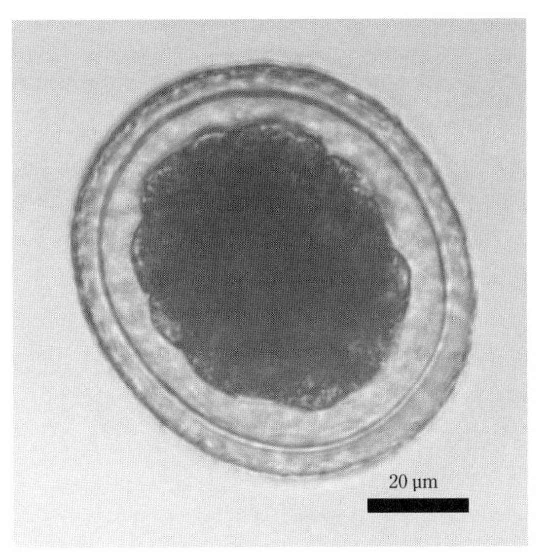

図 III.219　牛回虫卵

卵が豚に摂取されると，小腸または胃で幼虫が孵化する．幼虫は腸の壁に侵入し，おもに門脈を通って，感染後 6 時間には肝臓に達する．感染後 4 日以降，血流にのり心臓を経て肺に到達する．幼虫は肺胞に脱出し，気管支，気管を経て小腸に戻り，さらに 2 回脱皮して成虫となる(気管型移行：tracheal migration)(図 III.218)．感染から産卵開始まで 6 ～ 8 週を要する．成虫の寿命は 9 か月から 1 年である．雌成虫 1 匹あたり 1 日 20 万～100 万個の虫卵を産出する．

(2)牛回虫

牛回虫のおもな感染経路は胎盤感染(子宮内感染)および乳汁感染である．母牛が牛回虫成熟卵を摂取すると，幼虫が孵化して母牛の諸臓器・組織に移行し，発育を休止した状態で長期間そこにとどまる．妊娠 8 か月くらいになると，組織内幼虫が活動を再開し胎仔や乳腺に移行する．母牛から娩出された仔牛の中で幼虫は成長し，生後4週齢くらいから虫卵を排泄するようになるとされる．乳汁中に出現した幼虫は仔牛に摂取され感染する．乳汁中への幼虫の出現は分娩後少なくとも3か月間継続するとされる．

(3)犬回虫

感染はおもに，成熟卵の経口摂取，幼虫が感染した待機宿主の捕食，胎盤感染および乳汁感染によって成立する．単細胞の状態で外界に排泄された虫卵は，好適温度下(24 ℃)で発育し，9～15日で感染力のある被鞘3期幼虫を含む成熟卵になる．犬が成熟卵を摂取すると幼虫が小腸で孵化して腸壁に侵入する．犬がおよそ5週齢以下の仔犬の場合は，幼虫の多くがリンパ管からリンパ節，門脈系の静脈に入り，1～2日後には肝臓に到達する．ここでやや成長するが脱皮はしない．その後，肝静脈，後大静脈を経て心臓，さらに肺動脈を経て肺に達する．肺でかなり成長した後，気管支を通って気管から咽頭に達し，感染後10日までには胃に到達する．この間，肺，気管，食道のいずれかの部分で脱皮して4期幼虫となる．胃にしばらくとどまってから小腸に移行し，感染後19～27日に最後の脱皮をして成虫となる(気管型移行：tracheal migration)．仔犬からの虫卵排出は感染後4～5週に始まる．およそ5週齢以上の犬が成熟卵を摂取すると，気管に移行する幼虫数は少なくなり，幼虫の大部分は3期幼虫のまま肺から肺静脈，心臓を経て全身循環にのり，体組織に分布する(全身型移行：somatic migration)．これらの3期幼虫はそのまま各組織内にとどまる．およそ6か月齢以上の犬では，幼虫の大部分は全身の組織に移行し，腸管に寄生するものは少数である(年齢抵抗性：age resistance)．飼育環境が犬回虫卵によって汚染されていると，犬への感染が繰り返し起こるため，年齢が増加するにつれて組織内に幼虫が蓄積されていく．雌犬が妊娠すると，妊娠42日頃に幼虫は移行を再開し，胎仔の肝に移動する．出生後，幼虫は新生仔の体内を気管型移行しながら2回脱皮する．生後6日までに小腸内の幼虫はすべて4期幼虫となる．なお，妊娠時に幼虫が移行を再開する要因は不明であるが，プロラクチン(prolactin)の関与が疑われている．組織内幼虫は1回の妊娠ですべてが胎仔に移行するのではなく，母犬に再感染が起こらなくても，数回の分娩にわたって幼虫は胎仔に移行する．さらに妊娠末期や哺乳中の雌犬では，組織内の幼虫が乳汁中に移行し，感染源となる．成熟卵を犬以外のげっ歯類，鳥類，ウサギなどの待機宿主が摂取すると，組織内に3期幼虫として寄生してそれ以上発育しない．これらの待機宿主を犬が食べると感染が起こる．ヒトが成熟卵あるいは待機宿主内の幼虫を摂取すると，幼虫は肝臓・肺を経て体内の各臓器・組織に移行し，時には脳や眼球にも移行して，内臓幼虫移行症(visceral larva migrans)を起こす．

(4)猫回虫

感染は，成熟卵の経口感染，幼虫が寄生している待機宿主の捕食および乳汁感染により成立する．胎盤感染は起こらないとされている．糞便とともに外界に排泄された虫卵は，好適温度下(25～35℃)で発育し，2～4週で3期幼虫を含有する成熟卵となり感染力をもつようになる．虫卵は胃で孵化し，3期幼虫は胃壁に侵入して発育し，おもに血流にのって肝臓を経て肺に到達する．肺から気管支，気管，咽頭，食道を移行(気管型移行)した後，胃腸壁に侵入し，脱皮して4期幼虫となる．さらに脱皮して成虫となり，腸腔内にみられるようになる．虫卵排出は感染後55日前後からみられる．猫回虫は多くがこの気管型移行を行うが，一部の幼虫は全身型移行も行い，諸臓器・組織に移行して3期幼虫のまま発育しないでそこにとどまる．成熟卵がミミズ，ゴキブリ，甲虫類，鶏，ネズミなどの待機宿主に摂取されると，その組織内に3期幼虫のまま寄生する．これらの待機宿主を猫が捕食すると，幼虫は体内移行をしないで，ただちに腸で脱皮・発育して成虫となる．この待機宿主を介する感染経路は猫の習性上重要なものと考えられている．ヒトに感染すると内臓幼虫移行症(visceral larva migrans)を起こす．経乳感染も成立することが証明されているが，あまり重要な感染経路ではないと考えられている．

(5)犬小回虫

犬回虫や猫回虫と異なり，気管型移行は例外的である．他の回虫と同様，糞便とともに外界に排泄された虫卵は，好適温度下(25～35℃)で2～4週で内部に3期幼虫を含む成熟卵になる．成熟卵が終宿主に摂取されると，小腸で孵化し，幼虫は腸，とくに十二指腸後部の壁に侵入し，1～2週間そこにとどまる．幼虫は腸壁から腸腔内に脱出し，その間，脱皮・発育を繰り返して成虫になる．虫卵は感染後48～77日に糞便中に現れる．成熟卵がマウスなどの小動物(待機宿主)に摂取されると孵化した幼虫は肺や筋肉に侵入する．幼虫が感染した小動物を終宿主が食べると，幼虫が腸壁に侵入した後，再び腸腔に現れ，発育・脱皮して成虫となる．この場合，虫卵は感染後約55日に糞中に現れる．

(6)馬回虫

生活環の概略は豚回虫と同様で気管型移行を行う．糞便とともに排泄された虫卵は，好適温度下(25～35℃)で，1～3週で3期幼虫を含む成熟卵に発育する．感染は，成熟卵の経口摂取による．幼虫は，馬の小腸で孵化し，肝臓，肺，気管を通って，小腸に戻り成熟する．感染後2～3か月で虫卵が排泄される．仔馬では9～12か月齢までに虫体は自然排泄される．

(7)アライグマ回虫

糞便とともに排泄された虫卵は，好適温度下で，約2週間で3期幼虫を含む成熟卵に発育する．虫卵は，数か月から数年間，外界で生存可能である．感染は，成熟卵の経口摂取と幼虫が寄生する待機宿主の捕食による．ネズミ類，ウサギ，鳥などが待機宿主になる．終宿主に感染すると，2か月前後で成熟し，産卵を開始する．

解剖的変状：回虫感染による病害は，体内移行幼虫に起因する場合と小腸に寄生する成虫に起因する場合がある．自然感染では長期間に少数の感染を受けることが普通であるため，幼虫の侵入による腸壁の変化をみることは少ない．しかし，犬が重度感染(super infection)を受けると，幼虫の移行に起因する好酸球性胃腸炎が起こることもある．

豚では移行幼虫による明瞭な肝臓病変がみられる．軽度な初感染では肝表面に出血点と間質に少数の好酸球浸潤をみる程度であるが，重度感染では肝臓のうっ血，腫脹，肝門リンパ節腫大がみられる．感染が繰り返し起こると，肝包膜下の出血部の細胞浸潤が線維化した白斑(milk spot)がみられる寄生性間質性肝炎が認められる(図III.220)．また，重度感染では，肺に点状出血斑(図III.221(b))，水腫，うっ血がみられ，出血性肺炎を特徴とする病変が認められる．このような場合には，気管支粘膜の掻爬物中に幼虫が検出される(図III.222)ことが多い．

犬回虫でも幼虫の気管型移行による肝腫，肝門リンパ節腫脹，肝臓や肺の点状出血，細胞浸潤をみる巣状病変が認められる．とくに重度感染では肺炎や一過性の肝炎の所見が顕著である．また，幼虫の全身型移行に関連して，眼(網膜)，腎臓，心臓，肺臓，その他の臓器に幼虫被嚢による肉芽腫性結節がみられる．

回虫類の成虫寄生は，概して幼獣に多く，成獣には少ない．ただし犬小回虫は成犬にもしばしば寄生がみられる．回虫は小腸腔内に寄生し，多数

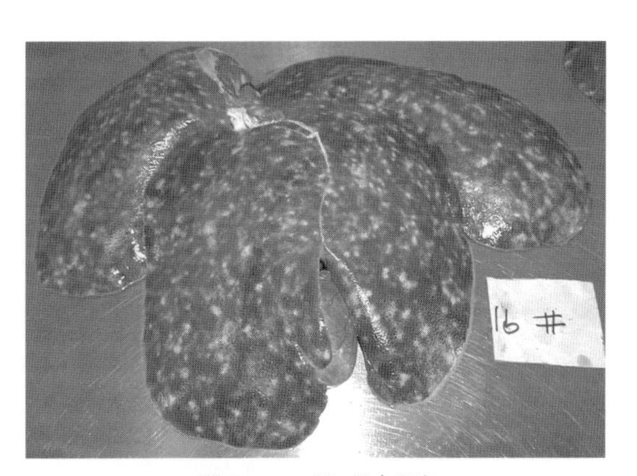

図 III.220　豚の肝白斑症

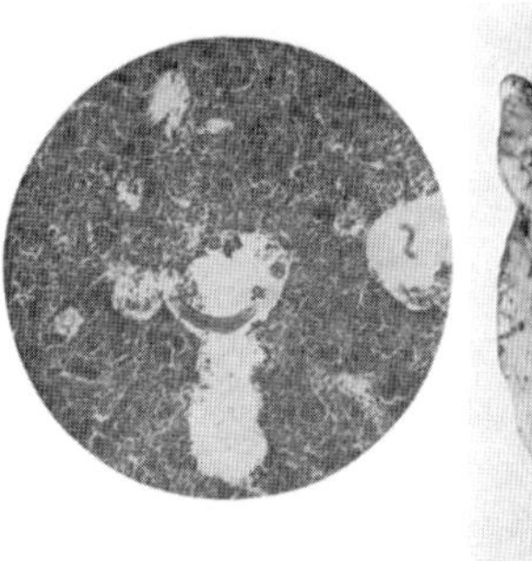
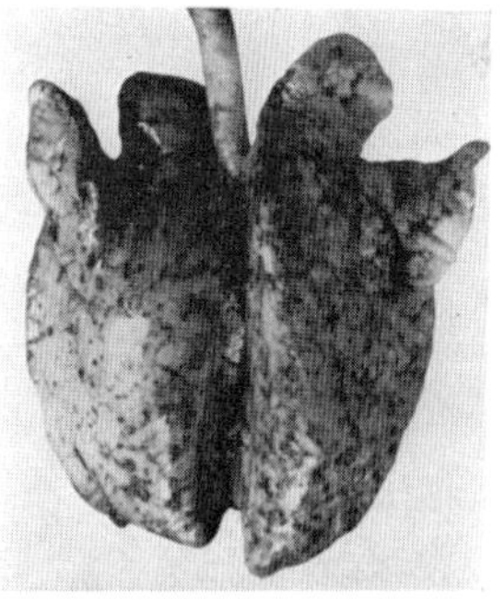

(a) 肺組織内の幼虫(成熟卵感染8日後の家兎の肺)　(b) 成熟卵感染4日後の豚の肺出血

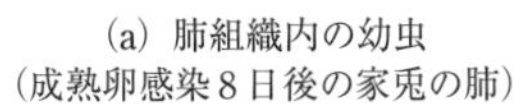

図 III.221　豚回虫感染による肺の病変
［原図：板垣　博・大石　勇］

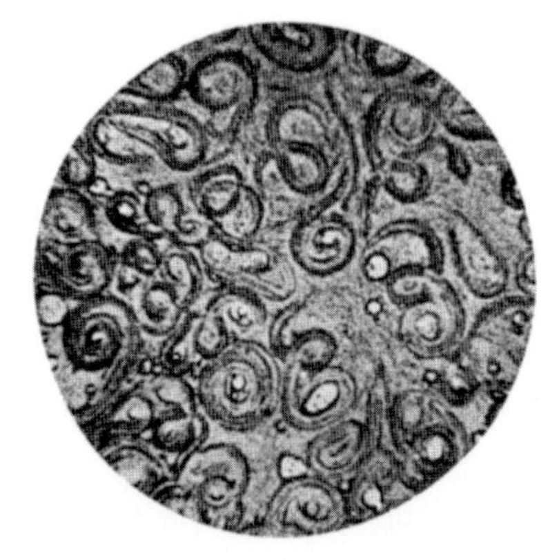

図 III.222　気管支粘液内の豚回虫幼虫
［原図：板垣　博・大石　勇］

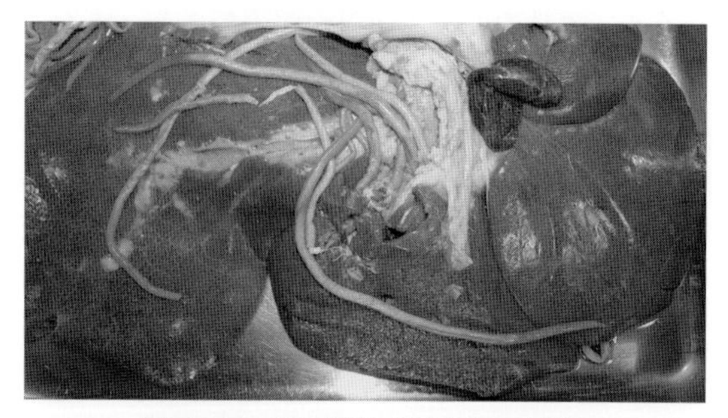

図 III.223　豚の胆管に迷入した回虫(犬)

寄生では虫体が腸内に充満し，腸粘膜に明瞭なカタル性炎症や腸壁肥厚の変化が認められる．また，虫塊による腸閉塞，腸管破裂や，腸機能異常から腸重積，腸捻転をみることもある．回虫には小腸から他所に移行する性質があり，多数寄生ではその頻度が高い．豚，犬では胃内から検出されたり，胆管・胆嚢内に迷入がみられ(図 III.223)，胆管閉塞からうっ滞性黄疸，また胆嚢破裂を認めることがある．稀な病変として腸壁穿孔によって，虫が腹腔内に侵入し腹膜炎を併発した例も知られている．

症　状：回虫の寄生に対して宿主は年齢抵抗性を示す．すなわち，おおむね6か月齢以下の幼獣に成虫の重度の感染が認められ，症状も現れやすい．一方，成獣では成虫の寄生率は低く，症状もきわめて軽度である．犬回虫の成虫が寄生した犬の多くは1～2か月齢の幼犬である．犬小回虫は腸管で直接発育するため全年齢の犬に成虫の寄生がみられ，また，猫以外のネコ科動物に比較的よく寄生がみられる．

幼獣に成虫が重度寄生すると，食欲不振，発育不良，粘膜蒼白，下痢，嘔吐が認められ，時折虫体を吐出する．また，うっ滞性黄疸，腸閉塞も認められることがある．幼犬における犬回虫の重度寄生では，これらの症状以外に，時に食欲亢進がみられ，次いで削痩，被毛不良，口内悪臭，異食症(土砂，壁土を好食)，腹囲膨満，神経障害(間代性・強直性けいれん，知覚障害，運動麻痺，興奮)などの症状をみることが多い．また，腸重積，腸捻転や幼虫肉芽腫による網膜出血，網膜剝離などの視力障害をみることもある．仔牛，仔馬では栄養低下，被毛不良，下痢，時折疝痛，粘膜蒼白をみるのが普通である．また仔馬ではけいれん，後躯障害も知られている．解剖的変状の項で記したように，回虫はしばしば胆管に迷入する．と畜検査で黄疸がみられた病豚361頭の92%は豚回虫による胆管閉塞によるものであったとする報告がある．

回虫の体内には一種の毒物質(回虫毒：ascaris toxin)が含まれ，これが回虫症の発病に重要な役割を果たすという知見は，すでに20世紀のはじめに報告されていた．その後，回虫毒による致死作用，胃・腸管反応，血液像，血液凝固に及ぼす影響，胃・十二指腸粘膜に対する作用，皮膚反応などはいずれもアレルギー反応であることが証明されている．

回虫類の感染初期の体内移行中の幼虫に起因する寄生虫性肺炎(verminous pneumonia)は，感染後7～10日に，発熱，咳，呼吸困難，頻呼吸などの呼吸器症状として現れる．また，幼虫の移行による急性肝臓障害から，肝腫大，肝機能異常などの症状もみられる．回虫の重度感染では一般に赤血球数減少(貧血)をみるが，とくに重度感染の初期には白血球数増加，好酸球数増加，血清のAST(犬，豚)，aldolase活性値上昇，低アルブミン血症，高グロブリン血症が認められる．回虫寄生による宿主の疾病抵抗性の低下も重要であり，他疾患の併発を起こしやすく，かつ病態を悪化させる．

豚回虫が豚以外の動物に感染すると，幼虫の移行による呼吸器症状を含む症状が発現する．このことは，実験的に豚回虫卵を投与した仔牛や仔羊で証明されている．また，仔牛では野外での豚回虫感染による死亡例も知られている．幼虫がヒトに感染すると内臓幼虫移行症を起こす．

犬回虫，猫回虫の虫卵を摂取したヒトでは，成虫になることはほとんどないが，腸内で孵化した幼虫が腸壁から肝臓に移行して肝炎を起こす．また，幼虫が血行性に腎臓，肺，脳，網膜などに移行し，組織を傷害して，好酸球数増加を伴う内臓幼虫移行症の原因となる．犬回虫幼虫による内臓幼虫移行症は，欧米では1～3歳の小児に発生が多く，症状は一般に不明瞭であるが，間歇性発熱，食欲不振，異食症，筋痛，咳，呼吸困難，肝腫，腹部圧痛，けいれん，脳障害，網膜肉芽腫，末梢性網膜炎などがみられ，検査所見ではX線検査での肺浸潤などがみられる．日本では成人の症例が比較的多い．

アライグマ回虫の成虫が固有宿主のアライグマに数百匹寄生しても軽い消化器障害を起こす程度であるが，本虫の幼虫が非固有宿主に侵入すると重篤な神経症状を引き起こすことがある．マウスや小鳥では1匹の幼虫の脳内侵入が致命的となる．ウサギやマウスでは，旋回運動，斜頸，横転などの特徴的症状を示し，内臓幼虫移行症の原因の1つとして注意する必要がある．また，犬小回虫の幼虫も内臓幼虫移行症の原因になりうるとされるが，その重要性はかなり小さい．

診　断：回虫寄生が疑われる症状を認めれば，糞便検査を実施し回虫卵の検出を試みる．しかし，体内移行中の幼虫に起因する症状を認めても，糞便中に虫卵が検出されないので注意する．虫卵検査には直接塗抹法，飽和食塩液または砂糖液（比重1.26など）を用いる浮遊集卵法（牛，馬では100メッシュ金網でろ過後に浮遊）が用いられる．回虫卵は中型で楕円形か円形に近く，卵殻表面にタンパク膜があるものが多い．新鮮便から検出される虫卵は卵内に大きな未分化の卵細胞1個が存在する．

犬回虫は，自然環境下では胎盤感染によって新生仔犬にほぼ100%に感染するため，21日齢以前で糞便中に虫卵が検出されなくても，腸管内に未成熟虫の寄生があると考えるべきである．

治　療：回虫症は多くの場合，駆虫薬によって腸管内に寄生する虫体を駆虫すれば，治療の目的が達せられる．回虫性肺炎が激しい場合には，抗生物質と副腎皮質糖質ステロイドまたは抗ヒスタミン剤などを用いて対症療法を行う．回虫駆虫薬には多種があり，成虫の駆虫は容易である．一方，幼虫の駆虫は概して難しい．動物の種類によって適した薬剤を選択して使用する．以下に駆虫薬および使用法の概略を「日本動物医薬品協会編・動物用医薬品医療機器要覧2016年版」を参考にして示す．薬剤の使用の際は，製品に付属のマニュアルを精読する必要がある．とくに「使用禁止期間」，すなわち，食用に供するためにと殺，搾乳，採卵などを行う前の，投薬禁止期間については注意する．

ピペラジン（piperazine）誘導体：常用量で副作用をみることはほとんどなく，安全域が広いことから，回虫駆虫薬として広く使用されてきた．2017年現在では犬・猫用のクエン酸塩製剤（110～220 mg/kgを1回経口投与）およびクエン酸塩とサントニンの合剤が製造販売されている．合剤は，犬または猫にクエン酸ピペラジンとして3～75 mg/kgを1～2回/日，経口投与する．過去には次の製剤および投薬例がある．豚に塩酸塩250 mg/kg，アジピン酸塩300～400 mg/kg，2-チオカルバメート150 mg/kg，リンゴ酸塩300 mg/kg，リン酸塩400 mg/kg，硫酸塩400 mg/kg．馬にアジピン酸塩120～360 mg/kg，リン酸塩または硫酸塩100～200 mg/kg，クエン酸塩110～330 mg/kg．牛にアジピン酸塩275～440 mg/kg．犬，猫にはアジピン酸塩120～240 mg/kg，リン酸塩100～190 mg/kg，硫酸塩100～190 mg/kg．

パモ酸ピランテル（pyrantel pamoate）：成虫，未成熟虫にも効果がある．馬に19 mg/kg（pyrantelとして6.6 mg/kgm，使用禁60日），犬に15 mg/kg（pyrantelとして5 mg/kg）を1回経口投与する．猫用にプラジクアンテルとの合剤（パモ酸ピランテルとして57.5 mg/kgを経口投与する），犬用にプラジクアンテルとフェバンテルとの合剤（パモ酸ピランテルとして14.4 mg/kgを経口投与する）がある．過去には，酒石酸塩（pyrantel tartrate）があり，馬に12.5 mg/kg,

豚に 22 mg/kg の投与例がある．

ベンズイミダゾール(benzimidazole)系薬剤：2017 年現在では，家畜用(馬，牛，豚)のフルベンダゾール(flubendazole)製剤と豚用のフェンベンダゾール(fenbendazole)製剤が製造販売されている．フルベンダゾールは馬に 10 mg/kg を 2～3 日間連投(使用禁 3 日)，豚に 5～10 mg/kg を 1 回経口投与，または 25～30 g を飼料 1 t に添加して 3～5 日投与する(使用禁 14 日)．フェンベンダゾールは豚に 3 mg/kg を混餌して 3 日間経口投与する(使用禁 7 日)．過去には次の製剤および投薬例がある．チアベンダゾール(thiabendazole)を馬に 100 mg/kg，豚に 50 mg/kg，牛に 66～110 mg/kg，犬，猫に 30 mg/kg を 3 日間連用．パーベンダゾール(parbendazole)を犬，猫に 30 mg/kg を 2～3 日連続して混餌投与，同一投与量で豚回虫にも有効．カンベンダゾール(cambendazole)を馬，豚に 20 mg/kg 投与，レンベンダゾール(renbendazole)を馬，豚に 10 mg/kg を投与，メベンダゾール(mebendazole)を馬に 8.8 mg/kg 投与，オキシフェンダゾール(oxyfendazole)を馬に 10 mg/kg 投与，アルベンダゾール(albendazole)を犬，猫に 25 mg/kg 投与．

レバミゾール(levamisole)：回虫駆虫薬として広く用いられてきた．2017 年現在では，牛，豚，鶏に用いる製剤が製造販売されている．豚には 5 mg/kg 以下を 1 回経口投与する(使用禁 5 日)．過去には，馬に 8～15 mg/kg，牛，豚に 8 mg/kg，犬には 10 mg/kg の 2 日間連用の投与例がある．

イベルメクチン(ivermectin)：各種製剤がある．剤型は，注射剤，経口剤，外皮塗布剤など様々である．豚に 300 ug/kg を 1 回皮下注射(使用禁 35 日)，100 ug/kg を 7 日間混餌投与(使用禁 7 日)．猫に 24～48 ug/kg を 1 回経口投与．馬に 200 ug/kg を 1 回経口投与(使用禁 21 日)．犬用にパモ酸ピランテルとの合剤があり，イベルメクチン 6 ug/kg＋パモ酸ピランテル 14.4 mg/kg を 1 回経口投与する．

ミルベマイシンオキシム(milbemycin oxime)：犬に 0.25～0.5 mg/kg を 1 回経口投与する．猫に 2 mg/kg を 1 回経口投与する．

モキシデクチン(moxidectin)：犬および猫用にイミダクロプリドとの合剤がある．犬にモキシデクチン 2.5 mg/kg を含む液剤を 1 回背部皮膚に滴下して投与する．猫にはモキシデクチン 1 mg/kg を含む液剤を 1 回背部皮膚に滴下して投与する．

ドラメクチン(doramectin)：豚に 300 ug/kg を 1 回筋肉注射する(使用禁 60 日)．

セラメクチン(selamectin)：犬または猫に 60 mg/kg を含む液剤を 1 回背部皮膚に滴下して投与する．

エプリノメクチン(eprinomectin)：猫用に，フィプロニル，メトプレン，プラジクアンテルとの合剤がある．エプリノメクチン 4.0 mg/kg を含む液剤を 1 回背部皮膚に滴下して投与する．

エモデプシド(emodepside)：猫用にプラジクアンテルとの合剤がある．エモデプシド 3 mg/kg を含む液剤を 1 回背部皮膚に滴下して投与する．

ジクロルボス(dichlorvos)：2017 年現在は動物用駆虫薬としての販売はされていない．過去には次の製剤および投薬例がある．馬，豚，犬用に塩化ポリビニルレジンペレットとした徐放性の製品があり，混餌によって投与．投薬量は馬 31～41 mg/kg，豚 11.2～21.6 mg/kg，犬 27～33 mg/kg．また仔馬にはゲル型を 20 mg/kg として投与．仔犬，猫には錠剤として 11 mg/kg で投与するが，10 日齢以下のものには用いられない．

トリクロルホン(trichlorfon)：2017 年現在は動物用駆虫薬としての販売はされていない．過去には次の投薬例がある．馬に 44 mg/kg を投与，本剤にピペラジン剤やフェノチアジン(phenothiazine)を加えると，回虫の駆虫効果が増強するといわれる．犬には 75 mg/kg を朝，夕 2 回に分けて投与．

ハイグロマイシン B(hygromycin B)：2017 年現在は動物用駆虫薬としての販売はされていない．過去には，豚に 12 ppm の割合で飼料に混じ，数週間以上投与する使用例がある．

デストマイシン A(destomycin A)：2017 年現在は動物用駆虫薬としての販売はされていない．

過去には，豚に5～10 ppmの割合で飼料に混じ4週間以上連続投与する使用例がある．

予　防：回虫卵，とくに幼虫を形成した成熟卵は，一般に，環境変化や薬品類，低温に対して強い抵抗力を示す．豚回虫の成熟卵は氷結しても生存するし，低温・多湿の条件下では5年間も生存した例がある．しかし高温や乾燥に対しては比較的抵抗力が弱い．また，回虫卵はいずれも排泄されてから感染が可能となる成熟卵に発育するまでに一定の期間を必要とすることから，予防には糞便の早期処理と畜舎床の乾燥を保つことが重要である．

繁殖を目的とする母獣は，定期的に糞便内虫卵検査と駆虫を行い，また，母体の洗浄に努める．畜舎は床をコンクリートとし，日当り，風通し，乾燥など衛生的環境の保てる構造とする．畜舎内は，糞便や汚れた敷きわらを堆積しないで早期に除き，床や壁などの洗浄は熱湯あるいは蒸気噴射で行うことが好ましい．糞便や汚れた敷きわらは焼却するか，堆肥として積み発酵熱で殺卵するか，あるいは地中に深く埋没する．

幼獣は汚染のない環境に収容し，出生後早期から隔月に糞便検査あるいは駆虫を行う．犬回虫は胎盤感染や乳汁感染(経乳感染)をするから，新生仔犬のすべてが感染していると考えてよい．生後2週齢に第1回の駆虫を行い，以後は約4か月齢まで3週間隔で駆虫を行う．肉食動物の回虫類は待機宿主の捕食によっても感染するので，これらの動物の駆除も心掛ける．さらに，授乳中の母獣にはしばしば成虫寄生がみられることから，母獣の糞便検査と駆虫も行う．

4.12　アニサキス症(Anisakiasis)

原　因：アニサキス症の原因であるアニサキス類は，回虫目，アニサキス科(Anisakidae)に属する線虫の総称であり，*Anisakis* 属，*Pseudoterranova* 属，*Contracaecum* 属などから構成される．本症は動物の疾病としてよりも，人体感染症として公衆衛生上の重要性が高いことから，人体症例のおもな原因となる *Anisakis* 属と *Pseudoterranova* 属の虫種についておもに記述する．日本近海や西太平洋には *Anisakis* 属が9種，*Pseudoterranova* 属は1種が分布する(表 III.11)．

アニサキスの成虫は終宿主である海産哺乳動物に寄生し，患者や感染源の魚介類から検出されるのは，体長が2～3 cm，体幅が0.5 mm前後の幼虫である．一般的に寄生虫の幼虫は，種の同定に資する形態学的な特徴が乏しい．アニサキスの場合も同様であるが，幼虫の前半部に認める胃の形態により，*Anisakis* 属と *Pseudoterranova* 属とは鑑別が可能である(図 III.224)．さらに *Anisa-*

表 III.11　*Anisakis* 属および *Pseudoterranova* 属線虫の分類

3期幼虫の形態に基づく分類	成虫の形態に基づく分類	同胞種レベルでの分類(DNAレベルの解析に基づく分類)
Anisakis type I [*1]	*A. simplex* sensu lato [*1, *3]	*A. simplex* sensu stricto [*1, *4] *A. pegreffii* [*1] *A. berlandi*
	A. typica [*1] *A. ziphidarum* *A. nascettii*	
Anisakis type II [*1, *2]	*A. physeteris* [*1] *A. brevispiculata* *A. paggiae*	
Pseudoterranova [*1]	*P. decipiens* sensu lato [*1, *3]	*P. decipiens* sensu stricto [*4] *P. azarasi* [*1]

＊1 日本で人体症例の原因として報告のある種．
＊2 3期幼虫の形態から *A. brevispiculata* を *Anisakis* type III，*A. paggiae* を *Anisakis* type IV と分類する報告もある．
＊3 sensu lato，広義の種(形態種)を示す用語で，複数の同胞種を包含する．
＊4 sensu stricto，狭義の種(DNAレベルの解析などに基づき決定される種)を示す用語．

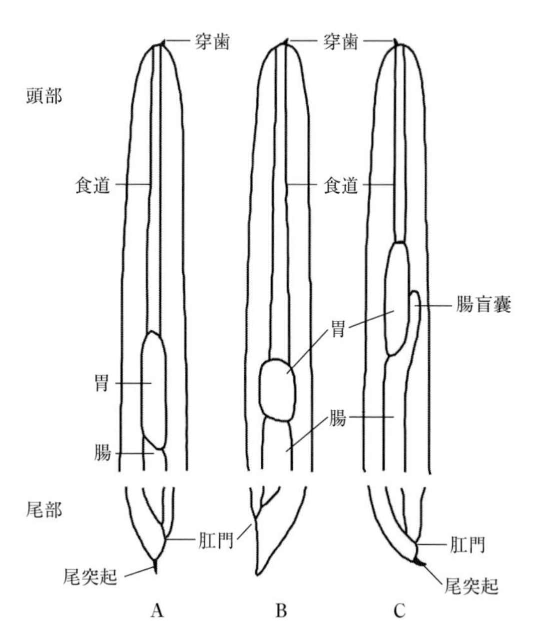

図 III.224　*Anisakis* 属および *Pseudoterranova* 属の第 3 期幼虫の頭部と尾部の形態(模式図)
A. *Anisakis* type I(胃が長方形，尾突起がある)
B. *Anisakis* type II(胃が正方形に近い，尾突起はない)
C. *Pseudoterranova*(腸盲嚢がある，尾突起がある)

kis 属は，胃の形が長方形の type I と，正方形に近い type II とに細分される(図 III.224，表 III.11)．なお *Contracaecum* 属など他のアニサキス亜科の線虫は，3 期幼虫における胃やこれに続く腸の形態がより複雑である．魚から検出された 3 期幼虫に対して，このような形態による鑑別法を適用することで，その魚がヒトへの感染源として重要なのかを推定できる．

Anisakis 属と *Pseudoterranova* 属では，成虫に発育しても，形態による種の鑑別が困難な同胞種(sibling species)の存在を認める．たとえば *A. simplex* は，DNA 配列の比較により，狭義の *A. simplex*(*A. simplex* sensu stricto)とし，*A. pegreffii* および *A. berlandi* の 3 つの同胞種に分類できる．形態だけで同定された虫体は広義の *A. simplex*(*A. simplex* sensu lato)とし，同胞種分類されたものと区別される(表 III.11)．*Pseudoterranova decipiens* も同様で，広義の *P. decipiens* は DNA 配列の比較により，狭義の *P. decipiens*(*P. decipiens* sensu stricto)と *P. azarasi* などの同胞種に分類できる(日本近海には *P. azarasi* が分布する)．同胞種とは，生殖隔離などで相互に独立し，DNA 配列の違いなどに基づいて鑑別される複数の種を示す用語である．同胞種レベルでの解析により，たとえば *A. simplex* sensu stricto が人体寄生種として日本ではもっとも重要な役割を果たしているなど，疫学的に重要な情報も得られている．

発育と感染：*Anisakis* 属はクジラ(イルカを含む)が，また *Pseudoterranova* 属はアザラシやトドなどが終宿主となり，成虫はこれら海産哺乳動物の胃に寄生する．雌雄の成虫が交接して産出された虫卵は，糞便とともに海中に排泄される．卵内で 1 期幼虫から 2 期幼虫に発育し，被鞘したまま孵化して中間宿主のオキアミ類に経口的に摂取される．消化管を経て血体腔内に侵入した後に 3 期幼虫となる．この 3 期幼虫が魚介類に摂取されると，体腔や内臓・筋肉内に侵入・定着する．一方，3 期幼虫が寄生した魚を食物連鎖の上位に位置する魚食性の魚が摂取すると，幼虫もその魚に取り込まれて，3 期幼虫のままその体内に蓄積される．このように魚介類は，アニサキスの待機宿主の役割を果たす．この 3 期幼虫が寄生した魚介類が終宿主である海産哺乳動物に摂取されると，その胃内で成虫に発育して生活環は完結する．なおヒトが魚介類を摂食しては 3 期幼虫に感染すると，虫体は 3 期幼虫のままでとどまることが多く，時に 4 期幼虫に発育することはあるが，成虫となることはない．

病原性と症状：犬，猫および豚におけるアニサキス幼虫の胃寄生例が，剖検により偶発的に発見されているが，これらの事例では固有の症状に乏しいと考えられる．

ヒトが感染したときは，原因となる魚介類の生食後 1 時間～ 4 日で，激しい心窩部痛，悪心・嘔吐が発現する．人体症例の大半が，このような胃アニサキス症(gastric anisakiasis)を呈す．幼虫 1 匹の穿入により胃アニサキス症を発症することも多い．一方で無症例として，健康診断時の内視鏡検査により，胃粘膜に穿入する虫体が検出されることもある．

虫体が腸粘膜に穿入する腸アニサキス症(intestinal anisakiasis)では，下腹部痛，悪心・嘔吐などの症状を認め，時に腸閉塞，腸穿孔などを併発することがある．稀に虫体が消化管壁を穿通して腹腔内へ脱出後，大網・腸間膜，肝などに移行し，肉芽腫を形成する異所寄生例も報告される．この場合，虫体の寄生部位に応じた症状が観察される．

なおアニサキスがもつアレルゲン物質を原因として，アニサキスが寄生する魚の喫食後にじんま疹が出る症例，さらに血圧降下・呼吸不全・意識喪失などのアナフィラキシー症状を呈する症例(全身性の劇症型アニサキス症例)も報告されている．

診　断：人体症例においては，食歴を問診(魚介類摂食の有無，とくに生食)する．臨床症状から胃アニサキス症が疑われる場合に，胃内視鏡検査を実施して虫体を検索し，摘出虫体の形態観察と遺伝子解析を行い，本症と確定診断する．腸アニサキス症のうち腸閉塞などで手術を受けた事例では，摘出部位の組織標本に虫体を検索し，これを出発材料に原因を確定する．

治　療：人体症例の治療法として，胃アニサキス症では胃内視鏡検査で胃粘膜に穿入する幼虫を検出し，鉗子で摘出する．腸アニサキス症では対症療法が試みられる．木クレオソートが胃・腸アニサキス症の症状の軽減と消失に有効との報告がある．

予　防：海産魚介類の生食を避けることがもっとも確実な予防法となる．熱処理(60℃，1分間以上)だけでなく，冷凍処理(−20℃，24時間以上)でもアニサキス幼虫は感染性を失うので，魚を冷凍して解凍後に生食することで感染は予防される．動物飼育施設の終宿主動物(アシカなど)に対しても，冷凍魚の給餌が感染の予防に有効である．

4.13　鶏回虫症(Ascaridiosis)

原　因：*Ascaridia* 属の回虫による．本属の回虫は前述の回虫類の各属と比べてかなり異なる形態学的特徴がある．このことより，本属は回虫目に分類されるが，所属する科については，回虫科(Ascarididae)，盲腸虫科(Heterakidae)，鶏回虫科(Ascaridiidae)など，意見が分かれている．

(1)鶏回虫(*Ascaridia galli*；chicken large round worm)

A. perspicillum，*A. lineata* などはシノニム．成虫は雄 3 ～ 8 cm，雌 6 ～12 cm．体の両側全長にわたって狭い側翼がある．食道に球状部がない．雄の尾部には尾翼があり，尾部腹面には生殖乳頭とクロアカの前方に前肛吸盤がある(図 III.225(b))．雌の陰門は体中央よりやや前方にある．虫卵は淡黄色，楕円形で，卵殻は厚くほとんど平滑，大きさは 73～80 × 45～50 μm．糞便とともに排泄された直後の虫卵の内容は単細胞である(図 III.226)．卵殻の一端に光る 1 個の小体があり，鶏盲腸虫卵に酷似する．直接発育をし，宿主体内で体内移行はしない．鶏の他，七面鳥，クジャクなどキジ目の鳥類の小腸に寄生する．時に鶏卵内に成虫がみられることがある．世界的に分布し，日本でも普通にみられる．

(2)その他の鳥類に寄生する回虫類

鳩回虫(*A. columbae*)：雄 1.6～ 7 cm，雌 2 ～ 9 cm，虫卵 78～84 × 49 μm，鳩の小腸に寄生，世界的に分布．*A. compar*：キジ目の鳥類の小腸に寄生．*A. dissimilis*：雄 3.3～ 5 cm，雌 5 ～ 7 cm，虫卵 81～87 × 47～54 μm，七面鳥の小腸に寄生．*A. numidae*：雄 2.5～3.7 cm，雌 3.5～4.5 cm，虫卵 98 × 53 μm，ホロホロ鳥の小腸に寄生，日本にもみられる．

発育と感染：宿主の糞便とともに排泄された直後の鶏回虫卵は単細胞で，30～33℃では約 7 日間で卵内に幼虫を形成し，2 ～ 3 週間で幼虫は 3 期幼虫になる．3 期幼虫を含む成熟卵が鶏に摂取されると，嗉嚢か筋胃で孵化する．幼虫は小腸壁に侵入して発育し，2 回の脱皮をすると腸腔に現れ，さらに発育して成虫となる．この腸壁内の寄生期間は感染虫体数の多少により左右され，多数寄生では長くなる．その他の鳥類に寄生する回虫類の発育も鶏回虫に類する．ミミズ類が成熟卵を摂取すると幼虫が腸管内で孵化するが，幼虫は早期に排泄されるので，待機宿主としてのミミズ類の重要性は低い．一方，ヤスデ類(Diplopod)は重要な待機宿主であり，これらが成熟卵を摂取すると，孵化した幼虫は体腔に移行し，腸管の体腔側

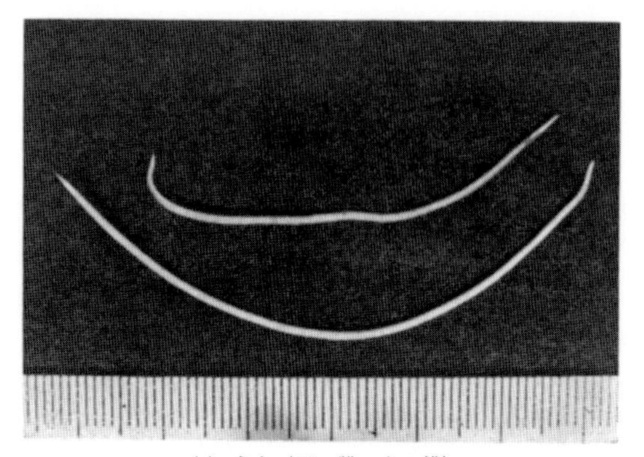

(a) 成虫（下：雌，上：雄）

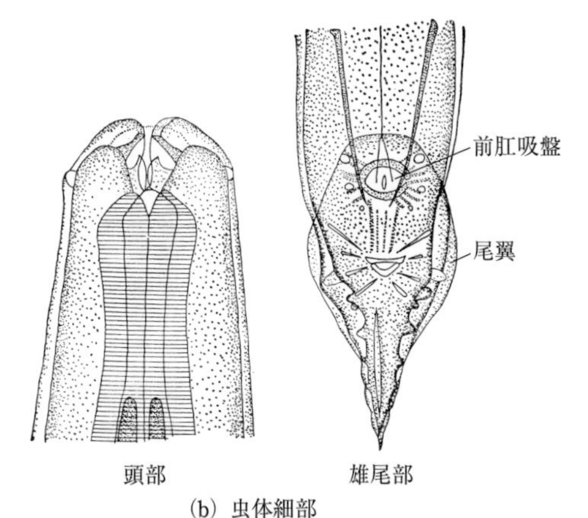

(b) 虫体細部

図 III.225　鶏回虫［原図：板垣　博・大石　勇］

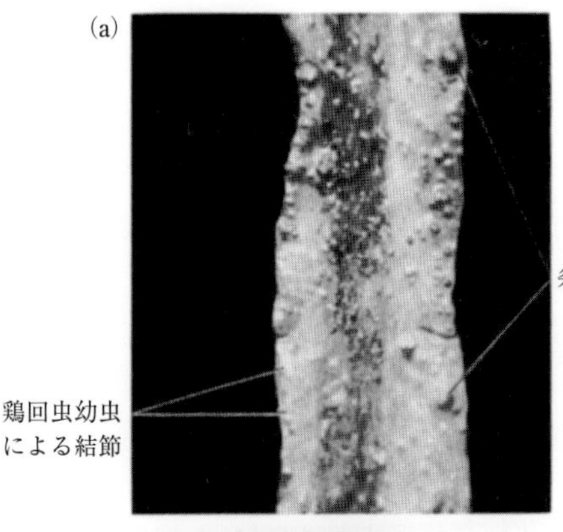

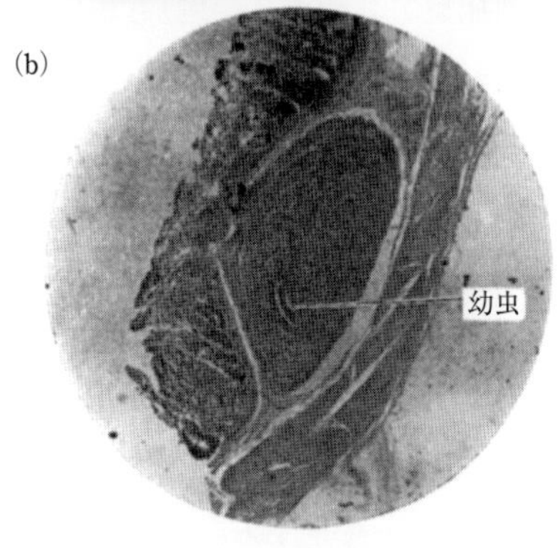

図 III.227　鶏回虫幼虫による病害
［原図：板垣　博・大石　勇］
(a)鶏回虫幼虫による結節(左側)と条虫性結節(右側)と(b)結節内の鶏回虫幼虫

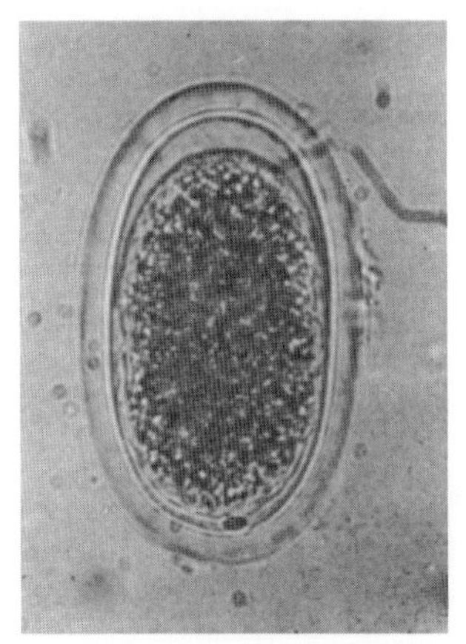

図 III.226　鶏回虫卵［原図：板垣　博・大石　勇］

で被嚢してヤスデの寿命まで長期間生存する．

解剖的変状：一般に，顕著な病変はみられないが，幼虫が腸粘膜下に侵入することによる出血や小結節がみられることもある．小結節は腸管の後半部に多発し，前部にはほとんどみられないとされる(図 III.227)．軽度寄生では粘膜のカタル性炎症による慢性腸炎が認められ，重度寄生では出血性腸炎や腸管閉塞，腸管穿孔をみることもある．稀に成虫が輸卵管内にみられ，卵管閉塞，卵性腹膜炎をみることもある．

症　状：成鶏は鶏回虫の感染に抵抗性を示すが，幼雛は症状が顕著である．感染は春から初夏に多く，とくに梅雨期に重度感染が起きやすい．したがって，春季孵化の雛がもっとも感染しやすく，晩春，初夏に発病するものが多い．重度感染によって食欲不振，抑うつ状態，羽根の下垂，下痢，削痩，羽毛不良，発育不良，貧血などが認められる．産卵鶏では産卵率の低下もみられる．また，鶏卵中に成虫を検出することがある．これは虫体がクロアカから輸卵管内に移行し，さらに輸卵管の卵白分泌部に入り，卵形成過程で卵内に取り込まれるためである．3か月齢以上の鶏では回虫感染に対する抵抗性が増加するが，これには十二指腸粘膜にある杯細胞(goblet cell)の数が関係するといわれている.

診　断：鶏回虫の寄生が疑われるときは，糞便を用いて虫卵検査を行う．産卵数が多いため直接塗抹法で検出されるが，飽和食塩液や砂糖液(比重1.26など)などを用いて浮遊集卵法を行えばより正確である．鶏回虫卵と鶏盲腸虫卵の形態による区別は困難である.

治　療：駆虫薬および使用法の概略は以下の通りである．薬剤の使用の際は，製品に付属のマニュアルを精読する必要がある.

レバミゾール：20～30 mg/kgを水，飼料に混じて1回投与する(使用禁9日)．成虫のみでなく未成熟虫にも効果がある．ただし，産卵鶏(食用の卵を産卵している鶏)には使用できない.

ピペラジン製剤：2017年現在は国内で鶏用の駆虫薬として販売されていない．当製剤は，副作用がなく，きわめて有効であるため鶏回虫の駆虫に広く用いられてきた．過去には次の製剤および投薬例がある．アジピン酸ピペラジン(piperazine adipate)150 mg/kgで80%，300 mg/kgで85%，リン酸ピペラジン(piperazine phosphate)200 mg/kgで100%の虫卵陰転．アジピン酸ピペラジン200 mg/kg，2-チオカルバメートピペラジン(piperazine dithiocarbamate)100 mg/kg，リンゴ酸ピペラジン(piperazine malate)200 mg/kg，硫酸ピペラジン(piperazine sulphate)100～150 mg/kgで完全駆虫．いずれも飼料または飲水に混じて1回投与する．また，2～3日間連用すると効果はより確実となる.

ハイグロマイシンB：2017年現在は日本国内で鶏用の駆虫薬として販売されていない．過去には次の投薬例がある．飼料に8.8 ppmの割合で混じ，少なくとも2～3か月以上続けて投与する．また，ハイグロマイシンBを7.28 mg/kgの割合で飼料に混じ，これにフェノチアジンを0.05%になるように加えると効果が増加する.

デストマイシンA：2017年現在は日本国内で鶏用の駆虫薬として販売されていない．過去には次の投薬例がある．飼料に5～10 ppmの割合で混じ，1か月以上連続投与する.

予　防：本症は予防が重要である．幼雛は成鶏から隔離し，汚染のない鶏舎で飼育する．限られた狭い場所に多数の雛を飼育する場合は重度感染を起こしやすい．平飼いの鶏舎や運動場には十分日光を当て，乾燥するように努め，運動場にはときどき石灰を散布して掘り返すのがよい．飼料，飲水は糞便に汚染しないように高く置く．糞便は定期的に除き，乾燥，熱処理，または堆肥として積み発酵させて殺卵する．ケージまたはバタリー飼育が衛生的で感染をかなり防ぐことができ，ミミズなどの待機宿主を介する感染の対策にもなる．ケージやバタリーは熱湯または蒸気の噴射で適切に洗浄すれば，熱で殺卵できる．鶏回虫卵は45℃では5分，熱湯では数秒で死滅するが，戸外で3か月間氷結状態においても感染力を保持するとされる.

4.14　盲腸虫症(Heterakiosis)

原　因：回虫目の盲腸虫科(Heterakidae)に属する*Heterakis*属の線虫による．本属のほとんどは鳥類(キジ・ウズラ・鶏など)にみられるが，哺乳類(ネズミなど)に寄生する種もある.

(1)鶏盲腸虫(*Heterakis gallinarum*)

成虫は雄7～13 mm，雌10～15 mm．頭端近くから，狭くてかなり長い側翼がある．食道後部に球状膨大部がある．雄には明瞭な尾翼があり，尾翼は多数の柄のある乳頭でささえられている(図III.229(a))．雄のクロアカ前方に円い明瞭な前肛吸盤がある．雌の陰門は体の中央よりやや後方に開く．虫卵は，淡黄色，楕円形で，大きさは67～72 × 40～50 μm．卵殻は厚く，表面は平滑で，その一端に光る小体がある．宿主が排泄した直後の鶏盲腸虫卵は単細胞で，鶏回虫卵との形態による区別は困難である．直接発育をし，終宿主内で体内移行はしない．鶏，七面鳥，ホロホロ鳥などキジ目の鳥類の盲腸に寄生する．世界各地にみられ，日本でも普通にみられる．鶏回虫とは，成虫の大きさと寄生部位が違うことで区別できる.

(2)その他の盲腸虫類

H. brevispiculum(鶏に寄生)，*H. indica*(鶏に寄生)，*H. isolonche*(キジなどに寄生)，*H. putaustralis*(鶏に寄生)，*H. dispar*(アヒルなどの

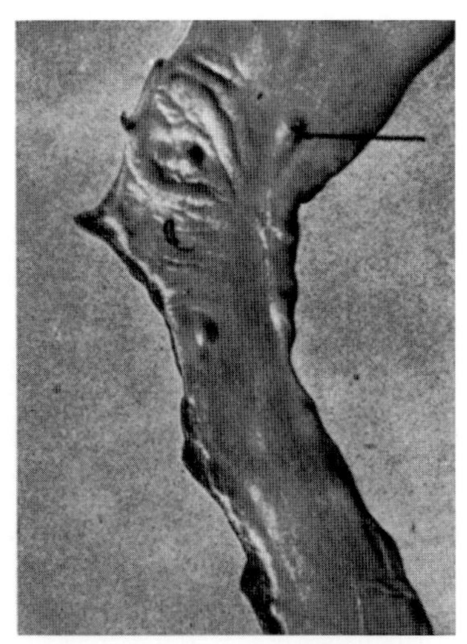

図 III.228 盲腸虫による盲腸壁の結節
［原図：板垣 博・大石 勇］

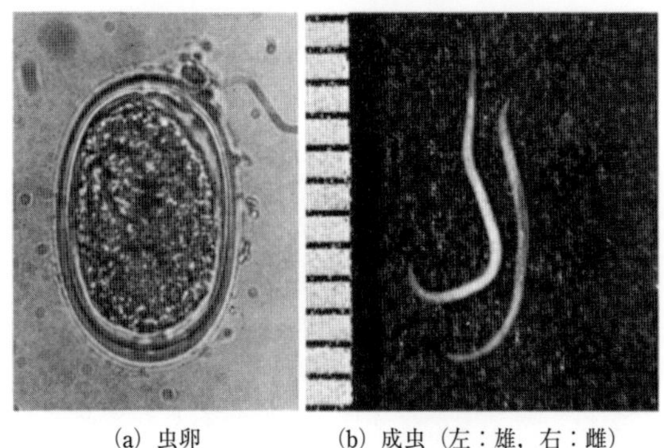

(a) 虫卵 (b) 成虫（左：雄，右：雌）

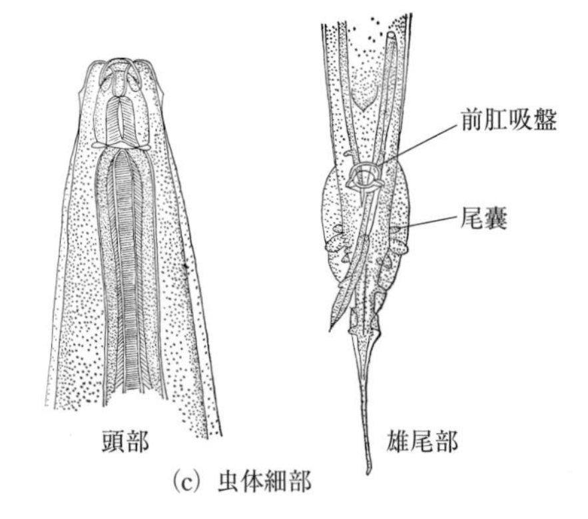

(c) 虫体細部

図 III.229 鶏盲腸虫［原図：板垣 博・大石 勇］

水禽に寄生），また，*H. spumosa*（ドブネズミに寄生）が知られている．

発育と感染：宿主の糞便とともに排泄された直後の鶏盲腸虫卵は単細胞で，25～30℃下で7日後には3期幼虫を含む成熟卵となる．成熟卵が鶏に摂取されると筋胃や十二指腸で孵化する．孵化した幼虫は約6時間後に盲腸に移行しはじめ，24時間で移行を終える．一部の幼虫は小腸粘膜に潜入することがある．大部分の幼虫は盲腸粘膜内に侵入するが，2～5日後には盲腸腔内に戻り，そこで2回脱皮して成虫となる．感染後25～36日で虫卵を排泄しはじめる．プレパテント・ピリオドは，宿主の日齢や鳥の種類によって異なる．一般に，若い宿主ほどプレパテント・ピリオドは短い．ミミズが鶏盲腸虫の成熟卵を食べると消化管内で幼虫が孵化し，1年余にわたって幼虫を保有して感染源となる．なお，盲腸に寄生するヒストモナス原虫（*Histomonas meleagridis*）が盲腸虫卵を通じて伝播されることが知られている（ヒストモナス原虫の項を参照）．*H. isolonche* は主としてキジ類に寄生するが，幼虫は盲腸粘膜に侵入し結節を形成する．この結節内で成虫となり，結節の開口部から虫卵が盲腸腔内に排出されるため病原性が強い．*H. dispar* の発育は鶏盲腸虫と同様である．この2種の虫卵もヒストモナス原虫を伝播する．

解剖的変状：少数寄生では著変は認められないが，多数寄生によって慢性のカタル性炎症が生じ盲腸壁の肥厚がみられる．また，本虫が盲腸の腺窩に侵入して盲腸全体の腫大をみることがある．盲腸壁外側に隆起する0.5～1 cmの硬い結節は本虫の幼虫または成虫による変状である．1個の結節内には通常1～2匹の虫体がみられるが7匹の成虫を認めたこともある．また，盲腸の粘膜下織に小形の円い結節が散在し，その内部に本虫の幼虫が含まれる（図 III.230）．

症　状：少数寄生では明瞭な症状を認めない．幼雛に重度寄生すると，盲腸にカタル性炎症を生じ，淡黄緑色の下痢便を排し，抑うつ，栄養障害，発育不良を認めることがある．

診　断：本症を疑う症状があれば，糞便を用いて虫卵検査を行う．検査法は鶏回虫卵の検査と同じ方法でよい．鶏回虫卵との区別は困難である．一般には死後の剖検によって寄生が確認されることが多い．

治　療：駆虫薬および使用法の概略を以下に示す．薬剤の使用の際は，製品に付属のマニュアルを精読する必要がある．

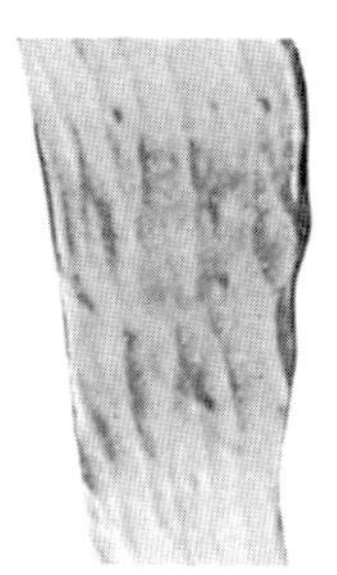
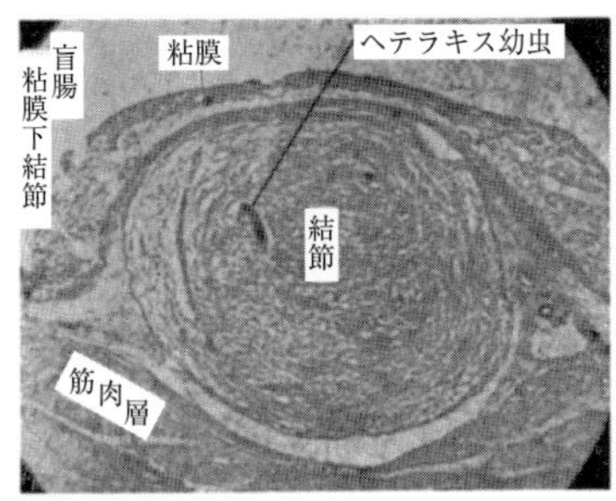

図 III.230　盲腸虫幼虫による盲腸壁の小結節
［原図：板垣　博・大石　勇］

レバミゾール：20〜30 mg/kg を水，飼料に混じて1回投与する(使用禁9日)．ただし，産卵鶏(食用の卵を産卵している鶏)には使用できない．

フェノチアジン：2017 年現在は日本で鶏用の駆虫薬として販売されていない．過去には次の投薬例がある．鶏に 0.5 g/ 羽，七面鳥に 1 g/ 羽を投与する．なお，ピペラジン剤は盲腸虫には効果が低いがフェノチアジンと併用するとよい結果が得られる．

ハイグロマイシン B：2017 年現在は日本で鶏用の駆虫薬として販売されていない．過去には次の投薬例がある．飼料に 8.8 ppm の割合に混じて2〜3か月間連続投与すると，寄生数をかなり減少させることができる．

予　防：虫卵による環境汚染がないように，飼育環境の衛生を保つ．定期的な糞便検査を行い，感染鶏を駆虫する．虫卵は，鶏回虫卵などと同様に，環境変化に対して抵抗力が強く，野外で越冬ができる．待機宿主であるミミズの対策も必要である．

4.15　眼虫症(Eye worm diseases)

原　因：旋尾線虫目(Spirurida)の眼虫科(Thelaziidae)に属し，哺乳類に寄生する *Thelazia* 属と鳥類に寄生する *Oxyspirura* 属の線虫種が眼虫症のおもな原因である．これらの眼虫類は宿主の結膜嚢や眼球表面，瞬膜下などに寄生する．

牛に寄生する種では，ロデシア眼虫(*Thelazia rhodesi*)，*T. skrjabini*，*T. gluosa* の3種が世界各地に分布し，イエバエ科のハエにより伝播される．また犬や猫には東洋眼虫(*T. callipaeda*)の寄生がみられる．本種は人体寄生も知られる人獣共通寄生虫であり，日本でも分布拡大が確認されている．さらに鳥類(鶏，七面鳥，クジャク)には，瞬膜に寄生するマンソン眼虫(*Oxyspirura mansoni*)が東南アジアを含む世界各地でみられる．日本では野鳥から本種と近縁な種が検出されている．

(1) ロデシア眼虫(*Thelazia rhodesi*)

体長は雄 12〜15 mm，雌 14〜21 mm．乳白色の小形の線虫(図 III.231)で，体前部のクチクラ層には多数の条線があり，口腔は口筒形で，雄の尾端は腹側に曲がり，交接刺は左右不等長(右 101〜135 μm，左 552〜804 μm)である(図 III.232)．また雄の肛門前には 12〜14 対，肛門後には3対の乳頭がある．雌の陰門は食道部(頭端より 0.9〜1.2 mm)に開口する．虫卵は 25〜30 × 39〜43 μm．卵胎生で，涙中に1期幼虫(206〜245 μm)が産出される．牛，水牛，めん羊，山羊などの結膜嚢，瞬膜下に寄生する(図 III.233)．分布は世界的であり，日本では北海道から本州まで全国的に放牧牛で発生がみられている．

(2) スクリャービン眼虫(*Thelazia skrjabini*)

体表のクチクラ層は薄く不明瞭であること，口腔は梯形をしていることが，ロデシア眼虫と異なる．体長は雄 7〜11 mm，雌 13〜21 mm．交接刺は左右不等長(右 107〜117 μm，左 137〜185 μm)でその差はロデシア眼虫に比べて小さい．また雄の肛門前に 17〜32 対，肛門の後に1〜2対の乳頭がある．陰門は食道前部(頭端との距離は短く 432〜717 μm)に開口する．卵胎生で子宮内虫卵は 27〜35 × 40〜47 μm，1期幼虫は 200〜250 μm である．本種は，ロデシア眼虫が結膜嚢，瞬膜下に寄生するのに対し，涙腺嚢，涙管内に寄生する．日本では，北海道，千葉県，茨城県，東京都(大島，三宅島，八丈島，青梅)などでみられたが最近は不明である．

(3) *Thelazia gulosa*

本種は，体表のクチクラ層が薄く，条線がスクリャービン眼虫に比べてさらに不明瞭であること，口腔が大きくコーヒーカップ状であることにより，前2種との区別は容易である．体長は雄 6

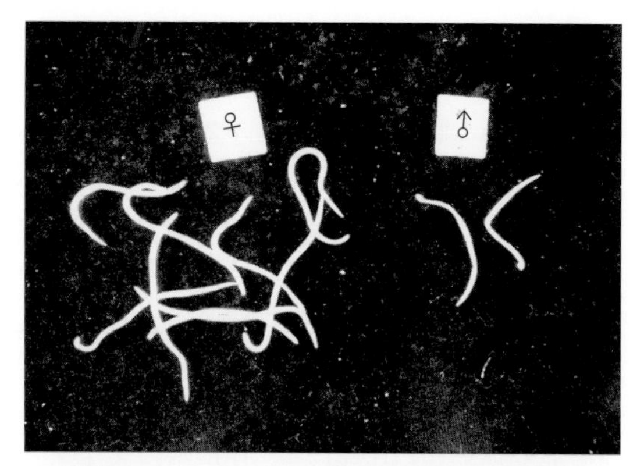

図 III.231　ロデシア眼虫(成虫)［原図：茅根士郎］

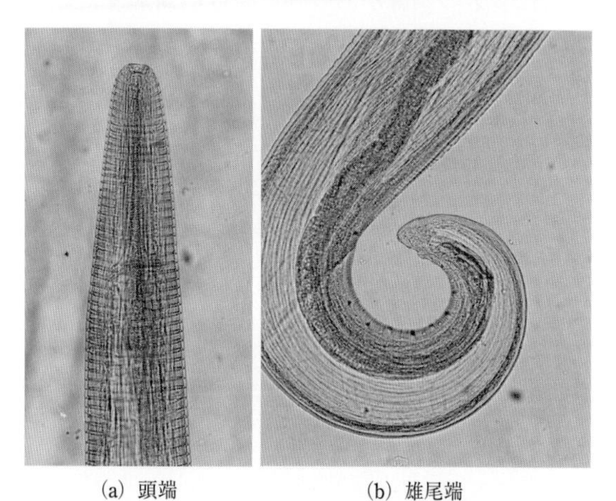

(a) 頭端　(b) 雄尾端

図 III.232　ロデシア眼虫の頭端と尾端［原図：茅根士郎］

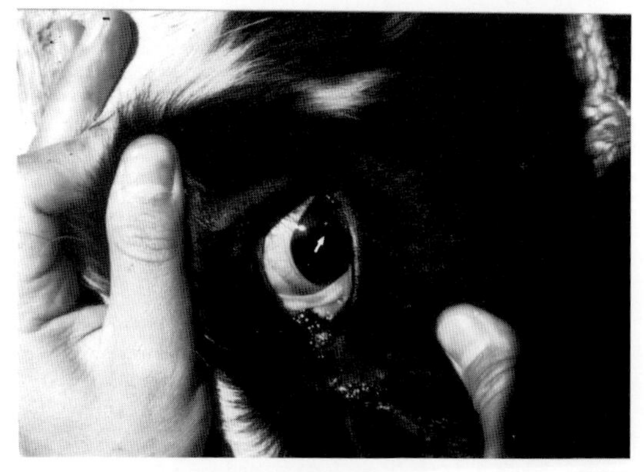

図 III.233　ロデシア眼虫(牛眼球表面のロデシア眼虫)［原図：茅根士郎］

～9 mm，雌8～13 mmと前2種に比べ小形である．交接刺長は左右不等長(右120～166 μm，左840～910 μm)で異なる．雄虫の肛門前に22対，肛門後に2～3対の乳頭がある．雌の陰門は食道前部(陰門と頭端との距離は0.52～0.62 mm)に開口する．卵胎生で，子宮内虫卵は28～30 × 40～47 μm，1期幼虫は206～245 μmである．本種は牛の涙腺嚢，涙管に寄生する．日本では，北海道，東京都の離島(大島，三宅島)から報告されているが近年の分布は不明である．最近米国で本種による人体感染例が報告されている．

(4)東洋眼虫(*Thelazia callipaeda*)

虫体は細長く乳白色，半透明で，雄7～13 mm，雌9～18 mmである(図III.234)．体表のクチクラに条線があり，体の辺縁は鋸歯状を呈する．交接刺は左右が著しく不等長である(図III.235)．子宮内虫卵は幼虫形成卵で，54～60 × 34～37 μmである．産出後の虫卵は速やかに孵化し，幼虫は落下傘状の薄い卵殻を体の末端に付着させ，涙の中に浮遊している(図III.236)．犬，猫，ヒト(日本では200症例以上)の結膜嚢，とくに瞬膜嚢に寄生し(図III.237)，日本では1955年に熊本県で最初の人体例が検出され，1957年に大分県の犬からも認められた．これまでは，九州，関西地方で多く検出されたが，2000年以降は関東地方でも犬や猫の症例が多発し，2017年には東北地方(山形県，宮城県)でも症例が検出され，分布が北上する傾向にある．また本種はホンドタヌキからも高率に報告されている．アジアでは広く分布し，東洋眼虫(oriental eye worm)とよばれるが，20世紀後半からはヨーロッパ各国でも，犬や猫，ヒトの症例や野生動物(オオカミ・アカギツネなど)の症例も知られる．

(5)その他の *Thelazia* 属の種

T. californiensis は米国西部で犬や猫，イヌ科野生動物にみられ，人体例も報告されている．とくに本種は雌成虫の陰門が食道－腸結合部よりも後に開口することで，東洋眼虫と区別される．

(6)マンソン眼虫(*Oxyspirura mansoni*)

乳白色で雄10～14 mm，雌15～20 mm，交接刺は左が3～4 mmと長く，右は0.2 mmである．口腔は前後部に分かれる．鶏，シチメンチョウなどの瞬膜下，涙管内などに寄生する．

発育と感染：牛に寄生する眼虫類はイエバエ類を中間宿主とする．日本ではノイエバエ(*Musca hervei*)，クロイエバエ(*Musca bezzi*)で，これらのハエ類は牛の顔面，とくに眼瞼周囲にとまり，涙を吸引する習性がある．感染牛の涙中に産出さ

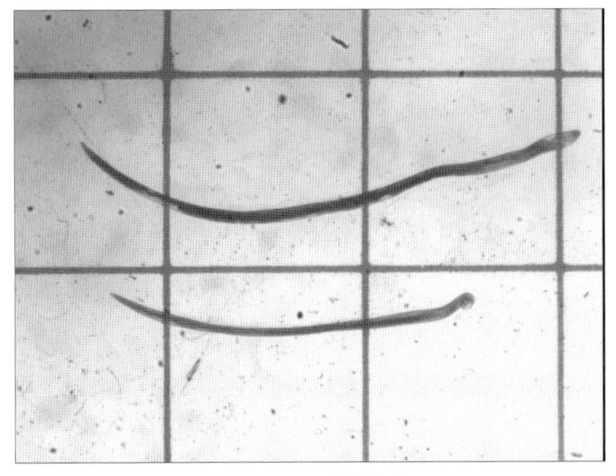

図 III.234　東洋眼虫

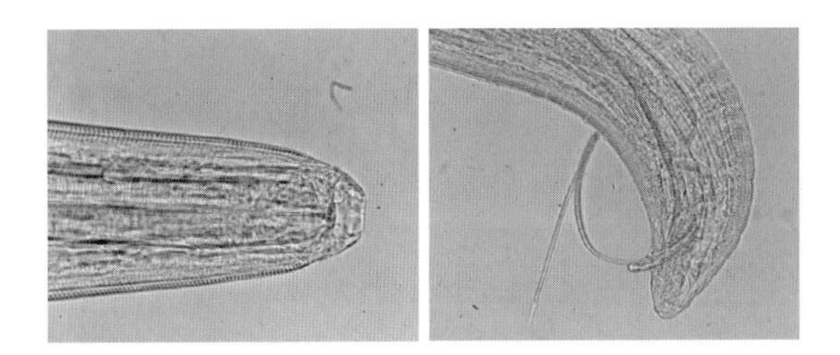

(a) 頭端　(b) 雄尾端

図 III.235　東洋眼虫の頭端と尾端［原図：茅根士郎］

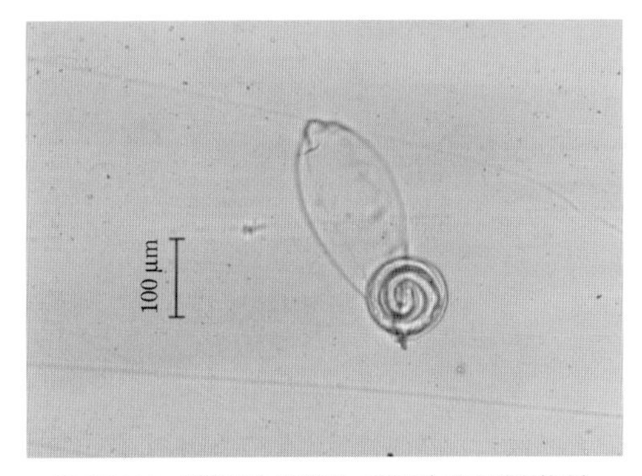

図 III.236　東洋眼虫(涙液中の落下傘状の脱嚢幼虫)［原図：茅根士郎］

れた1期幼虫はハエに摂取され，腹腔内で体長2～3 mmの3期幼虫(感染幼虫)に発育する．感染後17日には，感染幼虫は腹腔内に形成された被嚢から脱出し，胸部，頭部，吻に移行する．牛への感染実験では，感染後20～25日で成虫となる．成虫の生存期間は6～7か月である．感染はハエの活動が活発となる5～10月に多く，年齢的には1.5～3歳齢においてもっとも感染率が高い．

東洋眼虫の生活環は中間宿主を除いて牛の眼虫類とほぼ同様である(図 III.241)．日本での中間

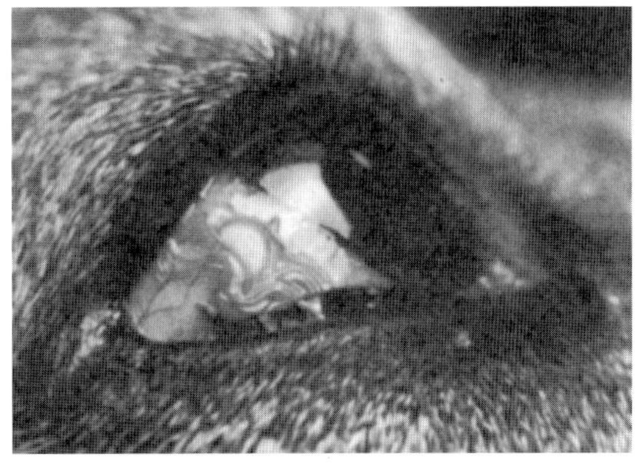

図 III.237　犬の瞬膜嚢に寄生する東洋眼虫［原図：板垣　博・大石　勇］

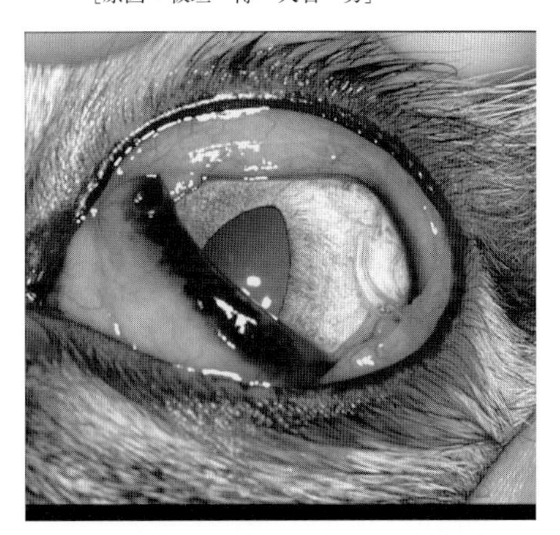

図 III.238　猫の瞬膜嚢に寄生する東洋眼虫

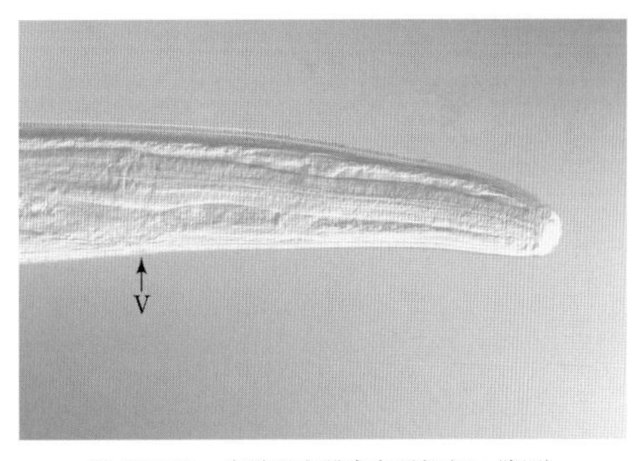

図 III.239　東洋眼虫雌成虫頭部(V：陰門)

宿主はショウジョウバエ科のメマトイ *Amiota* 属のマダラメマトイ(*A. okadai*)やオオマダラメマトイ(*A. magna*)であり，1970年代の報告では，前種は全国に，後種は関東，中国，九州に分布する．メマトイ類は涙をなめる際，涙とともに落下傘状の薄い卵殻を体の末端に付着させた渦巻き状の1期幼虫を摂取する(図 III.236)．摂取後，胃，消化管から生殖器に侵入した幼虫は体幅を著しく増し，ソーセージ状になる．ついで，幼虫は腹

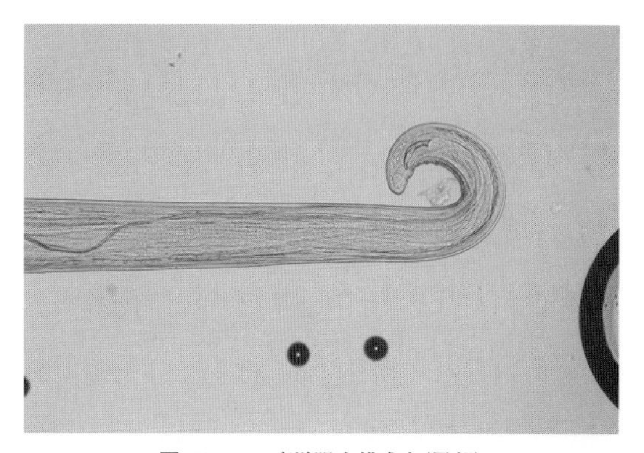

図 III.240　東洋眼虫雄成虫(尾部)

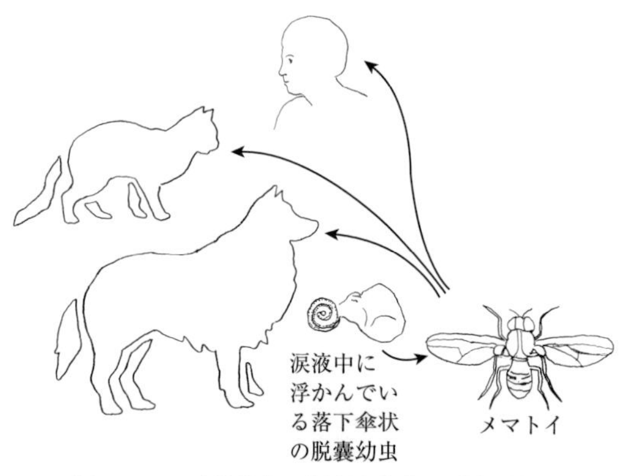

図 III.241　東洋眼虫の生活環［原図：茅根士郎］

腔・胸腔を通って頭部に達して，体長 2.0〜2.5 mm の感染幼虫に発育する．感染幼虫に要する日数は気温によって左右され，30℃では 10〜11 日，25℃では 14〜15 日，20℃では 20 日前後である．中間宿主が犬などの眼瞼にとまると，感染幼虫は宿主に移行し，感染後 35 日目には涙・眼脂中に産出された 1 期幼虫が観察される．終宿主に寄生後の虫体の寿命は 12 か月である．ヨーロッパではショウジョウバエの一種(*Phortica variegata*)の雄成虫のみが，自然条件下で東洋眼虫の中間宿主であると報告されている．*T. californiensis* の中間宿主はヒメイエバエ属のハエである．

Oxyspirura 属ではゴキブリなどの昆虫が中間宿主であり，中間宿主を捕食することで経口的に終宿主に感染し，筋胃で孵化した幼虫が食道を上行して涙管を介して眼球に到達する．

病原性と症状：牛の眼虫では，少数寄生で顕著な臨床症状がみられることはほとんどない．しかし 10〜15 虫体以上が寄生すると，眼虫体表のクチクラ層が鋸状をしているため，眼虫の運動の刺激により流涙を伴った結膜炎や結膜の充血，羞明が片眼または両眼に認められる．さらに病状が進行すると角膜炎，角膜混濁，角膜穿孔，角膜腫瘍，紅彩毛様体炎が観察されるようになり，時には体重が減少する．また東洋眼虫の寄生では，はじめに急性結膜炎の症状を示し，結膜に充血，羞明が認められ，顔を器物に擦りつけるような動作を示すが，やがて症状は軽減・消失する．しかし，重症では，角膜白濁や角膜腫瘍，眼瞼周囲炎がみられ，失明する場合もある．

診　断：本症の確実な診断は眼結膜嚢，瞬膜下などに寄生している眼虫の検出である(図 III.233，237)．ロデシア眼虫症の発生は中間宿主であるイエバエ類の活動と密接に関係しているため，夏季に多く，冬季に少ない．またその発生率は放牧牛の方が，舎飼牛よりも高い．牛に結膜炎などの臨床症状が認められた場合や，眼に蛇行運動している虫体が観察された際には，局所麻酔液(キシロカイン液など)を点眼して眼瞼を開き，眼科用ピンセットで虫体を検出するか，ポリエチレン洗浄瓶に入れた生理食塩水または 3 %ホウ酸水で結膜嚢を加圧洗浄して結膜嚢に寄生する成虫ならびに幼虫をビニール袋に洗い出して，虫体を確認する．また洗浄液の沈渣を鏡検することにより，虫卵，1 期幼虫も検出され，より確実な診断となる．またと畜場で解体された牛頭部の眼部を洗浄しても成虫が検出可能である．東洋眼虫の診断も同様である．寄生犬は前肢で眼を擦る動作をするため飼主が寄生に気づくことがある．近年は本種の感染状況が周知されてきたため，動物病院での受診時に検出される例が増加している．

治　療：ドラメクチン(dramectin)0.2 mg/kg の皮下および筋肉注射は牛の眼虫に対して効果がある．またテトラミゾール(tetramizole) 12.5〜15 mg/kg の 1 回皮下注射ないしテトラミゾール 1 %点眼液は牛の眼虫症を速やかに改善する．しかし日本での牛の治療報告はほとんどない．また犬の東洋眼虫症に対してはイベルメクチン(ivermectin)，ミルベマイシン(milbemycin)，ドラメクチン 0.2 mg/kg の皮下注射，ミルベマイシン製剤の点眼が効果的である．また虫体を摘出するには，あらかじめ眼科用麻酔剤を点眼し，虫体を鉗子で摘出するか，生食などで流出させて取り除く．

予　防：予防方法は牛体へ中間宿主であるハエ類あるいは犬や猫にメマトイ類が接触しない対策を講じることであるが困難なことが多い．牛では殺虫剤(ピレスロイド系)を含有するイヤータッグの装着により効果がみられる．またハエの発生が多くなる夏季に牛体に忌避剤を塗布する．

犬では犬糸状虫症の予防に使用されるマクロライド系薬剤の低用量の経口投与が試みられている．

4.16　馬の胃虫症(Habronemosis)

原　因：旋尾線虫目(Spirurida)，ハブロネマ科(Habronematidae)に属する *Draschia* 属の大口馬胃虫(*D. megastoma*)，*Habronema* 属のハエ馬胃虫(*H. muscae*)，小口馬胃虫(*H. microstoma*)の3種が馬の胃虫症の原因となる．これらの胃虫は形態的に似るが，大口馬胃虫は頭頸部の境界が明瞭にくびれ，口腔はロート状を呈するのに対し，ハエ馬胃虫と小口馬胃虫は頭頸部の境界が不明瞭で，口腔は円筒状である．また，前種と後2種では側翼にも違いがみられる．雄の尾部はいずれもコイル状に巻き，尾翼がある．

(1)大口馬胃虫(*Draschia megastoma*)

虫体は乳白色で，大きさは雄7～10 mm，雌10～13 mm．頭端はくびれ，口腔の形はロート状である．体の両側に側翼がある．交接刺は不等長である(左0.46 mm，右0.24～0.28 mm)(図III.242)．雌の陰門は中央より前方にある．虫卵は細長く，33～35 × 8 μm で産卵時は幼虫形成卵である．虫卵は宿主の胃内で孵化し，1期幼虫として糞便中に排泄される．中間宿主はイエバエ(*Musca domestica*)，ウスイロイエバエ(*Musca conducens*)，フタスジイエバエ(*Musca sorbens*)などである．宿主は馬，ロバ，ラバ，シマウマで，胃壁，稀に腸に寄生する．世界各地に分布し，日本にもみられるが，過去の報告では北海道産馬より九州産馬で感染率が高い．

(2)ハエ馬胃虫(*Habronema muscae*)

虫体は帯黄色ないしオレンジ色で，雄8～14 mm，雌13～22 mm．口腔の形は円筒形で，側翼は左側のみにみられる．尾翼は幅広く，交接刺は不等長(左2.5 mm，右0.5 mm)(図III.243)．陰門は虫体のほぼ中央にある．子宮内の虫卵は幼虫を含み，卵殻が薄いため，胃内で孵化し，1期幼虫(80～100 μm)として糞便中に排出されることが多い．中間宿主はイエバエ，ウスイロイエバエ，フタスジイエバエ，ハラアカイエバエ(*Musca ventrosa*)などである．宿主は馬，ロバ，ラバ，シマウマで，胃，稀に盲腸，結腸に寄生する．世界各地に分布し，日本では九州以南にみられる．

(3)小口馬胃虫(*Habronema microstoma*；シノニム：*H. majus*)

本種の学名については *H. microstoma* を *H. majus* のシノニムと記載するものもある．また，

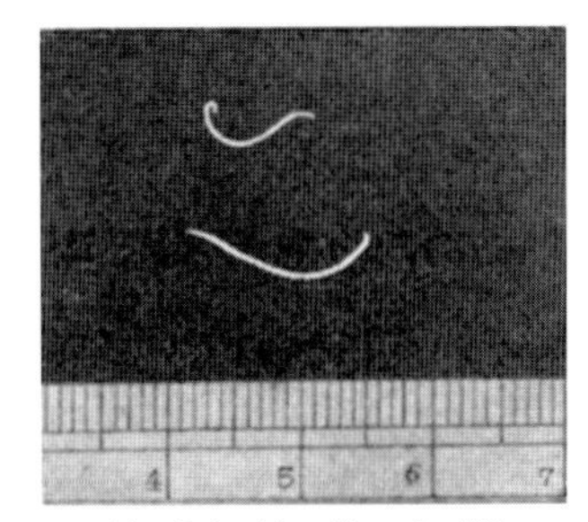

(a) 成虫 (上：雄，下：雌)

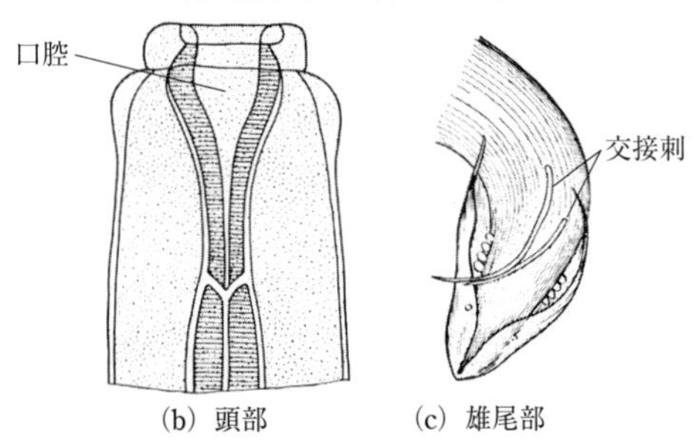

(b) 頭部　(c) 雄尾部

図 III.242　大口馬胃虫［原図：板垣　博・大石　勇］

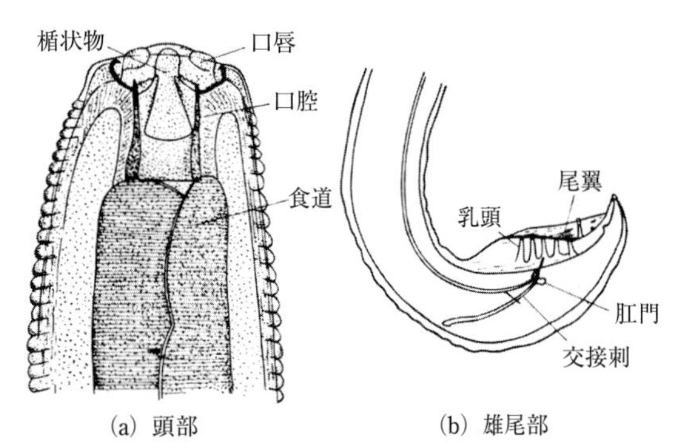

(a) 頭部　(b) 雄尾部

図 III.243　ハエ馬胃虫［原図：板垣　博・大石　勇］

最近では両者を別種とする報告もある．虫体は乳白色で，大きさは雄 10～22 mm，雌 12～35 mm．口腔の形は四角ばった円筒形で，側翼は左側のみである．雄の尾翼は狭く，交接刺は不等長(左 0.75～0.8 mm，右 0.35～0.38 mm)であるが，その差はハエ馬胃虫に比べて少ない(図 III.244)．陰門は体中央部に開口する．虫卵は虫体の子宮内で孵化し，糞便には1期幼虫として排泄される．中間宿主はおもにサシバエ(*Stomoxys calcitrans*)で，他にノサシバエ(*Haematobia irritans*)，シリグロニクバエ(*Helicophagella melanura*)，イエバエも中間宿主になる．宿主は馬，ロバ，ラバ，シマウマで，胃に寄生する．世界各地に分布し，日本では過去に関東地方の馬に高率に寄生を認めたことがある．

発育と感染(図 III.245)：宿主の糞便中に排泄された大口馬胃虫およびハエ馬胃虫の1期幼虫は中間宿主であるイエバエ，ウスイロイエバエの幼虫(ウジ)に摂取された後，消化管を穿通して血体腔に入り，感染3日後に脂肪組織(ハエ馬胃虫)あるいはマルピーギ管(大口馬胃虫)に侵入して2期幼虫となる．幼虫はさらにハエの蛹，成虫内で発育し，感染約2週後に感染幼虫(2.5～3 mm)となり，ハエ成虫の頭部から口部に移行する．感染幼虫はイエバエが馬の眼瞼，鼻孔，口唇，傷口に止まる際に粘膜や創傷面に脱出する．宿主への感染はこれら幼虫を馬がなめることによって起こるが，ハエ馬胃虫では水，飼料に混入した感染ハエの死骸を摂取しても起こるとされる．吸血昆虫を中間宿主とする小口馬胃虫の生活環も前2種に類似し，宿主の糞便中に排泄された1期幼虫はサシバエ，ノサシバエの幼虫(ウジ)に摂取された後，脂肪組織内で発育し，感染約20日後に感染幼虫(1.5～1.6 mm)となり，ハエ成虫の吻に移行する．幼虫が感染したサシバエは吸血できないため，イエバエ，ノイエバエ同様，口や皮膚病変部の分泌物を摂取し，その際に吻から遊出した感染幼虫が馬になめられて感染する．馬に摂取されたハエ馬胃虫，大口馬胃虫，小口馬胃虫の感染幼虫は口腔，食道を経て，胃に達し，約2か月後に成虫となる．大口馬胃虫は胃壁内に深く侵入し，腫瘍状の結節を形成する．

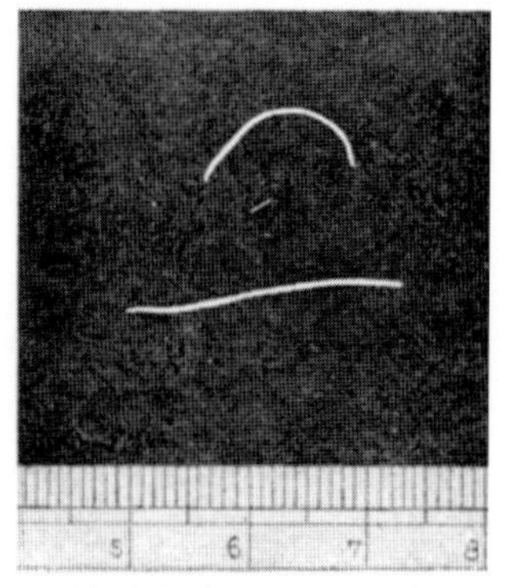

(a) 成虫（上：雄，下：雌）

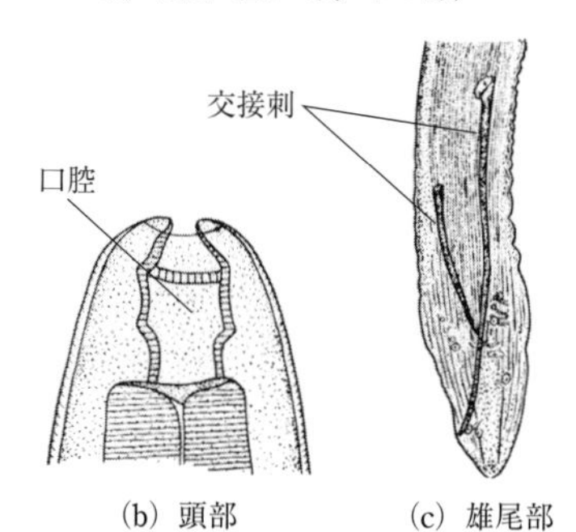

(b) 頭部　　(c) 雄尾部

図 III.244　小口馬胃虫［原図：板垣　博・大石　勇］

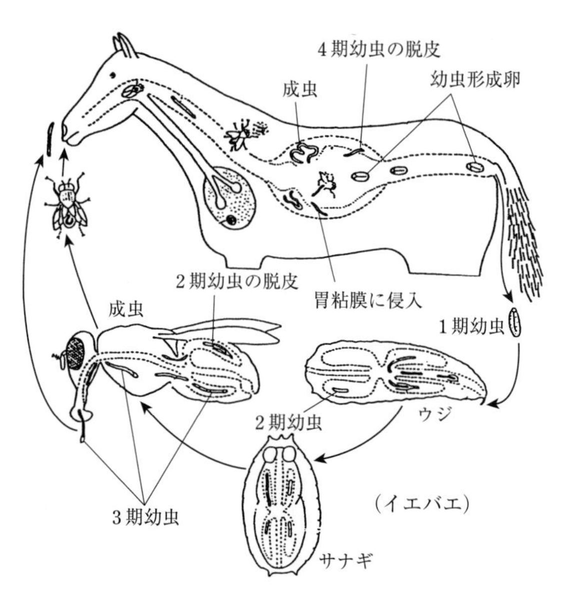

図 III.245　馬の胃虫(*Habronema* 属)の生活環
［原図：茅根士郎］

病原性と症状：馬胃虫症は中間宿主であるハエ類の活動時期と密接に関連し，夏から秋にかけて発生し，冬から春には消失する．糞便中の1期幼虫は30℃では6日，25℃では7日間生存する．しかし，感染幼虫は乾燥に弱く，馬に摂取されな

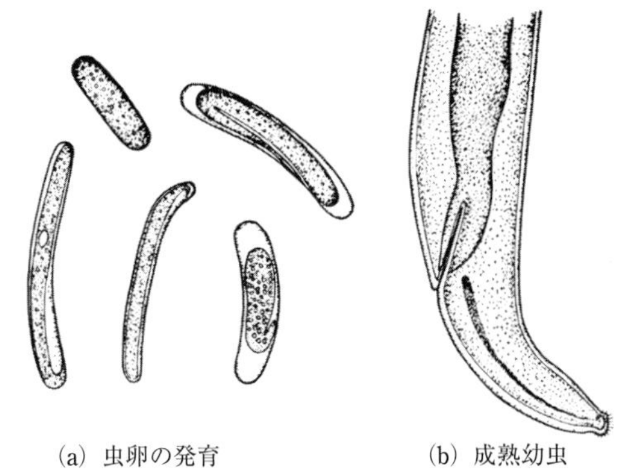
(a) 虫卵の発育　(b) 成熟幼虫
図 III.246　ハエ馬胃虫の発育［原図：板垣　博・大石　勇］

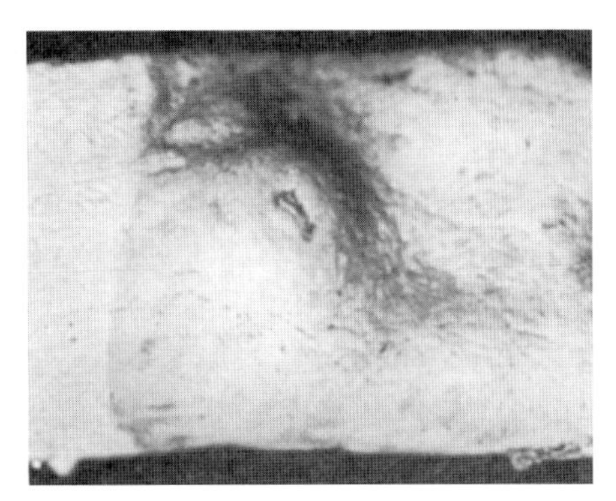
図 III.247　大口馬胃虫による胃の腫瘤
［原図：板垣　博・大石　勇］

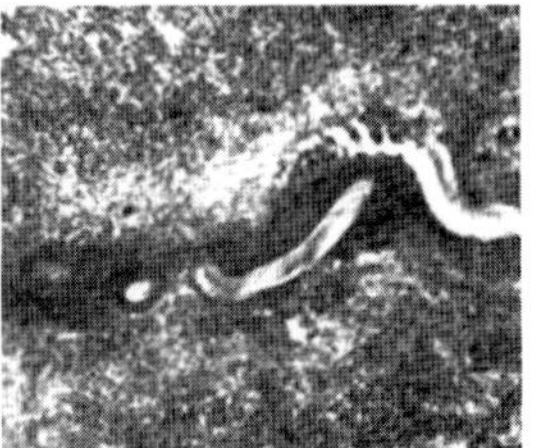
(a) 皮膚馬胃虫症（顆粒性皮膚炎）　(b) 真皮層内の幼虫
図 III.248　皮膚馬胃虫症［原図：板垣　博・大石　勇］

ければ，数分以内に死滅する．本症は病変と症状から成虫が原因となる胃馬胃虫症と幼虫寄生に起因する皮膚および結膜馬胃虫症に区別される．

(1) 胃馬胃虫症（gastric habronemosis）

ハエ馬胃虫と小口馬胃虫の成虫は胃粘膜に寄生し，頭部を胃腺内に挿入する．多数寄生すると，過剰の粘液分泌を伴う慢性カタル性胃炎の原因となる．粘膜には充血，出血斑，時に潰瘍形成がみられ，ハエ馬胃虫の寄生では顕著である．

大口馬胃虫は鳩卵大から鶏卵大の腫瘤を形成し，胃の噴門部と腺部の接合部に好発する（図III.247）．大口馬胃虫の症状は幽門部に腫瘤が形成されなければ明らかではないが，大きな腫瘤が形成されると幽門狭窄や胃拡張が観察されることがある．胃穿孔を生じた場合は腹膜炎により発熱，疼痛などの症状が現れる．ハエ馬胃虫，小口馬胃虫の多数寄生は，食欲不振，疝痛，嘔吐，被毛粗剛，栄養障害を起こす．

(2) 皮膚馬胃虫症，皮膚ハブロネマ症（cutaneous habronemosis）

中間宿主のハエ類から遊出した感染幼虫は創傷皮膚面に侵入し，肉芽組織病変を形成して顆粒性皮膚炎（dermatitis granulose）または夏創（summer sore）の原因となる（図 III.248）．おもにハエ馬胃虫が原因とされるが，実験的には 3 種の馬胃虫の幼虫でも発症するとの報告がある．本症は晩春に発生，夏に皮膚炎の病勢が増進，秋季に病勢が軽減ないし治癒する限局性の慢性皮膚炎である．好発部位は四肢，顔面，下腹部の他，馬具による損傷がみられるき甲部，前胸部である．

(3) 結膜馬胃虫症，結膜ハブロネマ症（conjunctival habronemosis）

馬胃虫の感染幼虫が眼瞼結膜に侵入し，炎症，結節を形成するもので，結膜は充血，小出血斑，小結節がみられる．眼からは流涙，粘液，膿性眼脂を排出する．

診　断：胃馬胃虫症では特有の臨床症状がないため，糞便中の幼虫形成卵および 1 期幼虫の検出によって診断する．しかし，糞便中の虫卵数は少なく，かつほとんどが幼虫として排出されるため，糞便を簡易沈殿法により処置した沈渣からベールマン法で幼虫を検出するのがよい．その他に空腹時の胃洗浄回収液から幼虫形成卵および幼虫を検出する方法や，ハエの虫卵を被検便中に入れ，羽化したハエを解剖して幼虫を検索する方法がある．皮膚馬胃虫症の診断は病変部の創傷皮膚面を外科用メスで掻爬し，採取した肉芽組織中の馬胃虫幼虫を検出する．また結膜馬胃虫症の診断は結膜の小結節または眼脂を用いて馬胃虫の幼虫の検出を行う．

治　療：イベルメクチン（ivermectin）0.2 mg/

kg の投与は馬胃虫の成虫に対して効果がある．また馬胃虫の幼虫が原因となる夏創に対しても有効である．皮膚・結膜馬胃虫症では病変部を外科的に縮小したのち，ステロイド剤の局所または全身性の投与あるいはステロイド剤とイベルメクチンの局所への投与が行われる．

予　防：胃内に寄生する馬胃虫の成虫から排泄された 1 期幼虫や幼虫形成卵から孵化した 1 期幼虫は糞便中のハエのウジに摂食されて感染するため，厩舎の清潔，堆肥の管理を徹底し，糞の堆積へのハエの産卵防止，切りかえしによる発酵熱を利用したウジの殺滅，殺虫剤の散布などによりハエの発生を防止することが必要である．

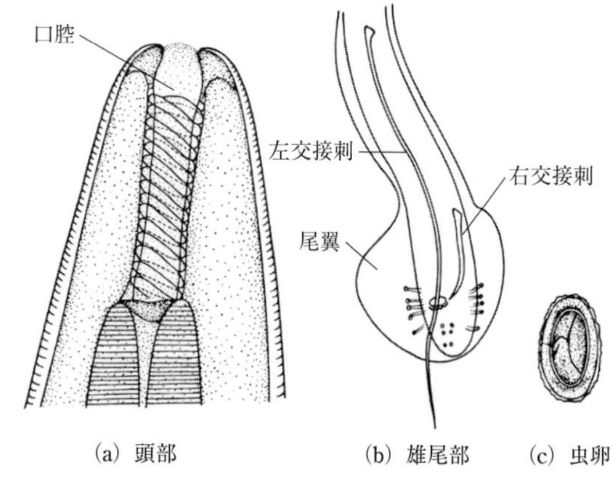

(a) 頭部　(b) 雄尾部　(c) 虫卵

図 III.249　類円豚胃虫［原図：板垣　博・大石　勇］

4. 17　豚の胃虫症 (Stomach worm disease)

原　因：円虫目 (Strongylida)，毛様線虫科 (Trichostrongylidae) の *Hyostrongylus* 属，旋尾線虫目 (Spirurida)，スピロセルカ科 (Spirocercidae) の *Ascarops* 属，*Physocephalus* 属，顎口虫科 (Gnathostomatidae) の顎口虫 (*Gnathostoma*) 属 (III 部 4.24 節参照) などの線虫が豚の胃虫症の原因となる．日本では以前，類円豚胃虫，紅色毛様線虫が報告されたが，現在は豚での発生はみられない．旋尾線虫目の線虫はその発育に中間宿主を必要とする．

(1) 類円豚胃虫 (*Ascarops strongylina*)

虫体は生時赤色を呈し，小形 (雄 10〜15 mm，雌 16〜22 mm) で，やや太い線虫である．頸翼は体の左側のみに観察される．口腔は円筒状で，その内壁はらせん状に旋回し，厚い．雄の尾端はコイル状に巻き，尾翼は右側が大きく，左側の 2 倍である．交接刺は不等長 (左 2.24〜2.95 mm，右 0.46〜0.62 mm) である (図 III.249)．雌の陰門は体中央のやや前方に開口する．虫卵は無色，34〜39 × 20 μm で卵殻は厚く，表面は斑点でおおわれ，産卵時は幼虫形成卵である．

中間宿主はおもに *Aphodius* 属，*Onthophagus* 属などの食糞性甲虫 (dung beetle) で，他に非食糞性の甲虫やギンヤンマの一種などが知られる．日本ではウスイロマグソコガネ (*A. sublimbatus*)，マグソコガネ (*A. rectus*)，マルエンマコガネ (*O. vidus*) に寄生がみられる．また終宿主以外の哺乳類 (とくに食虫目やコウモリ)，爬虫類，両生類，鳥類は待機宿主となる．成虫は豚，イノシシの胃，稀に小腸に寄生する他，牛，モフロン，野生げっ歯類，ウサギ，モルモットに感染する．世界各地に分布し，日本ではイノシシにみられる．2005〜2006 年の和歌山県と兵庫県における野生イノシシの調査ではそれぞれ 50% と 89% の寄生率が報告されている．

(2) 紅色毛様線虫 (*Hyostrongylus rubidus*)

雄 4 〜 7 mm，雌 5 〜10 mm．虫体は小形で細く，吸血により赤色を帯びることから紅色毛様線虫 (red stomach worms) の名がある．頭部には小さな頭胞があり，クチクラには 40〜45 本の縦走線がみられる．本種は円虫類に属し，雄の尾端には尾翼ではなく発達した交接嚢があることから他の胃虫とは容易に区別できる (図 III.250)．交接刺は等長 (0.127〜0.134 mm) で，副交接刺がある．雌の陰門は体後端より約 1/6 の位置に開口する．虫卵は 71〜78 × 35〜42 μm，卵殻が薄く，腸結節虫卵に類似する．成虫は豚の胃，とくに胃底腺部に寄生する．またペッカリー，稀に牛にもみられる．世界各地に分布し，日本では北海道の豚の寄生例があるが，稀である．

(3) 六翼豚胃虫 (*Physocephalus sexalatus*)

雄 16〜13 mm，雌 10〜23 mm．生鮮時は赤色で，体の前半が頭端に向かって非常に細くなる．頸部には両側に各 3 対の頸翼がある (図 III.251)．口腔は円筒状で，その内壁は類円豚胃虫と同様に

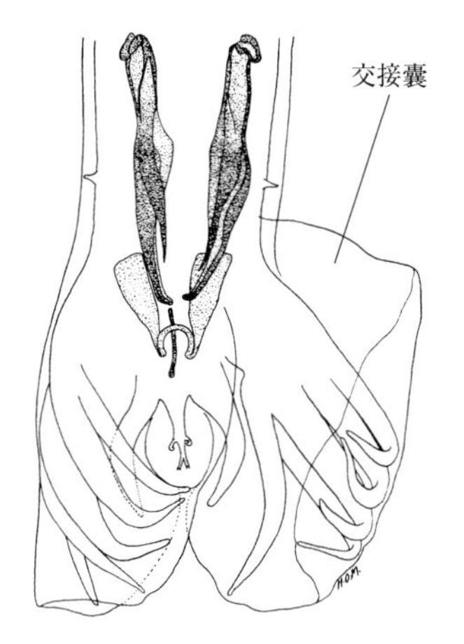

図 III.250　紅色毛様線虫(雄尾端)
［Soulsby, E. J. L.(1982)を改変］

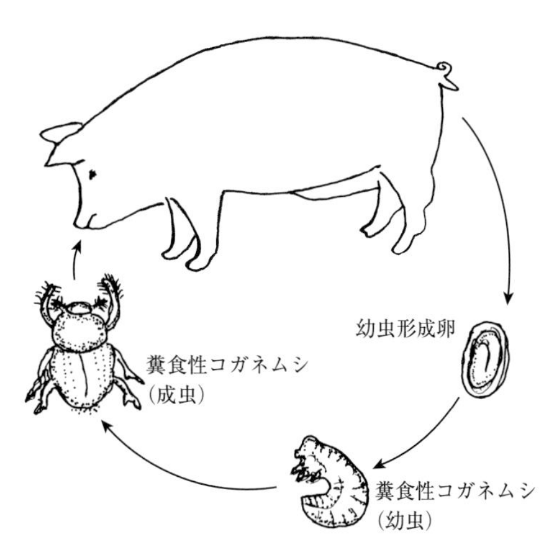

図 III.252　類円豚胃虫の生活環［原図：茅根士郎］

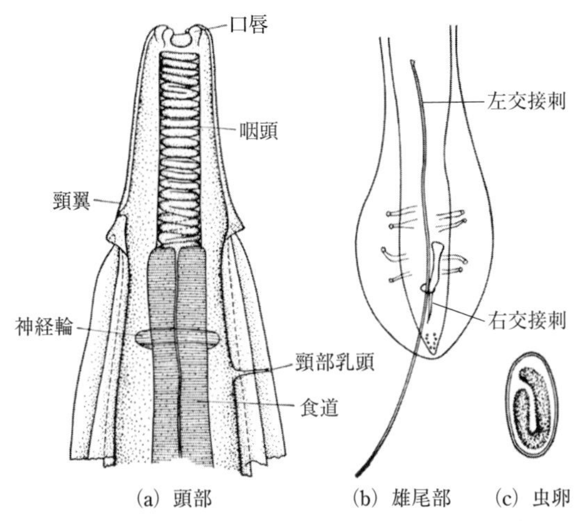

図 III.251　六翼豚胃虫［原図：板垣　博・大石　勇］

らせん状に旋回する．雄の尾端はコイル状に巻き，交接刺は不等長(左 2.1〜2.5 mm，右 0.3〜0.4 mm)である．虫卵は長楕円形で卵殻が厚く，産卵時幼虫を含み，大きさは 31〜39 × 12〜17 µm で，両端にくぼみがある．

中間宿主は *Scarabaeus* 属，*Gymnopleurus* 属，*Geotrupes* 属，*Onthophagus* 属などの食糞性甲虫である．また食虫性の哺乳類，爬虫類，両生類，鳥類が待機宿主となる．成虫は豚，イノシシ，ペッカリーの他，バク，ロバ，馬，ヒトコブラクダ，牛，ウサギの胃，稀に小腸に寄生する．世界各地に分布し，日本ではイノシシにみられる．2005〜2006 年の和歌山県と兵庫県における野生イノシシの調査ではいずれも約 45％の寄生率が報告されている．

発育と感染(図 III.252)：宿主の糞便中に排泄された類円豚胃虫の幼虫形成卵は中間宿主に摂食され，それらの腸で孵化した 1 期幼虫(体長 110〜115 µm)は血体腔に侵入，感染 15 日後にはマルピーギ管壁内で被嚢し，17〜19 日に脱皮して 2 期幼虫となり，28〜29 日に 2 回目の脱皮を行って 3 期幼虫(1.9〜2.3 mm)となる．六翼豚胃虫の生活環も類円豚胃虫に類似し，中間宿主の腸で孵化した 1 期幼虫はマルピーギ管壁内で被嚢し，感染 16 日後に 2 期幼虫，34 日に 3 期幼虫(1.6 mm)となる．豚への感染はこれらの 3 期幼虫を体内に保有する食糞性甲虫の摂食によって起こるが，待機宿主を摂食することによっても感染が成立する．昆虫内の被嚢幼虫は豚の胃で脱嚢して胃粘膜に寄生し，発育・脱皮を行って胃粘膜で成虫となる．類円豚胃虫は約 1 か月で成熟し，感染 46〜50 日後に産卵を開始する．

一方，紅色毛様線虫は直接発育を営む．糞便中に排泄された虫卵は 22〜25℃では 39 時間で孵化し，その後 2 回の脱皮を経て，7 日で感染幼虫(体長 715〜735 µm)となる．感染幼虫は乾燥や低温には弱い．豚に摂食された感染幼虫は胃内で脱鞘後，胃腺内に侵入し，そこで発育・脱皮(4 期，5 期)を繰り返した後，胃腔に現れ，感染後 17〜19 日間(プレパテント・ピリオド)で成虫となる．しかし，中には，胃粘膜内に結節を形成し，その中で数か月間以上発育が抑制される(発育停止現象)ものもある.

病原性と症状：類円豚胃虫はおもに仔豚に多くみられるが，胃粘膜上の粘液内に寄生するため害は軽く，通常は無症状である．重度感染では潰瘍を形成し，急性胃炎，慢性胃炎の症状がみられ，胃痛，食欲不振，削痩，異食症が現れる．また暗色下痢便が認められ，宿主は喉の渇きを訴える．本種は胃，とくに幽門部に寄生し，炎症や潰瘍を起こすため，粘液分泌の亢進，粘膜の顕著な充血，腫脹，潰瘍形成さらに点状出血や幽門部の偽膜形成がみられる．一方，紅色毛様線虫は吸血性で，胃粘膜に穿入するため，胃の充血，炎症，カタルを起こす．重度感染では粘膜が肥厚し，黄色の偽膜でおおわれる．びらんや潰瘍が形成されることもある．食欲不振と貧血を主徴とし，下痢は少ないが出血があれば糞便は黒褐色便となる．軽度感染では，症状は顕著ではないが，重度感染では，下痢，貧血，削痩，衰弱がみられ，ときには，死亡することがある．

診　断：類円豚胃虫，紅色毛様線虫は浮遊法ないし沈殿法により虫卵を検出する．類円豚胃虫卵は比重が高いため，浮遊には飽和硝酸ナトリウム液(比重 1.39)などが推奨される．類円豚胃虫卵はきわめて小さく，内容は幼虫を含んでいるので，紅色毛様線虫卵，豚腸結節虫卵との鑑別は容易である．紅色毛様線虫卵と豚腸結節虫卵の鑑別は培養で得た3期幼虫の形態による．

治　療：類円豚胃虫に対してドラメクチン(doramectin)300 μg/kg の筋肉内注射，オキシフェンダゾール(oxfendazole)30 mg/kg の1回投与が有効である．一方，紅色毛様線虫の駆虫剤として，ジクロルボス(dichlorvos)17 mg/kg，フェンベンダゾール(fenbendazole) 5 mg/kg，チアベンダゾール(thiabendazole) 60〜100 mg/kg，レバミゾール(levamisole) 7 mg/kg，ドラメクチン 300 μg/kg は高い効果がある．

4.17 節の参考文献

Soulsby, E. J. L. (1982) *Helminths, arthropods and protozoa of domesticated animals (7th edition)*, Baillière Tindall

4.18 猫の胃虫症 (Stomach worm disease of cats)

原　因：旋尾線虫目(Spirurida)，フィザロプテラ科(Physalopteridae)の *Physaloptera* 属，*Abbreviata* 属，スピルラ科(Spiruridae)の *Spirura* 属，スピロセルカ科(Spirocercidae)の *Cylicospirura* 属，円虫目(Strongylida)，モリネウス科(Molineidae)の *Ollulanus* 属の線虫が猫の胃虫症の原因となる．日本で重要なのは *Physaloptera* 属の線虫である．

(1) 猫胃虫(*Physaloptera praeputialis*)

体長は雄 25〜40 mm，雌 25〜60 mm．成熟雌虫の生鮮虫体は淡紅色，成熟雄虫と未成熟虫では乳白色で，長さの割に太い(図 III.253)．尾部が包皮状の鞘に包まれた構造をしている．雌の陰門部は頭端より約 1/3 の位置にみられ，キチン質様の茶褐色の環で取り巻かれている．虫卵は無色で，卵殻が厚く，宿主からの排泄時に幼虫を含み，大きさは 45〜58 × 30〜42 μm．間接発育をし，昆虫類を中間宿主とする．また，両生類，爬虫類，鳥類，ネズミなどが待機宿主となる．成虫は猫，犬，コヨーテ，キツネ，その他野生のネコ科動物の胃壁に鉤着して寄生する．ヨーロッパを除く世界各地に分布し，日本の猫，犬にもみられるが，寄生率は高くない．

(2) その他の種

Physaloptera 属では，*P. rara*(猫，犬，コヨーテ，アライグマ，キツネの胃，十二指腸に寄生

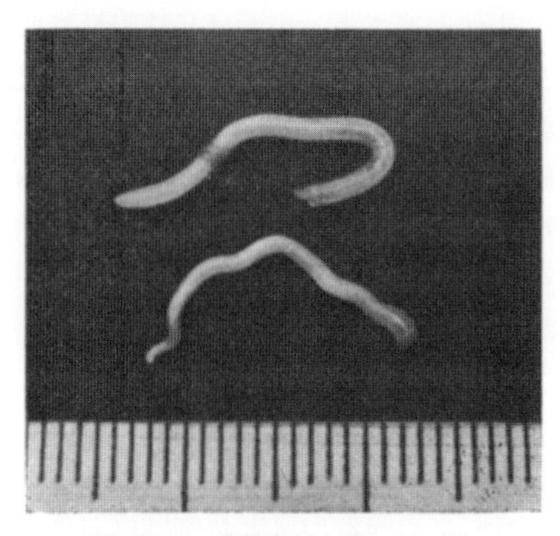

図 III.253　猫胃虫(上：雌，下：雄)
［原図：板垣　博・大石　勇］

し，北米に分布），*P. pacitae*（猫の胃壁に寄生し，中米，フィリピンに分布），*P. canis*（犬，猫の胃に寄生し，南アフリカに分布），*P. pseudopraeputialis*（猫の胃，時に喉頭に寄生し，フィリピンに分布），*P. brevispiculum*（猫，野生のネコ科動物，ハイエナ，アナグマの胃に寄生．インド，スリランカ，マレー半島，ナイジェリアに分布），*P. turgida*（オポッサム，スカンク，アライグマなど肉食獣に寄生．南米・北米に分布）がある．また，近縁種としては，*Abbreviata gemina*（猫，その他の肉食獣の胃，腸に寄生し，エジプトに分布），*Spirura rytipleurites*（猫，キツネ，ハリネズミなどの胃壁に寄生し，ヨーロッパ，北アフリカ，マダガスカルに分布），*Cylicospirura subaequalis*（猫，野生のネコ科動物，キツネの胃壁に寄生し，インド，中国，マレー半島，ブラジルに分布），*C. felineus*（猫とネコ科動物の胃壁に寄生し，インド，オーストラリア，カナダに分布），*Ollulanus tricuspis*（feline trichostrongyle）（猫と野生のネコ科動物，豚，キツネ，犬の胃壁の粘膜下に寄生し，世界に広く分布）がある．これらは，ペット動物の移動に伴って日本でもみられる可能性があり，注意する必要がある．

発育と感染：猫に寄生する旋尾線虫目の胃虫類はすべて発育に中間宿主を必要とし，その大部分は昆虫である．*Physaloptera* 属の中間宿主はゴキブリ，バッタ，コオロギで，猫胃虫はチャバネゴキブリ（*Blattella germanica*），コオロギ類（*Centophilus* 属，*Gryllus* 属），カマドウマ類，バッタ類を中間宿主とする．*P. rara* ではこの他ヒラタコクヌストモドキ（*Tribolium confusum*）も中間宿主となる．*Spirura rytipleurites* の中間宿主はコバネゴキブリ（*Blatta orientalis*）の他，ゴミムシダマシ類や食糞性甲虫類（*Blaps* 属，*Morica* 属，*Pimelia* 属など）である．

終宿主の糞便中に排出された猫胃虫の幼虫含有卵は，中間宿主の腸管内で孵化する．1期幼虫は腸壁に侵入して被嚢し，22～24℃では感染12日後に脱皮して2期幼虫となり，23日に2回目の脱皮を行って体長2.0～2.7 mmの3期幼虫（感染幼虫）となる．*P. rara* では，中間宿主内の発育に23～28日を要し，3期幼虫の体長は1.5～4 mm

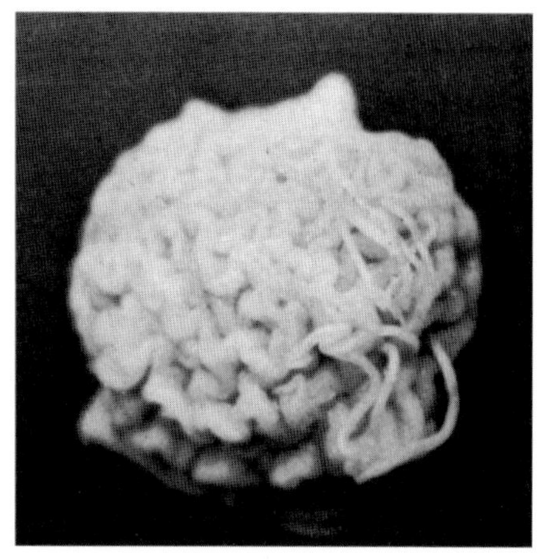

図 III.254 胃粘膜に寄生する猫胃虫
［原図：板垣　博・大石　勇］

である．感染した中間宿主を終宿主が捕食すると，胃の中で発育・脱鞘して成虫となる．体内移行はしない．猫におけるプレパテント・ピリオドは猫胃虫で131～156日間とされる．なお，感染した昆虫がカエル，ヘビ，鳥（待機宿主）などに食べられると，その体内で再被嚢し，これらを終宿主が捕食した場合にも感染が起こる．ガラガラヘビから得た *P. rara* の幼虫を与えた猫では75～79日後に虫卵が排泄されている．*Cylicospirura* 属，*Abbreviata* 属の生活史は不明である．

円虫目の *Ollulanus tricuspis* では雌の子宮内で虫卵が孵化し，3期幼虫にまで発育する．したがって3期幼虫による自家感染がみられ，また嘔吐物中の3期幼虫によって他の宿主に感染する．

解剖的変状：猫胃虫は胃粘膜に鉤着して吸血し（図 III.251），時に鉤着部を移動するため，粘膜に虫体の鉤着に原因する点状出血，びらんを生じ，カタル性胃炎や潰瘍を起こす．

症　状：少数寄生では症状は明瞭でないが，多数寄生例では嘔吐，食欲不振がみられる．慢性経過をとり，症状が進むと，栄養低下，被毛不良，脱毛などの一般状態の低下がみられる．下痢はほとんどないが，多量の胃出血から黒褐色便またはタール便をみることがある．嘔吐物中に虫体を発見することもある．

診　断：間歇性嘔吐，食欲不振，栄養状態の低下などの症状があれば本症が疑えるが，他の原因による慢性胃炎との鑑別が必要である．とくに長毛種猫の胃毛球に原因する慢性胃炎との鑑別は重要である．

確定診断は吐出された虫体の同定か，糞便検査による虫卵の検出である．虫卵の比重が比較的大きいので，比重 1.20 の飽和食塩水よる浮遊法では検出しにくい．糞便検査は，比重の大きい飽和硝酸ナトリウム液か飽和硫酸亜鉛液（比重 1.40）を用いる浮遊集卵法または沈殿集卵法によって行う．

治　療：猫胃虫の駆虫にパーベンダゾール（parbendazole）30 mg/kg の経口投与でよい成績が得られている．イベルメクチン 200 μg/kg の皮下投与で臨床症状の改善がみられている．

予　防：猫胃虫の虫卵は室温で 30〜40 日，4℃で 60 日生存する．猫への感染は中間宿主である昆虫（バッタ，甲虫類など）を捕食することや待機宿主であるトカゲ，小鳥などの捕食によって起こるので，これらの動物を捕食しないように注意する．都会などではゴキブリがもっとも重要な中間宿主と考えられるので，その駆除に心掛ける．

4.19 鶏の胃虫症 (Stomach worm disease of chikens)

原　因：旋尾線虫目（Spirurida），テトラメレス科（Tetrameridae）の *Tetrameres* 属と，アクアリア科（Acuariidae）の *Cheilospirura* 属，*Synhimantus* 属の線虫が鶏の胃虫症の原因となる．この他にゴンギロネマ科（Gongylonematidae）の *Gongylonema* 属線虫の中に鶏の前胃に寄生するものがある．

（1）*Cheilospirura hamulosa*（gizzard worm）

雄 8 〜14 mm，雌 16〜25 mm．頭部から頸部にかけての体表に 4 本のひも状構造（コルドン：cordon）がみられる（図 III.255）．これは頭端から体の後方へ蛇行するが，食道と腸の接合部付近で前方に反転する．左右の交接刺は長さと形状が著しく異なり，左の細長い交接刺は 1.4〜1.8 mm，右の短い交接刺は 200〜230 μm である．虫卵は無色で卵殻が厚く，幼虫を含み，大きさは 40〜45 × 24〜27 μm である．間接発育を行い，昆虫や陸生の端脚類を中間宿主とする．キジ目の鳥類（鶏，七面鳥，キジ，ホロホロ鳥など）の筋胃の角皮状の粘膜下に寄生し，世界各地に分布する．

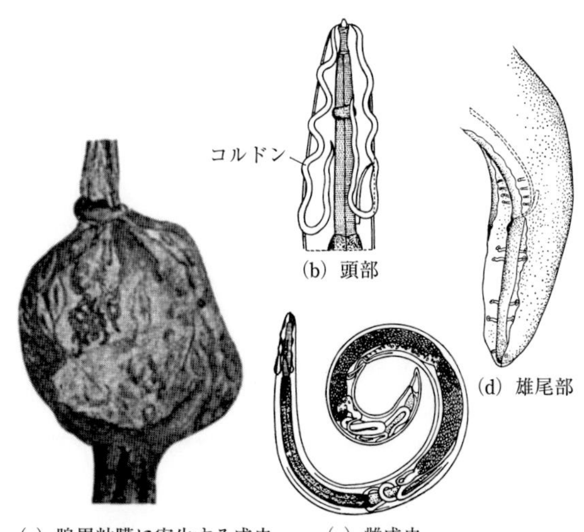

図 III.255　旋回鶏胃虫［原図：板垣　博・大石　勇］

（2）旋回鶏胃虫（*Synhimantus nasuta*）

雄 5 〜 8 mm，雌 6 〜10 mm．虫体は螺旋状に巻き，体の前部のコルドンおよび交接刺の特徴（左 340〜520 μm，右 150〜200 μm）は *C. hamulosa* と同様（図 III.255）．虫卵は無色で卵殻が厚く，その大きさは 33〜40 × 18〜25 μm で，産出時に幼虫を含む．ダンゴムシなどの陸生の等脚類（Isopoda）を中間宿主とし，キジ目やハトなどの腺胃，食道，稀に腸壁に寄生する．南米・北米，ヨーロッパ，アフリカ，オーストラリア，アジア（インド，パキスタン，日本）などに分布する．*Acuaria nasuta*，*A. spiralis*, *Dispharynx nasuta* はシノニム．

（3）*Tetrameres americana*（globular stomach worm）

雄 5.0〜5.5 mm × 116〜133 μm，雌 3.5〜4.5 × 3 mm．雌雄で著しく形が異なるのが，本属の線虫の特徴である．雄は白色，糸状で体表には数列の小棘が縦に並ぶ．雌は血色，円盤状で肉厚の様相を呈し，頭部と尾部が円錐状に突出する．左右の交接刺は著しく不等（左 290〜312 μm，右 100 μm）である．虫卵は無色で，卵殻が厚く，大きさ 42〜50 × 24 μm で産出時に幼虫を含む．昆虫を中間宿主とし，鶏，コリンウズラ，エリマキライチョウの腺胃に寄生する．雄は胃腔内に遊離している．雌は胃腺内に寄生しているが，体色が血色であるため粘膜を通して虫体が認められる．北米とアフリカに分布する．

この他に *Tetrameres* 属には次のようなものがある．

T. fissispina：雄 3 ～ 6 mm，雌 1.7～ 6 × 1.3～ 5 mm．虫卵は 48～56 × 26～30 µm．アヒル，ガチョウ，野生の水禽，稀に鶏，七面鳥，ハト，ウズラの腺胃に寄生し，北米，ヨーロッパ，旧ソ連，アジア，プエルトリコなどに分布する．日本ではハト，ハクチョウ，オシドリ，カモなどの野鳥に本種の寄生が確認されている．

T. confusa：雄 4 ～ 5 mm，雌 3 ～ 5 × 2 ～ 3 mm．虫卵は 33 × 24 µm．ハト，鶏，七面鳥の腺胃に寄生し，南米，フィリピンに分布．

T. mohtedai：雄 4.3～5.8 mm，雌 3.2～5.6 × 1.9～3.2 mm．虫卵は 43～55 × 29～32 µm．インドの鶏の腺胃に寄生．

発育と感染：*C. hamulosa* の発育には，バッタ類（アカハネオンブバッタ *Atractomorpha sinensis*，クルマバッタモドキ *Oedaleus infernalis*，タイワンハネナガイナゴ *Oxya chinensis*，*Conocephalus saltator*，*Melanoplus* spp. など），トビムシ類（*Orchestia platensis*），甲虫類（コクヌストモドキ *Tribolium castaneum*，*Tenebroides nana*，ガイマイデオキスイ *Carpophilus dimidiatus* など）などの中間宿主が必要である．幼虫形成卵として糞中に排出された *C. hamulosa* の虫卵は，中間宿主に摂取されてその腸内で孵化する．1 期幼虫は中間宿主の体腔に移行し，感染後 19～22 日には 3 期幼虫（700 µm）となって筋肉内などで被嚢する．この感染した昆虫が鳥類に食べられると，1 日以内に筋胃の壁に侵入し，約 12 日後には 4 期幼虫，16～21 日後には成虫となる．虫卵は感染後 76～90 日に排出される．

旋回鶏胃虫の中間宿主体内の発育は *C. hamulosa* の場合とほぼ同じである．中間宿主は陸生の等脚類（ワラジムシ *Porcellio scaber*，クマワラジムシ *Porcellio laevis*，オカダンゴムシ *Armadillidium vulgare*）であり，感染後 26 日で 3 期幼虫（体長約 2.9～3.2 mm）となり，中間宿主の体腔内に遊離している．終宿主に摂食された幼虫は約 27 日で成熟し，糞便に虫卵が排泄される．

Tetrameres 属の線虫の発育も前 2 種と大体同じである．虫卵は中間宿主の腸内で孵化し，幼虫はその体腔で発育・脱皮を繰り返して 3 期幼虫となり，筋肉内などで被嚢する．中間宿主は，*T. americana* ではバッタ類（*Melanoplus* spp.）とチャバネゴキブリ，*T. fissispina* ではミジンコ，ヨコエビ，バッタ，ミミズである．*T. americana* および *T. fissispina* の中間宿主内での発育はそれぞれ 42 日および 10 日で，終宿主に摂食された幼虫はそれぞれ 45 日および 18 日で成熟する．水禽に寄生する場合には，魚が待機宿主となることがある．

解剖的変状と症状：旋回鶏胃虫は腺胃の筋層内に寄生する．粘膜は腫脹・肥厚し，内面は絨毛状を呈し，充血や出血がみられる（図 III.255 参照）．そのため，栄養の衰えや下痢が現れ，幼雛は死の転機をとることがある．また，*C. hamulosa* は筋胃の筋層内に寄生し，筋胃粘膜に出血性炎症を生じる．筋層壁に結合織の増生による黄赤色の軟性結節を形成し，筋間に生じた空洞または膿瘍内に赤色の虫体がみられる．空洞と筋胃の内腔は連絡し，時として，内腔と外面とを結ぶ瘻管が作られ，筋胃の破裂をみることもある（図 III.256）．少数寄生では症状が出現することはないが，重度寄生では食欲不振，削痩，貧血がみられ，死亡することもある．

診　断：剖検による病性鑑定で虫体を確認するのが確実であるが，糞便検査で虫卵の検出を行うのもよい．虫卵の比重が比較的大きいので，比重 1.20 の飽和食塩水による浮遊法では検出しにくい．糞便検査は，より比重の大きい飽和硝酸ナトリウム液か飽和硫酸亜鉛液を用いる浮遊集卵法または沈殿集卵法によって行う．

治　療：駆虫薬に関する治験に乏しいが，鶏では旋回鶏胃虫に対してメベンダゾール（mebendazole）100 mg/kg の 5 日連用（初日，2，3，5，7 日）で高い有効性が認められている．また，*T. americana* についてはアルベンダゾール（albendazole）20 mg/kg を 1 回経口投与した鶏で 100% の駆虫効果が得られている．

予　防：感染鶏の摘発，駆虫による虫卵汚染の

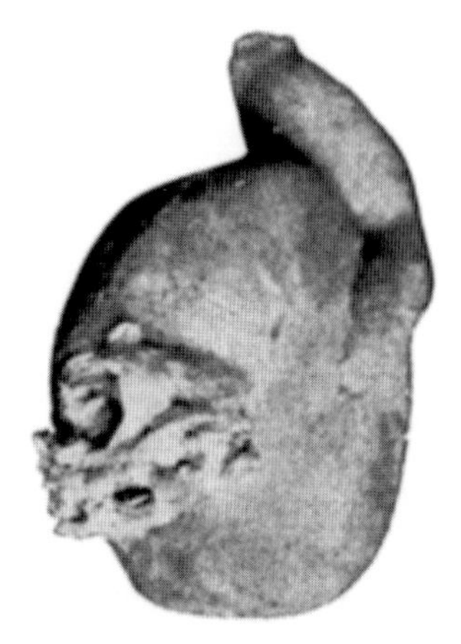

図 III.256 *Cheilospirura hamulosa* 寄生による筋胃の変状
［原図：板垣　博・大石　勇］

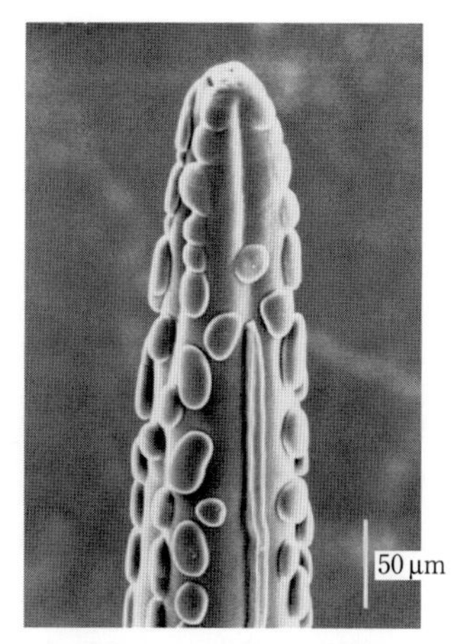

図 III.257 美麗食道虫成虫の前体部疣状隆起（SEM 像）

防止に努める．中間宿主となる昆虫や待機宿主となる動物との接触がないように鶏舎構造の改善や鶏糞の適正処理など飼養管理を改善する．バタリーやケージ飼育では，中間宿主となる昆虫や待機宿主との接触が防止でき有効である．中間宿主となる昆虫や待機宿主の撲滅は，現実的には実施不可能なことが多い．

4.20　食道虫症

4.20.1　美麗食道虫症（Gongylonemosis）

原　因：旋尾線虫目（Spirurida），ゴンギロネマ科（Gongylonematidae）の *Gongylonema* 属線虫による．虫体の前部体表に疣状の突起物が多数認められることが特徴である（図 III.257）．日本の牛からは美麗食道虫（*Gongylonema pulchrum*）が検出されるが，近縁種としてやや小形の *G. verrucosum*，ドブネズミの *G. neoplasticum*，鶏の *G. ingluvicola* が知られている．

美麗食道虫は世界中に広く分布し，牛，めん羊，山羊，水牛，シカ，稀にラクダ，豚，イノシシ，馬，イヌ科およびネコ科動物，クマ，リスなどが終宿主となる．実験的にはウサギ，モルモット，ラットに感染し，ヒトやサルからも報告されている．猫への感染は成功していないが，日本の野生のタヌキからは 3 期幼虫が発見され，一時的な寄生があるものと考えられる．

寄生部位はおもに食道であるが，胃の前部，口腔，舌からも発見される．虫体は粘膜を縫うように寄生し，粘膜面に細波状の特徴的な模様（15～40 × 2 ～ 4 mm）を形成する．稀に虫体が管腔内から発見されることもある．

中間宿主はおもにコガネムシ科とセンチコガネ科の食糞性甲虫（*Aphodius* 属，*Copris* 属，*Onthophagus* 属，*Geotrupes* 属など）で，他にゴミムシダマシ科，ガムシ科，エンマムシ科などの甲虫を含めると，合計約 30 属 130 種を超える甲虫が中間宿主として知られる．これらの甲虫では血体腔に被嚢した 3 期幼虫が寄生する．実験的にはゴキブリも中間宿主となる．

形　態：美麗食道虫の成虫は非常に細長く，家畜の食道や舌，口腔の粘膜内に細かく蛇行する特徴的な隆起模様を形成して寄生する（図 III.258）．雄の体長は 3 ～ 6 cm（体幅 150～300 μm），交接刺はきわめて左右不同で，左の細長い交接刺は 4～23 mm，右の短い交接刺は 84～180 μm である（図 III. 259）．雌は 8 ～15 cm（体幅 300～500 μm），陰門は後端から 2 ～ 7 mm（図 III.260），虫卵は卵殻が厚く，1 期幼虫を含み，大きさは 50～70 × 25～37 μm である（図 III.261）．

美麗食道虫は宿主動物によって成虫の大きさが著しく異なる．牛やめん羊などの反芻動物に寄生する虫体は，雌雄ともに豚，ラット，ウサギ，モルモットならびにヒトから分離されたものに比べて明らかに大きい．一方，実験感染したウサギでは，最大で雄 4 cm，雌 10 cm まで発育する．左交接刺長の体長比は動物種でほとんど変わらな

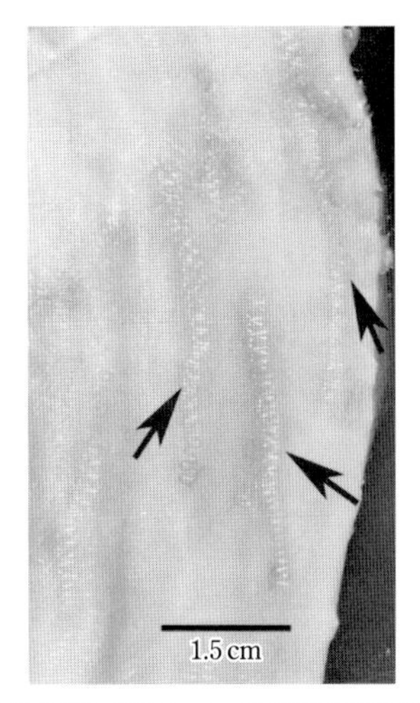

図 III.258　食道粘膜に寄生している美麗食道虫(矢印)

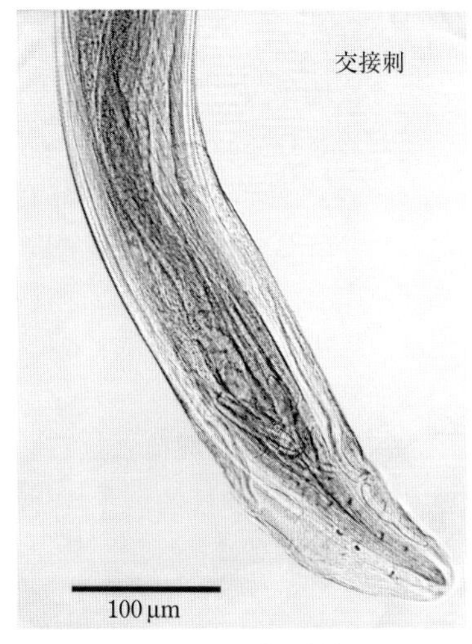

図 III.259　雄の尾部

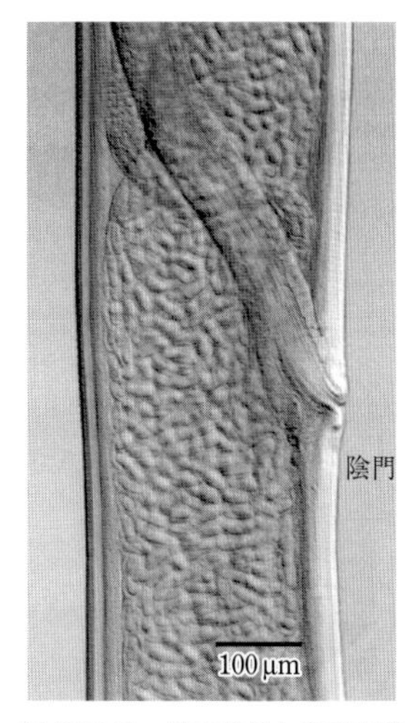

図 III.260　雌の陰門と含子虫卵

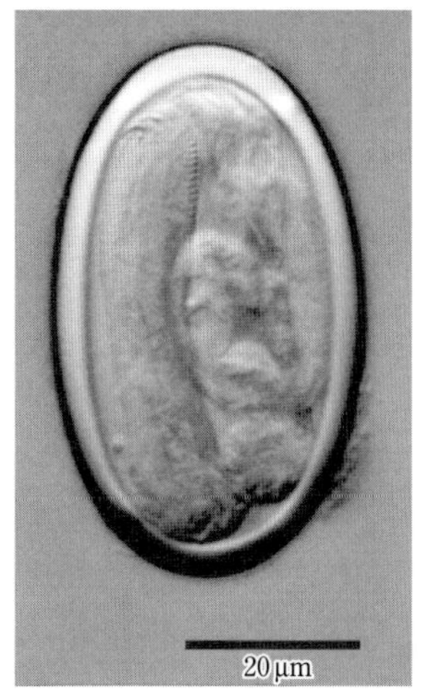

図 III.261　含子虫卵(微分干渉顕微鏡像)

い.

流行状況：青森県の 1986〜1987 年における 571 頭の牛の食道の肉眼による精査では，105 頭(18.4%)から美麗食道虫が検出され，感染牛の 54%(57 頭)が 10 虫体以下の寄生で，20%(21 頭)は 50 虫体以上の寄生であった．また，北海道の 1989〜1990 年における 5,204 頭の同様の検査では，433 頭(8.3%)から検出され，感染牛の 70%(304 頭)が 10 虫体以下の寄生で，5.6%(24 頭)は 50 虫体以上の寄生であった．その他に宮城県の 1993〜1994 年における 2,187 頭の検査では，20 頭(0.91%)から検出された.

牛以外には，野生ニホンシカ，野生ニホンザル，動物園のリスザルおよびエリマキキツネザルのコロニーから美麗食道虫が検出されている．屋久島の野生ニホンザルでは近縁種の *Gongylonema macrogubernaculum* が検出されており，島外から導入されたタヌキの食道内容からも *Gongylonema* sp. の 3 期幼虫が高率(11 頭 /14 頭)に検出されている.

中間宿主については，青森県における 1987〜1988 年と 1997 年の糞食性甲虫を中心とした合計 18 種 30,913 匹の調査で，15 種の甲虫から美麗食道虫の 3 期幼虫が検出されている．中でも，ダイコクコガネ(*Copris ochus*)とマグソコガネ(*Aphodius rectus*)の感染率は高く，寄生虫体数も多いが，ダイコクコガネは土中に深く潜み，終宿主への感染機会が少ないと予想されるため，マグソコガネが重要な中間宿主と考えられている．また，マグソコガネでは秋に3期幼虫の感染率と寄生虫体数が上昇し，これは春まで変化しないことから，美麗食道虫の幼虫は甲虫体内で越冬可能と考えられる．

生活環：旋尾線虫類は一般に節足動物などの無脊椎動物を中間宿主とする．美麗食道虫もその発育環に中間宿主として糞食性甲虫類を必要とし，糞便とともに排泄された1期幼虫を含む虫卵をこれらの甲虫が経口的に摂取することにより感染する．チャバネゴキブリへの虫卵の実験感染では，ゴキブリのおもに嗉嚢内で1期幼虫が孵化後，嗉嚢壁を穿通して血体腔に侵入する．感染後19日に1回目の脱皮を行い，さらに29〜32日に2回目の脱皮を行って3期幼虫(1.9〜2.4 mm)となるが，幼虫は2回目の脱皮前に腹壁の筋肉，嗉嚢・腸管の壁で被嚢する．3期幼虫は食道が長く(体長の約2/3)，尾端に通常4個の指状突起を有する．終宿主動物は3期幼虫を保有する甲虫を経口摂取することにより感染する．なお，これらの感染甲虫を水中に放置すると，約1か月間にわたり3期幼虫が遊出することから，飲み水を介した終宿主への感染も可能と考えられる．

ウサギへの3期幼虫の実験感染では，胃内に投与後2時間以内に3期幼虫は食道と胃の結合部の粘膜から侵入し，食道粘膜を通って咽頭，舌，口腔粘膜へ移行する．そこで幼虫は感染11日目に3期から4期へ脱皮し，その後は食道へ移動して感染36日目に4期から5期への脱皮を行う．性成熟には雄で7週，雌で9週を要し，プレパテント・ピリオドは72〜81日間である．

病原性：牛における臨床的な病原性はほとんどないと考えられている．時に慢性食道炎との関連が指摘されているに過ぎない．組織学的観察では，粘膜の重層扁平上皮中間層に虫体が認められ(図III.262)，上皮細胞は圧迫性，変性性，壊死性ないし剝離性，あるいは増生性の変化を示すが，炎症反応は一般に軽微である．また，上皮層内には虫道性の不規則な空隙形成がみられる．しかし，ウクライナでは，牛やめん羊，豚において食道粘膜の充血および水腫，さらには食道の変形を来した例が報告されている．中には，食道閉塞あるいは採餌困難に陥り，死亡した例もあるという．また，米国の動物園では飼育中のゲルディーモンキーに *Gongylonema* 属線虫の舌寄生が発生し，舌や歯肉の腫大による燕下障害に加えて，寄生部位からの二次的細菌感染によるとみられる多数の死亡例が報告されている．ドイツの研究機関ではコモンマーモセットのコロニーに口腔周囲の水腫，充血および著しい掻痒感を呈する口唇の食道虫症が集団発生し，問題となった．日本においてもエリマキキツネザルの集団発生で死亡例が報告されている．

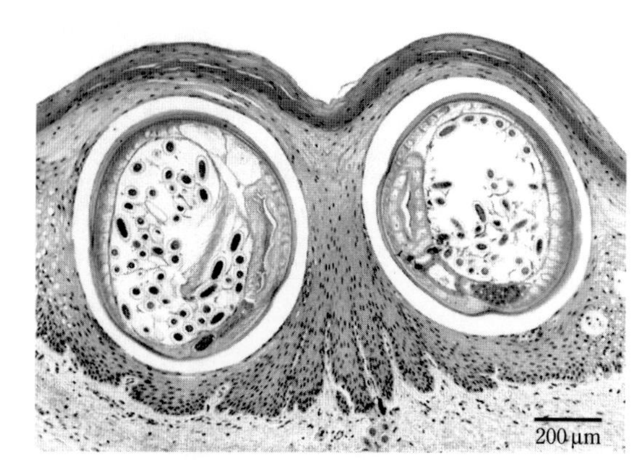

図 III.262 寄生された食道の病理組織像

診　断：美麗食道虫の虫卵は食道の粘膜(重層扁平上皮層のトンネル)内に産出された後，粘膜上皮の剝離に伴って管腔に移行し，糞便とともに外界へ排出されると考えられている．牛の糞便検査では，ショ糖液浮遊法による集卵法がしばしば行われているが，産卵数が少ないので，軽度感染では陰性となる可能性が高い．

霊長類の舌食道虫症ではプラスチック性へら(スパーテル)を用いた舌粘膜かきとりによる虫卵の直接的な検出法が有効で，日本のリスザルのコロニーでは2003年に55.5%，2004年に25.5%の検出率が報告されている．しかし，この方法では舌のみが検査対象となるので，食道の感染を把握することはできない．

免疫学的診断法として美麗食道虫の多糖類抗原あるいは生理食塩水乳剤を用いた皮内テストがウサギや牛で試みられているが，牛では偽陽性の出現が認められるなど，その信頼度はかなり低いようである．

人獣共通寄生虫としての重要性：1864年にイ

タリアで初めて美麗食道虫の人体寄生例が確認されて以来，これまでに中国，ドイツ，ハンガリー，モロッコ，ニュージーランド，スリランカ，トルコ，旧ソ連，米国などの国々で約60例に及ぶ症例が報告された．近年日本においても2例報告されている．人体寄生例では口唇，歯肉，舌，口蓋などの粘膜を中心に一部は咽頭や食道からも虫体が検出されており，タール便の排泄や舌麻痺，胸腹部痛，嘔吐，鼓張，咽頭炎，胃炎など様々な症状が報告されている．それら患者の多くは自ら虫体の存在に気づき，中には自分の指で虫体を摘出した例もあるという．虫体が寄生した粘膜は過敏となり，一部の症例では出血や斑点状のびらん形成も認められている．

治　療：本症の治療に関する報告はきわめて少なく，ゲルディーモンキーとコモンマーモセットにおけるイベルメクチン(ivermectin)とメベンダゾール(mebendazole)，あるいはイベルメクチンとフェンベンダゾール(fenbendazole)の投与，ならびに人体例におけるレバミゾール(levamisole)あるいはアルベンダゾール(albendazole)の投与が知られているに過ぎない．これらの薬剤の効果として症状の改善が認められているが，駆虫率などの詳細は不明である．ウサギの実験例では，メベンダゾール70 mg/kgの3日間連続投与後にレバミゾール8 mg/kgの1回投与で98.2%，レバミゾール8 mg/kgの2日間隔3回投与で89.5%の虫体駆除効果がある．イベルメクチン0.2 mg/kgの1回投与では25.8%の虫体駆除効果に過ぎない．

4.20.2　血色食道虫症

原　因：血色食道虫症の原因となる血色食道虫(*Spirocerca lupi*)は，旋尾線虫目，Spiruroidea上科，スピロセルカ科(Spirocercida)に属する．本種は，終宿主であるイヌ科動物の食道壁や胃壁，稀に大動脈壁に結節を形成し，その結節内に成虫が寄生する．

分　布：本種は世界に広く分布するが，とくに熱帯～亜熱帯が中心である．具体的には，中東・ヨーロッパ・アフリカ・米国・中南米・インドなどからの報告が多い．犬における保有率が50%を超える国や地域もあるが，保有率は調査対象(飼養犬と野犬)や調査地の環境(都市部と郊外)，検査方法(糞便検査と剖検)によっても左右される．さらに，同じ飼養犬でも室内犬よりも狩猟犬に多いとする報告もあり，中間宿主や待機宿主の捕食が犬への感染機会となっていることを裏付ける知見といえる．一方，日本国内における犬の寄生例は稀で，1950年代後半の京都府および静岡県の野犬の剖検調査では，それぞれ0.8%(2/255)および1.6%(3/192)から検出されている．また，犬の症例としては兵庫県(1957年)と福島県(1980年)から1例ずつ報告され，後者は動脈破裂の症例である．近年，海外の常在地から帰国した犬の輸入寄生例と考えられる症例も報告された(2013年)．野生動物では，1991～1992年に捕獲されたタヌキ(1/54)から本種が検出されている．

形　態：血色食道虫の成虫はピンク色～紅色でコイル状に巻いている(図III.263)．虫体は比較的大型で，雄は3～5 cm(体幅0.8 mm)，雌は5～8 cm(体幅1.2 mm)である．口腔は六角形で明瞭な口唇はなく，口腔壁は厚いクチクラで囲まれる(図III.264(a)，(b))．食道は短い筋部と長い腺部からなる．雄の尾部には尾翼があり，前肛乳頭は両側の4対と肛門直前の中央の1個，後肛乳頭は肛門のやや後方の2対，さらに尾端近くの小型の乳頭の集合体からなる(図III.264(c))．交接刺の長さは左右不同で，左は細長く2.4～2.8 mm，右は短く0.48～0.75 mmである．雌の陰門は頭端から2～4 mmに位置する．虫卵は30～37 × 11～15 μmと小形で，卵殻は厚い．内部に1期幼虫を含む含子虫卵として産出される．

生活環：主要な終宿主は犬・キツネ・オオカミ・コヨーテなどイヌ科動物である．稀にネコ科動物からも成虫が発見されている．また，常在地では馬や反芻獣への偶発寄生もみられる．糞食性甲虫が中間宿主となる他，終宿主以外の様々な脊椎動物(ウサギ目・げっ歯目・食虫目・爬虫類・両生類・鳥類など)が待機宿主として生活環の維持に関与する．捕食による待機宿主どうしの伝播も成立する．

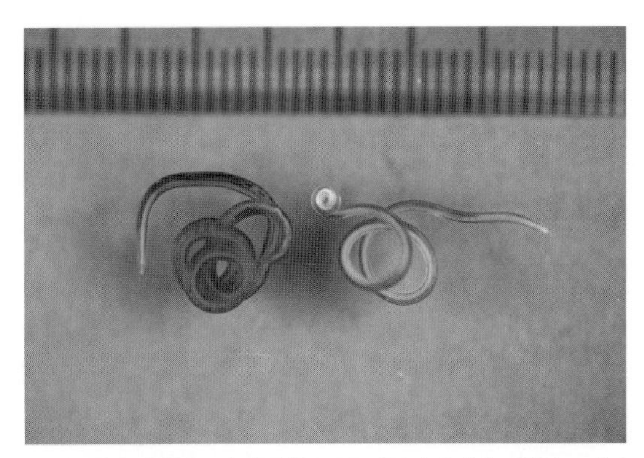

図 III.263　感染犬の食道結節から回収された血色食道虫の成虫（左：雌，右：雄）

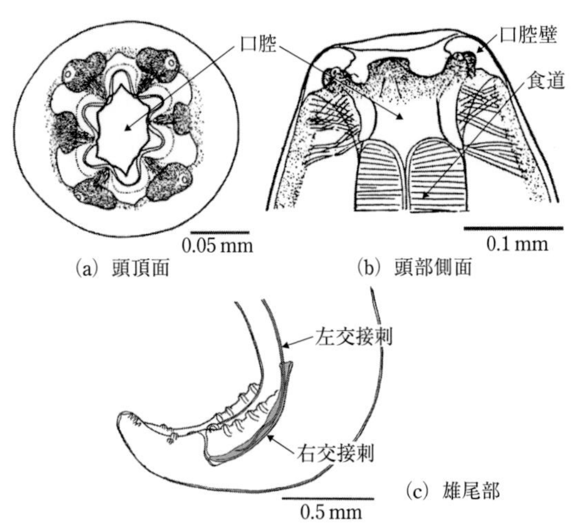

図 III.264　血色食道虫の頭部および尾部
［原図：Soulsby, E. J. L.(1982)］

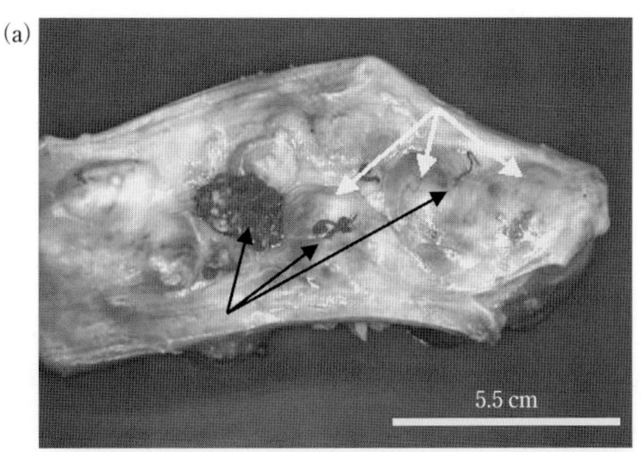

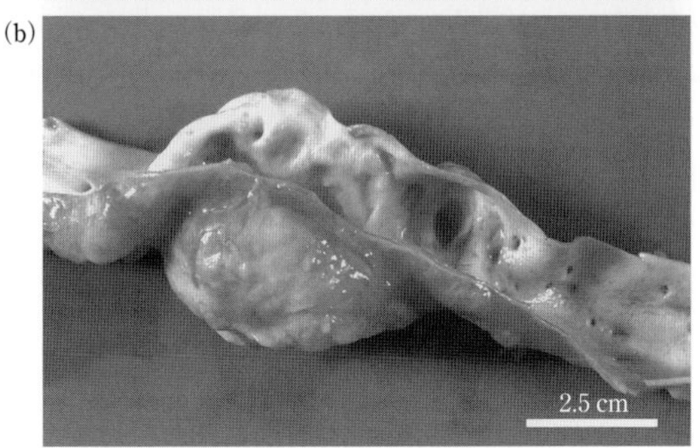

図 III.265　血色食道虫感染犬の病変
［原図：van der Merwe, L. L. *et al.*(2008)］

終宿主の糞便とともに排泄される虫卵は，内部に1期幼虫を含む．虫卵を摂取した中間宿主体内で孵化した幼虫は，脱皮を繰り返して3期幼虫へと発育し，被嚢した状態で待機宿主や終宿主に捕食される機会を待つ．待機宿主体内では，胃壁，腸間膜や大網および肝臓表面などに3期幼虫のまま被嚢して寄生する．中間宿主または待機宿主の捕食により終宿主が3期幼虫を摂取すると，脱嚢した虫体が胃壁から胃動脈，大網の動脈に侵入する．その後，虫体は動脈を上行して胸部大動脈に至り，5期幼虫へと発育する．感染後100日頃にはさらに食道壁へと移行する．最終寄生部位は食道壁，稀に胃壁の結節内で，その内部で性成熟して成虫となる．成虫が胃内に遊離して発見されることもある．食道壁では虫体を容れる結節内腔と外部は管で繋がっており，結節の開口部から含子虫卵が食道管腔内へ，さらに糞便とともに外界へと排出される．プレパテント・ピリオドは個体差が大きく，4～6か月間である．なお，本種は異所寄生例も多く，気管や肺，さらにリンパ節・腎臓・膀胱・皮下・趾間の嚢胞などから虫体が発見された例もある．

病原性・臨床症状：臨床症状は多様であるが，通常は軽度感染であり，無症状のまま経過する．感染早期には，幼虫の移行に伴い出血・炎症・壊死・膿瘍形成などがみられる．これらの病変は，多くの場合すみやかに治癒するが，移行部位に瘢痕が残る．その結果，大動脈狭窄や動脈瘤形成が起こり，場合により動脈瘤が破裂して突然死を招く．このように，幼虫移行による胸部大動脈の病変とその瘢痕は本症の特徴である(図 III.265(b))．成虫寄生により食道に形成される結節の大きさは様々であるが(図 III.265(a))，重度寄生では食道壁の集塊が大きくなり，食道狭窄を来す(図 III.266)．また，結節からの出血や，病変部における細菌の二次感染がみられる例もある．その結果，食物の通過障害から嘔吐，嚥下困難や削痩を引き起こし，黒色便・流涎・下痢などの消化器症状・麻

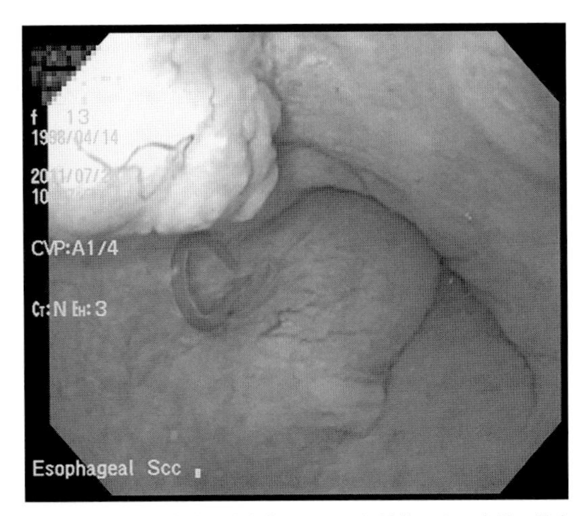

図 III.266　血色食道虫感染犬にみられた結節による食道の狭窄［原図：亘　敏広，岡西　広樹］

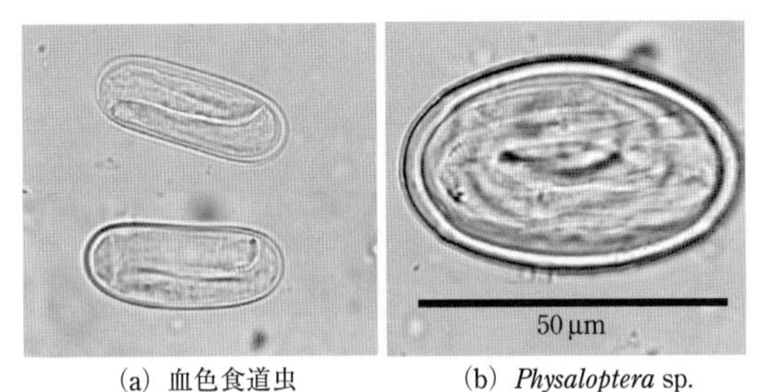

(a) 血色食道虫　(b) *Physaloptera* sp.

図 III.267　血色食道虫の虫卵［原図：野中成晃］

痺・発熱・衰弱・貧血・食欲不振・呼吸困難などがみられる．時として食道を穿孔し，胸膜炎や膿胸を引き起こすこともある．一部の感染動物では食道に悪性腫瘍が併発するが，その発生が本種による病変に起因すると考えられている．

診　断：生前診断は，主として糞便や吐物からの虫卵検出による．本種の虫卵は卵殻が厚く，子虫(1期幼虫)を包蔵するのが特徴である．同じ特徴を有する *Physaloptera* 属線虫卵との鑑別を要するが，上述した通り本種の虫卵は小型で細長いことから区別は容易である(図 III.267)．ただし，雌成虫の産卵数は1日あたり約130個程度と少ないため，軽度感染では糞便からの虫卵検出は困難である．集卵法としてショ糖液遠心浮遊法が有効とされる．浮遊法を行う場合，本種を含む旋尾線虫類の虫卵は比重が比較的大きいため，使用する浮遊液の比重に注意を要する．虫卵検出が困難な場合や感染初期における虫卵排出前の診断には内視鏡検査が有効で，食道や胃内腔に突出した結節を確認する．また，胸部X線撮影では，後部食道陰影，後胸部の脊椎炎・脊椎症像，後部縦隔影などの所見が診断の手がかりとなる．さらに，バリウムによる食道造影では，食道管腔への結節の突出や食道の拡張が確認できる．

治　療：かつてはジエチルカルバマジンやジソフェノールが推奨されたが，治療効果が必ずしも十分ではなかった．今世紀に入り，これらに代わる治療薬としてドラメクチン・ミルベマイシンオキシム・モキシデクチン・イベルメクチンの有効性が報告されている．たとえばミルベマイシンオキシムの場合，0.5 mg/kg の用量で計6回(0，7，28日目およびその後1か月間隔)の経口投与により治療効果が得られたとの報告がある．さらにドラメクチンやミルベマイシンオキシムなどについては，予防的投与により宿主体内への虫体の定着を阻止する効果が認められることから，本症常在地における発症予防薬としての適用に向けた知見も徐々に蓄積されている．

4.20 節の参考文献

Soulsby, E. J. L. (1982) *Helminths, arthropods and protozoa of domesticated animals* (*7th edition*), Baillière Tindall

van der Merwe, L.L. *et al.* (2008) *Spirocerca lupi* infection in the dog: A review, *Vet. J.*, **176**, 294–309

4.21　犬・猫の糸状虫症 (Filariasis of dogs and cats)

旋尾線虫目 (Spiruida)，オンコセルカ科 (Onchocercidae)，*Dirofilaria* 属の犬糸状虫 (*Dirofilaria immitis*)，*Dirofilaria repens*，*Acanthocheilonema* 属の犬皮下糸状虫 (*Acanthocheilonema* (*Dipetalonema*) *reconditum*)，*Brugia* 属のマレー糸状虫 (*Brugia malayi*)，パハン糸状虫 (*Brugia pahangi*) などによるが，日本において獣医学上もっとも重要な種は犬糸状虫である．

4.21.1　犬糸状虫症 (Dirofilariosis)

原　因：犬糸状虫 (*Dirofilaria immitis*) は乳白色で細長く，平均の大きさは，雄で体長17.2 cm，体幅0.6 mm，雌で体長27.8 cm，体幅0.9 mm である (図 III.268)．虫体の前端はドーム状の鈍円で，体表には4対の頭部乳頭，1対の頸部乳頭がみられる．口は小さく，口唇と口腔はない．食道は筋質な前部と腺状の後部からなる．雄虫体は尾部が螺旋状に巻き，肛門前後の腹側表面には，9～10対の大小の乳頭がある．交接刺は左右不同で，左刺が0.348 ± 0.016 mm，右刺が0.196 ± 0.008 mmである(図III.269)．雌の陰門は前端から平均2.8 mmの体表面に開口する．雌は卵胎生で1期幼虫を産出するが，糸状虫類の1期幼虫は消化管や神経輪，肛門などが不完全な構造であるため，ミクロフィラリア(microfilaria：Mf)とよばれる(図III.270)．犬糸状虫のミクロフィラリアは血中にみられ，無鞘で，体長300～340 μm，体幅6.5～7.4 μm，頭端は細くなり，尾端がまっすぐ伸びるものが多い．ミクロフィラリア体内には体前部から後部まで多数の細胞(核)がみられるが，部分的に細胞がないところがある(頭域，神経輪，排泄孔，肛門孔部など)．また，直腸原基細胞(R細胞，rectal cell)とよばれる大形の細胞が虫体の前後方向に4個(R_1～R_4)配列する．このR細胞の並びはミクロフィラリアの種を鑑別する指標となり，犬糸状虫のミクロフィラリアではR_2とR_3が接近し，R_1とR_4が離れる(R_1-R_2，R_3-R_4の並びとなる)．

本虫の宿主は，おもに食肉目のイヌ科(犬，ディンゴ，オオカミ，コヨーテ，キツネ，タヌキなど)，ネコ科(猫，ヤマネコ，ジャガー，ヒョウ，トラなど)，イタチ科(フェレット，ミンクなど)などであるが，アシカやオットセイ，トド，アザラシ，ツキノワグマ，ヒト，ウサギなどからも検出されている．また，鳥類である動物園のフンボルトペンギンの右心室からも本虫が検出されている．

本虫の寄生部位は肺動脈と右心室であるが，右心房や大静脈などから虫体が検出されることがある．中間宿主はイエカ属(*Culex*)やヤブカ属(*Aedes*)などの蚊であり，日本ではトウゴウヤブカ(*Aedes togoi*)の感受性が高いが，宿主動物との分布の重なりから，媒介の主役はアカイエカ(*Culex pipiens pallens*)やコガタアカイエカ(*Culex tritaeniorhynchus*)，ヒトスジシマカ(*Aedes albopictus*)，キンイロヤブカ(*Aedes vexans nipponii*)などであると考えられている．

分布は熱帯から温帯までのアジア，オセアニア，アメリカ，ヨーロッパ，アフリカなどで，日本でも全国的に分布するが，マクロライド系薬剤(イベルメクチン，ミルベマイシンなど)による予防が確立された1980年代以降，とくに予防薬の普及率の高い都会において，感染率は著しく減少している．

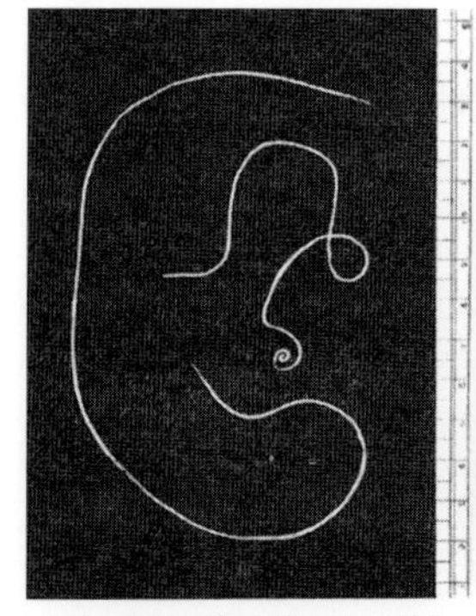

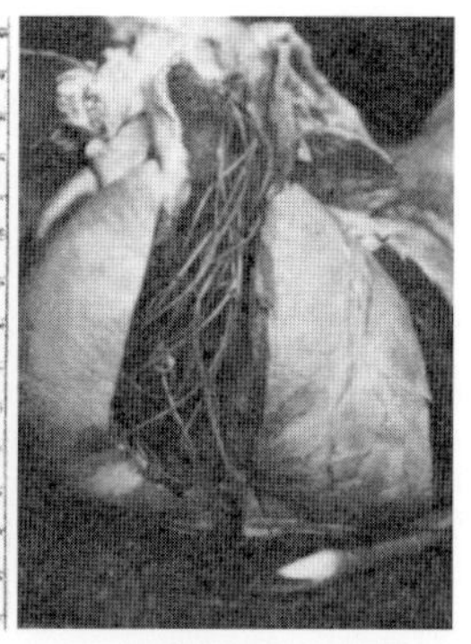

(a) 成虫（左：雌，右：雄） (b) 心臓に寄生する成虫

図 III.268 犬糸状虫［原図：板垣 博・大石 勇］

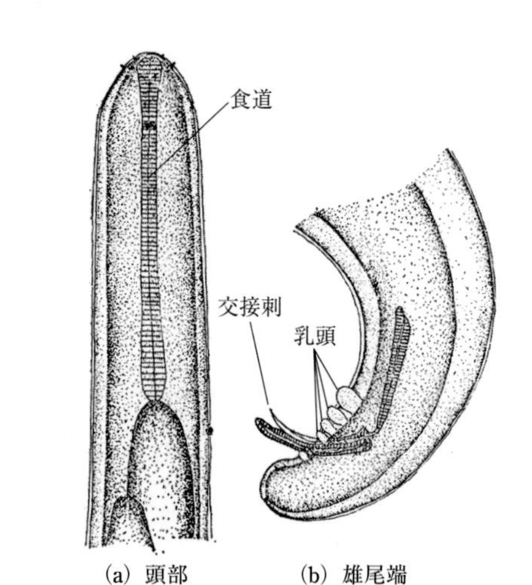

(a) 頭部 (b) 雄尾端

図 III.269 犬糸状虫の頭部と尾端
［原図：板垣 博・大石 勇］

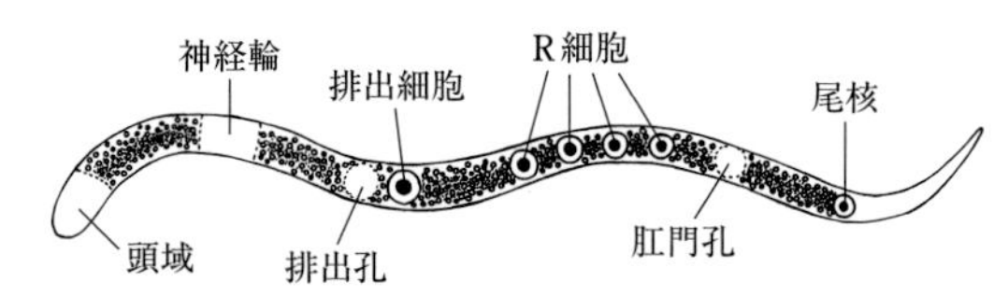

図 III.270 犬糸状虫のミクロフィラリア［原図：板垣 匡］

発育と感染(図III.271)：雌成虫より産出されたミクロフィラリアは，血中で1～2年間生存する．肺の血管と末梢血管の間を移動する現象が知られており，ミクロフィラリアの定期出現性(microfilarial periodicity)という．この現象は日

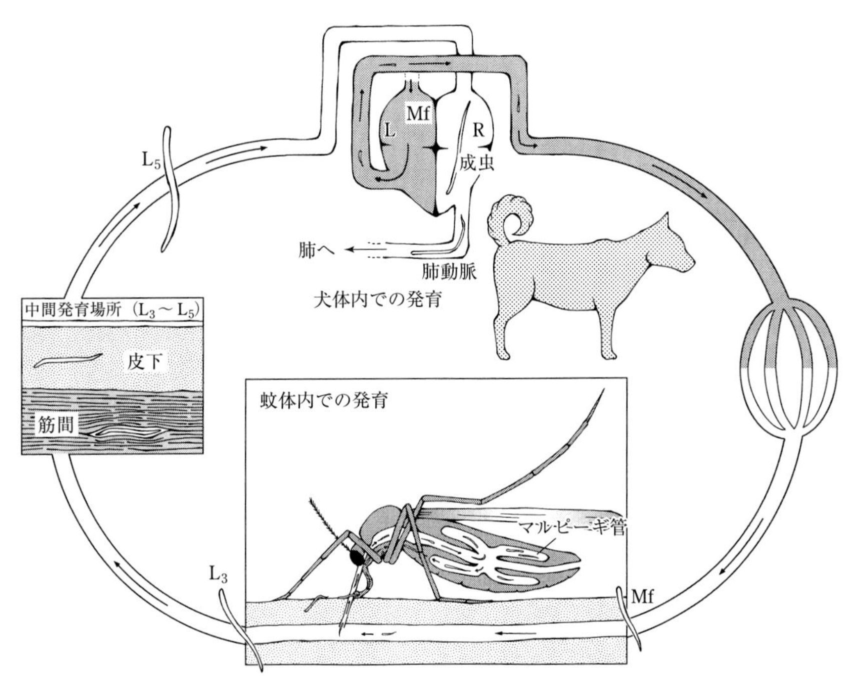

図 III.271　犬糸状虫の生活環［原図：板垣　匡］

周期性(daily periodicity)であり，犬糸状虫では末梢血のミクロフィラリア出現数は10時に最小を示し，16時から翌日の4時の間に最大(22時がもっとも多く最小のおよそ6.5倍)を示す夜間定期出現性(nocturnal periodicity)である．また，末梢血への出現性には季節出現性(seasonal periodicity)もみられ，ミクロフィラリア数は5月上旬から増加して7月上旬から9月中旬に最大となり，9月下旬から減少しはじめて11月下旬から2月中旬が最小となる．これらの現象には宿主やミクロフィラリア自身の概日リズム(circadian rhythm)との関連性が示唆されている．

蚊の吸血の際にその体内に侵入したミクロフィラリアは，中腸からマルピーギ管へ移行して発育する．すなわち，虫体ははじめに太く短いソーセージ状になった後，体長が増大して侵入後およそ8日で1回目の脱皮(molting)，13日で2回目の脱皮をして3期幼虫となる(図 III.272)．3期幼虫はマルピーギ管から血体腔を経て吻鞘部に移動し，蚊が終宿主を吸血する際に吻鞘より宿主体表上に脱出，蚊の吸血後に蚊の吸血孔などの皮膚の損傷部から侵入する．終宿主体内では3期幼虫は組織中を移行し，中間発育場所とよばれる皮下組織，筋組織，脂肪組織，漿膜下などで発育を続けて感染後約10日と65日に3回目と4回目の脱皮を行い，それぞれ4期および5期の幼虫となる(図 III.273，274)．

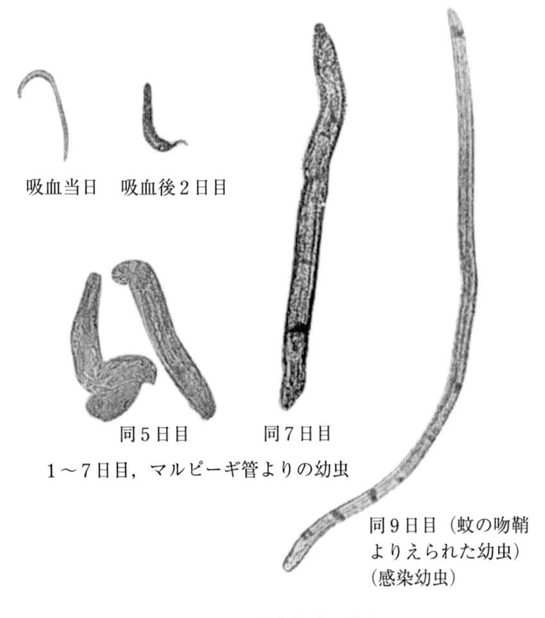

図 III.272　犬糸状虫の発育
［原図：板垣　博・大石　勇］

5期幼虫は静脈に侵入後，血流によって右心室

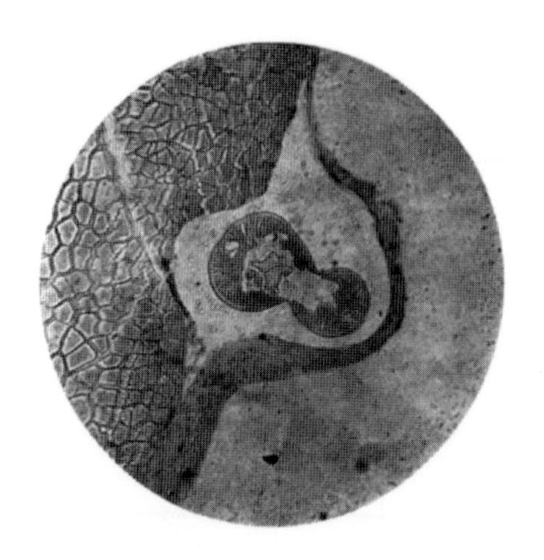

図 III.273　筋膜下の幼虫(人工感染 91〜100 日後)
［原図：板垣　博・大石　勇］

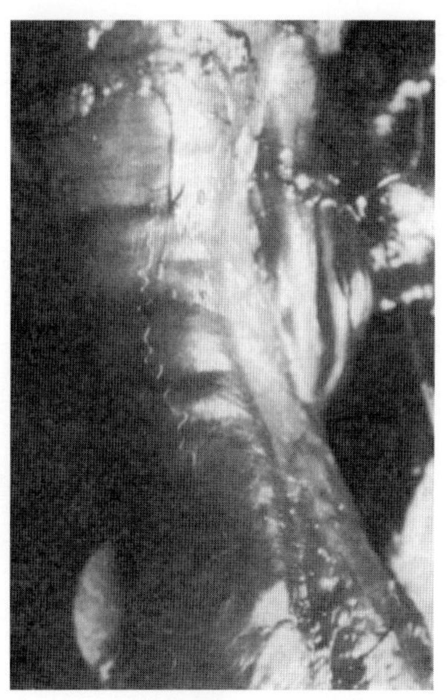

図 III.274　食道の筋肉表面の幼虫(人工感染約 3 か月後)
［原図：板垣　博・大石　勇］

に達し，さらに肺動脈に移行して成虫に発育，雌はミクロフィラリアを産出しはじめる．プレパテント・ピリオドは 7 〜 8 か月間であり，成虫の寿命は 5 〜 6 年間とされる．成虫は本来は肺動脈に寄生するが，肺動脈の寄生虫体数が多くなると，虫体は右心室や右心房に寄生するようになり，肺動脈弁や三尖弁に閉鎖不全が起こり，肺動脈と右心室に血流の異常が発生する．

病原性と症状：犬糸状虫によって引き起こされる症害は，虫体の発育ステージによって異なる．

(1)ミクロフィラリア

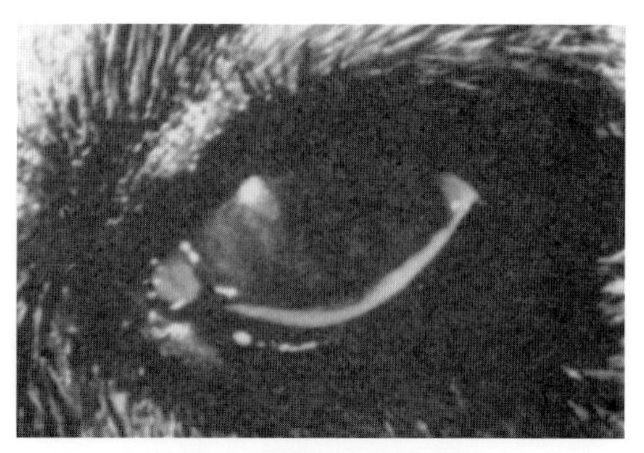

図 III.275　前眼房内に迷入した幼虫
［原図：板垣　博・大石　勇］

ミクロフィラリアが腎糸球体を栓塞して炎症反応を引き起こし，糸球体硬化を生ずることがあるが，一般的にはミクロフィラリアによる病態は重要視されていない．しかし，ミクロフィラリア駆虫薬や犬糸状虫症の予防薬などの薬剤投与によって血中ミクロフィラリアを一度に殺滅させると，虫体物質が多量に放出されて抗原性やアレルゲン性を発現してショック症状や好酸球性肺炎を起こすことが知られている．

(2)移行幼虫

3 期幼虫から 5 期幼虫までは通常，皮下組織などの中間発育場所で発育するので宿主に対する病害はほとんどみられないが，これらの幼虫が，脳や脊髄などの中枢神経系や眼周囲(図 III.275)へ迷入すると重大な障害を引き起こすことがある．すなわち，幼虫が脳実質や側脳室，くも膜下腔へ侵入すると精神異常，強迫運動，けいれん，運動障害，嘔吐などの症状を発現し，脊髄硬膜外に迷入すると後肢麻痺などの神経障害がみられる．また，幼虫が前眼房内に侵入すると前眼房混濁，角膜混濁などがみられる．

(3)未成熟成虫および成虫

犬糸状虫症のおもな病態は，肺動脈や右心室などの循環系に寄生する未成熟虫体および成虫によって引き起こされる．これらの虫体が，生存期間中に肺動脈内膜に持続的な物理的刺激や損傷を与え続け，内膜に絨毛状および乳嘴状増殖をもたらす慢性犬糸状虫症を引き起こす(図 III.276)．虫体より排泄・分泌される抗原物質とそれに対する特異抗体の免疫複合体が内膜に沈着して内膜炎を

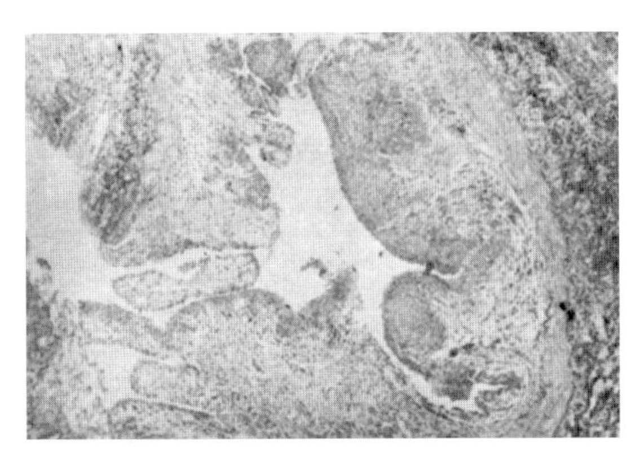

図 III.276　肺動脈内膜の絨毛状増殖
［原図：板垣　博・大石　勇］

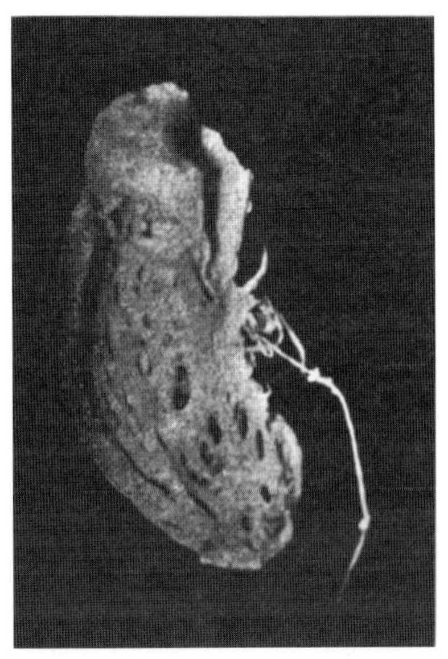

図 III.277　腱索にからまる犬糸状虫成虫
［原図：板垣　博・大石　勇］

生ずる．これらの結果として肺動脈の拡張，肥厚，硬化や内腔狭窄から肺動脈の循環障害が生じ，また虫体が弁や腱索にからみつくと(図 III.277)，弁の機能が阻害されて肺動脈弁や三尖弁の閉鎖不全が発生し，さらに病態が進むと肺高血圧，心臓負荷の増大，肺動脈基部の拡張，右心室拡張および肥大，うっ血性右心不全へと移行する．この状態は静脈系の全身的な循環障害を誘発して肝臓や腎臓を主とした臓器に機能不全を引き起こす．また，免疫複合体沈着による糸球体腎炎，血管凝固機構や赤血球の異常による病態も知られている．

これらの病態は慢性的に進行し，発現する症状も多様である．症状は咳，活力減退，食欲不振，

図 III.278　腹水［原図：板垣　博・大石　勇］

栄養低下，被毛不良，運動不耐性，貧血，失神，黄疸，呼吸困難，浮腫，腹水などで，病態の進行とともに程度も強くなる(図 III.278)．血液所見では病状の進行とともに赤血球数，血色素量，赤血球容積の低下と網状赤血球数の増加，アルブミンの減少とグロブリンの増加，血清アミノトランスフェラーゼおよびアルカリフォスファターゼ活性値の上昇などがみられる．また，X 線検査では右心室や右心房，肺動脈の拡張がとくに症状の進行した症例にみられる．

一方，急激な衰弱，呼吸困難，収縮期心内雑音，血色素尿症などを特徴とする急性犬糸状虫症が知られており，大静脈症候群(vena cava syndrome, caval syndrome)や寄生虫性血栓性静脈炎とよばれる．この病態は，虫体が肺動脈から三尖弁口部に移動して弁機能を障害させると血液の逆流や乱流が起こり，心室へ流入する血液量が減少すること，また狭窄した弁口部を血液が通過する際に赤血球が物理的に破壊されて溶血することなどで発生すると考えられている．本病態は，肺動脈に多数の虫体が寄生し，その一部が死滅して肺動脈を塞栓させた場合に発生しやすく，発症例では適切な治療が行われないと死亡することが多い．

奇異性塞栓症(paradoxical embolism)は，本来右心系に寄生する虫体が心臓の奇形(卵円孔開存，心房中隔欠損，心室中隔欠損など)によって左心

図 III.279 犬糸状虫成虫による腹大動脈以下の奇異性塞栓
［原図：板垣　博・大石　勇］

や肺静脈に移行し，大動脈循環によって末梢組織に運ばれて塞栓することで発症する(図 III.279)．塞栓部位によって病状は異なるが，後躯や後肢に発生することが多く，発熱，疼痛，跛行，起立不能，麻痺などの症状を認める．肝動脈や腎動脈を塞栓すると，肝や腎の機能が傷害される．稀に脳動脈を塞栓すると，運動障害や運動麻痺，神経障害など重度な症状となる．

猫においても急性犬糸状虫症が発生する．猫においては，肺動脈に寄生した虫体が死滅しやすく肺動脈塞栓を起こしやすいためである．またフェレットも本虫の終宿主となり，少数の寄生によっても致死的に経過することが多い．

診　断：成虫寄生の確定診断には血中のミクロフィラリアを直接検出するが，ミクロフィラリアの寿命は長く，成虫が死滅した後もミクロフィラリアが検出されることがある．また，虫体由来の物質(抗原)や犬糸状虫の特異抗体を検出することで間接的に寄生を証明する方法がある．

(1)血中ミクロフィラリアの検査

ミクロフィラリアの定期出現性を考慮して行うことが重要である．検査法には，直接法(①，②)と集虫法(③〜⑥)がある．

①直接塗抹法：被検動物の新鮮血液をスライドグラスにとり，カバーグラスをかけて 40〜100 倍で鏡検する．ミクロフィラリアは活発に運動し，その周囲に血液の乱れが生ずるので，虫体を確認しやすい．凝固した血液は不適である．

②厚層塗抹染色法：新鮮血液 1 滴(20〜50 μL 程度)をスライドグラスにとり，厚めに広げて乾燥させる．それを水中に 10 分程度浸漬して溶血させてからギムザ液またはメチレンブルー液で染色して鏡検する．なお，検出率は劣るが，新鮮血液の薄層塗抹をギムザ染色することによっても検出できる．

③ヘマトクリット管(遠心)法：ヘマトクリット管に凝固阻止血液を充填してシールした後，12,000 rpm で 5 分間遠心すると，ミクロフィラリアはバフィーコート(buffy coat)層と血漿層の境界部で活発に運動して観察される．この境界部でヘマトクリット管を折り，血漿層をスライドグラスにとって鏡検してもよい．

④ノット(knott)法：2 %ホルマリン液 10 mL (溶血液)を入れた遠心管に被検血液 1 mL を加えてよく混和する．1,500 rpm で 5 分間遠心して上清を静かに除去し，沈渣に等量の 0.1%メチレンブルー液を加えて染色し鏡検する．

⑤アセトン集虫法：溶血液(0.5%メチレンブルー液 5 mL，アセトン 5 mL，クエン酸ナトリウム 0.2 g を蒸留水 90 mL で溶解) 9 mL を容れた遠心管に血液 1 mL を加えてよく混和する．1,500 rpm で 5 分間遠心して上清を静かに除去し，沈渣を鏡検する．

⑥フィルター集虫法：溶血液(0.5%炭酸ナトリウム液) 9 mL を容れた遠心管に被検血液 1 mL を加えてよく混和，20〜30 分間静置する．この溶液をディスポシリンジで吸いとり，ミリポアフィルター(直径 25 mm，孔経 8 μm)を装着したフィルターホルダーを接続して溶液をゆっくりとろ過する．ミクロフィラリアが付着したフィルターをメチレンブルーで染色して鏡検する．

ミクロフィラリア検査の問題点としては，オカルト感染(occult infection)を検出できないことである．オカルト感染とは肺動脈や右心室に虫体が寄生しているにもかかわらず，血液中にミクロフィラリアが出現しない症例のことで，未成熟虫体による寄生，雌雄どちらかの単性成虫による寄

表 III.12　犬糸状虫と *A. reconditum* のミクロフィラリアの鑑別要点

	犬糸状虫	*A. reconditum*	検査法
大きさ(μm) 体長	304.0 ± 13.43	259.8 ± 8.24	集虫法
大きさ(μm) 体幅	多くが6以上	5以下	集虫法
頭端	先細型	両側が平行で角張型	集虫法
尾端	多くが伸展*1	多くが鉤状*2	集虫法
R細胞の分布型	①—②③—④	①—②③④	集虫法 染色法
運動	1か所でくねる運動	視野を横切る運動	生鮮法

*1　ミクロフィラリア保有犬の43%は全虫体の尾端が伸展していたが，57%には尾端が鉤状の虫体がみられ，その出現率は平均1.4%であった．
*2　ミクロフィラリアの50%は尾端が鉤状．

生，抗ミクロフィラリア抗体の産生により血中からミクロフィラリアが排除された場合，雌成虫の不妊(犬糸状虫の予防薬であるマクロライド系抗生物質の作用によると考えられている)などの場合に起こる．

⑦ミクロフィラリアの同定：犬または猫では，犬糸状虫以外のミクロフィラリアが検出される可能性があるので形態学的に種を同定する．日本では，犬皮下糸状虫も犬や猫から検出されているので，その形態的特徴を表 III.12 に示した．

(2)血清学的検査

虫体が産出する排泄・分泌抗原(ES抗原)や抗犬糸状虫抗体を血中から検出するもので，オカルト感染症例の診断にはきわめて有用である．現在，抗原抗体反応を利用したES抗原の検査キットが各種市販され，広く用いられている．

(3)その他の検査法

超音波検査やX線検査で虫体を確認する方法があるが，寄生部位によっては虫体が観察されない．成虫の寄生による右心室肥大に対する画像検査は診断の補助的情報となる．

治　療：本症の病態はおもに右心系に寄生する成虫に起因しているので，治療の基本は成虫を駆除することである．外科的治療と内科的治療があり，どちらを選択するかは本症の病勢の状況や寄生虫体数，宿主動物の年齢や状態，各種の検査結果から総合的に判断する．一般的に外科的治療の方が駆除後の臨床的な改善は良好である．

(1)外科的治療

大静脈症候群や肺動脈の寄生虫体数が多数である症例，病勢が進行し肺高血圧がみられる症例などについては，虫体を外科的に摘出することによる治療が適するとされている．寄生虫体の数量は超音波検査で確認するか，抗原検査によって推定する．また肺高血圧の程度は胸部X線や超音波検査の他，超音波断層法，超音波ドプラ法によって推定する．右心室や肺動脈から虫体を摘出するには，頸静脈を切開してフレキシブル・アリゲーター鉗子を挿入し，X線透視や超音波画像でモニタリングしながら虫体を鉗子で取り出す方法が，手術による侵襲も比較的少なく，重症例にも適応できる．大静脈症候群で三尖弁口部に虫体がみられる場合には直鉗子が用いられる．猫では頸静脈が細いのでストリングブラシやバケットカテーテルなどを用いて虫体を摘出する．なお，摘出されずに残存した少数の虫体は，術後の回復を待って駆虫薬を投与して内科的に駆除する．外科的治療法は，かつて全国的に犬糸状虫の感染率が高い時代には，日本において一般的な治療法であったが，現在は内科的治療法が主流となっている．

(2)内科的治療

成虫の駆除には，ヒ素剤であるメラルソミン二塩酸塩(melarsomine dihydrochloride)が広く用いられている．本薬剤は，それまでのヒ素剤に比べて肝毒性や腎毒性がほとんどなく安全性が向上したこと，死滅虫体が早期に分解されるので肺動脈の血栓塞栓症の危険性が低減したこと，筋肉内に投与できることなどの利点がある．しかし，投薬によって死滅した虫体に起因する塞栓やアレルギー反応などの生体反応(副作用)を完全に防止することはできないので，犬が投薬に耐えられる状態であるかを投薬前の検査で十分検討しなければならない．

投薬方法は，1回の投与量を2.2 mg/kgとして左右の腰筋に筋肉内投与する(皮下や筋膜下に薬剤が漏れると激しい疼痛と組織の壊死が起こる)．投与間隔は，①3時間間隔で2回投与(日本で認可された投与法)，②24時間間隔で2回投与，③1回目投与1か月後に2回目，その24時間後に3回目を投与する方法(二段階駆除法)があり，これらは駆除率に差は認められないが，肺動脈塞栓症の危険が少なく安全性が高いのは二段階駆除法である．しかし，肺動脈塞栓症の発生は皆無ではないので，その患害を軽減する目的で抗血小板薬のアスピリン(aspirin)0.5 mg/kg やトラピジル(trapidil) 5 mg/kg，ヘパリン(heparin) 10～50 U/kg を投薬の2～4週間前から2～4週間後まで併用する．また，投与後に発熱や呼吸困難，喀血などの症状がみられた場合には肺動脈周囲性肺炎の抑制が期待できるステロイド(プレドニゾロン：prednisolon)，血管拡張作用のある硝酸イソソルビド(isosorbide dinitrate)，循環血液量の減少のために利尿剤(スピロノラクトン：spironolactone)，抗生剤などを投薬する．さらに，投薬後少なくとも1か月間はランニングなどの激しい運動を制限して肺動脈塞栓症の発生を最小限にすることが重要である．

なお，成虫駆除後もミクロフィラリアが血中に残る．ミクロフィラリアの駆虫は，ミクロフィラリアに起因する病態発生が明瞭ではないため，必須事項ではないが，ミクロフィラリア保有動物は感染源であるため，状況によっては，薬物投与によって駆虫する．イベルメクチン(ivermectin) 0.05 mg/kg，ミルベマイシンオキシム(milbemycin oxime) 0.1 mg/kg，モキシデクチン(moxidectin)0.03 mg/kg を隔週で数回投与すれば血中ミクロフィラリアは消失するが，成虫駆虫と同様に死滅したミクロフィラリアによる全身組織の毛細血管の塞栓や死滅したミクロフィラリア由来抗原に対する生体反応による副作用が少なからず発現する．

予　防：犬糸状虫症の病態発生は右心系に寄生した成虫におもに起因するので，中間発育場所などで発育する幼虫を殺滅することにより成虫寄生を予防することに主眼が置かれる．したがって，現在，予防法として広く用いられている方法は，感染を予防するものではない．現在，この目的のため，マクロライド系抗生剤のイベルメクチン，ミルベマイシンオキシム，モキシデクチン，セラメクチン(selamectin)，ドラメクチン(doramectin)が予防薬として広く用いられている．

マクロライド系抗生剤は感染後約30日齢までの4期幼虫に対する殺滅効果があるので30日間隔の投薬で予防効果を発揮する．これらの抗生剤が発見される以前はクエン酸ジエチルカルバマジン，塩酸レバミゾールが予防薬として用いられていた．これらの薬剤は感染後数日齢までの幼虫を殺滅する効果しかないために，感染の可能性がある期間は連日または隔日の投薬が必要であった．イベルメクチンは犬では6～12 μg/kg，猫では12～24 μg/kg，ミルベマイシンオキシムは0.25～0.5 mg/kg，モキシデクチンは2～4 μg/kg を毎月1回，1か月間隔で，蚊から犬への伝播が始まる時期の1か月後から伝播が終息する時期の1か月後まで経口投与する．この他，モキシデクチン 2.5 mg/kg やセラメクチン 6 mg/kg を毎月1回，皮膚に滴下する方法や，モキシデクチンの徐放剤 0.17 mg/kg を皮下接種する方法も用いられている．マクロライド系抗生剤はコリー系の犬種では薬剤が血液脳関門を突破し脳に作用して神経毒性を示すことが知られている．ただし，この作用発現の強弱は薬剤の種類や用量によるので，同犬種に対しては慎重な薬剤選択が必要である．さらに，ミクロフィラリアに対する殺虫効果もあるので，感染の可能性が疑われる動物への投薬には注意を要する．なお，蚊体内での3期幼虫の発育は気温によって左右されるため，蚊から犬への伝播開始時期や伝播終了時期は地域によって異なることにも留意する必要がある．

4.21.2　その他の糸状虫

(1) *Dirofilaria repens*

虫体は雄成虫で 4.8～7.0 cm，雌成虫で 10～17 cm である．雄では肛門の前後に7～10対の乳頭がみられ，交接刺は左右不同で左が 465～590 μm，右が 185～206 μm である．雌の陰門は前端から 1.15～1.62 mm の体表にある．ミクロフィラリアは血中にみられ，無鞘で体長 290 μm，体幅 6.0 μm である．

宿主は犬や猫の他に，キツネ，ライオン，ヤマネコなどで，その皮下組織や筋膜に寄生する．中間宿主はヤブカ属，ハマダラカ属，イエカ属などの蚊である．分布は東南アジア，アフリカ，ヨーロッパ，北米・南米などで，日本では沖縄県で人体感染症例が報告されているが分布は明らかではない．

(2) 犬皮下糸状虫(*Acanthocheilonema reconditum*)

虫体は小形で，体長は雄で 9 ～17 mm，雌で 20～25 mm，前端は鈍円で口周辺に 4 対の乳頭，1 対の双器(amphid)がある．雄の尾部は湾曲し，肛門前後には 5 ～ 6 対の大小乳頭がみられ，尾端には 3 個の突起がある．雌の陰門は頭端から 0.816 mm の体表に開口する．ミクロフィラリアは血中にみられ，無鞘で体長 250～290 μm，体幅 4.3～5.2 μm，頭端は角張り，尾端は鉤状が多い．

宿主はイヌ科(犬，ジャッカル，コヨーテ，キツネなど)で，その皮下結合織に寄生する．中間宿主はノミ，シラミ，ハジラミなどである．分布はヨーロッパ，北米・南米，アフリカなど世界的で，日本では沖縄県に分布する．

(3) マレー糸状虫(*Brugia malayi*)

虫体は小形で，体長は雄で 18 mm，雌で 48 mm である．ミクロフィラリアは血中にみられ，有鞘で体長 220 μm である．宿主はヒト，サル，ネコ科(猫，ヤマネコ，ジャコウネコ)，犬，ネズミなどで，そのリンパ管に寄生する．中間宿主は蚊である．分布は南アジア(マレーシア，インドネシア，タイ，フィリピンなど)である．

4.22 馬の糸状虫症 (Filariasis of horses)

原　因：旋尾線虫目(Spirurida)，糸状虫科(Filariidae)，*Parafilaria* 属の多乳頭糸状虫(*P. multipapillosa*)，オンコセルカ科(Onchocercidae)，*Setaria* 属の馬糸状虫(*S. equina*)，指状糸状虫(*S. digitata*)，*Onchocerca* 属の頸部糸状虫(*O. cervicalis*)，網状糸状虫(*O. reticulata*)などによる．この中で日本にみられるのは *Setaria* 属と *Onchocerca* 属である．

(1) 多乳頭糸状虫(*Parafilaria multipapillosa*)

虫体は雄で体長 3 cm，体幅 0.26～0.28 mm，雌で体長 5 cm，体幅 0.42～0.45 mm である(図 III. 280)．雄の交接刺は左右不等長(左 0.68～0.75 mm，右 0.13～0.14 mm)で，雌の陰門は口腔に近接して開口する．雌成虫は含子虫卵

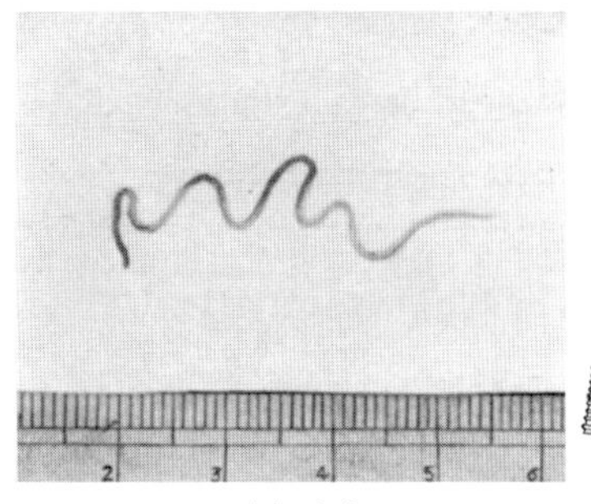

(a) 成虫

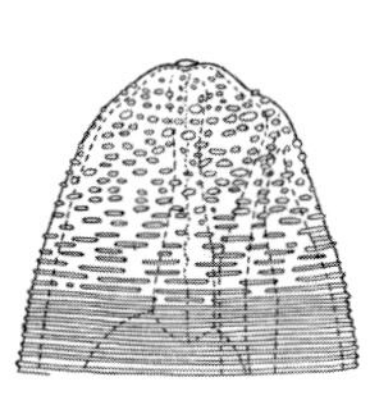

(b) 頭部

図 III.280　多乳頭糸状虫［原図：板垣　博・大石　勇］

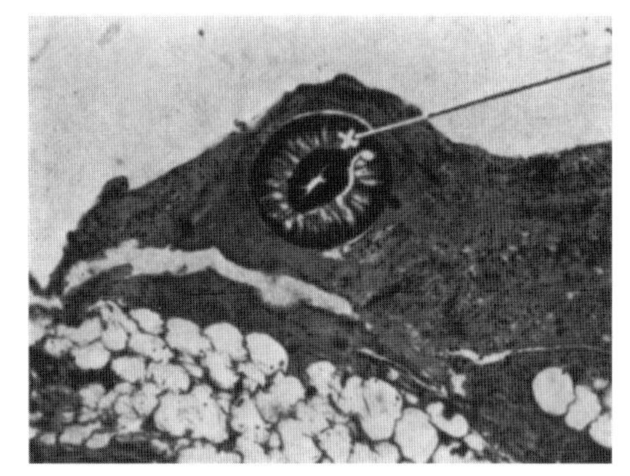

図 III.281　多乳頭糸状虫の寄生状況(×は虫体断面)［原図：板垣　博・大石　勇］

(50～58 × 24～33 μm)を産出し，1 期幼虫(220～230 × 9 ～11 μm)が速やかに孵化する．1 期幼虫は無鞘で馬の体表やその損傷部に出現する．

宿主は馬，ロバ，ラバで，その皮下織や筋間結合織に寄生する(図 III.281)．中間宿主はノサシバエ属の 1 種(*Haematobia artipalpis*)である．インド，中国，ヨーロッパ，南米，アフリカなどに分布し，馬の血汗症(hematidrosis)を引き起こす．

(2) 馬糸状虫(*Setaria equina*)

体長は雄で 5 ～ 8 cm，雌で 7 ～13 cm，前端部の口の周縁は 4 個の口唇様の歯状突起を備えるクチクラの輪状構造で囲まれ，さらにその周囲に乳頭がみられる．雄の交接刺は左右不等長(左 0.63～0.66 mm，右 0.14～0.23 mm)で，雌の尾端部には 1 対の鉤状突起と末端の宝珠状突起がある(図 III. 282)．ミクロフィラリアは有鞘で 199～269 μm，血中に出現する．

宿主は馬，ロバ，ラバ，シマウマなどで，その

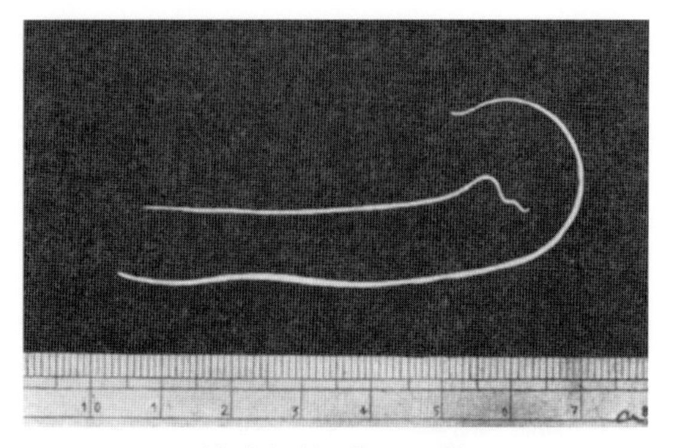
(a) 成虫（上：雄，下：雌）

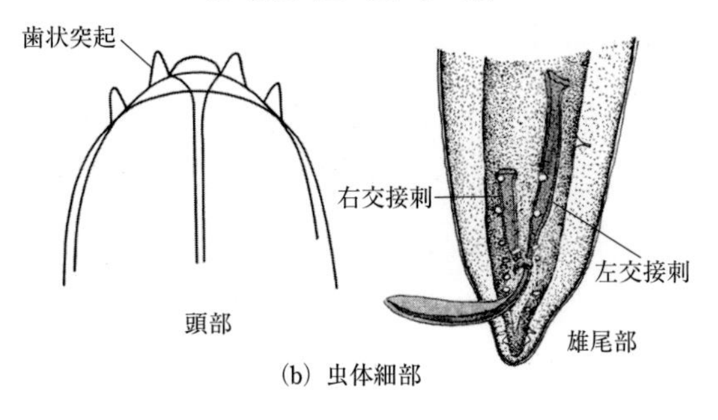

(b) 虫体細部

図 III.282　馬糸状虫［原図：板垣　博・大石　勇］

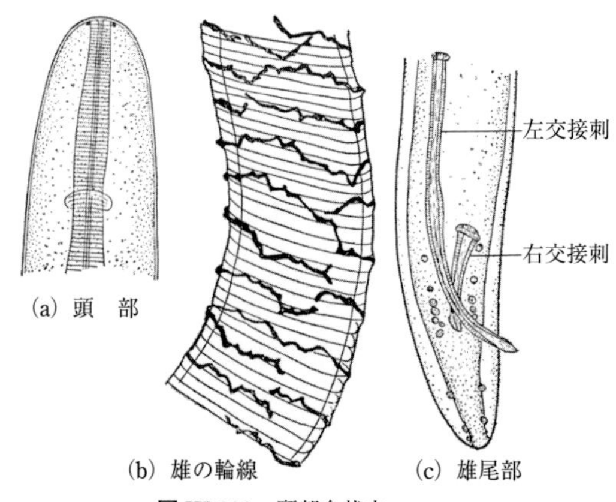

(a) 頭　部　(b) 雄の輪線　(c) 雄尾部

図 III.283　頸部糸状虫
［原図：板垣　博・大石　勇］

腹腔，稀に胸腔，肺，陰嚢などに寄生する．中間宿主はヤブカ（*Aedes*）属，ハマダラカ（*Anopheles*）属，イエカ（*Culex*）属の蚊で，日本ではトウゴウヤブカ（*Aedes togoi*），シナハラダラカ（*Anopheles sinensis*）が知られている．世界各地に分布し，日本でも一般的である．1980～1989年の日本における競走馬450頭の剖検時の検査では16.2%から馬糸状虫が検出され，陽性馬の90%が10虫体以下の寄生であった．

(3)指状糸状虫（*Setaria digitata*）

本種は牛，水牛などを固有宿主として，その腹腔に成虫が寄生する糸状虫であるが，馬や山羊，めん羊などの非固有宿主に感染すると未成熟虫体が脳脊髄や前眼房に侵入して重大な病害を与えることがある．馬やめん羊，山羊の脳脊髄セタリア症（cerebrospinal setariosis）（脳脊髄糸状虫症：cerebrospinal filariosis または腰麻痺：lumber paralysis ともよばれる），馬の溷睛虫症（こんせいちゅうしょう）（verminous ophthalmia）の原因種である．虫体の特徴などは反芻動物の糸状虫症（III 部 4.23 節）を参照のこと．

(4)頸部糸状虫（*Onchocerca cervicalis*）

体長は雄で 6 ～ 7 cm，雌で最長 50 cm とされているが，細長く組織に絡まって寄生するために完全な雌虫体を分離することは困難である．雄の交接刺は左 0.32～0.36 mm，右 0.10～0.12 mm で，雌の陰門は頭端より平均 0.5 mm に開口する（図 III. 283）．ミクロフィラリアは無鞘で 207～240 × 4 ～ 5 μm，成虫が寄生する部位周辺の皮膚に出現するが稀に血中に入る．

宿主は馬，ロバ，ラバなどで，その頸靱帯とその周囲の筋肉や結合織に寄生する．中間宿主は *Culicoides* 属のヌカカ．分布は世界的で日本でも以前は普通にみられた．

(5)網状糸状虫（*Onchocerca reticulata*）

虫体は最長で雄 27 cm，雌 75 cm とされている．雄の交接刺は左 0.25～0.30 mm，右 0.12 mm で，雌の陰門は頭端より 0.4 mm に開口する．ミクロフィラリアは無鞘で 330～370 × 6 ～ 7 μm，成虫が寄生する部位周辺の皮膚に出現する．

宿主は馬，ロバ，ラバで，おもに前肢球節の腱，繋靱帯に寄生する．中間宿主は *Culicoides* 属のヌカカ．分布は世界的である．

発育と感染：

(1)多乳頭糸状虫

雌成虫は皮膚に出血性の小結節を作って寄生し，結節部の皮膚表面に小孔を開けて血液が混じった浸出液とともに産出した含子虫卵を排出させる．病変部に日が当たると出血が起こるとされる．馬の体表に出た虫卵は速やかに孵化し，1期幼虫はノサシバエに吸飲される．幼虫はノサシバエの体腔，脂肪体で発育・脱皮を繰り返し，20～36℃では10～15日後に1.67～2.67 mmの3期幼虫(感染幼虫)となって口吻部へ移行し，吸血時に馬の皮膚に侵入する．なお，雌バエが中間宿主となり，雄バエは中間宿主にはならないとされる．皮膚に浸入した3期幼虫は侵入部から皮下織に移動し，そこで発育・脱皮をして成虫となる．雌成虫の産卵による病変は感染から281～387日後にみられる．

(2)馬糸状虫

雌成虫から産出されたミクロフィラリアは末梢血に出現し，定期出現性は認められないが，季節出現性がみられ，春から夏に増加して秋から冬に減少する．吸血により蚊の体内に侵入したミクロフィラリアは3～5時間後に脱鞘し，胸筋に移行する．吸血5～6日後にソーセージ状の幼虫となり，7日後に2期幼虫，10～11日後に3期幼虫へと発育する．吸血12～13日後に発育を完了(1.37～1.77 mm)し，胸筋から口吻部へ移行して感染(吸血)の機会を待つ(図III.284)．馬に侵入した3期幼虫は皮下織や筋膜下で発育しながら移行し，感染90日後には成虫が腹腔にみられるようになる．

(3)指状糸状虫

牛の糸状虫症(III部4.23節)を参照．

(4)頸部糸状虫

吸血に際してヌカカ体内に侵入したミクロフィラリアは中腸に3～4日間とどまった後に胸筋へ移行し，7日後にはソーセージ状の幼虫となる．その後発育して22～25日には600～700 μmの3期幼虫(感染幼虫)となって口吻部へ移行する．なお，幼虫の発育に要する日数は温度によって変わり，21～23℃では14～15日，26℃では10日で3期幼虫に発育する(図III.285)．馬に感染した後の幼虫の発育経路の詳細は不明であるが，皮下組織から幼虫が検出される(図III.286)．網状糸状虫の発育は頸部糸状虫に類似すると考えられている．

症状と病理：

(1)多乳頭糸状虫

感染動物の頭部や頸部，肩部，き甲部などの体表に直径1～2 cmの結節が認められ，時々結節が破けて出血や組織滲出液が流れ出るため，周辺の体毛は汚れて絡み合う．また馬具装着部に結節が形成されて皮膚損傷があると使役に障害を来す．これらの皮膚の出血や組織液滲出による損傷は春から夏の間に3～4週間隔で起こり，夏季に顕著で，血の汗を流しているようにみえる(血汗症，図III.287)．冬季は症状がなくなるが，翌年

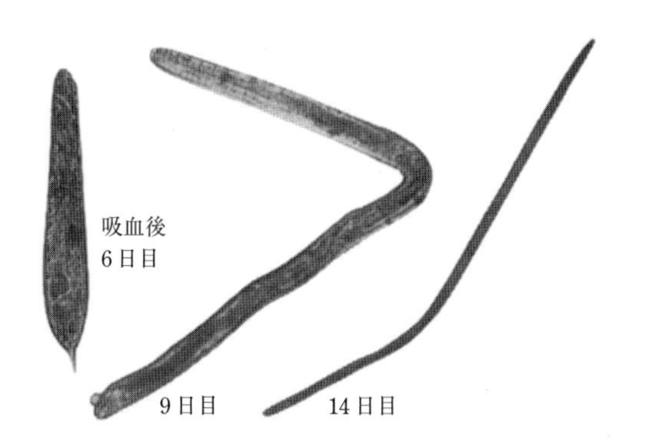

図 III.284　蚊体内の馬糸状虫幼虫の発育
［原図：板垣　博・大石　勇］

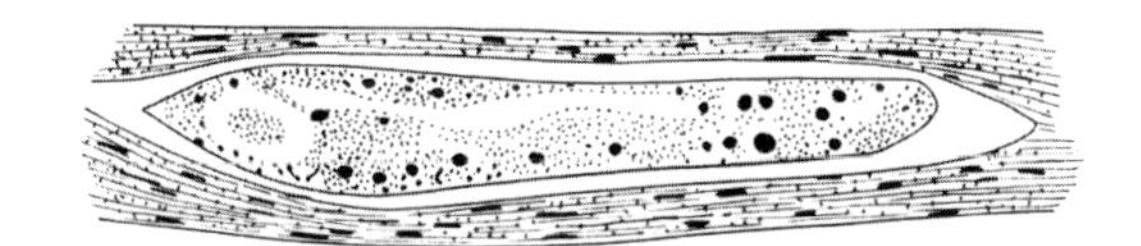

図 III.285　頸部糸状虫の幼虫(ヌカカの胸筋内，感染後14日)
［原図：板垣　博・大石　勇］

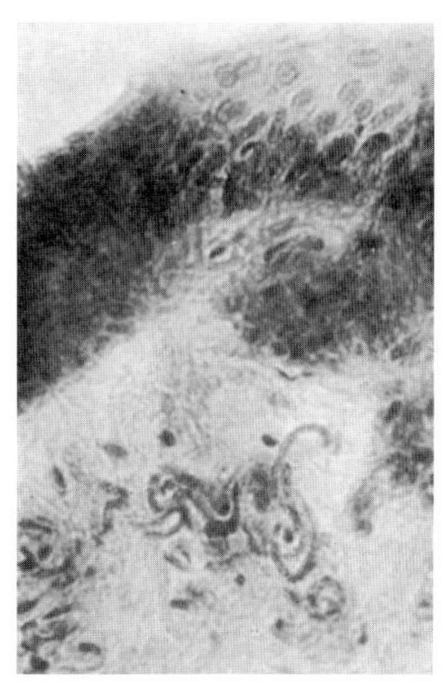

図 III.286　頸部糸状虫の幼虫(皮下の幼虫群)
［原図：板垣　博・大石　勇］

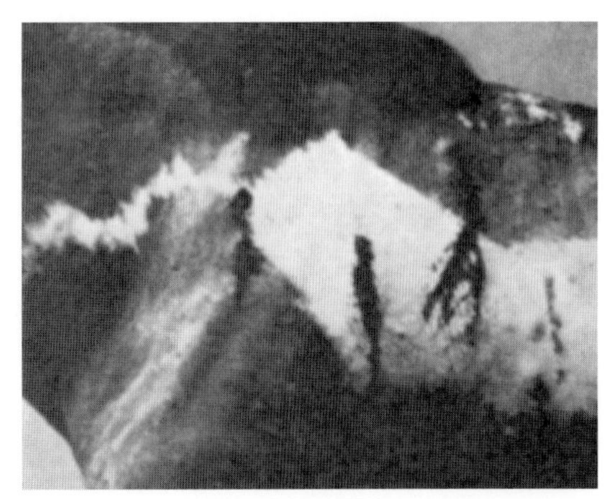

図 III.287　血汗症［原図：板垣　博・大石　勇］

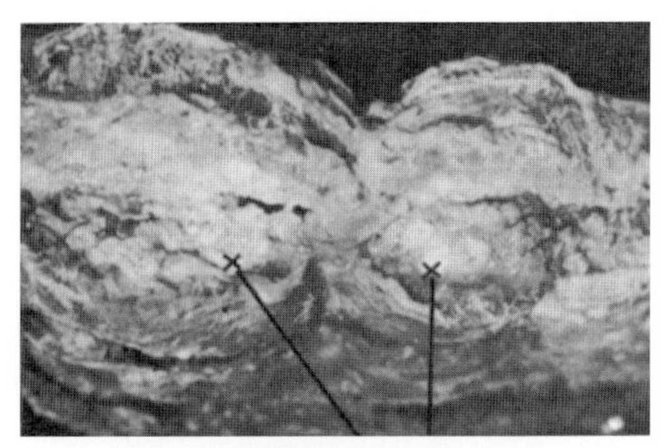

図 III.288　頸部糸状虫症(頸靱帯の病変)
［原図：板垣　博・大石　勇］

に再び発生することが多い．

(2)馬糸状虫

成虫は腹腔に寄生するためほとんど病害を与えないと考えられ，剖検時に虫体が検出されて初めて寄生を知ることが多い．しかし，腹膜に出血や肉芽腫形成，線維性腹膜炎を引き起こすこともある．また，幼虫が眼球の前眼房内に迷入することがある(溷睛虫症)．

(3)指状糸状虫

馬やめん羊，山羊の脳脊髄に迷入した幼虫は，運動麻痺や神経障害を発現させる(脳脊髄セタリア症)．本症は熱発を伴わず突発的に発症し，後躯が麻痺する症例が多く，重度では犬座姿勢や起立不能，強迫運動，間代性けいれん，眼球振とうなどの脳症状を示し斃死することもある．発症時期は 8 月から 10 月が多く，中間宿主の蚊の活動時期と虫体発育の経過と一致する．虫体迷入部位に組織破壊や軟化，出血がみられ，病変部から虫体が検出される．また，幼虫が眼球の前眼房内に侵入すると，羞明，眼房水や角膜の混濁を生じ，失明することがある(溷睛虫症)．通常は 10 月末から 12 月，脳脊髄糸状虫症の発症時期に遅れて発生し，1～3 歳の馬に多くみられる．

(4)頸部糸状虫

頸靱帯の後方，き甲部に結合組織の増生肥厚や，栗粒大～大豆大，時には小児拳大のこぶ状の隆起がみられ，やがて石灰変性に移行することがある(図 III.288)．細菌などの二次感染を起こすと化膿性のき甲腫へと移行し，瘻管が形成される．病理組織学的には，虫体周辺の好酸球，好中球，リンパ球の浸潤と肉芽組織の増生，時に当該部の硝子様変性あるいは軟骨組織化生がみられる．これらの病変はおもに虫体の代謝産物に対する局所反応と考えられている．

診　断：

(1)多乳頭糸状虫

夏から初秋にかけての出血性および滲出性の結節形成，短期間で終息する特徴的な症状から診断は比較的容易であるが，確定診断には滲出液中の虫卵や 1 期幼虫を検出する．海外では ELISA による血清診断も行われている．

(2)馬糸状虫

末梢血液中のミクロフィラリアを血液厚層塗抹や集虫法で検出する．症状を発現しないことが多いので臨床上の診断的意義は高くない．

(3)指状糸状虫

運動障害や神経症状の発現，それらの発症の時期，牛の牧場との近接関係などから脳脊髄セタリア症を推測することは比較的容易であるが，生前に幼虫の寄生を確定することは困難である．

(4) *Onchocerca* spp.

剖検時の虫体検出で感染に初めて気づくことが多い．病変部の組織を採取してミクロフィラリアや虫体を検出することで確定診断する．

治　療：多乳頭糸状虫の治療はイベルメクチン(ivermectin)0.2 mg/kg の皮下 1 回投与で出血性の結節が 100％消失し，翌年の再発もみられていない．馬糸状虫の成虫に対しては，イベルメクチン 0.2～0.5 mg/kg の筋肉内 1 回投与により 80～88％の駆虫効果が示され，ミクロフィラリアにはイベルメクチン 0.2 mg/kg を 1 回投与する．*S. digitata* による脳脊髄セタリア症の治療には，かつてジエチルカルバマジン（diethylcarbamazine）40 mg/kg の 1 ～ 3 日投与，あるいは 50 mg/kg と 80 mg/kg の 2 回投与が行われたが，現在ではイベルメクチンが用いられる．頸部糸状虫のミクロフィラリアに対しては，イベルメクチン 0.2 mg/kg の経口 1 回投与，モキシデクチン（moxidectin）0.4 mg/kg の経口 1 回投与が有効である．き甲腫は外科的に治療する．

予　防：中間宿主であるノサシバエやカ，ヌカカなどの駆除は感染を予防する上で重要である．また，脳脊髄セタリア症が発生しやすい地域では，*S. digitata* の固有宿主である牛における駆虫が不可欠である．

4.23 反芻動物の糸状虫症 (Filariasis of ruminants)

原　因：旋尾線虫目（Spirurida），糸状虫科（Filariidae），*Parafilaria* 属の *P. bovicola*，*Stephanofilaria* 属の沖縄糸状虫（*S. okinawaensis*），オンコセルカ科（Onchocercidae），*Setaria* 属の指状糸状虫（*S. digitata*），マーシャル糸状虫（*S. marshalli*），唇乳頭糸状虫（*S. labiatopapillosa*），*Onchocerca* 属の咽頭糸状虫（*O. gutturosa*），ギブソン糸状虫（*O. gibsoni*）などによる．

（1）*Parafilaria bovicola*

虫体は乳白色で，体長は雄で 2 ～ 3 cm，雌で体長 4 ～ 5 cm である．虫体の前端は円錐形で，その体表には不規則な間隔で横条線がみられる．食道は短く，長さは 240 μm で，肛門は体後端に開く．雌の陰門は口に近い位置にあり，頭端から 60～70 μm の体側に開口する．雌成虫は卵生で含子虫卵（40～55 × 23～33 μm）を産出し，孵化した 1 期幼虫は 215～230 × 10 μm で無鞘，体表やその損傷部に出現し，末梢血には現れない．

宿主は牛，こぶ牛，水牛，その他野生の反芻動物などで，その皮膚結節内に寄生する．中間宿主は数種のイエバエ類（*Musca lusoria*，*M. xanthomelas*，*M. autumnalis* など）が確認されている．分布はインド，フィリピン，北欧，東欧，南アフリカ，フランス，カナダなどで，日本ではカナダなどからの輸入牛から検出され，1980 年代には北海道から本州へ導入された牛に認められた．馬寄生の多乳頭糸状虫（*Parafilaria multipapillosa*）と同様に血汗症を引き起こす．

（2）沖縄糸状虫（*Stephanofilaria okinawaensis*）

小形の虫体で，体長は雄で 3.3 mm，雌で 8 mm，体幅は雄が雌に比べて著しく細い．体前端は円錐形で，口の周囲に短小な棘（spine）が王冠状に配列する．ミクロフィラリアは体長 75～100 μm で，膜に包まれて虫卵様であり，前部はコブ状を呈する（図 III.289）．ミクロフィリアは病変部の滲出液に出現し，末梢血には現れない．
宿主は牛で，鼻鏡や乳頭，有毛部の皮膚病変部に寄生する．中間宿主はウスイロイエバエ（*Musca conducens*）である．日本の南西諸島に分布する．

（3）指状糸状虫（*Setaria digitata*）

虫体は乳白色で，雄は体長 3.5～4.6 cm，体幅 0.3～0.5 mm，尾端はらせん状に巻いている．雌は体長 6.5～7.5 cm，体幅 0.5～0.7 mm，尾端に球状の結節がある．虫体頭部の口の周囲に冠状のクチクラ突起があり，その形状は *Setaria* 属の種の識別に用いられる（図 III.290～292 参照）．雌の陰門は頭端より 0.5～0.6 mm の食道部に開口

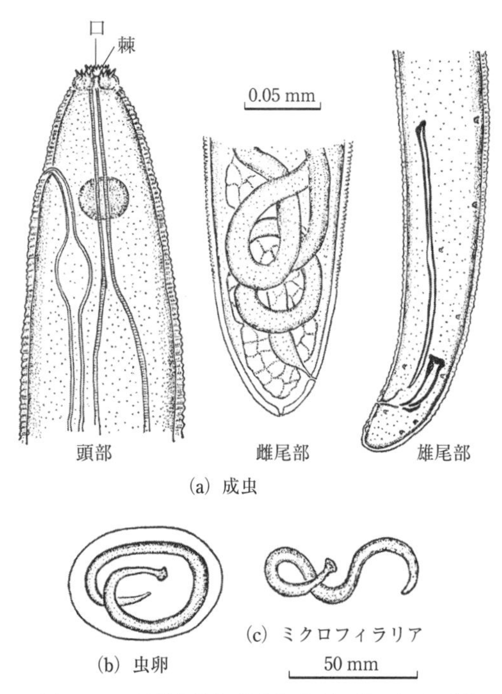

図 III.289　沖縄糸状虫［原図：板垣　博・大石　勇］

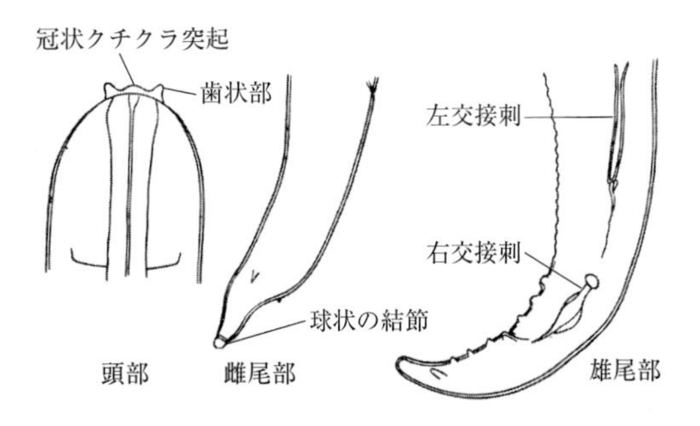

図 III.290　指状糸状虫［原図：板垣　博・大石　勇］

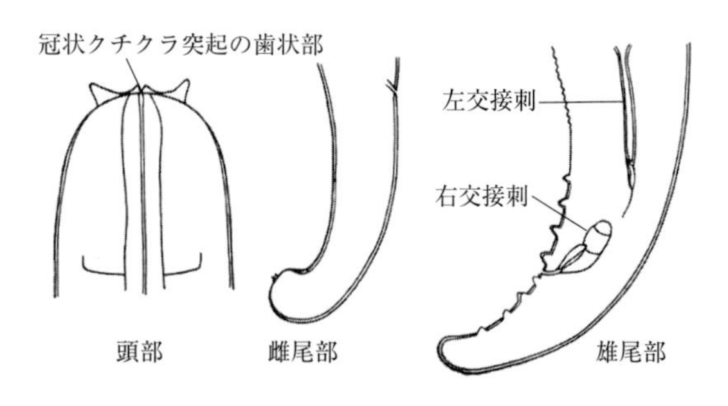

図 III.291　マーシャル糸状虫［原図：板垣　博・大石　勇］

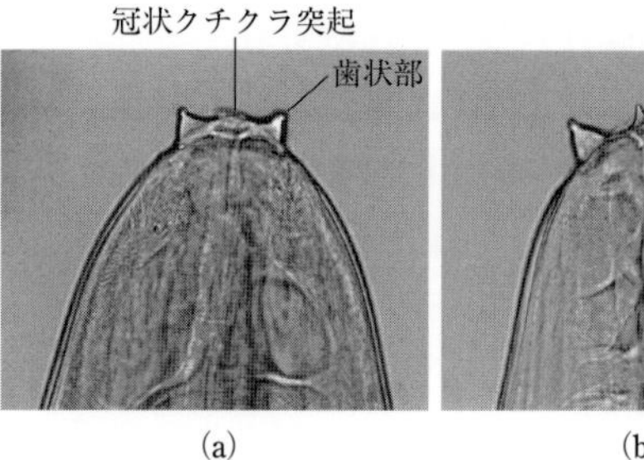

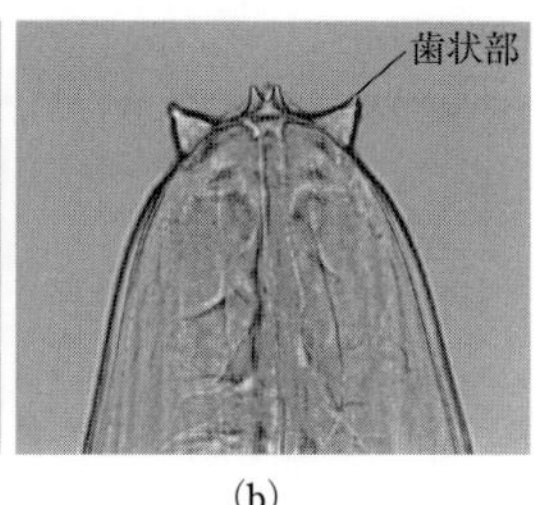

図 III.292　指状糸状虫(a)とマーシャル糸状虫(b)の頭部［原図：板垣　匡］

する．雄の交接刺は左右不等長で，左刺は0.25〜0.27 mm，右刺は0.13〜0.14 mmである．ミクロフィラリアは有鞘で，体長260〜280 μm，血中に出現する．

宿主は牛，水牛，コブ牛などで，その腹腔に寄生する．めん羊，山羊，馬など(非固有宿主)では，未成熟虫が前眼房や中枢神経系に寄生し，重篤な症状(溷睛虫症および脳脊髄セタリア症)を起こす．中間宿主はハマダラカ属のシナハマダラカとエセシナハマダラカ(*Anopheles sineroides*)，トウゴウヤブカ，オオクロヤブカ(*Armigeres subalbatus*)などである．分布はインド，スリランカ，ミャンマー，モーリシャス．朝鮮半島や日本など極東地域にも分布する．2005〜2006年の青森県と熊本県におけると畜場での調査では牛から検出された*Setaria*属糸状虫の70%(青森県)と96.3%(熊本県)が本種であった．また過去の報告では3〜8歳の牛で感染率が高いとされる．

(4)マーシャル糸状虫(*Setaria marshalli*)

虫体は乳白色で，雄は体長5.8 cm，体幅0.48 mm，雌は体長11.7 cm，体幅0.63 mmである．頭部の冠状クチクラ突起は歯状部分が指状糸状虫に比べて長く大きい(図 III.291，292)．雌の陰門は頭端より0.8 mmの食道部に開口する．雄の交接刺は左右不等長で，左刺は0.23 mm，右刺は0.07 mmである．ミクロフィラリアは有鞘で，体長360〜380 μm，血中に出現する．

宿主は牛，水牛，コブウシなどで腹腔に寄生する．稀にめん羊，山羊，馬から検出される．中間宿主はシナハマダラカ，トウゴウヤブカ，オオクロヤブカなどである．分布はインドから極東地域．2005〜2006年の青森県と熊本県における調査では，牛から検出された*Setaria*属糸状虫のそれぞれ28%と3.7%が本種であった．マーシャル糸状虫は1歳齢以上の牛での寄生はきわめて稀で，大部分は仔牛から検出される．

(5)唇乳頭糸状虫(*Setaria labiatopapillosa*)

虫体は乳白色で，雄は体長4.0〜5.1 cm，体幅0.38〜0.45 mm，雌は体長6.0〜9.4 cm，体幅0.6〜0.9 mmである．頭部の冠状クチクラ突起は指状糸条虫に類似するが，雌の尾端に結節はみられず，多数の棘状物で金平糖状を呈する．雌の陰門は頭端より0.45〜0.80 mmの食道部に開口する．雄の交接刺は左右不等長で，左刺は0.25〜0.28 mm，右刺は0.12〜0.16 mmである．ミクロフィラリアは有鞘で，体長240〜260 μm，血中に出現する．

宿主は牛，バッファロー，シカ，キリン，アンテロープなどで，腹腔に寄生する．中間宿主は海外ではヌマカ(*Mansonia*)属，ヤブカ属，ハマダラカ属の数種の蚊が知られているが，日本では不明である．分布はアジア，中近東，アフリカ，北米，西インド諸島，オーストラリア，ロシアなど世界的である．日本での感染率はきわめて低く，2005〜2006年の青森県と熊本県における調査に

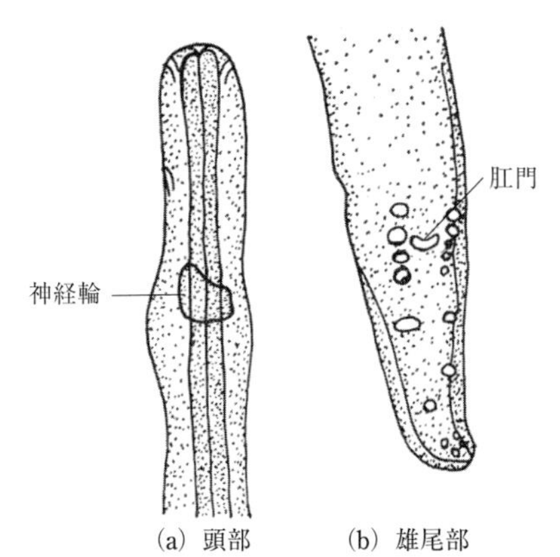

(a) 頭部　(b) 雄尾部

図 III.293　咽頭糸状虫［原図：板垣　博・大石　勇］

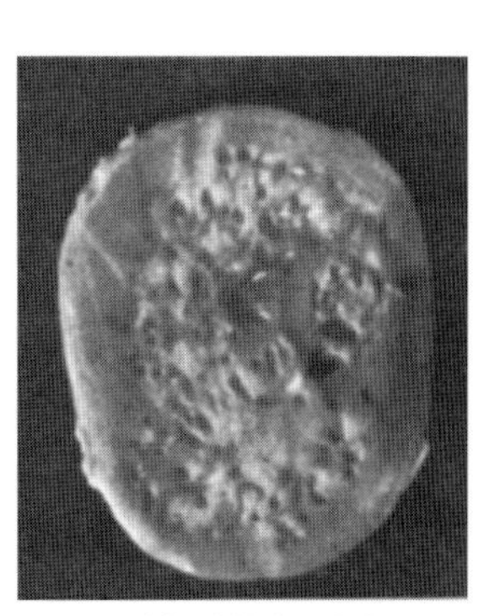

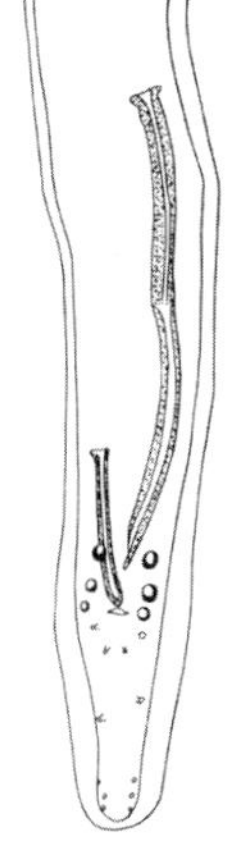

(a) 結節内の成虫　(b) 雄尾部

図 III.294　ギブソン糸状虫［原図：板垣　博・大石　勇］

おいて牛から検出された *Setaria* 属糸状虫のわずか2％(青森県)が本種であった.

(6)咽頭糸状虫(*Onchocerca gutturosa*)

虫体は乳白色で，雄は体長 2.0〜3.3 cm，雌は体長 28〜46 cm，体表には細い横条線が多数みられ，雌虫体では3〜4線ごとに太い横条線が認められる．頭部は神経輪の部位が膨隆している(図III.293)．雌の陰門は頭端より 0.53 mm の食道部に開口する．雄では肛門の両側とその後方にそれぞれ4対の小乳頭があり，交接刺は左右不等長で左刺 180〜250 μm，右刺 65〜84 μm である．ミクロフィラリアは無鞘で，体長 250〜280 μm，皮膚組織内に出現する．

宿主は牛，水牛などで，頸部靱帯やその周辺の組織，大腿脛骨靱帯に寄生する．中間宿主は *Simulium* 属のツメトゲブユ(*S. ornatum*)などが知られ，日本ではキアシツメトゲブユ(*Prosimulium yezoense*)とヒメアシマダラブユ(*Simulium arakawae*)が報告されている．分布は南北・中央米，ヨーロッパ，アフリカ，オーストラリア，日本など世界的である．日本では中国および九州地方に多く，牛の皮膚病であるワヒ(コセ)病(図III.302)の一因と考えられている．

(7)ギブソン糸状虫(*Onchocerca gibsoni*)

虫体は乳白色で，雄は体長 3.0〜5.3 cm，雌では完全虫体の回収が困難なために正確な数値は知られていないが，体長 50 cm 程度，体表には細い輪状線が多数ある．雌の陰門は頭端より 0.46〜1.18 mm の食道部に開口する．雄では尾部に7〜9対の乳頭があり，交接刺は左右不等長で左刺 140〜220 μm，右刺 47〜94 μm である(図III. 294)．ミクロフィラリアは無鞘で，体長 220〜350 μm，皮膚組織内にみられる．

宿主は牛，水牛などで，胸部や肩部，後肢の皮膚結節内に寄生する．中間宿主は *Culicoides* 属のヌカカである．分布はインド，東南アジア，オーストラリア，アフリカなどで，日本では2例しか報告されていない．

(8)その他

近年日本では大分のと畜場において牛の皮膚から *O. lienalis* と，*Onchocerca* sp.(*O. gutturosa* ならびに *O. lienalis* のいずれとも異なる別種と推定)のミクロフィラリアが検出された．これらの中間宿主は *O. lienalis* がキアシツメトゲブユ，ヒメアシマダラブユ，キュウシュウヤマブユ(*S. kyushuense*)，ダイセンヤマブユ(*S. daisense*)，*Onchocerca* sp. がキアシツメトゲブユ，ヒメアシマダラブユ，ダイセンヤマブユ，オオイタツメトゲブユ(*S. oitanum*)とされる．

発育と感染：

(1)*P. bovicola*

結節内の雌成虫は馬の多乳頭糸状虫と同様に結節部の皮膚面に小孔を開け，血液を混じた浸出液とともに産出した含子虫卵を排出させる．病変部に日が当たると出血する傾向があり，熱あるいは光によって雌の産卵が刺激されるという．出血部に飛来したイエバエが虫卵あるいは孵化した1期幼虫をなめとると，1期幼虫はイエバエの体腔などで体長3.4〜4.4 mmの3期幼虫(感染幼虫)まで発育する．3期幼虫はハエの口器に移動して採餌行動の際に排出される．口器からの幼虫の排出は38〜40℃の牛の血液を摂取すると起こり，温かい生食や砂糖水では排泄されないという．損傷部や眼窩などから牛体内に侵入した3期幼虫はその周辺組織で発育して成虫となる．プレパテント・ピリオドは約300日間である．

(2)沖縄糸状虫

雌成虫が産出した虫卵は孵化し，ミクロフィラリアは病変部の滲出液に出現する．ウスイロイエバエが滲出液とともにミクロフィラリアを吸引すると，ミクロフィラリアはその体腔で3期幼虫に発育して口器に移動し，イエバエの舐餌行動の際に3期幼虫が排出されて宿主に侵入する．プレパテント・ピリオドは約3か月間である．なお，沖縄糸状虫と近縁の *Stephanofilaria assamensis* のハエ体内における発育は，25.5℃において摂取5〜6日後に1回目の脱皮を行い，13〜14日後に2回目の脱皮を行って胸筋へ移行，23〜25日後に感染幼虫(体長約1 mm)となって口吻に現れるという．

(3)指状糸状虫

血中のミクロフィラリアは中間宿主(蚊)に吸血されると，24時間以内に嗉嚢で脱鞘したのち，嗉嚢壁を穿通して胸筋へ移動し，吸血5〜6日後に1回目の脱皮，9〜11日後に2回目の脱皮を行って頭部へ移行する．吸血12〜13日後には感染幼虫(体長2.5 mm)となって吻鞘内に出現する(図III.295)．蚊の吸血に伴って刺し傷から固有宿主(牛)に侵入した3期幼虫は皮下織や筋膜下で発育しながら移動し，3〜4か月後に腹腔に達して成虫となる．成虫の寿命はおよそ1.5年と考えられている．一方，3期幼虫が非固有宿主(めん羊，山羊，馬など)に侵入した場合には，幼虫は1〜4 cmに成長するが成虫まで発育することはなく，中枢神経系や眼に迷入して重篤な病態を引き起こす．

(4)マーシャル糸状虫

本種では，夏季に母牛に侵入した幼虫が胎盤を介して胎仔へ移行し，出生後に仔牛体内で成虫と

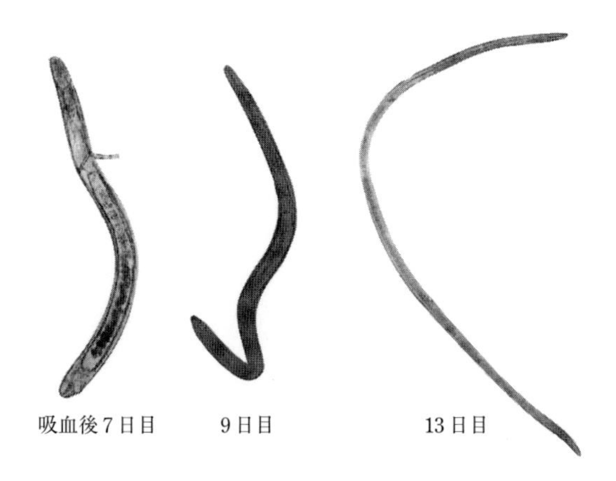

図 III.295 蚊体内の指状糸状虫幼虫の発育
［原図：板垣　博・大石　勇］

なるのが通常の発育であると考えられている．なお，牛胎仔の腹腔および漿膜下に成虫の寄生が認められ，その血液からミクロフィラリアが検出された報告もある．蚊体内における発育は指状糸状虫と同様とされ，終宿主体内での発育も他の *Setaria* 属と同様と考えられている．

(5) *Onchocerca* 属の種

組織中のミクロフィラリアを中間宿主(ブユまたはヌカカ)が吸血の際に取り込み，その体内で3期幼虫まで発育し，新たな宿主を吸血する際に皮膚を介して侵入する．組織中で発育・脱皮して成虫となる．

病原性と症状：

(1) *P. bovicola*

牛の頭部，頸部，き甲部，肩部などの体背側に直径15 mmほどの扁平な結節がみられ，その皮膚中央部に開けられた直径0.5〜1 mmの小孔から血液および滲出液の排泄がある．小孔からの出血は1日で治まるが，数日後に近くの別の部位に結節ができ，出血する(血汗症)．このような症状は春から夏にみられ，冬には消失するのが一般的であるが，北海道から岐阜県に導入された牛では3〜6月に発症した．病変部では虫道を中心に出血と浮腫がみられ，好酸球が顕著に浸潤し，好中球や大食細胞も出現する．

(2)沖縄糸状虫

病変は鼻鏡，乳頭の他に有毛部にもみられる．鼻鏡ではその一部あるいはほぼ全体に慢性的なびらん，腫脹，メラニン色素の消失などが顕著で，

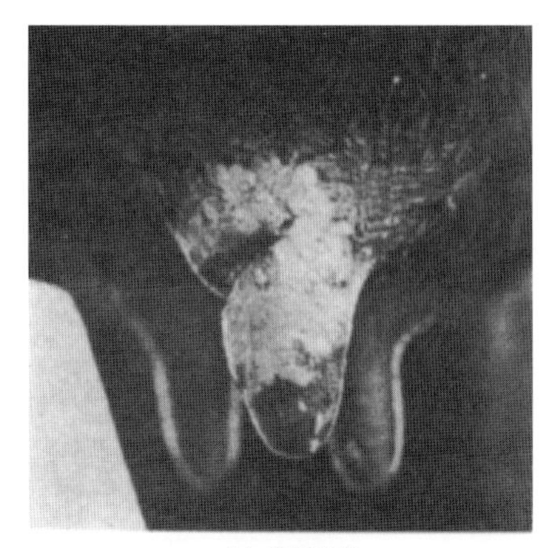

(a) 乳頭病変

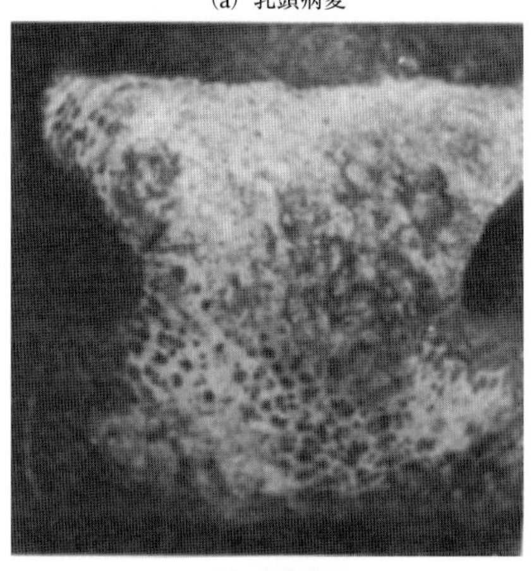

(b) 鼻鏡白斑

図 III.296　沖縄糸状虫症
［原図：板垣　博・大石　勇］

牛は激しい痒覚のために患部を器物に擦り出血を起こす．乳頭では，はじめに小豆〜大豆大の丘疹性結節が形成され，滲出液が排泄される．病期が進行すると結節部の出血，痂皮の形成と脱落を繰り返しながら乳頭全体に病変が波及し，黒色部ではメラニン色素が消失する（図 III.296）．病変部は通常激しい疼痛を伴い，重度になると乳頭の脱落・欠損を招く．組織所見では表皮の壊死や脱落，乳頭層における好酸球や単核細胞の浸潤，多数のミクロフィラリアや成虫などがみられる（図 III.297）．メラニン色素はほとんど確認できない．なお，乳頭病変部の組織内に成虫は認められるが，ミクロフィラリアは少ない．これらの症状は初夏から盛夏に著しく，冬には一時的に軽減する．

（3）指状糸状虫

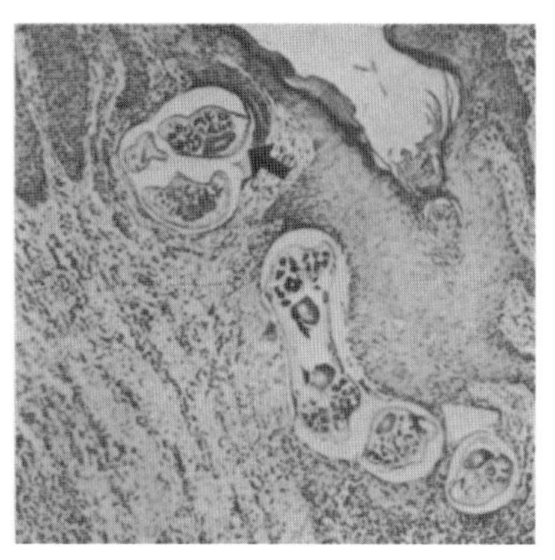

図 III.297　沖縄糸状虫症の皮膚組織
［原図：板垣　博・大石　勇］

牛（固有宿主）の腹腔内に寄生する成虫の病害はほとんど認められず，感染牛は無症状である．しかし，病理学的には，多数寄生による慢性線維素腹膜炎や大網の絨毛状結合組織の増殖が観察され，また死滅虫体に対する器質化や結合組織の増生，石灰沈着なども知られている．一方，幼虫が本来の発育場所以外の臓器・組織に迷入し，病態を発現させることはよく知られている．とくに本種の非固有宿主であるめん羊や山羊，馬では，幼虫が脳脊髄に迷入して組織破壊性の炎症反応を引き起こし（図 III.298，299），神経症状を主徴とする脳脊髄セタリア症（脳脊髄糸状虫症，腰麻痺）の原因となる（図 III.300）．本症は突然発症し，慢性に経過することが多い．1990 年の茨城県の調査では，腰麻痺の発生がめん羊で 13/223 頭（5.8%），山羊で 7/520 頭（1.3%）であり，廃用率はめん羊で 7/13 頭（53.8%），山羊で 3/7 頭（42.9%）と報告されている．現在でもめん羊，山羊の飼育農場では発生がみられる．幼虫の迷入病巣が脳に存在する場合には，食欲不振，発熱，沈鬱，軽度な運動障害などの初期症状から，旋回運動，強迫運動，斜頸，けいれん，後躯麻痺などが認められる．多くは無熱で食欲に変化はない．病変は小脳，脳橋，延髄，間脳，頸髄に多発し，炎症性かつ軟化性でしばしば幼虫を伴う．病巣から検出される幼虫は体長 1 〜 4 cm ほどである．脳脊髄実質では幼若虫の侵入による虫道，出血などの破壊像と好酸球浸潤がみられる．病変部の脳膜には円形細胞や好酸球の浸潤が観察され，軟膜に

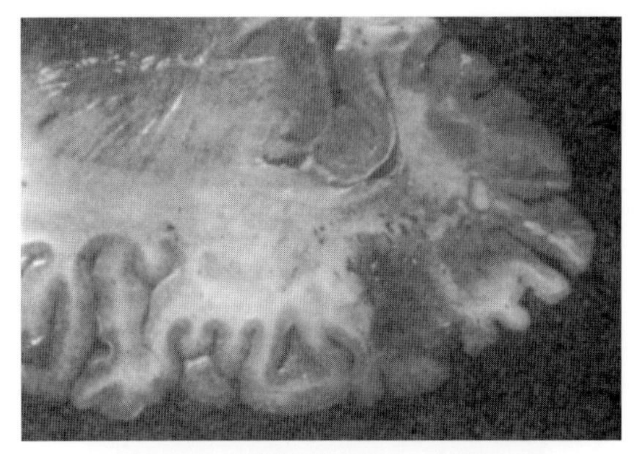

図 III.298 脳脊髄糸状虫症(馬，大脳出血)
［原図：板垣 博・大石 勇］

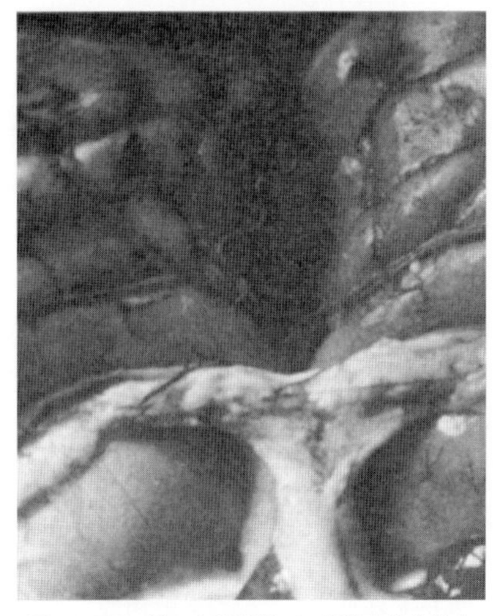

図 III.299 馬の大脳軟膜下の指状糸状虫幼虫
［原図：板垣 博・大石 勇］

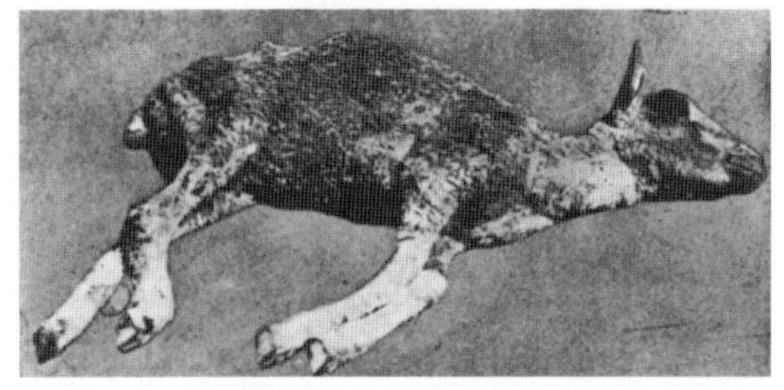

図 III.300 脳脊髄糸状虫症［原図：板垣 博・大石 勇］

頻発する．脳脊髄実質の古い軟化病巣では，組織の破壊と空洞形成，瘢痕化がみられる．また馬では，幼虫が眼球の前眼房内に侵入し眼房水や角膜の混濁を来すことがある(溷睛虫症，図 III.301)．牛においても移行中の幼虫の迷入によって結膜炎が突発し，流涙，羞明，痒覚，角膜混濁などがみられる．

(a)

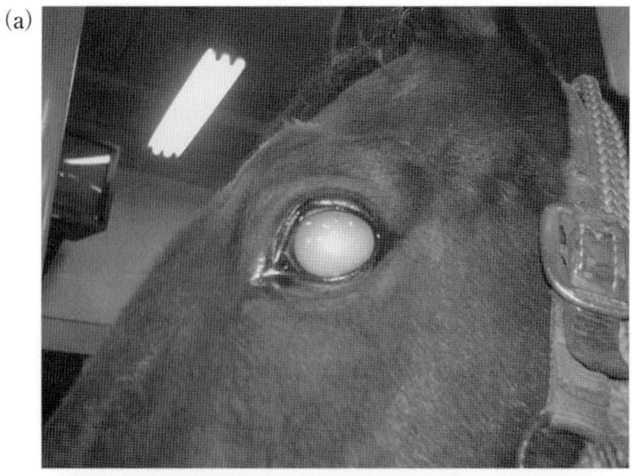

(b)

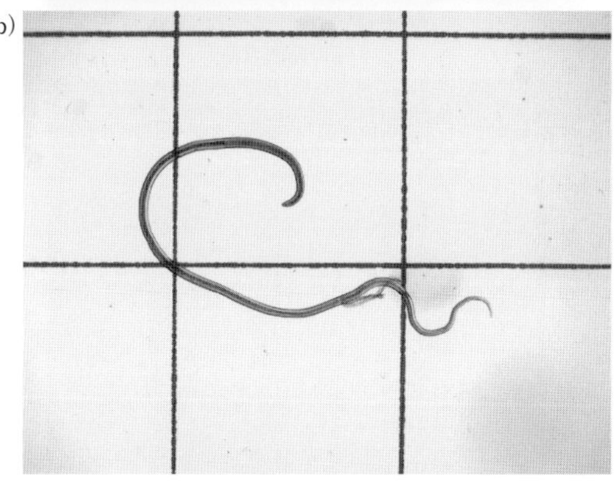

図 III.301 馬の溷睛虫症
(a)溷睛虫症，(b)眼球の前眼房から摘出した指状糸状虫の虫体．方眼は 1 cm［原図：菊池元宏］

(4)マーシャル糸状虫および唇乳頭糸状虫

成虫による病害はほとんど知られていないが，唇乳頭糸状虫では時に軽度の線維素腹膜炎を起こすとされる．なお，海外ではマーシャル糸状虫の幼虫が牛の脳脊髄腔内に迷入して脳脊髄セタリア症を発症した報告がある．

(5)咽頭糸状虫

日本では，本種のミクロフィラリアが慢性皮膚病であるワヒ病(コセ病)(図 III.302)の原因とされているが，本種が分布する諸外国では同様の皮膚病発生は少ない．最近では，ワヒ病のおもな原因は節足動物の刺咬によるアレルギー性皮膚炎であると考えられている．ワヒ病は，中国地方および九州地方の牛で発生が多く，発症は春から夏にみられ，冬には治まり，罹患牛は毎年発症を繰り返す．病変は角根部，き甲部，膁部，頸部，顔面の皮膚に結節性湿疹，湿疹様病変がみられ，やがて痂皮形成から象皮様となって次第に四肢を除く全身に広がる．痒覚，脱毛，皮膚の肥厚がみられる．

図 III.302　ワヒ病［原図：板垣　博・大石　勇］

(6)ギブソン糸状虫

本虫による病害はあまり知られていない．皮下織に形成された結節を除去する際に経済的損失が出る．

診　断：

(1)*P. bovicola*

季節的な出血性および滲出性の結節形成，短期間で終息する特徴的な体表の出血症状，出血部の金属性異臭などから本症の推測は比較的容易であるが，確定診断には滲出液中の虫卵や1期幼虫の検出，出血部の結節を切除して生理食塩水中で成虫を分離する．また，病変部の塗抹における好酸球数の増加は診断に役立つ．海外ではELISAによる血清診断法も開発されている．

(2)沖縄糸状虫

鼻鏡白斑やびらん，乳頭の病変などの特徴的症状，さらには発生場所の疫学要因などから診断は比較的容易であるが，確定診断には病変部組織から虫体やミクロフィラリアの検出，病理組織検査を行う．切除した組織片から虫体を検出するには，生理食塩水に組織片を3～4時間浸して虫体を遊出させる．なお，ミクロフィラリアは鼻鏡の組織内には多いが，乳頭ではきわめて少ない．

(3)*Setaria* 属

成虫寄生を診断するには，血液厚層塗抹法や集虫法で末梢血液中のミクロフィラリアを検出する．しかし症状を発現しないことが多いので臨床上の診断的意義は高くない．また，*Setaria* 属のミクロフィラリアは宿主の加齢とともに寄生数が減少し，オカルト感染例が増加する．血中ミクロフィラリアの検査法については犬糸状虫(III部4.20節)を参照のこと．

脳脊髄セタリア症の生前診断は，めん羊や山羊，馬に突発的に発生することや季節的要因，特徴的な臨床所見などから診断する．しかし確定診断には剖検による虫体の検出が必要である．本症の血清学的診断法が検討されているが，実用化されていない．

(4)*Onchocerca* 属

咽頭糸状虫では，皮膚病の発生時期や病変部からのミクロフィラリアの検出によって診断する．ギブソン糸状虫では，結節の確認と結節組織からの虫体の検出によって診断する．

治　療：*P. bovicola* の治療では，イベルメクチン 0.2 mg/kg の経口または皮下1回投与で出血性の結節がすべて消失している．また，ニトロキシニル(nitroxynil) 20 mg/kg の皮下投与により出血巣が97.8%減少している．沖縄糸状虫には，パーベンダゾール(parbendazole) 50 mg/kg/day の5日間投与を1クールとして4クール(クール間は2日の休薬)を混餇で与える．レバミゾール塩酸塩(levamisole) 7.5 mg/kg の1回経口投与で症状が改善する．仔牛におけるセタリア属のミクロフィラリアに対しては，イベルメクチン 0.2 mg/kg の皮下1回投与が有効である．脳脊髄セタリア症では中枢神経組織の破壊が進行しないうちであれば治癒の可能性がある．めん羊や山羊では中枢神経に迷入した幼虫を殺虫するためにジエチルカルバマジン，アンチモン剤，レバミゾール，イベルメクチンが適用される．馬ではかつてジエチルカルバマジン 40 mg/kg の1～3日投与，あるいは 50 mg/kg と 80 mg/kg の2回投与が行われたが，現在ではイベルメクチンが用いられる．咽頭糸状虫のミクロフィラリアに対しては，ジエチルカルバマジン 10 mg/kg の 10～20 日間連続投与，アンチモン剤2～4 mg/kg の4～5日間連続投与が有効である．これらの薬剤は成虫に無効であるため，1か月間隔で数回繰り返す．イベルメクチンも有効と考えられる．

予　防：中間宿主である節足動物の生態に基づき適切に駆除することは感染を予防する上で重要である．沖縄糸状虫の中間宿主ウスイロイエバエは屋外性のハエで牛舎に侵入しないため，舎飼牛の発症はほとんどない．脳脊髄セタリア症が発生しやすい地域では，指状糸状虫の固有宿主である牛における駆虫が効果的であるが，牛に対する直接的な被害がほとんどないため，実際的には実施の普及は困難である．めん羊や山羊に8月はじめと9月はじめの2回，イベルメクチン0.2 mg/kgを皮下投与することで脳脊髄セタリア症の発症を予防できる．

4.24 豚の糸状虫症 (Filariasis of swine)

原　因：糸状虫科(Filariidae)，*Suifilaria*属の*S. suis*，オンコセルカ科(Onchocercidae)，*Setaria*属の*S. bernardi*，*S. congolensis*，*S. thomasi*などが知られているが，これらの発育や病態発生などは不明である．

(1) *Suifilaria suis*

虫体は乳白色で，体長は雄で1.7～2.5 cm，雌で3.2～4 cmである．雌成虫は卵生で虫卵(51～61 × 28～32 μm)を産出する．ミクロフィラリアは組織に存在し，血中にはみられない．宿主は豚で，その筋膜に遊離あるいは結節様虫嚢を形成して寄生する．分布はアフリカ南部，ケニアである．

(2) *Setaria bernardi*

虫体は乳白色で，体長は雄で9～10 cm，雌で15～18 cmである．雌の体後方はわずかにコイル状に巻いている(図III.303)．宿主は豚，インドイノシシで，その腹腔に寄生する．分布は東南アジア，東シベリアなどで，日本では沖縄，西表島，鹿児島で検出されたことがあるが稀である．

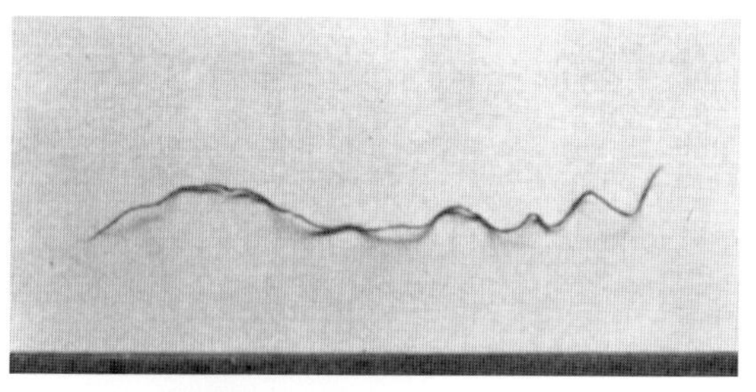

図III.303 *Setaria bernardi*(雌成虫)
［原図：板垣　博・大石　勇］

(3) *Setaria congolensis*

虫体は乳白色で，体長は雄で7.6～11 cm，雌で11～22 cmである．宿主は豚，カワイノシシなどで，その腹腔に寄生する．分布はアフリカのコンゴ，ジンバブエ(旧ローデシア)，モザンビークなどである．

(4) *Setaria thomasi*

虫体は乳白色で，体長は雄で4.8～5.7 cm，雌で体長5.4～9.5 cmである．宿主は豚，イノシシなどで，その腹腔に寄生する．分布はマレーシア，ミャンマーである．

(5) その他

日本では他にイノシシから*Onchocerca*属の次のような種が報告されている．

O. dewittei japonica：体長は雌で27.3 cmである．ミクロフィラリアは耳，背部，尾部の皮膚に多くみられ，体長は183～208 μm．宿主はイノシシで，その四肢末端の皮下結合組織に結節を形成，あるいは蹄部の脂肪組織に集団で寄生する．自然界での中間宿主はキアシツメトゲブユが知られ，実験的にヒメアシマダラブユなども中間宿主になりうる．2003～2007年の大分県，島根県，和歌山県における野生イノシシの調査では，skin snip法(皮膚切除法)による皮膚片からの遊出ミクロフィラリアの検査でそれぞれ，89% (45頭中40頭)，78% (40頭中31頭)，77% (30頭中23頭)が陽性であった．また，本種はヒトに感染し，これまでに西日本において10例以上の報告がある．ヒトでは手の甲，膝，鎖骨下の皮下や手指の腱鞘にしばしば痛みを伴う結節を形成する．

O. takaokai：体長は雌雄ともに不明である．ミクロフィラリアは顔，耳，背部の皮膚に存在し，血中にはみられない．ミクロフィラリアの体長は295～329 μm．宿主はイノシシで，その頭部，頸部，背部の皮膚に寄生する．自然界での中間宿主はキアシツメトゲブユが知られ，実験的にヒメアシマダラブユ，オオイタツメトゲブユも中間宿主になりうる．skin snip法によるイノシシ(大分5頭，栃木2頭)の検査では大分の2頭から本種のミクロフィラリアが検出された．

4.25 顎口虫症 (Gnathostomiasis)

原　因：旋尾線虫目(Spiruida)，顎口虫科(Gnathostomidae)，顎口虫属(*Gnathostoma*)の

線虫による．本属の形態的特徴は虫体の頭部に頭球(head bulb)を有し，その表面には多数の鉤が環状に約 10 列に並ぶ(図 III.304)．また体表面にも小さな皮棘が環状に列生し，その配列と形態によって 12 種に分類される．このうち，日本では有棘顎口虫(*G. spinigerum*)，ドロレス顎口虫(*G. doloresi*)，日本顎口虫(*G. nipponicum*)および剛棘顎口虫(*G. hispidum*)の 4 種が検出されている．これらの顎口虫はいずれもヒトにおいて幼虫移行症を引き起こすことが知られており，日本では 2004 年までに 3,200 例以上の人体症例が報告されている．

(1) 有棘顎口虫(*Gnathostoma spinigerum*)

体長は雄 15～33 mm，雌 12～30 mm である．虫卵は 62～79 × 36～42 μm(平均 69.3 × 38.5 μm)で黄褐色，一端が栓様に膨らんでいる．終宿主はイヌ科およびネコ科動物で，胃壁に腫瘤を形成して寄生する．腫瘤の内腔は小孔で胃の内腔に繋がっており，虫卵はそこを通って消化管内へ排出される．分布はアジア，オセアニア，南米・北米，アフリカで，日本では本州中部以南に多い．かつては九州の猫で 27.5%，犬で 4 %の陽性率が報告されたが，近年は犬・猫における感染例は報告されておらず，感染状況は不明である．ヒトでの感染は 1941～1965 年に多発したが，その後おもな感染源である雷魚(カムルチー)の生食が減ったことにより発生が激減し，近年の人体症例の多くは海外で感染したと考えられる．しかし日本での感染が推定される症例も報告されていることから，今なお日本に存在していると思われる．

(2) ドロレス顎口虫(*Gnathostoma doloresi*)

体長は雄 13～21 mm，雌 19～30 mm である．虫卵は平均 58.7 × 33.3 μm で淡黄褐色，栓様の膨らみは両端にある．終宿主はイノシシ，豚で，胃粘膜に体前部を深く穿入して寄生する(図 III.305)．分布はアジア，オセアニアで，日本では本州中部以南に分布する．国内の豚における寄生例は少なく，ほとんどがイノシシの症例である．2005～2006 年の和歌山県と兵庫県における野生イノシシの調査では 90% 前後の高い寄生率が報告されている．人体症例は 1988 年から国内でみられるようになり，これまでに 30 例以上が知られている．

(3) 日本顎口虫(*Gnathostoma nipponicum*)

体長は雄 20～23 mm，雌 29～34 mm である．虫卵は平均 72.3 × 42.1 μm で一端に栓様の膨ら

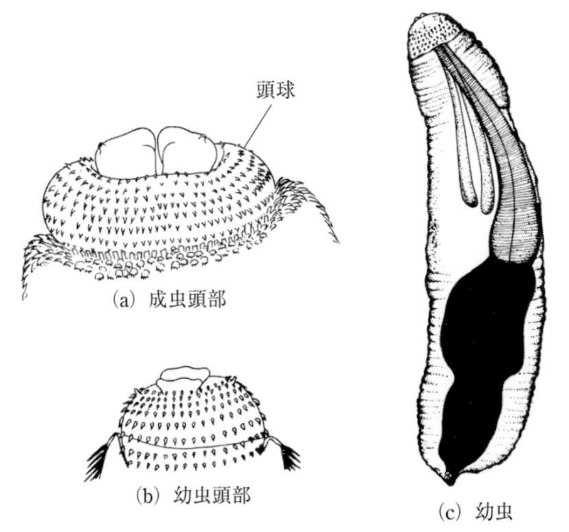

(a) 成虫頭部　(b) 幼虫頭部　(c) 幼虫

図 III.304　有棘顎口虫［原図：板垣　博・大石　勇］

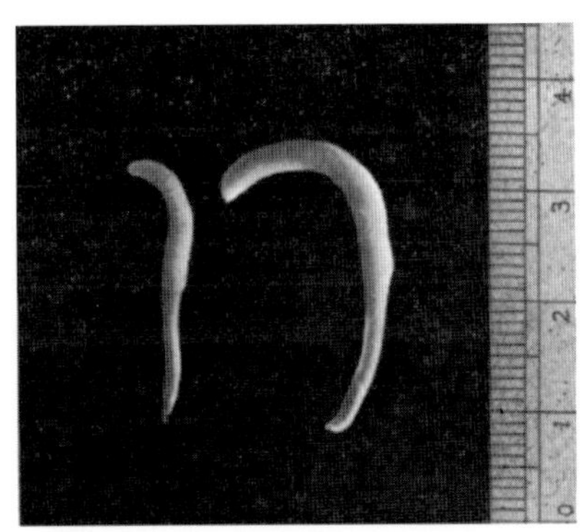
(a) 成虫

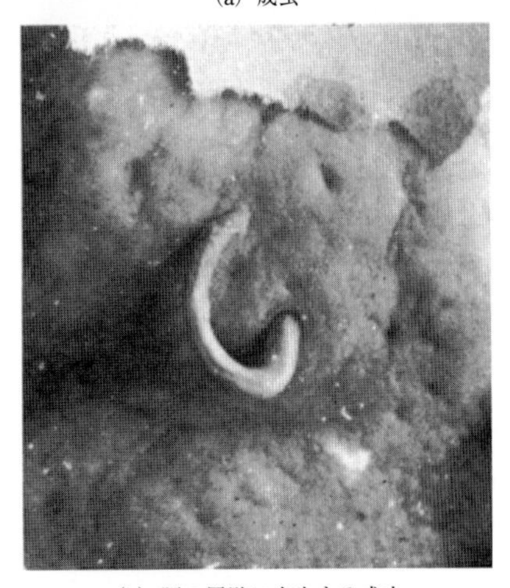
(b) 豚の胃壁に寄生する成虫

図 III.305　ドロレス顎口虫［原図：板垣　博・大石　勇］

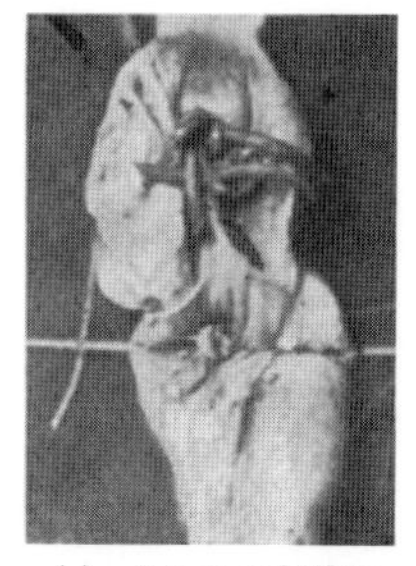
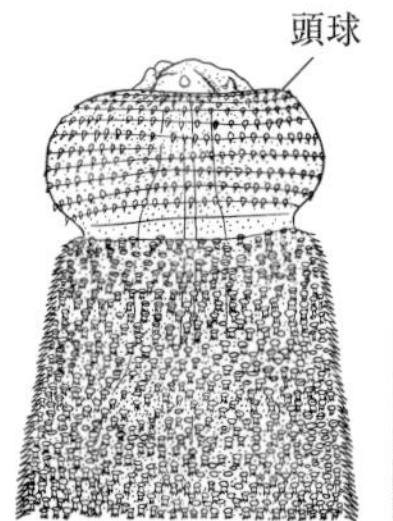

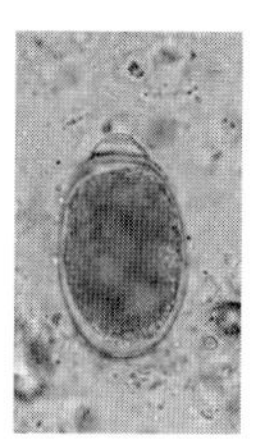

(a) イタチの食道に寄生する成虫　(b) 頭部　(c) 虫卵

図 III.306　日本顎口虫［原図：板垣　博・大石　勇］

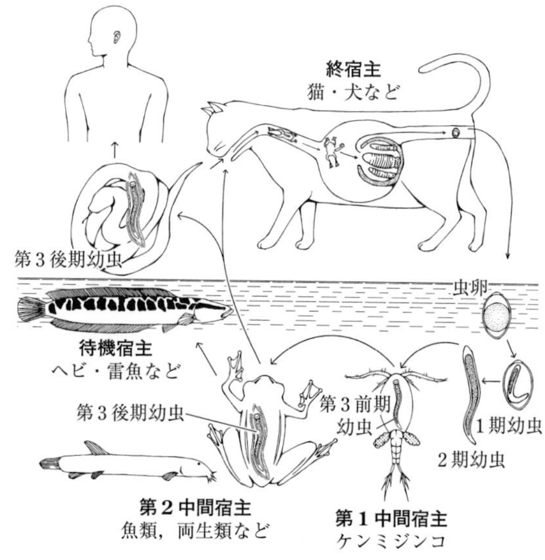

図 III.307　有棘顎口虫の生活環［原図：板垣　匡］

みがある．終宿主はイタチで，食道壁にソラ豆大～鳩卵大の腫瘤を形成して寄生する(図 III.306)．腫瘤は胃噴門部から約 2 ～ 4 cm 上方の漿膜面に突出し，内部には 1 ～10 匹程度の虫体が頭部を腫瘤の壁に挿し入れ，体後部を食道腔に向けて寄生する．分布は日本，韓国，中国で，日本では東北から九州まで広く分布する．イタチの感染率は 1996 年の青森県の調査で 40%と報告されている．人体症例は 1985 年の報告以来，18 例ほど知られている．

(4) 剛棘顎口虫(*Gnathostoma hispidum*)

体長は雄 15～20 mm，雌 23～27 mm である．虫卵は平均 72.0 × 40.0 μm で一端に栓様の膨らみがある．終宿主はイノシシ，豚で，胃粘膜に体前部を穿入して寄生する．分布はアジア，オセアニア，ヨーロッパ，アフリカである．日本には中国産ドジョウの輸入とともに持ち込まれ，その生食による人体感染例が 1979 年以降，約 115 例報告されている．日本での土着(生活環の完結)は確認されていない．

発育と感染：顎口虫の発育には第 1 中間宿主としてケンミジンコ類，第 2 中間宿主として魚類，両生類，爬虫類，鳥類，哺乳類が関与する．また第 2 中間宿主を捕食する魚類や両生類，爬虫類，鳥類，哺乳類は待機宿主にもなる．有棘顎口虫(図 III.307)では，終宿主の糞便中に排泄された虫卵は 27℃では約 1 週間で被鞘した 2 期幼虫(体長 0.3 mm)を形成し，これが水中で孵化する．2 期幼虫はケンミジンコ類に捕食され，7 ～10 日経過するとその体内で第 3 前期幼虫(early third-stage larva；体長約 0.5 mm)になる．このケンミジンコを第 2 中間宿主が摂取すると，1 か月位で薄い嚢に包まれた第 3 後期幼虫(advanced third-stage larva；体長 3 ～ 4 mm)に発育する．終宿主はこの第 2 中間宿主を捕食して感染し，消化管内で脱嚢した第 3 後期幼虫は管壁を穿通して肝臓で発育，さらに腹膜・胸膜下，筋肉を移動して最終的には胃壁に達して成虫となる．感染後 3 か月～半年位で糞便に虫卵が排泄される．他の 3 種の顎口虫については，終宿主体内での詳細な移行経路は不明であるが，日本顎口虫は肝臓に移行しないようである．また第 2 中間宿主が待機宿主に捕食されると，その体内では第 3 後期幼虫はほとんど発育することなく筋肉などに被嚢して寄生し，これを終宿主が摂取するとその体内で成虫となる．ヒトが第 3 前期または後期幼虫を摂取すると，有棘顎口虫の第 3 後期幼虫は成虫に近い状態まで発育して体内移行する．第 2 中間宿主または待機宿主としては，魚類(カムルチー，ナマズ，ドジョウなど)，両生類(トノサマガエル，ウシガエルなど)，爬虫類(シマヘビ，ヤマカガシなど)，鳥類(サギ，カイツブリ，トビ，カラスなど)，哺乳類(ネズミなど)が知られ，カムルチー，ヘビ，鳥類，哺乳類は待機宿主としても重要である．一方，他の 3 種はヒトに感染すると幼虫の状態で体内を移行する．ドロレス顎口虫の第 2 中間宿主または待機宿主はブルーギル，イモリ，サンショウウオ，カエル，アカマタ，マムシなど，日本顎口虫はドジョウ，ナマズ，ウグイ，ヤマメ，ヤマカガシ，シマヘビ，ネズミなど，剛棘顎口虫はドジョウが報告されている．

病原性と症状：有棘顎口虫の終宿主における病害は，幼虫の体内移行に伴う肝実質の破壊，出血，虫道形成，瘢痕化などの機械的損傷とともに，幼虫の分泌・代謝産物に対するアレルギー性反応が誘発されて肝機能が障害される．また，成虫の寄生による胃壁の肉芽腫性腫瘤の形成に伴って衰弱，食欲不振，嘔吐，貧血などがみられる．胃壁の腫瘤が腹腔側に開放した場合には腹膜炎を起こし，死亡することがある．ヒトが顎口虫に感染すると，皮下に移動性の腫瘤や線状発疹(皮膚爬行症：creeping eruption)が発現して皮膚顎口虫症を起こす他，眼や脳脊髄に幼虫が迷入して重大な障害を与えることがある．有棘顎口虫は深部皮下組織に迷入するため，移動性皮下腫瘤型の病変が多く，稀に中枢神経系や眼球などにも迷入し，失明や麻痺などの症状を起こす．ドロレス顎口虫，日本顎口虫，剛棘顎口虫は皮下の浅いところを移動するため，線状の爬行疹を形成することが多い．

診　断：成虫寄生が疑われるときは糞便検査で虫卵を確認する．また，ヒトの顎口虫症では皮膚生検によって虫体を検出し，摘出虫体の頭球の鉤数，組織切片では幼虫の腸管上皮細胞の形態と核数により顎口虫の種を鑑別する．第3後期幼虫の頭球鉤は日本顎口虫で3列，他の3種では4列であることから，日本顎口虫と他の顎口虫は容易に区別できる．また形態学的診断の他，ゲル内沈降反応(オクタロニー法)，ELISA法，イムノブロット法などの血清検査による補助診断が行われる．

治　療：治療例は多くないが，猫ではジソフェノール製剤(ancylol disophenol)10 mg/kgの皮下1回投与が成虫に対して有効である．また体内移行中の幼虫にはジソフェノール製剤5 mg/kgを10日間隔で12回皮下投与した猫で効果が認められている．ヒトでは皮膚病変部位から生検によって虫体を摘出するのがもっとも確実な治療法である．薬物による治療法は確立されていないが，アルベンダゾール(albendazole)やイベルメクチンが用いられる．

予　防：第2中間宿主および待機宿主の生食を避ける．またケンミジンコが生息するような水を生で飲ませない．

4.26 鞭虫症(Trichuriosis)

原　因：エノプルス目Enoplida，鞭虫科(Trichuridae)の鞭虫属(*Trichuris*)の線虫による．本属の形態的特徴は虫体の前3/4～3/5部分は細長く，後1/4～2/5は太いため，全体として鞭状なこと(英名をwhipwormという)である(図III.308)．細長い体前部には食道腺細胞(stichocyte)が縦一列，ハシゴ状に並ぶスティコソーム(stichosome)とよばれる食道部がある．後半の太い部分は腸，雌雄それぞれの生殖器官が存在し，雄虫体では尾端が螺旋状に巻いている．交接刺は交接刺鞘(spicular sheath)に包まれて，多くは尾端の総排泄腔より突出する．陰門は体前部と体後部の境界部近くに開口する．虫卵は黄褐色で卵殻は厚く，レモン状，両端に突出する栓様構造がある．内部には大きな卵細胞が1個ある(図III.309)．

(1)犬鞭虫(*Trichuris vulpis*)

体長は雄40～50 mm，雌50～70 mm，虫卵は70～80 × 37～40 μmである．宿主はイヌ科動物で，盲腸，結腸に寄生する．分布は世界的で，日本でも一般的である．

(2)豚鞭虫(*Trichuris suis*)

体長は雄30～45 mm，雌35～50 mm．虫卵は60～68 × 28～31 μmである．宿主は豚，イノシシなどで，盲腸，結腸に寄生する．分布は世界的で，日本では，発酵オガクズ豚舎における急性豚鞭虫症の原因となる．

(3)牛鞭虫(*Trichuris discolor*)

体長は雄64～74 mm，雌57～64 mm．虫卵は60～73 × 30～35 μmである．宿主は牛，めん羊，山羊などで，盲腸，結腸に寄生する．

(4)その他の種

羊鞭虫(*Trichuris ovis*)：宿主はめん羊，山羊の他，シカ，牛，キリン，ラクダなどで，盲腸，結腸に寄生する．

猫鞭虫(*Trichuris serrata*)：宿主はネコ科動物

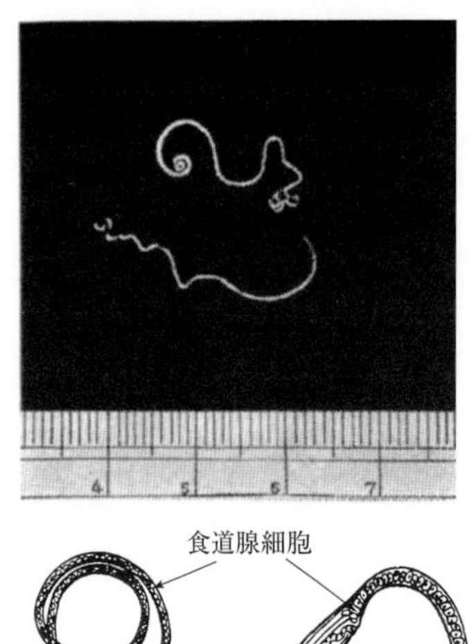

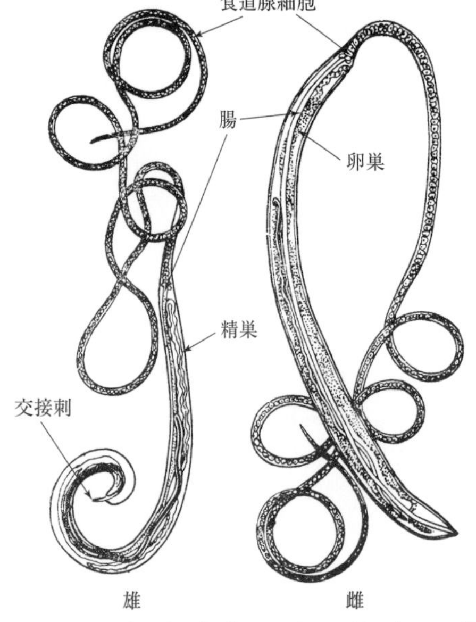

図 III.308　犬鞭虫虫体［原図：板垣　博・大石　勇］

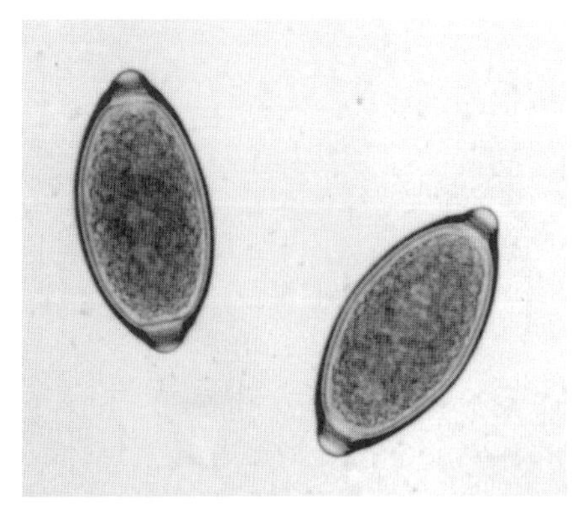

図 III.309　鞭虫卵［原図：板垣　匡］

で，盲腸，結腸に寄生する．

鞭虫（*Trichuris trichiura*）：宿主はヒト，サルで，盲腸，結腸に寄生する．

発育と感染：虫卵の経口感染による直接伝播である．すなわち，糞便中に排泄された未発育虫卵

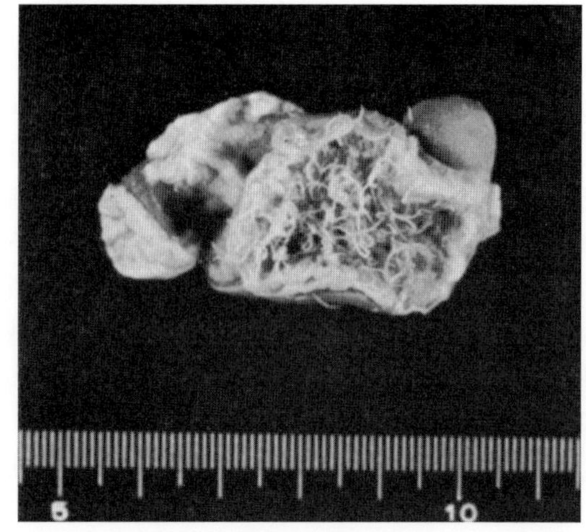

図 III.310　犬鞭虫の盲腸寄生［原図：板垣　博・大石　勇］

は 22～30℃の温度下において 16～35 日間で虫卵内に感染幼虫が発育して幼虫形成卵となり，感染性をもつ．宿主に経口摂取された幼虫形成卵は小腸上部で孵化し，遊出した幼虫は腸陰窩（リーベルキューン腺）を経て粘膜内に侵入し 8～10 日間発育する．その後，再び腸管腔に出て盲腸まで下降して成虫に発育する（図 III.310）．多数寄生例では結腸，直腸にも虫体がみられる．プレパテント・ピリオドは犬鞭虫で 74～87 日間，豚鞭虫で 41～45 日間である．雌成虫の産卵数は比較的多く，1 匹あたり 1 日に 2,000～10,000 個である．

病原性と症状：鞭虫は虫体前部を粘膜に侵入させて血液や組織液を摂取している．そのため，鞭虫寄生による病変は粘膜組織の機械的損傷と出血に起因し，とくに多数寄生では盲結腸壁に肥厚や腫大，漿膜面の米粒大結節の散在がみられ，また粘膜の充血，出血，壊死，潰瘍，粘液の分泌亢進，偽膜様物の付着などによる顕著な大腸カタル，貧血を認める．豚では *Clostridium perfringens* A 型，*Salmonella choleraesuis* との混合感染により重症化する．さらに，多数寄生により病原性スピロヘータの組織侵入が増加するといわれている．

症状は，少数寄生で宿主の健康状態が良好であればほとんど認められないか，あるいは軟便の排泄がみられる程度である．しかし，多数寄生では慢性下痢，長期的な粘血便の排泄，渋り，栄養低下，被毛粗剛，貧血，脱水など顕著な症状がみら

れる．また，直腸脱や腸管嵌入を起こすこともある．さらに鉤虫，ジアルジア，トリコモナス，バランチジウムなどの腸管寄生虫との混合感染があると症状は増悪する．

1980年代には発酵オガクズ豚舎における急性豚鞭虫症が多く発生した．発酵オガクズ豚舎は糞尿による畜産公害の防止と糞尿処理の省力化を視野に入れて開発された肥育豚飼育舎で，発酵菌を混ぜたオガクズを20〜70 cmの厚さに敷き詰め，その交換は年に1〜2回行われるだけで，その間に肥育豚を2回ほど入れ替える．発酵菌の作用で糞尿臭は低減され，またオガクズの湿度・保温も適度に保たれるため，飼養効率が向上する．しかし，このような環境は寄生虫卵の発育にとっても好適であり，とくに発育に高温多湿を要する鞭虫卵には最適な環境を作り出す．また，豚は土壌やオガクズを食べる習性があるため鞭虫卵の摂取も容易に起こり，しかも本虫の豚体内での発育は早いことから，オガクズ中の鞭虫卵数は時間の経過とともに著しく増加する．このような状況の豚舎に肥育豚が導入されると多数の虫卵を取り込んで急性豚鞭虫症を起す．すなわち，導入10〜20日後から暗赤色の血便，水様性下痢，飲水欲の亢進，腰のふらつき，座り込み，犬座姿勢などの豚赤痢様症状を発現し，30日以降になると死亡するものも現れる．1980年代には，100件以上の集団発生が報告され，800頭近い豚が死亡したが，発生要因が解明されて予防策がとられるようになってからは発生件数，死亡頭数ともに減少している．

診　断：症状から鞭虫感染が疑われた場合には，糞便検査(直接塗抹法または浮遊法)によって虫卵を確認する．急性豚鞭虫症ではプレパテント・ピリオドに達する前に死亡することも多い．剖検すると，盲腸から結腸における漿膜面の暗赤色化，腸管内には悪臭を伴った黒色泥状物の貯留と粘膜面の偽膜形成がみられるので，病変部の粘膜を薬さじなどではぎとり実体顕微鏡下で未成熟虫を検出する．また，敷かれているオガクズ中の虫卵を検出することも汚染の程度を把握する上で重要である．

治　療：メチリジン(methyridine)による駆虫が行われる．犬では36〜45 mg/kg，1日1回の皮下注射で成虫の駆虫率は93.3%，糞便内虫卵数の減少率は99.9%である．豚では50 mg/kgを投与する．副作用は注射時の一過性の疼痛である．マクロライド系抗生剤も効果があり，犬，豚，牛ではイベルメクチン(ivermectin)0.2 mg/kgを1回経口投与，0.1〜0.3 mg/kgを1回皮下注射，犬ではミルベマイシンオキシム(milbemycin oxime)0.5 mg/kgの1回経口投与，牛ではイベルメクチン，エプリノメクチン(eprinomectin)，ドラメクチン(doramectin)のポアオン製剤5 mg/kg投与，犬ではミルベマイシンオキシム(milbemycin oxime)0.5 mg/kg投与が有効である．これらの抗生剤の他，豚ではジクロルボス(dichlorvos)11.2〜21.6 mg/kg，犬ではパモ酸ピランテル(pyrantel pamoate)14.4 mg/kgの1回経口投与も有効である．また，ハイグロマイシンB(hygromycin B)(660万〜1,320万単位/t)やフルベンダーゾール(flubendazole)(25〜30 g/t)を飼料添加することによって駆虫と予防を行う方法もある．

予　防：鞭虫卵は適度な温度や湿度が保たれた土壌中では3〜4年間も生存することが知られているので，飼育環境を汚染させないことが重要である．そのためには，飼育環境へ動物を導入する前，さらには飼育期間も定期的な糞便検査を実施し，感染動物の摘発および駆虫薬の投与を行う．なお，未成熟卵(幼虫未形成卵)には感染性がないので，感染動物の糞便を早急に処理することはきわめて重要である．また飼育環境(土壌，敷料など)が虫卵で汚染された場合には十分に乾燥させるか，高温に曝して殺卵する．

4.27 毛細線虫症(毛体虫症) (Capillariosis)

原　因：旋毛虫上科 Trichinelloidea の鞭虫科 Trichuridae，毛細線虫亜科 Capillarinae の線虫が原因である．従来*Capillaria*属に分類されていたが，近年いくつかの属に分けて分類されている．本上科の線虫は食道腺細胞(stichocytes)で構成される長い食道部が特徴的である．毛細線虫は，鞭虫属(*Trichuris*)と異なり体の前部と後部に太さの違いがなく，虫体全体が毛のように細長いこと(属名の由来)が特徴である．雄成虫の尾端には交接嚢様の突起物がある．虫卵は鞭虫卵に類似してレモン状で卵殻が厚く両端に栓状の構造物がある．鞭虫属線虫の虫卵に比べ中央部から両端に向かって幅の減少が小さい傾向がある．虫卵の色は淡黄褐色のものが多く鞭虫卵と酷似する場合がある．排出時の内容は単細胞である．消化管に寄生する種が多いが，嗉嚢，肺，膀胱，肝実質などに寄生する種もある．現在までに広範な脊椎動物から多数種が知られ，家禽や家畜，ヒトに寄生して顕著な病原性を呈する種も知られている．

鳥類の消化管寄生種

・穿通毛細線虫(*Capillaria perforans*)

雄 37〜58 mm，雌 65〜72 mm で毛細線虫としては大形．虫卵の大きさは，40〜44 × 20〜24 µm である．ホロホロ鳥，七面鳥，キジ，クジャクなどの上部消化管(口腔，食道，とくに嗉嚢)の壁に体前半部を穿入させて寄生する．直接発育をする．日本では，ホロホロ鳥とクジャクから報告されている．

・鶏小腸毛細線虫(*Capilaria obsignata*；シノニム：*C. columbae*)

雄 9 〜10 mm，雌 10〜18 mm の非常に繊細な種で，鶏，ドバト，七面鳥などの小腸粘膜に体前端部を穿入させて寄生する．アフリカを除く全世界に分布し，日本では，鶏とハト，とくにドバト(レースバト)に普通にみられる．直接発育をする．

・有環毛細線虫(*Capillaria annulata*；シノニム：*Eucoleus annulatus*)

頭部に頭胞様の構造があり，雄 10〜25 mm，雌 25〜60 mm．虫卵は 55〜66 × 26〜28 µm．鶏，キジ，七面鳥の上部消化管にみられ，世界各地に分布するが日本では確認されていない．

・捻転毛細線虫(*Capillaria contorta*：シノニム：*Eucoleus contortus*)：雄 10〜48 mm，雌 25〜70 mm，虫卵は 46〜70 × 24〜28 µm，鶏，七面鳥，ウズラ，アヒルなどの消化管上部に寄生．世界各地に分布するが，日本での分布は確認されていない．

・有嚢毛細線虫(*Capillaria bursata*)：雄 11〜23 mm，雌 19〜40 mm．虫卵は 51〜64 × 24〜31 µm，鶏，キジ，七面鳥などに寄生，世界各地にみられ，日本でも稀に検出される．

・扁尾毛細線虫(*Capillaria caudinflata*；シノニム：*Aonchotheca caudinflata*)：雄 7 〜20 mm，雌 20〜27 mm．虫卵 43〜59 × 20〜27 µm，鶏を含む鶉鶏目の鳥類，ハトに寄生する．全世界に分布し，日本でもみられる．

哺乳類の消化管寄生種

・牛毛細線虫(*Capillaria bovis*)

雄 11〜13 mm，雌 18〜25 mm．虫卵の大きさは，45〜52 × 21〜30 µm で左右はやや不相称である．牛，水牛，めん羊，山羊などの小腸粘膜に寄生する．直接発育する．世界各地に分布し，日本でも普通にみられる．

・*Capillaria putorii* (シノニム：*Aonchotheca putorii*)

雄 5 〜 8 mm，雌 9 〜15 mm．虫卵の大きさは，56〜72 × 23〜32 µm．世界各地の肉食獣の胃から小腸に寄生する．海外では猫やイタチ科(ミンク)から報告されている．日本では猫の他にタヌキ，アナグマ，アライグマから，本種またはその近縁種が報告されて今後詳細な分類を要す．

哺乳類の消化管以外の寄生種

・肺毛細線虫(*Capillaria aerophila*；シノニム：*Eucoleus aerophilus*)

雄 15〜25 mm，雌 20〜40 mm．虫卵は 58〜79 × 20〜40 µm で黄褐色を呈し，卵殻には顆粒状構造ないし条線がみられる．犬，猫，キツネ，イタチ科の気管，気管支，時に鼻腔に寄生する．直接発育をする．ヨーロッパ，南米・北米，ロシアに分布する．

・犬膀胱毛細線虫(*Capillaria plica*；シノニム：*Pearsonema plica*)

雄 13〜30 mm，雌 30〜60 mm．虫卵の大きさは，60〜68 × 24〜30 µm で，ほぼ無色である．犬およびイヌ科の膀胱，稀に腎盂に寄生する．本種は猫にもみられるが，稀である．間接発育する．世界各地にみられ，日本でも報告されている．

・猫膀胱毛細線虫(*Capillaria feliscati*；シノニム：*Pearsonema feliscati*)

雄は 25 mm，雌は 29～32 mm，虫卵は 51～65 × 24～32 μm（図 III.311）．ネコ科の膀胱に寄生する．卵殻表面には皺状の凸凹が顕著である．世界各地に分布し日本でも認められている．間接発育をすると考えられ，中間宿主はミミズが疑われている．

・肝毛細線虫（*Capillaria hepatica*；シノニム：*Calodium hepaticum*）

雄 17～32 mm，雌 99～104 mm．虫卵の大きさは 48～66 × 28～36 μm で，卵殻には放射状の条線がみられ褐色を呈するが，両端の栓状構造は顕著ではない（図 III.312）．肝臓実質内に寄生し，ネズミ類にみられることが多いが，犬，猫，ヒト，牛などからも検出される．世界各地に分布し，日本でもドブネズミで普通にみられる．

・フィリピン毛細線虫（*Capillaria philippinensis*；シノニム：*Paracapillaria philippinensis*）

雄 2.3～3.2 mm，雌 2.5～4.3 mm，虫卵は 50 × 20 μm．おもに野鳥の小腸に寄生するが，人体症例（東南アジア，フィリピン，日本など）がある．魚が中間宿主．

発育と感染：直接発育するものと間接発育するものとに大別される．反芻動物寄生種（牛毛細線虫など）や鳥類寄生種の一部（鶏小腸毛細線虫，穿道毛細線虫など）は直接発育する．鳥類に寄生する有環毛細線虫，捻転毛細線虫，有嚢毛細線虫，扁尾毛細線虫や肉食獣の膀胱に寄生する *C. plica*，*C. feliscati* などは間接発育する．直接発育する種でも待機宿主を経て宿主に感染するものが多いといわれている．

糞便中に排出された虫卵内容は単細胞であり，適当な温度（28～30℃）と十分な湿度下ならば 9～14 日で 1 期幼虫を含む成熟卵となる．直接発育する種ではこの成熟卵が宿主に経口的に摂取されることによって感染が成立する．間接発育する種では，ミミズ類（*Helodrillus* 属，*Lumbricus* 属，*Dendrobaena* 属など）が中間宿主となる．これらのミミズに成熟卵が摂取されると卵から孵化した 1 期幼虫は体腔の結合組織に侵入し，そのままの状態でその部位にとどまる．このような感染ミミズを終宿主が摂取することによって感染が起こる．終宿主体内での発育については完全には解

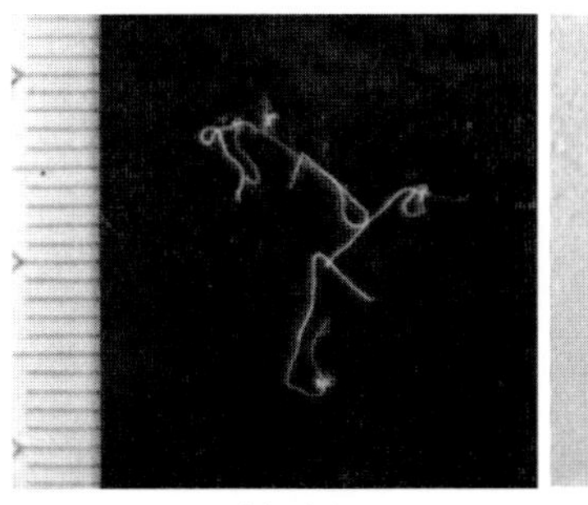

(a) 成虫

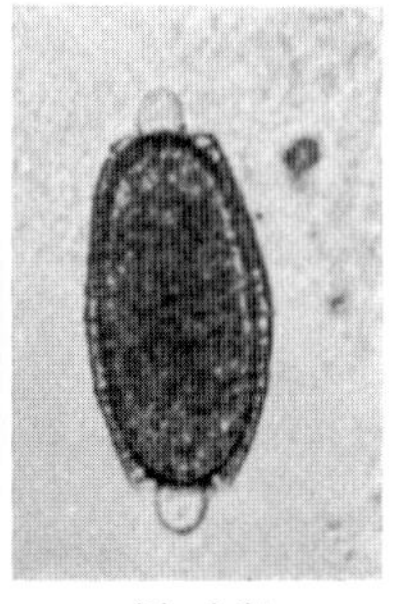

(b) 虫卵

図 III.311　*Capillaria feliscati*［原図：板垣　博・大石　勇］

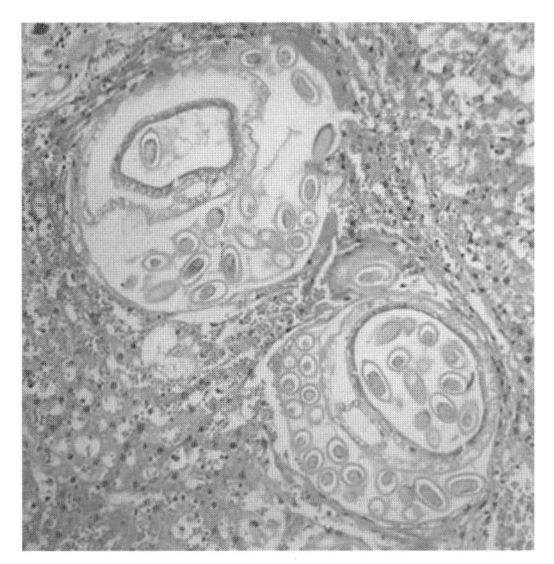

図 III.312　肝毛細線虫寄生肝組織（HE 染色）

明されていない．肺や膀胱に寄生する種は体内移行をしてそれぞれの部位に到達する．すなわち，肺毛細線虫は血行によって肺に到達し，*C. plica* は血行によって肺，心臓を経て腎臓に達し，さらに尿管をへて膀胱に到達すると考えられている．感染から虫卵排泄までのプレパテント・ピリオドは鳥類寄生種では 3 ～ 4 週間，哺乳類の腸管寄生種では 6 ～ 7 週間，膀胱寄生種では 9 週間程度とされている．

肝臓の実質に寄生する肝毛細線虫の生活環は他種とは大きく異なっている．肝実質内に寄生する成虫が産出した虫卵は肝実質内にとどまり外界に排泄されない．この肝臓が他の動物に食べられると虫卵は消化されず糞に混ざって排泄される．外界に出た虫卵は発育を開始し，幼虫が形成される．この幼虫形成卵が終宿主に経口的に摂取されるとその消化管内で孵化し，幼虫は門脈を経由し

て肝臓に到達し成虫にまで発育する．プレパテント・ピリオドは約 30 日間．この生活環において宿主の肝実質内の虫卵を外界に散布させる役割を果たす動物は intercalary host とよばれる．

解剖的変状：鳥類の食道，嗉嚢に寄生する種類では，寄生部位粘膜の肥厚，腫脹，壊死，剝離などがみられる．また，重度感染すると嗉嚢は拡張し，内に汚濁物を入れ悪臭を放つ．小腸上部，盲腸に寄生する種類では重度感染によってカタル性・出血性腸炎が生じる．*C. putorii* では，猫の胃粘膜上皮層の顕著な増生と肥厚が認められている．気管，気管支に寄生する肺毛細線虫では，軽度寄生では症状は明らかではないが，重度寄生によって気管支炎，さらに細菌の二次感染が加わると気管支肺炎を生じる．膀胱粘膜に体前半部を差し込んだ状態で寄生する *C. plica* や *C. feliscati* では，重度寄生で，粘膜の肥厚，浮腫，出血がみられる．肝臓に寄生する肝毛細線虫では，肝臓表面に虫卵による黄白色で不規則に連続する小斑点または斑紋が認められる．

症 状：鳥類の食道，嗉嚢に寄生する種類では，食欲不振，元気消失し，衰弱して羽を垂れてたたずむ．このような病鳥では，食道，嗉嚢の通過障害がみられ，口をあけて首を振る．咽頭部にまで病変が及ぶと呼吸困難から異常呼吸音が聞かれる．小腸上部，盲腸に寄生する種類では重度感染によってカタル性・出血性腸炎が生じ，食欲不振，元気消失，衰弱，貧血，水様性・粘血性の下痢がみられる．なお，幼鳥ではコクシジウムとの混合感染によって症状が悪化することがある．肺毛細線虫では，重度寄生によって気管支炎や気管支肺炎を生じ，咳，ラ音，呼吸困難，鼻漏などの症状が現れる．

C. plica や *C. feliscati* の重度寄生では，排尿困難，頻尿の症状が現れ，尿沈渣に異常が認められ，細菌の二次感染が加わると症状は悪化する．しかし，一般的には症状は認められず，検尿時に偶然に虫卵が検出されたり，また剖検時に虫体が発見されたりして寄生が確認される場合がほとんどである．

肝毛細線虫では，ヒト症例で，発熱，肝腫，貧血，好酸球増加，肝機能不全がみられるが，動物では明らかでない．

診 断：消化管寄生種と気管系寄生種では，糞便検査(浮遊集卵法)による虫卵の検出を行う．膀胱寄生種は，尿の虫卵検査を行う．肝毛細線虫では，剖検による虫体の確認や，人では血清診断を行う．また，剖検で毛細線虫類を検出するときは，虫体がきわめて細いことからメッシュを利用したスクリーンメッシュ法を実施することが望ましい．寄生種の同定は虫卵では困難で，回収した虫体の形態学的な観察によって行う．

治 療：塩酸レバミゾール製剤，パーベンダゾール(parbendazole)，イベルメクチン(ivermectin)，フェンベンダゾール(fenbendazole)，アルベンダゾール(albendazole)などの抗蠕虫薬が用いられる．鶏寄生種に対しては，塩酸レバミゾール 48 mg/kg の経口投与，パーベンダゾール 500 ppm の割合で添加した飼料の 2 ～ 3 日間の給与が有効である．肺毛細線虫に対してはイベルメクチン 0.2 mg/kg の経口投与が有効．膀胱寄生種に対する駆虫の知見は乏しい．猫の *C. feliscati* 症にはイベルメクチンの皮下注射では虫卵の尿中排出を完全に抑制できないが，レバミゾール 45 mg/kg を 1 週間間隔で 2 回の皮下注射によって虫卵は検出されなくなった治験例が報告されている．犬の *C. plica* 症にはアルベンダゾール 50 mg/kg の 1 日 2 回 10～14 日間の経口投与またはフェンベンダゾール 50 mg/kg の 3 日間の経口投与が有効であったとされている．

予 防：毛細線虫類の虫卵，とくに幼虫形成卵は外界の環境要因に対する抵抗性が強い．日陰で湿度が高い場所の虫卵は数年間生存する可能性がある．虫卵の早期殺滅には，飼育場を乾燥させることが必要である．家禽を平飼いからバタリー飼育にすることで，間接発育(ミミズを中間宿主とする)する毛細線虫類の予防は可能であるが，直接発育する種は困難なことが多い．犬・猫の毛細線虫の予防には，成虫の駆除によって虫卵排泄をなくすことおよび排泄物の早期除去に努め飼育環境を清浄に保つ必要がある．また，疑わしい家畜・家禽は隔離をする．

4.28 旋毛虫(トリヒナ)症 (Trichinellosis)

旋毛虫症は獣肉を介して伝播する人獣共通寄生虫症で，欧米では豚肉を介した人体症例が数多く報告され，食品衛生上きわめて重要な疾病として認識されている．日本では，1957 年に北海道の犬から初めて旋毛虫が検出され，その後，キツネ，ツキノワグマ，タヌキなどの野生動物から寄生例が報告された．一方，人体感染例は 1974 年の青森県における集団発生が初めての報告であり，その後 1980 年に北海道，1982 年に三重県で同様の集団感染が発生した．また最近でも，2016 年に茨城県，2018 年に北海道で発生している．これらの感染源はいずれも野生クマ肉であることが確認され，国内では豚肉や食肉加工製品を介した感染はほとんどないとされている．

原　因：旋毛虫は旋毛虫科(Trichinellidae)，*Trichinella* 属の *T. spiralis* 1 種であると考えられていたが，虫体の生物学的および分子生化学的特徴の違いによって，現在では *T. nativa*，*T. britovi*，*T. pseudospiralis*，*T. murrelli*，*T. nelsoni*，*T. papuae*，*T. zimbabwensis* の 7 種が独立種として認識されている．日本に分布する種は，DNA レベルでの解析から *T. britovi*(本州，北海道)および *T. nativa*(北海道)の 2 種であると考えられている．

旋毛虫の成虫は小腸に寄生するが，生存期間が短く自然感染動物から成虫が検出されることは稀である．成虫の体長は雄で 1.4〜1.6 mm，雌で 3 〜 4 mm．食道は大形の食道腺細胞(stichocyte)の連鎖(スティコソーム：stichosome)によって囲まれる(図 III.313)．雄虫の尾端には 2 個の突起物(交接翼：copulatory appendage)がある．交接刺を欠くが，代わりに交接鞘(copulatory bell)が存在する．雌虫では子宮が虫体の約 1/2 を占め，陰門は虫体の前端から 1/4 の部位で開口する．旋毛虫は卵胎生であるため，陰門に近い子宮内には孵化した 1 期幼虫(78〜124 μm)がみられる．この幼虫は卵内で 1 回脱皮し，2 期幼虫との意見もある．産出された 1 期幼虫は腸壁から侵入して筋肉組織へ移動して発育し，やがて被嚢する．この幼虫は筋肉トリヒナとよばれ，体長は約 1.1 mm である．筋肉トリヒナに対応して，小腸に寄生する成虫のことを腸トリヒナとよぶ．

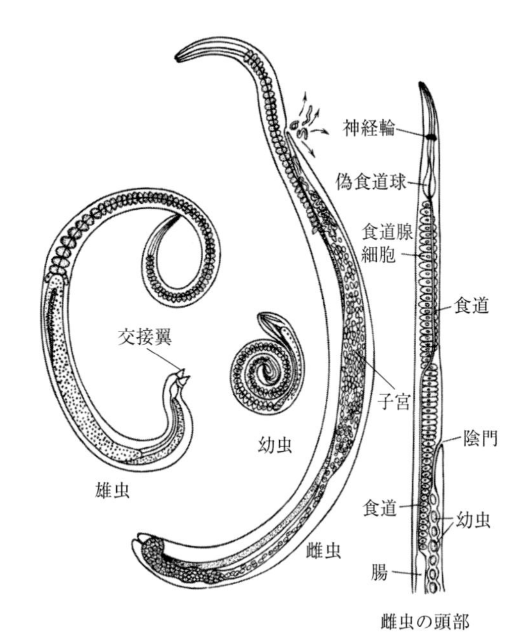

図 III.313　旋毛虫［原図：板垣　博・大石　勇］

宿主はヒト，豚，犬，猫，キツネ，クマ，マウス，モルモット，セイウチ，アザラシ，馬，ウサギなど多くの哺乳動物であるが，感受性はそれぞれ異なる．成虫(腸トリヒナ)は小腸，幼虫(筋肉トリヒナ)は筋肉組織にそれぞれ寄生する．分布は世界的で，日本ではヒト，犬，ホッキョクグマ，ツキノワグマ，ヒグマ，タヌキ，キツネなどから検出されている．

発育と感染：旋毛虫の生活環はきわめて特異的で，すべての発育は宿主体内で行われ，虫卵や幼虫などの感染体が宿主外に出ることはない(図 III.314)．感染は筋肉トリヒナを含む肉の生食による．肉の消化により小腸に現れた筋肉トリヒナは粘膜に侵入し，2 〜 3 日後には雌雄の成虫に発育する．交尾の後，雄成虫は速やかに死滅するが雌成虫は 5 〜 6 週間生存し，1 期幼虫を産出し続ける．この新生幼虫は腸粘膜へ侵入，血行またはリンパ行を介して心臓に達し，さらに大循環によって全身に運ばれる．このうち心筋を除く横紋筋(全身の骨格筋，横隔膜，舌など)に達した幼虫は筋線維内に侵入して発育を続け，約 3 週間で酸性

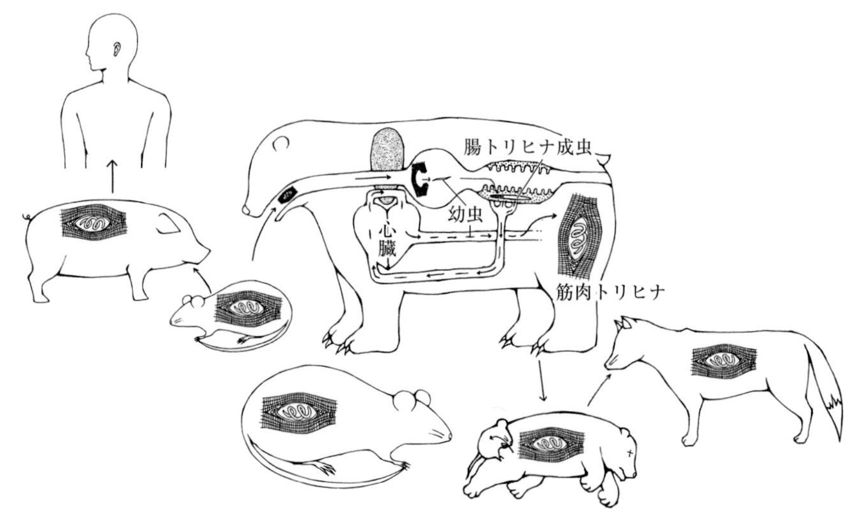

図 III.314　旋毛虫(トリヒナ)の生活環

多糖類からなる硝子様物質の嚢胞壁でおおわれて筋肉トリヒナ(図 III.315)となる．嚢胞の両極には脂肪滴が形成され，さらに石灰沈着も徐々に進行し，やがては嚢胞全体の完全な石灰化によって筋肉トリヒナも死滅する．筋肉トリヒナが死滅するまでの期間は宿主動物の種によって異なり，ウサギでは感染 7 か月後，豚では 15〜24 か月後である．このように，旋毛虫は同一宿主において終宿主での発育(成虫による有性生殖)および中間宿主での発育(感染幼虫への発育)の双方を行っている．

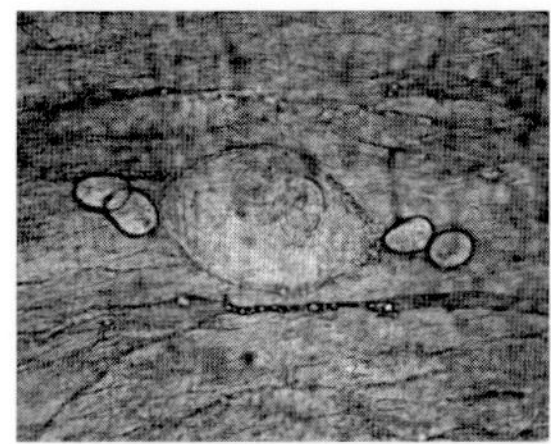
(a) 筋肉内被嚢幼虫

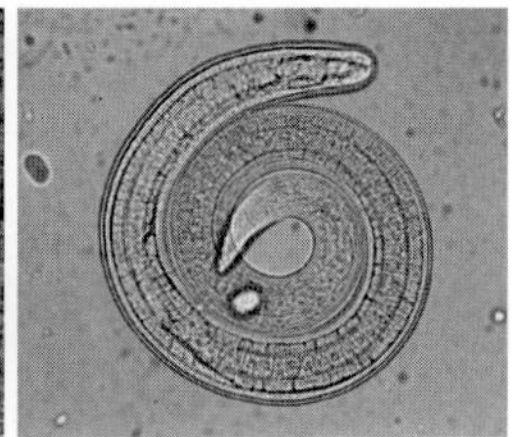
(b) 取り出した幼虫

図 III.315　筋肉トリヒナ

病原性と症状：自然感染例では軽度感染が多く，症状がほとんど認められないことが多い．しかし，重度感染による病態は成虫寄生による腸トリヒナ期，幼虫寄生による筋肉トリヒナ期および筋肉トリヒナの退行変性による回復期に分けられる．

(1)腸トリヒナ期

感染後 2 〜 7 日までの雌雄成虫(腸トリヒナ)寄生に起因した病期である．成虫の粘膜内寄生により，粘膜の充血・出血，浮腫性肥厚，細胞浸潤(好酸球，好中球，単球など)を伴う急性カタル性腸炎がみられる．ヒトでは軽度な発熱，食欲減退，吐き気，嘔吐，腹痛，下痢などの症状を示す．

(2)筋肉トリヒナ期

感染後 7 〜40 日に新生幼虫が筋肉に侵入して発育する過程でみられる病期である．筋線維の横紋消失，水腫性腫大，虫体周辺には硝子様嚢胞の形成，組織球の浸潤などがみられ，嚢胞の両極には脂肪が沈着する．食欲不振，倦怠感，発疹，好酸球の増多，発熱，また筋肉炎に起因した筋肉痛，運動障害，咀嚼障害，嚥下障害，呼吸障害や筋肉の触診による圧痛，眼瞼浮腫，硬変，腫脹が認められる．さらに幼虫の通過や死滅による心筋障害から脈拍減少，血圧低下，チアノーゼがみられることがある．

(3)回復期

感染後 40 日以降になると筋肉トリヒナは乾酪化から石灰変性されて死滅し，嚢胞は崩壊して器質化される．筋障害などの症状も漸次，改善される．

診　断：本症の確定診断は筋肉トリヒナを検出することであるが，生前の検出は困難である．剖検例またはと畜体における筋肉トリヒナの検査は，筋肉の圧平法または人工消化法で行う．圧平法は寄生数が多いとされる横隔膜，舌，咬筋，肋間筋などをトリヒナ検査用圧平板またはスライドグラス2枚で挟んで圧平し，トリヒノスコープ(trichinoscope)または顕微鏡で調べる．人工消化法は筋肉を人工胃液(生理食塩水100 mL，ペプシン0.5 g，塩酸0.5 mL)で消化し，消化されずに残った筋肉トリヒナを顕微鏡で検出する．なお，ホンドキツネの *Trichinella* sp. 感染例では臀部の筋，咽頭部の筋の寄生数が多く，横隔膜，舌，咬筋からはほとんど検出されない．

また，血清学的診断ではゲル内二重拡散法，凝集反応，酵素抗体法などの他，サーレス現象(CLPテスト：circumlarval precipitin test)とよばれる特殊検査法で抗体を検出する．サーレス現象とは，線虫の天然孔から排泄された抗原物質と血清中の抗体とが反応して天然孔付近に沈降物が形成される現象である．

治　療：家畜や野生動物では生前診断が困難であるので治療することはほとんどない．人体旋毛虫症ではベンズイミダゾール誘導体のメベンダゾール(mebendazole)を5 mg/kg/日，またチアベンダゾール(thiabendazole)を50 mg/kg/日で5～7日間投与などが有効である．

予　防：欧米の人体症例では自家製ソーセージや生ハムで感染した事例が多い．家畜や野生動物の生肉または不完全調理肉の摂取を防ぎ，十分に加熱することである．筋肉内の幼虫は58℃で死滅するといわれる．野生獣肉では中心部温度が75℃で1分間以上となるように加熱する．食肉加工製品では中心部の温度が63℃で30分，包装肉製品では中心温度が80℃で20分の熱処理が製造基準で規定されている．豚肉内の幼虫は−15℃で20日以上，−23℃で10日以上で殺滅されるが，クマ肉や海獣肉では幼虫の生存期間は延長されるので注意する．さらに薫製肉，塩漬肉でも中心部位の幼虫は生存していることがある．

IV

節 足 動 物

節足動物(arthropods)は堅い外骨格(exoskeleton)を有し種類がきわめて多く，全動物種(Animal Kingdom)のおよそ85%を占め，動物分類上，1つの独立した群(節足動物門 phylum Arthropoda)をなし，全体で11綱(class)に分けられている．一般に，寄生虫病学で取り上げるのは，この内の蛛形綱(Arachnida，鋏角類 chelicerates)と昆虫綱(Insecta)である(表IV.1)が，節足動物には甲殻類(crustaceans)，多足類(myriapods)も含まれ，また，寄生虫学では舌虫綱(Linguatulida, Pentastomida)などの群も研究対象とすることがある．

節足動物が家畜衛生と関連をもつのは

①吸血により痒みや貧血を起こさせる場合

②動物体内に寄生する内部寄生虫である場合(ウマバエ，ウシバエ，ヒツジバエなどの幼虫)

③寄生虫や原虫など病原体の媒介者または中間宿主である場合

④毒毛などにより皮膚炎を発症する場合(ドクガなど)

⑤昆虫の襲来によって動物を不安に陥れる場合(annoyance, nuisance, ウマバエ，ウシバエ，アブの成虫)

などである．このうちとくに重要な病原体媒介を行う吸血性節足動物(haematophagous arthropods)は，500属14,000種の昆虫とダニ類からなる．

なお人類が節足動物による疾病媒介を認識したのは19世紀後半からであり，1877年に中国で蚊がミクロフィラリアに感染することを実証したP. Mansonの業績が，今日の医学節足動物学Medical Arthropodologyの端緒となっている．彼以降，獣医学分野でも1891年に，米国のピロプラズマ症がオウシマダニによって媒介されるという画期的発見が，T. Smith and F.L. Kilbourneによって行われている．

なお，本書ではダニ類を単系統(monophyly)とみなし，これまで寄生虫学分野で長年にわたって広く用いられてきた，おもに気門(stigma)の数や位置などの形態学的特徴に基づく高次分類(佐々，1965；江原，1989など)によって記述している(表IV.1，2など)．しかし，近年，研究進展に伴ってダニ類は多系統(Polyphyly)であることが判明し，目・亜目・団・上科などの高次分類群が大きく見直され(G.W. Krantz and D.E. Walker, 2009)，分類群の一部については和名の改称・新称が提案されるなど(安倍ら，2009；島野，2018)，ダニ類の高次分類単位は，大きな改訂過程の中にある．参考のために寄生虫学にかかわりの深いダニ類について，最近の高次分類の概要を記すと以下の通りである．

(1)ダニ類は胸穴ダニ上目 superorder Parasitoformes と胸板ダニ上目 Acariformes とに2大別され，胸穴ダニ上目にはマダニ目 order Ixodida，アシナガダニ目 Opilioacarida，カタダニ目 Holothyrida，トゲダニ目 Mesostigmata(これまで寄生虫学分野で中気門類とよばれてきたダニ類)の4目が含まれ，胸板ダニ上目には汎ケダニ目 Trombidiformes，汎ササラダニ目 Sarcoptiformesの2目が含まれる．

(2)胸穴ダニ上目のマダニ目にはマダニ上科 superfamily Ixodoideaとしてマダニ類が含まれ，カタダニ類，アシナガダニ類(これまで多気門類とよばれてきたダニ類)と姉妹群を形成する．

(3)トゲダニ目には3亜目が含まれ，タンバントゲダニ亜目 suborder Monogynaspidaのヤドリダニ団 cohort Gamasinaの中に，獣医学的に重要なヤドリダニ上科 Parasitoideaやワクモ上科 Dermanyssoidea，カブリダニ上科 Phytoseioidea，マヨイダニ上科 Ascoideaなどが含まれる．

(4)胸板ダニ上目の汎ケダニ目には2亜目が含まれ，ケダニ亜目 Prostigmata(これまで前気門類とよばれてきたダニ類)のケダニ団 Parasitengoninaの中に，ツツガムシ上科 Trombiculoidea，ハダニ上科 Tetranychoidea，ツメダニ上科 Cheyletoidea，シラミダニ上科 Pymetoidea，ホコリダニ上科 Tarsonemoideaなどが含まれる．

(5)汎ササラダニ目には2亜目が含まれ，ササラダニ亜目 Orobatida にはササラダニ類の他に，コナダニ団 Astigmata(これまで無気門類とよばれてきたダニ類)としてコナダニ上科 Acaroidea，ウモウダニ上科 Analgoidea，ヒゼンダニ上科 Sarcoptoidea などの寄生虫学的に重要なダニ類が包含される．

表 IV.1 動物寄生性のおもな節足動物(科のレベルまで)

1. 蛛形綱 Class Arachnida ダニ亜綱 Subclass Acari

(1) 後気門(マダニ)目 Order Metastigmata
- a マダニ科 Ixodidae
- b ヒメダニ科 Argasidae

(2) 中気門目 Order Metastigmata
- a ワクモ科 Dermanyssidae
- b ハイダニ科 Halarachnidae
- c ハナダニ科 Rhinonyssidae
- d トゲダニ科 Laelaptidae
- e ヘギイタダニ科 Varroidae

(3) 無気門目 Order Astigmata
- a ヒゼンダニ科 Sarcoptidae
- b キュウセンヒゼンダニ科 Psoroptidae
- c トリヒゼンダニ科 Knemidokoptidae
- d ウモウダニ科 Analgesidae
- e ヒョウヒダニ科 Epidermoptidae
- f ズツキダニ科 Listrophoridae
- g フエダニ科 Cytoditidae
- h − Laminosioptidae

(4) ササラダニ目 Order Oribatida

(5) 前気門目 Order Prostigmata
- a ニキビダニ科 Demodicidae
- b ツメダニ科 Cheyletiellidae
- c ヒツジツメダニ科 Psorergatidae
- d ケモチダニ科 Myobiidae
- e ヒナイダニ科 Harpyrhynchidae
- f ウジクダニ科 Syringophilidae
- g ツツガムシ科 Trombiculidae
- h シラミダニ科 Pyemotidae

2. 昆虫綱 Class Insecta

(1) ハエ目 Order Diptera

i 長角亜目 Nematocera
- a カ科 Culicidae
- b ブユ科 Simuliidae
- c ヌカカ科 Ceratopogonidae
- d チョウバエ科 Psychodidae

ii 短角亜目 Brachycera（直縫短角群 Orthorrhapha）
- a アブ科 Tabanidae

ii 短角亜目（環縫短角群 Cyclorrhapha）
- a イエバエ科 Muscidae
- b シラミバエ科 Hippoboscidae
- c ニクバエ科 Sarcophagidae
- d クロバエ科 Calliphoridae
- e ヒツジバエ科 Oestridae

(2) カジリムシ目 Order Psocodea

i シラミ亜目 Anoplura
- a ケジラミ科 Phtiridae
- b ヒトジラミ科 Pediculidae
- c ケモノジラミ科 Haematopinidae
- d ケモノホソジラミ科 Linognathidae
- e ホソゲジラミ科 Polyplacidae

ii ホソツノ（長角）ハジラミ亜目 Ischnocera
- a ケモノハジラミ科 Trichodectidae
- b チョウカクハジラミ科 Philopteridae

iii マルツノ（短角）ハジラミ亜目 Amblycera
- a タンカクハジラミ科 Menoponidae
- b ミナミケモノハジラミ科 Boopidae
- c ナガケモノハジラミ科 Gyropidae

iv チョウフン（長吻）ハジラミ亜目 Phynchophtherina
- a ゾウハジラミ科 Haematomyzidae

(3) ノミ目 Order Siphonaptera

i ヒトノミ上科 Pulicoidea
- a スナノミ科 Tungidae
- b ヒトノミ科 Pulicidae

ii トリノミ上科 Ceratophylloidea
- a ホソノミ科 Leptopsyllidae
- b ナガノミ科 Ceratophyllidae

(4) カメムシ目 Order Hemiptera
- a トコジラミ科 Cimicidae
- b サシガメ科 Reduvidae

(5) ゴキブリ目 Order Blattaria

(6) コウチュウ目 Order Coleoptera
- a ハンミョウ科 Cicindelidae

(7) チョウ目 Order Lepidoptera
- a ドクガ科 Lymantriidae
- b イラガ科 Limacodidae
- c カレハガ科 Lasiocampidae

〔執筆担当：藤﨑幸藏〕

1. ダ ニ 類

1.1 形態と発育

ダニ類は節足動物門(Arthropoda)を構成する主要な生物である蛛形綱(Arachnida)の1つの群(subclass)であり(表IV.1)，蛛形綱にはクモ，サソリ，メクラグモなども含まれる．蛛形綱の形態上の特徴は，体にくびれがあり頭胸部と腹部に分かれることであるが，ダニ類では両者が合一して胴部(idiosoma)となっている(図IV.1)．体の前端に存在し一見，頭部のようにみえる部分は顎体部(gnathosoma)とよばれ，口器(mouth part)に相当する器官であり，吸血や交尾の際に活用される．顎体部には2対の付属肢があり，内側(または前方)の付属肢を鋏角(chelicera)，外側にあるものを触肢(palp)といい，顎体部腹面にある口下片(hypostome)とともに，その構造の詳細は分類

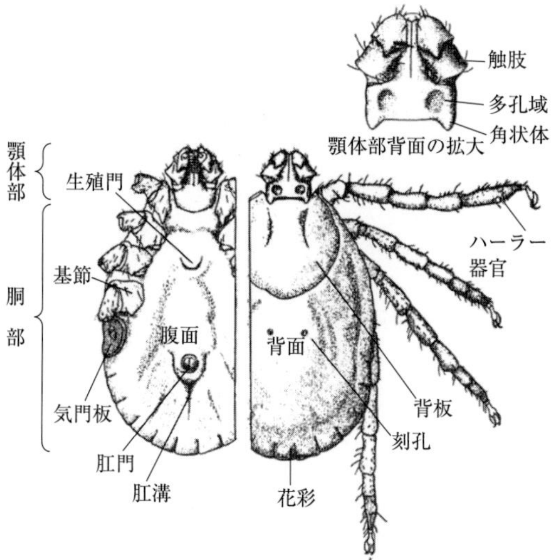

図IV.1 フタトゲチマダニ(*Haemaphysalis longicornis*)雌ダニ［原図：藤崎幸藏］

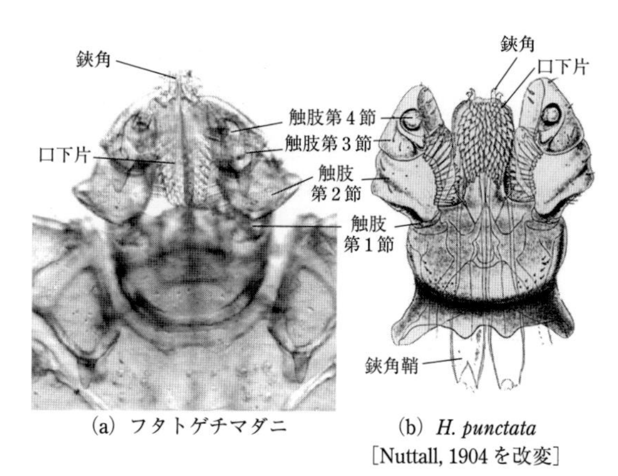

(a) フタトゲチマダニ (b) *H. punctata* ［Nuttall, 1904 を改変］

図IV.2 チマダニ(*Haemaphysalis*)の雌ダニの顎体部腹面と構造［原図：藤崎幸藏］

表IV.2 ダニ類とその特徴

亜 目	形態などの特徴
(1)多気門目 Onychoplalpida	自活性のダニの1群で，気門を2対以上もつ．マダニの祖先とされるカタダニ類 Holothyrida が含まれる．
(2)後気門(マダニ)目 Metastigmata(Ixodida)	大型寄生性のダニで，気門は第4脚基節の後方に1対あり，第1脚末節にハーラー器官をもつ．
(3)中気門目 Mesostigmata	一般に第2ないし第3脚基節の外方腹面に1対の気門をもち，これから周気管が前方にでる．ヤドリダニ類とも称し，ワクモ，イエダニ，トリサシダニ，ハイダニなどが含まれる．
(4)前気門目 Prostigmata	原則として胴部の前端，口器の近くに1対の気門をもち，ツメダニ，毛包虫(ニキビダニ)，ツツガムシなどの他に，農業害虫のハダニ類が含まれる．
(5)無気門目，ササラダニ目 Astigmata，Oribatida	大多数は1mm以下の小型のダニで，気門をもたないが，ササラダニ類では体の各所に気管が開いている．ヒゼンダニ類，コナダニ類が含まれる．

上の重要な特徴となる(図 IV.1，2)．ダニ類は昆虫類と異なり触角(antenna)を欠くが，ハーラー器官(Haller's organ)のある第1脚が触角に相当する機能を発揮する．胴部には成虫と若虫では4対の脚(leg)があり，幼虫では第4対目の脚がなくて3対である．生殖門(genital pore)は成虫だけにあり，肛門(anus)とともに体腹面に開く．

ダニ類は一般に，気門(stigma)の有無や位置，顎体部にある触肢や鋏角の構造，特殊な器官(ハーラー器官，感覚毛，周気管，吸盤など)の有無，脚の末端部の構造などの特徴の組合せによって，さらに小さい5群(目：order)に分けられる(表 IV.2)．

なお，ダニ類は便宜的に，大型のマダニ類(tick)とそれ以外の小型のダニ類(mite)に2分されることが多い．

ダニ類には動物寄生種ばかりでなく，自由生活種や植物寄生種が含まれる．さらに，動物寄生種には哺乳動物や鳥類以外の脊椎動物や昆虫などの無脊椎動物に寄生する種も含まれている．

ダニ類は卵(egg)から孵化して3対の脚をもつ幼虫(larva)となり，脱皮して4対の脚をもつ若虫(nymph)となる．若虫は原則的にはさらに第1若虫(protonymph)，第2若虫(deutonymph)，第3若虫(tritonymph)の3期に区分されるが，種によってはその一部を欠くものがある．若虫はさらに脱皮して雌雄の別がある成虫(adult)となる．動物寄生種には，この3発育期のすべてが寄生性のマダニ類，幼虫だけが寄生性のツツガムシ類，幼虫だけが寄生しないワクモ，幼虫と第2若虫が吸血しないトリサシダニとイエダニなど，寄生習性は様々である．

1.2 マダニ症(Ixodosis)

原　因：マダニ症は，ダニ類(亜綱)(Acarina)の後気門(こうきもん)類(目)(Mesostigmata，またはマダニ目 Ixodida)の大型のダニ(tick)が原因である．マダニ類はマダニ科(Ixodidae)とヒメダニ科(Argasidae)に大別される．マダニ科のマダニは，体背面に硬い背板(はいばん)(scutum)を有するため英語名で hard tick とよばれ，背面から顎体部が観察できる．宿主に長期間寄生するため，ヒトや家畜に吸着しているところも発見されやすい．一方，ヒメダニ科のマダニは，英語名 soft tick とよばれ，外皮が柔らかく背板をもたず，顎体部は胴下面から生じるため背面からは観察できず，背板を欠く．吸血時間が最長でも数時間と短いため，吸着しているところは発見しがたい．

マダニ科には13属720種が含まれ，キララマダニ属(*Amblyomma*)，カクマダニ属(*Dermacentor*)，チマダニ属(*Haemaphysalis*)，マダニ属(*Ixodes*)，コイタマダニ属(*Rhipicephalus*)の5属が家畜衛生上とくに重要である．ヒメダニ科には5属186種が含まれ，ヒメダニ属(*Argas*)，カズキダニ属(*Ornithodoros*)，トゲミミヒメダニ属(*Otobius*)の3属が重要である(図 IV.3)．なお，最近の核の18S rDNAや，ミトコンドリアの16Sや12S rDNAの配列などの解析結果から，長年にわたって独立属とされてきたウシマダニ属(*Boophilus*)はコイタマダニ属の1亜属とされるに至っている．

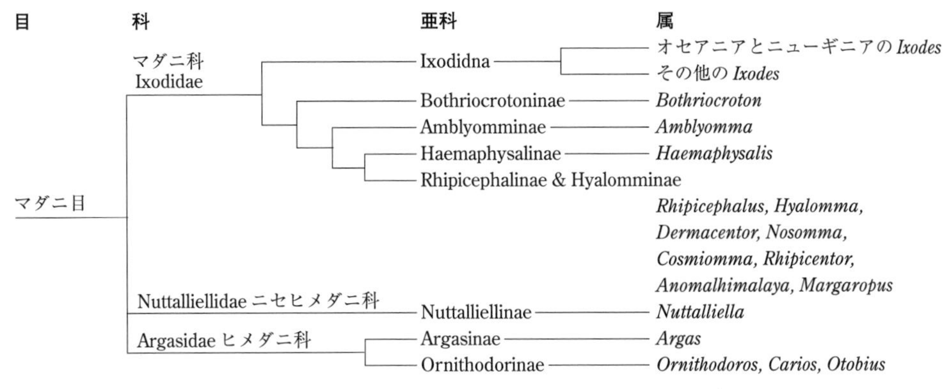

図 IV.3　マダニの系統発生［Barker *et al.* (2004)に準じて作成］

マダニ科の生活史は1世代中に寄生する宿主の数によって，1宿主性(one-host tick)，2宿主性(two-host tick)，3宿主性(three-host tick)の3型に分けられる(図IV.10参照)．日本に分布するマダニは，幼虫(未吸血時の体長0.5～1.0 mm)，若虫(1.0～2.0 mm)，成虫(雄2～3 mm，雌2～5 mm)の各発育期が同一宿主上に継続的にとどまって吸血し，脱皮も宿主上で行うウシマダニ亜属のダニが1宿主性であるのを唯一の例外として，すべてが各発育期別に寄生と離脱を行う3宿主性である．日本国外のコイタマダニ属やイボマダニ(*Hyalomma*)属の中には，幼・若虫で1個体，成虫で別の1個体にそれぞれ吸血する2宿主性の種もある．ヒメダニ科は若虫期が2期あるいはそれ以上存在する．いずれも幼虫は脚が3対，若虫は脚が4対で生殖孔を欠き，成虫は脚が4対で生殖孔を有する．マダニ科の雄は背板が背面全体をおおい，雌は背板が背面前半部のみをおおうので，雌雄の区別は容易である．ヒメダニ科の雌雄は生殖孔の形で区別する．

マダニによって媒介されるウイルス，細菌，リケッチア，原虫の病気はマダニ媒介性疾病(tick-borne diseases：TBD)と総称され，多種多様な人獣共通感染症(zoonoses)が多く含まれる．日本からも多くの種が報告されている．主要なものの概要を表IV.3～6に示した．

表IV.3　ヒトや動物のおもなマダニ媒介性疾病(tick-borne diseases：TBD)

病原体	疾　病
原 虫	小型ピロプラズマ病，大型ピロプラズマ病，東部海岸熱，地中海タイレリア症，胆汁熱，ダニ熱，ウマバベシア症，イヌバベシア症，ヒトバベシア症，ヘパトゾーン症
リケッチア	アナプラズマ病，エペリスロゾーン病，心水熱，エールリッヒア病，Q熱，日本紅斑熱，ロッキー山紅斑熱
ウイルス	アフリカ豚コレラ病，ナイロビヒツジ病，跳躍病，イッスククルウイルス，ラニャウイルス感染症，ルーピングイル，オムスク出血熱，ポワソン脳炎，トゴトウイルス病，クリミアコンゴ出血熱，ロシア春夏脳炎，重症熱性血小板減少症候群
細 菌・スピロヘータ	ライム病，ダニ媒介性回帰熱，各種ボレリア症，ヘモバルトネラ症，ダニ媒介性チフス，野兎病

注(1)全世界では60種類以上のマダニ媒介性疾病が知られている．
(2)新興・再興感染症(emerging, re-emerging diseases)も多い．

表IV.4　日本に分布するマダニ媒介性リケッチア感染症(tick-borne rickettsiosis)

病原体	媒介マダニ	地域分布
Rickettsia sp. AT	*Amblyomma testudinarium*	徳島，沖縄
R. japonica	*Dermacentor taiwanensis*	徳島
R. japonica ?	*Haemaphysalis ias*	淡路島
R. japonica	*H. flava*	徳島
Rickettsia sp. LON	*H. longicornis*	福島，淡路島
R. helvetica	*Ixodes monospinosus*	岩手，熊本
R. helvetica	*I. ovatus*	福島，鹿児島
R. helvetica	*I. persulcatus*	北海道

注(1) *R. japonica*は日本紅斑熱病原体，*R. helvetica*はスイスが原産地で病原性のあるリケッチア種，*Rickettsia* sp. ATとLONは未同定種．
(2) これら以外に紅斑熱リケッチア症としては，ロッキー山紅斑熱(南米・北米)，地中海紅斑熱(ボタン熱，ブートン熱ともいう)(地中海沿岸)，シベリアダニ熱(ロシア，中国北部，インド)，クインズランドダニ熱(オーストラリア)，リケッチア痘(韓国，米国西部，南アフリカ)，アフリカダニ熱(サブサハラアフリカ，西インド諸島)などがあり，いずれもマダニによって媒介される．
[高田伸弘，2003を改変]

表IV.5　おもなライム病関連ボレリア症(tick-borne borreliosis)

病原体	地域分布	媒介マダニ
Borrelia burgdorferi	*Ixodes scapularis*	北米(米国，カナダ)
B. andersoni	〃	〃
B. bissettii	〃	〃
Borrelia burgdorferi	*I. ricinus*	ヨーロッパ(含ロシア，北アフリカ)
B. garinii(ユーラシアタイプ)	〃	〃
B. afzerii	〃	〃
B. valaisiana	〃	〃
B. lusitaniae	〃	〃
B. garinii(ユーラシアタイプ)	*I. persulcatus*	東アジア(中国西部から極東)
B. garinii(アジアタイプ)	〃	〃
B. afzerii	〃	〃
B. sinica	*I. ovatus*	南アジア(中国南部からネパール)
B. tanukii	〃	〃
B. garinii(ユーラシアタイプ)	*I. persulcatus*	日本(北海道から沖縄県)
B. garinii(アジアタイプ)	〃	〃
B. japonica	〃	〃
B. tanukii	〃	〃
B. turdi	〃	〃

[高田伸弘，2003を改変]

表 IV.6　おもなマダニ媒介性エールリッヒア感染症(tick-borne ehrlichiosis)

病原体	宿　主	媒介マダニ	地域分布
(1) *Ehrlichia*			
E. canis	犬,(猫?)	*Rhipicephalus sanguineus*	世界的
E. chaffeensis	ヒト,(犬),猫	*Amblyomma americanum*	米国
E. ewingii	犬	*A. americanum*	米国
E. ruminantium	反芻動物	*Amblyomma* spp.	アフリカ
E. muris	ネズミ	*Haemaphysalis flava*	日本
(2) *Anaplasma*			
A. phagocytophilum	反芻動物	*Ixodes ricinus*(ヨーロッパ)	ヨーロッパ
A. phagocytophilum	ヒト,馬	*Ixodes scapularis*(米国)	米国
A. platys	犬	*R. sanguineus*?	米国,南欧,台湾,日本
A. marginale	反芻動物	*Boophilus*, *Dermacentor*, *Rhipicephalus*, *Hyalomma*, *Haemaphysalis* spp.	米国,アジア,アフリカ,オーストラリア,南米など
A. centrale	反芻動物	*Boophilus*, *Haemaphysalis punctata*	*A. marginale* にほぼ同様

注:Dumler ら(2001)によって,従来のエールリッヒア病原体はリケッチア科から独立し新たに設立されたアナプラズマ科 Anaplasmataceae に帰属することになり,アナプラズマ科の中に *Anaplasma, Ehrlichia, Wolbachia, Neorickettsia* の4属が設立され,病原体の再分類が行われた.これに伴い *Cowdria* 属は消滅し,心水熱(heart water)の病原体は *Ehrlichia ruminantium* とよばれることになった.なお,*A. marginale* と *A. centrale* の媒介にはアブなどの吸血昆虫の役割も大きい.
[猪熊 壽,2005を改変]

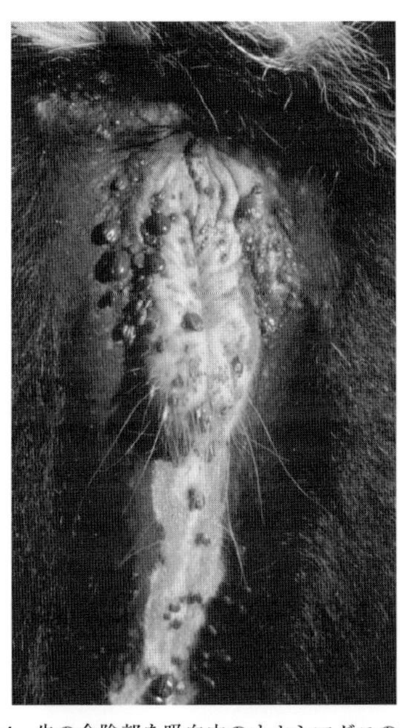

図 IV.4　牛の会陰部を吸血中のオウシマダニの成ダニ[原図:藤崎幸藏]

図 IV.5　オウシマダニ駆除のためのピレスロイド剤のポアオン処理[原図:藤崎幸藏]

(1) オウシマダニ(*Rhipicephalus* (*Boophilus*) *microplus*; cattle tick)(図 IV.4)

成虫は眼を有し,顎体基部背面は六角形で,触肢は圧縮され非常に短い.雄は,胴部後端に尾状の突起(caudal appendage)をもち,肛門の両側には2対の肛門板(肛側板(こうそくばん) adanal plate と副肛側板 accessory plate)を備える.1宿主性でもっぱら牛に寄生するが,水牛,めん羊,馬,ライオン,イリオモテヤマネコなどにも寄生する.日本では,1970年代まで九州阿蘇地方,1996年まで沖縄県八重山地方に分布がみられた.しかし,薬浴(dipping),ポアオン(pour-on)(図 IV.5)などの殺ダニ剤の効果的使用によって,現在,これらの地域からは撲滅されている(図 II.67).亜熱帯,熱帯地域を中心として世界的に分布し,国際交易の拡大と,殺ダニ剤抵抗性系統の出現などの理由から,再侵襲と再土着化の危険性は低くない.本種は,*Babesia bigemina*, *B. bovis* によるピロプラズマ病,*Anaplasma marginale* によるアナプラズマ病などの家畜(法定)伝染病を媒介する.なお,最近，オーストラリアとその周辺に分布する *R.*(*B.*)*microplus* は近縁種の *R.*(*B.*)*australis* であることが判明した．また，中南米のように長年にわたって牛と馬の混牧がさかんに行われてきた地域では，馬を主要宿主とするオウシマダニの系統が出現し，馬の *Theileria equi*, *B. caballi* 媒介に重要な役割を果たすことが明らかにされている．

(2) フタトゲチマダニ(*Haemaphysalis longicornis*；bush tick, New Zealand Cattle tick)(図 IV.1, 2, 6)

チマダニ属(*Haemaphysalis*)のマダニは3宿主性で，眼を欠き，顎体基部背面はほぼ四角形で，触肢は特殊な種を除き第2節の外側縁が外方に角張る．雄は腹面体板を欠く．フタトゲチマダニは触肢第3節背面に後方を向いた1対の突起(フタトゲの名の由来)を有するのが特徴である(図 IV.6)．

北海道から沖縄県八重山地方まで日本全土に広く分布し，とくにその生態が放牧形態とよく一致することから放牧牛にもっとも多く寄生して被害が問題となる種である．また，宿主域も広く，馬，犬，めん羊，シカ，中小の野生動物，鳥類の他，ヒトでも，普通に寄生がみられ，日本で現在もっとも繁栄しているマダニ種といえる．マダニでは稀有な単為生殖系統(産雌性単為生殖：thelytoky)が普通に存在する．日本国外ではロシアから東南アジア，オーストラリア，ニュージーランドにかけて広く分布し，牛の *Theileria orientalis* による小型ピロプラズマ病，*Babesia ovata* による大型ピロプラズマ病，犬の *Babesia gibsoni* によるピロプラズマ病，重症熱性血小板減少症候群(SFTS)，ロシア春夏脳炎，Q 熱，*Rickettsia japonica* による日本紅斑熱など人獣の多くの重要疾病を媒介する．

(3) キチマダニ(*Haemaphysalis flava*)

未吸血成ダニの体色は黄色(キチマダニの名の由来)で，雄の第4脚基節には1本の長い棘がある．日本全土に分布し，家畜に寄生する小型のダニであるが，幼・若虫は各種の哺乳類と鳥類にも好んで寄生する．野兎病とともに紅斑熱リケッチアを媒介する．

この他，日本から報告されたチマダニ属には，ツリガネチマダニ(*H. campanulata*)，イスカチマダニ(*H. concinna*)，ヤマアラシチマダニ(*H. hystricis*)，ヒゲナガチマダニ(*H. kitaokai*)，タカサゴチマダニ(*H. formosensis*)，マゲシマチマダニ(*H. mageshimaensis*)，オオトゲチマダニ(*H. megaspinosa*)などがある．

(4) ヤマトマダニ(*Ixodes ovatus*)(図 IV.7)

マダニ属(*Ixodes*)は，成虫の肛溝(anal groove)が肛門前方を囲むことが特徴で(他属のマダニの肛溝は肛門後方を走る)(図 IV.7(b))，眼を欠き，顎体部の触肢は円筒状で細長い．ヤマトマダニは第1，第2脚の基節に明瞭に認められる乳白色の膜状構造物(浮縁とよばれる)(図 IV.7(b))の存在によって，他種との区別は容易である．北海道から屋久島以北の各地に分布し，日本でもっとも一般的な *Ixodes* である．幼・若虫は小型の野鼠類，モグラ類に，成虫は中・大型動物に多く寄生する．人体寄生例の報告も多く，紅斑熱や野兎病媒

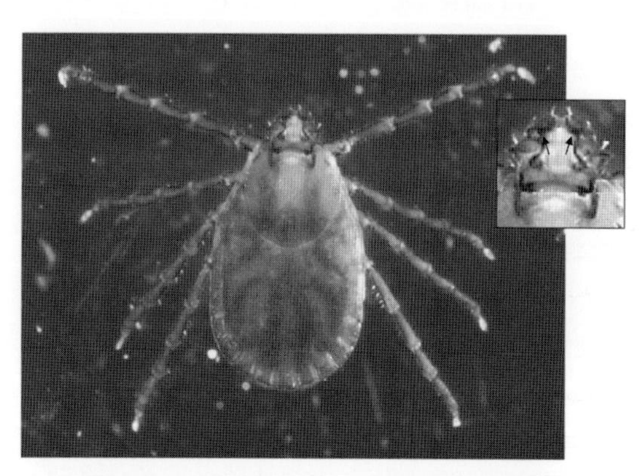

図 IV.6　フタトゲチマダニ処女生殖系統の雌背面
［原図：藤﨑幸藏］
挿入図：矢印が，触肢第3節にある後方に向かう2つの棘(フタトゲチマダニの名の由来)を示す．

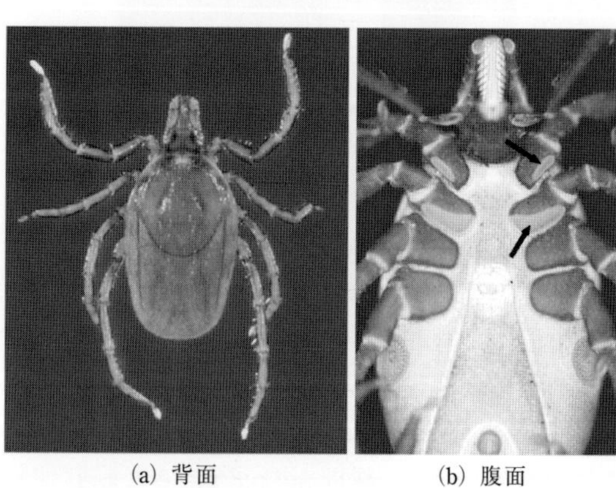

(a) 背面　(b) 腹面

図 IV.7　ヤマトマダニ(*Ixodes ovatus*)の雌ダニ
［原図：藤﨑幸藏］
腹面で脚の基節に浮縁(矢印)の存在することがこの種の特徴．

介に関与する．また日本のライム病ボレリアの病原体(*Borrelia garinii*，*B. afzelii*)以外のボレリア(*B. sinica*，*B. tanukii*)の伝播にも関わることが明らかにされている．

(5)シュルツェマダニ(*Ixodes persulcatus*)

ヤマトマダニよりも大型のマダニで，第1脚基節の内棘がかなり長い．北海道から西日本にかけて，また中国・ロシアからヨーロッパにかけて広く分布する．日本のライム病ボレリアの媒介者として重要な他，ロシアでは春夏脳炎を媒介する．また，各種エールリヒア病原体の媒介者としての可能性が疑われている．

(6)クリイロコイタマダニ(*Rhipicephalus sanguineus*；brown dog tick)(図 IV.8)

成虫の体は栗色(クリイロコタマダニの名の由来)で眼を有し，顎体基部背面は六角形で，触肢は *Boophilus* 亜属のように短くない．雄は，肛門の両側に2対の肛門板を備えるが尾状突起を欠き，第1脚基節は大きく割けた内棘と外棘が明瞭である(図 IV.8(a))．おそらく世界でもっとも分布範囲の広いマダニで，熱帯から温帯の世界各地でみられ，日本でも沖縄県から西日本一帯に分布している．3宿主性でもっぱら犬に寄生するが，家畜，野生動物など中・大型哺乳類，地表生活性の鳥類にも寄生する．*Babesia canis*，*B. gibsoni* によるバベシア症，*Ehrlichia canis* などによるエールリヒア症，*Hepatozoon canis* によるヘパトゾーン症，*Mycoplasma haemocanis* によるヘモプラズマ症など各種の犬疾患を伝播する．同じコイタマダニ属の *R. appendiculatus* は牛の東アフリカ海岸熱の病原体の *Theileria parva*，めん羊のナイロビヒツジ病を媒介する．

(7)タカサゴキララマダニ(*Ambyomma testudinarium*)

眼と花彩があり，触肢は棒状で長く，大型のマダニである．体全体が卵円形で，背板表面に美しいエナメル色斑がある．成ダニは馬の他，大形の野生動物やヒトに寄生し，幼ダニと若ダニは中・小型の哺乳動物と鳥類に寄生する．分布は，東南アジアの他，日本(関東以西)である．

なお，ヒメダニ科で日本の家畜の寄生虫として重要な種は知られていないが，アフリカ，アジア，米国の乾燥地帯などに分布する種には，家禽，家畜，ヒトなどを吸血し，各種の病原体を伝播するものがある．とくに，カズキダニ属の *Ornithodoros moubata* は東アフリカに分布し(図 IV.9)，アフリカ豚コレラや西ナイル熱を媒介する獣医学上の重要種である．

発育および生態：マダニ類は不完全変態(漸変態：paurometabolous metamorphosis)を行い，卵，幼虫，若虫，成虫の4発育期をもつ(図 IV.10)．原則として卵以外のすべての発育期が吸血性(ドラキュラ：Dracula)で，魚類には寄生しないが，様々な陸棲脊椎動物と鳥類に寄生する偏性外部寄生虫(obligate ectoparasite)である．マダニ科の雌は飽血・産卵後は死亡するが，ヒメダニ科の雌は数回飽血・産卵を繰り返すことができる．ガラパゴス島のカメに寄生する *Amblyomma transversus* が宿主体上で産卵するのを唯一の例外として，マダニはすべて，宿主から離脱して産卵を行う．

吸血生理と解剖：マダニ科のマダニは，いずれ

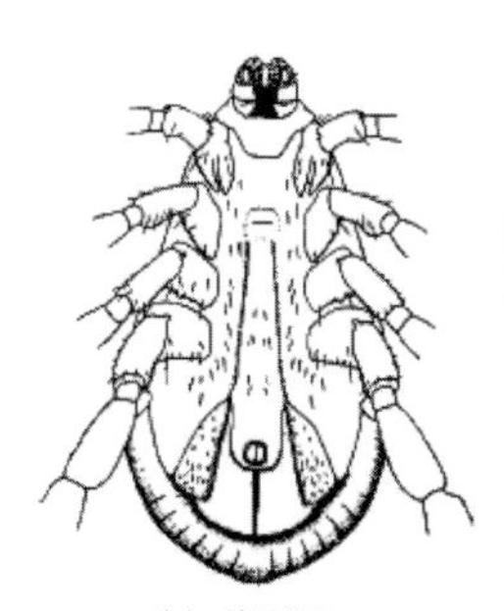

(a) 腹面図

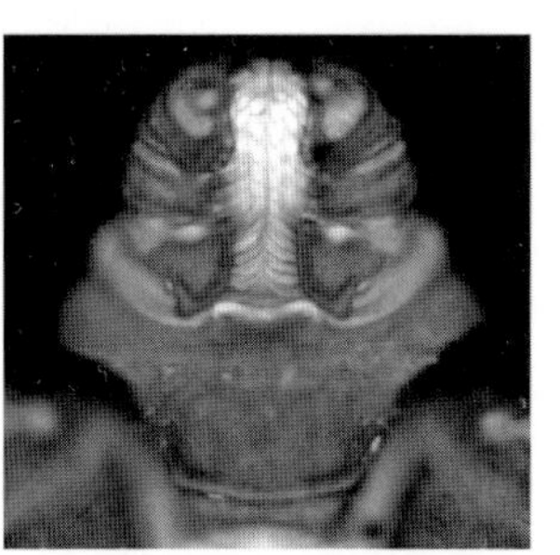

(b) 顎体部腹面の蛍光写真像

図 IV.8 クリイロコイタマダニ(*Rhipicephalus sanguineus*)の雄ダニ［原図：藤﨑幸藏］

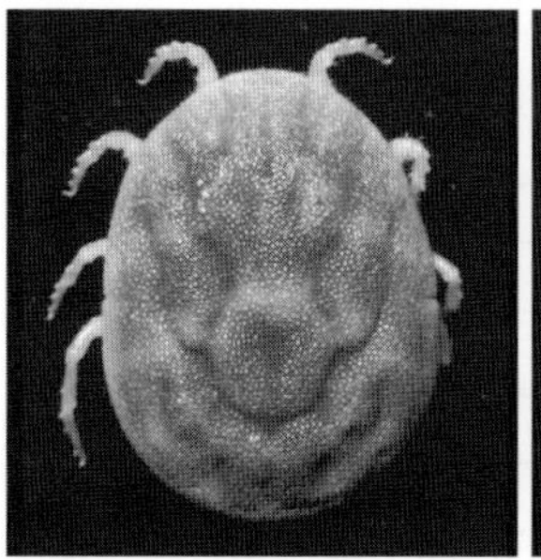

(a) 背面

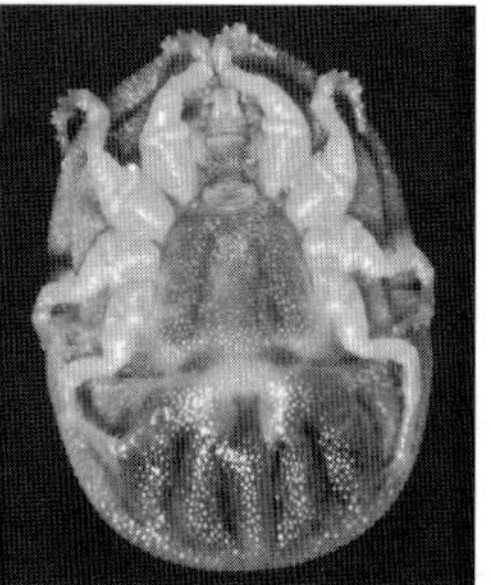

(b) 腹面

図 IV.9 *Ornithodoros moubata* の雌ダニ［原図：藤﨑幸藏］

(a) 1宿主性

(b) 3宿主性

図 IV.10 マダニの生活史［原図：藤﨑幸藏］

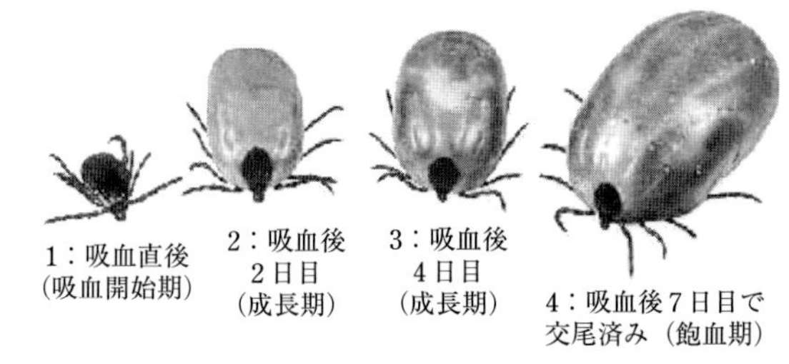

図 IV.11 マダニの吸血の3相［原図：藤﨑幸藏］

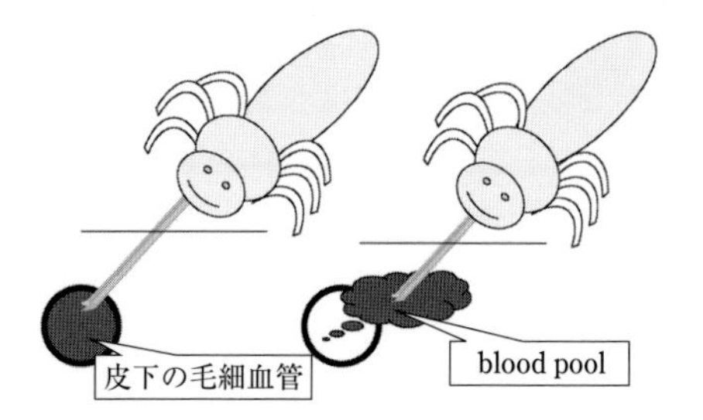

(a) 血管内吸血型 vessel feeder (solenophage)　(b) 血管外吸血型 blood-pool feeder (telmophage)

図 IV.12 吸血性節足動物の模式図［原図：藤﨑幸藏］

の発育期も吸血完了(飽血：engorgement)まで数日から1か月以上を要する長時間吸血型(slow long term blood-feeder)である．一方，ヒメダニ科では幼虫が数日間吸血するものの，若・成虫の吸血は数時間以内で完了する．このため，宿主となる動物の巣穴の中に棲息するヒメダニでは，ほとんどが飽血個体も再び宿主の巣穴に落下することとなり，いわゆる留巣性(nidicolous)の生態が営まれることになる．これに対して，長時日をかけて吸血するマダニ科では，宿主動物の巣外活動や移動途中で飽血・落下する確率が高くなるため，離巣性(non-nidicolous)の生態となり，分布域も拡大する．

また，長時間吸血型のマダニ科の吸血(feeding period)は，吸血開始期(preparatory phase)，成長期(growth phase)と急速吸血(飽血)期(expansion phase)の3相に分類可能で(図 IV.11)，マダニが媒介する原虫は第3相の急速飽血期に取り込まれたものだけがその後の発育を行いうることが証明されている．

マダニは，口吻を直接皮下の血管に挿入して吸血する蚊やシラミなどのような血管内吸血型 vessel feeder (solenophage) と異なり，真皮に blood pool (feeding cavity) を作りこれを吸血する血管外吸血型 blood-pool feeder (telmophage) であるため，吸血期間が長くなる(図 IV.12，IV 部 2.1 節(3)吸血も参照のこと)．この長期間の吸血を成功させるために，マダニは宿主動物の免疫・防御反応をコントロールするための多様な機構を発達させている．アピラーゼ(apyrase)などの抗血小板凝固物質，内因性・外因性の血液凝固経路をほとんどすべての段階で阻害する様々な抗凝固物質(anticoagulants)，プロスタグランジン(prostaglandin)などの脈管拡張物質，抗炎症物質および宿主の全身性・局所性の免疫応答を吸血に即した形に調節するペプチドが唾液中に含まれ，宿主の止血応答を阻害し吸血を円滑に持続させているのはその一例である．また，マダニ類は摂取した血液中の水分の 60～70% を唾液として宿主に分泌還元することが知られており，水分と同時に血液中の余剰イオンも唾液として宿主に戻される．不要の固形養分は糞尿として活発に体外に排泄される．このため，宿主血液(blood meal)はマダニ体内で飽血体重の3～10倍に濃縮されることになる．一方，ヒメダニ類は，吸血後すぐに基節腺液(coxal fluid)を排出することで摂取血液中の 40～50% の余剰水分を体外に排泄して，宿主血液の濃縮を行っている.

なお, マダニが媒介する病原体とそのマダニ体内の発育部位の間には, たとえば *Theileria* 原虫が媒介マダニの唾液腺の type III 腺胞の e 細胞のみでスポロゴニーを行うなど, 高い特異性がみられる(参考のために, 一般的なマダニ解剖図を図 IV.13 に, 唾液腺の腺胞について図 IV.14 に示す).

症　状：マダニは1回の吸血で非常に大量の血液を宿主から摂取する. ヒメダニ科の摂取血液量は吸血前体重の5～10倍であり, しかも多くの個体は1時間以内に飽血する. このため, 一度に多数のヒメダニの寄生を受けた動物が失血死(lethal exsanguination)することも稀ではない. 一方, マダニ科の吸血は数日～数週間かけてゆっくりと行われ, 宿主から摂取する血液量はヒメダニよりもさらに大きく, 吸血前体重の数百倍にも達する.

失血によるダメージ以外にもマダニが多数寄生すると, 局所の刺咬刺激によって動物は落ち着かず, 牛, 馬は前肢で地を掻き, あるいは蹴るなどの不安状態を示す. 犬では肢間にツリガネチマダニなどが寄生すると激痛による跛行がみられる. 耳内寄生の場合, 動物は頭を振り, 耳を掻き, 叫ぶなどのヒステリー状態を示し騒擾する. 寄生局所には炎症が生じ, 局所を器物に摩擦し, 引っ掻き, なめ, 噛む動作がみられる. 寄生局所の皮膚は損傷して細菌の二次感染がみられることもある. マダニは宿主の様々な部位に寄生するが, 日本の牧野に多いフタトゲチマダニは, 首, 腋下, 頭部, 股間に多い. *Ixodes* 属は高密度には寄生せず, 眼瞼, 頭部に散在性に認められる. 原産地が北米の *Otobius megnini* の幼・若虫は, 牛, 馬, ヒトなどの外耳に4か月以上寄生し続け, 宿主は大きな苦痛を強いられ神経症状を示す. 家畜に対するマダニの加害性については表 IV.7 にまとめた.

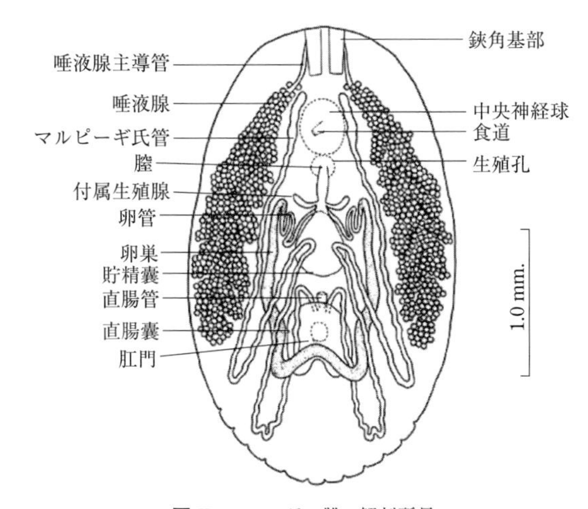

図 IV.13　マダニ雌の解剖所見
Rhipicephalus appendiculatus 雌成ダニの内臓(中腸盲嚢を除去した背面図). [Till, W. T.(1961)を改変]

(a) 唾液腺胞の集塊の走査電顕像
[原図：Sonenshine, D.E.(1991)]

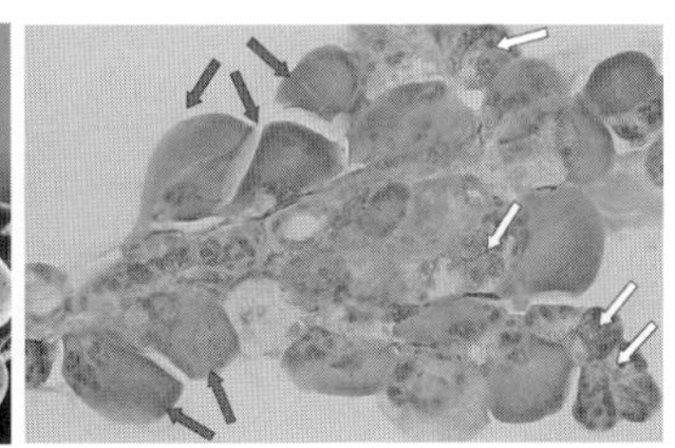

(b) *T. parva* のスポロゾイトが寄生した *R. appendiculatus* 雌ダニの typeIII 唾液腺胞の e-cell (黒矢印)(白矢印は非感染腺胞)MGP 染色 [原図：藤﨑幸藏]

図 IV.14　マダニ(雌)の唾液腺胞の種類と *Theileia parva* 原虫の局在

表 IV.7　家畜に対するマダニの加害性

①ダニの吸血とその際の唾液分泌によるもの	激しい掻痒, アレルギー, 血液損耗などによる貧血, 体力損耗, 体重減. ダニの多数棲息地では馬や牛がマダニの吸血によって急性経過で失血死することも稀ではない.
②皮革の経済的価値の損失	吸血や二次的な細菌感染などによって生じた寄生部位の皮革の経済的価値の損失. マダニ属やキララマダニ属などの口器の長い種類のダニに吸血された宿主では, 細菌やハエ幼虫による被害が出やすく, 英国では *Ixodes ricinus* 寄生後の *Staphylococcus* による膿血症 (tick pyemia) の被害例が羊で知られている.
③ダニ麻痺症 (tick paralysis)	マダニの唾液に含まれる毒素 (toxin) が原因で起こり, 死亡例も稀ではない. 北米では *Dermacentor andersoni, D. variabilis, Amblyomma americanum, A. maculatum* の雌ダニに吸血されたヒト, 犬, 猫などでみられる. オーストラリアでは *Ixodes holocyclus* によるダニ麻痺症による被害が大きい. ナガヒメダニ(*A. persicus*)の吸血による雛の麻痺も知られている.
④媒介疾病による被害 (tick-borne diseases)	表 IV.3～6を参照

診　断：頸部，肩，その他の皮膚に寄生するマダニを肉眼的に検出する．耳管内深部に寄生するマダニの検出には，耳鏡検査を行う．マダニ麻痺の診断には，神経疾患，殺虫剤や有毒植物に原因する中毒との鑑別が必要となる．

マダニの種類の同定は，吸血や産卵などの生理条件によって性状が変化しない顎体部や脚，体表剛毛式(chaetotaxy)（図 IV.15）などを指標にして行う．

治　療：動物体に寄生するマダニが少数の場合は，手またはピンセットを用いて除去するが，マダニの口器を皮膚内に残して除去すると，局所に炎症を生じ膿瘍を続発することがあるので注意を要する．多数寄生では，殺ダニ剤(acaricide)を動物体に直接適用して殺虫・除去する．

動物体への殺ダニ剤の適用法は，剤型によって異なる（表 IV.8）．粉剤は散布，すり込み，ダストバッグ（牛）で，水和（溶）剤は噴霧，浸漬（牛で

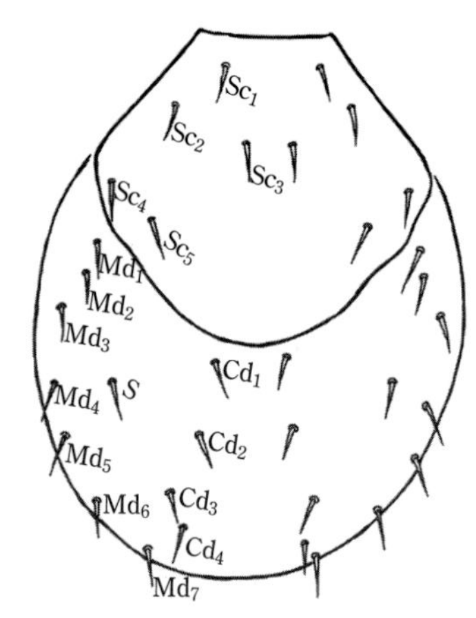

図 IV.15　マダニの体表剛毛式
シュルツエマダニ(*Ixodes persulcatus*)幼ダニの例．
［原図：北岡茂男］

表 IV.8　殺虫剤・殺ダニ剤の剤型

乳　剤	原体をケロシン，キシレン，ソルベントナフサなどの溶剤に溶かし，乳化剤を加えたもの．水と混ぜることによって乳濁液となり，殺虫有効成分を水中に均一に分散させることができる．乳剤は水でうすめて使用するため，あらゆる害虫の成幼虫対策用に使用可能．下水溝，小河川，ごみ集積所などに広く用いられ，ハエ，蚊，ユスリカその他の発生源，あるいは屋内や畜舎の天井，壁面などの残留噴霧に用いられる．おもな製剤は，ダイアジノン，フェンチオン，ペルメトリン，テメホス，ジクロルボス，トリクロルホン，フェンクロホスなど．
油　剤	殺虫剤原体の大部分は水に不溶だが有機溶媒には可溶性のものが多いことから，液剤にするために有効成分をケロシンに溶かしたもの．油剤はそのまま残留噴霧，空間噴霧用として使用され，また，有機溶剤にうすめても使用可能．おもな製剤は，ジクロルボス，ダイアジノン，フェニトロチオンなど．
粉　剤	タルク，ベントナイトなどの鉱物性の粉末に殺虫原体を混入したもの．粉剤は食毒効果や，昆虫に付着すると表皮が削られ水分を吸収するという物理的作用もある．製剤は，フェノトリン，ダイアジノン，トリクロルホン，フェンクロホス，フェンチオン，フェニトロチオン，マラチオンなど．
懸濁剤	有効成分を特殊な化合物で被覆したり，吸着させたりした上で界面活性剤を加えたもの．基本的には乳剤と同じで，水でうすめると安定な懸濁液を生ずる．別名フロアブル剤ともよばれる．代表的な製剤として，幼若ホルモン様物質であるメトプレンを，活性炭微粉末に吸着させた10%懸濁剤がある．
水和剤	水に親和性のあるタルク，ベントナイトのような鉱物性の微粉末に有効成分を加え，さらに乳化剤を添加したもので，製剤は粉剤と区別がつかないが，水でうすめると懸濁液を生ずる．おもな製剤は，フェンチオン，テメホス，フェニトロチオンなど．
粒　剤	粒剤は水中で徐々に有効成分が放出するので残効性が期待できる．ただし有効成分が一度に放出されないので処理薬量に注意することが必要である．蚊，ハエ幼虫駆除に使用される．おもな製剤は，テメホス，フェンチオンで，浮遊性粒剤もある．
エアゾール	有効成分をフレオンガスなど液化ガスに溶解して，耐圧容器に圧縮充填したもの．有効成分は残留処理用としてフェニトロチオン，ペルメトリン．空間噴霧用としてジクロルボス，各種ピレスロイドがある．
蒸散剤	有効成分を自然にまたは強制的に揮散させ，閉鎖環境下にいる害虫を殺す製剤．蒸気圧の高い薬剤はそのままで蒸散するが，揮散力の弱い薬剤や短時間内に空中に蒸散させる場合は熱を加えて有効成分を放出させる．代表的な製剤にジクロルボス樹脂蒸散剤がある．
燻蒸剤	常温で気化するもの（クロルピクリン剤，臭化メチル剤など）と，水分にあって気化するもの（リン化アリミニウム剤）が，倉庫や温室の燻蒸剤として使われる
食毒剤	食べさせて害虫を殺す製剤．ゴキブリ対象の種々な製品があり，ヒドラメチルノン，トリクロルホンやフェニトロチオン，ほう酸などを含む製剤がある．

注：殺虫剤は原体だけでは使いにくいため，適用しやすいように希釈剤や補助剤を混ぜて多種の剤型が製造されている．

は薬浴)，バックラバー(牛)で，油性剤はポアオン(牛)，スポットオン(spot-on)で，錠剤は経口投与(犬)で使用する．また，犬・猫では殺ダニ剤を含有するノミ取り首輪(flea collar)やチューインガム，豚では餌に混ぜるpremix方式の薬剤適用も用いられている．マクロライド系薬剤は経口投与以外に，オイルアジュバントなどとともに皮下や筋肉注射することによって，薬効期間を延長させたlong-actingタイプも市販されている．

なお，現在世界各地で用いられている殺ダニ剤は，有機リン系(クマホスcoumaphosなど)，ピレスロイド系(ペルメトリンpermethrinなど)，アミジン系(アミトラズamitrazなど)，ニコチン系(イミダクロプリドimidaclopridなど)，マクロライド系抗生物質(イベルメクチンivermectin，ドラメクチンdoramectin，セラメクチンselamectin，ミルベマイシンmilbemycins，モキシデクチンmoxidectinなど)，マダニの変態や孵化を阻害する成長阻害剤(growth regulator，フルアズロンfluazuronなど)などである．最近は，これらを単剤として用いるだけでなく，2種類の合剤として薬効を相乗させた製品も開発されている．さらに，マクロライド系抗生物質と同様に，GABA-神経伝達を遮断して殺ダニ効果を発揮するフェニルピラゾール(phenyl pyrazole)系のフィプロニル(fipronil)は殺ノミ効果も大きい．

防　除：マダニの寄生とマダニ媒介性疾病を防止するには，牧野，採草地，茂みなどからマダニを駆逐し，マダニの生息密度をできるだけ減少させることが必要である．そのためには，牧野の全域において，白色のフランネルを旗状にして振り回したり，引きずる(旗ずり法：flagging method)などして牧野における未吸血ダニの生息密度を調べるとともに(図IV.16，17)，これを地理情報システム(GIS)に活用して，牧野・採草地の改良，家畜の通路・餌場・水飲み場・休息所などの環境改善を行い，輪牧，動物体への殺ダニ剤の計画的・合理的な適用を図る必要がある．牧野における殺ダニ剤を用いたマダニ駆除法は，表IV.9にまとめた．①～⑤は外用，⑥～⑦は内服による駆除法である．マダニの棲息状況，被害程度，環境条件，経営規模，薬剤を用いる動物の頭数などを

(a) 旗状にしたフランネルで茂みのマダニを採集（旗ずり法）［原図：猪熊　壽］

(b) フランネルを引きずりタイの牧草地のマダニを採集［原図：藤﨑幸藏］

図IV.16　フランネルを用いたマダニの採集

図IV.17　中国蘭州の羊の放牧地の草上で宿主を待つ*Haemaphysalis quinghaiensis*の雌ダニ
このように下向きの体勢で宿主を待つダニがほとんどである．［原図：井上　昇・藤﨑幸藏］

正確に把握し，最適と考えられる手法を複数活用することが望ましい．なお，マダニの吸血に対して宿主が獲得する免疫抵抗性を利用した，マダニ中腸の刷子縁に局在する糖タンパク(Bm86など)の組換え体ワクチンが，オーストラリアや中南米でオウシマダニ対策として実用化され，Tick-guardやGavacの商品名で市販されている．

殺ダニ剤抵抗性も米国，南米，オーストラリアなどの主要畜産国を中心に問題となっており，ピレスロイドやマクロライド系物質に対する抵抗性ダニの出現も報告されている．このため，各種薬剤に対する抵抗性獲得に直接関わるアセチルコリンエステラーゼAChE，*p*-glycoprotein(Pgp)などの遺伝子の解明も主要目的の1つにしたマダニゲノム計画が，米国で*Ixodes scapularis*を対象として2005年に開始された．なお現時点で，*Ixodes scapularis*のゲノムサイズ(2.1 Gb)は，ショ

表 IV.9　牧野におけるマダニ駆除法

①薬浴法 (dipping)	薬液槽内で牛を泳がせ，ダニ駆除を行う方法．数百頭以上の大規模の牛のダニ駆除に適する．長年，薬液としてクマホスが世界的に用いられ，内外でクマホス抵抗性のオウシマダニが出現し問題となった．現在は，薬剤抵抗性が出現しにくいとされるアミトラズが使用されはじめている．
②噴霧法 (spraying)	乳剤，水和剤などを一定濃度に水で希釈し，ポータブルの手動，動力噴霧器で適用する方法の他に，囲い付きシャワーを設置して薬剤を適用する方法がある．簡便であるが，股間などのダニが寄生しやすいところに薬液がかからないことが多い．ダイアジノン，ナレド，フェニトロチオンなどの各種有機リン系や，カルバリル，BPMC などのカーバメート系の薬剤，アミトラズなどのアミジン系の薬剤などを利用する．
③ダストバッグ法 (dust bag)	ダニ駆除効果はあまり高くはないが，ハエやアブ対策として有効で，副次的にダニ駆除を期待するものといえる．牛がよく通るところに有機リン系やカーバメート系薬剤の粉剤を入れた麻袋を吊るし，ダニ駆除効果を期待するもの．安価で人手を要しないが，風雨に弱い．バックラバー法も類似のもの．
④ポアオン法 (pour-on)	追い込み柵などに入れた牛の背中線上を頭から尾部まで直線的に，ピレスロイド系のフルメトリンなどを含有する油性薬剤を一定量滴下させる方法．薬剤は牛体表面全体に自然拡散し，ある程度の風雨があっても 3 週間前後ダニ駆除効果が発揮される．フタトゲチマダニ，オウシマダニの両種に高いしかも速効的な駆除効果がある．スポットオン (spot-on) も類似のもので，省力的なため多くの薬剤でポアオン法が試みられている．
⑤イヤータッグ法 (ear tag)	有機リン系やピレスロイド系薬剤を練り込んだ樹脂を一般の耳標同様に入牧時の牛に装着するもので，アブ，サシバエ駆除にも有効である．単独で用いられることはほとんどなく，他の方法 (ポアオン法など) と併用する．
⑥注射法 (injection)	イベルメクチン，ミルベマイシンなどのマクロライド系物質を牛体に皮下注射すると，ヒゼンダニなどのダニ類やシラミ，各種内部寄生虫に対してだけでなくオウシマダニなどの一部のマダニに対しては優れた駆除効果が発揮され，また長期間 (long-acting) 効果が期待できる．しかし，フタトゲチマダニなどの 3 宿主性のマダニに対する駆除効果はほとんどないことに注意すべきである．
⑦経口投薬法 (oral application)	ファンフールやイベルメクチンなどを，丸薬やカプセルにして経口投与し，第 1 胃内に長期間存在させることによって持続的なダニ駆除効果を発揮させるもの．オーストラリアではイベルメクチンとアルベンダゾールの 2 種類の錠剤を階段状に詰め，100 日以上にわたって持続的に一定の薬剤を放出させる特殊なカプセルも実用化されている．

ウジョウバエの 10 倍以上であることが報告されている．このようにマダニのゲノムサイズは大きいので，マダニゲノムのアセンブルは容易でないことが予想される．

1.2 節の参考文献

Till, W.M.(1961) A contribution to the anatomy and histology of the brown ear tick, *Rhipicephalus appendiculatus* Neumann, *Mem. Ent. Soc. S. Afr.*, 6, 1-124

1.3 鶏ダニ症 (Chicken-mite infestation)

中気門目(ちゅうきもん)(Mesostigmata) のヤドリダニ類 (parasitic mites) は，体長 1 mm 位のダニで，数千種あるいは数万種にも達するとされるおびただしい数のダニ群である．自活性，捕食性，寄生性など生態は多様であるが，家畜衛生上重要なワクモ科 (Dermanyssidae)，トゲダニ科 (Laelaptidae) などが含まれる．イエバエの卵を捕食し成虫に寄生するハエダニ (*Macrocheles muscaedomesticae*) や，ミツバチの害虫のミツバチヘギイタダニもヤドリダニの仲間である．養鶏上で問題になるのは，ワクモ科のワクモとトリサシダニ (トリサシダニなどの *Ornithonyssus* 属をワクモ科とせずオオサシダニ科 Macronyssidae とする見解もある) であり，鶏ダニ症を引き起こす．

原　因：

(1) トリサシダニ (*Ornithonyssus sylvialum*；northern fowl mite) (図 IV.18)

トリサシダニの仲間は，世界各地から 20 種類以上が報告されており，熱帯・亜熱帯地方で問題となっている．日本の青ケ島の野鳥から採取されたネッタイトリサシダニ (ミナミトリサシダニ)，*O. bursa* (tropical fowl mites) も含まれる．トリサシダニは，企業養鶏の進行に伴い世界的にもっとも重要な採卵鶏の外部寄生虫となっている．鶏の他に，スズメなどの野鳥やネズミなどのげっ歯類，ヒトにも好んで寄生する．トリサシダニは一生を鶏体体表上で過ごし，一般に吸血時にのみ鶏を襲うワクモとは習性を異にする．トリサシダニの雌成虫の体長は 0.6〜0.7 mm で，ワクモに比

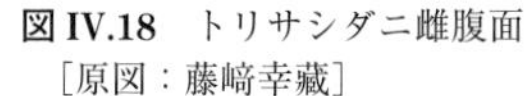

図 IV.18　トリサシダニ雌腹面
［原図：藤﨑幸藏］

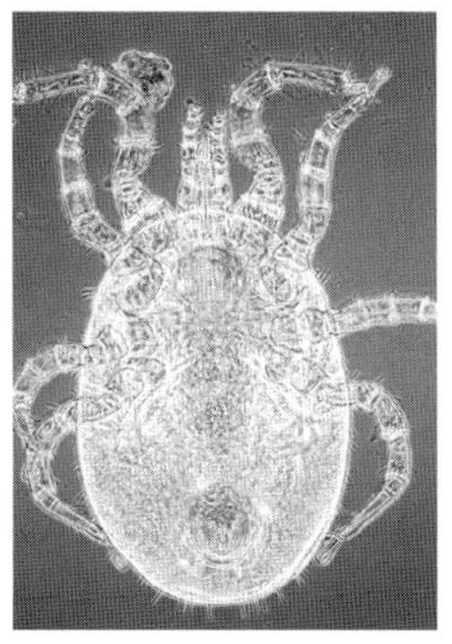

図 IV.19　ワクモ雌腹面
［原図：藤﨑幸藏］

(a) アマサギのヒカダニ
(*Hypodectes propus bulbuci*)

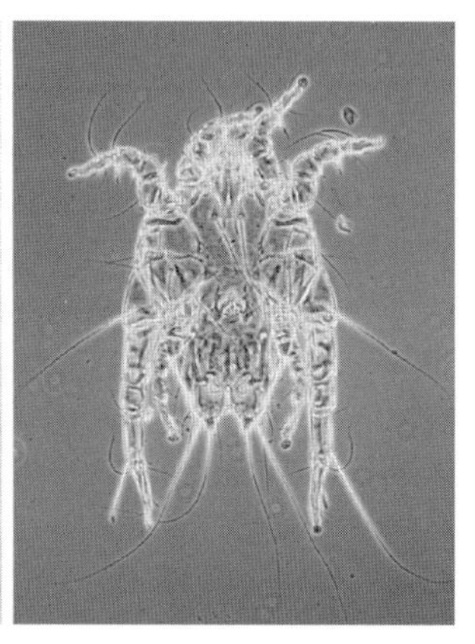

(b) ニワトリウモウダニ
(*Megninia cubitalis*)

図 IV.20　アマサギのヒカダニとニワトリウモウダニ
［原図：吉野智生・浅川満彦］

べわずかに小型である．体色は吸血状態によって異なるが，白灰〜深赤色である．

(2) ワクモ(*Dermanyssus gallinae*；poultry red mites, chicken mite, roost mite)(図 IV.19)

ワクモと同属のダニは世界各地から約 10 種類が報告されている．鳥類寄生性であるが，ヒトにも寄生する．鶏の他に各種飼い鳥，野鳥にも寄生するが，日本のスズメなどの野鳥には近似種のスズメサシダニ(*D. hirundinis*)の方がより一般的である．近代的養鶏場ではワクモの発生は激減した時期があったが，近年，飼養形態(cage batteries, deep-litter systems, backyard flocks)の相違とは無関係に，世界的にワクモの発生の増大・拡大が報告されている．すでに一部の先進国ではトリサシダニ以上に重要な採卵鶏の害虫となっており，対策の必要性が増大している．ワクモの雌成虫の体長は未吸血時で 0.8〜0.9 mm で，飽血個体では 1 mm を超し，トリサシダニに比べて大型である．体色は吸血状態によって異なるが，赤色(red mite の名の起こり)から黒色のことが多い．

以上の他，日本の鶏には疥癬を起こす無気門目(Astigmata)のトリヒゼンダニ科に属するニワトリカイセンダニ(*Knemidocoptes laevis gallinae*)，ニワトリアシカイセンダニ(*K. mutans*)の 2 種類が寄生する．前者は翼，尾を除く羽毛の基部付近の皮膚に寄生し，疥癬を起こす．後者は脚鱗下にのみ寄生し，脚の変形，起立不能などの症状を起こすとともに，慢性症では循環器や腎臓にも障害を起こす．また，鳥類の皮下にヒポプス(hypopus)の状態で寄生するヒカダニ類(Hypoderaridae)は，時に野鳥の死因になると考えられている(図 IV.20(a))．また，feather mites と総称されるダニは，日本ではウモウダニ科(Analgesidae)のニワトリウモウダニ(*Megninia cubitalis*, 図 IV.20(b))，Dermoglyphidae 科のヒシガタウモウダニ(*Pterolichus obtusus*)などが普通にみられる．前者はおおばねや綿毛に寄生し，多数寄生すると羽毛が粉をふいたようにみえる．後者は翼羽や尾羽に寄生し，重度寄生した場合には羽が薄汚れた感じになる．ヨーロッパの鶏には，鳥類の羽軸の中に寄生し，羽軸を内側から食する前気門亜目(Prostigmata)のウジクダニ(*Syringophilus bipectinatus*)がみられる．本種は，体は細長く脚が短い．

発育および生態：

(1) トリサシダニ

トリサシダニは一生を鶏体表上で過ごすが，宿主を離れた飢餓状態でも数週間は生存できる．1 世代の長さは雌鶏では 153 時間，雄鶏では 140〜145 時間であり，雄鶏に寄生した場合の方が世代交代が早く進み，増殖率は高くなる．幼ダニは吸血することなく第 1 若ダニに脱皮し，第 1 若ダニは脱皮後 5 分以内に吸血を開始する(数回の繰返し吸血によって飽血する)．飽血した翌日には第 2 若ダニとなるが，第 2 若ダニはワクモと異なり吸血することなく 1 日以内に成ダニに脱皮する．トリサシダニは39℃以上では産卵や卵の孵化が不可能になるため，季節消長は気温と密接な関係を示し，夏季に少なく冬季から初春に大発生する傾向にある．しかし，空調設備の完備した養鶏場では夏季でもトリサシダニによる被害例が報告されている．

雄鶏は明らかに雌鶏よりもトリサシダニ寄生に対する抵抗性が低く，長期間にわたって高いダニ寄生密度が維持されるため，被害が大きくまた他の鶏に対する汚染源となりやすい．鶏の雌雄間ではダニの寄生部位に若干の相違がみられ，雄では体全面に寄生することが多いが，雌(とくに断嘴した個体)では肛門周辺や口器周辺が多い．産卵鶏では，ダニの集塊部が虫体，卵，脱皮殻，ダニの排泄物などにより黒褐色を呈するため，鶏糞による汚れと見誤りやすい．またダニ寄生は体表から1.25〜2.5 cmの付近の羽毛部分でもっとも高密度である．

トリサシダニが汚染農場から清浄養鶏場に侵入するもっとも重要な手段は，寄生鶏，ダニが付着した飼育用具・機械，養鶏関係者の衣服などによる持ち込みである．野鳥やネズミによる汚染の可能性もある．

(2) ワクモ

ワクモの発育環はトリサシダニに準ずるが，第2若ダニも吸血性であり，1世代は8〜9日である．なお，トリサシダニとの大きな相違点として，夜間にのみ鶏を吸血し，日中は鶏舎やケージ，リターなどの物陰などの人目につかないところに潜んでいることが挙げられる(図 IV.21)．1990年代以降，日本では，トリサシダニと同様に鶏体常在性のワクモが出現し，重要な問題となっている．世界的には殺虫剤抵抗性(とくに養鶏で頻用されるピレスロイド抵抗性)のワクモの出現が，流行の原因の1つと考えられている．ワクモが発生した養鶏場では，ダニ吸血のために夜間に鶏が安静を保たなくなり，また鶏舎や器具にワクモの排泄物が白い斑点として観察される．非吸血時にはワクモは数万匹からなる大きな集塊を作るが，これは集合フェロモン(assembly pheromone)の働きによる．養鶏場への主要な侵入経路は，トリサシダニと同様に，ダニが付着した器材，衣服などによる持ち込みである．

図 IV.21　昼間，養鶏場の飼育器の金網に集合したワクモの集塊［原図：村野多可子］

ワクモの増殖は春から秋にかけてさかんで，冬の間の活動は不活発となる．ワクモは5〜25℃で産卵可能であるが，幼ダニと第1若ダニは20〜25℃以外では発育できないとされる．しかし，低温度条件では飢餓状態でも半年〜9か月は生存可能であるため，空調の整った鶏舎では周年発生しうる．

症　状：100 mgのトリサシダニは毎日80〜200 μLの吸血を行うので，重度の寄生例(5万匹／羽)では毎日鶏の全血液量の6％が失われる計算となる．したがって，トリサシダニの寄生によって鶏が失血死することも稀ではない．さらに，雄鶏では血清テストステロンと精液量の減少がみられ，繁殖に対する害が大きい．雌鶏では中等度の寄生でも10%前後の産卵量の低下が認められるが，この産卵悪化は低タンパク飼料を与えられた鶏群でとくに著しい．なお，鶏痘やニューカッスル病などのウイルスをトリサシダニから分離した報告があるが，トリサシダニによるこれらの病原体媒介を実験的に証明した報告はまだない．

ワクモに寄生された鶏では，脚下部，胸部などにダニによる刺咬跡が顕著となる．重度寄生では，数日間ごとに鶏のヘマトクリット値が4％ずつ低下するとされ，貧血，衰弱，産卵低下だけでなく，失血による死亡例が少なくない(図 IV.22)．また，養鶏場の作業者への寄生(avian mite dermatitis)は，円滑な養鶏作業の阻害要因であり，養鶏作業者不足の一因として国内外で深刻な問題を生じている．オーストラリアではワクモによる鶏のスピロヘータの媒介，スウェーデンではワクモによる豚丹毒菌(*Erysipelothrix rhusiopathiae*)の媒介が報告されている他，鶏痘，ひな白痢，鶏チフス，ニューカッスル病伝播の可能性も疑われている．

診　断：トリサシダニの雌成虫はワクモに比べ，やや小型である．ワクモに比べ，トリサシダニの背板，生殖腹板，肛板の後方部はいずれも細長い(図 IV.23)．ワクモの雌成虫の体色が赤色から黒色のことが多いのは，トリサシダニに比べ，ワクモの血液消化速度が遅いことに起因する．なお，表 IV.10 にトリサシダニとワクモの主要な鑑別点をまとめた．

治療・防除：トリサシダニやワクモの予防には，鶏舎内へのダニ侵入の阻止，明確な臨床症状をすでに示さなくなったキャリアー鶏の早期摘発，定期的なダニ駆除の実施などが重要である．また，鶏体上の好寄生部位を除去する目的で，肛門部周辺の羽を 2 ～ 3 cm に刈り込むことは予防に有効である．ワクモに対しては薬剤を鶏体に対してだけでなく，鶏舎内のダニの隠れ場所にも重点的に適用する必要がある．そのため，鶏舎の清掃を励行しワクモの潜伏場所をなくすることは予防のために基本的に重要である．一方で，これらのダニは野鳥にも寄生するので，野鳥の鶏舎内侵入を防止し，巣作りをさせないようにすることも防除に重要である．

殺ダニ剤としては，マラソン(malathon)などの有機リン剤，カルバリル(carbaryl；0.5％水和剤，3％粉剤)，プロポクスル(propoxur；0.1～0.25％水和剤，1％粉剤)などのカーバメート剤，ペルメトリン(permethrin)，フルメトリン(flumethrin)などのピレスロイド剤が駆除効果が大きく，これらを併用すれば使用薬剤濃度の低減が可能である．とくにフルメトリンの鶏背部滴下はトリサシダニの駆除効果が大きい．しかし，これらの薬剤は，共通して殺卵作用を欠くので，すべての鶏に 7 ～10 日間隔の再適用を行い，幼・若ダニを殺虫する必要がある．これらの薬剤は主として噴霧，薬浴の形で適用される．なお，イベルメクチン(ivermectin)はワクモやトリサシダニ

(a) 貧血した産卵鶏

(b) 失血死した産卵鶏

図 IV.22　ワクモの大量寄生によって貧血および失血死した産卵鶏．ともに鶏冠の白さに注意［原図：村野多可子］

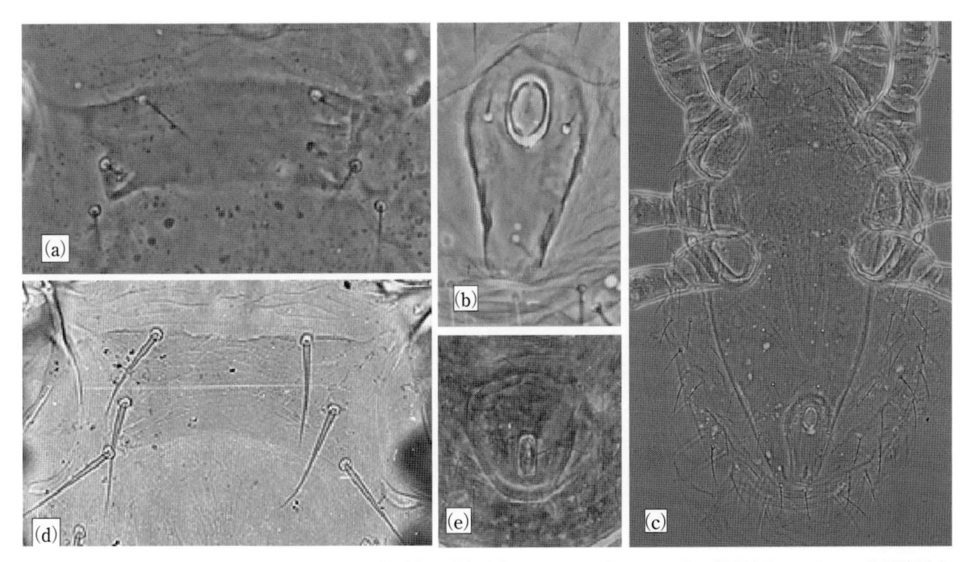

図 IV.23　トリサシダニ雌の胸板(a)，肛門板(b)，背板(c)，イエダニ(*O. bacoti*)の胸板(d)，ワクモの肛門板(e)［原図：藤﨑幸藏］

表 IV.10　ワクモとトリサシダニの鑑別点
［原図：今井壯一(2009)］

	項目	ワクモ	トリサシダニ
形態	雌成ダニの大きさ(mm)	未吸血　0.9 × 0.5 吸　血　1.0 × 0.6	未吸血　0.6 × 0.4 吸　血　0.8 × 0.5
	背板	後方に向かってやや細くなり，後部は直線状	卵形で，後方測縁は急に細くなる
	肛板および肛門	肛板は三角形で，前縁は直線状．肛門は肛板の後方に開口	肛板は卵円形，肛門は肛板の前方に開口
	鋏角	雌では，剛針状	雄・雌ともに先端は鋏状
生態	発育期間　卵期間	1～2日	1～2日
	発育期間　卵→成ダニ	8～9日	5～7日
	発育期間　吸血→産卵	1～3日	1～2日
	発育期間　産卵数	4～7個	2～3個
	吸血セテージ	第1，第2若ダニ，成ダニ	第1若ダニ，成ダニ
	おもな寄生部位	全身	肛門周辺．頭部．重度のものでは全身
	生息場所	昼間は鶏舎の柱，壁の割目などにかくれ，夜間に吸血	常に鶏体上にいて，昼夜の区別なく宿主をおそう
	産卵場所	鶏体外の鶏舎，ケージなど	鶏体上
被害		春～夏に多い 幼雛で被害が大きい	秋～春に多い 成鶏，とくに雄に多く寄生

胸板の形と鶏体上の剛毛の位置

防圧効果があまり高くないとの報告がある．薬剤抵抗性ダニが問題となった場合には，各種薬剤のローテーション方式による適用や，成長抑制剤(IGR)，鉱物油(mineral oil)の活用をはかる必要がある．

1.3 節の参考文献

Gulia-Nuss, M. *et al.* (2016) Genomic insights into the *Ixodes scapularis* tick vector of Lyme disease, *Nat. Commun.*, 7: 10507.
今井壯一他(2009)図説獣医衛生動物学，講談社

1.4 ハイダニ症 (Pneumonyssus infestation)

ダニ類には表 IV.11 に示すように，脊椎動物の体内に寄生し，ハイダニ症を引き起こすものがある(endoparasitic mite)．中気門目のハイダニ科(Halarachnidae)に属する小型のダニはその典型的なもので，5 属があり *Pneumonyssus*, *Pneumonyssoides*, *Rhinophaga* は陸棲の哺乳類に寄生し，海獣類(アシカ，オットセイなど)には *Orthohalarachne*, *Halarachne* が寄生する．いずれも哺乳類の呼吸器系(肺，気管，咽頭，鼻腔)や前頭洞に寄生し，病原性は一般に低い．

原　因：

(1) イヌハイダニ(*Pneumonyssus caninum*)

成虫は淡黄色，卵形で小さく，雄 1.0～1.5 × 0.6～0.9 mm，雌 0.99 × 0.60 mm である．成虫とともに多数みられる幼虫は 0.66～0.76 × 0.49～0.53 mm である．雌虫体内の卵は卵円形で 615 × 538 μm，内部に幼虫を含んでいる．犬の前頭洞，鼻腔内に寄生し，肺や気管にはみられない．北米，ハワイ，オーストラリアなどに分布し，日本でもみられる(図 IV.24)．

表 IV.11　脊椎動物の内部寄生ダニ類の科一覧

中気門目(Mesostigmata)	前気門目(Prostigmata)	無気門目(Astigmata)
・ハイダニ科(Halarachnidae)［哺乳類］ ・ハナダニ科(Rhinonyssidae)［鳥類］ ・ヘビハイダニ科(Entonyssidae)［爬虫類］	・ツツガムシ科 (Trombiculidae)［哺乳類・爬虫類］ ・ヤワスジダニ科 (Ereynetidae)［鳥類・哺乳類］	・ヒョウヒダニ科(Epidermoptidae)［鳥類］ ・コウモリハラダニ科(Gastronyssidae)［哺乳類］ ・(Turbinoptidae)［鳥類］ ・(Lemurnyssidae)［哺乳類］ ・(Pneumocoptidae)［哺乳類］ ・フエダニ科(Cytoditidae)［鳥類］ ・ヒゼンダニ科(Sarcoptidae)［哺乳類・鳥類］

［金子清俊，1977］

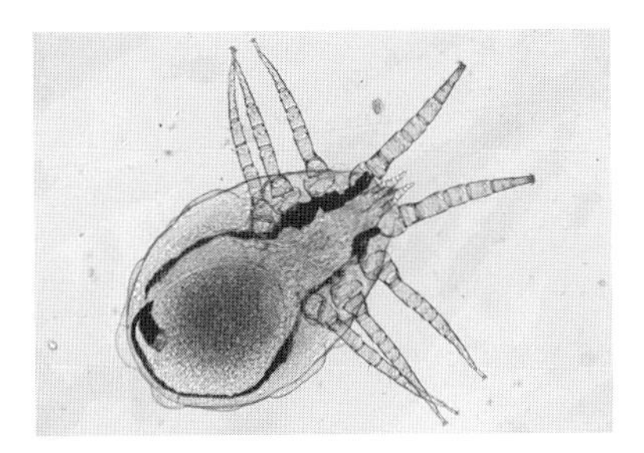

図 IV.24　イヌハイダニ(*Pneumonyssus caninum*)雌成虫
［原図：安藤 太］

(2)サルハイダニ(*Pneumonyssus simicola*)

体は長楕円形，雄 0.55 × 0.23 mm，雌は 0.72 × 0.27 mm，卵は 170〜180 × 110〜120 mm である．サルの肺実質に寄生し，アジア，アフリカから輸入されたサルにみられる．

発育および感染：ハイダニの生活史には不明な点が多く残されているが，一般にハイダニ科のダニ類は幼虫で産まれる卵胎生であり，アシカハイダニ(*Orthohalarachne attenuata*)では餌をとることはなく，3回の脱皮の後成虫になるとされる．

感染は，鼻孔からはい出した虫体によって起こり，アシカなどでは陸上で雌雄あるいは親子が鼻をつき合わせる習性が感染を助長すると考えられている．

解剖的変状および症状：犬に寄生するイヌハイダニは米国(ハワイも含む)，オーストラリア，日本，イラン，ノルウェー，南アフリカなどから報告がある．イヌハイダニは犬の前頭洞，鼻腔内に寄生し，寄生数は少数から100匹を超すものもある(図 IV.25)．ダニ寄生によって粘膜に粘液増加，軽度充血をみるが，組織学的には変状を認めないという．病原性は明らかでなく，一般に症状をみることは少ない．症状としては軽度な鼻炎やカタル性前頭洞炎から漿液性・膿性鼻漏，鼻血やくしゃみをみることもあるが，ダニ寄生に関係すると思われる流涙，眼窩蜂巣炎，食欲不振なども知られている．

サル類の呼吸器系に寄生するハイダニ科のダニには多くの種類があり，アジア，アフリカ，南米地域に分布する．サルの気道に寄生する種の多くは，*Pneumonyssus* 属のもので，中でもサルハイダニ(*P. simicola*)が重要である．この種はアジア，アフリカ地域のサルに寄生し，とくに野生のマカク(macaque)に多く，アカゲザル(*Macaca mulata*)には普通の寄生虫である．日本では実験用，その他の目的で流行地から輸入されるサルで発見されている．サルハイダニは肺実質組織に寄生し，大きさ数 mm の斑点状の結節病巣を作る．病巣は複数個であることが多く，肺表面，深部などにみられる．また，病巣は黄色かつ軟性で，剖検所見は結核と間違えやすいが，中央部は空虚でダニが認められる．幼虫は細気管支への開放路を経て気管支にも存在する．肺には結節以外に細気管に拡張，壁肥厚，周囲にリンパ球浸潤，管腔内に細胞や粘膜病変などがみられる．一般に症状はなく，発作的な咳，くしゃみをみることが知られている．しかし，ウイルス，細菌の合併感染による状態の悪化は否定できない．

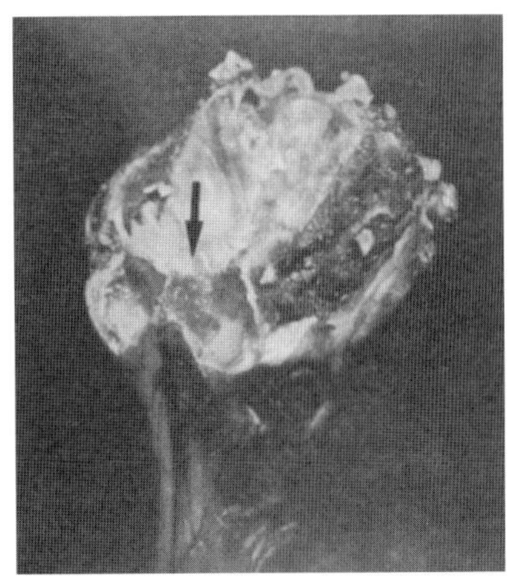

図 IV.25　犬の前頭洞内(矢印)に寄生するイヌハイダニ
［原図：藤崎幸藏］

診　断：イヌハイダニの生前診断は，犬の睡眠中に鼻孔部にはい出るダニを確認，あるいは生食液か水で鼻孔洗浄を行い，洗浄液の沈渣からダニを検出する．一般に生前診断されることは少なく，死後に鼻孔部を徘徊するダニをみるか，剖検で前頭洞，鼻腔に寄生するダニを偶然に発見することが多い．サルハイダニの診断は，気管支洗浄を行うことで幼虫を検出するが，成虫はみられない．サルハイダニの肺病変の X 線検査は，病変が小さく診断は判然としない．検出したダニは，ガム・クロラールかネイル・エナメルを用いてスライドグラスに封入して鏡検する．

治　療：犬，サルのハイダニについて的確な治療法は知られていない．サルハイダニ寄生のアカゲザルにフェンクロルホス（fenchlorphos）を 55 mg/kg/ 日として 1 週 1 回 16 回経口投与するとかなりの効果が認められている．

予　防：イヌハイダニは，鼻孔からはい出るダニに接触して伝播すると考えられることから，寄生犬との接触を避ける．サルハイダニは出生時に新生仔サルを親ザルから隔離して飼育すれば，仔ザルへのダニ寄生を防ぐことができる．

1.5　バロア症（Varroosis）

ミツバチに寄生または巣内に棲息する約 30 種類のダニの中で，ミツバチヘギイタダニ（*Varroa destructor*）は（なお，2000 年にそれまで日本に分布するとされていた *V. jacobsoni* はマレーシアやインドネシア地域のトウヨウミツバチ（*Apis cerana*）に限定して寄生する種であり，日本を含む世界各地のセイヨウミツバチ（*A. mellifera*）の加害種は *V. destructor* であることが判明した），アカリンダニ（*Acarapis woodi*）と並んで被害の大きな害虫であり，バロア症を引き起こす．

原　因：ミツバチヘギイタダニは，中気門目ヘギイタダニ科（Varroidae）に属するダニで，雌は全体赤褐色，一見したところはカニを思わせるへぎ板状の堅固な体の構造を有し（図 IV.26），体長 1.15 ± 0.04 mm，体幅 1.75 ± 0.05 mm で横に幅広く（*V. jacobsoni* よりも横に長い卵形），背面は浅く，貝殻状にゆるく彎曲している．雄と若ダニは雌と著しく相違し，円形の袋状，乳白色で蜂児に似ている．原記載地はインドネシアであるが，第二次世界大戦後にセイヨウミツバチに寄生するようになって急激に世界各地に広がり，現在ではオセアニアを除く地域のミツバチに大きな被害を与えている．日本では 1958 年にミツバチ加害ダニとして報告され，1982 年の奇形蜂の大発生を契機に本ダニの催奇形性などが明らかにされた．

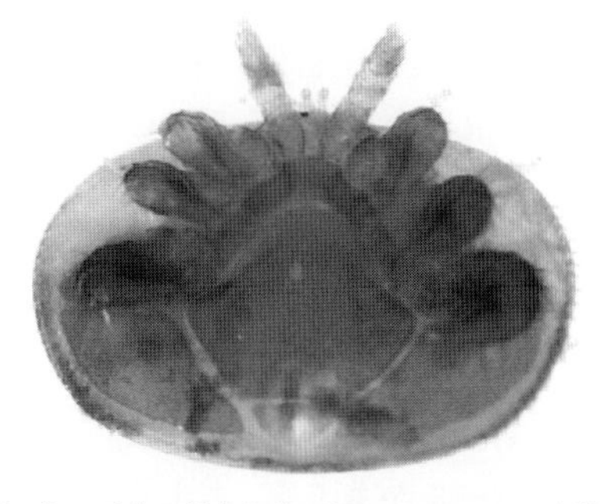

図 IV.26　ミツバチヘギイタダニ（*Varroa destructor*）雌ダニの腹面［原図：藤﨑幸藏］

発育および生態：ミツバチヘギイタダニはミツバチだけに寄生する．卵は巣内の壁に産みつけられ，卵内で幼虫に発育し，卵の孵化は若虫の形で行われる．若虫は蜂の幼虫や蛹に寄生し体液を吸って発育して成虫に変態するが，雌のみが若蜂に寄生して巣外に出る．常温では雌は産卵後 10 日目，雄は産卵後 6 日目に出現し，1 匹の雌は毎日約 1 個の産卵を行う．卵期は 1 ～ 2 日，第 1 若虫期は 2 ～ 3 日，第 2 若虫期は 2 日である．

症　状：働き蜂の蛹には 10 匹以上，雄蜂の蛹には 20 匹以上のダニが寄生することがあり，多くは有蓋のまま死亡する．本種の寄生を受けた成蜂の多くは翅，脚，腹部の発育が不良な奇形蜂となって活動ができなくなり，奇形化しなかったものでも短命となる．また，ダニが細菌性疾病を媒介することも判明してきた．このため，養蜂業の受ける被害は甚大であり，1995 年には本種の寄生によって米国の数百万の巣箱のミツバチが全滅したため，世界的なミツバチ製品の価格高騰が起きた．

診　断：雌は，カニを思わせるへぎ板状の楕円形を示し，全面に剛毛を有し，側面には 1 列の棘を有する．腹面には中央部に上から胸板，生殖板，腹板，肛板を有し，4 対の脚は前方に相接して備わる．雄（0.76 × 0.71 mm）と第 1 若虫（0.9 × 1.1 mm）・第 2 若虫（1.1 × 1.6 mm）の形態はともに雌とは著しく相違した円形の袋状であり，蜂児に似た乳白色かつ軟弱な体質である．

治療・防除：成蜂や蜂児の移動禁止などの管理面の対策に加えて，化学的防除を励行する．ブロモプロピレート（bromopropilate）による燻煙や，シュウ酸の噴霧，フルバリネート（fluvalinate）含有プラスチックストリップの巣箱内懸垂などが有効である．英国では最近ピレスロイドなどの薬剤に抵抗性のヘギイタダニの発生が報告された．

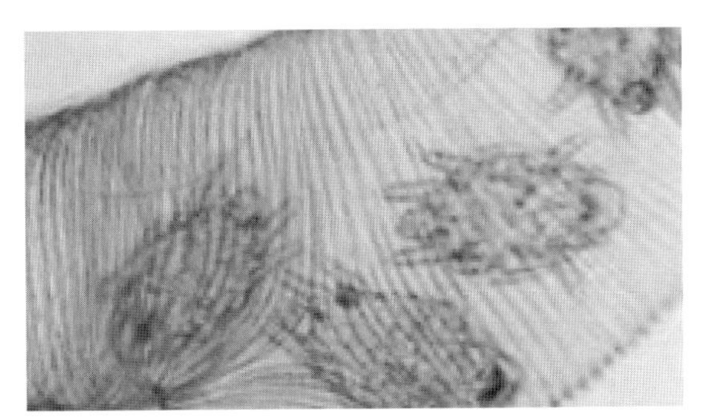

図 IV.27　ミツバチの気管に寄生するアカリンダニ（*Acarapis woodi*）［原図：中村　純］

なお，ミツバチヘギイタダニとともに届出伝染病に指定されているアカリンダニ症（Acariosis）の原因となるアカリンダニ（*A. woodi*）は，前気門目（Prostigmata）のホコリダニ科（Tarsonemidae），*Acarapis* 属に属し，ミツバチ成蜂の前胸部の気管に寄生する（このため英名は tracheal mites である）大変小さなダニである（図 IV.27）．アカリンダニの体長は雌で 143〜174 μm，雄では 124〜136 μm である．アカリンダニは，イギリスのワイト島で初発があったが，現在ではヨーロッパや，中南米などに分布し，養蜂産業に被害を与えている．

気管内に多数のダニが寄生すると気管からの空気の供給が妨げられるため，寄生蜂では飛行不能や腹部膨満などが観察される．このため蜂群全体が短命化するとともに，蜂群の増殖が妨げられ，蜂群すべてが一時に全滅ということも珍しくない．診断は顕微鏡による気管の検査によるダニ寄生の確認である．米国では，アカリンダニ防除にメントール（menthol）が用いられている．

1.6 ツメダニ症 (Cheyletiella dermatitis)

ツメダニ症は，主として犬およびウサギに寄生する前気門目（Prostigmata）ツメダニ類の感染によって起こる皮膚炎の1つで，鱗屑，痂皮形成を特徴とする．これらの他，猫をはじめとして家畜，リス，キツネ，ヒトにおける感染も報告されている．また，自由生活性のツメダニがヒトを刺咬することがある．ツメダニ類は口器が大きく，触肢の先端には内側に曲がる大きな爪を有している．おそらく日本各地に分布する．

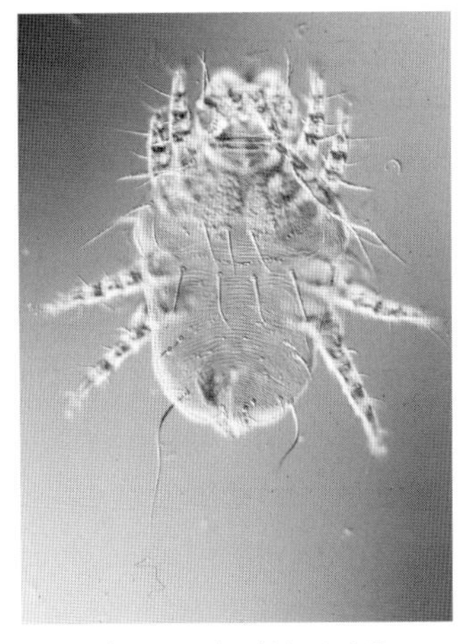

図 IV.28　イヌツメダニ（*Cheyletiella yasguri*）［原図：今井壯一］

原　因：ツメダニ類の多くは自由生活を行い，小型のダニを捕食しているが，*Cheyletiella* 属には偏性寄生性の種が含まれる．主要な種はイヌツメダニ（*C. yasguri*；犬，猫，ウサギ）（図 IV.28），ネコツメダニ（*C. blakei*；猫），ウサギツメダニ（*C. parasitovorax*；ウサギ，猫，犬）の 3 種で，これらのダニはいずれもある程度の宿主特異性をもつが，他種の動物への寄生もみられる．いずれの種も形態は類似しており，成ダニの大きさは雌 0.6 × 0.4 mm，雄 0.4 × 0.3 mm 程度で，体形は類楕円形，体色は黄褐色ないし赤色である．

顎体部はよく発達し，触肢先端には強大な爪をもつ．脚の先端には爪はなく，櫛状を呈する．

鑑別は第 1 脚膝節に存在する感覚器の形態により，イヌツメダニではハート形，ネコツメダニではコーン形，ウサギツメダニでは球形を呈する．

発育および生態：ツメダニは通常，皮膚にもぐり込むことはなく，宿主表皮の鱗屑の中や被毛の根元に住み，皮膚表面の死んだ細胞屑や組織液を摂取している．卵は長楕円形で，宿主の被毛に細い線維状の糸でからまって産卵される．

発育は卵—幼ダニ—第 1 若ダニ—第 2 若ダニ—成ダニの順で行われ，1 世代は約 3〜5 週間であり，全発育過程を宿主の体上で過ごす．感染は宿主どうしの接触によることが多いが，感染動物に使用したブラシ，毛布などからの感染もある．幼若な動物の間で伝染性が強く，衛生状態の悪いペ

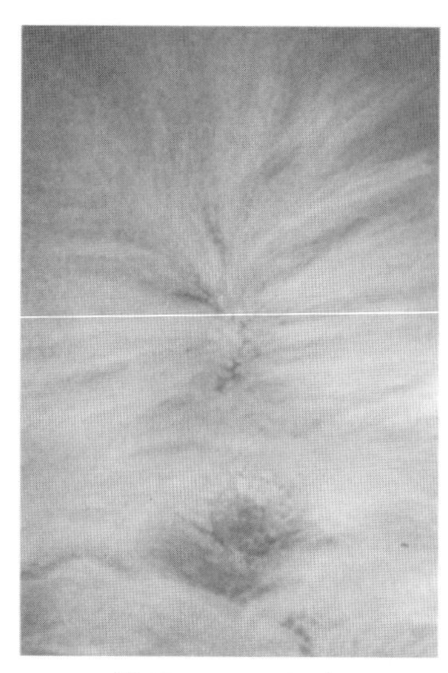

図 IV.29 ツメダニ症
［原図：今井壯一］

ットショップの動物ではしばしば重度の感染がみられる．罹患犬は 3 ～15 週齢の小型長毛種に多く，成犬での発症例は少ない．

症状および解剖学的変状：ツメダニ症の病変は様々で，成犬では一般に無症状のものが多い．無症状の動物はダニのキャリアーとして働く．発症動物では症状は耳翼，腰背部，会陰，陰嚢，尾にみられることが多く，重度の感染では全身性に皮膚，被毛の異常がみられる．乾燥性あるいは脂性の鱗屑を多量に生じ，被毛は光沢を失う(図 IV.29)．このような動物では常に痒覚を伴う．病変部皮膚は黄褐色ないし白色の湿性鱗屑でおおわれ，亀裂が認められることもある．重症例では脱毛，発育の遅れ，栄養状態の低下もみられる．猫では犬に比較して一般に軽症であり，背部の落屑(らくせつ)あるいは粟粒性皮膚炎が主徴で，激しい皮膚の変状はみられない．ウサギでは一般に症状は明瞭ではないが，重度感染では皮疹を生じ，皮膚の肥厚，鱗屑の増加，落屑がみられる．病変部は体背側とくに肩甲部に多いが，痒覚は少ない．

ツメダニがヒトに寄生して，激しい痒みと発赤を伴う紅斑や丘疹性発疹を起こすことがある．症状の好発部位は，動物と接触しやすい腕の内側，胸部，腹部などで，中心に刺点のある紅斑が生じ，小胞，膿胞を経て痂皮を形成する．また，屋内にコナダニなどが発生すると，それを捕食するために自由生活性のホソツメダニ(*Cheyletus eruditus*)，フトツメダニ(*C. fortis*)，アシナガツメダニ(*Cheletomorpha lepidopterorum*)などのツメダニが出現し，ヒトが刺されることがある．

診 断：幼犬，とくに長毛種の犬に黄白色の落屑や掻痒が認められた場合，本症が疑われるが，確定診断には虫体の証明が必要となる．虫体は被毛をかき分け，皮膚面や鱗屑を注意深く観察すると検出できることもあるが，一般には困難である．ブラシやノミ採り櫛を用いて被毛や鱗屑を集めると，より効果的に検出が可能である．ツメダニは犬では臀部や尾根部に，ウサギでは肩甲部に多い．これらはルーペを用いて観察することによって，虫体の検出に努める．採集した虫体はガムクロラール液で封入して鏡検する．多量の落屑を集め，5％水酸化カリウム水溶液に 1 晩浸して落屑を溶かして沈渣を観察すると検出率がよい．

類症鑑別として，他種のダニ寄生，シラミ感染症，ノミアレルギー性皮膚炎，皮膚糸状菌，疥癬，膿皮症，角化異常などがある．

猫の場合は，脂漏性皮膚炎，粟粒性皮膚炎を示す症例については本症を疑う必要がある．

治 療：寄生性のツメダニは宿主の皮膚表面に寄生しているので，化学薬剤の外用により比較的容易に殺虫できる．ただし，卵に対してはほとんど効果がないので，いずれの方法でも 1 週間間隔で 3 ～ 4 回の繰返しの治療が必要となる．

殺虫法としては，二硫化セレンの薬浴あるいはピレスロイド系ノミとりシャンプーの定期的な実施(いずれも 1 週ごと 6 週間)が効果的である．アミトラズ(amitraz)の薬浴も効果があるという．しかし，本剤は猫やウサギには使用されない．近年ノミ駆除用として販売されている殺ダニ用ポアオン製剤やスプレー製剤は本虫に対しても効果が期待できる．イベルメクチン 200～400 μg/kg，1 週おき 3 回の経口投与も効果的であることが報告されている．

なお，これらの殺虫剤を用いる前に，抗脂漏性シャンプーで動物を洗うと，重度の鱗屑，痂皮を取り除くので，より効果的である．また，長毛種では可能であれば剃毛後に薬剤を投与する．

予 防：寄生性ツメダニは主として感染動物と

の接触によって感染するので，これに対する配慮が必要である．また，飼育環境の整備も重要な予防策となる．感染動物の隔離と治療，汚染の危険性のある場所に行った場合の予防的ダニ駆除，同一飼育場所での無症状キャリアーの存在の摘発，感染動物に用いたブラシなどの器具の処分と周囲環境への殺虫剤の散布，定期的な入浴などが望まれる．

また，自由生活性ツメダニは屋内に発生するコナダニ類などを捕食しているので，これらが発生しないよう，食品保存・乾燥などに注意する．

1.7 ツツガムシ症 (Chigger dermatitis)

ツツガムシは，小型のダニで幼虫のみが種々の動物に寄生して，刺咬による掻痒感，疼痛を伴う皮疹を主徴とするツツガムシ症の原因となる．ヒトに対してはツツガムシ病(tsutsugamushi disease)の原因リケッチアを媒介することがある．

原　因：前気門目に属しツツガムシとよばれるダニはレーウェンフェク科(Leeuwenhoekiidae)とツツガムシ科(Trombiculidae)に属するものが含まれ，非常に多くの種がある．日本の主要な種として以下のようなものがある．

アカツツガムシ(*Leptotrombidium akamushi*)：新潟，秋田，山形，福島各県の大河川の中流域，下流域の河原の草原に住むノネズミに多い．幼ダニは主として6～9月頃に発生する．ヒトに重症のツツガムシ病を媒介する．

フトゲツツガムシ(*Leptotrombidium pallida*)：日本各地に分布し，幼ダニは寒い地方では春秋，暖かい地方では冬に多い．ノネズミ，鳥，ヒトなどに寄生し，近年はヒトのツツガムシ病は本種の刺咬によるものが多い(図 IV.30)．

フジツツガムシ(*Leptotrombidium fuji*)：北海道を除く全国各地に分布し，ノネズミに寄生する．秋から冬に多い．

トサツツガムシ(*Leptotrombidium tosa*)：四国，九州のネズミに寄生する．四国の海岸地帯で夏に発生する四国型ツツガムシ病を媒介する．

ミヤガワタマツツガムシ(*Helenicula miyagawai*)：鳥類，ネズミ，ノウサギ，犬などに寄生する．

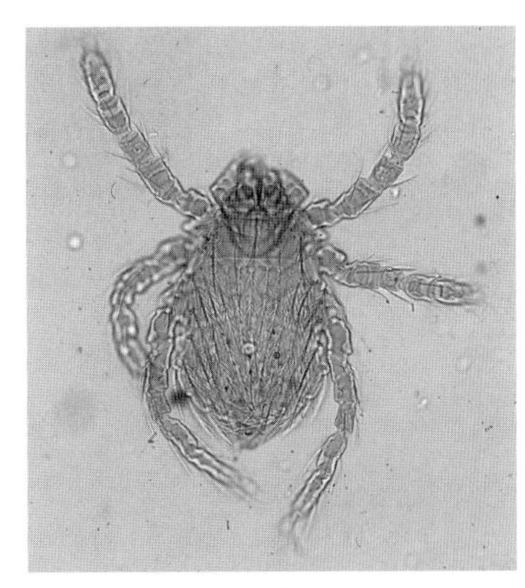

図 IV.30　フトゲツツガムシ(*Leptotrombidium pallida*)幼虫［原図：今井壯一］

発育および生態：卵―幼ダニ―若ダニ―成ダニの発育期をとる．若ダニおよび成ダニの体長は1 mm 前後で，体表にビロード状の短毛が密生している．これらは寄生生活を行うことなく自由生活を営んでおり，土中の小昆虫やその卵を捕食している．動物に寄生するのは幼ダニのみで，宿主の組織液を吸う．幼ダニはほぼ円形の胴体部をもち，脚は他のダニ類と同じく3対である．大きさは種により異なるが，体長 50～150 μm，体幅 70～150 μm 程度である．背側には多角形の背板があり，そこに1対の感覚毛と数本の剛毛がある．これらは属あるいは種の同定の有力な手がかりとなる．体色は白色，黄色，橙色，赤色など様々なものがある．幼虫はおもに野生のネズミ類，ウサギ，モグラ，鳥類などに寄生するが，時に犬，猫やヒトが刺される．

症状および解剖学的変状：幼ダニの刺咬により皮膚炎を起こす．ダニは宿主の体表に寄生し，皮膚内には侵入しない．吸血はせず，組織液を吸飲する．家畜では牧野，河川敷に放牧されているもので多く発生するが，舎飼の家畜でも飼料を介して感染が起こることがある．大動物では一般に顔面，口唇など頭部や四肢，頸部に寄生がみられ，掻痒性皮膚炎から鱗屑が生じ，脱毛もみられる．犬などでは全身性の掻痒や趾間病変が認められる．

ヒトのツツガムシ病(scrub typhus)：*Orientia*

tsutsugamushi（= *Rickettsia tsutsugamushi*）による発疹性熱疾患で，サルも同様の症状を起こすが，犬，猫，豚，牛，馬などでは発症しない．自然界においてはノネズミが病原体を保有しており，このリケッチアを取り込んだ幼ダニが発育して成ダニとなり，卵巣を経て介卵感染により次世代の幼ダニが媒介者となる．ヒトがリケッチアを保有する幼ダニに刺されると，2～3日で丘疹となり，次いで水泡を生じ，潰瘍となる．陰部，乳房，へその周囲などが刺されやすい．ダニに刺されて1週間後に39～40℃の発熱があり，7～10日持続して解熱する．第3病日頃から全身に小さな赤色の発疹が現れる．刺咬部位の所属リンパ腺の腫脹がある．全身症状として抑うつ，悪心，頭痛，脳症状などがみられることがある．

診　断：臨床症状から本症が疑われれば，ツツガムシの分布地域かどうかを調査し，虫体の検出に努める．幼ダニは体内に油滴をもつため，黄色～赤色を呈するものもあるが，白色の種も多数存在する．ヒトのツツガムシ病ではリケッチアの証明，免疫学的診断が用いられる．

治　療：多数寄生により明らかな皮膚炎を呈しているようなものでは，殺ダニ剤の散布と抗炎症剤投与を行う．殺ダニ剤は薬浴がもっとも効果が高いが，薬剤を動物体に直接作用させるため，中毒に注意する．ヒトのツツガムシ病治療のためにはテトラサイクリン系抗生物質が著効を示す．

予　防：ヒトのツツガムシ病を媒介するダニは河川敷や川沿い，湿地に多い傾向がある．症例が報告されている地域への立ち入りは注意が必要である．

1.8　毛包虫症（Demodicosis）

毛包虫症は，前気門目のニキビダニ科（Demodecidae）のダニによる皮膚疾患で，様々な哺乳動物にみられるが，症状は動物種により，また動物の個体や細菌の二次感染の有無などにより異なる．犬における疾病がもっとも重要であるが，牛，豚，馬，猫，ヒトなどでもみられる．

原　因：原因虫はニキビダニ属（*Demodex*）のダニであるが，宿主特異性が高く，一般には各種の哺乳動物に寄生するものは別種と考えられている．各種の哺乳類にはそれぞれ1種ないし2種のニキビダニが知られている．毛包虫，毛嚢虫，アカルスともよばれる．

ニキビダニは他の小型のダニと形態が著しく異なり，後胴体部が細く伸長し，多数の環紋を有する．後胴体部の長さは種類によって異なり，脚はきわめて短い．顎体部は台形で，鋏角は針状を呈する．

イヌニキビダニ（*Demodex canis*）の成虫の大きさは，雄300 × 40 μm，雌250 × 40 μm，若ダニ180 × 40 μm，幼ダニ120 × 35 μm，卵は不定楕円形ないし紡錘形で85 × 35 μmである（図IV.31）．世界各地に分布し，犬の毛包や皮脂腺に寄生する．犬に寄生するニキビダニには*D. canis*以外に，大型の*D. injai*と*D. cornei*の3種が知られている．その後，遺伝子検査により，*D. canis*と*D. cornei*は同種であり，*D. injai*は別種であることが証明された．*D. injai*は他の2種とは異なり，毛包よりもむしろ脂腺や脂腺導管に寄生することが知られており，おもに頭部や背側に脂漏を伴った病変を形成する．

他の動物に寄生するニキビダニとして，ウシニキビダニ（*D. bovis*），ウマニキビダニ（*D. equi*），ネコニキビダニ（*D. cati*），ニキビダニ（*D. folliculorum*）があり，ほぼ同様の形態を示す．

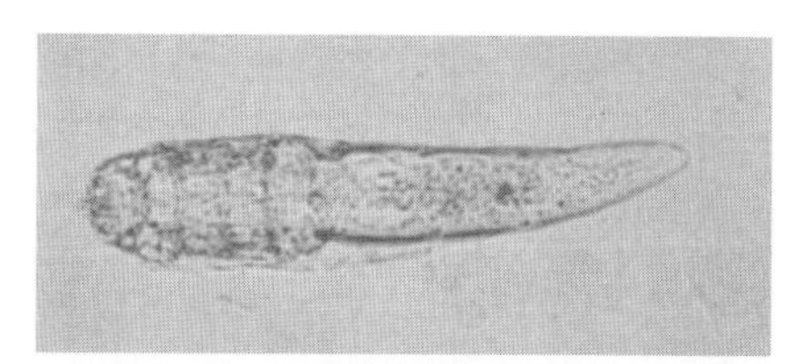

(a) 成虫

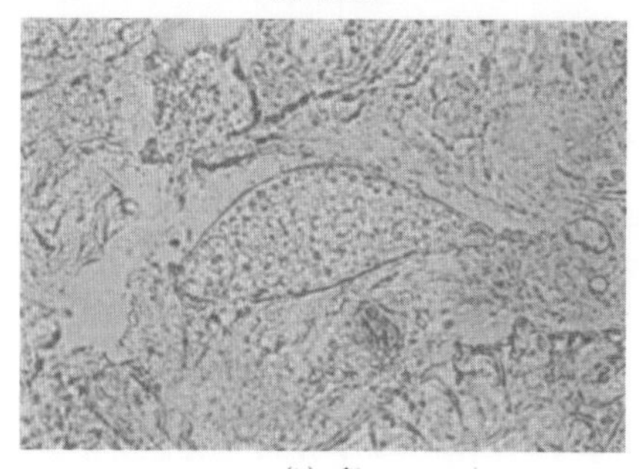

(b) 卵

図IV.31　イヌニキビダニ（*Demodex canis*）の成虫と卵
［原図：板垣　博・大石　勇］

発育および生態：永久寄生性で，卵—幼ダニ—第1若ダニ—第2若ダニ—成ダニの全生涯を宿主の体上で過ごすが，生活環の詳細は不明の部分もある．毛包，皮脂腺にもぐりこんだダニは頭部を下方に向けて宿主の皮脂を食べて生活する．産卵もこの部位で行われる．他宿主への感染は直接接触によるものがほとんどで，とくに母犬から新生仔犬への伝播がおもなルートである．外界の環境変化に対しても比較的強い抵抗性を示すことが知られている．

症状および解剖学的変状：無症状のまま経過することも多いが，寄生により脱毛，落屑を起こし，細菌の二次感染を受けて化膿症を起こすものも少なくない．

犬では，一般に2～10か月齢の幼犬に発症することが多く，3歳齢以上の犬では少ない．こうした病状の違いは，年齢の他，品種，被毛の長さ，餌，ストレス，発情，血液タンパク異常，分娩，遺伝性因子など，様々な要因が影響していると考えられている．とくに全身性ニキビダニ症は遺伝的細胞免疫性免疫異常の介在(特異的なT細胞の障害)が疑われている．品種では，シベリアンハスキー，柴犬，パグ，ダックスフント，シェトランドシープドッグなどで感染が多いとされる．発症した犬では，皮脂腺の拡張，破壊，脱毛がみられる．病変は局所型では散在性の乾燥した円形脱毛がみられる．一部は全身に広がるが，若齢犬では多くが自然治癒する．掻痒感は少ない(落屑型)．全身に広がったものの多くは脂漏症を発し，二次的な細菌感染症を起こす(膿庖型)．その結果，皮膚には発赤，膿庖，脱毛，肥厚，皺壁，痂皮形成などの病変が生じ，悲惨な外貌となる(図IV.32)．激しい全身性の症例では，削痩，悪液質，浮腫がみられることもあり，血清タンパクの低下，アルブミンの減少，好酸球増加，貧血などの血液変化が認められる．

牛での発症は乳牛に多く，肉牛では少ない．病変は胸，下顎部，前膊，肩に多くみられ，時に顔面にも認められる．初期症状は小丘疹，結節で，内部に黄白色のクリームチーズ様物質を含む(図IV.33)．これらは二次感染によって膿庖，膿瘍となり，膿汁を含むようになる．皮膚の肥厚，皺壁，脱毛もみられる．山羊でも同様の症状がみられる．馬，豚では頭部に病変が認められることが多く，肩部，頸部から全身に広がる．猫での発症は稀である．

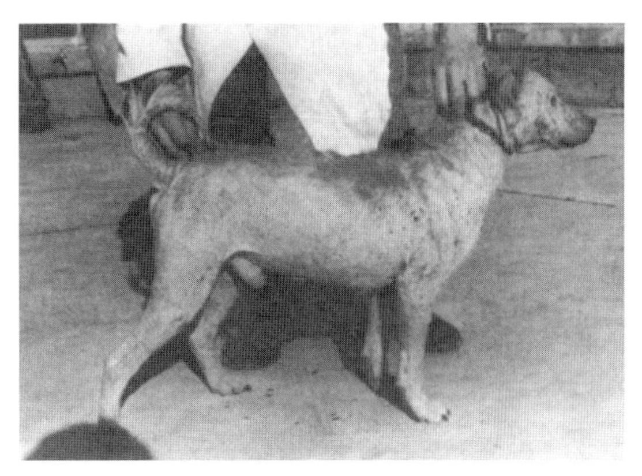

図IV.32　毛包虫症の犬
［原図：板垣　博・大石　勇］

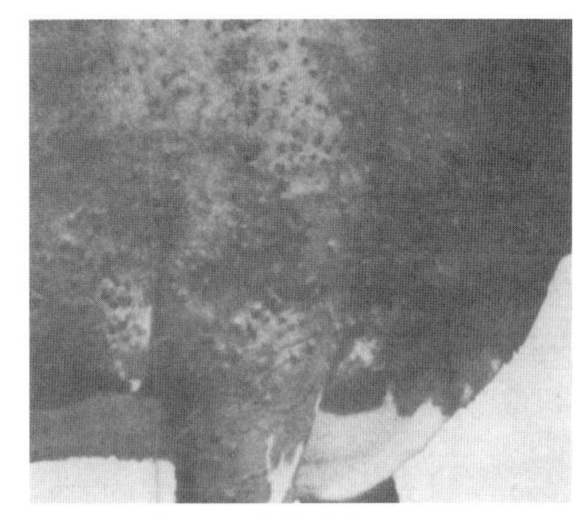

図IV.33　牛毛包虫症
［原図：板垣　博・大石　勇］

診　断：臨床症状から本症が疑われる場合は，虫体あるいは虫卵の検出を試みる．脱毛，発赤，痂皮形成部などから毛包内の分泌物を絞り出し，その部分にオリーブ油を1，2滴滴下したのち，それらを掻き取ってスライドグラスに載せ，カバーグラスをかけて鏡検する．痂皮が多い場合には，10％水酸化カリウム水溶液をスライドグラス上の検体に加え，圧平して観察する．症状がみられる本症の場合，多数の虫体と卵が検出される．診断に際しては，疥癬，皮膚真菌症，内分泌性皮膚障害などとの鑑別を要する．

治　療：犬のニキビダニ症では，治療の基本は症状のタイプ，年齢，品種，性別などによるそれぞれの特徴に適合した治療法を選択することが必要となる．治療法を誤るとかえって皮膚を傷め，病状を悪化させることがある．近年使用されている犬の殺ニキビダニ剤として以下のようなものがあるが，治療が困難な場合もしばしば起こる．

①イベルメクチン(ivermectin)：400〜600 μg/kgを1週間，1ないし2回皮下注射する．ただし，本剤はコリー，シェトランドシープドッグなどには副作用を惹起しやすいので注意を要する．コリーでの中毒量は100〜500 μg/kg程度であるとされている．

②ドラメクチン(doramectin)：600 μg/kg/日をダニが陰性になるまで，1週間，1回皮下注射する．

③ミルベマイシンオキシムン(milbemycynoxym)：0.5〜2.0 mg/kg/日をダニが陰性になるまで，毎月1回，1か月間隔で経口投与する．

④アミトラズ(amitraz)：250〜1000倍液を患部に塗布する．使用にあたっては副作用が起きる可能性があるので注意が必要である．とくに薬浴は避ける．ビタミンE 200 mg，5回/日の投与を併用すると良好な結果を得たとの報告がある．

⑤エプリノメクチン(eprinomectin)：1 mg/kg/日をダニが陰性になるまで，1週間，1回，病変へ滴下する．

細菌の二次感染がある場合には抗生物質を用いる．また，全身性ニキビダニ症にみられるT細胞抑制の改善のために塩酸レバミゾール(levamisole hydrochloride)やチアベンダゾール(thiabendazole)のような免疫賦活剤を殺ダニ剤と併用することも行われている．硫黄系の薬浴剤は皮膚の状態を改善するのに有効である．ステロイド剤の投与は禁忌である．

牛などの大動物ではトリクロルホン(trichlorfon)，クマホス(coumaphos)などの低毒性有機リン剤が用いられる．薬浴または体上への噴霧を1〜2週間間隔で繰り返し行う．

予　防：罹患動物の隔離，治療が重要である．

1.8節の参考文献

Sastre, N. *et al.* (2012) Phylogenetic relationships in three species of canine *Demodex* mite based on partial sequences of mitochondrial 16S rDNA, *Vet. Dermatol.*, **23**(6)：509-e101

Ordeix, L. *et al.* (2009) *Demodex injai* infestation and dorsal greasy skin and hair in eight wirehaired fox terrier dogs, *Vet. Dermatol.*, **20**(4)：267-272.

1.9 ケモチダニ症 (Myobia dermetitis)

ケモチダニ症の病原となるケモチダニ類は，前気門目ケモチダニ科(Myobiidae)のダニで，おもにネズミの体表に寄生する．多くの種が知られているが，いずれも体形は楕円形ないし長方形の特有の形態を有し，第1脚は宿主の被毛を強く把握するために太く変形している．

原　因：野生ドブネズミやクマネズミの他，時としてマウス，ラットにも寄生がみられる．

ハツカネズミケモチダニ(*Myobia musculi*)：マウスに普通にみられ，雌成ダニは約0.4 × 0.2 mm，雄はやや小さい．胴体部の各脚基部の部分にはくびれがみられる．胴体表には細かいしわ状の紋理をもつ．第2脚先端の爪は1本で，近縁の*Radfordia*属との区別点となる(図IV.34)．

ハツカネズミラドフォードケモチダニ(*Radfordia affinis*)：マウスにみられ，前種に似るが，第2脚先端の爪が2本であることで区別される．両者はしばしば混合感染がみられる．

イエネズミラドフォードケモチダニ(*Radfordia ensifera*)：ラットに寄生する．

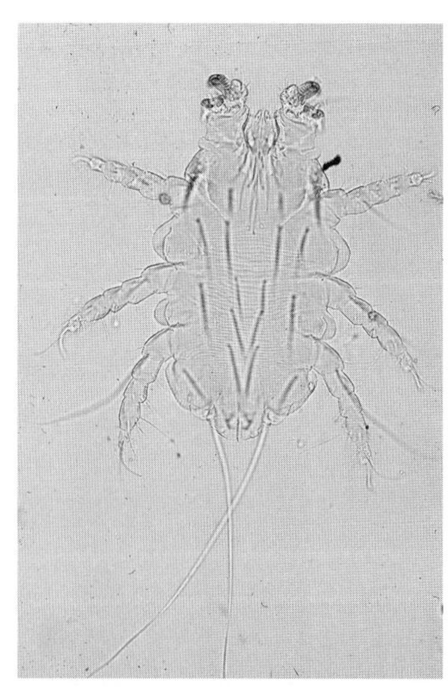

図IV.34　ハツカネズミケモチダニ(*Myobia muscli*)
［原図：今井壯一］

発育および生態：いずれの種も，卵—前幼ダニ—後幼ダニ—前若ダニ—後若ダニ—成ダニの各発育期をとり，卵は宿主の被毛根部にセメント様物質で固着されて産みつけられる．卵は約 150 × 60 μm で，一端に蓋がある．成ダニまでの発育期間はおよそ 2 週間である．全生活史を通して宿主体上で生活する．

症状および解剖学的変状：少数寄生では症状が出ないことも多いが，多数寄生では皮膚炎の原因となる．とくに後頭部から背部にかけての脱毛や激しい掻痒がみられ，しばしば細菌の二次感染による痂皮形成が起こる．ダニは皮膚の細胞残渣や浸出液を摂取して生活する．他の病原体や寄生虫の媒介は知られておらず，ヒトへの寄生もない．マウスでは系統間で感受性が異なることが知られている．

診　断：動物体表からのダニの検出による．ダニの採集はセロファンテープを使ってもよいが，患部周辺の被毛を数か所抜いて 70%エタノールに浸漬させる方が，ダニ虫体を傷つけず，同定には都合がよい．虫体は幼ダニ，成ダニとも特有の形態をもっているので，他のダニとの鑑別は容易である．

治療・防除：飼育環境の清浄化，飼育管理従事者の着衣や手指などの消毒など飼育管理を厳重にし，定期的に検査を行う．とくに新しい動物導入時の検疫を励行する．薬剤による治療を行う場合には，動物体への毒性が少ないピレスリンあるいはピレスロイド剤の 5 %懸濁液を用いた浸漬（薬浴）を用いるのがよい．虫卵には効果がないので，3 日間 1 クールで少なくとも 5 回繰り返して行う．

1.9 節の参考文献

福井祐一他（2014）エプリノメクチン滴下により治療した *Demodex injai* 寄生のシーズーの 1 例，獣医臨床皮膚科，**20**(4)，223-225

1.10 ズツキダニ症 (Fur mite mange)

ズツキダニ症は，無気門目（むきもん）（Astigmata）のズツキダニ科（Listrophoridae）のダニによって起こる，おもに実験動物にみられる皮膚病である．モルモットおよびウサギで多く寄生がみられる．

原　因：モルモットズツキダニ（*Campylochirus caviae*）：モルモットの体表にみられる．通常のダニと異なり，体はノミのように側面より圧平されている．体前部および脚は褐色で，体後部は白い．第 1 脚および第 2 脚は宿主の被毛をはさむのに適した形態を有している．成ダニの体長は 0.35〜0.5 mm であり（図 IV.35），世界各地のモルモットにみられる．

ウサギズツキダニ（*Listorophorus gibbus*）：モルモットズツキダニと類似した形態を示し，ウサギの体表に寄生する（図 IV.36）

発育および生態：生涯を通して宿主体上で生活する．生活史は必ずしも明らかではないが，卵—幼ダニ—第 1 若ダニ—第 2 若ダニ—成ダニの各発育期をとると考えられている．かつては宿主の被毛を摂食すると考えられていたが，現在は皮膚から浸出する組織液を摂取し，皮膚内にもぐることはないとみなされている．

症状および解剖学的変状：ダニは被毛の生えているところであれば，至るところに寄生するが，とくに後背部に多い．一般には症状はほとんどみ

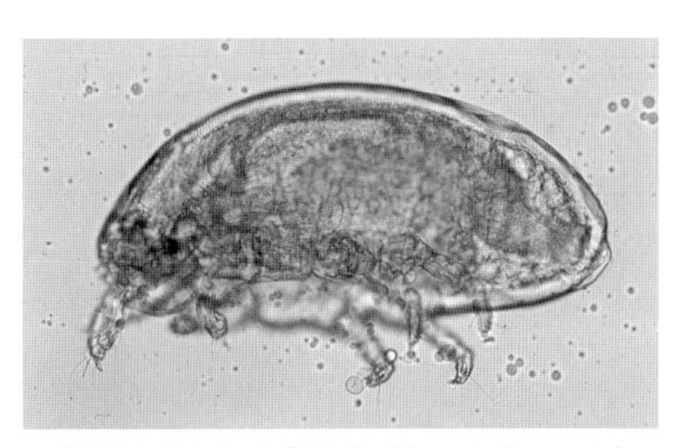

図 IV.35　モルモットズツキダニ（*Campylochirus caviae*）［原図：今井壯一］

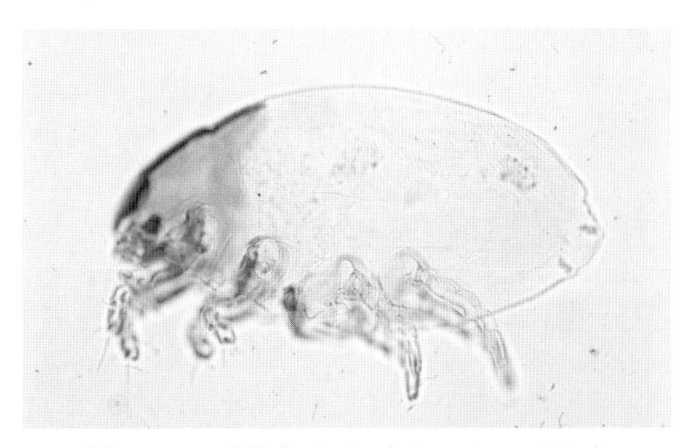

図 IV.36　ウサギズツキダニ（*Listrophorus gibbus*）［原図：今井壯一］

られないが，重度の感染では痒疹，脱毛が認められる．

診　断：動物体表からのダニの検出による．通常のプレパラートを作製すると，ダニが左右に扁平なため，横向きに封入されることが多い．この点ノミと類似するが，形態的にはノミとはかなり異なっているので鑑別は容易である．

治療・防除：薬剤による殺虫を行う．殺虫剤にはピレスロイドのエアロゾルあるいは薬浴が用いられるが，完全駆虫は難しい．

1.11　疥　癬（Mange）

疥癬は微小なダニである無気門目のヒゼンダニ科（Sarcoptidae），キュウセンヒゼンダニ科（Psoroptidae）などのヒゼンダニ類の寄生によって起こる非常に強い痒みを伴う皮膚炎であり，様々な動物が罹患する．疥癬は原因となるダニの種によって好寄生部位や生態が異なるため，症状は一様ではない（図 IV.37）．

原　因：疥癬を起こす原因虫にはヒゼンダニ科，トリヒゼンダニ科，キュウセンヒゼンダニ科に属するものがある．

(1) ヒゼンダニ科（Sarcoptidae）

センコウヒゼンダニ（穿孔疥癬虫：*Sarcoptes scabiei*）：体は丸く，白色を呈する．脚は短い．背面中央部に多数の太く短い棘状突起がある．雌成ダニは体長 0.3〜0.4 mm で，第 1，第 2 脚先端に吸盤，第 3，第 4 脚先端に剛毛をもつ．雄成ダニは体長 0.2〜0.3 mm で，第 1，第 2，第 4 脚に吸盤，第 3 脚に剛毛がある．肛門は体末端部にあり，生殖門は腹側に開口する（図 IV.38）．宿主範囲は広く，ヒトをはじめとして産業動物，伴侶動物，野生動物のいずれにも寄生するが，宿主によってある程度の大きさの違いと宿主特異性が存在することから，宿主別に変種（variation）として記述されることがある（例：ブタセンコウヒゼンダニ：*Sarcoptes scabiei* var. *suis*）．また，動物によって好寄生部位が若干異なり，ヒトでは指間部，陰部，へその周囲などに多く，犬では頭頸部，四肢，豚では全身とくに耳介，四肢，馬，山羊では全身に寄生する．近年，ヒト，とくに老人に全身性疥癬がみられるようになってきた．これは主として免疫抑制と関連していると考えられており，ノルウェー疥癬とよばれる．全身性疥癬はタヌキやキツネなどのイヌ科野生動物にもみられる．

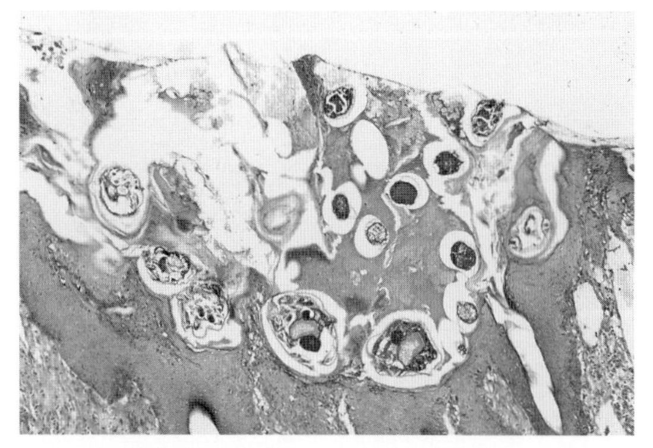

図 IV.37　猫の皮膚内にトンネルを掘って寄生するショウセンコウヒゼンダニ（*Notoedres cati*）［原図：今井壯一］

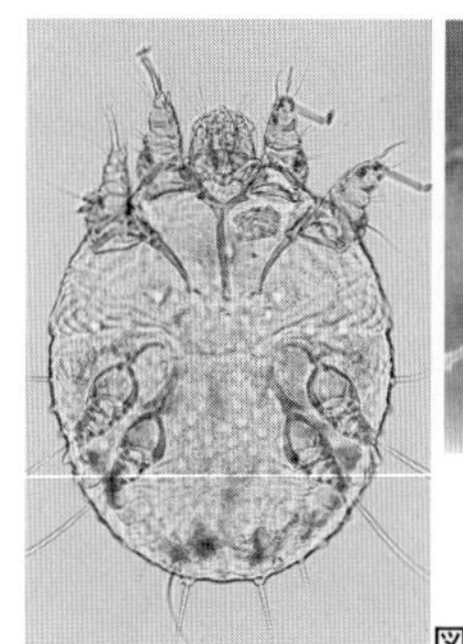

(a)

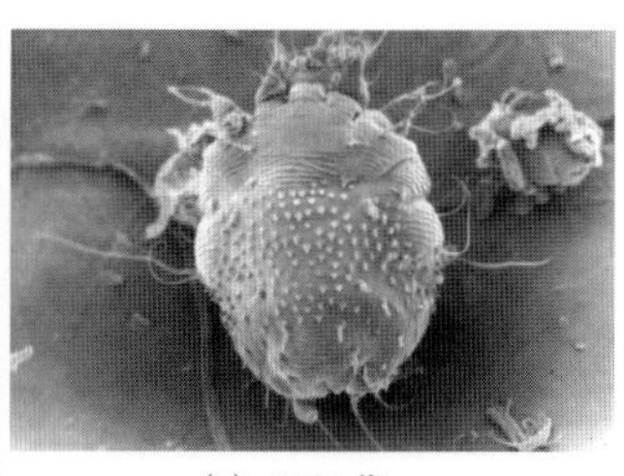

(b) SEM 像

図 IV.38　センコウヒゼンダニ（*Sarcoptes scabiei*）［原図：今井壯一］

ショウセンコウヒゼンダニ（小穿孔疥癬虫：*Notoedres cati*）：ネコショウセンコウヒゼンダニともいう．センコウヒゼンダニより小型で，雌成ダニは体長 0.2〜0.23 mm，雄成ダニは 0.14〜0.16 mm である．体は円形，白色で，体背面に同心円状の紋理があり，中央部では鱗片状となっている．雌では第 1，第 2 脚，雄では第 1，第 2，第 4 脚先端に吸盤がある．肛門はセンコウヒゼンダニと異なり背面に開口する（図 IV.39）．主として猫，とくに耳介，顔面，頭部に寄生するが，犬やウサギ，げっ歯類でもみられることがある．

(2) トリヒゼンダニ科（Knemidokoptidae）

ニワトリアシカイセンダニ（鶏脚疥癬虫：*Knemidokoptes mutans*）：体は丸く，背面には棘がな

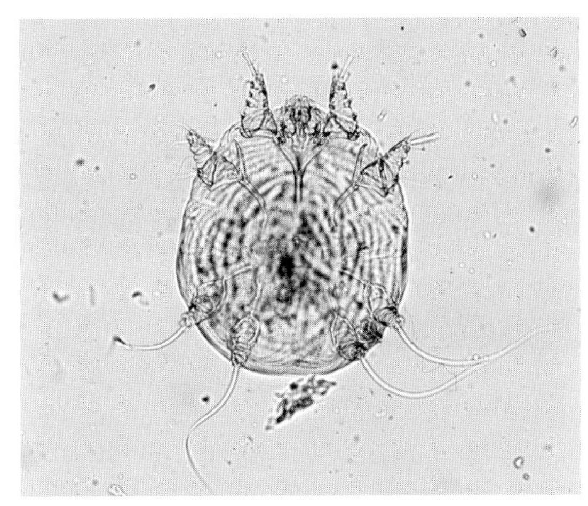

図 IV.39　ショウセンコウヒゼンダニ(*Notoedres cati*)
［原図：今井壯一］

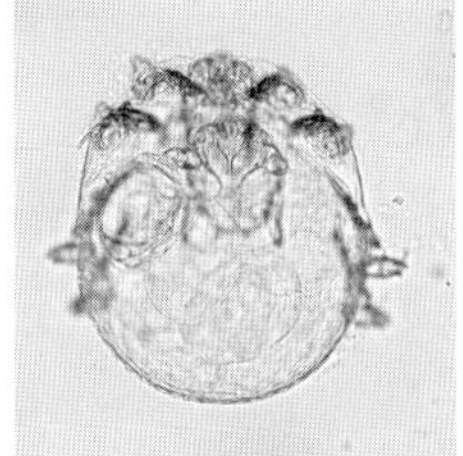

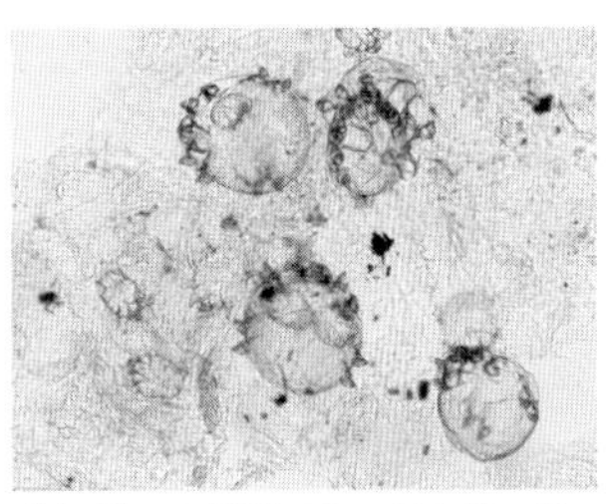

(a)　(b) 種々の発育ステージのダニが見られる

図 IV.40　コトリヒゼンダニ(*Knemidokoptes pilae*)
［原図：今井壯一］

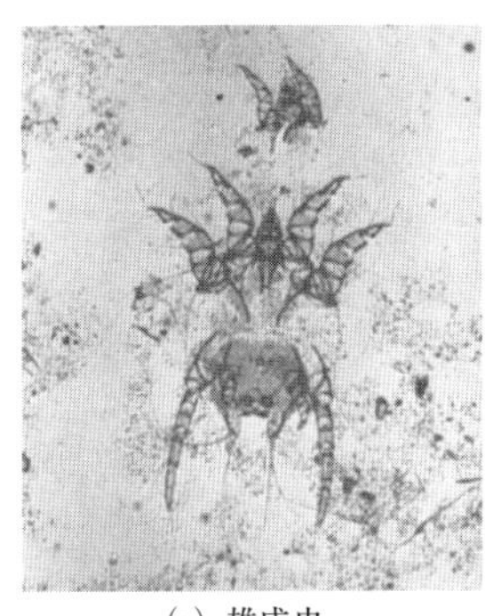

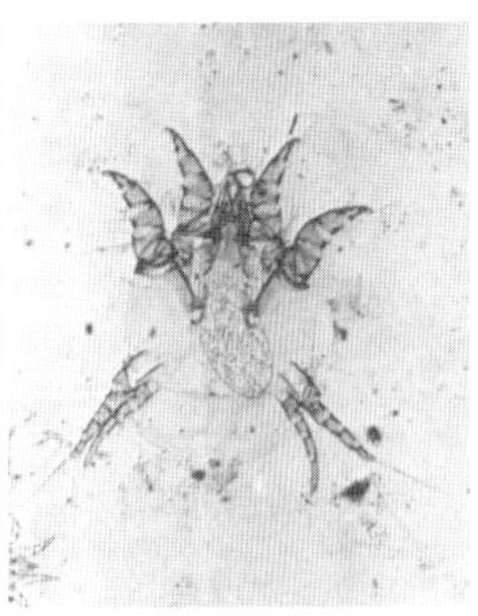

(a) 雄成虫　(b) 雌成虫

図 IV.41　ウサギキュウセンヒゼンダニ(*Psoroptes cuniculi*)
［原図：板垣　博・大石　勇］

い．体後端には2本の長い剛毛がある．雌成ダニは体長 0.41〜0.44 mm，雄成ダニは 0.19〜0.20 mm である．雄ではすべての脚の先端に吸盤と剛毛があるが，雌にはまったくない．鶏，七面鳥の脚部に寄生し，脚の鱗皮(りんぴ)を穿孔する．

コトリヒゼンダニ(小鳥疥癬虫：*Knemidokoptes pilae*)：形態はニワトリアシヒゼンダニに似るが，主として小型鳥類，とくにセキセイインコなど小型のインコ類の全身に寄生する．顔面の寄生が多い(図 IV.40)．

(3) キュウセンヒゼンダニ科(Psoroptidae)

種々の哺乳類に寄生がみられるが，全身に寄生するものと，耳に寄生するものとがある．

ウサギキュウセンヒゼンダニ(ウサギ吸吮疥癬虫：*Psoroptes cuniculi*)：体は楕円形で黄白色である．雌成ダニの体長は 0.4〜0.8 mm，雄成ダニは 0.4〜0.6 mm であり，脚はよく発達している．雌は体側面に1対，体後端に2対の長毛を有し，雄では体後部に2対の長毛と1対の短毛をもつ．第1，第2，第4脚の先端には3節の長い柄のある吸盤が存在する(図 IV.41)．主としてウサギの耳介内や外耳道に寄生する．ウサギの他，めん羊，馬，ロバなどの耳内にも寄生する．

ヒツジキュウセンヒゼンダニ(*Psoroptes ovis*)：前種に似るが，雄の体後部に存在する剛毛のうち外側のものが短い．前種と同様に永久寄生性で，雌は交尾後にさらに脱皮を行った後に産卵する．めん羊，牛，馬，ロバなどに寄生する．

ショクヒヒゼンダニ(食皮疥癬虫：*Chorioptes texanus*, *C. bovis*)：大きさ，形態ともキュウセンヒゼンダニ属(*Psoroptes*)に似るが，雌の第1，第2，第4脚，雄の第1〜第4脚にある吸盤の柄は1節のみである(図 IV.42)．主として牛に寄生がみられ，日本の牛では *C. texanus* の寄生が多い．牛の他，馬，めん羊，山羊などにも寄生がみられ，とくに尾根部，四肢に多い．

ミミヒゼンダニ(耳疥癬虫：*Otodectes cynotis*)：体は円形ないし楕円形で，雌成ダニは体長 0.45〜0.54 mm，雄成ダニは 0.35〜0.38 mm である．脚はよく発達するが，第4脚が他の脚と比べて著しく小さい．雌では第1，第2脚，雄ではすべての脚の先端に有柄の吸盤がある．雄成ダニの体後端部には1対の生殖吸盤が存在する(図 IV.43)．犬，猫，フェレット，キツネなどの肉食獣の外耳道に寄生する．

発育および生態：ヒゼンダニ科に属する *Sarcoptes* 属，*Notoedres* 属，トリヒゼンダニ科の *Knemidokoptes* 属では，いずれも虫卵—幼ダニ—第1若ダニ—第2若ダニ—成ダニの各発育期を

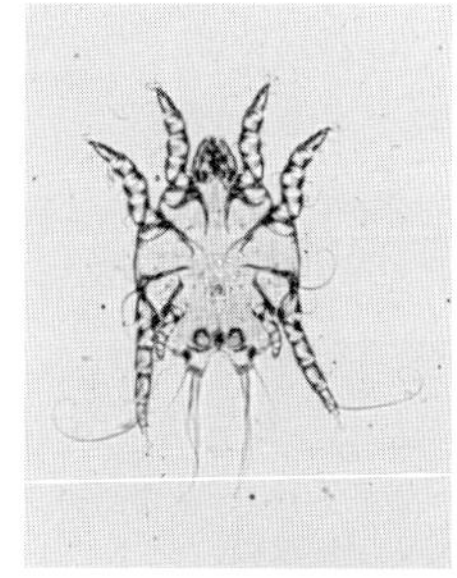

図 IV.42　ショクヒヒゼンダニ(*Chorioptes texanus*)
［原図：今井壯一］

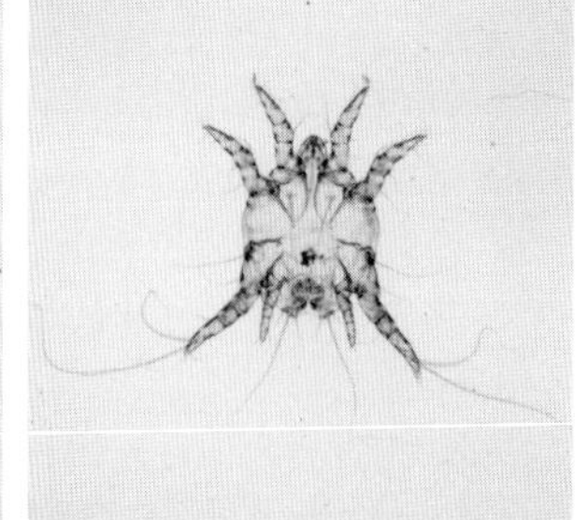

図 IV.43　ミミヒゼンダニ(*Otodectes cynotis*)
［原図：今井壯一］

表 IV.12　ヒゼンダニ類の歩脚の吸盤

属	雄				雌			
	1	2	3	4	1	2	3	4
Sacroptes	+	+	−	+	+	+	−	−
Notoedres	+	+	−	+	+	+	−	−
Knemidokoptes	+	+	+	+	−	−	−	−
Psoroptes	+	+	+	−	+	+	−	+
Chorioptes	+	+	+	+	+	+	−	+
Otodectes	+	+	+	+	+	+	−	−

とり，ダニは皮内にトンネルを掘り，その中で生活する(図 IV.37)．雌はトンネル内で産卵し，孵化した幼ダニは皮膚表面に移動して新たなトンネルを作って脱皮し，成ダニにまで発育する．交尾は皮膚表面で行われる．

キュウセンヒゼンダニ科に属する *Psoroptes* 属，*Chorioptes* 属，*Otodectes* 属などは，脚が長く，雄の体後端部には 1 対の生殖吸盤をもつこと，および皮内にトンネルを掘らず，体表に寄生して組織液を吸うか，死んだ組織を摂食している点でヒゼンダニ科のダニとは異なっている．永久寄生性で，卵は病巣部周辺に産卵され，孵化後幼ダニ，若ダニを経て成ダニとなる．1 世代は約 3 週間で，ウサギキュウセンヒゼンダニやヒツジキュウセンヒゼンダニは皮膚を刺して滲出してくるリンパ液を摂取する．ヒツジキュウセンヒゼンダニは，肩部，頸部，尾根部周辺に多くみられるが，めん羊では全身に寄生することが多く，とくに冬季に被害が大きい(届出伝染病)．めん羊以外の動物に寄生するものが別種であるか否かについては論議がある．

症状および解剖学的変状：原因虫により病害が異なるが，共通の症状は強い痒覚である(疥癬)．

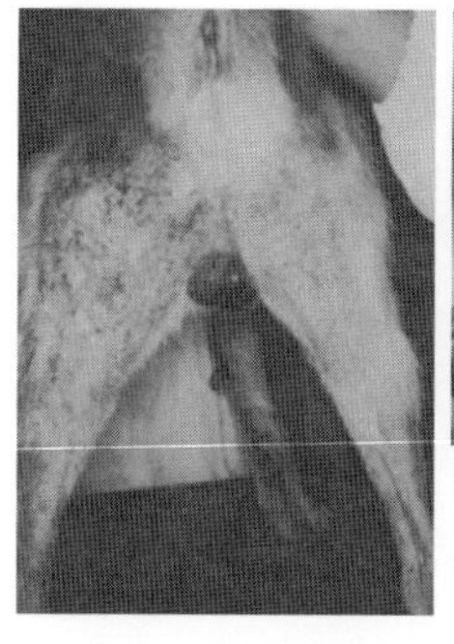

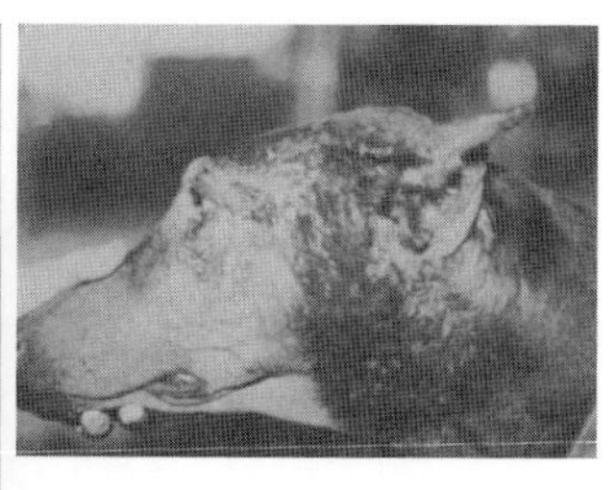

図 IV.44　犬の穿孔疥癬
［原図：板垣　博・大石　勇］

(1) センコウ(穿孔)疥癬

宿主によって若干の好寄生部位に違いがみられるが，重度の感染では全身に広がる．非常に強い痒みのため，脚で強く掻いたり，動物舎の壁に体をこすりつけたりして，ダニが全身に広がるとともに湿疹様の皮膚炎を生じ，発赤，小結節，小水疱，膿疱，痂皮，皮膚肥厚，脱毛，落屑，細菌の二次感染による膿皮症がみられるようになる(図 IV.44)．重度の感染では絶え間ない痒みのストレスのため，食欲不振，削痩が著しくなる．

犬では境界不鮮明な散漫性脱毛と皮膚炎が特徴で，成犬では慢性化しやすく，乾性傾向にあるが，幼犬では膿疱，出血などの激しい症状が生ずることがある．

また，ヒトに感染して強い痒覚と丘疹性皮疹を起こすことが知られている．他の動物でもほぼ同様の症状がみられるが，馬での初期症状は頭部，頸部，肩部に多くみられ，豚では頭部に初発例が多い．

近年野生タヌキの全身性疥癬が多くみられるようになり，全身脱毛のため，異質な動物様の外観を呈する(図 IV.45)．このような動物は衰弱のため，しばしば交通事故に遭遇して発見される．また，野生イノシシでも報告がみられるようになってきている．

(2) ショウセンコウ(小穿孔)疥癬

ほとんどの場合猫で発症がみられ，とくに頭部への感染が多い(頭部疥癬：head mange)．多くは耳端に初発し，顔面，頭部へと広がる．時として，四肢，腹部など全身性に蔓延することもある．病変部は肥厚，皺襞，皮疹，脱毛がみられる(図 IV.46)．強い痒みのため激しく掻くことにより化膿する場合が多い．このため，黄褐色を呈す

図 IV.45　野生タヌキの全身性疥癬
［原図：柴田明子］

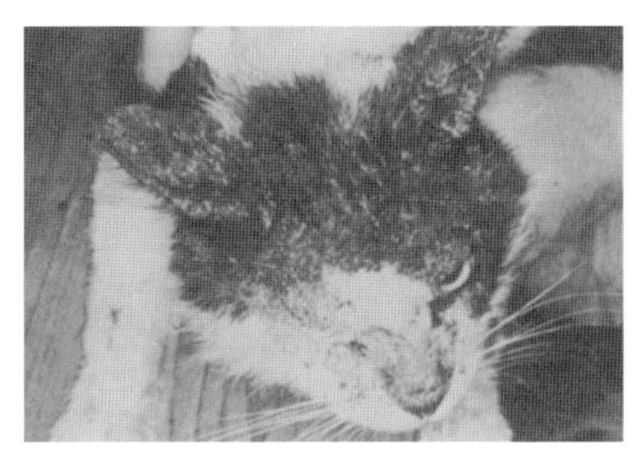

図 IV.46　猫の小穿孔疥癬
［原図：板垣　博・大石　勇］

図 IV.47　鶏脚疥癬
［原図：板垣　博・大石　勇］

図 IV.48　セキセイインコの顔面にみられる疥癬
［原図：今井壯一］

る痂皮が生じる．ヒトにも感染し，痒みの強い皮疹を起こすが，ヒトからヒトへの感染はほとんどないと考えられている．

(3)ニワトリアシ(鶏脚)疥癬

脚の鱗片下に寄生し，鱗皮の逆立，痂皮の形成を来すが，症状が進行すると，痂皮が隆起し，脚全体をおおうようになる(鱗状脚：scaly leg)．また趾列の変形を起こして歩行不能となる(図 IV.47)．夏季に多い．主としてニワトリ，七面鳥にみられる．

(4)小鳥の疥癬

おもに顔面に多く寄生し，嘴の根元や眼の周囲に隆起した痂皮が形成される(鱗状顔面：scaly face)．嘴の変形がみられることもある(図 IV.48)．重度の寄生になると，被害は全身に及ぶ．

(5)耳疥癬

ミミヒゼンダニとウサギキュウセンヒゼンダニは宿主の耳介内や耳道に好んで寄生する．

ミミヒゼンダニは犬，猫をはじめとして各種の肉食動物に寄生して，耳道内に激しい痒覚を生じさせる．両耳とも寄生を受ける例が多いが，皮膚組織内に侵入せず，組織液の摂取はない．罹患動物は激しく頭を振ったり耳を掻いたりし，時には頭部を一方に傾けた斜頸姿勢や旋回運動を起こす．症状が進むと特有の臭いの耳垢がたまり，外傷性耳血腫や細菌の二次感染が起こることもある．夏季よりも冬季に多い．

ウサギキュウセンヒゼンダニはウサギの外耳道に寄生して激しい痒みを起こさせる．局所の炎症に伴って多量のフレーク状の痂皮が生ずるのが特徴である(図 IV.49)．

(6)産業動物のキュウセン(吸吮)疥癬

めん羊，牛，馬などに起こるキュウセン疥癬は，ダニが表皮を穿刺して組織液を吸うので，局所に皮膚炎を起こし，強い痒覚と組織液の滲出を来し，被毛に痂皮を形成する．めん羊では障害が

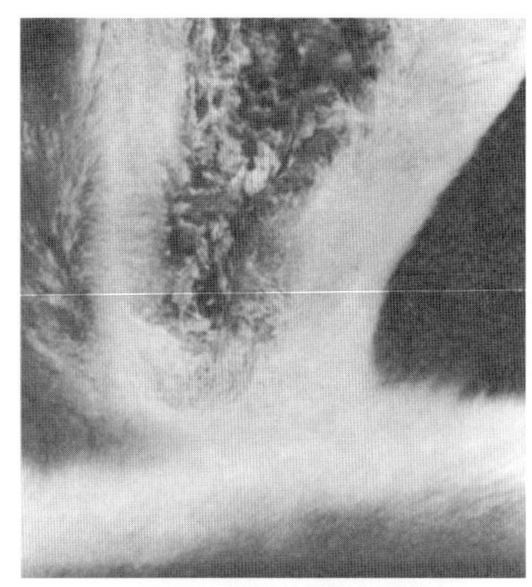

図 IV.49　ウサギ耳疥癬
［原図：板垣　博・大石　勇］

図 IV.50　めん羊のキュウセン疥癬
［原図：今井壯一］

大きく，病変は長毛でおおわれる被毛部にみられる．初期症状は強い痒覚で，体を噛んだり，畜舎の器物に体を擦りつけたりすることによって，被毛や皮膚に損傷がみられる．病変部には結節と水泡が生じ，浸出液で被毛が固まって脱落し，痂皮におおわれるようになる．症状が進行すると，削痩，貧血，浮腫などがみられるようになり，悪液質の状態になる（図 IV.50）．病変は馬ではおもにたてがみ，尾根部，腋下，乳房など，牛では背部，頭部，尾根部などにみられる．痒覚，脱毛，痂皮形成，皮膚の肥厚などがみられるが，めん羊ほど重症にはならない．

(7) ショクヒ（食皮）疥癬

主として牛に多くみられ，病変は尾根部，後肢を中心として全身に広がる．病変部には皮疹と滲出液がみられ，皮膚は肥厚して皺襞（しゅうへき）を形成し，

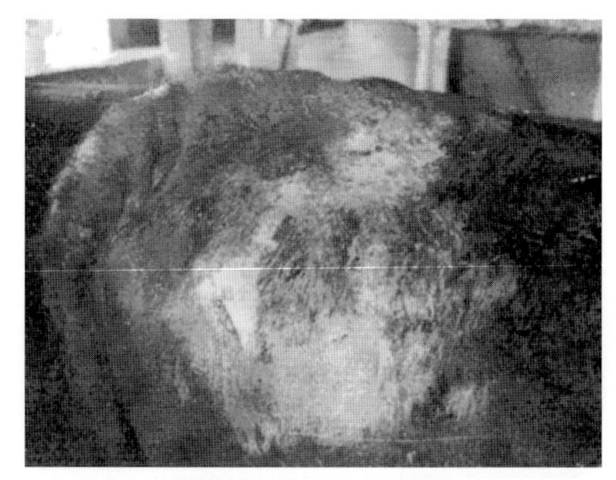

図 IV.51　牛のショクヒ疥癬
［原図：伊藤　章］

被毛はマット状となるが，痒覚はそれほど強くなく，症状は一般に軽微なことが多い（図 IV.51）．馬，牛，めん羊，山羊などでもみられ，とくにめん羊ではキュウセン疥癬との鑑別が必要となる．

診　断：疥癬は一般に非常に強い痒み，丘疹や痂皮の形成などから比較的容易に疑うことができる．本症が疑われれば，ダニの検出を試み，寄生種を明確にして確定診断を行う．ただし，センコウ疥癬では虫体の検出が困難な場合がある．

材料採取は病変部の皮膚を掻爬することにより行うが，ヒゼンダニ科のダニでは皮内にトンネルを掘って生活しているので，かなり深い掻爬が必要となる．採取した材料に多量のダニを含む場合には直接鏡検あるいは材料をシャーレなどに入れ，密封して 30 分程度 37～39℃でインキュベートすることにより運動する虫体が確認できる．ダニが少ない場合には，材料を 10％水酸化カリウム水溶液に浸漬し，夾雑物を溶かしてから鏡検する．犬，猫のミミヒゼンダニは拡大鏡付き耳鏡で耳道内を検査することにより虫体が観察可能である．

治　療：ヒゼンダニ科のダニ駆除には以前は有機リン剤が使用されていたが，現在はイベルメクチンによる治療が主流である．犬，猫の穿孔疥癬，小穿孔疥癬ではクロタミトン（crotamiton）の外用とイベルメクチン（ivermectin）200～300 μg/kg 注射が用いられている．豚ではイベルメクチンの他，ドラメクチン（doramectin）300 μg/kg も使用されており，両者とも著効を示す．産業動物

におけるキュウセン疥癬およびショクヒ疥癬では各種の有機リン剤，カーバメート剤，ピレスロイド剤が用いられているが，牛ではイベルメクチンによる駆虫も実施されている．耳疥癬では，耳垢がある場合はこれを除去したのち，殺ダニ剤を用いる．ロテノン（rotenone），トリクロルホン（trichlorphon），ピレスロイド製剤などが用いられるが，薬剤の選択には，とくに幼獣では慎重を期する必要がある．いずれの場合も卵にはほとんど効果がないので，1週間隔で数回の投薬が必要となる．犬，猫の耳疥癬症のためにはセラメクチン（selamectin）のスポットオン剤が市販されている．

予　防：ダニは病獣との接触あるいは落下した表皮，痂皮などから感染するので，病獣の隔離，動物舎の消毒が必要となる．宿主から離れたダニは長期間生存できないと考えられているが，比較的活発に歩行するので，多少離れた場所の動物にも感染すると思われる．

2. 昆虫類

2.1 形態と発育

昆虫綱(Insecta)は，左右対称の体節(segment)の繰返しによって体が作られている節足動物門(Arthropoda)を構成する主要な動物であり，一部は蛛形綱(Arachnida)に属するダニ類(Acari)と並んで，獣医学におけるもっとも重要な寄生虫となっている．

(1)形態と分類

昆虫類とダニ類の外部形態のおもな相違点は，六脚亜門(Hexapoda)に分類される昆虫が，口器(mouthparts)として大あご(mandible)を有し(このため昆虫類は古くは大顎(たいがく)類 Mandibulata とよばれた)，1対の触角(antenna)をもち，成虫の脚は3対であるのに対し，鋏角(きょうかく)亜門(Chericerata)に属するダニは，口器に鋏角(chelicera)を有し，触角はもたず，成虫の脚が4対であることである．また昆虫もダニも，硬いキチン質の表皮からなる外骨格(exoskeleton)を有するが，昆虫はダニと異なり，頭部(head)，胸部(thorax)，腹部(abdomen)の体制区分が明瞭である(英名の insect とは「分節された体」という意味)(図 IV.52)．昆虫の種を同定するための基本は，翅や交尾器などをはじめとする様々な形態的な特徴であるが，とくに頭部にある口器(基本構造は上唇(じょうしん) labrum，大あご，小あご maxilla，下咽頭(舌) hypopharynx，下唇(かしん) labium である)の形状は，食性の違いを反映しており，動物に対する寄生性や吸血・疾病媒介などの加害性との関連から重要である(図 IV.52，53)．昆虫の成虫の口器は，摂食の特性に基づいて次のように型別できる．

①食物となるものを口器で咬んで齧(かじ)る chewing-biting type：ハジラミ，ゴキブリなど

②食物となるものを口器で咬んでなめる chewing-lapping type：ハチなど

③食物となるものを口器でなめて吸い取る sponging type：イエバエなど

④表皮を口器で切り滲出する血液などを吸い取る cutting-sponging type：アブ，ブユ，サシバエなど

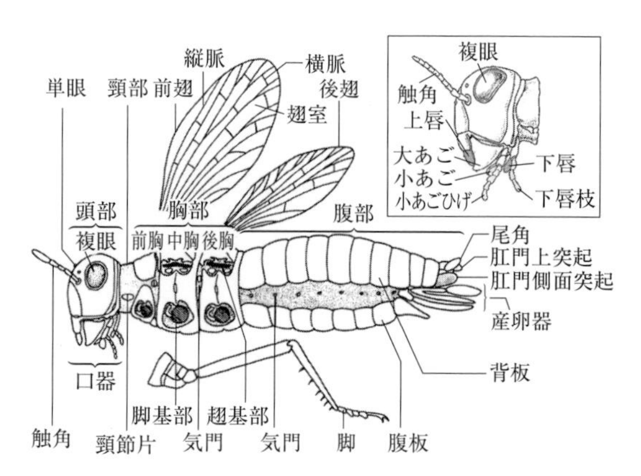

図 IV.52 昆虫(成虫)の一般体制と口器の構造
［Eldridge, B. F. and Edman, J. D.(2004)を改変］

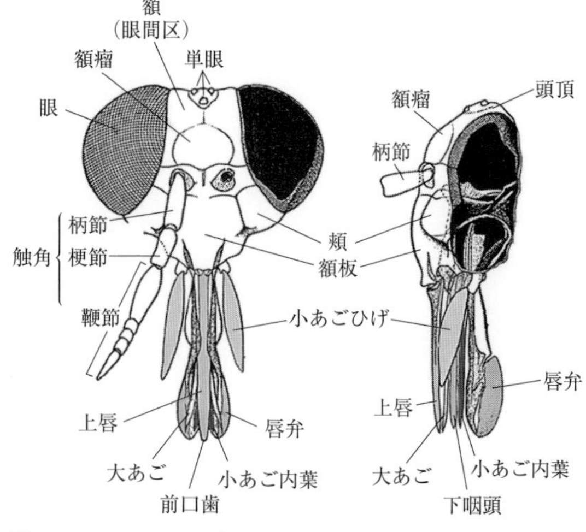

図 IV.53 キンメアブ(*Chrysops suavis*)雌成虫の頭部と口器の構造

⑤表皮の血管に口器を刺(刺螫)して血液を吸うpiercing-sucking type：蚊，シラミ，ノミなど

⑥食物となるものを口器で吸い上げるsiphoning type：チョウ(蝶)など

獣医学上重要な昆虫綱は，ハエ目(双翅目：Diptera)，カジリムシ目(咀顎目：Psocodea)，ノミ目(隠翅目：Siphonaptera)，カメムシ目(半翅目：Hemiptera)，コウチュウ目(甲虫目：Coleoptera)，チョウ目(鱗翅目：Lepidoptera)などのグループである．この中でとくに重要性が高いハエ目の昆虫は，成虫の触角が多数の環節で構成され糸状を呈する長角亜目(カ亜目：Nematocera)(図IV.54，70)と，触角が少数の環節で構成され短い短角亜目(ハエ亜目：Brachycera)(図IV.54，79)に大別できる(表IV.1)．蚊，ブユ，ヌカカは前者の代表的な昆虫である．短角亜目はさらに直縫群(Orthorrhapha)と環縫群(Cyclorrhapha)に区別できる(図IV.54)．直縫群は蛹の胸部背面が縦に割れて成虫が羽化するグループであり，環縫群は環状に割れてできた蛹の孔から成虫が羽化するグループである(図IV.89)．アブは前者の，そしてイエバエやサシバエ，シラミバエ，ハエウジ症を起こすヒツジバエなどは後者の代表的な昆虫である．長角亜目や直縫短角群(Brachycera-Orthorrhapha)の昆虫が水系を好むのに対して，環縫短角群(Brachycera-Cyclorrhapha)の昆虫は腐食中の植物や動物の組織，堆肥などを好むなどの違いがある．なお，近年は昆虫の類縁関係の解明や系統解析などには，このような形態や生態の特性に加えて，16SやCOIなどのバーコード遺伝子各種の配列情報が活用されている．

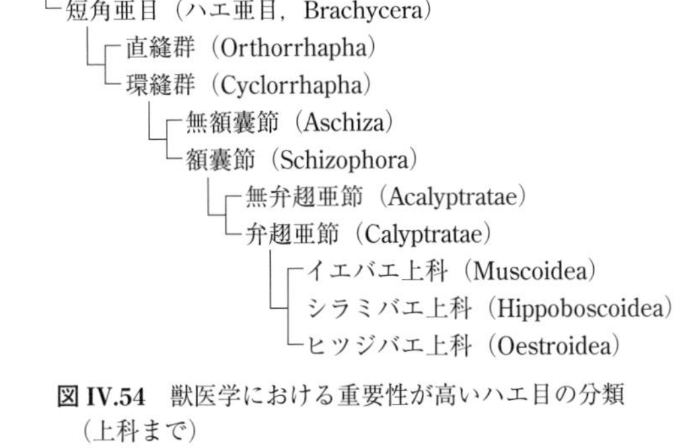

```
ハエ目（双翅目，Diptera）
 ├─長角亜目（カ亜目，Nematocera）
 └─短角亜目（ハエ亜目，Brachycera）
     ├─直縫群（Orthorrhapha）
     └─環縫群（Cyclorrhapha）
         ├─無額嚢節（Aschiza）
         └─額嚢節（Schizophora）
             ├─無弁翅亜節（Acalyptratae）
             └─弁翅亜節（Calyptratae）
                 ├─イエバエ上科（Muscoidea）
                 ├─シラミバエ上科（Hippoboscoidea）
                 └─ヒツジバエ上科（Oestroidea）
```

図IV.54　獣医学における重要性が高いハエ目の分類（上科まで）

(2)生　態

昆虫は，卵が孵化してから成虫になるまでの成長過程で，数回の脱皮(molting)を行う．この過程で，形態の異なるいくつかの期が認められるもの(変態：metamorphosis)と，大きさだけが変化するもの(無変態：ametamorphosis)に区別できる．大部分の昆虫は前者であるが，原始的な種(例：シミ目：Thysanura)は後者に属する．さらに変態するものにも卵(egg)，幼虫(larva)，蛹(pupa)，成虫(imago，成体adult)の4期が認められる完全変態(complete metamorphosis, holometabolous development)のもの(例：ハエ目やノミ目の昆虫，ハチ目(膜翅目：Hymenoptera)のアリやハチなど)と，卵，若虫(nymph)，成虫の3期だけが区別される不完全変態(incomplete metamorphosis)のものがある．完全変態では，幼虫が最後の脱皮をして蛹になる直前の，摂食をやめて動作が鈍くなった時期をとくに前蛹(prepupa)とよぶことがある(例：ウシバエなど)．また，不完全変態には種々のレベルがあり，無変態発育の他，幼虫と成虫の形態が類似している小変態(漸変態)発育(paurometabolous development)(例：カジリムシ目のシラミ，ハジラミ，カメムシ目のサシガメ(Reduviidae)など)，幼虫と成虫の形態が異なる半変態発育(hemimetabolous development)(例：カメムシ目のセミ，トンボ目(Odonata)の昆虫など)がある．

昆虫を含む節足動物の産卵には，卵を産む卵生(oviparity；多くの昆虫やダニ)，母体の卵管や膣で卵が孵化し，幼虫を産下する卵胎生(ovoviviparity；ヒツジバエ亜科とニクバエ亜科のハエ類，ウモウダニやイトダニなどの一部のダニ類)，母体で孵化した幼虫が，乳腺(milk gland)から栄養補給を受けてある程度発育してから産下される胎生(viviparity；これにはツェツェバエやシラミバエなどでみられる産下後すぐに蛹化する終齢幼虫を産む蛹生pupiparityも含まれる)などの別がある．

これらの昆虫の発育と産卵は，個体内ではエクダイソン(ecdysone)や幼若ホルモン(juvenile hormone)，個体間では各種フェロモン(pheromone)などの生理活性物質によってコントロールされている.

(3)吸　血

吸血性昆虫(blood-feeding insect, hematophagous insect)は, 成虫の雌雄とも吸血するもの(サシバエ, ノミ, シラミバエなど), 雌だけが吸血するもの(蚊, ヌカカ, アブなど), 成虫だけでなく幼虫も吸血するもの(シラミ, トコジラミ(Cimicidae), サシガメなど)に区分できる. また, 吸血性昆虫は, 血管外吸血型(telmophage；telmo は「池・湿地」, phage は eating の意味. 皮膚血管外に滲出・流出した血液(=池・湿地)を摂取するアブ, ブユなど)と, 血管内吸血型(solenophage；soleno とは「導管」の意味. 管状の口吻(=導管)を皮膚血管内に挿入して血液を摂取する蚊, シラミ, ノミなど)に区別され(図 IV.12), この型別は病原体の媒介や伝播のメカニズムを明らかにする上でとくに重要である. 吸血性昆虫の唾液には, マダニと同様に, 吸血を成功させるために必要な抗血小板凝集ペプチド, 抗血液凝固物質, 脈管拡張物質などの様々な成分が含まれている.

(4)病原体の媒介

節足動物による生物学的病原体媒介では, ベクターとなる昆虫やダニの体内における病原体の発育と増殖が必須である. 節足動物は一般に短命であるため, 脊椎動物のような免疫記憶細胞による獲得免疫に頼ることなく, もっぱら生来の自然免疫(innate immunity)によって微生物の攻撃から体を守っている. 近年, この節足動物の自然免疫に関する研究が進展し, 哺乳類と同様に, 創傷治癒や血液凝固などのタンパク分解カスケード, 病原体の貪食やカプセル化などの細胞性防御, 抗菌ペプチド(antimicrobial peptide)の産生という 3 種類の機構が密接に相互連結することが基盤となっていることが, 分子レベルで明らかにされた. この免疫機構が昆虫やダニ体内における媒介病原体の発育にも重要な役割を果たすことに着目し, これを調節することによってベクター内の病原体発育を抑える疾病媒介阻止ワクチン(transmission-blocking vaccine)の開発が, マラリアをはじめとする各種の節足動物媒介疾病で活発に行われている.

節足動物による病原体の媒介は, たとえば蚊のように体内にミクロフィラリアとマラリア原虫が混合感染(mixed infection)するケースも稀ではない. この原因の 1 つには, 吸血途中で宿主に追い払われた昆虫が何度も再来襲と吸血を繰り返して飽血する頻回中断型吸血(interrupted feeding)を行う結果, 異なる個体から様々な病原体を取り込むことが考えられている. 頻回中断型吸血の病原体媒介における意義について, 表にまとめた(表 IV.13).

表 IV.13　吸血性節足動物の頻回中断型吸血と病原体媒介などに与える影響

(1) 昆虫の生態との関係	①エネルギー消耗が激しく, 事故死の危険性が増大する(宿主動物によるグルーミングに加え, 捕食性昆虫や寄生蜂の攻撃を受ける機会が増す)から, 昆虫の生存にとっては危険. ②頻回中断型吸血の発生は, ベクターの生息密度の増大に伴って高くなる.
(2) 頻回虫断型吸血の確認方法	①肉眼で吸血時間を観察して, 部分吸血であることを確認する方法. ②トラップで捕らえた個体中の部分吸血数を調べる. ③種が異なる複数の宿主を吸血している場合は, 抗体による血清反応で確認できる. ④同一動物種を吸血している場合は, 血液型による個体識別を応用.
(3) 頻回虫断型吸血が疾病媒介に果たす役割	吸血回数が増えるために ①ベクターの口器による病原体の機械的伝播の機会が増大. ②寄生虫の獲得と媒介の機会がともに増大することによって生物学的伝播者としてのベクターの効率が増大.
(4) 媒介病原体の進化に果たす役割	異なる genotype の病原体を取り込む機会が増えるために, ① *Trypanosoma* や *Plasmodium* などの原虫では昆虫体内での原虫の有性生殖時に染色体の recombination や reassortment が起きる. ②ウイルスに重感染したダニ体内では, ウイルスの reassortment が起きる.

2.2 シラミおよびハジラミ

シラミ(blood-sucking lice)およびハジラミ(biting lice)は形態的に類似し，いずれもすべてが永久寄生性(終生寄生性：permanent parasitism)であり，宿主に皮膚炎を起こす．シラミ類は吸血を行うが，ハジラミ類は基本的に吸血活動を行わず，皮膚片や羽毛を摂取する．また，シラミ類の寄生は哺乳類に限定されるが，ハジラミ類は鳥類にも寄生する(表 IV.14)．

獣医学分野では長年にわたって，シラミとハジラミを目(order)レベルで区別し，シラミ目(Anoplura)とハジラミ目(食毛目：Mallophaga)とする分類が用いられてきた．しかし，分子系統解析の進展によって，現在，両者はチャタテムシ(茶立虫)類(Psocoptera)が主要な構成種であるカジリムシ目(咀顎目：Psocodea)の中にシラミ類(Phthiraptera)としてまとめられ，シラミはシラミ亜目(suborder Anoplura)，またハジラミはホソツノハジラミ亜目(長角ハジラミ亜目：Ischnocera)，マルツノハジラミ亜目(短角ハジラミ亜目：Amblycera)，チョウフンハジラミ亜目(長吻ハジラミ亜目：Rhynchophthirina)の3亜目として分類されている(表 IV.1)．ホソツノハジラミ亜目はさらに鳥類に寄生するチョウカクハジラミ科(Philopteridae)と，哺乳類に寄生するケモノハジラミ科(Trichodectidae)に区分される．シラミ類(シラミ亜目)は世界で15科，約500種が知られ，日本には約30種が分布する．また，ハジラミ類は世界で約4,400種(ホソツノハジラミ亜目が2科，約3,100種，マルツノハジラミ亜目が7科，約1,300種，チョウフンハジラミ亜目が1科，3種)が知られ，日本には約150種が分布する．

表 IV.14　シラミ類とハジラミ類の特性の比較

	シラミ類	ハジラミ類
頭　部	小さく，頭の幅が胸の幅より狭い	大きく，頭の幅が胸の幅より大きい
口　器	刺す型で，吸血に適している	噛む型で，大顎が発達している
触　角	3～5節	3～5節
発　育	卵－幼虫(1～3齢)－成虫	卵－幼虫(1～3齢)－成虫
吸　血	幼虫，成虫	しない
寄　生	全生涯	全生涯
産　卵	宿主の被毛に固着	宿主の被毛に固着
宿　主	哺乳類	哺乳類・鳥類

原　因：

(1) シラミ類

シラミ類はいずれも体が背腹に扁平であり，全生涯を通じて翅をもたない．シラミの吸血は，蚊やノミと同様に口器を皮膚の血管内に刺して血液を吸う piercing-sucking type の血管内吸血型である．口器は口吻あるいは吻(proboscis)とよばれ，下唇と下咽頭が管状に変形した鋭い口針(吻針：sucking stylets)を宿主の皮膚に突き刺して吸血する(図 IV.55，58)．口針は可動性で普段は頭部内に格納されている．頭部，胸部，腹部が明瞭に区分され，頭幅は胸幅より狭い(ハジラミ類との鑑別点)(表 IV.14)．脚は第1～第3脚ともほぼ同様の大きさで，先端に鋭い爪がある．触角は3～5節で頭部両側から露出し，一般に眼はない(図 IV.55)．腹部末端は内部に生殖器があり，雄では先端に向けて細くなるが，雌では先端が軽く2裂する(図 IV.56，57)．1種のみが寄生する動物と複数種が寄生する動物とがある．

牛のシラミ：日本の牛で報告があるのは3種類である．ウシジラミ(*Haematopinus eurysternus*)は体長2～3 mm で頭部は短い．腹部両側縁には発達した側板(paratergal plate)がある(図 IV.56)．ウシホソジラミ(*Linognathus vituli*)は体長

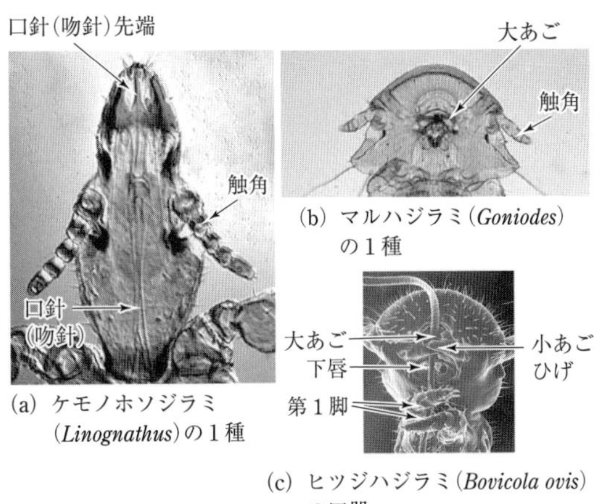

(a) ケモノホソジラミ(*Linognathus*)の1種

(b) マルハジラミ(*Goniodes*)の1種

(c) ヒツジハジラミ(*Bovicola ovis*)の口器

［原図：Price, M.A. and Graham, O.H. (1997)］

図 IV.55　シラミ類とハジラミ類の頭部(腹面)

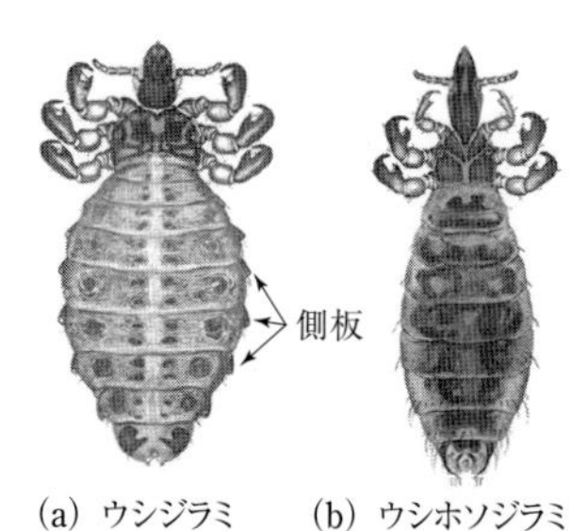

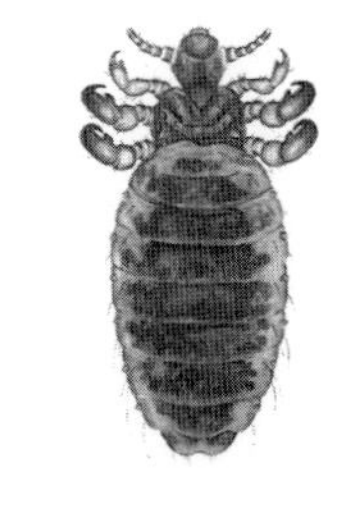

(a) ウシジラミ (*Haematopinus eurysternus*)　(b) ウシホソジラミ (*Linognathus vituli*)　(c) ケブカウシジラミ (*Solenopotes capillatus*)

図 IV.56 牛に寄生するシラミ類の雌成虫の背面
［原図：Mathysse, J.G.(1946)］

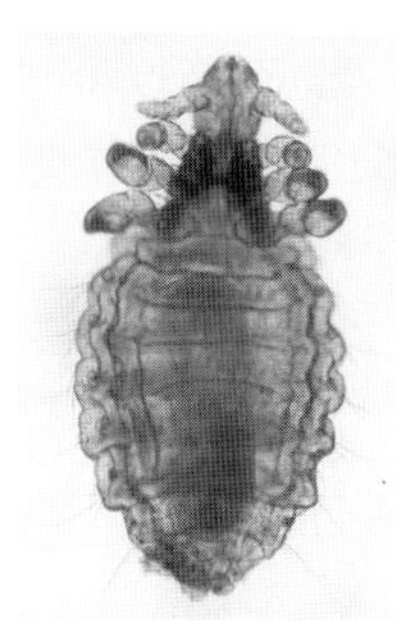

(a) ブタジラミ (*Haematopinus suis*) 雄　(b) イヌジラミ (*Linognathus setosus*) 雌
［原図：今井壯一］

図 IV.57 ブタジラミとイヌジラミの成虫腹面

1.7〜2.6 mm で，ウシジラミに比べて頭部，胸部，腹部とも細長い．第 1 脚は他の脚に比べて小さく，側板を欠く (図 IV.56)．幼牛での寄生が多く，小型ピロプラズマ病を機械的伝播することが知られている．ケブカウシジラミ (*Solenopotes capillatus*) は小型のシラミで，体長は 1.3〜1.8 mm．ウシホソジラミに似るが，頭部は短く，触角より前方の頭部突出はごくわずかである (図 IV.56)．これら 3 種の中で日本で全国的にみられる普通種はケブカウシジラミとウシホソジラミであり，古くから最優占種とされてきたウシジラミは検出されないとの報告が近年なされている．

豚のシラミ：豚にはブタジラミ (*Haematopinus suis*) 1 種が寄生する．成虫の体長は雌 4 〜 5 mm，雄 3.6〜4.2 mm に達し，シラミの中で最大種である．腹部の側板に濃い色素班がある (図 IV.57)．豚の耳 (とくに背面)，腹側，胸部下部，四肢の外側などに多く寄生し，冬季での発生率が高い．卵から成虫になるまでの期間は約 3 週間．

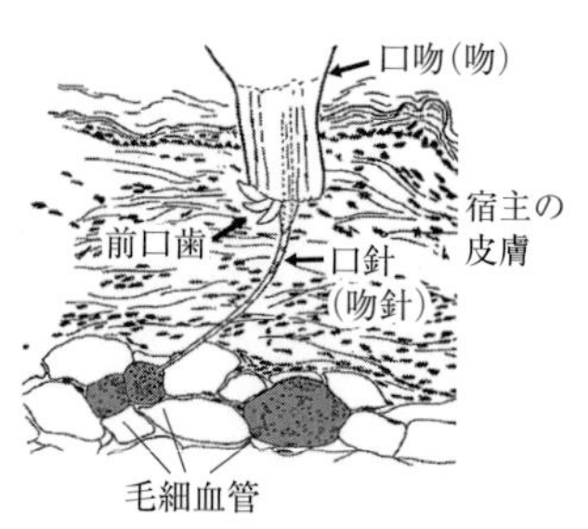

(a) ヒトを吸血中のコロモジラミ (*Pediculus humanus corporis*) と血糞 (矢印)　(b) シラミ (*Haematopinus* sp.) の吸血部位 (模式図)
［Price, M. A. and Graham, O.H. (1997) を改変］

図 IV.58 シラミの吸血

吸血しなくても数日間は生存可能である．

犬のシラミ：犬にはイヌジラミ (*Linognathus setosus*) 1 種がみられる (図 IV.57，64)．成虫の大きさは雌 2.0 mm，雄 1.5 mm で，頭は短くやや尖っている．腹部は卵形で，両側にある気門は大きい．各背板には 2 列の短毛が存在する (図 IV.57)．

ヒトのシラミ：ヒトにはアタマジラミ (*Pediculus humanus humanus*, head lice)，コロモジラミ (*Pediculus humanus corporis*, body lice)，ケジラミ (*Phthirus pubis*, crab lice) の寄生が知られている (図 IV.58，59)．アタマジラミとコロモジラミは，前者はもっぱら頭部に，後者は体幹と衣服に寄生するなど生態が異なり，生殖隔離も進んでいて自然状態で両者が交雑することはなく，疾病媒介性も異なる．このためそれぞれを独立種とする見解も根強い．しかし，アタマジラミとコロモジラミは成虫の大きさが同程度 (2.0〜3.3 mm) で，形態学的な区別が困難であり，分子系統解析でも異同を明確にできないことから，ここでは両者は独立種に分化する途上にある亜種 (subspecies) とした．ただこのようにアタマジラミとコロモジラミを亜種として区別する場合においても，学名には国内外で相当の混乱があり，アタマジラミを *Pediculus humanus capitis*，コロモジラミを *Pediculus humanus humanus* と表記する事例もあるので注意が必要である．ケジラミは主としてヒトの陰毛部に寄生する小型 (1.3〜1.5 mm) のシラミで，体は横幅があり，太い脚と爪を有する (図 IV.59)．

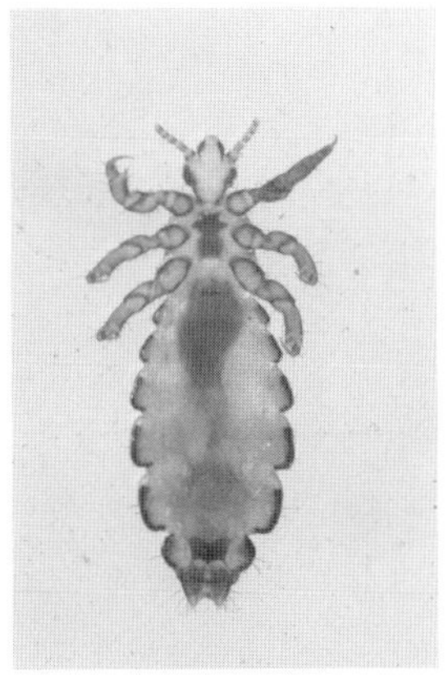
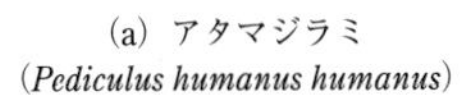

(a) アタマジラミ (*Pediculus humanus humanus*)　(b) コロモジラミ (*Pediculus humanus corporis*)

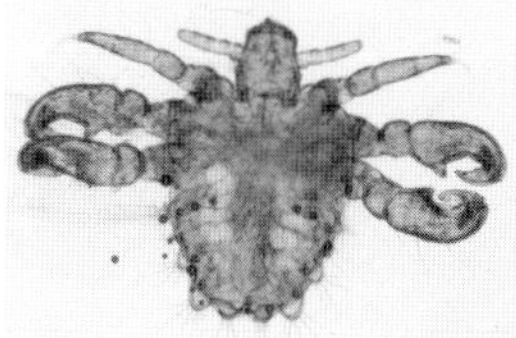
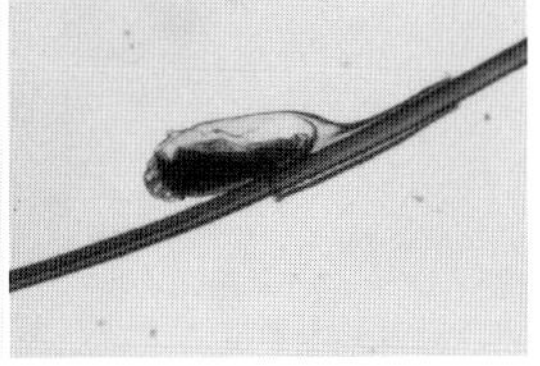
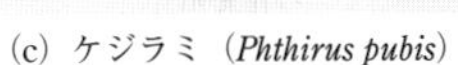

(c) ケジラミ (*Phthirus pubis*)　(d) ケジラミ卵

図 IV.59　ヒトのシラミ［原図：今井壯一］

図 IV.60　ウマジラミ(*Haematopinus asini*)成虫と被毛に膠着した卵［原図：Bowman, D. D.(2009)］

その他の動物のシラミ：ほとんどの哺乳類にはそれぞれ固有のシラミであるウマジラミ(*Haematopinus asini*)(図 IV.60), ヤギホソジラミ(*Linognathus stenopsis*), ハツカネズミジラミ(*Polyplax serrata*)などがみられる. 猫寄生性のシラミは知られていない.

(2)ハジラミ類

ほとんどの種で胸幅に比べて頭幅が大きい(シラミとの鑑別点)(表 IV.14, 図 IV.55). 宿主と食性もシラミとは大きく異なり, シラミは哺乳類のみに寄生して吸血活動を行うが, ハジラミは哺乳類の他に鳥類にも寄生し, 一般に吸血活動を行わず(吸血性の種も少数存在し, 非吸血性の種が偶発的に小出血を摂取することがある), 哺乳類では皮膚や脱落組織を, 鳥類では羽毛を chewing-biting type で摂食する咀嚼型である. 口器は頭部下面にあり, よく発達した大あごは宿主の羽毛や皮膚を固く把持し, 咀嚼するのに適している(図 IV.55). 宿主特異性はシラミ同様に高く, 主要種はほとんどすべてが世界共通種である. 一般に鳥類では 1 宿主に複数種のハジラミが寄生し, 哺乳類では 1 宿主に 1 種が寄生することが多い(図 IV.61). これは, 元来は鳥類寄生性であったハジラミが哺乳類に宿主転換したことを示す証拠と考えられている.

鶏のハジラミ：13 種類が知られており, 日本には 10 種が分布し, 一部はシチメンチョウ, アヒルなどにも寄生する. 体長は種によって異なるが, 1.8〜3.6 mm である. 鶏に寄生するハジラミは, 大あごが水平方向に動き, 触角が頭部両側から突出して露出したホソツノハジラミ亜目と, 大あごが垂直方向に動き, 触角は頭部下面の溝に収納されるマルツノハジラミ亜目に大別される(表 IV.1, 図 IV.62, 63).

鶏寄生性のホソツノハジラミ類(チョウカクハジラミ科)は, カクアゴハジラミ(*Goniodes dissimilis*), マルハジラミ(*Goniodes gigas*), ニワトリナガハジラミ(*Lipeurus caponis*), ハバビロナガハジラミ(*Cuclotogaster heterographus*)などである(図 IV.62). マルツノハジラミ類にはニワトリハジラミ(*Menopon gallinae*), ニワトリオオハジラミ(*Menacanthus stramineus*), ニワトリツノハジラミ(*Menacanthus cornutus*)などがある(図 IV.63).

これらは種類によって鶏体上の寄生部位が大体決まっていて, ニワトリナガハジラミは翼羽の羽枝間, ハバビロナガハジラミは頭部, ニワトリオ

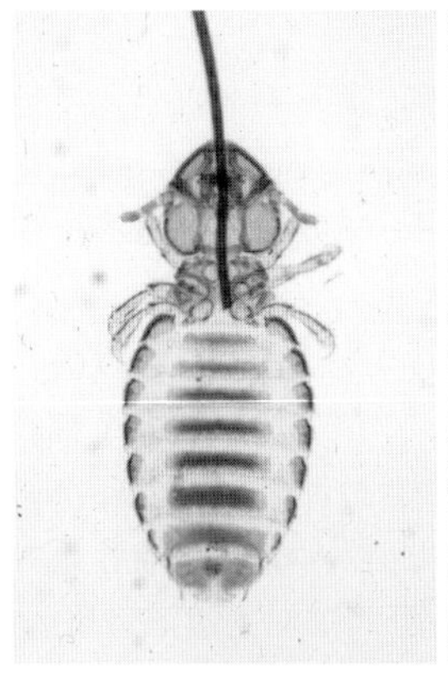

(a) ウシハジラミ
(*Damalinia bovis*)

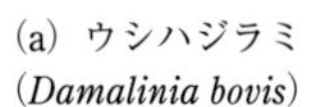

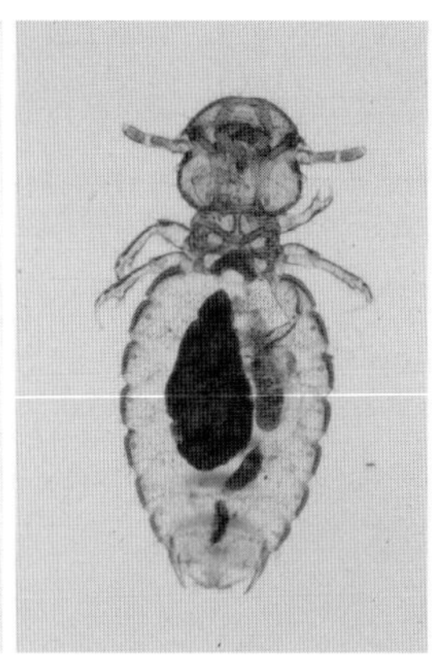

(b) ヤギハジラミ
(*Damalinia caprae*)

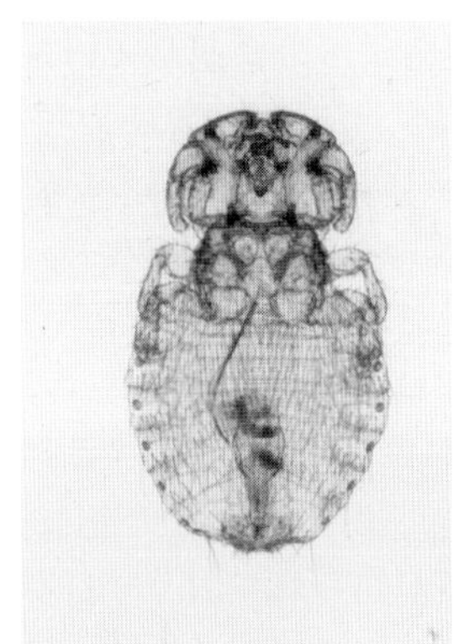

(c) イヌハジラミ
(*Trichodectes canis*)

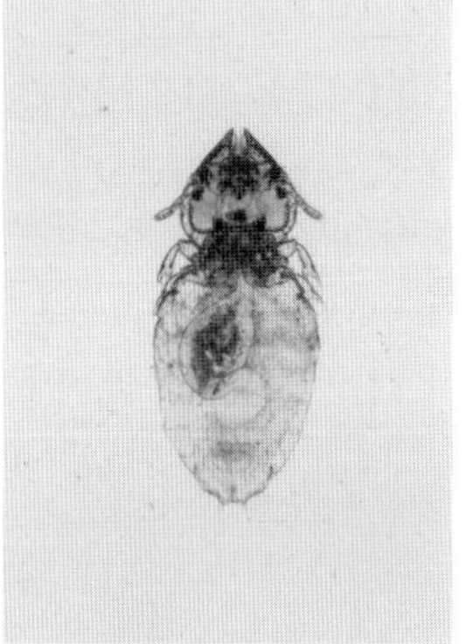

(d) ネコハジラミ
(*Felicola subrostrata*)

図 IV.61　哺乳類に寄生するハジラミ類［原図：今井壯一］

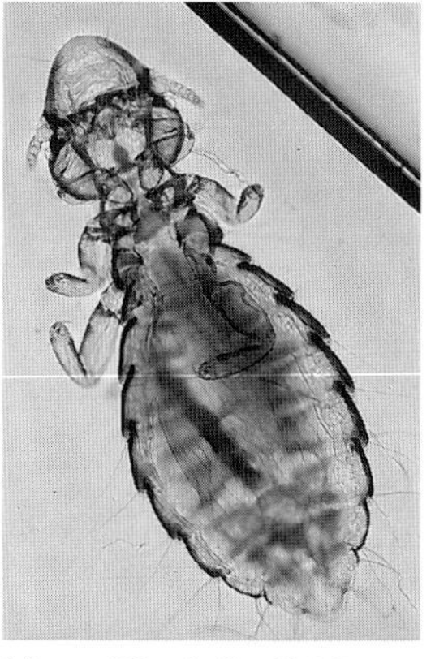

(a) ハバビロナガハジラミ
(*Cuclotogaster heterographus*)

(b) ニワトリナガハジラミ
(*Lipeurus caponis*)

図 IV.62　鶏に寄生するホソツノハジラミ類
(長角ハジラミ類, Ischnocera)

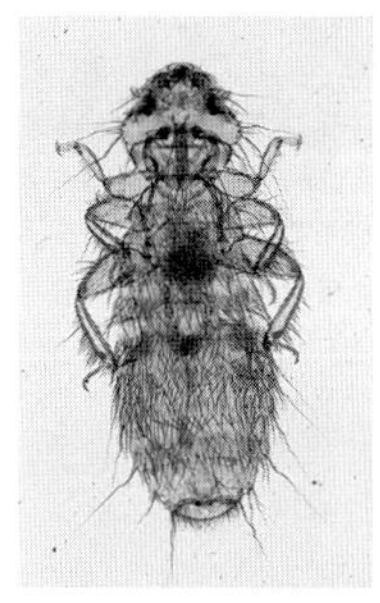

(a) ニワトリオオハジラミ
(*Menacanthus stramineus*)

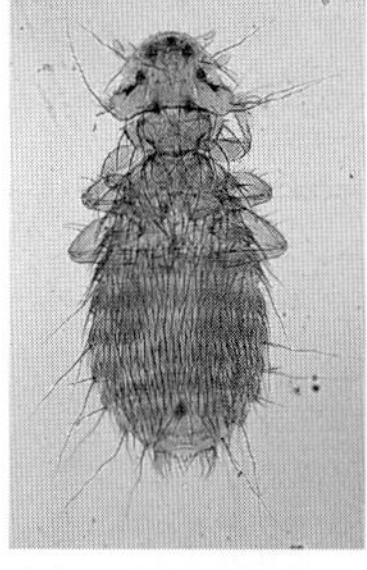

(b) ニワトリツノハジラミ
(*Menacanthus cornutus*)

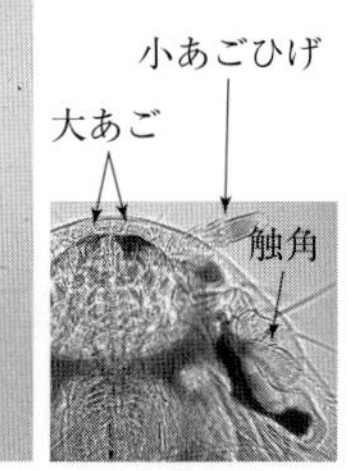

(c) ニワトリオオハジラミの頭部腹面の拡大

図 IV.63　鶏に寄生するマルツノハジラミ類
(短角ハジラミ類, Amblycera)

オハジラミは羽，肛門周辺に多い．

哺乳類のハジラミ：哺乳類には，ホソツノハジラミ亜目のケモノハジラミ科に属するハジラミが通常1種ずつみられ，宿主特異性がきわめて高い．なお，各脚の先端(跗節)にある爪(tarsal claw)の数が鳥類寄生性のチョウカクハジラミ類は1対2本，哺乳類寄生性のケモノハジラミ類は1本という違いがある．

ウシハジラミ(*Bovicola bovis*；体長1.5 mm 内外，冬季の舎飼い牛に多い)，ウマハジラミ(*Bovicola equi*；体長2 mm 内外，馬とラバに寄生)，ヒツジハジラミ(*Bovicola ovis*；体長1.5 mm 内外，冬季に大発生する．めん羊に寄生)，ヤギハジラミ(*Bovicola caprae*；体長1.4 mm 内外，山羊に寄生)，イヌハジラミ(*Trichodectes canis*；体長1.3～1.8 mm，頭部は四角形．犬やディンゴなどのイヌ科の動物に寄生)，ネコハジラミ(*Felicola subrostrata*；体長1.2 mm 内外，頭部は三角形で前方に尖り，頭部前端に湾入部をもつ．猫に寄生)の他，各種の野生動物にも固有種の寄生がみられる(図 IV.61)．

ゾウにはシラミとハジラミの中間に位置するチョウフンハジラミ亜目のゾウハジラミ(*Haematomyzus elephantis*)が寄生する．ヒト寄生性のハジラミは知られていない．

発育および生態：シラミ類とハジラミ類はともに小変態を行い，「卵→1～3齢幼虫(若虫，nymph)→成虫」の各発育期をもち，蛹を欠く．各発育期の幼虫は大きさを除いて成虫とほぼ同様の形態を有する．年間を通じてみられ，成虫の寿命は1～1.5か月で，この間に幼虫，成虫とも吸血し，交尾した雌はアタマジラミで1日に5～8個，ウシジラミで1日に1～4個，ニワトリオオハジラミで連日平均 1.6 個の卵を産む．卵は卵円形で大きさはシラミで 0.5 mm，ハジラミで 1 mm 前後であり，いずれの種類の卵も雌が産卵時に分泌する粘着物質によって宿主の被毛に膠着され，この状態の卵をとくにニット(nits)とよぶ．幼虫は卵殻にある呼吸用の蓋(卵蓋：operculum)の部分から孵化し(図 IV.60)，幼虫孵化後も宿主の被毛には卵殻だけが膠着した状態で残存する．シラミ類の 1 世代(卵からかえった雌が産卵するまでの期間)は 2 〜 3 週間．ハジラミ類の 1 世代はニワトリオオハジラミでは 2 週間であり，鶏体上で 1 対の雄雌が 1 万匹に増えるのに 1 か月かからない．ウシハジラミは処女生殖(parthenogenesis)で増殖する．

症状および解剖学的変状：シラミは幼虫と成虫がともに吸血活動を行い，その吸血は強い痒覚を宿主に与え多数寄生では貧血を起こす．ハジラミは一般に非吸血性(マルツノハジラミ類は体液や血液を摂取することも多い)であるが，表皮，羽毛，皮脂などを摂食し，幼虫，成虫とも被毛や羽毛の間を活発に歩き回って，大あごや爪で皮膚を刺激する．このため，ハジラミはシラミ同様に宿主に激しい痒覚を与え，宿主は不安，不眠，食欲減退に陥り，細菌の二次感染が起きることもある．重度寄生された動物では被毛不良，脱毛，落(らく)屑(せつ)，皮疹などが顕著となる(図 IV.64)．とくにニワトリオオハジラミは，寄生鶏で産卵率や体重が著しく減少し，抗病性の低下による死亡率の増加もみられるなど被害が大きい．シラミやハジラミによる被害は夏季よりもむしろ冬季に多い傾向がある．感染動物の糞便に排泄された瓜実条虫(*Dipylidium caninum*)の片節(虫卵)をイヌハジラミやネコハジラミが経口摂取し，これを他の犬，猫，ヒトが食べることによって瓜実条虫の媒介が成立することが知られている．

診　断：一般にシラミ，ハジラミ寄生では被毛に付着した虫卵(nits)が最初に発見されることが多い(図 IV.64)．しかし，虫卵のみではシラミ寄生とハジラミ寄生を区別することは困難であり，虫体の採集が必要である．シラミと哺乳類寄生性のハジラミは宿主特異性が高いため，宿主が判明している場合は寄生種を比較的容易に推測できるが，確定診断には採集された虫体を鏡検して形態学的な種同定を行う必要がある．発見された虫体が 1 〜 2 個体の場合は，セロファンテープに虫体を貼り付け，それをスライドグラスに貼付して鏡検してもよいが，虫体が壊れてしまうことが多いので，推奨できない．ある程度の数の虫体が採集できる場合には，70%エタノール中に投入して固定し，ガムクロラール液などで封入標本とする．シラミ寄生では，寄生部位周辺の被毛に排泄された血糞(fecal blood)(図 IV.58)がみられることがあるが，この場合，ノミ寄生との鑑別が必要となる．

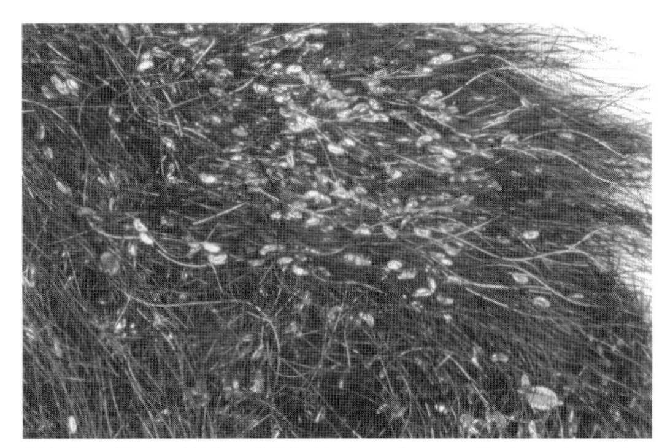

(a) 犬の被毛に大量に付着したイヌジラミの卵（ニット nits）［原図：今井壯一］

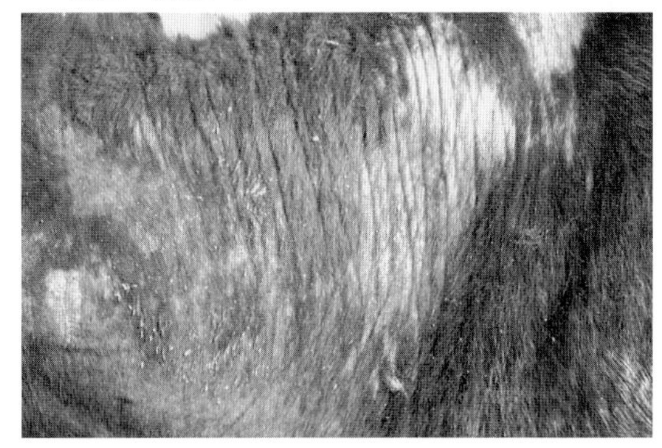

(b) ウシハジラミ（*Bovicola bovis*）の寄生によって頸部の脱毛，落屑，皮疹が顕著となった牛

図 IV.64　シラミ(a)とハジラミ(b)に寄生された患畜

治　療：シラミとハジラミは，ヒゼンダニのように皮膚に穿孔して寄生することはなく，また一生を宿主の体表上で過ごすので，駆虫は比較的容易に行うことができる．駆虫には他の外部寄生虫に用いられる殺虫剤(有機リン剤，カーバメート剤，ピレスロイド剤，マクロライド系薬剤など)を使用する．産業動物では 0.5%フェニトロチオ

ン(fenitrothion)粉剤，1％フルメトリン(flumethrin)，0.5％エプリノメクチン(eprinomectin)のポアオンなどが用いられ，犬，猫などの小型動物では0.4％フェノトリン(phenothrin)粉剤や殺虫剤含有の薬浴剤などの他，フィプロニル(fipronil)のスポットオン剤が用いられている．殺虫剤は，被毛に膠着している卵に対してはほとんど効果がないので，孵化後の幼虫を殺虫するため1～2週間隔で2～4回処理する必要がある．

予　防：シラミ，ハジラミとも，主として宿主同士の接触感染や，巣や砂場に落下したもの(動物の体から落下しても数日間程度は生存可能である)が再寄生することで伝播する．このため，罹患動物の発見，隔離と早期治療が重要であり，とくに犬や猫では野良犬や野良猫との接触を避けることが予防となる．鶏のハジラミは，器材，衣服，野鳥，ネズミなどによって離れた養鶏場に持ち込まれることも多いので，注意が必要である．

2.3　ノ　ミ

ノミ(flea)はノミ目(隠翅目：Siphonaptera)の昆虫で，世界で約240属，2,400種近くが知られ，日本には約80種が分布する．成虫は光沢のある褐色ないし暗褐色を呈し，翅はなく，体は左右に扁平で宿主の被毛の間を移動するのに適している．歩脚，とくに第3脚は跳ねるためによく発達している．体表の剛毛の位置と数は種の同定に有力な手掛かりとなり，剛毛のうちでとくに太いものを棘櫛(comb)という(図IV.65)．

原　因：家畜や伴侶動物にみられるノミは，ネコノミ，イヌノミ，ヒトノミ，ニワトリフトノミの4種である．現在，日本では一部地域を除いてヒトノミおよびニワトリフトノミはほとんどみられず，犬，猫，ヒトともネコノミの寄生が圧倒的に多い(図IV.65)．ノミの吸血はpiercing-sucking typeの血管内吸血型であり，細長いストロー状の口器(口吻)は，上咽頭(epipharynx)と小あご内葉(maxillary laciniae)が細長く変形した口針(吻針)と，宿主の皮膚を切って口針の挿入口を作り出す下唇枝(labial palp)などで構成される

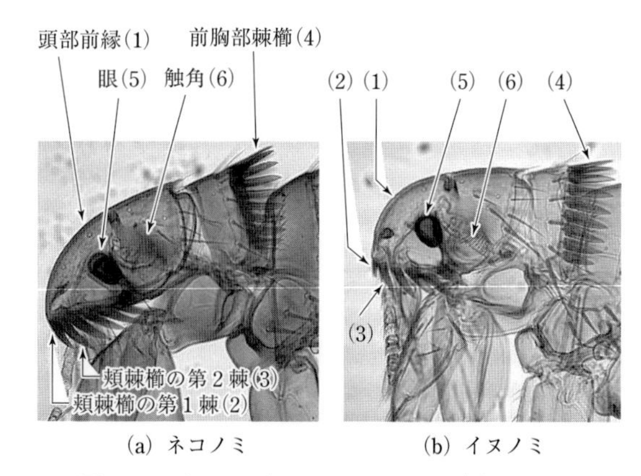

(a) ネコノミ　(b) イヌノミ

図IV.65　ネコノミ(*Ctenocephalides felis*)とイヌノミ(*Ctenocephalides canis*)成虫の頭部形態

ネコノミとイヌノミは頭部前縁(1)と頬棘櫛第1棘(2)の形状が異なり触角(6)はともに溝に収納されている．

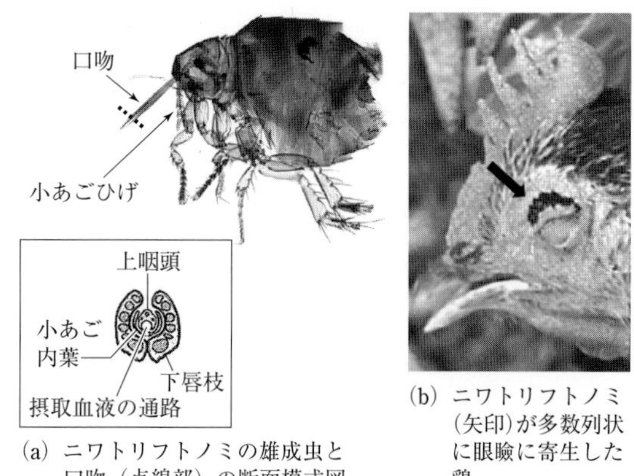

(a) ニワトリフトノミの雄成虫と口吻（点線部）の断面模式図

(b) ニワトリフトノミ(矢印)が多数列状に眼瞼に寄生した鶏

図IV.66　ニワトリフトノミ(*Echidnophaga gallinacea*)

(図IV.66)．触角は棍棒状で小さいが，他の昆虫と同じく柄節(基節：scape)，梗節(pedicel)，鞭節(flagellum)からなり，頭部後方の溝(触角溝：antennal groove)に収まる．眼は1対で頭部側方に丸く隆起する(図IV.65)．

ネコノミ(*Ctenocephalides felis*)：成虫の体長は雌1.6～2.0 mm，雄1.2～1.8 mmである．頭部の前縁は前方に突き出ており，頬部と前胸部に棘櫛をもつ．頬部棘櫛(genal comb)の第1棘は第2棘とほぼ同じ長さで，イヌノミとの鑑別点の1つとなる(図IV.65)．

イヌノミ(*Ctenocephalides canis*)：ネコノミと類似した形態と大きさをもつが，成虫は頭部前縁が丸く，頬部棘櫛の第1棘が第2棘より短いことで区別できる(図IV.65)．猫よりは犬に多く寄生

するが，ネコノミの寄生に比べるとはるかに少ない．

ヒトノミ(*Pulex irritans*)：成虫は頬部棘櫛と前胸部棘櫛(pronotal comb)をともに欠いている．体長は雌で約3 mm，雄で約2 mmであり，雄より雌が明らかに大きい．宿主範囲はきわめて広く，ヒトの他にも豚，牛，めん羊，鶏などの多くの家畜・家禽，犬や猫などの伴侶動物，キツネ，コヨーテなどの様々な野生動物に寄生する．

ニワトリフトノミ(*Echidnophaga gallinacea*)：成虫の体長は約1 mmで，家畜寄生性のノミとしては最小．頭部は角張っており，口器がよく発達するが，胸部体節は著しく縮小している．ヒトノミと同じく頬部棘櫛と前胸部棘櫛を欠く(図IV.66)．鶏をはじめとする家禽に寄生するが，犬，猫，ウサギ，馬，ヒトなどにも普通に寄生する．眼瞼など一個所に寄生するとそこからほとんど移動しない(図IV.66)．

その他のノミ：日本の野生げっ歯類には，ヤマトネズミノミ(*Monopsyllus anisus*)，ヨーロッパネズミノミ(*Nosopsyllus fasciatus*)，メクラネズミノミ(*Leptopsylla segnis*)が比較的普通にみられる．前2種の成虫はいずれも頬部棘櫛を欠き，前胸部棘櫛のみをもつ．メクラネズミノミは前胸部棘櫛に加えて頬部棘櫛(4本)をもつ．また，ペストの媒介者として重要なケオプスネズミノミ(*Xenopsylla cheopis*)もわずかながら存在している．本種の成虫は頬部，前胸部ともに棘櫛を欠いており，ヒトノミに類似するが，頭部後端部に剛毛をもつ．

発育および生態：「卵→幼虫→蛹→成虫」の各発育期をもつ完全変態を行う．成虫のみが恒温動物に寄生する一時寄生性(temporary parasitism)であり，雌雄とも吸血する．ネコノミは現在世界的にもっとも多くみられるノミで，宿主特異性が弱く，様々な動物に寄生する．猫はもちろんのこと，犬でも多くが本種に寄生され，ヒトも被害を受ける．時に仔牛で大量寄生がみられることがある．いったん宿主に寄生した成虫は原則として宿主から離れることなく吸血活動を行い，宿主体上で交尾・産卵する．卵は大きさ0.3～0.5 mm，白色，卵円形を呈し，表面は滑らかで，宿主の体上で産み出される(図IV.67)．

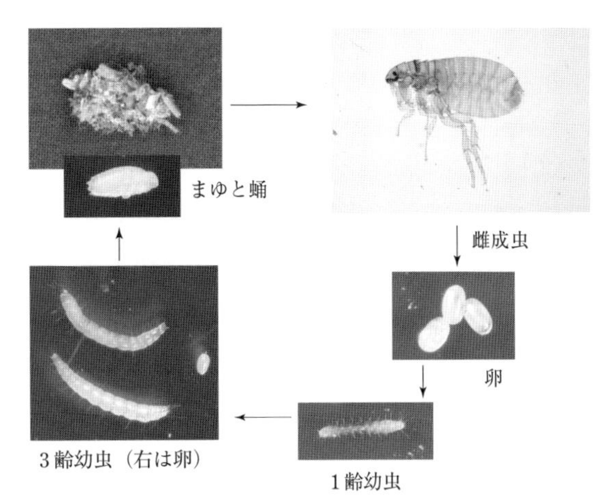

図IV.67　ネコノミ(*Ctenocephalides felis*)の生活環
［原図：今井壯一］

卵は表面が滑らかなため，ほとんどは速やかに環境中に落下する．孵化した幼虫は眼と脚のない細長いウジ型で，1～3齢があり，体節を屈伸曲折させて活発に運動し，環境中の有機物を摂取する．種によっては成長に成虫の糞(もっぱら吸血のみで生活する成虫の糞はほとんどが未消化の血液成分)が不可欠である．糞が宿主から落下する場所は，宿主動物の休息場所など，卵が落下する場所と一致しているため，幼虫には継続的に成虫の血糞が提供されることになる．幼虫ははじめは白色であるが，糞を摂食すると褐色～黒色を呈するようになる．十分に発育した3齢幼虫は10 mm近くに達し，唾液腺から絹糸のような糸を吐いて周囲のゴミを集め，5 mmほどのまゆ(cocoon)を形成し，その中で蛹になる．蛹は好条件では1～2週間で成虫となるが，条件が悪い場合には6か月以上耐過する．機械的刺激，温度などの刺激が羽化の引き金となる．羽化した成虫はそこで待機し，動物が近くを通過するとジャンプして飛び移る．待機できる期間は一般には10日前後とされる．宿主に寄生した成虫はただちに吸血を開始し，交尾した雌は産卵するが，その後も吸血と産卵(1日10個前後)を繰り返し，通常1～2週間で寿命を終える(図IV.67)．成虫となるまでに要する期間は条件によって異なるが，約3週間である．

症状および解剖学的変状：ネコノミやイヌノミ

による最大の被害は，直接的な刺咬による強い掻痒と，これに伴うアレルギー性皮膚炎(flea allergy dermatitis：FAD)である．アレルギー性皮膚炎は，ノミの唾液成分に感作されることによるが，一度アレルギーを獲得すると，わずかな抗原の注入でも全身に皮膚炎が生じるようになる．このため掻痒以外にも，不安，不眠，被毛不良，体重減少などがみられるようになり，自傷による脱毛や細菌の二次感染も起こる．慢性化すると，散漫性脱毛，皮膚肥厚，苔蘚化，角化，色素沈着などが認められる．組織学的には皮膚上層部にリンパ球，肥満細胞，好酸球，好中球などの細胞浸潤が認められる．犬ではアレルギー性皮膚炎はおもに6か月齢以上で発生し，5歳前後にピークがある．

長期にわたって多数のノミが寄生している場合は，鉄欠乏性貧血が起きることもある．また，ノミは瓜実条虫の中間宿主としても重要な意義をもつ．宿主体外に排泄された条虫片節内の虫卵がノミの幼虫に摂取されると，成虫になるまでその体内(血体腔)で擬囊尾虫(cysticercoid)に発育し，感染を待つ．条虫の擬囊尾虫をもつノミ成虫は運動が不活発になるので，グルーミングする宿主によって摂食されやすくなる．瓜実条虫の他にも，縮小条虫(*Hymenolepis diminuta*)，小型条虫(*Rodentolepis nana*)の中間宿主としても働く．

ニワトリフトノミは，鶏では主として眼の周辺，肉冠，肉垂の周辺部に寄生し(図IV.66)，激しい痒覚，局所の浮腫や潰瘍を生ずる．重度の寄生では貧血や産卵率の低下がみられ，幼雛では死亡することもある．

診　断：ノミ刺咬症の確定診断にはノミ虫体の検出が必要であるが，ノミ成虫は動物の被毛の間をすばやく移動するので，虫体が容易に検出されないことも多い．動物体にノミが寄生していると，多量の血糞を排泄するので，被毛に黒いゴミのような糞が点々とみられるようになる(図IV.68)．このような粒子が認められた場合には，これらを集め，白い紙の上にのせて水を一滴加えると，ノミの糞であれば溶解，溶血し，赤褐色のしみが拡散する．成虫の採取には市販のノミ取り櫛も有効である．この場合，被毛の流れ(毛流)に逆らって櫛を使う．周囲環境中の卵，幼虫，蛹を発見することは困難であるが，時に動物舎の周辺にいる多数の幼虫や，動物体上を動いている幼虫を発見することがある．これらがノミの幼虫であることを確認するためには，体の後部末端(第10腹部体節)を鏡検し，体節の背面に並ぶ短い櫛状の棘毛列と1対の尾突起(cercus)を観察できればノミ幼虫と断定してよい(図IV.69)．

治療・防除：皮膚炎で痒みが強い動物(とくに犬，猫)では，プレドニゾロン(prednisolone)などのステロイドや抗ヒスタミン剤，もしくは抗アレルギー剤の投与が行われるが，一般に著効は示さない．痒みによる自己損傷を防ぐため，皮膚の清潔維持とカラーの装着は効果がある．一部では減感作療法も試みられているが，評価は必ずしも一定ではない．根本的な治療手段はノミの駆除であるが，ノミは成虫の時期以外は動物体上で生活

図IV.68　猫の体上に寄生しているネコノミ成虫と糞(矢印)
［原図：今井壯一］

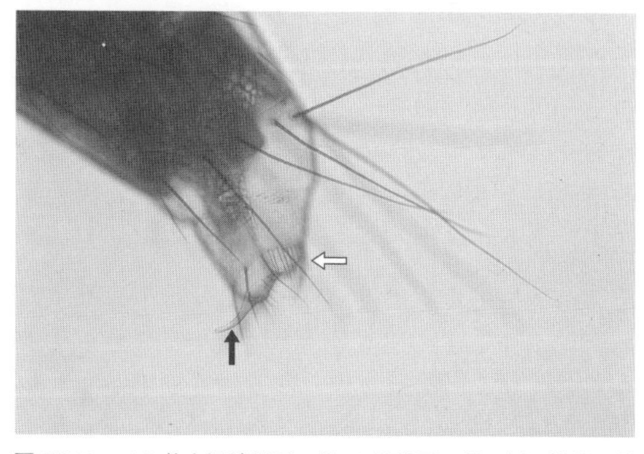

図IV.69　ノミ幼虫尾端側面．第10節背面に並ぶ短い櫛状の棘毛列(白矢印)と1対の尾突起(黒矢印)が存在する．
［原図：今井壯一］

していないので，駆除は動物体上の成虫駆除と，周囲環境にいるその他の発育期駆除の両方を行わなければならない．動物体上のノミ成虫殺虫剤としては，他の節足動物と同様に，天然ピレスロイドや合成ピレスロイドが使用されるが，近年，犬と猫によく用いられるのは，フィプロニル，イミダクロプリド(imidacloprid)，セラメクチン(selamectin)などである．いずれもスポットオン方式で使用し，1か月に1回の投与で効果を発揮する．他にニテンピラム(nitenpyram)のような経口薬も市販されている．

一方，環境中に生息している卵，幼虫，蛹を駆除することは容易ではない．ノミの幼虫や蛹がいそうな場所の徹底的な清掃・整頓は，手間はかかるが環境汚染や人体毒性がなく，ノミ駆除にあたっては最初に行うべき方法である．しかし，これのみで環境中のノミを駆除することはほとんど不可能である．環境中に殺虫剤を適用することも一法であるが，とくに蛹は殺虫剤に対して非常に高い抵抗性を示す．近年，環境中のノミの殺虫のために昆虫成長制御剤(insect growth regulator：IGR)が用いられるようになってきた．これにはノミの外骨格を形成するキチン(chitin)の合成阻害を行うもの(chitin synthesis inhibitor：CSI)と幼若ホルモン様物質(juvenile hormone analogue：JHA)の2種類がある．キチン合成阻害剤としてはルフェヌロン(lufenuron)があり，これを宿主に経口摂取させると，脂肪組織に蓄積後に血中に徐々に放出され，吸血した成虫の卵に移行し，幼虫の外骨格形成を阻害する．幼若ホルモン様物質は幼虫期間に作用し，幼虫の蛹化を阻害する．ピリプロキシフェン(pyriproxyfen)，メトプレン(methoprene)，フェノーキシカーブ(phenoxycarb)などが代表的で，ムース，スプレー，スポットオン剤として広く使用されており，環境中への液剤散布も行われている．ただし，これらの薬剤はいずれも成虫に対する効果はないため，最近は殺虫剤との合剤が多く用いられている．

2.4　蚊，ブユ，ヌカカ

蚊(mosquitoes)，ブユ(black flies)，ヌカカ(biting midges)は，いずれもハエ目(双翅目)，長角亜目(カ亜目)に属する(表 IV.1，図 IV.54)．成虫は原則として1対の翅をもち，雌成虫だけが吸血のときにのみ動物を襲う一時寄生性である．完全変態を行い，成虫以外の各発育期は自由生活をしている．各種病原体の媒介者としても重要である．

原　因：

(1)蚊

カ科(Culicidae)に属し，被害がもっとも大きい衛生昆虫の1つである．世界で約40属，3,200種が知られ，日本には13属，約110種が分布する．ハマダラカ亜科(Anophelinae)，ナミカ亜科(Culicinae)，オオカ亜科(Toxorhynchitinae)の3亜科に分けられ，ナミカ亜科はさらにイエカ類，ヤブカ類に区分される(表 IV.15)．蚊の触角は柄節，梗節，鞭節からなり，13の鞭小節(flagellomere)で構成される鞭節は，雄では毛が長く密生していてブラシ状であるのに対し，雌では毛が短く粗であり，相違を雌雄鑑別に用いることができる(図 IV.70)．

a. ハマダラカ類　ハマダラカ類は約430種を含み，休止時の成虫の姿勢や幼虫(ボウフラ)の呼吸時の姿勢によってイエカやヤブカと区別できる．すなわち，休止時には成虫は体を斜めあるいは垂直に近い姿勢をとり，幼虫は呼吸管をもたないため，水面に接するように平行に浮いている(図 IV.71)．卵は浮き袋(浮嚢：float)を備えて水面に浮かぶ．*Anopheles* 属の和名「ハマダラカ」は多くの種の成虫の翅(=ハ)に斑紋(=マダラ)があることに由来する．

シナハマダラカ(*Anopheles sinensis*)：本種の

表 IV.15　ハマダラカ類，イエカ類，ヤブカ類の比較

		ハマダラカ類	イエカ類	ヤブカ類
成虫(雌)	翅	斑紋がある	透明	透明
	小あごひげ	長い	短い	短い
	活動時期	夜間	夜間	おもに昼間～薄暮
幼虫	呼吸管	ない	長い	短い
卵	浮き袋の有無	あり	なし	なし
	産卵形態	バラバラに産みつける夜間	細長い舟形の卵塊	バラバラに産みつける

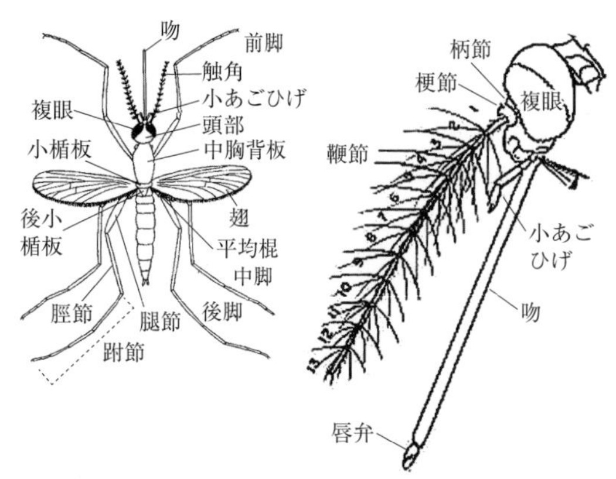

(a) イエカ類の雌成虫の体制　(b) イエカ類の雌成虫の頭部

図 IV.70 蚊の雌成虫の形態［(a)：今井壯一他(2009)］

成虫は，体長5～6 mm，暗灰褐色を呈し，小あごひげ(maxillary palp)は雌雄とも長く吻とほぼ同長で，肉眼的に口吻が太くみえる(図 IV.71)．翅には名の通り黒白の「まだら」が散在する．成虫は，早春より出現して牛などの大型哺乳類を好んで吸血し，静止するときに尾端を上げ，斜めに姿勢を保つのが特徴的である(図 IV.71)．夜間活動型で，吸血活動は午後8～12時がもっとも活発である．幼虫は水田，湿原，池沼，城の濠など比較的清潔な水系に多く生息する．日本全土に分布する．

b. イエカ類　イエカ類は600種に及ぶ種を含み，人獣に対する重要種も多い．成虫の体色は暗褐色のものが多い．産卵後の卵は縦に並んで舟形に浮かぶので卵舟(らんしゅう)(egg raft)とよばれ(図 IV.71)，幼虫は棒を振るように泳ぐのが特徴的である．越冬は成虫で行われ，*Culex* 属の和名の「イエカ」は家の中でよくみられる蚊という意味である．

アカイエカ(*Culex pipiens pallens*)：イエカ属，イエカ亜属(*Culex*)，*pipiens* 群(group)．もっとも普通にみられるイエカで，成虫は体長5～6 mm，胸部は淡赤褐色で腹部背面は黒褐色を呈する．吻に白帯はなく，脚の腿節と脛節の末端にだけ白帯がある(図 IV.70)．翅は透明．畜舎や人家周辺の下水，堆肥場近くの窪地，水槽などの汚水から発生する代表的な種である．成虫は午後9時～午前4時頃が吸血活動期であり，昼間は物陰などの暗所で休息する．ヒト，鶏に対する嗜好性が強いが，家畜，伴侶動物，小鳥の他，ヘビ，カエルなども吸血する．北半球温帯域に分布し，日本では北海道から九州まで全国的に分布するが，沖縄県，奄美，小笠原などには亜種のネッタイイエカ(*Culex pipiens quinquefasciatus*)が分布する．

チカイエカ(*Culex pipiens molestus*)：アカイエカの亜種で，成虫はアカイエカと形態的にはほとんど区別できない．しかし，卵塊の形で区別が可能であり，アカイエカの卵塊は舟形で卵数は100～150個であるが，チカイエカの卵塊は小さくゴマ状で，卵数も50～60個と少ない．また，アカイエカと異なり，チカイエカは第1回目の産卵を無吸血で行い(無吸血生殖：autogeny)，休眠せず冬季でも吸血活動を行う．ビルの地下の水たまり，地下鉄構内の浄化槽，古井戸などに発生する．ヒトに対する嗜好性が強く，北海道から九州の都市部にみられる．

コガタアカイエカ(*Culex tritaeniorhynchus*)：イエカ亜属，*sitiens* 群．*Culex tritaeniorhynchus summorosus* などの亜種を設ける場合がある．コガタイエカは別名．成虫は体長4～5 mmのやや小型の蚊であり，体色は茶褐色．吻の中央に明瞭な白帯があるのが特徴で，脚の各関節にも白帯を有する．水田，灌漑溝，窪地，湿地など比較的大きな溜まり水が発生源で，卵塊は細長い舟形で，卵数は約250個と非常に多い．成虫で越冬し，春先から活動を開始し，盛夏に大発生することがある．成虫は夜間活動型で，午後9時頃と午前2時頃に多く飛来し，牛，豚，馬などを好んで吸血する．全国的に分布するがとくに農村地帯に多い．

c. ヤブカ類　ヤブカ類には700種を超える多くの種が含まれ，いくつかのものは衛生動物として重要である．*Aedes* 属の和名の「ヤブカ」はやぶに住む蚊の意味で，おもに夜間吸血型のハマダラカ類，イエカ類とは異なり，吸血活動は昼間～薄暮が多い．越冬は卵や幼虫で行われる．

ヒトスジシマカ(*Aedes albopictus*)：ヤブカ属，シマカ亜属(*Stegomyia*)．成虫の体長は5 mm内外，体および吻は黒色を呈する．胸部の背面中央の明瞭な1本の白縦線が特徴的．成虫は昼間，木陰などを活発に飛び回り，人獣を激しく襲うが，

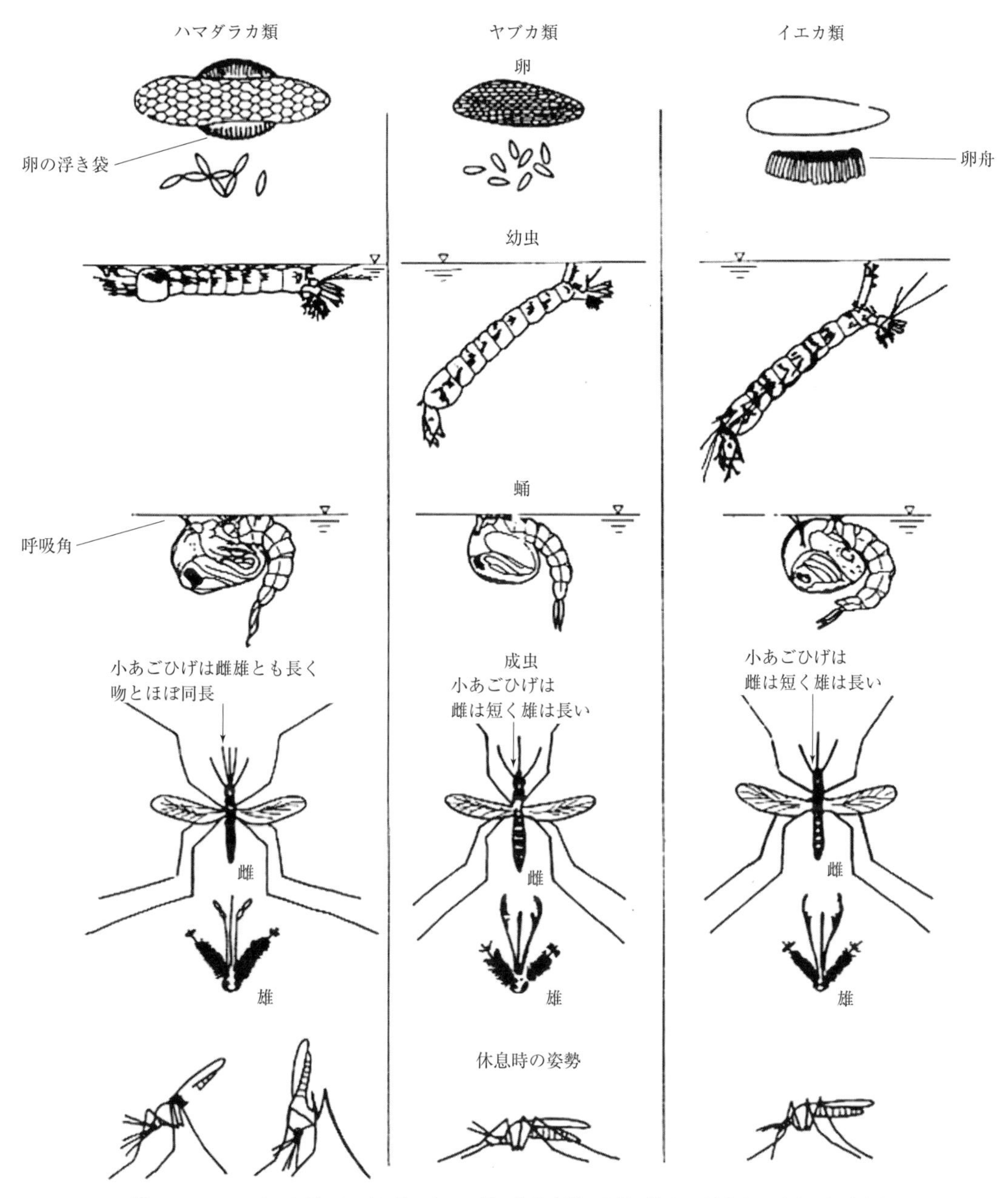

図 IV.71　ハマダラカ類，ヤブカ類，イエカ類の各発育期の比較［板垣　博他(1989)を一部改変］

家屋内にも侵入し，夜間でも吸血活動を行う．水槽，空き缶，バケツ，墓石の花立てなど人工的な小水域に多く発生し，人家周辺に多い．本州(青森以南)，四国，九州，沖縄県に分布し，関東以西ではきわめて普通にみられる．

トウゴウヤブカ(*Aedes togoi*)：ヤブカ属，トウゴウヤブカ亜属(*Finlaya*)．成虫の体長は 6 mm 内外．体色は黒褐色で，胸部背面に縦 4 本の黄白線があること，小あごひげに白帯があること，後脚に 6 白帯があることが特徴．他のヤブカ類と異なり吸血活動は昼間よりも夜間の方が活発である．幼虫は強い耐塩性を備えており，海水の潮だまりに大発生することもある．日本全土に分布し，とくに本州以南の海岸地帯に多い．

キンイロヤブカ(*Aedes vexans*)：ヤブカ属，キンイロヤブカ亜属(*Aedimorphus*)． 3 亜種があり日本に分布するのは *Aedes vexans nipponii*．水田，用水路，沼などで発生し，北日本では日中から薄暮，南日本では薄暮および夜間に吸血することが多い．体は全体に光沢のある褐色で，腹部背面に逆VないしW字型の横白線があることが特徴．

オオクロヤブカ(*Armigeres subalbatus*)：クロヤブカ属(*Armigeres*)の大型のヤブカで，成虫の体長は6～7 mm．体は黒色で，胸背周囲と腹部側面が白色で腿節末端にも白斑をもち，静止時には吻の末端が湾曲するのが特徴．幼虫は，肥料だめ，汲み取り便所などのハエのウジが発生するような汚い環境に発生し，成虫も便所や畜舎に多くみられる．昼夜を問わず吸血活動するが，とくに夕刻に活発に活動する．西日本に多く分布する．

(2)ブ　ユ

ブユ科(Simuliidae)に属する小型の吸血性昆虫で，世界で20数属，約2,200種，日本からは4属，約70種が知られている．成虫の体長は1～5 mmで，胸背(scutum)は隆起し，ずんぐりした形をしている(図IV.72)．体色は一般に薄黒い色をしているが，黄色やオレンジ色を呈するものもある．

キアシオオブユ(*Prosimulium yezoense*)：大型のブユで，北海道，本州，九州の山間部に普通にみられる典型的な山地性の種．成虫の体長は3.5 mm，体色は黄褐色で，早春から出現する．幼虫，蛹は山間部の急流に生息する．

ウマブユ(*Simulium takahasii*)：成虫の体長は2 mm内外，体は灰白色を呈し，胸背には3本の明瞭な褐色縦条をもつ．日本では暖地の平地に多く，幼虫は川幅が比較的大きく，流れの緩やかな中小河川に生息する．

ツメトゲブユ(*Simulium iwatense*)：大型のブユで，成虫の体長は3～4 mm，頭部は白く，胸背は褐色を呈する．本州以北の低地から山間部にかけて分布し，大型家畜を好んで吸血する．

ヒメアシマダラブユ(*Simulium arakawae*)：比較的小型のブユで，成虫は体長2～3 mm，胸背は灰色がかった光沢のある黒色で，条紋はない．各脚は黒色と黄色のまだらを呈する．本州，九州の平地から山麓にかけて分布し，人獣を激しく襲い発生量も多いため被害が大きい(図IV.73)．

(3)ヌカカ

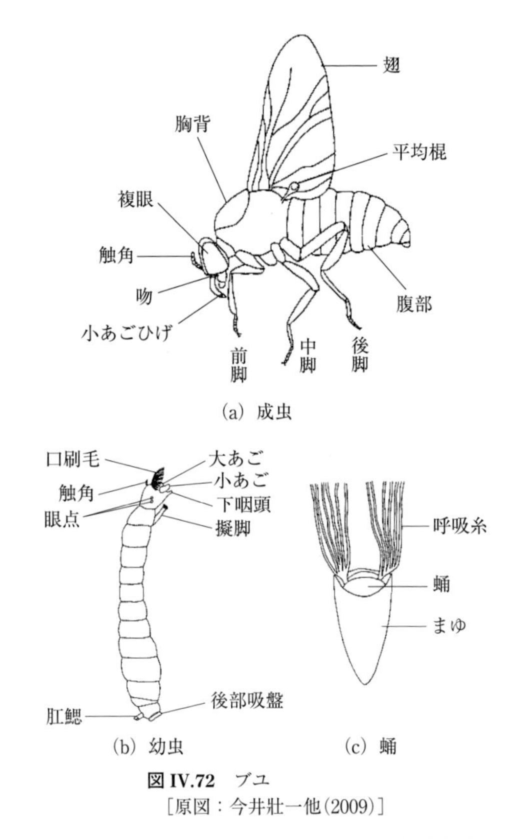

図IV.72 ブユ
［原図：今井壯一他(2009)］

図IV.73 ヒメアシマダラブユ(*Simulium arakawae*)
［原図：今井壯一］

和名が「ヌカカ(糠蚊)」であることから蚊と混同されやすいが，はるかに小型のヌカカ科(Ceratopogonidae)の昆虫(成虫の体長は1～2 mm)であり，成虫の翅には種特有の褐色斑紋をもち(図IV.74)，翅を体上に重ねて休止する．ヌカカ科は世界で約80属4,000種，日本には11属，約300種が分布するが，吸血性を有して獣医学的な意義をもつ種の大半は*Culicoides*属である．日本で家畜や家禽，野生動物，ヒトなどを吸血することが知られている*Culicoides*属のヌカカは約

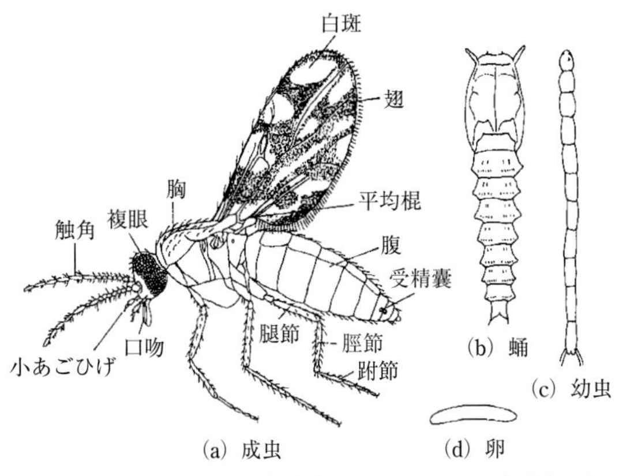

図 IV.74　ヌカカの一般形態［(a)，(b)：北岡から参考作図］［原図：今井壯一他(2009)］

図 IV.75　鶏を吸血中のニワトリヌカカ(*Culicoides arakawae*)の雌成虫

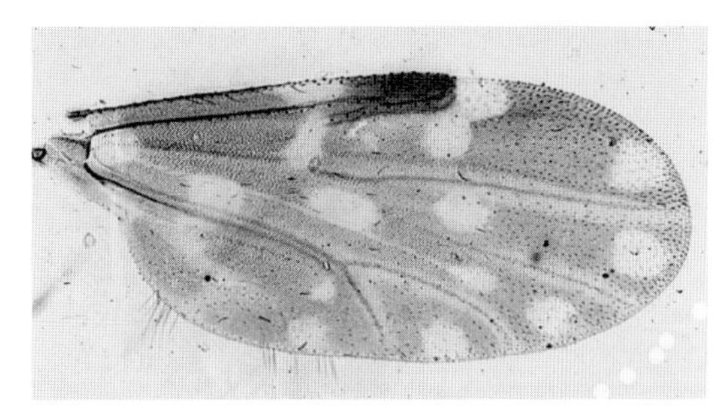

図 IV.76　ニワトリヌカカの翅にみられる褐色の斑紋

90 種である．

ニワトリヌカカ(*Culicoides arakawae*)：成虫の体長は 1.5 mm 内外で，体色は黄褐色を呈する．翅には明瞭な円形の小斑紋があり(図 IV.75, 76)，雌の受精嚢(spermatheca)は単一の大きな楕円形である．日本全土に分布し，代表的な鳥類嗜好性のヌカカであるが，牛舎にも多く飛来する．成虫は年数回水田から発生し，4～11 月に活動する．夜間活動性で，6～7 月の大発生時には，毎晩数万から数十万の個体が鶏舎に飛来し，鶏を激しく襲う．冬季は 3 齢幼虫として湿田の土中で越冬する．近縁種にウスシロフヌカカ(*Culicoides pictimargo*)があり，おもに鶏を襲う．

ウシヌカカ(*Culicoides oxystoma*)：成虫は体長 1.2～1.3 mm，体色は黒褐色，翅の小斑紋がかなり明瞭である．本州以南に分布し，牛，馬に対する嗜好性が高い．牛舎内でもっとも普通にみられるヌカカで，吸血後は水田や，畜舎近くの排水だめの泥に産卵する．本種の他，牛舎内に多いヌカカとしては，ニッポンヌカカ(*Culicoides nipponensis*)，ミヤマヌカカ(*Culicoides maculatus*)などがある．

発育および生態：

(1)蚊

蚊は雌成虫のみが吸血活動を行い，その吸血は宿主の皮膚の毛細血管に口器を挿入して吸う piercing-sucking type の血管内吸血型の代表的事例である(図 IV.12, 77)．口器(口吻)は，吸血時に宿主の皮膚と血管内に挿入される口針(刺針：stylet fascicle)と，吸血時は皮膚外にとどまり口針の皮膚挿入をアシストする下唇からなる(図 IV.77)．口針は，1 対の大あご，1 対の小あご，各 1 本の上唇と下咽頭からなる合計 6 本の針が束ねられたものである．熱帯・亜熱帯に分布するネッタイシマカ(*Aedes aegypti*)の場合，吸血速度は 1 秒あたり平均 0.016 μL，1 回あたりの吸血総量は約 4.2 μL に達する．完全変態を行い，卵は水面に産みつけられ，孵化した幼虫は無脚であり，ボウフラとして水中で生活する．幼虫は 4 齢を経た後，蛹(オニボウフラ)となる．蛹の腹部はエビのように折れ曲がっており，頭胸部の背面に 1 対のラッパ状の呼吸角(respiratory trumpets)をもつ(図 IV.71)．成虫の体は細長く，長い 3 対の脚をもつ．雌成虫は，羽化後は「休止→吸血→休止→産卵→再吸血」という活動リズムをもち，卵から成虫までの期間は夏季では 10～20 日，成虫の寿命は 30～70 日とされる．

以下に示すような様々な人獣の重要な病原体を生物学的あるいは機械的に媒介し，マダニと並んでもっとも代表的な衛生動物となっている．

シナハマダラカ：三日熱マラリア原虫，日本脳

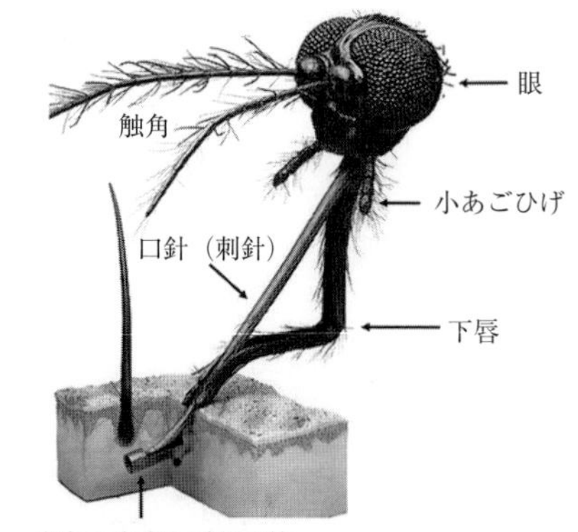

(a) 蚊の吸血の模式図［MacQuitty, M.(1996) を改変］

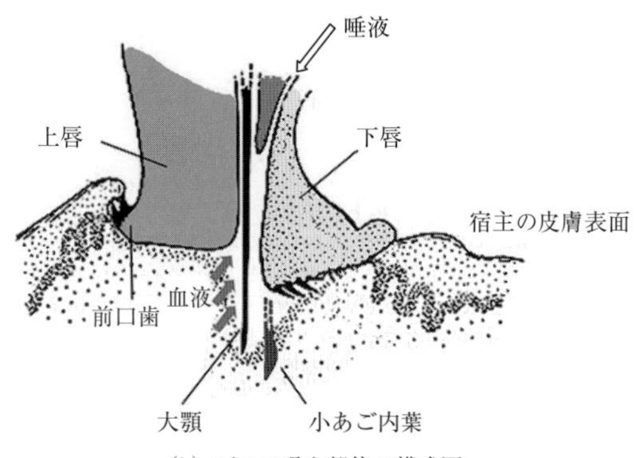

(b) ブユの吸血部位の模式図

図 IV.77　蚊とブユの吸血

炎ウイルス，指状糸状虫，バンクロフト糸状虫．

アカイエカ：日本脳炎ウイルスの代表的媒介者．犬糸状虫，馬伝染性貧血ウイルス，バンクロフト糸状虫．

ネッタイイエカ：日本脳炎ウイルス，犬糸状虫，鶏痘ウイルス．

コガタアカイエカ：日本脳炎ウイルスの媒介者として，もっとも重要な種であるが，他に犬糸状虫，バンクロフト糸状虫を媒介．

ヒトスジシマカ：犬糸状虫，日本脳炎ウイルス．

トウゴウヤブカ：犬糸状虫の重要な媒介者．他に指状糸状虫，地域によってはマレー糸状虫．

オオクロヤブカ：指状糸状虫．

(2) ブ　ユ

雌成虫のみが夏季に活発に吸血活動を行い，種によってある程度の宿主嗜好性がある．口器は全体が小さく，口吻(piercing-proboscis)は上唇，大あご，小あご内葉，下唇，唇弁(labial lobe)からなる．短刀状の大あごを複雑に動かして皮膚を切開するため，吸血部位には小出血や blood pool が生じる．ブユはこの傷口に滲出する血液や blood pool の内容物を摂取する cutting-sponging type の血管外吸血型である(図 IV.77)．翅は体に比較して幅広く，通常，無色透明である．

ブユは完全変態であり，「卵→1～6齢幼虫→蛹→成虫」の各発育期をもち，卵から蛹まで大小様々な清流に生息するが，かなり汚れた水から発生する種もある．卵から成虫が羽化するまでの発育期間は，ブユの種類，生息地の緯度，標高，水温などによって異なり，早い場合は10日，長い場合は数か月を要する．年に1回しか発生しない一化性(univoltinism)と2～数回発生する多化性(multivoltinism)がある．幼虫は円筒形で，尾端は太く吸盤(後部吸盤：posterior sucker)をもち，川の植物，岩，木片などに吸盤で付着し，シャクトリムシのように移動して生息するものが多い．終齢幼虫はまゆをつくってその中で蛹になる．まゆからは種によって様々な形の呼吸糸が出ている(図 IV.72)．

病原体の媒介者としても重要で，ツメトゲブユは牛のワヒ，コセ病の原因である咽頭糸状虫を媒介する．海外ではアヒル，カモ，七面鳥などのロイコチトゾーン病の媒介者となる．

(3) ヌカカ

雌成虫のみが蚊と同様の piercing-sucking type の血管内吸血型の吸血を行う(図 IV.77)．口器の長さは 0.1～0.2 mm と小さく，口吻先端には感覚毛を有する唇弁，尖った上唇と大あごが認められる．吸血活動は一般に日没後から日の出までがもっとも活発で，家畜や家禽を集団で襲うことが多い．動物種に対する嗜好性は高くないが，ある程度の嗜好性はみられる．完全変態であり，「卵→1～4齢幼虫→蛹→成虫」の各発育期をもつ．卵は水田などの湿った土壌に産みつけられ，幼虫は水中で生活するものが多いが，ミヤマヌカカのように牛糞で発育するものもある．1世代は約1か月である．

ニワトリヌカカは日本の鶏ロイコチトゾーン病の媒介者として重要であり，さらに種々のヌカカが鶏痘，アカバネ病，イバラキ病，牛流行熱，ブルータングなどのウイルス，頸部糸状虫，ギブソン糸状虫などの寄生虫の媒介者となる．

症状および解剖学的変状：

(1)蚊

蚊によって起こるもっとも直接的な被害は，刺螫や吸血による痒みである．動物の飼育環境によっては，膨大な数の蚊が襲来し吸血するため，動物は多大なストレスを受け，睡眠阻害や，増体量，泌乳量，産卵率などの低下がみられ，失血死も報告されている．刺咬跡には痒覚とともに，発赤，腫脹を伴う炎症が生じ，強い痒みによって体を器物に擦りつけ，二次感染を起こすこともある．一般に吸血後にみられる反応には刺咬後数分以内に起こる即時型アレルギー反応と，数時間ないし1日後に起こる遅延型反応があり，通常これらの痒みは数日で消失する．

(2)ブ　ユ

ブユは多数個体で動物に飛来することが多いため，喧騒感が非常に強い．吸血による刺激や痒みは蚊より重度であり，出血班，丘疹，浮腫，水疱や痂皮形成などの皮膚炎や，泌乳量減少，鶏では産卵量減少などがみられる．放牧地では大群のブユに襲われた牛が狂奔し，怪我や転落事故につながることがある(図IV.78)．大動物では，頭部，四肢，腹部，乳房部などが好刺咬部位である．

(3)ヌカカ

一般に大量の個体が夜間に動物舎内に飛来して吸血活動を行う．虫体が小型で防虫網をすり抜けるため，実際の攻撃数がきわめて多く，騒覚や痛痒覚による強いストレスを動物に与え，増体重，泌乳量，産卵率などの低下を引き起こすこともある．

図IV.78　ウシバエ(*H. bovis*)成虫の飛来による狂奔状態(gadding)［原図：Zumpt, F.(1965)］

診　断：虫体の採集と同定による．

治　療：刺咬による掻痒や皮膚炎が激しい場合には，抗ヒスタミン剤の注射や塗布を行う．

防　除：蚊，ブユ，ヌカカとも，幼虫と蛹の生活環境は成虫とは完全に異なっているので，これらの防除には発生源対策と成虫対策が必要となる．

(1)蚊

蚊の防除は発生源となる水たまりをなくす環境整備が基本である．とくに動物舎周辺の水槽，溝，どぶ，浄化槽などの清掃は，蚊の発生源対策として重要である．また，排水溝や川などは流れをよくするため，計画的にゴミ除去を行う．幼虫の駆除には，発生期間を通して殺虫剤あるいは昆虫成長抑制剤を水面に散布する．水槽などに金魚，メダカ，グッピーなどを飼うと，これらが蚊の幼虫を捕食する．

成虫対策として，動物舎の出入り口や窓などに防虫網を張る方法があるが，動物舎内の通気，換気，室内温度の上昇などに配慮する必要がある．ライトトラップ(light trap)に対しては効果が高い種類と弱い種類がある．忌避剤(repellent)は人体にはよく用いられるが，動物では実用的でない．また，成虫の休息場所となる動物舎内の天井，壁，物陰，周辺の草むらなどに殺虫剤を散布する．

(2)ブ　ユ

発生源対策としては，ブユの幼虫が生息する川に殺虫剤を流す方法があるが，環境破壊に繋がるので，使用は限定される．成虫の刺咬を防ぐためには忌避剤が選択されるが，ヒト以外の動物では実用性に乏しい．したがって，現在もブユに対しては積極的な防除法を考慮することは困難であり，ブユの発生時期には放牧を中断し一時的に舎飼いに移すなどの，ブユと動物を接触させないようにする消極的手段しかない．

(3)ヌカカ

ヌカカの発生源は水田など広範多岐にわたるので，発生源対策は困難である．したがって，ヌカカの防除は成虫対策が主体となる．ヌカカ成虫は雌雄とも灯りに誘引されるので，ライトトラップを動物舎周辺に設置することは，有効である．また，成虫の休息場所である動物舎内の天井，壁，周辺の草むらなどへの殺虫剤噴霧も行われるが，高い効果は期待できない．

2.5　アブ，サシバエ，シラミバエ

アブは，ハエ目(双翅目)，短角亜目，直縫短角群に，サシバエとシラミバエは，ハエ目(双翅目)，短角亜目，環縫短角群に属する(図 IV.54)．いずれも成虫が雌雄ともに吸血して動物に被害を与え，種によっては病原体媒介にも関与する．

原　因：

(1)ア　ブ

アブ(horse flies, deer flies)には多くの種類があるが，動物を吸血するのは主としてアブ科(Tabanidae)のものである．アブ科は世界に 3 亜科，50 数属，約 4,500 種が分布し，日本からは 3 亜科，9 属，約 100 種が知られている．アブは比較的大型で一見ハチに似るが，翅は 1 対 2 枚のみであり，翅が 2 対 4 枚で構成されるハチ(ハチ目)とは容易に区別できる．体は頑丈で，柔らかい毛が密生しており，大きな複眼をもつ．複眼は生時には緑，青，褐色などの美しい光沢をもっているが，死ぬと黒褐色に変色する．雄では複眼が左右接合するのに対し，雌では少し離れて眼間区(frons)を形成する(図 IV.53, 79)．眼間区には成虫が羽化時に用いた額嚢(がくのう)(ptilinum)の遺残物である額瘤(がくりゅう)(callus on frons)とよばれるこぶがある(図 IV.79, 89)．体色は黄褐色，黒色など種類によって異なっている．翅は一般に透明であるが，黒色斑をもつ種もある．触角は 3 節(基節，柄節，鞭節)からなるが，属によって形状が異なり，アブ属(*Tabanus*)で太く，キンメアブ属(*Chrysops*)では細いなどの相異がみられる．

以下のような種が普通にみられる(図 IV.80)．

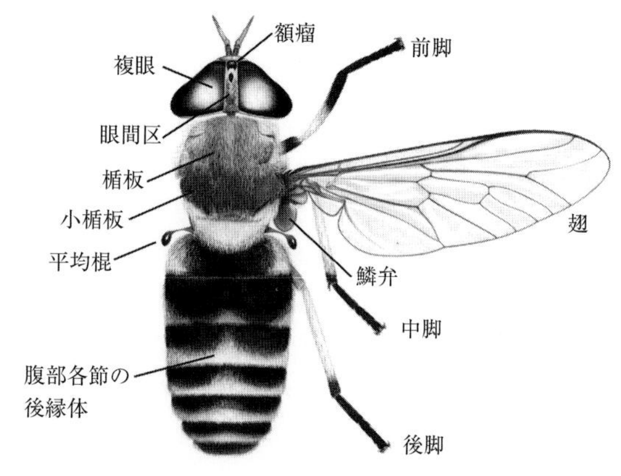

図 IV.79　アブの雌成虫の背面
(イヨシロオビアブ *Tabanus iyoensis*)

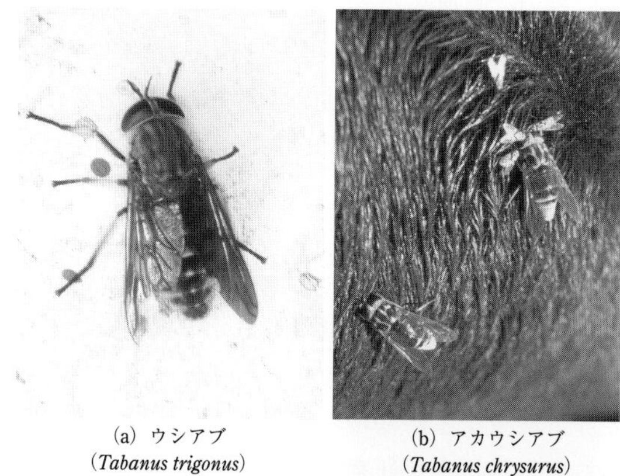

(a) ウシアブ
(*Tabanus trigonus*)

(b) アカウシアブ
(*Tabanus chrysurus*)

(c) シロフアブ
(*Tabanus trigeminus*)

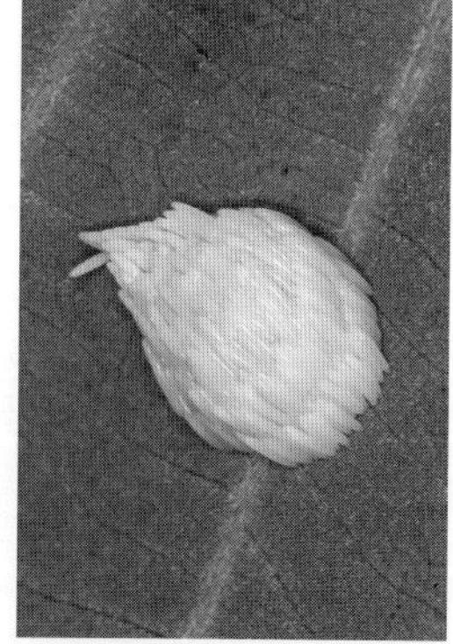

(d) 葉に産みつけられたアブの卵塊

図 IV.80　アブ類［原図：今井壯一］

ウシアブ(*Tabanus trigonus*)：アブ亜科(Tabaninae)，アブ属の大型のアブで，成虫の体長は 25 mm 内外．体色は灰褐色ないし灰黒色を呈する．胸背は青黒く，黄灰色の 3 縦線がある．日本全土に分布する普通種で，畜舎や放牧場近くにみられる．成虫は 6 ～ 9 月に出現する．

アカウシアブ(*Tabanus chrysurus*)：大型のアブで，成虫の体長は 30 mm 内外．頭部，触角は橙黄色，胸背は暗褐色で 5 本の黄褐色の縦線がある．日本全土に分布する普通種で，日中にもよく活動し，ヒトや動物を襲う．成虫は 7 ～ 9 月に出現する．

シロフアブ(*Tabanus trigeminus*)：中型のアブで，成虫の体長は 20 mm 内外．体は灰黒色で，胸背に灰色の5本の縦線がある．日本各地に分布し，成虫は6～9月に発生する．幼虫は田植え作業中のヒトを咬むことがあり，「水田アブ幼虫刺咬症」の原因になることが知られている．

キスジアブ(*Tabanus fulvimedioides*)：中型のアブで，成虫の体長は 15 mm 内外．胸背は灰色ないし灰黄色を呈し，腹部は光沢のある黒褐色で背面中央に灰黄色の明瞭な縦線がある．日本全土に分布．

イヨシロオビアブ(*Hirosia iyoensis*)：アブ亜科，ツナギアブ属の小型のアブで，成虫の体長は 13 mm 内外．体は黒色で，胸背は灰褐色，腹部背面各節には白色の後縁体がある(図 IV.79)．成虫は本州，四国，九州の山地で8～9月に大発生し，早朝と夕方の薄暮期に活動してヒトを好んで襲う．本種は衣服の上からでもヒトを吸血するので，発生期には山仕事を休む地方もあるほど．富山県や石川県ではオロロやウルルとよばれる身近な吸血昆虫．

ゴマフアブ(*Haematopoda tristis*)：アブ亜科，ゴマフアブ属．ゴマフ(胡麻斑)の和名は翅に点状の斑紋をもつことに由来する．*H. pluvialis tristis* の亜種名でよぶこともある．小型で成虫の体長は8～12 mm．体は細長く黒褐色で胸背に5本の縦線，腹背各節に狭い黄帯がある．成虫は7～9月に発生し，雌は牛，馬，ヒトを襲って吸血する．本州の山間部や北海道に分布し，イヨシロオビアブなどと同じく無吸血産卵が可能．

キンメアブ(*Chrysops suavis*)：キンメアブ亜科(Chrysopsinae)，キンメアブ属の小型のアブで，成虫の体長は 10 mm．胸背は黒く，中央に2本の灰色の縦線がある．腹部には黄色の模様，翅には大きな褐色の斑紋がある．日本各地に普通にみられ，とくに北部に多い．吸血飛来の際に人体にまとわりつき，あたかも周りがみえていないかのように突進してくることから以前はメクラアブとよばれた．しかし，差別用語を含む昆虫和名を避けるために，学名の Chryso が「金色」を意味し，生体は複眼が玉虫色に輝くことに基づいて，新和名として「キンメアブ」が使用されることになった．

クロキンメアブ(*Chrysops japonicus*)：小型のアブで成虫の体長は 10 mm 内外．体は黒色で，翅には黒褐色の斑紋がある．日本各地の平地に初夏に出現し，ヒトを含む哺乳類を吸血する．旧和名はクロメクラアブ．

(2)サシバエ

ハエ目，環縫短角群の昆虫(＝ハエ類)は膨大で，全世界で約 80 科，5万 4,000 種，日本にも約 60 科，3,000 種が分布する．成虫が額嚢(ptilinum)(図 IV.89)を欠く無額嚢節(Aschiza)と，額嚢を有する額嚢節(Schizophora)に節(section)のレベルで区分され，額嚢節はさらに成虫が胸部鱗弁(calypter，alula，図 IV.79)を欠く無弁翅亜節(Acalyptratae)と，胸部鱗弁が平均棍(haltere，図 IV.79)をおおい隠すように発達している弁翅亜節(Calyptratae)に亜節(section)のレベルで分類される(図 IV.54)．無弁翅亜節は日常生活で「コバエ」とよばれるショウジョウバエやミバエなどの微小なハエ類を含み，弁翅亜節は高等ハエ類ともよばれ，家畜衛生にとって重要なイエバエ上科(Muscoidea)，シラミバエ上科(Hippoboscoidea)，ヒツジバエ上科(Oestroidea)の3グループを含む．

サシバエ類はイエバエ上科，イエバエ科(Muscidae)，サシバエ亜科(Stomoxynae)に属する．日本では3属5種のサシバエ類が知られているが，家畜衛生上の重要種はサシバエとノサシバエであり，いずれも世界的に問題となっている．

サシバエ(*Stomoxys calcitrans*, stable flies)：成虫は体長7～8 mm，体色は灰色で，胸背に4本の縦線があり，一見イエバエ(*Musca domestica*, housefly)に似るが，口器が硬化し非伸縮性の針状である点で区別され(図 IV.81，82)，小あごひげが口器全体よりはるかに短い点はノサシバエとの鑑別点である(図 IV.81)．日本全土に普通にみられる．

ノサシバエ(*Haematobia irritans*, horn flies)：成虫は体長 3.5～5 mm で，イエバエやサシバエの約半分くらいの大きさ．体色は灰色で，胸背の中央に1本の黒縦線がある．小あごひげは口器とほぼ同長である(サシバエとの相違点)．日本全国

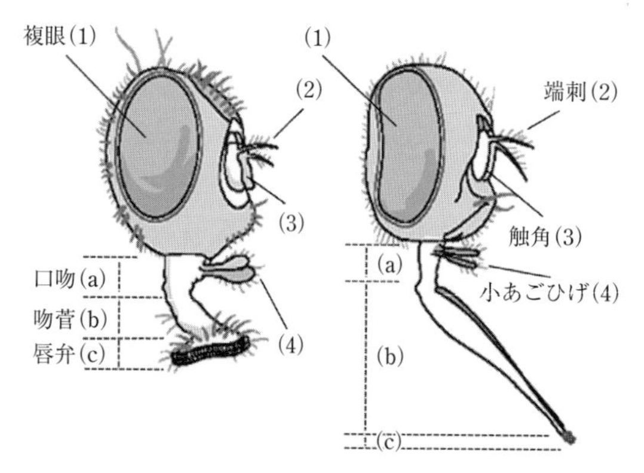

図 IV.81　イエバエ(左)とサシバエ(右)の頭部と口器(口吻，吻管，唇弁からなる)

図 IV.82　サシバエ(*Stomoxys calcitrans*)
［原図：今井壯一］

に分布，とくに東北，北海道に多い．

その他のサシバエ：これらの2種の他に，インドサシバエ(*Stomoxys indica*；本州以南)，チビサシバエ(*Stomoxys uruma*；奄美諸島，沖縄県)，ミナミサシバエ(*Haematobosca sanguinolenta*；全国)が知られている．

(3)シラミバエ

弁翅亜節，シラミバエ上科，シラミバエ科(Hippoboscidae)に属し，世界で約20属，210種が報告されている．シラミバエ上科にはツェツェバエ科(Glossinidae)も含まれる．シラミバエ類は成虫が恒温動物に寄生し吸血する．体は背腹に扁平で，強大な脚をもち，前方に突出した太い口吻をもつ．翅は完全に欠如する種からよく発達した種まで様々である．翅を欠く種を一見シラミあるいはマダニと間違えることがある．

ヒツジシラミバエ(*Melophagus ovinus*, sheep ked)：体長5～7 mmで，体色は赤褐色を呈し，翅を終生欠く．頭部は短く，胸部前端に埋まりこんだようになっている．めん羊，山羊に寄生し，日本でも4～5月頃に多い(図 IV.83)．

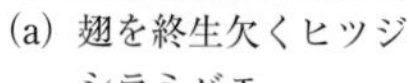
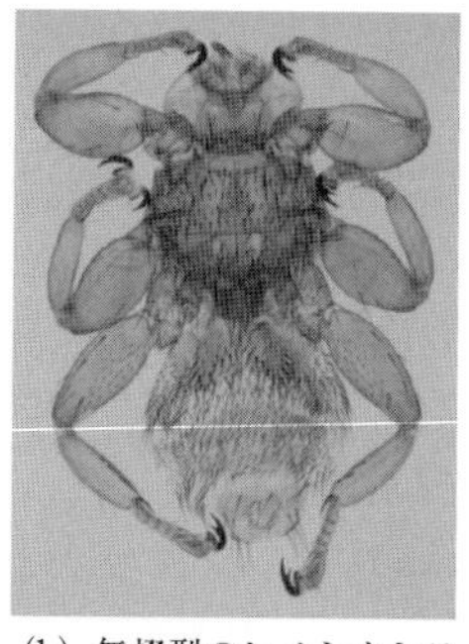

(a) 翅を終生欠くヒツジシラミバエ　(b) 無翅型のヒメシカシラミバエ

図 IV.83　ヒツジシラミバエ(*Melophagus ovinus*)とヒメシカシラミバエ(*Lipoptera fortisetosa*)の雌成虫の腹面

ウマシラミバエ(*Hippobosca equina*)：体長6～8 mmで，長い翅をもつ．馬，稀に山羊に寄生する．

その他のシラミバエ：日本の野生のシカからはシカシラミバエ属の2種(ヒメシカシラミバエ *Lipoptera fortisetosa* とクロシカシラミバエ *L. sikae*)が知られている．いずれも体長3～5 mmで，腹部は細く脚は強大である(図 IV.83)．

発育および生態：

(1)ア　ブ

雄は無吸血性で果汁，花蜜などを摂取する．雌も同様に樹液などを摂取するが，蚊やノミなどと同じく産卵のためには吸血が必要である(吸血生殖：anautogeny)．しかし，イヨシロオビアブなど複数の種は，第1回目の産卵が無吸血で行われる(無吸血生殖)．吸血活動は一般に真夏の日中(10～15時頃)に屋外で行われ，アブの多発する放牧地では，10数種類のアブの同時来襲がみられることが多い．なお種による相違もあるが，アブは黒(赤を含む)と青を好み，白と黄を忌避するという色彩選好性をもつ．

雌の口器は，短く幅広いがっしりした形状であり，先端部が鋭いナイフ状をした大あごと小あご内葉を用いて動物の皮膚を切り裂き，流れ出る血液を唇弁で吸引する cutting-sponging type の血管外吸血型である(図 IV.53)．このため，アブが吸血した後は刺咬部位からかなり長い時間血液が浸出し，これをなめるために様々なハエ類が群がる．アブは種類によって動物の吸血部位がかなり異なり，牛や馬の背部にはアカウシアブなど，顔面にはクロキンメアブ，下腹部や四肢にはシロフアブ，ウシアブ，キンメアブなどが多く寄生する．

完全変態を行い，「卵→幼虫→蛹→成虫」の4発育期をとる．雌の産卵場所は種によって異なり，湿地，草地，森林，川の流れの近くなど様々であり，400〜1,000個の卵塊を産むことが多い(図IV.80)．幼虫は食肉性や腐食性で，水中，泥土などの中で成長し，多くの種で1〜3年にわたって4〜9回の脱皮を繰り返して終齢幼虫となる．蛹は1〜2週間で羽化する．雌成虫の生存期間は約3週間で，その間に1〜3回の吸血と産卵を行う．

非吸血性のアブ：吸血性でないが，獣医学的意義をもつアブ類にはミズアブ科(Stratiomydae)のコウカアブ(*Ptecticus tenebrifer*；後架(こうか)とは便所のこと)，アメリカミズアブ(*Hermetia illucens*)，ハナアブ科(Eristalidae)のナミハナアブ(*Eristalomyia tenax*)がある．前2種は汲み取り便所や不潔な畜舎，鶏舎に多く，幼虫もこれらの場所の汚水，排水溝などに生息していて，一般に「便所アブ」とよばれる．コウカアブの幼虫は細長く扁平で，頭部が突出している(図IV.84)．ナミハナアブは単にハナアブともよばれ，成虫は屋外で花粉や花蜜を摂取するが，幼虫は汲み取り便所，尿だめ，下水などに生息し，オナガウジ(尾長蛆)とよばれる．オナガウジは，胴体部分が透けて内臓が明瞭であり，呼吸管を収納する尾部は長さが可変で，伸びると胴体の数倍(10 cm程度)にもなる(図IV.84)ため気味悪く感じるヒトが多い(不快生物：nuisance)．コウカアブやナミハナアブの生息は，周囲環境が不潔であることを示すもので，動物舎の環境指標となる．

(a) コウカアブ(*Ptecticus tenebrifer*)の幼虫［原図：今井壯一］

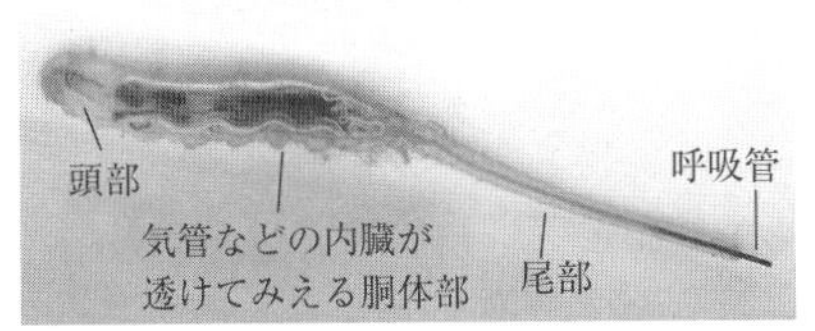

(b) ナミハナアブ(*Eristalomyia tenax*)の幼虫(オナガウジ)［Hillman, P. (2016) を改変］

図IV.84　非吸血性のアブの幼虫

(2) サシバエ

サシバエ類は成虫が雌雄とも吸血する．完全変態を行い，幼虫の形態はイエバエ幼虫と類似するが，後方気門(hind stigma)(図IV.85)の形が異なる．成虫の口器は，口吻(rostrumとよばれる)に加えて，上唇，下唇，下咽頭が発達して細長い針状に硬化した吻管(ふんかん)(haustellum)，吻管先端にあり鋭い鋸歯(前口歯(ぜんこうし)：prestomal teeth)を有する小さな唇弁(labellum)で構成される(図IV.81)．サシバエは，唇弁をドリル状に動かして表皮や皮膚血管を切り，出血した血液を吻管(一部が皮膚内に挿入される)経由で吸血するcutting-sponging typeである．これに対しイエバエ類の成虫の口器は，吻管は太くて伸縮性があり，普段は縮んでいるが食物の味に刺激されると前方へ伸展し，ワラジ状に膨らんだ唇弁の中央部分にある開口部から食物を咽喉内に吸い込むsponging typeである

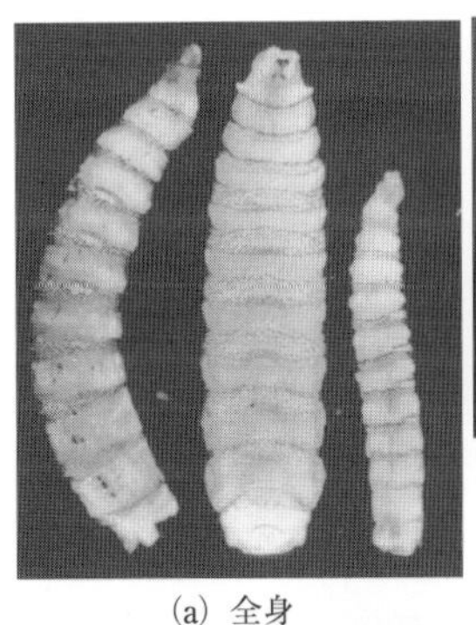

(a) 全身

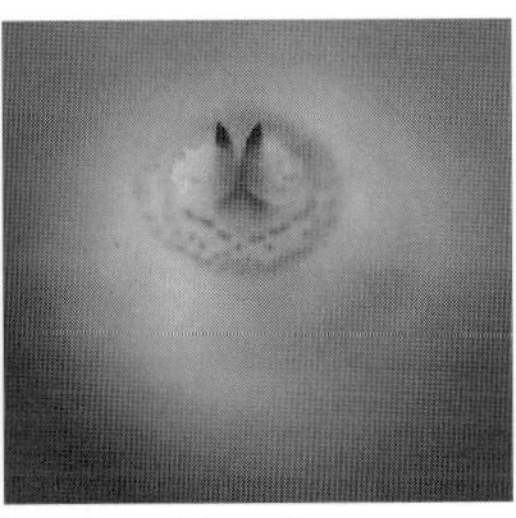

(b) 口鉤

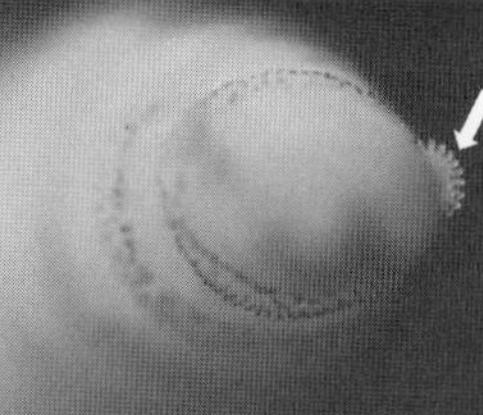

(c) 前方気門

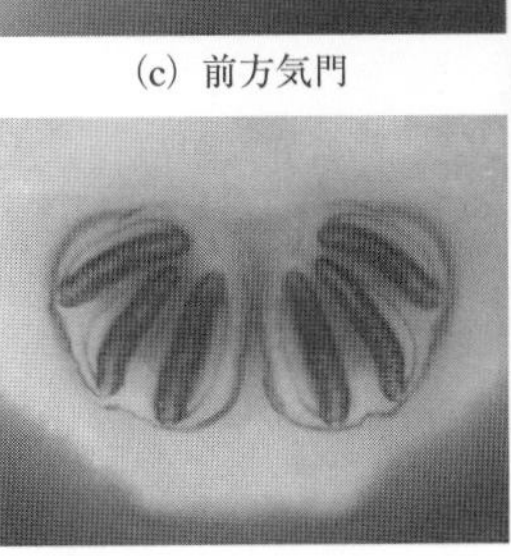

(d) 後方気門

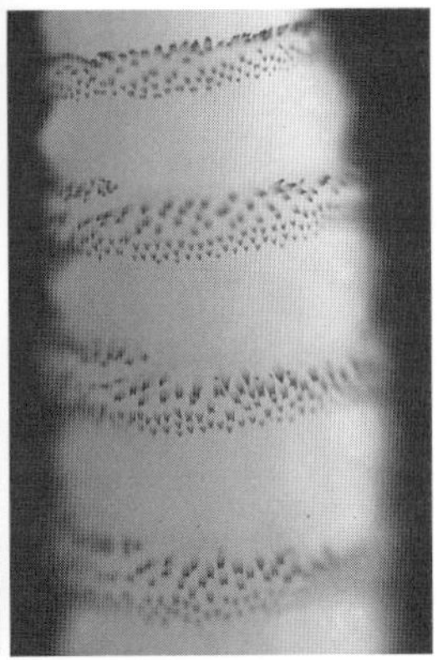

(e) 体節のラセン(帯)

図IV.85　新世界ラセンウジバエ(*Cochliomyia hominivorax*)の3齢幼虫

(図 IV.81).

サシバエの成虫は放牧地には少なく，牛，馬，豚などの動物舎内外を飛翔し，ヒトを襲うこともあるが，鶏を吸血することはほとんどない．牛では下腹部と脚部が好寄生部位である．ノサシバエと異なり，吸血時のみ宿主に寄生し，吸血後は樹木や草の葉裏などで休息する．秋に多発する傾向があり一般には「秋バエ」とよばれるが，暖地では5～6月にも発生ピークがある．吸血活動は朝と夕方に多く，発生源は家畜の糞便，堆肥などで，鶏糞も好適な発生源となる．1世代は至適条件下では12日前後である．

ノサシバエの成虫は牛舎内より放牧地に多い．本種は宿主依存性が高く，宿主体表や周囲にほぼ常在し，交尾も宿主体上で行われる．牛の背部と腹側部を好んで吸血し，頭部を地表に向けて寄生する習性があるので(図 IV.86)，他のハエ類と容易に区別できる．北日本では5月下旬から発生し，発生のピークは8～9月上旬である．おもな発生源は牧野の牛糞である．

(3) シラミバエ

永久寄生性で，雌雄とも吸血する．翅はヒツジシラミバエでは終生存在しないが，ウマシラミバエでは終生存在する．シカシラミバエの翅は羽化時に存在するが，宿主に到達すると脱落するため，無翅型と有翅型の2型の成虫がみられる．シラミバエは，多くの昆虫やダニの産卵(卵生)と異なり，雌成虫の体内で卵が孵化・成長し，蛹化寸前の終齢幼虫として産下される蛹生であり，アフリカトリパノソーマ症を媒介するツェツェバエとともに蛹生類(Pupipara)とよばれる．

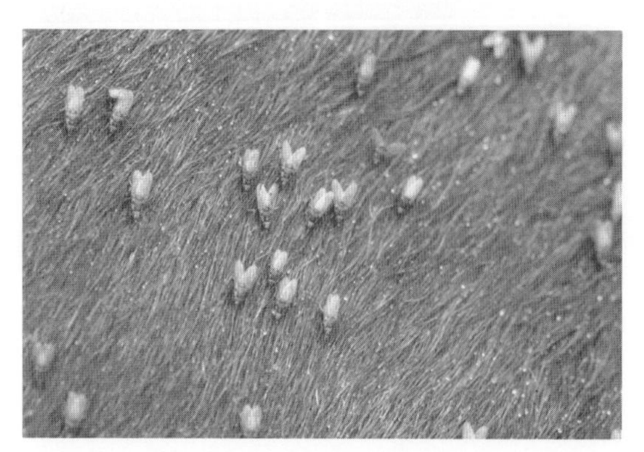

図 IV.86　ノサシバエ(*Haematobia irritans*)［原図：今井壯一］

症状および解剖学的変状：

(1) ア　ブ

雌成虫の吸血における宿主特異性は低く，ヒトを含む様々な動物を襲うが，とくに牛や馬などの大動物を好んで襲い，山間部の牧場での被害が大きく，放牧牛の発育停滞の一因となる．アブは吸血途中で宿主に追い払われても何度も吸血を繰り返す頻回中断型吸血を行う代表的昆虫である(表 IV.13)．このため，動物はアブの寄生や吸血から逃れようとして，さかんに尾を振ったり，四肢で体を蹴り上げたりしてアブを払いのけようとする．その結果，不安，興奮状態となり，時には狂奔(図 IV.78)して思わぬ事故を起こすこともある．また，大きな吸血性昆虫であるため，1回の吸血量は多大であり(成虫体重の1～1.5倍)，アブ属などの大型アブで最大 500 mg，キンメアブ属などの小型アブでも約 100 mg に達する．このため，終日多数のアブの襲来を受けると，動物が失う血液量は大きく，重篤な貧血に陥ることも稀ではない．また大ぶりの口器をもつため，吸血後に口器内に残留する血液量(=口器付着血液量)が1匹で1～10 nL(ナノリッター)と大きく，数百匹程度のアブが頻回中断型吸血を行うことによって，感染動物血流中の病原体の機械的伝播が可能となる．このような吸血の習性と特性から，アブは各種疾病の重要な機械的伝播者となっており，日本でも，牛白血病，小型ピロプラズマ病(シロフアブ)，アナプラズマ症，育成牛の未経産乳房炎，馬伝染性貧血などがアブ媒介疾病として知られている．他にアブは，豚コレラ，牛疫，炭疽，野兎病，トリパノソーマ症，ロア糸状虫症などの重要疾病を媒介する．

(2) サシバエ

サシバエは動物に強い喧噪感と刺咬による痛痒感を与える．このため，動物は不安状態となり，採食が妨げられる．1回の吸血量は成虫の体重にほぼ等しく，雌で 16.5 mg 前後，雄で 9.5 mg 前後とされる．このため，多数寄生された動物では貧血もみられる．サシバエ寄生による生産性の低下事例として，乳牛の泌乳量の 10～20% 低下，体重の 10～25% 減少が報告されている．また，小口馬胃虫の中間宿主となる他，サシバエは口器付着血液量が1匹で0.03 nLであり，頻回中断型吸血を行うことから，トリパノソーマ症，リーシュマニア症，炭疽，ブルセラ病，サルモネラ症，馬伝染性貧血などの機械的伝播が可能である．偶発的なハエウジ症(facultative myiasis)の原因となることも知られている．

ノサシバエの1回の吸血量は成虫体重のほぼ半分(1.5 mg程度)とされ，サシバエよりも少量である．しかし常に宿主体上や周辺にいるため，宿主に与えるストレスは多大であり，多数寄生によって動物では食欲減退，貧血，削痩，免疫低下などがみられ，とくに放牧牛で被害が甚大である．また，炭疽，未経産乳房炎の媒介者となることが知られている．

(3)シラミバエ

ヒツジシラミバエは羊毛の中で生活して吸血活動を行う．多数寄生によって激しい掻痒を生じ，めん羊が被毛を咬んだり引っ掻いたりすることによる羊毛損傷や，シラミバエの糞による羊毛汚染があり，経済的損失は大きい．重度感染は冬季に多く，貧血を起こすこともある．

ウマシラミバエは会陰部などの体後部に多く，吸血刺激により動物に不安感を与えるが，吸血による被害は少ない．炭疽，トリパノソーマ，タイレリアなどの病原体を伝播する．

診　断：虫体の採集と同定による．

防　除：

(1)ア　ブ

アブの防除は他の昆虫に比べて困難であり，防除方法は未確立である．幼虫対策には，アブ幼虫の生息域になりそうな場所の乾燥，草刈りなどが考えられるが，幼虫は広範囲の場所に点在するため，大きな効果は期待できない．成虫対策としては，直接散布，ダストバッグ(dust bag)，バックラバー(back rubber)などによる殺虫剤の動物体への直接の適用が考えられるが(表IV.9)，アブの寄生は一時的(temporary parasitism)で，しかも代表的な頻回中断型吸血であることから(表IV.13)，大きな効果は期待できない．形状や色の異なる各種のアブトラップ(tabanid trap)による成虫の誘引捕殺は，牧野におけるアブと媒介疾病の防圧に有用であるとされ，各種タイプのものが考案されているが，手間と経費が問題である．

(2)サシバエ

畜舎内のサシバエ成虫の駆除にはハエトリリボン，電撃殺虫器などを用いる他，動物体に直接殺虫剤を噴霧する．ダストバッグの使用も効果がある．発生源対策としては，サシバエの発生源はイエバエとほぼ同様であるので，家畜の糞便処理がもっとも重要である．堆肥に殺虫剤を使用する場合には，糞便と殺虫剤を交互に積み上げるサンドイッチ方式が高い効果を示す．また，刈り草などを外に積み上げず，干し草，わらを貯蔵する場合にはおおいをかける．

ノサシバエの成虫駆除にはダストバッグとイヤータッグ法が有効で(表IV.9)，イヤータッグ(ear tag)は一度装着すると放牧期間を通じて防除効果を期待できる．ノサシバエは牧野に点在する牛糞が発生源であるため，発生源対策は困難である．

(3)シラミバエ

殺虫剤を直接に動物体に適用する散布，浸漬，薬浴などが有効である．

2.6 皮膚ハエウジ症 (Dermal(Cutaneous)myiasis)

ハエウジ症(myiasis)とは，昆虫幼虫寄生症(scholechiasis)の中でとくに弁翅亜節，ヒツジバエ上科(Oestroidea)に属するハエ類(図IV.54，表IV.16)の幼虫が動物に寄生した場合のことで，ハエ幼虫症，蠅蛆(ようそ)症，蛆(うじ)症ともよばれる．ハエウジ症は，一般に幼虫の寄生部位の相異に基づいて，食血ハエウジ症(sanguinivorous myiasis)，皮膚ハエウジ症(dermal myiasis, cutaneous myasis)，鼻咽頭ハエウジ症(nasopharyngeal myaisis)，消化器ハエウジ症(intestinal myaisis)，泌尿生殖器ハエウジ症(urinogenital myiasis)の5種類に分類される．これらの中で皮膚ハエウジ症は，牛，めん羊，豚，馬，犬，猫，ヒトを含むその他の動物に全世界的に広く認められる人獣の疾病であり，新興感染症としても重要である．

ヒツジバエ上科のハエ類は完全変態を行い，「卵→幼虫→蛹→成虫」と発育し，幼虫期に2回

表 IV.16　ハエウジ症を起こす重要なハエ類(属のレベルまで)

科	亜科・属
ヒツジバエ科 Oestridae	カワモグリバエ亜科 Cuterebrinae *Cuterebra* 属, *Dermatobia* 属 ヒツジバエ亜科 Oestrinae *Oestrus* 属, *Rhinoestrus* 属, *Cephenemyia* 属, *Cephalopina* 属, *Gedoelstia* 属, *Pharyngobolus* 属, *Pharyngomia* 属, *Tracheomyia* 属 ウマバエ亜科 Gasterophilinae *Gasterophilus* 属 ウシバエ亜科 Hypodermatinae *Hypoderma* 属, *Przhevalskiana* 属
クロバエ科 Calliphoridae	クロバエ亜科 Calliphorinae 金属色クロバエ群 *Lucilia* 属, *Calliphora* 属 レンガ色クロバエ群 *Cordylobia* 属, *Auchmeromyia* 属 オビキンバエ亜科 Chrysomyinae *Cochliomyia* 属, *Chrysomyia* 属
ニクバエ科 Sarcophagidae	ニクバエ亜科 Sarcophaginae *Sarcophaga* 属, *Wohlfahrtia* 属

脱皮して3齢期を過ごす．卵は長径1mmほどの乳白色をしたバナナ状のものが多い．幼虫はウジとよばれ，無脚であり，12の体節で構成される体は，第1節が頭部，第2～4節が胸部，第5～12節が腹部である．第1体節には小さな触角と小あごひげの他に口器が開口する(図 IV.87)．咽頭骨格(cephaloskeleton)の先端部分に位置し左右に動く1対の口鉤(こうこう)(mouthhook)がよく発達し，宿主組織を切開，破壊するために用いられる(図 IV.87)．第12体節には肛門と1対の後方気門(図 IV.85)を備える．2齢と3齢幼虫では第2体節に手指状をした前方気門(fore stigma)(図 IV.85)が明瞭である．なお，ウジの英名は細身の幼虫(イエバエ，ニクバエ，クロバエなど)をmaggots，ずんぐりした幼虫(ヒツジバエなど)をbots，grubs，warblesとよんで区別する(図 IV.88)．3齢幼虫は皮膚が脱皮されることなく角質化して，褐色俵状の囲蛹(いよう)(蛹殻(ようかく)：puparium)を形成し，この内部に真正の蛹(pupa)が形成される．蛹は食物を摂取せず，運動性もない．ハエ目，短角環縫群の特徴として，成虫は，囲蛹殻を第3環節に沿って環状に割り，薄い蛹の皮膚を脱皮して出現する(図 IV.89)．成虫の頭部には，成虫が羽化する際に膨隆し，蛹の蓋(hemispherical cap)を押しあけ，土をかき分けるために用いられた額

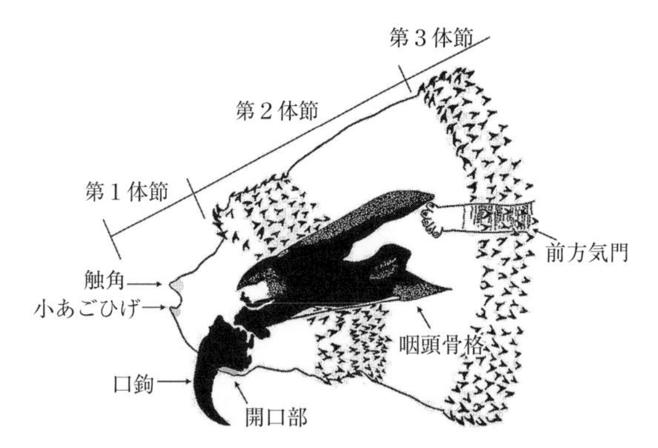

図 IV.87　クロバエ類の3齢幼虫の頭部と口器(側面模式図)［Zumpt, F.(1965)を改変］

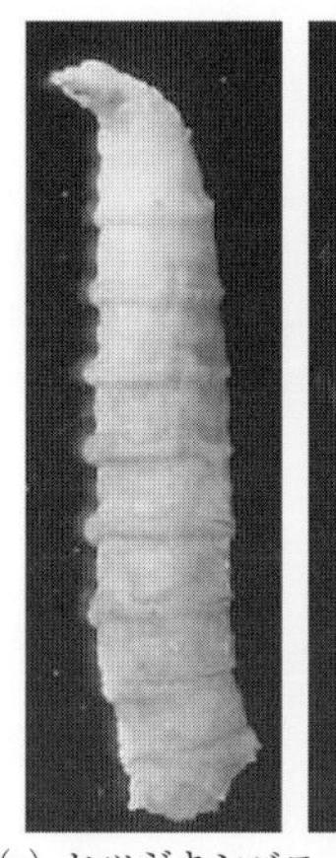
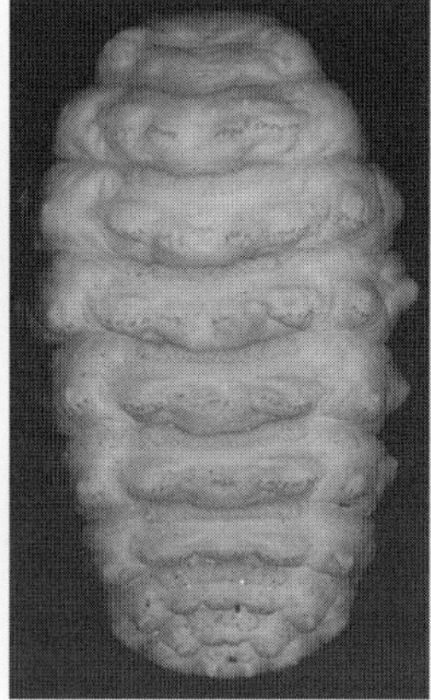

(a) ヒツジキンバエ(3齢幼虫)　(b) ウシバエ(3齢幼虫)

図 IV.88　ハエ類の(a)細身の幼虫(maggot)と(b)ずんぐりした幼虫(grub)

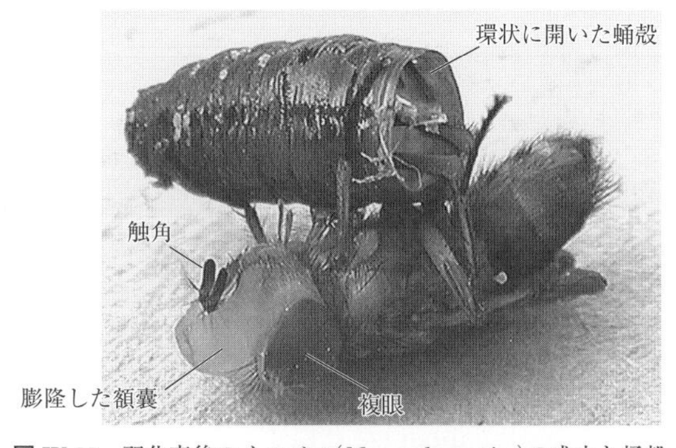

図 IV.89　羽化直後のイエバエ(*Musca domestica*)の成虫と蛹殻［Eiseman, C. and Charney, N.(2010)を改変］

嚢の吸収部位を示す額嚢線(がくのうせん)(ptilinal suture)が認められる．成虫の触角は3節で構成され，第3節(鞭節)には風圧や気流の変化を感ずる端刺(たんし)(arista)が備わる(図 IV.81)．ウシバエやウマバエの成虫は，口器が完全に退化し摂食機能を消失してい

る(図 IV.92).

原　因：ヒツジバエ上科は全世界に約1万5,000種が分布するが，これらの中でヒツジバエ科(Oestridae)のカワモグリバエ亜科(Cuterebrinae)，クロバエ科(Calliphoridae)のクロバエ亜科(Calliphorinae)とオビキンバエ亜科(Chrysomyinae)，ニクバエ科(Sarcophagidae)のニクバエ亜科 Sarcophaginae のハエ幼虫が，皮膚ハエウジ症の原因となる.

皮膚ハエウジ症は，原因となるハエの生活環に基づいてさらに2大別される．すなわち，ハエが生活環の一部として動物の皮膚に寄生する時期をもち，したがってこの時期が欠けると生活環が完了しないヒトヒフバエ，ヒトクイバエ，新世界ラセンウジバエ，旧世界ラセンウジバエなどによる偏性皮膚ハエウジ症(obligatory dermal myiasis)と，皮膚に寄生する時期が生活環の完成に必須でなく，幼虫の寄生が偶発的に起きるニクバエ属やクロバエ属などのハエによる条件的(不偏性)皮膚ハエウジ症(facultative dermal myiasis)の2種類である.

(1) カワモグリバエ亜科 Cuterebrinae

カワモグリバエ亜科は偏性皮膚ハエウジ症の原因となり，おもにげっ歯類，ウサギ類に寄生するが，サル，ヒト，家畜に寄生する種も含まれる．新世界に限局して6属，約70種が分布し，ヒフバエ属(*Dermatobia*)とウサギヒフバエ属(*Cuterebra*)の2属が重要である.

ヒトヒフバエ(*Dermatobia hominis*；human bot fly, torsalo, berne)：本種は新熱帯区の南緯18度～25度に分布し，ヒト，牛，犬，家畜，野生動物，七面鳥，サイチョウ，鶏などの広範な宿主に寄生して皮膚ハエウジ症を起こす．放牧牛でとくに被害が大きく，牛では白斑部よりも黒斑部に好寄生するため，ホルスタインやブラウンスイスの被害が大きく，ゼブは抵抗性である．近年は空路の発達によって，幼虫の寄生したヒトや犬が分布地域外で検出される事例が増加し，渡航医学(travel medicine)における重要性が増しており，日本でも複数の報告がある.

(2) クロバエ亜科 Calliphorinae

クロバエ科は約1,500種からなり，いくつかの亜科に分類されるが，ハエ幼虫症を起こす種はクロバエ亜科とオビキンバエ亜科に含まれている.

クロバエ亜科は金属色クロバエ群(metallic Calliphorinae)とレンガ色クロバエ群(testaceous Calliphorinae)に区分される．金属色クロバエ群の大半は腐肉寄生性であるが，一部が生体で条件的皮膚ハエウジ症を起こす．キンバエ属(*Lucilia*)とクロバエ属(*Calliphora*)がとくに重要で，めん羊の皮膚ハエウジ症の原因となる種を含む.

金属色クロバエ群のハエ幼虫によるめん羊の皮膚ハエウジ症は sheep strike(めん羊の皮膚クロバエウジ症)とよばれ，幼虫の寄生部位に基づいて，breech strike(臀部皮膚クロバエウジ症)，body strike(体幹皮膚クロバエウジ症)，head strike(頭部皮膚クロバエウジ症)などに細分類される．レンガ色クロバエ群にはコブバエ属(*Cordylobia*)とオークメロミア属(*Auchmeromyia*)が含まれる.

a. キンバエ属　約30種が含まれ，世界的に分布するが元来は旧北区とエチオピア区に限局して分布していた．成虫が金属あるいは緑銅色を呈することから(図 IV.90)，集合的にキンバエ(green bottle)とよばれる.

ヒツジキンバエ(*Lucilia cuprina*)(図 IV.88)は，めん羊の sheep strike の主原因であり，とくにオーストラリア，南アフリカ，英国で被害は大きい．めん羊以外に馬，牛，ヒトも襲う.

ヒロズキンバエ(*Lucilia sericata*)(図 IV.90)は，もっとも普通種のキンバエであり日本にも分布する．室内飼育が容易なため，日本でも幼虫が釣り餌(商品名：「さし」や「バターウォーム」など)や医療目的(マゴットセラピー：maggot therapy)に用いられるとともに，成虫はミツバチの

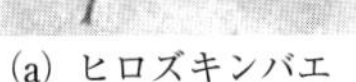
(a) ヒロズキンバエ　(b) クロバエ類

図 IV.90　ヒロズキンバエ(*Lucilia sericata*)とクロバエ類の雌成虫

代替花粉媒介昆虫としての活用が図られている．しかし，北米，英国，オランダ，ドイツ，スカンジナビアなどでは，めん羊のsheep strikeの原因として問題となる．死体に真っ先に訪れる習性があり，分娩直後の膣，ルーメン・フィステルなどに寄生して条件的皮膚ハエウジ症の原因となる．

b．クロバエ属（図IV.90）　普通種であり多数の種類がある．日本を含む北半球に分布するミヤマクロバエ（*Calliphora vomitoria*）とホホアカクロバエ（*Calliphora vicina*）が，二次的寄生によってハエウジ症の原因となることがある．

c．コブバエ属　本属には，ヒトの皮膚ハエウジ症の原因としてとくに重要なヒトクイバエ（*Cordylobia anthropophaga*；tumbu fly）とロダインコブバエ（*Cordylobia rodhaini*；Lund's fly）が含まれる．ヒトクイバエは，サハラ以南のアフリカ大陸に分布するが，航空路の発達により，寄生者がアフリカの外に持ち出す例が近年頻発しており，日本でも寄生事例が報告されている．家畜の中では犬（とくに仔犬）がもっとも寄生されやすい．

(3) オビキンバエ亜科 Chrysomyinae

オビキンバエ亜科の幼虫は体に帯状の棘があり，全体は波状の外観を呈するため（図IV.85），ラセンウジバエ（screwworm）と総称される．コクリオミイヤ属（*Cochliomyia*），オビキンバエ属（*Chrysomya*）などが含まれる．

a．コクリオミイヤ属　動物地理学でいう「新世界」に限局して分布し，本属に含まれる4種のうち新世界ラセンウジバエ（*Cochliomyia hominivorax*）と二次的ラセンウジバエ（*Cochliomyia macellaria*, secondary screwworm）の2種はヒトも激しく襲う．また，*Cochliomyia minima* はプエルトリコで犬のハエウジ症の原因となっている．

新世界ラセンウジバエ（*Cochliomyia hominivorax*；New World screwworm fly, primary screwworm）（図IV.85）は，米国南部から，メキシコ，中米，カリブ海諸島，南米のウルグアイに及ぶ新世界の畜産地域に分布する．ヒト，馬，牛，めん羊，山羊，豚，犬，野生動物など多種多様な哺乳類に寄生する．学名の *hominivorax* は man-eater の意味で，流行地ではヒトの死亡例も珍しくない．一般には去勢，除角，焼烙，刈毛，マダニの吸血などによる傷口に雌が誘引されて産卵し，幼虫寄生が始まる（図IV.91）．幼虫の生育には生体組織が不可欠で，死肉では発育できない．畜産と家畜衛生における重要性から，国際獣疫事務局（OIE）の2017年の116のリスト疾病（OIE-Listed diseases 2017）の1つとなっている．

図IV.91　動物組織を食い進む旧世界ラセンウジバエ（*Chrysomya bezziana*）の3齢幼虫の集塊
［原図：Spradbery, J. P.(2002)］
幼虫の後方気門が患部外側から明瞭に認められる．

b．オビキンバエ属　動物地理学の東洋区，オセアニア区などの「旧世界」に限局して分布し，代表種は旧世界ラセンウジバエ（*Chrysomya bezziana*）である．オビキンバエ（*Chrysomya megacephala*, Oriental latrine fly）も本属に含まれる重要種で，掘込み便所，人糞，肉・魚肉で大量発生し，人獣の条件的皮膚ハエウジの原因となる．

旧世界ラセンウジバエ（*Chrysomya bezziana*, Old World screwworm）は，アフリカ，インド，東南アジア南部，マレー半島，インドネシア，フィリピン，ニューギニアに分布する．宿主域は広範で各種動物を襲い，経済的被害はとくに牛で大きいが，野生動物からの記録は少ない．本種の人体寄生例は東洋区（とくにインド）で多い．OIEリスト疾病（2017年）の1つであり，汚染国には定期的報告や緊急通報の義務が課されている．

(4) ニクバエ亜科 Sarcophaginae

ニクバエ亜科は約3,000種で構成され，卵胎生であり，産卵時に卵でなく1齢幼虫を産む（産仔（さんし）性：larviparous）．ヴォールファールトニクバエ属（*Wohlfahrtia*）とニクバエ属（*Sarcophaga*）が条件的皮膚ハエウジ症の原因として重要である．

ヴォールファールトニクバエ属 本属のハエでハエウジ症（創傷性ヴォールファールトニクバエウジ症 Wohlfahrt's wound myiasis とよばれる）を起こす重要種は，*Wohlfahrtia magnifica*，*Wohlfahrtia nuba*（北アフリカ，中近東に分布），アメリカヒフヤドリニクバエ *Wohlfahrtia vigil*（北米に分布），*Wohlfahrtia meigeni*（旧北区の北極地帯に分布し，生態は *Wohlfahrtia vigil* に似る）などである．

Wohlfahrtia magnifica は，めん羊，ラクダ，ヒト，山羊，牛，馬，ロバ，豚，鳥類（ガチョウなど）に幼虫が偶発性に寄生し，創傷性ハエウジ症を起こすが，とくにラクダとめん羊で被害が大きい．ヨーロッパ，ロシアの南部・アジア地域，中近東，北米で発生があり，ブルガリアやイスラエルでは，ヒトの耳，眼，鼻に好寄生し，難聴，失明などの原因になることが知られている．

日本のニクバエ類では，北海道でシリグロニクバエ（*Helicophagella melanura*）幼虫の陰茎部寄生，沖縄県でセンチニクバエ（*Boettcherisca peregrina*）幼虫の鼻腔内寄生などがヒトで報告されている．

発育および生態：ヒトヒフバエは，雌が他の昆虫を卵のキャリアーとして利用するユニークなヒッチハイク方式の産卵（phoresis）を行う．幼虫は特異な洋梨状の体型を有し，成長完了には4～8週間を必要とする．

ヒツジキンバエでは，とくに糞尿で湿った羊毛に雌が誘引されるため，めん羊の臀部，尾部などが幼虫の好寄生部位となる．ヒツジキンバエは1年に約8世代を繰り返す．典型的な1世代は3～4週間であり，ハエウジ症に直接関与する幼虫と蛹の期間は2～3週間である．

ヒトクイバエの幼虫は，皮膚のあらゆる部位に寄生可能で，ヒトではとくに衣服におおわれている部位（腕，肩，胸，大腿，腋，陰嚢など）の寄生例が多い．雌は宿主に直接産卵することはなく，直射日光が当たっている乾燥中の洗濯物などに好んで産卵する．このため，ヒトに対するもっとも主要な寄生ルートは，孵化幼虫が付着した下着による健常皮膚からの侵入である．

新世界ラセンウジバエの雌は生存中に1回だけ交尾を行う．産卵後24時間以内に孵化した幼虫は群をなして，頭を下向きにした特徴的な体勢（head-downward position）をとり，宿主の組織を口鉤で切り裂きながら食い進む（図 IV.91）．幼虫は4～8日で体長17 mm くらいに達して成熟し，傷口から地表に落下して蛹化する．蛹期は夏で1週間，冬で3か月であり，蛹は9.5℃以下に3か月放置すると死亡する．分布地域が重複するヒトヒフバエの寄生部位が新世界ラセンウジバエの雌を誘引することはないとされる．旧世界ラセンウジバエの生態は，新世界ラセンウジバエによく似る．

症 状：皮膚ハエウジ症の原因となるハエの幼虫は，最初は皮膚の汚物，化膿・壊死巣を摂食し，やがて隣接する健康組織を侵食し，皮膚，皮下織，眼窩，鼻孔，口腔，耳管，肛門，膣などに侵入・寄生する（図 IV.91）．これらの幼虫寄生部位は，汚濁した浸出液によって汚染し悪臭を放つ．皮膚病巣には瘻管（furuncle）や潰瘍とともに痂皮，脱毛がみられる．重度寄生では毒血症や二次感染のための発熱，食欲不振，衰弱が併発して死亡する．

ヒトヒフバエの幼虫寄生によって，牛は，成長遅延，体重や泌乳量の減少，皮革の損害などの被害を受ける．めん羊は重感染して重篤な膿瘍を形成することが多い．犬も寄生を受けやすいが，猫，ウサギ，馬では被害はあまり問題にならない．ヒトは幼虫が眼に寄生した眼ハエウジ症（opthalmomyiasis）のため失明することがある．

ヒツジキンバエ幼虫に寄生されためん羊では，皮膚深部に幼虫がもぐることはないが，幼虫の産生するタンパク分解酵素によって全身性の組織ダメージが起こり，体温・呼吸の増加，体重・食欲の減退，貧血などの症状がみられる．また腎臓機能が損なわれ毒血症で死亡することも多い．

ヒトクイバエ幼虫に寄生されたヒトでは，最初の2日間は疼痛程度であるが，幼虫の成長に伴って激痛に変わる．寄生部（瘻管）からは炎症による大量の滲出物の排出がみられ，瘻管中央部には幼虫の体後端が観察される．

診 断：ヒトヒフバエやヒトクイバエなどの人

表 IV.17 ヒツジバエ科の各亜科の成虫と幼虫の形態的特徴

	成虫の形態	幼虫の形態
カワモグリバエ亜科 Cuterebrinae	小楯板は未発達．鱗弁は大きく．端室の開口部は狭い．	口鉤はよく発達，後方気門は深い溝内に位置し，3本の直線上の裂孔（slit）をもつ．
ヒツジバエ亜科 Oestrinae	小楯板 postscutelum は明瞭．鱗弁（squamae）は大きく，端室（apical cell）は翅脈で閉じられている．	よく発達した口鉤を有し後方気門は無数の小孔をもつ大きな板状．
ウマバエ亜科 Gasterophilinae	小楯板は未発達．鱗弁は小さい．端室は大きく開く．	口鉤はよく発達，後方気門は浅い凹部内にあり，3本の曲がった裂孔によって開口．
ウシバエ亜科 Hypodermatinae	小楯板が明瞭，鱗弁が大，後方気門が無数の小孔をもつ板状であるなど多くの特徴がヒツジバエ亜科に一致．しかし端室はオープン．	口鉤が痕跡的である点も，ヒツジバエ亜科と相違する．

体寄生例では，超音波検査，マンモグラフィー，CT を用いた診断も行われているが，一般には臨床症状と病巣所見で寄生の有無を診断する．しかし，複数の種の寄生も多いため，病巣部組織内に寄生するハエ幼虫を摘出し，80%エタノールまたはイソプロピルアルコール浸漬標本とした後に，鏡検による形態学的な種同定を行う必要がある（表 IV.17）．形態による種分類は，2齢，3齢幼虫では比較的容易であるが，卵，1齢幼虫，成虫では難しいことが多い．血清学的手法や PCR による種同定も報告されているが，まだ一般的ではない．

駆除および治療：

(1)殺虫剤による化学的駆除（chemical control）

幼虫を駆除し，細菌の二次感染を防ぐために殺虫剤を投与することが，ハエウジ症対策の基本である．とくに 1980 年代前半から使用されはじめたマクロライド系薬剤は卓効を示す．

ヒトヒフバエには，アバメクチン（ivermectin, abamectin, doramectin）の皮下注，ポアオン（スポットオン），丸薬投与のいずれもが卓効を示す．新世界ラセンウジバエ，旧世界ラセンウジバエにも，マクロライド系薬剤は有効である．ヒツジキンバエには，イベルメクチンのジェット噴射が2週間有効であるとされる．なお，殺虫剤抵抗性，環境汚染，健康への悪影響を懸念する立場から，殺虫剤使用を抑制するのは世界的傾向であり，代わりに，昆虫成長制御剤の応用が試みられつつある．

(2)機械的駆除（mechanical control）

トリミング，四肢の刈毛，外陰部のしわを切除するミュールズ手術（Mules operation，ミュールシング mulesing），あるいは瘻管内の幼虫の外科的摘出などである．とくに瘻管内の幼虫に対しては，ワセリン，水，油などを開口部に詰め，幼虫の呼吸を阻害して，幼虫の脱出を刺激する方法が用いられる．また，脱出中の幼虫に対しては，ピンセットで皮膚を押さえると幼虫が離脱しやすくなり，種の同定用に無傷の虫体を採集することも容易になる．ヒトヒフバエの幼虫は，このような方法によっても摘出は困難であるため，患部を十字状に切開して虫体を摘出する必要がある．

防　除：ハエウジ症の予防には，常に動物の健康状態，外傷に注意し，創傷や皮膚病，糞尿による動物体汚染に対しては速やかに処置することが重要である．また，予防・治療を兼ねて殺虫剤による薬浴，噴霧などを定期的に実施するとよい．皮膚ハエウジ症の発生誘因となる手術や繁殖を，ハエのいない冬の期間に計画的に行うことや，流行地では傷口にはハエの産卵防止のため，必ず包帯をすることなども一策である．広範な地域における皮膚ハエウジ症の対策として，コバルト 60 照射によって作出した不妊雄を1億匹の規模で定期的に流行地に放って，卵の孵化を阻止し，ハエを撲滅する不妊虫放飼法（sterile insect technique：SIT）は，1960 年代からラセンウジバエで実用化され，大きな成功を収めている．

2.7 馬，牛，めん羊の偏性ハエウジ症

約 170 種で構成されるヒツジバエ科の中で，ヒツジバエ亜科（Oestrinae），ウマバエ亜科（Gas-

図 IV.92　キスジウシバエ(*Hypoderma lineatum*)雌成虫の背面(左)［Zumpt, F.(1965)を改変］とウシバエ *H. bovis* の雌成虫の顔面(右)
眼間の間隔が大きく口器は完全に退化している.

terophilinae)，ウシバエ亜科(Hypodermatinae)の3亜科に属するハエは，生活環の完成に幼虫の寄生生活が不可欠であり，馬，牛，めん羊の偏性ハエウジ症の原因となる．これらの亜科のハエ成虫は，かなり大型であり，ミツバチのような外見を有し，退化した口器と小さな眼を持ち，眼間の間隔は大きい(表 IV.17，図 IV.92)．また幼虫(grub，bot)はずんぐりした外観を呈する(図 IV.88)．

2.7.1　ウマバエ類

原　因：ウマバエ亜科，ウマバエ属(*Gasterophilus*)の幼虫は，ウマ類の消化器ハエウジ症として獣医学的に重要なウマバエウジ症(Gasterophilosis)の原因となる．ウマバエ亜科は，元来は旧北区と熱帯アフリカ区のみの分布であったが，現在は世界的に分布を拡大している．5属18種から構成され，アフリカゾウから2種，インドゾウから1種が報告されている．またアジア，アフリカのサイに寄生する種も知られている．

ウマバエ属：日本からは次の4種が報告されている．

①ウマバエ(*Gasterophilus intestinalis*；horse botfly，common botfly)

②ムネアカウマバエ(ノドウマバエ，アゴウマバエ)(*Gasterophilus nasalis*；throat botfly，chin botfly)

③アトアカウマバエ(*Gasterophilus haemorrhoidalis*；nose botfly，lip botfly)

④ゼブラウマバエ(セアカウマバエ，アカウマバエ)(*Gasterophilus pecorum*；cattle botfly)

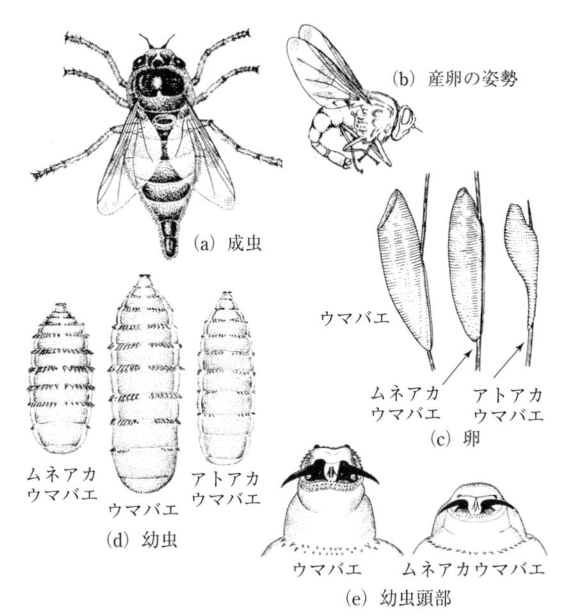

図 IV.93　ウマバエ類の各発育期

図 IV.94　馬の胃粘膜に寄生するウマバエ幼虫
［原図：今井壯一］

これらのうち，ウマバエがもっとも広域に分布する最重要種である．次いでムネアカウマバエが，またアトアカウマバエが3番目に一般的であり，ともに広域に分布する(図 IV.93)．この他に，ウマ科の家畜からはトゲナシウマバエ(*Gasterophilus inermis*)，*Gasterophilus nigricornis* が報告されており，モンゴルにはこれら6種すべてが分布する．ウマバエ属の幼虫が消化管内寄生したものはタケノコムシ(stomach bots)とよばれる(図 IV.94)．

発育および生態：ウマバエ類の生活環を図 IV.95に示した．

ウマバエ類の産卵部位は種特異的であり，ウマ

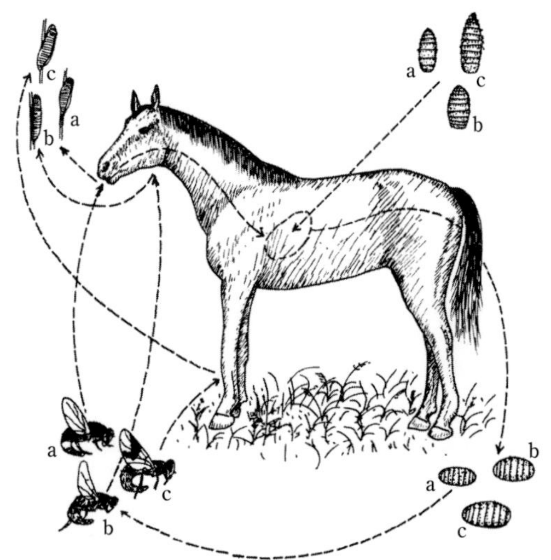

a：アトアカウマバエ，b：ムネアカウマバエ，c：ウマバエ

図 IV.95　ウマバエ類の生活環

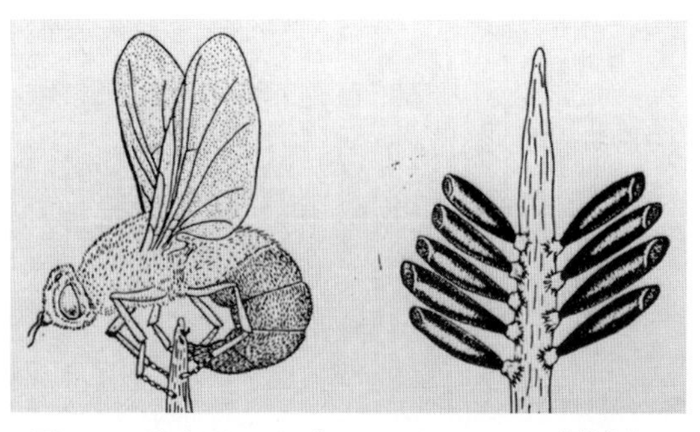

図 IV.96　ゼブラウマバエ(*Gasterophilus pecorum*)雌成虫の産卵［原図：Zumpt, F.(1965)］

バエは前肢(とくに膝の内側)に，ムネアカウマバエは下顎間に，トゲナシウマバエは頬にそれぞれ卵を産みつける．アトアカウマバエは馬の鼻部付近を飛び回り唇周りの毛に産卵する．ゼブラウマバエは光沢のある卵を10～15個の塊にしておもに牧草に産みつける(図 IV.96)．産卵数は雌成虫の大きさに比例し，最大種のゼブラウマバエは1,300～2,400個，ウマバエは400～700個，ムネアカウマバエは30～500個，トゲナシウマバエは30～500個，アトアカウマバエは160個である．また卵の形状は種に特徴的で，卵による種同定が可能であり，ウマバエ，ムネアカウマバエ，トゲナシウマバエの卵は黄色，アトアカウマバエの卵は暗色である．ウマバエとムネアカウマバエの卵はそれぞれ長さの半分もしくは全長が被毛に膠着し，アトアカウマバエの卵には長い柄状の部分がある(図 IV.93)．

卵は自発的に孵化するもの(トゲナシウマバエ，ムネアカウマバエ)や，孵化のために馬が舌でなめることによる摩擦や温度刺激(ウマバエ)，あるいは湿度刺激(アトアカウマバエ)が必要なもの，馬に摂食されて孵化するもの(ゼブラウマバエ)などの違いがある．卵期間は種で異なり，ウマバエは5日，アトアカウマバエは2日，ムネアカウマバエは5～6日，ゼブラウマバエは5～8日である．

卵から孵化した1齢幼虫は舌粘膜(ウマバエ)，歯槽や歯肉(ウマバエ，ムネアカウマバエ)，軟口蓋や舌根(ゼブラウマバエ)の中で約1か月間を過ごし，壊死や膿瘍の原因となる．アトアカウマバエの1齢幼虫は舌や口唇上皮の中で約6週間を過ごす．

ウマバエ類は2齢，3齢幼虫として胃や腸に移行し，よく発達した1対の口鉤(図 IV.87，97)を用いて消化管内に付着して発育を継続する．消化管内の寄生部位は種によって異なり，ウマバエは胃の噴門部(図 IV.94)，ムネアカウマバエは胃の幽門部に寄生する．アトアカウマバエは胃の底部，十二指腸に寄生するだけでなく，3齢幼虫が肛門近くの直腸に再寄生をする．トゲナシウマバエは直腸に寄生する．6種すべてのウマバエの土着・寄生がみられる地域では，幼虫の7％は口腔，56％は胃(そのうち83～92％は噴門部に寄生)，25％は腸，12％は直腸に寄生するとされ，1頭の馬で1,500匹以上の幼虫の寄生を認めることがある．

3齢幼虫は全種とも1対の後方気門を有し，両気門は内側が結合した形を呈する．3齢幼虫は通常，各体節の前部に2列の頑丈な棘を有するが，ムネアカウマバエのみは1列の棘を有する(図 IV.98)．また，口鉤の大きさや形状，微細構造は種によって異なっている(図 IV.93，97)．成熟した3齢幼虫は体長5～20 mmに達し，寄生部位を離れて排泄物とともに外界に出て，糞や軟らかい土の中で蛹化する．

蛹期は3～5週間であり．ウマバエでは21℃で8週間，27～30℃では18～20日であるが，5℃以下では蛹化できず，また38℃以上では羽化できない．

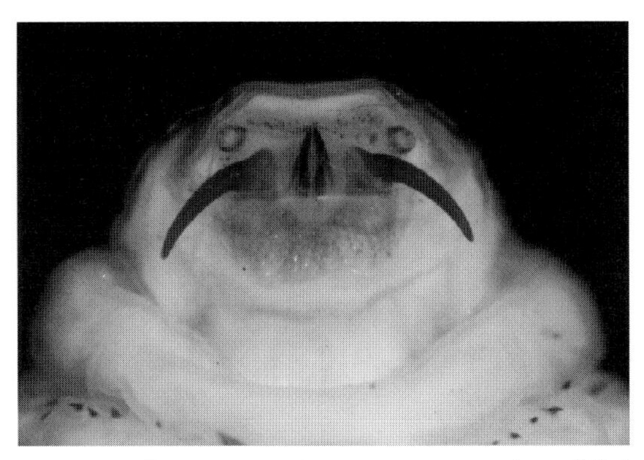

図 IV.97　ムネアカウマバエ(*Gasterophilus nasalis*)の3齢幼虫の口鉤

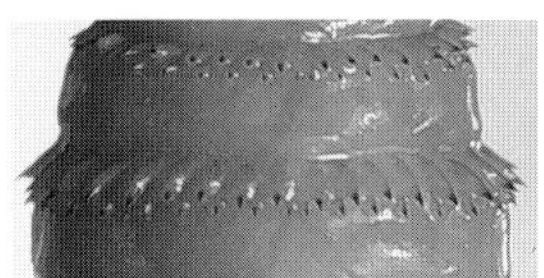

(a) ウマバエ
(*Gasterophilus intestinalis*)
(棘は2列)

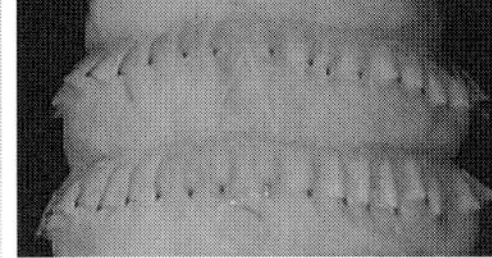

(b) ムネアカウマバエ
(*Gasterophilus nasalis*)
(棘は1列)

図 IV.98　ウマバエ属の3齢幼虫の体節と棘

成虫は外観がミツバチ様であり，毛の生えた頭部と胸部を有する．腹部は環縫短角群の昆虫の平均よりも体節の数が多く，特徴的に腹側に曲がっている(図 IV.96, 99)．羽化した成虫は昼行性に活動するが．曇天，強風，雨の日は活動が鈍る．羽化後はただちに交尾し，1～2時間後には産卵する．ウマバエの成虫は，他のヒツジバエ類と同様に大きな翅音(buzz)を立てる習性がある．この翅音を立てることによって体内で発熱が起こり，胸部筋肉の温度が飛翔に適した温度になるとされる．この発熱に多大なエネルギーを費やし，口器が退化し摂食もできないため，好条件でも活動できるのは1日のみである．

なお，幼虫は周年寄生するが，異なる虫体世代が同一馬個体内に重複して寄生することも多い．ウマバエで前流行期の3齢幼虫が胃に8月まで滞在する場合，新流行期の2齢幼虫が7月には胃に到達するため，同一胃内に異なる世代の幼虫が重複して寄生することになる．

症状および解剖学的変状：ウマバエの成虫が飛来すると馬は恐れて狂奔状態となり，骨折などの外傷事故を起こすことが多い．また，胃内に幼虫が重度寄生すると，消化障害と慢性的胃炎，胃潰瘍などが起こり，体調の悪化，直腸脱がみられる．また，胃穿孔，腹膜炎などによる死亡例も稀ではない．幼虫は組織液を摂取し，血液を摂取することはないとされ，アトアカウマバエの体内に検出されるヘモグロビンは幼虫体内で産生されたものである．

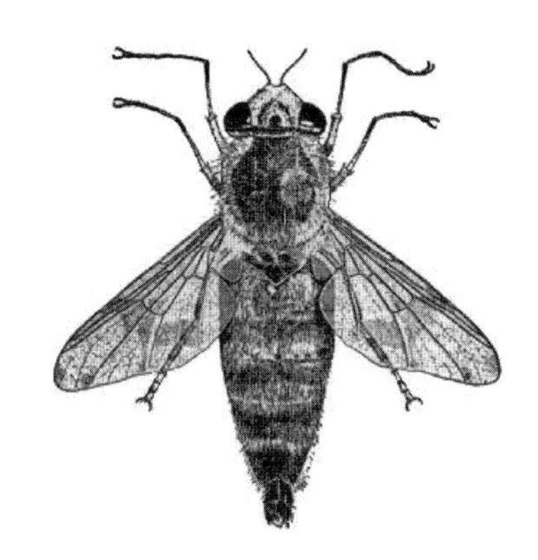

図 IV.99　ウマバエ(*Gasterophilus intestinalis*)成虫の背面［原図：Zumpt, F.(1965)］

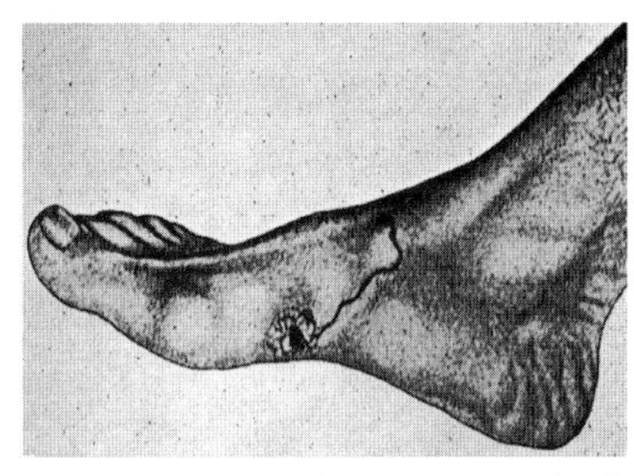

図 IV.100　アトアカウマバエ(*G. haemorrhoidalis*)の幼虫寄生によるヒトの爬行性ハエウジ症［原図：Zumpt, F.(1965)］

ヒトのウマバエ幼虫症：ヒトがアトアカウマバエ1齢幼虫の寄生を受けることがある．ほとんどの場合，感染馬との接吻が原因であり，ヒト口腔内に幼虫が侵入して，顔面または臀部の爬行性ハエウジ症(creeping myiasis)が招来される(図 IV.100)．また，アカウマバエが馬銜(はみ)をもつヒトの手の甲に産卵し，幼虫が皮内寄生した事例の報告がある．

2.7.2　ウシバエ類

原　因：ウシバエ亜科は，幼虫が主として偶蹄類，げっ歯類，ウサギ類の皮膚に寄生するハエ類であり，11属32種から構成され，29種が旧北区，熱帯アフリカ区，新北区に分布する．ウシバエ属(*Hypoderma*)と *Przhevalskiana* 属が重要で，後者では *Przhevalskiana silenus* が地中海沿岸の山羊の寄生種として知られている．

ウシバエ属：5 種が含まれ，ウシバエ(*Hypoderma bovis*, northern cattle grub)，キスジウシバエ(*Hypoderma lineatum*, common cattle grub)の 2 種が，皮膚に産みつけられた卵から孵化した幼虫が体内移行後に牛の背中に腫瘤を形成するウシバエウジ症(Hypodermyasis)の原因としてもっとも重要である(図 IV.92)．両種とも，緯度 25 度～60 度の北半球に広く分布している．南半球ではチリ，アルゼンチン，ペルー，南アフリカなどで輸入牛から検出され，これらの国々では土着化の可能性も疑われている．中国のヤクと牛にはウシバエの他に *Hypoderma sinense* が寄生する．またトナカイには *Hypoderma tarandi* が寄生しアラスカやノルウェーで大きな被害を与えている．シカには *Hypoderma diana* が寄生する．

発育および生態：雌の産卵数は一般に 300～800 個であり，卵は宿主の毛に固着される．ウシバエの雌は 1 本の毛に 1 個ずつ産卵をする．産卵嗜好部位は臀部や後肢上部である．キスジウシバエの雌は毛の軸に沿って 1 列に数個の卵を産みつけ，とくに四肢などの体下方部分に好んで産卵することから，キスジウシバエ成虫を heel fly ともよぶ．キスジウシバエはウシバエほど宿主を gadding(狂奔状態，dramatic escape response)(図 IV.78)に陥れることはないとされる．両種とも卵は 4 日で孵化する．

孵化直後の幼虫は，毛の中に入り込み毛嚢から皮膚に侵入し，体内移行を開始する．幼虫の侵入は痛みを伴い，侵入部位には痂皮が形成される．幼虫の体内移行ルートは完全に判明していないが，ウシバエでは，米粒大の幼虫が脊柱の硬膜外脂肪内に観察されることから神経幹や筋肉に沿って移行し脊柱幹に到達すると考えられている．一方，キスジウシバエの幼虫は，食道壁に観察される．両種とも皮膚に侵入してから数か月後には，最終寄生部位である牛の背中に到達する．

牛の正中線の両側 25 cm 幅(肩部から尾根部まで)に幼虫が形成した小嚢状の腫瘤(warble)は cyst ともよばれる．最終寄生部位の背中に到達する頃の幼虫の体長は 10 mm 以上であるが，まだ 1 齢幼虫である．到達後ただちに 2 齢幼虫に変態し，身をくねらせながら牛の皮膚を切り，呼吸用の穴を作る(図 IV.101，102)．腫瘤内で 3 齢幼虫と前蛹への変態が行われる．腫瘤内における幼虫の死亡率は，50%以上とされる．

3 齢幼虫は体長 30 mm 前後で，腹面は凸状で背面は平らである．大部分の体節の腹部には後方に向かう大きな棘が 1 列，また体節の後部には前方に向かう小さな棘が 1 列みられるが，これらの棘は背面ではほとんどみられない．後方気門板(posterior spiracular plate)の形態はウシバエと

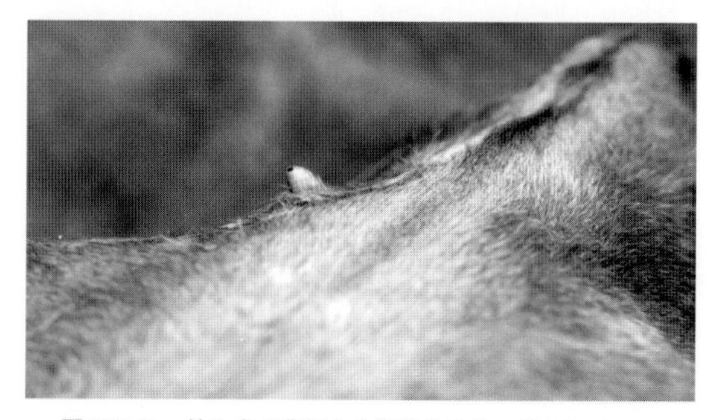

図 IV.101　輸入牛の背面から脱出するキスジウシバエの 3 齢幼虫

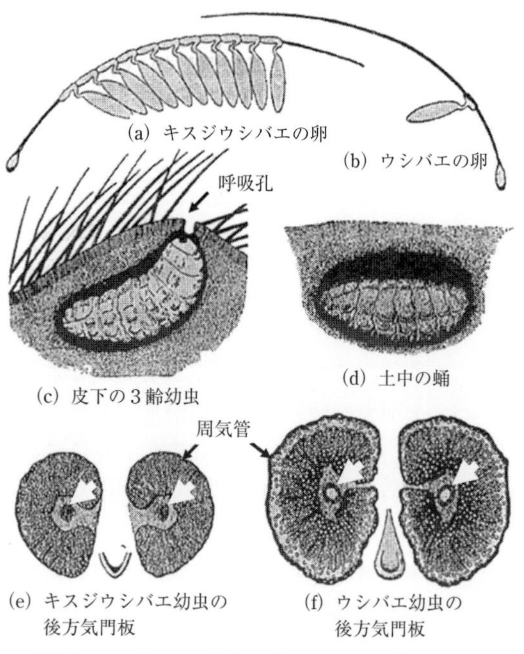

図 IV.102　ウシバエとキスジウシバエの比較(白矢印はボタンを示す)［北岡茂男(1970)を改変］

キスジウシバエの鑑別に重要である．ウシバエの後方気門板はロート状を呈し，ボタンと気門の間隙はキスジウシバエよりも小さく，また気門の開口部はキスジウシバエよりもはるかに多く密である．キスジウシバエの後方気門板は三日月状である(図 IV.102)．

幼虫がウシ背面に到達してから 4 〜11 週間後に，前蛹は呼吸孔(breathing pore, breathing hole)から脱出・落下する(図 IV.102)．蛹期は 3 〜10 週間であり，同一条件ではキスジウシバエがウシバエよりも約 1 か月は早く羽化するとされる．成虫は夜明けの後，気温 18℃以上で活発に行動する．摂食しないため 3 〜 5 日の短命である．

成虫は外観がウシバエ，キスジウシバエの両種ともマルハナバチに似ており，腹部後端には赤黄色の軟毛を有する．ウシバエの成虫の前楯板(prescutum)の毛は白黄または赤黄色で，楯板(scutum)上の黒色の毛と対照的である(図 IV.92)．一方，キスジウシバエの成虫の前楯板，楯板の毛はともに白と黄色である．

米国南部におけるウシバエ類の典型的生活史は約 1 年である．概略を記すと，ウシバエの成虫は 6 〜 9 月中旬に活動し，1 齢幼虫は 6 〜11 月に体内移行する．脊柱管には 11 月〜翌年 5 月に到達し(ピークは 12 月〜翌年 3 月)，皮膚の腫瘤は 3 〜 7 月に出現する．牛体から前蛹が落下し，蛹化が始まるのは 5 〜 8 月である．また，キスジウシバエの成虫は 3 月末〜 5 月末に活動し，1 齢幼虫は 4 〜 9 月に体内移行する．食道壁には 9 月〜翌年 3 月に到達し(ピークは 11 月〜翌年 1 月)，皮膚の腫瘤は 1 〜 4 月に現れ，ピークは 2 〜 3 月である．前蛹が牛体から落下しはじめるのは 3 〜 5 月初旬である．ウシバエとキスジウシバエの交雑(hybridization)は実験的に否定されている．

症状および解剖学的変状：体重と乳量が著しく減少する他に，ウシバエ寄生では一時的な後躯麻痺，キスジウシバエ寄生では鼓脹症や嘔吐がみられる．また背部皮膚に嚢状の腫瘤を作った幼虫は，呼吸孔を皮膚に開け，ここから脱出するため(図 IV.101)，皮革の利用価値が著しく損なわれる．さらに，幼虫の体内移行が原因で，筋肉にゼリー様の痕跡が残り屠場で肉が廃棄されることが多くなる．また，体内移行中の幼虫が死亡すると，漏れ出た幼虫内容(中腸の内容物)がアナフィラキシーショックの原因となり，宿主動物が死ぬことも多い．節足動物の生活史に関する情報は，効率的な駆除タイミングを知る上で不可欠であるが，ウシバエ類の場合は，食道や脊柱管に近い場所にいる幼虫を殺したことによるアナフィラキシーに起因する呼吸困難や麻痺を回避するためにも，駆除時期の適切な選択はとくに重要となる．なお実験的には，3 齢幼虫の体液を 2 回連続注射すると，牛にアナフィラキシーショックが起きる．また，1 齢幼虫の中腸液は毒性が高く，1 回注射でも牛には致死的とされる．ウシバエでは，成虫飛来によって牛が gadding に陥ることが稀ではない．

ヒトのウシバエ幼虫症：人体寄生例はキスジウシバエのことが多いが，ウシバエや *H. sinense* の人体寄生例も知られている．*H. tarandi* と *H. diana* も眼ハエウジ症の原因になる．ウシバエ類のヒト寄生は，幼虫がいる動物の体表を触ったり，汚染した手で目を拭いたりすることによって起こり，爬行性ハエウジ症とこれによる皮膚膿瘍，眼ハエウジ症，脳内ハエウジ症(intracerebral myiasis)は，いずれも重篤悪性の経過をたどる．

2.7.3　ヒツジバエ類

原　因：ヒツジバエ亜科は 9 属 34 種から構成され，幼虫は有袋類，長鼻類，偶蹄類，奇蹄類の鼻咽頭腔内に寄生・発育して，鼻咽頭ハエウジ症の原因となる．全動物区から認められるが，大半の種は熱帯アフリカ区と旧北区に分布している．

a. ヒツジバエ属(*Oestrus*)　5 種が含まれ，4 種がアンテロープに寄生し，1 種(ヒツジバエ：*Oestrus ovis*)がめん羊，山羊に寄生する．

ヒツジバエ(sheep nostril fly)：ヒツジバエは元来は旧北区のみに分布する種であったが，現在では世界中のめん羊と山羊で寄生が認められる．1980 年前後は日本でも北海道で飼育されているめん羊の 70%以上が寄生されていた．ヒトや犬にも寄生する．

b. *Rhinooestrus* 属　11 種が存在し，すべて旧北区に分布する．4 種は馬に限定して寄生し，うち 1 種はシマウマにのみ寄生する．また，7 種はキリン，イボイノシシ，アンテロープ，カワイノシシなどに宿主特異的に寄生するなど，本属の種は宿主特異性が高い．

本属でとくに重要な種は，馬，ロバ，ラバなどに寄生する *Rhinooestrus purpereus* である．本種は旧北区以外に，アフリカ区，東洋区で散発的な発生がある．

c. その他の種　*Cephalopina* 属では，*Cephalopina titillator* がラクダの鼻腔に寄生して問題となる．ナイジェリアではラクダの 90% 以上で本種の寄生がみられる．*Cephenemyia* 属では，*Cephenemyia trompe* がトナカイの喉に寄生して問題となる．北海道で飼育されているトナカイで本種の幼虫寄生が報告されている．*Gedoelstia* 属の種はアンテロープに寄生し，ヒトを襲うこともある．*Pharyngomia pidta* はシカの喉に寄生して問題になる．

発育および生態：ヒツジバエは，雌が卵でなく 1 齢幼虫を産む卵胎生であり，約 500 個の卵を成熟させ，宿主動物の外鼻孔(稀に眼，口，外耳孔)に幼虫を産みつける．鼻腔に達した幼虫はそこで約 1 か月間粘液を摂取して発育する．その後，宿主の前頭部(おもに上顎洞)に移動して発育を続ける．3 齢幼虫は外鼻孔付近に移動し，宿主のくしゃみとともに体外に排泄され，地中で蛹化する．蛹期は 1 ～ 2 か月で，気温が 32℃ 以上になると死亡個体が増加する．北半球では成虫は晩春から 6 月にかけて発生する．

症状および解剖学的変状：ヒツジバエは，めん羊 1 頭あたり通常 15～22 匹の幼虫を鼻咽頭腔に寄生させ，鼻咽頭ハエウジ症を起こす(図 IV.103)．病原性は比較的良性であり，ヒツジバエの寄生によってめん羊が死ぬことはほとんどない．しかし，成虫が体の周りをうるさく飛び回るため，めん羊はストレスを受け，採草時間が短縮される．また，幼虫の体表の棘や口鉤，唾液などの分泌物による持続的な鼻粘膜刺激によって粘液性の膿が大量に出るため，鼻道呼吸が困難となり，増体重，被毛量，泌乳量がいずれも減少するなどの実害がある．

図 IV.103　羊の鼻腔に寄生したヒツジバエ(*Oestrus ovis*)の幼虫

中近東や地中海沿岸のめん羊や山羊の飼育者に，ヒツジバエによる眼ハエウジ症が発生し問題となっている．この眼疾患は強い疼痛性炎症を起こし，ナイジェリアでは thimni，中央サハラでは tamne とよばれて恐れられている．

2.7.4 ハエウジ症の診断と対策

診　断：

(1) 超音波診断　ウシバエ類では腫瘤内の幼虫検出に超音波診断が応用されている．

(2) 血清診断　ウシバエ，ウマバエ，ヒツジバエなどでは，寄生している幼虫が宿主体内で分泌する抗原分子の特性解明が進んでおり，これらを抗原として感染動物の血清や泌乳中の抗体を検出する ELISA が開発され，診断に応用が試みられている．ウシバエ類の ELISA では *Hypoderma* と *Przhevalskiana* の種間交差反応の存在が報告された．

(3) 遺伝子診断　nested PCR，PCR-RFLP，LAMP などの技法が，ウシバエ，ウマバエ，ヒツジバエなどで開発され，種鑑別，感染診断，疫学調査への応用が試みられている．

(4) 発生予察　めん羊では，CLIMEX (climate matching programme) によるオーストラリアと米国における旧世界ラセンウジバエの侵入リスク予測モデルが有名である．

対　策：

(1)成虫駆除

不妊虫放飼法(SIT)：SITの最大の成果は，新世界ラセンウジバエと旧世界ラセンウジバエで得られている．ヒツジバエは人工飼育と継代が至難のため，SITは困難である．またウシバエ2種については，米国・カナダ国境でSITを試験し成功したとの報告があるが，その後の実用化はなされていない．ヒトヒフバエでもSITは試みられているが，必要な虫体数を人工飼育で確保することが難しく，野外試験には至っていない．

餌(Baits)，トラップ(Trap)：ハエウジ症では，SWASS(screwworm adult suppression system)が，新世界ラセンウジバエの成虫を誘引トラップして駆除するシステムとして有名である．

生物学的防除：特筆すべき成果はない．

(2)幼虫防除

マクロライド系薬剤は，ヒツジバエやウシバエなどによるハエウジ症の防除に有効であり，長時間作用型のイベルメクチンがウシバエとキスジウシバエの幼虫駆除に高い効果を示すことが，最近報告された．ヒツジバエの幼虫駆除には，有機リン系殺虫剤のトリクロルホン(trichlorfon)水溶液の経口投与と鼻腔注入も有効である．

2.8 ドクガ幼虫症 (Caterpillar dermatitis, Erucism, Lepidopterism)

ドクガ幼虫症は，チョウ目(鱗翅目：Lepidoptera)に属するガの幼虫の毒針毛あるいは毒針毛を含む抜け殻・まゆなどに，動物やヒトが接触し，あるいはこれらを嚥下して発症する．犬，放牧馬などで発生が多い．

原　因：日本の家畜では，カレハガ科(Lasiocampidae)に属し幼虫がマツケムシとよばれるマツカレハ(*Dendrolimus spectabilis*)によるドクガ幼虫症がもっとも重要であり(図IV.104)，他にツガカレハ(*Dendrolimus superans*)，クヌギカレハ(*Kunugia undans*)，タケカレハ(*Euthrix albomaculata japonica*)，ヤマダカレハ(*Kunugia yamadai*)，ヨシカレハ(*Euthrix potatoria bergmani*)などが報告されている．マツカレハの刺し傷は激しく，ツガカレハ，クヌギカレハがこれに次ぐ．なおイラガ科(Limacodidae)のイラガ

図IV.104　マツカレハ(*Dendrolimus spectabilis*)の幼虫(マツケムシ)

(*Monema flavescens*)，ドクガ科(Lymantriidae)のドクガ(*Euproctis subflava*)，チャドクガ(*Euproctis pseudoconspersa*)は，ヒトのドクガ幼虫症の原因として重要である．カレハガ科，イラガ科は幼虫による被害が大きく，ドクガ科では幼虫よりも成虫による被害が大きい．

マツカレハ，ツガカレハ，クヌギカレハは日本全国に分布し，成虫はいずれも黄褐色ないし暗褐色で，翅は開張すると50～100 mmに達する．幼虫も大形で体長80 mmほどに成長する毛虫である．幼虫の体色は，マツカレハでは背面が銀色で胸部背面には藍黒色の毛束の帯が目立つ．クヌギカレハは黄土色～灰褐色，ツガカレハは頭部が灰色で胸腹部は灰白色～淡い黄褐色を呈し，いずれも美しくはない．幼虫の外皮には刺毛(stinging hair)があり，刺毛は機械的に人獣の皮膚を刺激するばかりでなく，大部分はその基部に単細胞の毒腺があり，その分泌物が刺毛(毒針毛)を通じて皮膚に注入されて被害を与える．毒針毛が粘膜や眼や上部気道などに接触した場合には被害が著しい．成虫には毒針毛は生えていないが，ドクガはまゆを脱出するときに尾部に毒針毛を付着させて出るので，成虫によっても被害は生じる．

ヨーロッパではファーブル昆虫記にも登場するマツノギョウレツケムシガ(*Thaumetopoea pityocampa*)による犬(とくに仔犬)のドクガ幼虫症の発生が多い(図IV.105)．

発育および生態：マツカレハとツガカレハは近縁種で，生態もほぼ同様である，通常年1回発生で，暖地では2回発生のこともある，7～8月に成虫や卵がみられ，それ以外の月は幼虫で過ご

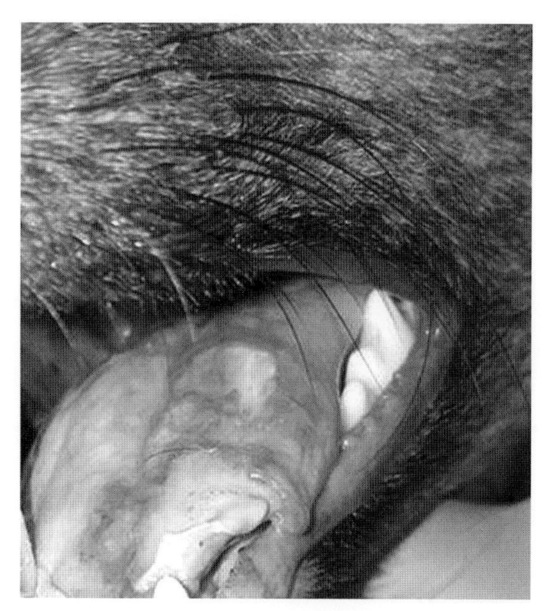

図 IV. 105　マツノギョウレツケムシガ（*Thaumetopoea pityocampa*）幼虫の毒針毛によって生じた犬の舌における水腫と潰瘍［原図：Kaszak, I. *et al.*(2015)］

し，越冬も幼虫で行う．6～7月にかけて樹上でまゆを作って蛹化し，約1か月後には羽化・産卵する．クヌギカレハは成虫が10～11月にみられ，卵で越冬し，幼虫は5月頃からみられる．いずれも幼虫の体表には軟毛と剛毛がブラシ状に密生し，胸部の毛には毒針毛がある．まゆには幼虫のときにもっていた毒針毛が残るが，成虫には毒針毛はない．

マツカレハとツガカレハはマツ，ツガなどの松柏類，クヌギカレハはクヌギ，サクラ，リンゴなどの葉を食害する．

症　状：ドクガ幼虫症の発生は放牧中の馬や，庭木に発生したドクガに興味をもって接触することの多い犬で重要である．放牧馬ではかつて日本国内でも毎年かなりの発生があった．馬が毒針毛に接触して生じる皮膚・粘膜の症状は，一時的な激痛から持続的な症状を残すものまで多様で，ガの種類によって異なる．馬の皮膚病変の好発部位は，繋（つなぎ），球節，蹄冠などの肢端部，次いで前腕，口唇である．刺された局所には腫脹，発疹，熱感がみられ，疼痛のために跛行する．慢性に経過すると患部は硬結し，好酸球浸潤と毛細血管の新生とともに，痂皮形成，脱毛・潰瘍がみられる．肢端などでは骨膜炎から骨瘤を増生することも稀でない．全身症状は必発でないが，初期に軽度の発熱，全身性のじんま疹を生じ，稀に体表リンパ節が腫脹する．また，ドクガ幼虫や毒針毛を直接，あるいはこれらで汚染した草を摂食した犬や家畜では，舌から声門に至る激しい口内炎や潰瘍，腸炎が発生し，重症では死に至ることもある（図 IV.105）．

診　断：症状から診断するが，ノミの刺咬症やじんま疹，他の原因による皮膚炎などとの鑑別が必要である．ドクガ幼虫による被害は，ガが大発生した年の晩夏から初秋に多いので，放牧地区におけるガの発生状況に関する情報は診断に有用である．

治療および防除：毒針毛が付いた場合は，流水あるいは接着テープで除去する．治療には，抗炎症薬の副腎糖質ステロイド，抗ヒスタミン剤の注射による全身投与と皮膚局所への塗布を行う．アナフィラキシーショック症状が疑われる場合には，エピネフリン（epinefrine）やアドレナリン（adrenaline）の皮下注を緊急に行う．

防除は，発生地区に農薬のMEP剤，DEP剤，CVMP剤などを広く散布して，成虫，幼虫を駆除する．殺虫剤には有機リン剤の乳剤・粉剤が使用される．マツカレハにはバキュロウイルス，寄生蜂などの生物農薬や天敵利用も試みられている．

2章の参考文献

Bowman, D. D. (2009) *Georgis' Parasitology for Veterinarians. 9th ed.*, Elsevier Hlth. Sci.

Eiseman, C. and Charney, N. (2010) *Tracks and Sign of Insects and Other Invertebrates. 1st ed.*, Stackpole Books

Eldridge, B. F. and Edman, J. D. (2004) *Medical Entomology. Revised ed.*, Kluwer Academic Publ.

Kaszak, I. *et al.* (2015) Pine processionary caterpillar, *Thaumetopoea pityocampa* Denis and Schiffermuller, 1775 contact as a health risk for dogs, *Ann. Parasitol.*, **61**, 159–163

Krenn, H. W. and Aspoeck H. (2012) Form, function and evolution of mouthparts of blood-feeding arthropoda, *Arthropod Struct. Develop.*, **41**, 101–118

Lane, R. P. and Crosskey, R. W. (1993) *Medical Insects and Arachnids. 1st ed.* Chapman and Hall

MacQuitty, M. (1996) *Amazing Bugs* (*Inside Guides*), Dorling Kindersley Publ.

Marquardt, W. C. *et al.* (2000) *Parasitology and Vector Biology, 2nd ed.*, Academic Press

Matthyse, J. G. (1946) *Cattle Lice, Their Biology and Control,*

Bull. Cornell Univ. Agr. Exp. Stat., 832
Price, M. A. and Graham, O. H.(1997) *Chewing and Sucking Lice as Parasites of Mammals and Birds*, USDA Tech. Bull., 849
Spradbery, J. P. (2002) *A Manual for the Diagnosis of Screw-worm fly*, AFFA
Zumpt, F.(1965) *Myiasis in Man and Animals in the Old World*, Butterworths
板垣　博他(1989)獣医衛生動物学ノート，講談社
今井壯一他(2009)図説獣医衛生動物学，講談社

和 文 索 引

あ 行

か 行

さ　行

た 行

な 行

は 行

ま 行

や 行

ら 行

わ 行

欧 文 索 引

Q

R

U

V

W

X

Z

編著者略歴

板垣（いたがき）　匡（ただし）

1956年　東京都に生まれる
1986年　麻布大学大学院
　　　　獣医学研究科修了
現　在　岩手大学農学部教授
　　　　獣医学博士

藤﨑（ふじさき）幸藏（こうぞう）

1947年　鹿児島県に生まれる
1969年　鹿児島大学農学部卒業
　　　　帯広畜産大学教授，鹿児島大学教授を経て
現　在　帯広畜産大学客員教授，農研機構フェロー，モンゴル生命科学大学名誉教授
　　　　農学博士

動物寄生虫病学 四訂版　　定価はカバーに表示

2019年5月1日　初版第1刷
2020年7月1日　　　第2刷

編著者　板　垣　　　匡
　　　　藤　﨑　幸　藏
発行者　朝　倉　誠　造
発行所　株式会社　朝　倉　書　店
東京都新宿区新小川町 6-29
郵便番号　162-8707
電　話　03(3260)0141
FAX　03(3260)0180
http://www.asakura.co.jp

〈検印省略〉

精文堂印刷・渡辺製本

ISBN 978-4-254-46037-7　C 3061　　Printed in Japan